环境史视野下的
黄河与郑州

◎徐海亮　著

中国水利水电出版社
www.waterpub.com.cn

·北京·

内 容 提 要

本书响应保护传承弘扬黄河文化的时代号召，聚焦黄河自然和人文的历史，讲好黄河故事，即黄河自然和人文演化的系列历史故事。郑州处于黄河下游演化及人文发展的关键部位，本书基于认真探索和发掘古今郑州黄河水系变化及沧桑巨变的环境历史演变机理，凭借黄河河流学、环境史、地质地貌、考古文化多学科综合研究成果，科学地述说历史和考古时期的黄河与郑州。

本书可供水利科技、黄河文化、城市规划领域的管理、科研与技术人员以及高校师生、历史文化爱好者阅读参考。

图书在版编目（CIP）数据

环境史视野下的黄河与郑州 / 徐海亮著. -- 北京：中国水利水电出版社，2025. 3. -- ISBN 978-7-5226 -3305-3

Ⅰ．K928.42；K296.11

中国国家版本馆CIP数据核字第2025W8Q589号

书　　名	**环境史视野下的黄河与郑州** HUANJINGSHI SHIYE XIA DE HUANG HE YU ZHENGZHOU
作　　者	徐海亮　著
出版发行	中国水利水电出版社 （北京市海淀区玉渊潭南路1号D座　100038） 网址：www. waterpub. com. cn E - mail：sales@mwr. gov. cn 电话：(010) 68545888（营销中心）
经　　售	北京科水图书销售有限公司 电话：(010) 68545874、63202643 全国各地新华书店和相关出版物销售网点
排　　版	中国水利水电出版社微机排版中心
印　　刷	天津嘉恒印务有限公司
规　　格	184mm×260mm　16开本　28.75印张　682千字
版　　次	2025年3月第1版　2025年3月第1次印刷
定　　价	**150.00元**

序

在中华大地上，有两个地理单元在中华文明的孕育和发展历史上曾经居于最重要的地位，这就是黄河和以郑州为中心的中原地区。

黄河是中华民族的母亲河。远在旧石器时代黄河流域就有人类活动，山西黄河岸边的西侯度遗址同位素测年距今约243万年，出土大量动物化石以及骨骼被火灼烧痕迹，表明当时人类已经用火。世界考古论坛终身成就奖获得者严文明先生将中国新石器时代文化比喻为重瓣花朵，中原文化区为重瓣花朵的花心。"花心"联系着周边文化区，文化向外辐射的同时又吸收着其他考古学文化的因素充实丰富着自己。尤其是在黄河流域持续2300年（距今7000～4700年）的仰韶文化，法天敬祖，为中华民族提供了众多基因，奠定了中华文化的根基。在中华民族的先祖文化中，以郑州为中心的中原地区成为诸多先圣的活动中心。如新郑是黄帝的故里，新郑西面的具茨山有许多有关黄帝的传说和遗迹；淮阳是伏羲的都邑，伏羲陵受到历代奉祀；濮阳古称帝丘，是颛顼的都邑，等等。我国环境考古学的奠基者周昆叔先生提出的嵩山文化、"中文化"，都表征了郑州地区在中华文明的孕育和发展过程中的重要地位。

黄河又是一条以"善淤、善决、善徙"而著称的河流，黄河治理成为历代王朝、中央政权关注的重要国事。历史上，治理黄河工程之伟大，难度之艰巨，要远超过长城和大运河。

徐海亮先生长期专注于黄河和以郑州为中心的黄河冲积扇顶部的研究。

我和徐海亮先生结识于20世纪80年代后期共同参加国家自然科学基金重大项目"黄河流域环境演变和水沙运行规律"。该项目是由中国科学院地理研究所（2001年与中国科学院综合考察委员会合并改称中国科学院地理科学与资源研究所）和黄河水利委员会（简称黄委）联合承担的。该项目由中国科学院地理研究所时任所长左大康和黄委时任副总工程师熊贵枢共同负责主持，黄委参加该项目的还有赵业安、张胜利、杨国顺等诸位先生。徐海亮先生当时并不在黄委工作，而是在华北水利水电学院任教，但他有志于黄河史研究，曾在1984年和黄委从事黄河史研究的前辈徐福龄等诸位先生共同考察黄河下游故道，并有文章发表，在学界有一定知名度，遂受邀参加该项目中"历史时期黄河下游河道变迁"子课题研究，并撰写了有相当水平的文章。那时我在该课题中承担"历史时期黄土高原植被与人文要素变化"子课题的研究。虽然我和徐海亮先生不在同一个子课题中，但徐海亮先生的认真和严谨的风格给我留下深刻印象。此后，我和徐海亮先生在多种学术会议和学术沙龙上相见，关系越来越密切。我了解到徐海亮先生后来又致力于黄河史和郑州及其周围地区的自然环境和历史人文的研究。在进行这一研究过程中，他虚心向有关学科领域专家学者请教。他和黄委的专家学者一直保持密切关系自不待言，他还向地质地理界和考古界的前辈学习。1980年他远赴上海到复旦大学历史地理研究所向著名历史地理界前辈谭其骧先生请教，后来多次赴该所向其他学者请教，并承担国家社科基金重大项目中的明清黄河河患图的编绘工作。他还多次向我所在的研究所多位地貌学者请教，也与地理学领域的学者有密切来往。承担完成的"历史时期黄河下游河道变迁"子课题，也激发了徐海亮先生深入探讨黄河历史的兴趣与责任感。之后，他广泛收集有关黄河流域和郑州地区的地质资料、工程钻探资料、考古资料，积极参加有关文明起源的学术活动。由于虚心学习和勤奋努力，他出版了多部涉及黄河研究的著作，其中有《黄河史》（河南人民出版社，2001年）、《从黄河到珠江——水利与环境历史的回顾》（中国水利水电出版社，2007年）、《走进黄河文明》（中国人文出版社，2008年）、《郑州古代地理环境与文化探析》（科学出版社，2015年）。

现在这部《环境史视野下的黄河与郑州》著作，汇集了作者多年来在黄河史、郑州及周边地区历史环境和人文研究的主要论著。该书基本反映了作者在黄河下游史和郑州地区研究的成果。我认为该书主要有以下几方面的特点：①时间跨度大，从地质历史时期到当代；②涉及地域广，既有重点地区研究，即以郑州及邻近地区为重点研究地区，又着眼于黄淮海平原以及黄河流域的广大区域；③涉及学科领域多，该书涉及自然科学和历史人文学科，包括构造地质学、地层学、古地理学、地貌学、历史地理学、水文学、水利史、水环境、考古学、气候学、灾害学等诸多学科领域。总之，该书无论是在时间维度、空间维度，还是在学科专业维度上，均显示出作者学术视野之广。

具体而言，该书有许多重要的新的探索、新的认识、新的观点。

关于黄河史的研究，以往主要是根据历史文献来研究下游河道变迁。20世纪70年代以前，学者们对黄河史的研究上溯，都是将《禹贡》的成书年代作为研究黄河变迁的起始时间。而《禹贡》的成书年代，虽然曾经有学者认为是夏禹时期，但这一看法是根据不足的，现在一般认为《禹贡》最后成文在战国时期，出自"稷下学派"之手，可能利用了更早的史料。把黄河史研究的时间尺度向前提到更早时段的是著名历史地理学家谭其骧先生。他在20世纪70年代末根据《山海经》中《五藏山经》记载，论证了古代黄河下游曾经沿着太行山东侧，经今天的白洋淀在天津附近入海（徐海亮先生从认识黄河之始，就向谭其骧、邹逸麟先生学习）。谭其骧先生的这一研究结果，是黄河史研究的一个重要突破，在当时学术界引起很大轰动。现在徐海亮先生根据多个途径收集来的钻孔资料，揭示出更早的黄河多条古河道，将黄河史研究的时段向前推到数万年前的地质历史时期；论证了数万年前，黄河曾经有一条支流，从郑州以西沿传统的颍河泛道带向东南流去。这一研究结果对于认识黄河史乃至郑州地区环境变迁都有着极为重要的意义。

徐海亮先生还根据钻孔地层资料，揭示了仰韶文化末期和龙山文化时期黄河的几次河道变化，以及黄河与济水的关系等。

历史时期黄河古河道是徐海亮先生长期以来的主要研究对象。虽然历史时期黄河古河道学术界有较多研究，但已有研究多是依据历史文献来确定黄河古河道的位置和走向。然据我所知，徐海亮先生除了利用历史文献，更多的是通过野外考察来研究。特别是对豫北与郑州黄河古河道，他经过多次实地考察，得出了更有价值的认识。豫北段黄河故道是历史时期黄河众多故道中最重要的一段。此段黄河故道是历史时期黄河行水时间最长（行水长达一千多年）的一段古河道。对此段黄河古河道的研究，对于认识黄河历史以及今天的黄河治理有重要借鉴意义。

水沙是黄河的核心问题。黄河的含沙量是全球河流中最高的，而黄河的洪枯水位波动也非常大，黄河常常以急剧的突发的形式，在水文曲线上形成尖锐的洪峰。黄河水沙是影响黄河河床稳定和河道变迁最主要的因素。如果说地壳运动对黄河的影响是缓慢的、隐形的，是在漫长时期中才能显现出来的，那么，水沙对黄河的影响则是明显的、迅速的、显性的。因此对黄河水沙的研究，历来被作为黄河研究中的重点。徐海亮先生把水沙研究作为黄河研究中的显学中的显学，很有见地；把水沙与黄河河道变迁联系起来研究，这些认识也极有意义。

地壳构造运动对历史上黄河河道变迁的影响，该书给予特别关注。虽然已有研究者关注到这一问题，但多浅尝辄止。该书特别强调，地壳构造运动特别是断层活动是影响历史黄河河道变迁的重要因素，这一点是非常重要的认识。地壳构造运动是缓慢的，不如黄河泥沙和暴雨洪水对河床以及河道的影响那样显现，那样即时。因此，从事水利工作的科技人员往往更重视水沙的影响。但地壳构造运动对黄河的影响，却是持续的巨大的，特别是地壳的断层活动，会造成突发性的破坏和灾害，是不容小觑的。因此，把地壳构造运动对黄河的影响作为一个重要因素来对待，是很有必要的。

郑州地区的历史自然环境和历史人文是该书研究的重点，有许多重要探索和认识。该书揭示了以郑州为中心的黄河下游地区历史上自然环境发生的变化，包括郑州西部地区的隆起和黄河冲积扇的演变；黄河冲积扇上曾经存在的二期湖泊以及黄河与这些变化的关联、黄河与济水以及淮河等的关系等；历史人文的变化，包括黄河河道变迁与大汶口文化和龙山文化的迁徙及扩散的关系、古遗址的分布与地貌的关系等。作者对黄河冲积扇顶部地区的历史自然环境和历史人文有许多重要认识。首先，作者揭示了郑州地区历史时期自然环境发生的变化，主要有地貌变化、古河道及古湖泊等水体的变化。特别是该书还对古代济水的水文进行探讨。这些研究，在郑州地区环境史领域具有开拓意义。该书还对郑州地区考古遗址的分布与古地貌环境的关系进行探讨，对于中华文明探源同样具有重要意义。

大禹治水是中华民族历史上最为人们所称颂的功绩，不过学者对大禹治水的地区多有分歧。该书对于大禹治水和上古洪水问题的论述，则很有新意。以往的论者都仅就大禹治水论及大禹治水，该书揭示了仰韶文化末期和龙山文化时期黄河下游地区发生的多期大洪水，而不是一次或一期洪水。大禹治水仅仅是多期洪水中的一期。这也是该书最重要的一个结论。该书还从洪水的角度阐释了共工、颛顼的"绝地天通"等上古传说，论述了各期大洪水对于大汶口文化和龙山文化人群迁徙和文化传播的影响。这些论述不仅对认识古代黄河下游地区洪水有重要意义，还为中华文明探源研究提供了一个新的视角。

郑州地区的历史地震活动实际上是较为频繁的。该书对黄河流域，特别是黄淮海平原水旱灾害及地震灾害予以较多研究。历史上黄河流域和黄淮海平原自然灾害频发。我国在 20 世纪 60 年代就对黄淮海平原的旱涝盐碱进行治理；在 20 世纪 70 年代后期和 80 年代又对黄淮海平原进行大规模的综合治理。但由于黄淮海平原所处的季风气候和地形条件等影响，这里水旱灾害仍然时有发生。因此，该书对黄淮海平原和黄河流域自然灾害研究与防灾减灾，也有重要意义。

我想特别强调，该书表明黄河河道变迁、地质构造与地震、断层活动与以郑州地区为中心的黄河冲积扇等地貌的发育、湖泊和河流水系等水体的变化，以及与古遗址的空间分布与兴衰等诸多自然与人文要素之间，存在着密切联系。该书不仅为黄河治理提供更加全面的科学依据，也为认识以郑州地区为中心的黄河下游平原的环境提供了广阔视野，还为中华文明探源研究提供一种新的视角。

以上是我对该书的一些粗浅认识，可能有片面或不当甚至错误解读，相信读者会从该书获得更深刻、更多的认识和启迪。

最后，我想对徐海亮先生锲而不舍地研究黄河史、研究郑州区域的执着精神及取得的丰硕成果表达敬佩。

王守春

中国科学院地理科学与资源研究所

2025 年 3 月

讲好黄河与郑州自然历史的故事

我们应当认真学习黄河人文和自然的历史，讲好黄河的故事。

郑州地区在晚更新世处于黄河宁嘴大冲积扇的顶部地区，在全新世处于黄河桃花峪冲积扇的顶点，是黄河下游演化最关键地区。近十多万年来，黄河水沙充斥于现今黄河南北，郑州地区一度是远古黄河的洪泛区。

谈论黄河，需认真陈述这一远离我们的故事——郑州地区沧桑巨变的历史。

20世纪70年代，笔者来郑州，长途车经过尉氏—新郑这条老路。每每经过尉氏大营，路边沙岗肃立，乱树成荫，荆棘丛生，活生生《水浒》中"野猪林"景象！经过新郑的薛店、小乔这些地方，岗垄起伏，遍地黄沙，一幅河流地貌景象。难道黄河曾经流淌过这里吗？1981年，郑州市工人、干部和学生到黄河提灌站下面开挖引水渠道，学校校长问我，郑州人有说这广武山是风成堆积的，有说是水成堆积的，哪一种说法更为科学合理？这些问题让我思考了四十年！退休后十来年，经过长期的观察和探索终于有了一些眉目。其中不乏用钻探的方法，去读取郑州这本地文大书的自然奥秘。过去，强调读人文圣贤之书，我们读圣贤文字之书时，忘记了还有宝贵的大自然地文书、天文书。

构造运动形成郑州地区的基本地势，新构造运动是开启郑州地区晚近地貌、水系演化和文明起源环境史神秘大门的一把金钥匙。地形构造上郑州市区西南部为嵩箕隆起，南部新郑隆起贯穿，东北被开封凹陷控制，形成西南高、东北低的基本态势。郑州地区整体为大黄河冲积扇及其河流地貌，晚更新世以来这十几万年来，郑州地区的大部区域地貌基本是黄河塑造的，河流动力是造貌的主要外营力。不论是京广铁路两侧的冲积平原，还是郑州的古今河流湖泊，都是在黄河冲积扇发育过程中逐渐演化形成的。而郑州人类古今社会物质，恰好坐落在黄河冲积扇的硕大、厚重的扇面上。郑州正处于中国第二级/第三级地貌台阶的转圜部位，地貌变化层次极其丰富，给予苍生繁衍进化的绝佳环境。

河、济、淮（颍）三渎在郑州地区穿插、网联，构成三角洲顶部的蛛网水系的骨干脊梁，大河推进，冲积扇前缘留下了西部的荥阳—广武泽，中东部的荥泽、圃田泽三大浅湖沼，成众水之归宿。嵩渚山和梅山、泰山等发育了本地诸水，穿插灌注。嵩渚之含义，似乎已蕴含了古人观察中的山前丘陵、荥阳—广武浅湖沼、沙洲出没、岗丘横亘、村舍伊伊？广武东、西泛道的黄河，嵩箕隆起、新郑隆起，变异的季风气候，时而北抬、时而南压，川流不息的河湖水系，古代飘飘洒洒的新黄土尘埃，风沙堆积，浩大的植物群落……给予郑州地区以活跃的生机。

考古中常说的全新世"大暖期"气候期来临，我们的文化的黄河、人类的黄河，直到智慧人类登上这大舞台，适逢农业气候的适宜期，绽放出绚丽的文明花朵来。即便是在气候的非常不适宜期，当你步入荥阳、密县类似织机洞遗址这样的荥阳—新密山沟，面对那仿如南方的青山绿水景观，一定会理解郑州的先民，在冰期的严酷环境中，是怎样从容不迫度过了艰辛时代的。

郑州地区曾伴随开封凹陷和济源凹陷的升降，在晚更新世初期、中期，处于下沉状态，这时从八里胡同奔流而下的河水，可以在现今的济源、孟州和巩义、荥阳左右扫荡，黄河水沙可以抵达太行、嵩箕山麓。到了三万年前，京广铁路以东的区域，依然凹陷下沉，铁路以西的区域整个反过来止跌抬升。随西部黄河两岸地势逐渐升高，河水只有在大汛期才能通过汜水口、翻越河岸或牛口峪等，进入荥阳腹地。及至全新世初，黄河大冲积扇的顶点从宁嘴下移至桃花峪，黄河大洪水被升腾的河岸阻拦，再也不能顺畅进入荥阳腹地了。所以，在距今一万年左右，位于荥阳的广武山西的泛道失去了黄河水源而断流。

历史时期，济水逐渐消亡，郑州地区就跨于黄淮两大流域之上，在《山海经》《水经注》成书时期，郑州地面径流大约是黄、淮七三分成，西部的汜水、索水、须水、黄水尽入黄河。后人类工程兴起，公元962年，北宋规划汴京运河网，引索水、须水、黄水，开挖金水河入京。郑州地区西部索水、须水径流经此水东流，不再入黄，因元、明、清黄河多次南泛入淮，人工疏通排水，贾鲁河水系逐渐形成，郑州地区径流，大多汇于贾鲁河入颍、入淮。迄今，郑州地区径流分划，已是黄三成淮七成，分配比例完全倒置，以一贾鲁河全泄郑州地区之夏季雨洪，环境演变，水系巨变，遂有后来郑州大暴雨洪水的危难局面形成。

观郑州地区新、旧石器文化遗址分布，一批已确认的旧石器遗址，位于京广铁路以西的较高的浅山丘陵和黄土台塬上，如织机洞、李家沟、老奶奶庙、赵庄、蝙蝠洞、宋家沟、西施、洪沟等遗址，包括远至许昌灵井的旧石器文化，而不同时期的众多新石器时期文化，也遍布于郑州地区丘陵、平原之上。过去不明白"黄河文化"的确切含义，现在，至少可以说，郑州中心城区及外围的古代文化，就是典型的黄河文化，而且郑州地区，河湖密切交融，发育了河流–湖泊古文化。

幸运有了探索郑州古环境、学习古地理的机会，与探索环境史结合起来，感触到一些郑州的黄河自然历史。郑州的黄河历史与人文历史，是水乳交融、融会贯通的。说到黄河自然史，总离不开中原的人文历史。探讨郑州地区的历史环境，古人在这里曾如何生存？他们在怎样思考？总引起笔者的兴趣和沉思。

从郑州黄河防洪，到水资源，到亲水环境，与郑州人关系越来越紧密。讲到郑州，我们就忘不了曾经贯穿郑州、养育郑州的黄河。说黄河是母亲河，一点不夸张，且这黄河母体文化，融汇了数万年黄河人的爱恨情仇，想亲近她又畏惧她，黄河对于郑州，先辈与黄河，存有若即若离的生死恋情。我们通过在郑州地区的无数钻孔和天然剖面，初步明白了这一本地质、地层和构造的"地文书"——河山迁移、沧海桑田的历史，明白了几万年似乎没有文字记录下的环境历史的"人文书"。不过，这里仅仅涉及郑州地表浅层的变化，还有太多的天文、气候演化，岩石圈深层变化，未曾接触。

在不同的考古与历史时期，黄河曾从郑州西部和东部穿过，也始终从郑州北部穿行，黄河既是先人生存的基本环境，也是威胁郑州人生存和发展的灾祸。加上酷旱、极寒、瘟疫、强震等自然群灾并臻，遏制郑州发展的自然因素多多。但是，不论历史上发生过多少巨大的毁灭性自然灾害（巨震和河决陆沉），发生过多少朝代更迭，发生过古代基本经济区空前绝后的迁移，中华文化的根子和灵魂都在这里代代相传，未曾湮灭，因为黄河就在这里。

在全新世中期，流经河北平原入渤海的大河下游，逐渐南滚，部分水沙经瓠子河泛道带、济水泛道带和汳河泛道带，进入济水流域和淮河流域，泛滥于鲁西南、豫东北、淮北地区，汇入黄海、东海，形成为期数百年的大改道。这大致就是典籍所说的颛顼和尧舜时代的大洪水。当对2021年郑州大水进行全面考察时，你会在多处考古文化遗址前，感悟到龙山大水的景观再次穿越。大约在距今4200年，大河南泛之水因循旧道，再逐渐北流，翻滚退出豫东北、鲁西南，回到太行山东麓大断裂带，以禹河为中心，形成新的泛道带，经河北平原入渤海。先民在各自的氏族、部落首领组织下，形成新的部落联盟，团结治水，疏浚和清理豫东北、鲁西南的原有水系，使其恢复旧迹，水行"地中"，涝渍水排，沧海恢复农桑，下民遂安居乐业。兖州、豫州先民在数百年的治水过程中，区域文化融合，社会上下整合，社会和文化形态发生深刻嬗变，政治文化跃迁，从而产生了最早的国家——治水的中央集权的国家。黄河文明得以发生飞跃突变。这是只有中央集权才能具有的——大兴工程、迁徙黎民的调度职权和浩大气质。你看广武山上的禹王那深邃的目光，他看到了前后这一切！

黄河对于郑州东部的泛滥基本结束之后，恰是夏文化与早商文化在郑州逐步兴起时分，郑州中东部开发进取，因广武山的屏蔽，黄水不再威胁，而随西部台塬逐步抬升，湖沼渐渐萎缩，湖积台地面积扩大，索水、须水亦加快发育，河床深陷下切，今荥阳地区仰韶文化、龙山文化发育，成为文化遗址密度最大的地区；考古大家李伯谦教授考察荥阳腹地说，难怪在这里找不到裴李岗文化遗址——因为那时曾经湖沼弥漫。早商初，中原大地面临了超长期的干旱灾害——一场横亘亚非大陆的世纪性干旱，依靠郑地河湖的水资源支持，早商文化持续发展下来了。

我们看河南黄河，不得不说到郑州的事情，我们说历史的中国，就不得不说到河南与郑州，说到水土、人类融合、不离不弃的黄河文化。全新世初，在冰河解冻前提下发生的世纪大洪水，淹没郑州大地，塑造和留下基本地貌状况。全新世初，广武西泛道干涸消亡，而广武东泛道继续存在，不时南下。全新世中期，因大河河谷遗存，东西湖泊群发育，然后分别萎缩消亡。龙山中期，黄河的主流曾大举经武陟、原阳南下郑州东部，进入汳河与颍河泛道带，郑州诸水尽为黄河的支流，到大禹时代才完全结束，从而奠定了夏商周三代郑州的大河格局。到秦汉之际，黄河两岸大堤一统完善，金堤自郑州地区始，开创了人类渠化大河的时代。

十万年、一万年、四千年、两千多年，这就是郑州黄河环境史几个时空变化最关键的节点。

笔者体会的黄河文化精神，也就是中华民族维系人地关系、维系经济社会发展、维系民族国家统一的孜孜不倦、自强不息的精神，全民族的坚韧不拔精神，弘扬民族文化，就要凸显我们研究和继承祖祖辈辈传承下来的黄河精神，凝聚民族精神。

笔者接触到黄河泛淮的这一史实，已有五十年，从此出发，拜当代国学大师，接触到历史地理和黄河史。1984 年参加黄河水利委员会第一次组织的黄河故道考察。豫东泛区和豫北故道考察，带着我走进黄河与黄河文化历史的殿堂。

在这个集子里，汇集了四十多年来笔者探索黄河和灾害环境的部分心得体会。

在结集付梓的今天，我不能不回顾和怀念带领我认识黄河的诸多前辈，他们是：

黄河水利委员会黄河志总编辑室首任主任徐福龄，1978 年拜识。

复旦大学历史地理研究所首任所长、学部委员谭其骧，1980 年拜识。

清华大学水利系泥沙研究室主任的钱宁院士，1981 年拜识。

复旦大学历史地理研究所所长邹逸麟，1982 年拜识。

中国水利水电科学院水利史研究室教授姚汉源，1981 年拜识。

中国水利水电科学院水利史研究室主任周魁一，1981 年拜识。

中国科学院地理研究所历史地理研究室主任钮仲勋，1981 年拜识。

黄河水利委员会泥沙专家赵业安，1984 年拜识。

武汉水利电力大学科研所副所长黎沛虹，1982 年拜识。

河南省郑州水利学校校长、孜孜不倦的灾害史学者赵德秀，1980 年拜识。

武汉水利电力大学科研所水利史教研室主任王绍良，1965 年拜识。

徐海亮

2025 年 3 月

目 录

三、历史时期黄河的水沙变化与河道变迁史

四、区域灾害环境与水利

一、黄河的环境–地质史

黄河形成前的古华夏[*]

古华夏数十亿年的地质过程，为未来黄河在历史舞台上的演化铺下了庄严的红氍毹。

在地质时期，通过一系列的构造运动，形成华北原地台这一稳定的古陆。中国北方经过多次的沧海桑田更替，古陆块解体，形成一系列的断陷盆地、断块山地、大陆裂谷与隆起。喜马拉雅造山运动，使得青藏高原强烈萌动抬升，喜马拉雅山、昆仑山、秦岭形成，北半球的海陆格局巨变，亚欧大陆内部气候变干，季风气候形成，西北沙漠、戈壁开始发育，这一切为第四纪黄土高原的形成作了物质准备。

板块运动，使太行山以西断块地域剧烈升降，鄂尔多斯断块抬起，周缘断裂下陷，形成了一系列断陷盆地；以盆地为中心，开始形成内陆湖盆的向心水系。湖泊的演化对第四纪黄河的生成有着特殊的意义。在太行山以西的基岩丘陵、河谷阶地、基岩盆地，已形成了接纳黄土堆积的最好环境。

一、造山运动与华北浮沉

黄河是如何生成的？黄河形成之前，华夏天地又是什么模样？这是每一个炎黄子孙都有兴趣的问题。

屈原曾提出："曰遂古之初，谁传道之？上下未形，何由考之？冥昭瞢暗，谁能极之？冯翼惟象，何以识之？明明暗暗，惟时何为？阴阳三合，何本何化？"**❶**

其实远在屈原以形象的思维去求索宇宙起源前，作为黄河文化精粹之一的《道德经》（又称《老子》），就已思辨地提出："有物混成，先天地生，寂兮寥兮，独立而不改，周行而不殆。可以为天下母。吾不知其名，字之曰道，强为之名曰大。大曰逝，逝曰远，远曰反。"由混沌而一："天得一以清，地得一以宁。"天地概出于"一"，从而生万物。

几乎与此同时，和黄河文化圈仅一青藏高原之隔的印度文化，也曾提出"太初这个世界仅是水，那水产生实在"**❷**"水是万物根本，水能生天地——水能生物，水能坏物，名为涅槃"**❸**。古印度曾有一种素朴的自然观，认为大地由三头巨象扛起，大象站在浮游海洋的巨龟背上。水产生天地，水承载大地。大概，在一些自然观问题上，各种文明模式，也总是"心有灵犀一点通"的。

作为高阳古帝苗裔的屈原，不仅提出与易学同宗，天圆地方的"天庭""天拭"，也提出了巨鳌背负大地，在水中游动；齐鲁文化精品的《管子》，还指出"地者，万物之本原……水者，地之血气，如筋脉之通流者也"。

---

* 本文系河南人民出版社于 2001 年出版的《黄河文化丛书：黄河史》自然篇中的部分内容，内容有修改。

❶ 屈原，《楚辞·天问》。

❷ 出自印度名著《森林奥义》。

❸ 出自汉译佛经《外道小乘涅槃论》。

一位日本教授通过脱氧核糖核酸的研究，认为骆驼的先祖演化成海洋的鲸鱼。这一点也不怪诞。桑田曾为沧海，脊椎动物也曾从海洋脊椎动物进化而来。

黄河的自然生命孕生于古华夏，而华夏古陆——在冥冥中肇始于海洋。古人形象的与思辨的自然观，20 世纪以来得到了地质科学，特别是板块构造与大陆漂移学说的支持。

1. 苍茫太初

30 多亿年以前的早太古代，海底火山的喷发，熔岩露出水面，凝聚成较稳定的基底岩块——森森大洋中的陆核。古华夏最早的陆核大概位于今天的中岳嵩山一带。巧合的是，很久很久以后，在奴隶制的华夏周代，周公欲"以土中治天下"，就选择了嵩山北麓的洛邑，又在山南麓的阳城（今登封东南），找到了天文、地理的所谓"地中"。这一陆核东延，扩大到现今黄淮平原的地域。另一陆核从内蒙古自治区的集宁附近生成，向西、向南延伸，到今天的河套地域。谁也没有料到，就是这块今人命名为鄂尔多斯的古陆，将在黄河的诞生中扮演一个重要角色。位于今天燕山山脉一带升起的陆核，延展至渤海湾西，形成冀东陆核。

早太古代末，发生了以今五台山麓河北省阜平命名的阜平运动，地壳普遍褶皱上升，形成了自塔里木至华北、东北散布的古陆核。早元古代（大约 20 亿年前），五台运动发生，形成了五台、太行、中条、吕梁地区，即现代山西高原的一系列山区。早元古代末（大约 18 亿年前）的吕梁运动，古陆大规模褶皱，终于使古华夏各陆核连为一体，形成中国最早的稳定古陆，地质上叫华北原地台（或中朝原地台）。

毋庸置疑，这正是后来华北大地与黄河演化的基底舞台。

16 亿～17 亿年前的晋宁运动后，我国北方地区经过沧海桑田的反复，大致形成晋陕、阿拉善（相当于今贺兰山以西）、内蒙古、鲁西、胶东等古陆。这些古陆的南北，由硕大的地槽夹合。到晚元古代（8.5 亿年前），我国形成华北——塔里木、扬子、西藏三大陆区。但在 6 亿年前，华北诸多古陆又转化为浅海区，鄂尔多斯古陆，变成了鄂尔多斯古海。❶ 这种以亿年、10 亿年尺度的沧桑之变，远远超出常人的想象。

到了古生代的奥陶纪（4.38 亿年前左右）的祁连运动，空前规模的海浸戛然中止，大地抬升、卷曲，海水迅急退出古华夏，形成新的华夏古陆，地域大致横跨当今的华北、西北范围，宏观陆块地貌已大异于元古代；距今 3.60 亿～2.86 亿年的石炭纪才重新下沉。这是华北丰富的煤炭资源形成时期，直到其后而来的二叠纪。"二叠"，似乎本身就体现了沧海桑田的变叠历史，这是一个海—陆交替、叠合的时代。难怪，水与岩土的冲突交融始终是黄河的中心议题、永恒话题。

也正是在水圈—岩石圈大变动的二叠纪，以鄂尔多斯陆块为中心，形成了大大小小的内陆湖盆，为中生代、新生代的陆块分裂，为黄河的孕育创造了最根本的条件。黄河孕育的超前先决条件，一开始就是水与岩土冲突变异的环境产物。

二叠纪后，华北陆块进入了中生代（距今 2.48 亿～0.65 亿年），这是一个爬行动物鼎盛的时代；在甘肃、内蒙古、宁夏，发现有鹦嘴龙、甲龙、厚角龙的化石。就在中生代，太平洋板块发起向亚欧板块的俯冲，华北陆块正位于冲击的前缘地域，好不容易形成

---

❶　参阅《中国地质大观》，地质出版社，1988 年。

的统一陆块又纷纷解体，形成了一系列断陷盆地、大陆裂谷与隆起。

与华北陆块并存的是西域陆块，展布于今青藏高原、川滇、甘南地区；它的生成较晚于华北陆块，但在地质史上有重大的意义，因为在古生代初，位于亚欧、非洲、印度洋板块之间的古地中海——古特提斯洋板块俯冲华北陆块，形成了祁连—秦岭褶皱带，之后又多次发起俯冲，华北陆块地缘海槽褶皱——消失，陆缘地槽也被封闭，才形成了西域陆块。华北陆块与西域陆块东西呼应，使中国大陆终于在三叠纪末（约 2.13 亿年前）分成了东西两大部分。

未来的黄河，正横跨在东西两大陆块上，它们在很大程度上，决定了黄河的命运。

整整一个中生代，发生了以河北燕山命名的大地构造运动，联合的古大陆漂移解体，出现断块山地与断陷盆地。以吕梁山为界，华北西部是鄂尔多斯盆地，东部出现许多独立的中小盆地，使中国大地构造形成东西的迥然分异，也奠定了新生代的地质构造骨架。

2. 古华夏的生死回旋

华夏古陆，犹如《三国演义》起篇之说：分久必合，合久再分，历经分合翻叠沧桑巨变；宏大的地质伟力，把它裂解成一系列断块。如果比较一下，这些断块依然决定着现今地理地势的区划，有嵩山断块、太华断块、太行断块、吕梁断块、阴山断块、阿拉善断块、鄂尔多斯断块、东秦岭断块、祁连断块、西秦岭断块。沿祁连山、秦岭、阴山、贺兰六盘山形成一系列深层断裂；在现今黄河下游，又有最重要的郯庐深层断裂带。它北起黑龙江萝北，穿过沈阳，入渤海湾，从山东郯城，南抵湖北广济，隔长江与庐山下的星子断裂相望。此外，还有太行山东缘的深断裂带，这些断块与断裂，在新生代的黄河发育中起到至关重要的作用。

因为从元古代到新生代，地壳的运动有着它特有的"八字方针"，这就是"开、合、升、降、剪、斜、滑、旋"，地开则裂，开裂宽硕者形成海洋，窄小者是裂谷、盆地。"合"就是聚合，为板块、断块俯冲、仰冲、碰撞、冲击下的重新组合，从而也形成褶皱、造山带、走滑断裂、压性盆地。开与合是基本的二元对立，升、降、剪、斜、滑、旋等大地丰富多彩的舞姿，都由此衍变而来。

开、合——这地壳的"阴阳"变化，最终决定着大江大河的格局。

在太平洋板块俯冲的同时，南亚印度洋板块，也向神州这块古老的土地发起冲撞，使得华北一些深层的断裂带上形成一系列大陆裂谷，其中最大的如汾渭裂谷系，位于秦岭、鄂尔多斯、太行吕梁断块之间，后来，在这巨大的裂谷中发育了渭河、汾河，以及晋北桑干河河谷。阴山与鄂尔多斯断块间，是银（川）呼（和浩特）裂谷系。

现今华北大平原的部位，在新生代是一个巨型的坳陷盆地，属于华北地台与扬子地台。它的东西恰好被郯庐、太行断裂所挟持，北部是燕山南缘断裂，南为大别山北缘断裂。坳陷中部是鲁西隆起。华北坳陷与渤海坳陷连为一体。新生代以来的 6500 万年里，它的堆积厚度达到 5000 米。从结构上，它又可以划分为多个构造单元，与周围的其他华夏古构造单元相配合。

从太古代起，到新生代，华夏古陆面临了一次次创生，一次次陆沉，一次次再创，一次次毁灭；一次次选择，一次次曲折，一次次的聚合，一次次的分裂，一次次眷恋，一次次诀别。正是生与死的基本符号，谱成的时空主旋律，盘回在华夏大地，也铸就了神州的深沉和坚毅。

几乎是一系列的天文灾变在地球上刻画下地质环境进程的尺度。这些灾难既是一次彻底的否定，也是一次难得的机遇；天文灾变成了黄河孕生、进化的契机。

作为黄河摇篮的古华夏，就在这深沉、动荡的潜（前）生命的"超前教育"中，赋予了黄河以一种特定的遗传密码，这就是黄河的自然魂——执着、坚忍、放荡不羁与桀骜不驯。

3. 喜马拉雅运动的环境意义

在黄河孕育的生命史上，最有意义的莫过于喜马拉雅运动了。

在亚欧板块、印度洋板块巨大的俯冲、碰撞下，在 5500 万～4200 万年以前，巍峨壮观的喜马拉雅运动发生，青藏高原如出水芙蓉，翕然成陆，在 3300 万～2700 万年前，喜马拉雅山进一步上升，其南北形成坳陷带，2200 万～1000 万年前，冈底斯-雅鲁藏布坳陷褶皱隆起成山。

在中新世末，喜马拉雅山达到海拔 3000 米的高度。

喜马拉雅的崛起是一个划时代的标志。这一崛起伴随了新第三纪中新世的千百万年，不断耸起的喜马拉雅山感知了全球性的气温渐渐下降，遥看了环南极洋流的形成和南极冰盖、北极地区阿拉斯加湾冰山的扩展，也冷眼瞭望近 2000 万年以来，空前规模和浓密的火山灰烬、尘埃在全球的纷纷散落。最关键的是，它意味着世界上最高的高原和昆仑山、秦岭的形成，同时北半球的海陆格局骤变，亚欧大陆气候变得相对干燥，东亚的季风气候得以形成；从而逆转了华夏西部的气候，印度洋的暖湿气流进入华西的通道受阻，华北地区东西两部，气候差异加大，中亚和西北地区的沙漠、戈壁开始发育。

这一地质环境过程，和前述的断块运动一起，决定了未来黄河的格局。

也恰好在这一时期，最古的人类先祖——腊玛古猿，出现在地球。

约 5500 万年前的古新世，全球气候带分野刚刚形成，有胎盘类生灵的进化，已在温暖的华西，留下了古猿最早近缘——蓝田狐猴、黄河猴、卢氏猴的踪迹。中新世的造山运动是全球性的，华夏一系列断块、裂谷形成时，东非也形成了 8000 公里长的大断裂带，疏林草原取代了热带雨林。环境的振荡并不注定都是灾难，东南非的古猿恰恰从此获得了进化的机遇。同时，原先栖居在青藏高原以南的猿类，也得到了成为智力猿人——腊玛古猿的可能；这些猿类生存在 1400 万～1000 万年前，现今印度、巴基斯坦边界以及中国滇西发现的局部化石，只是它的一些支系。在山西垣曲，也发现了距今 4000 万年的"中华曙猿"，她就生活在后来的黄河岸边。

有没有这么一种可能：随着青藏高原的崛起，其东部、北部的古猿，也向着未来黄河的上、中游有过迁徙、发展？无疑，在印度洋板块的印度、巴基斯坦、孟加拉国和中国横断山麓，从远古就有过一条条通向北方和四向发散的生灵与生命的旅途，未来的人类，也将循着印度洋板块冲击的方向，一次次走向华夏，走向西亚。到近万年以来，氐羌民族北走黄河上、中游，南下三江并流的横断山、滇西滇中，青藏滇高原氐羌族文化走向西亚，是不是也循着这些渊源久长的历史途径？黄河与人类，也许都从这一运动中获取了孕生的潜动力。

总之，人类古代五大文明起源地，都依次落在青藏高原升起之前的古地中海的周围，这是一种偶合，还是一种泛时空的"古地中海文明"？古地理学在不时地提醒我们，在此之前的数亿年，在亚欧大陆、非洲、印度次大陆之间曾有一个横跨东西方的古地中海，未来的人类文明与喜马拉雅的崛起，与古特提斯海的演化，仅仅是偶然的关联吗？

古人类学家、考古学家贾兰坡说过，"人类的第一把石刀，可能要到更早的地层中去寻找"。我想，华夏文化的起源，可能要到早更新世去寻找，到青藏高原的崛起中去寻找……

二、上新世末 轮廓初绘

1. 黄河水系格局的奠定

新第三纪中，鄂尔多斯断块发展成为抬升中的堆积平原，从新三纪的古地理可知，华北——渤海平原的北区是断陷盆地，其南区是堆积平原。黄河孕育的宏大背影业已形成。[1]

喜马拉雅运动，是黄河生命的前奏曲。在新第三纪的中新世，喜马拉雅运动所反映出来的全球大变动——亚欧板块、印度洋板块、太平洋板块的相互挤压，使得太行山以西的断块地域发生剧烈的地壳升降，伴随着一些断陷、裂谷，形成了一系列的内陆盆地。鄂尔多斯断块渐渐抬升，它的周缘地区都断裂下陷，宏观地显示出断陷盆地系列，这些断陷盆地与六盘山以西的地槽褶皱带、板块碰撞带形成的高山、盆地发生联系，终于把未来可能发育黄河水系的湖盆走向勾绘了出来。

在未来的黄河上、中游地区，以一系列盆地为中心，形成向心水系，一个个水系中心，是一个又一个的内陆湖泊。由于各湖盆相互间隔，水系自成体系，还不存在一条连贯的黄河，但是，这正是黄河的胚胎；湖盆与湖泊的演化发育，对第四纪黄河的形成，起到了关键的控制作用。[2]

2. 新第三纪环境

季风气候的格局，使得中国北方东西方向的干湿变化，成为气候分带的主导因素。太行山以东地区，是东部湿润季风区，夏季暖湿，冬季干冷，植被以落叶乔木为主，呈针-阔混交。太行山以西、祁连山以东，即今陕、甘、晋及内蒙古大部，是中部半湿润区，夏季季风微弱，降水较少，冬季干冷，植被以温带草原和森林为主。当时的新疆、青海地域，属于西部干旱区，是典型的大陆性气候，多为荒漠半荒漠景观，仅仅周边的山区有些森林，这里，与中亚广袤沙漠相连，发育着戈壁、沙漠，它们为第四纪黄土高原的形成，进行了物质的准备。

从北方地区新三纪孢粉植物研究可知，早中新世气候已渐渐回暖，松科、榆科花粉大量出现，而且亚热带植物孢粉比重回升。到了中中新世，是第三纪最暖的时期，松科花粉比率下降，被子植物中喜暖型，如山核桃、枫香粉属增多，水生草本菱粉属出现。到早上新世，草本花粉、藜科、菊科花粉含量增多，并出现一些耐旱的植物花粉。这说明气候曾出现波动，有了转干冷之势，到上新世末，气候进一步恶化：松科花粉大量增加，冷杉、

---

① 参阅《中国自然地理 古地理》，科学出版社，1984年。
② 参阅陕西省地质矿产局第二水文地质队编写的《黄河中游区域工程地质》，地质出版社，1986年。

7

云杉的花粉含量很高，与蒿、藜科花粉交替出现。这一发展趋势，与全球性变化一致；而且在喜马拉雅运动第二期的影响之下，中国西部干旱气候带，也正威风凛凛地向东部推进，为黄土高原的诞生，埋下了气候环境的伏笔。❶

3. 莽莽舞台

太行山、吕梁山以西地域，中生代形成断块山地、断陷盆地；在白垩纪末、第三纪初，正处于准平原化阶段，内外营力的作用使昔日起伏地貌为之夷平。到5500万年前，准平原曾出现褶皱、拱曲，到3800万年前就一一解体，未来的黄土高原地区断块活动十分频繁，六盘山、吕梁山、太行山一一形成，秦岭高耸入云，遂使太行山以西，地貌内涵变得非常丰富。

通过一系列演化，到第三纪末、第四纪初（即240万～300万年前之际），抬升中的高原古地形地貌，已具备了以下不同类型：

基岩山区。如断块运动的强烈上升区秦岭、日月山、六盘山、吕梁山，太行山区，形成了中等的或强烈的侵蚀切割山地，在山顶上已很难保存昔日的准平原面。第四纪的黄土在这些山区很难沉积。所以，一直到今天，在这些地区仍旧是裸露的基岩。

沉降盆地。即一系列的断陷盆地，如银川地堑、河套地堑、晋中盆地。盆地的特殊地形，使它们成为可能捕获沉积沉降黄土的地区，但黄土与盆地其他内外营力造成的岩土碎屑混合，集中于盆地，所以在这些地区，也未形成后世所见的纯粹的黄土层。

基岩丘陵。诸如陕北，吕梁太行的两侧山麓丘陵地区，构造上升较缓和，侵蚀切割也薄弱一些，地形高差相对较小，丘陵表面坡度和缓。正是在这类地形地貌区域，在第四纪中沉降且承接堆积下了大量粉尘，成为黄土塬、黄土峁发育的最佳地域。

古水系河谷阶地。如黄河、渭河及上游湟水河谷地带都有地质时期宽广的阶地发育，地形较为广阔平坦，是未来黄土堆积的最佳环境。

基岩盆地。如鄂尔多斯地台的整体稳定上升区，在风化剥蚀下形成广阔的侵蚀盆地，和以上的沉降盆地不一样，这些地区是黄土堆积的最佳环境。

总之，到第三纪末、第四纪初，大自然的造化，已把太行山以西的华夏大地，着意地收拾了好几遍，由基岩丘陵、盆地与古河谷阶地形成的坦荡舞台，已构筑起来。现在，诸多条件已经具备。单等待主要演员——黄土与黄河，登台上演这自然界的悲喜剧了。

读了从太古代到中生代第三纪的漫漫自然史，人们将重新发问：黄河究竟从哪里来？

地质历史说，黄河将从浮沉相依、生死相恋的华北古陆而来，古陆，又从冥冥的海洋中来……

是万物本源的水，汇聚成了苍茫的大海，大海孕生大陆和地球的生物，而那深沉、凝重的古陆，却又精神矍铄、百般活跃，孕育了集大地血脉精气的黄河。

三、黄土高原的形成与黄河的发育

无边黄沙纷纷下，不尽大河滚滚来。

第四纪，是黄河形成、发育和演化的地质时代。

---

❶ 参阅中国科学院黄土高原综合考察队编写的《黄土高原地区自然环境及其演变》，科学出版社，1991年。

在晚期的喜马拉雅运动的作用之下，断块构造上升，黄土高原抬升。更新世的大气环境形势，中国西北干旱少雨，地表风化形成粉沙颗粒，被西风吹扬挟带至高空，搬运、堆积到黄土高原，为外营力的侵蚀提供了丰富的物源（诚然，也不要低估了境外中亚广袤沙漠的宏观贡献）。早更新世末、中更新世之初，构造运动导致的地质灾变，使古三门湖骤然消失，黄河中游地区的一系列内陆湖泊也一一消亡，内陆水系串通，黄河形成大河外流入海洋。

第四纪的 240 万年，黄土高原气候温湿干冷变迁旋回，古土壤与黄土层交替出现，华北滨海平原呈现海浸与海退、河湖沉积交叠，华夏大地出现多次冰期一间冰期的旋回。古黄河水系在一系列的气候振荡与侵蚀旋回之中，将巨量的泥沙挟带到下游，发育黄河冲积扇，造就了华北大平原。

1. 黄沙直上白云间 ❶

经过亿万年的切磋酝酿，构造基底业已形成，坦荡舞台业已筑就。黄河地质环境中威武雄壮的一幕，即将正式揭开。黄河为什么是黄色的、多沙的？因为它流经黄土高原地区；黄土从何而来？"黄沙直上白云间"，黄土是从天而降的。

（1）黄土及其堆积。讲起黄河，就离不开黄土与黄土高原。中国人很早就对黄色的粉尘堆积物，有了习惯的称谓：黄土。一方面，这是对华北广袤的黄土高原和其他黄土堆积的概括；另一方面，也是对至今仍源源不断、飘洒而下的黄土尘埃的描述。

东汉伟大的历史学家班固在《汉书·五行志》中，就记载了："大风从西北起，云气赤黄，四塞天下，终日夜下着地者黄土尘也。"

中外科学工作者，从 19 世纪起就对西北黄土地质地貌进行考查研究。当代地质科学家刘东生对黄土做了这样的定义："以风力搬运堆积未经次生扰动的、无层理的、黄色粉质、富含碳酸盐并具有大孔隙的土状沉积物称之为黄土。"并以分布在山陕、甘肃等地构成黄土高原的黄土作为其代表。

黄土微粒的成分以石英颗粒为主。我国西北地区的沙漠戈壁面积广达 150 万平方公里，是提供黄土堆积最丰富的物质来源。西部高山第四纪冰川也提供了大量的岩土碎屑。

黄土在欧亚、北美都有着广泛的分布，它们的生成原因和产状，各有差异。但最有典型意义，并几乎决定了一个民族的命运，影响着一个民族文化的，就是我国北方的黄土和黄土高原了。

长期以来对黄土的形成有多种的认识。在当代，黄土风成学说在理论上取得了空前的发展。黄土是内陆条件下的干旱地区的粉尘物质，经西风搬运到草原环境下，沉积而成的粉沙岩。这一强劲的西风，与青藏高原相关。240 万年前，青藏高原进一步隆起，高达 4000 米以上，将贯通欧亚大陆的西风带一劈为二，北支从青藏高原的北缘通过，将我国西北戈壁沙漠的沙粒刮向华北大地。

在第四纪 240 万年中，黄河中游地区承受并堆积了多少黄土呢？大致是 1.19 万亿～8.30 万亿吨！其上限是以平均积厚 175 米来计算的，下限值以积厚 25 米来计算。在当代，1980 年春季一次大范围的尘暴过程，北京市每平方公里在一小时中就可以收集到

---

❶ 参阅刘东生等撰写的《黄土与环境》，科学出版社，1985 年。

1 吨沙尘！如一年中发生这样的沙尘暴 10 次，1 万年里就可以堆积 1 米厚的黄土。黄土高原上有一个著名的洛川县，现代历史上曾有过一次重要的"洛川会议"，洛川除了这人文的贡献，在自然历史上提供的黄土剖面，意义则是十分深远的，它披露了第四纪以来的黄土堆积历史。它揭示了黄土堆积的年龄为 240 万年，这也就是我国北方第四纪的年龄。

（2）黄土和古土壤的振荡。第四纪黄土的地层，是以多层黄土和古土壤层交相叠压、覆盖构成的。黄土和古土壤是不同气候环境下的产物。在气候干冷环境下，中高纬度冷高压强劲，中亚内陆干旱地带与黄土高原上空西风带活动强烈，是黄土堆积较快的时期。此时高原上以黄土沉积为上。而在相反的气候环境下，气候温暖湿润，黄土高原林草植被发育，先前堆积的黄土表层土壤发育，成壤作用速度大于粉尘的堆积速度；到下一个干冷阶段的到来，新的黄土颗粒又覆盖在这层土壤上，使之成为埋藏的古土壤层。

第四纪的黄土与古土壤层的多次交互叠出，干冷温湿气候多次演变，草原与森林草原环境演变，是黄土高原地质环境的主要特征。

以洛川黄土—古土壤序列为例。距今约 240 万年，在第三纪红黏土岩层上开始堆积黄土粉尘，黄土地层划分，这一层黄土称为午城黄土。气候从第三纪的较为温暖湿润，向干冷急剧转化。在午城黄土中，距今 187 万～167 万年，发育了一厚层古土壤，黄土高原与华北气候有过短期的转暖。中更新世所沉积的黄土称为离石黄土，在距今 115 万～12 万年的这一时期，交互出现了 14 对黄土—古土壤沉积层，记录了黄土与环境的变异；这也是黄河发育的最关键时期。其间，伴随着 115 万年、80 万年前严重干冷气候事件，有恶劣的荒漠草原环境；也还有 56 万～46 万年前最佳气候阶段，环境转为温湿，土壤发育，海面上升。而距今 14 万年以来，则有 14 万～7 万年前的温湿阶段、7 万～5 万年前的干冷阶段、5 万～2.5 万年前的温凉阶段、2.5 万～1.0 万年前的干冷阶段及 1 万年（全新世）以来温湿阶段的存在。

黄土与环境的振荡，在北方地区引起一系列反应：在温湿气候环境下，黄土高原与华北平原发育土壤或细颗粒物质沉积，山麓洞穴（如著名的周口店）中有石灰岩沉积，东部沿海发生海浸、湖沼发育。转到干冷气候条件下，粉尘堆积加强，大量粗粒黄土沉积，平原古河道发育，东部海平面显著下降。我国第四纪及海平面变化的研究，有力地支持和呼应着黄土与环境研究的成果。这种环境的振荡，也将从黄河的演化、振荡中体现出来。

生物的灵性与环境的变化自然相通。从黄土层的对比，估计在黄河流域已发现的蓝田猿人、公王岭猿人的年限大约距今 115 万年，陈家窝猿人距今约 65 万年，后者与北京猿人出现的时间大致接近。这些早期的猿人群体，曾是惊喜而又静默地目睹了高原的演化、黄河的发育。黄土高原上的啮齿类动物化石，反映了高原的草原型古环境，而不同类型的古蜗牛化石，则成了最好的古环境演化的"指示性"动物化石。高原的孢粉化石研究，也进一步证实了不同环境条件下高原古植被的变迁状况。

（3）黄土高原的侵蚀。陕北有句俗话，"绥德的汉子，米脂的婆姨"，讲的是陕北地区青年男女的健秀之美。

不过，要说起现在陕北——乃至黄土高原的自然面貌，可就是另外一回事，难以令人恭维；不论是从空中俯瞰，还是乘车旅行，所见多是沟壑纵横、满目疮痍，黄土高原风貌令人惆怅。在那里极目四望,一片黄土,八方苍老,满天黄沙。即便是乘坐封闭较好的旅行车,飞扬的黄土仍是无孔不入:脸面上、头发里、鼻孔中全是粉尘,人们不得不"白羊肚"毛巾头上戴。

这是第四纪创生的黄土高原,被侵蚀破坏的结果。百万年尺度的侵蚀,把高原地貌装扮得千奇百怪。

第一种是黄土山地,如横亘于鄂尔多斯沙地与陕北黄土高原间的白于山、陇东的华家岭,这些山地古今都是分水岭地。

第二种是丘陵宽谷,如在晋西北,神池、五寨、左云、右玉等地的黄土丘陵,坡度较缓,谷地广阔。

第三种是丘谷沟壑地区,如所谓陕北"三边"的靖边、定边,宁夏南部的西吉、海原,兰州北部。当地老乡称为埚、圪、墹——极为奇特的地貌名称。谷间自然是丘陵,地貌上称作峁、梁;这正是大自然精心剥蚀所赋予的,谷底则是现代侵蚀的沟壑。

第四种是丘陵沟壑,如横山、榆林、神木、府谷一带的台状、平墚状地貌,吴旗、志丹、榆中一带的斜垛状地貌,天水、定西、通渭一带的长坡墚状地貌。而在晋西、陕北、陇东分布最广的,就是墚状、峁状丘陵沟壑了。墚塬、残塬,又是丘陵沟壑之一种。

若在陇海铁路上坐车来回,那沿途的黄土塬,始终吸引着陌生的旅人:塬上有什么?一天,当我终于登上了塬,在周原这块古老的黄土地上转了好几个圈子,才明白了它的直观含义——黄土的大平原,它并不是流水冲积而成,比华北平原高出上数百米、千米。土塬被流水切割,在其内部和边缘,又形成沟壑与墚峁状的残塬。

第五种是高平原与山间平原,如鄂尔多斯以东与山西的长治盆地。

就在那个树立了第四纪黄土标尺的洛川,有个著名的洛川塬,它透露出了更新世以来,高原侵蚀强度在增加之中。甘肃庆阳的董志塬,地理学家往往拿它作例,唐代该塬南北长 80 里,东西宽 60 里;现在东西宽只有 30 余里,最窄处只剩下 1 里了![1] 在更新世的历史上,它该有多大呢?可能比唐代塬面还要大得多。黄土高原的现状,也反映了数百万年的环境过程,这是个旷日持久地堆积而又不可遏止地侵蚀的过程,是一个从高原形成就启动了的侵蚀过程,也是一个到今天仍无休止地侵蚀的过程。

驰名中外的黄河泥沙,就正是从这永恒的侵蚀中来的。

四、黄河的"临盆"

1. 黄河水系的孕育

就在高原黄土标志的第四纪来临的时分,喜马拉雅运动的第三幕庄严拉开,青藏高原高高隆起。这是一次剧烈程度超过以往的构造运动,使得太行山以西特别是鄂尔多斯地块,受到强烈的挤压,以空前的速度向上抬升。"鄂尔多斯",蒙语意为"众多的宫殿",因成吉思汗的英名而永垂青史;不过,它在古华夏的地质史上,在黄河的历史上,它一直是一座神秘的殿堂。

一方面是漫漫黄沙纷纷而下,另一方面是黄土地台随构造运动在扶摇直上。第四纪的

---

[1] 参阅史念海,《河山集》,三联书店,1981 年。

一个重大的成果，就是如此孜孜不倦地在黄土高原上从事年复一年的创造。

鄂尔多斯断块周围的一系列断陷盆地逐渐缩小，银川平原地区与卫宁盆地分离，汾渭断陷收缩，三门古湖开始萎缩。而六盘山以西，今天黄河上游地区，地面抬升，从而结束了由来已久的沉降局面；陇西盆地、化隆盆地等断陷盆地抬升，第三纪时的古湖泊——消逝。

这一场伟大的、急风暴雨式的构造运动刚刚转入相对稳定，流水外营力就急不可耐地参加进来。它在新生的黄土高原最突出的成果，是使得卫宁盆地与银川平原，经今天的青铜峡贯通，其时间发生在距今 180 万年前后；继而，原陇西盆地的水系也得以一一融会，青铜峡以上，当今著名的黑山峡、乌金峡、柴家峡、八盘峡、盐锅峡、刘家峡一一形成。大自然在埋头努力，在亿万年的基岩上刻画出未来的黄河，殊不知每一次着意的刻画，就为今天留下一处水电能源开发的梯级位置。山陕幽谷，也构成了勾连河套水系与汾渭水系——汾渭湖盆的通道。

断陷盆地与湖泊，在黄河的孕育生成中起到重大的作用。随着黄土高原的持续上升、盆地不断下沉，整个太行山以西的地表径流，纷纷各寻出路，汇聚于附近的湖盆中。每一个湖盆都是一个区域性的侵蚀中心。第三纪以来，各自为政的古水文网络，又随构造起伏、河流的溯源侵蚀袭夺，在大动荡、大分化、大改组，使得原来处于分割、封闭状态的水体，可能连通，湖盆积水串联、外泄。这一柔水不言、务实千秋的深刻过程，充满了早更新世百万年的地质历史。

早更新世以来，水体的重新组合，使中游的水系格局初步形成。三门湖消亡以后黄河中上游的水系格局，就如 B 超的显示屏，为我们朦胧地映现了母腹中的胎儿一样，映现出了未来的黄河：那傍着湖盆，蜷曲在鄂尔多斯摇篮中的黄河。

黄河中游的雏形已经隐隐可见！

在距今 167 万～145 万年前后（也有人认为在距今 110 万年左右），即早、中更新世交接之际，一次新的构造运动，导致了青藏高原和整个华北地区的躁动，秦岭以北断隆、断陷强烈，上新世以来的大型湖盆特别是三门峡湖盆进一步发生萎缩。这是一次脱胎换骨的躁动，赋予了华夏水系强大的生命力，水流溯源侵蚀骤然加剧，其最伟大的功绩，就是位于三门峡两翼的古河流，迅疾地向三门峡溯源推进（三门峡形成之前，这儿仅仅是一个分水岭），它们奋力切割基岩，人门、神门、鬼门，一一凿开，一往无前的流水，很快会师于三门峡，两支将决定命运的铁流，终于会聚在一起，群山回荡起它们胜利的欢呼。这又是一次天崩地裂，三门峡古湖如同一个巨型水库溃决于一旦，沉静了万千年的大水，喧嚣沸腾，一泻千里，以雷霆万钧之势奔向东方。古黄河水系终于外泄进入华北平原这一巨大的凹陷盆地，多元的独立湖盆水系，已经形成一条统一的古黄河。

黄河"临盆"诞生了！

当然，关于黄河形成的时间，到目前仍是众说纷纭。有的专家认为其上游段形成于中新世，也有的认为上、中游形成于上新世。有的专家认为三门峡地区的形成，也不晚于上新世初，黄河早就是外泄入海的大河；也有的认为共和古湖消亡于中更新世末期，河套古湖消亡于晚更新世末，三门峡以下还只有数十万年的历史，黄河还年轻，很年轻……

具体的地区、具体的时代，只有随地质科学的进一步发展，特别是一些科学技术研究手段的引用，来更准确地弄清。或者，也有待于一些边缘科学——如天文地质学的发展，来取得更多更新的证据。非牛顿天文学-灾变天文学的进展，是令人十分欣慰的。灾变天文学、地质环境概念的深入，不可避免地将引起黄河历史自然学的革命。

但是有这点是明确无误的，那就是：黄河是从鄂尔多斯断块周缘断裂系的内陆湖泊演化而来。

2. 黄河水系的发展

黄河中、下游贯通为一，或北流入渤海、黄海，或由南路入黄海、东海。黄土高原、华北平原与海洋的沟通，使黄河水系进入了一个的发展时期。海平面成为全河一统的侵蚀基准面，中、下游河道，通过不断地调整，在打造着河床与周界，还收容了一个又一个的小水系。黄河水系也因之在不断地自我完善、丰满充沛，在成熟中。

中更新世，在持续的构造抬升作用下，黄河形成了两段阶地。距今78万年，化隆盆地急剧变形成最高的河流阶地，山陕峡谷、黑山峡与今西宁上下，黄河形成新的阶地。而在59万年前，自西宁到三门峡，沿黄河上、中游普遍形成第四级阶地。这些阶地又和整个黄土高原的其他地貌一样，成了进一步堆积黄土的新舞台。

14万年前左右，新的构造冲击来临，位于化隆盆地的黄河支流向西延伸，今青海省贵德县以上共和湖水系被收纳于黄河水系，共和湖也随之消亡。化隆盆地的黄河于流得以形成。同时，由于日月山的隆起与气候的变迁，青海湖也从此成为封闭水系。

陇西盆地以下，黑山峡、青铜峡、山陕峡谷及汾渭谷地的黄河侧蚀暂时中止，形成马兰台地。进入晚更新世以后，气候转为极度干冷，强劲的西风带来巨量的黄土沙尘。黄河上中游各级阶地上，都堆积了马兰黄土，为下一侵蚀高潮，带来新的黄土物源。

大约8万年前，黄河自身已经深入青藏高原内部，抵达今海南、黄南自治州境西倾山下，与若尔盖古湖仅仅一岭相隔。若尔盖湖，后来干缩、沼泽化，演变成松潘草地。黄河河源楔入若尔盖，再直达玛多地区，那已是全新世初的事了。

一次次的构造抬升，使黄河水系发展，定型，也加大了黄土侵蚀、输移的势差。一次次沉积-侵蚀高潮，给黄河于、支河道输送了滚滚而来的水沙巨流，塑造了河床的边界，改造了下游大地。到更新世末、全新世初，黄河水系终于发展成现今的状况。

第四纪地质史上，黄土的沉积与侵蚀，既是绝对的，又是相时的，与气候演化、地质事件相对应。更新世上有过四次突出的侵蚀时期，从而也决定性地影响着黄河下游的来水来沙过程及河床的变形、河道的演化。这四次侵蚀期，第一次发生在早更新世末中更新世初；第二次发生在中更新世早期之末；第三次是中更新世末至晚更新世初；第四次是晚更新世末至全新世初。不难注意到：强烈的侵蚀，往往就发生在极端干冷阶段，特别是发生在干冷向温湿转化的"节骨眼"上。

河流发育、演化中的许多突发事件，正好和地质环境的某种异常振荡相关联。

第四纪的历史，再一次雄辩地证明，是构造运动促进了黄河水系的生成，给予气候变迁、黄土堆积与侵蚀以巨大的原动力。

难怪在今天就有人针对构造运动形成的喜马拉雅山与秦岭，"异想地开"地提出在高山上劈开巨口，让印度洋的暖湿气流不受阻碍地进入华夏西部，改造西北干旱气候，从而也改造黄河地质环境。读了一页页自然历史，你还能说这些仅仅是一种狂妄的想入非非吗？

研究表明[1]，近 20 万年来中国北方地壳垂直运动还一直在增加，给予了黄河演化以无穷的动力。黄河的阶地显示了构造活动作用，第四纪晚期以来有 4 级阶地和 2 级河漫滩；在距今 20 万年左右、10 万～7 万年、7000～2000 年左右、300 年左右，存在相应的 4 个构造活跃期，而在距今 700～300 年，有一个突然的加速运动，这种构造的不平衡，几乎总是黄河演化、变异的大前提。

五、沧桑之变

第四纪黄河下游的发育、演化，也与上中游一样，受制于地质环境的大变动，与华北坳陷盆地的持续沉降、中国东部海平面的变化紧密关联。

1. 早更新世的华北平原 [2]

黄河一降生，便奔流于今河南省境，河南省第四纪沉积，显著地反映出黄河诞生与发展变化。

早更新世早期，进入第四纪的第一冰期，称之为鄱阳冰期，大约在现今河南濮阳、新乡、开封、许昌这条线以西，多是冰碛、冰水沉积与湖相沉积，以东有河道带相、河间带相和湖相沉积；东部的沉积显示当时尚未发育（黄河）河流，部分河流冲积物仅仅来自豫西山区与鲁西山区。

到早更新世中期，河流沉积作用开始占主导，但河南东部沉积仍为豫西、中山区的冲积-洪积扇堆积物。

到早更新世晚期，进入鄱阳—大姑间冰期，环境与沉积岩相与早期类似。

在早更新世的 100 多万年中的钻孔里，未发现宏大的河流冲积物，黄河尚未进入华北平原。河北平原早更新世的岩相——古地理图中的带状河道相，也都是太行山山前河流冲积物，而河北平原更多为冰碛-冰水相、湖相沉积物。

2. 中更新世的黄河下游 [2]

河南省地质钻孔资料显示，中更新世的早期，岩性、砂层等已与早更新世及第三纪的地层迥然不同。河流冲积相自今洛阳孟津一带黄河出山口，向下成扇状放射分布，河流冲积扇空前发育，说明黄河的确是在早、中更新世之际打开了三门古湖，进入华北大平原，黄河冲积扇开始发育。冲积扇前缘发育了 6 条古河道带，北部古河道带大致沿新乡—滑县—濮阳—内黄，原阳—长垣—范县方向，落在开封坳陷与东濮坳陷中；南部有 4 条古河道带，其中有两条都顺着开封—民权—曹县方向，从开封坳陷进入济宁—城武断陷里，一条从睢县向东，一条从扶沟东下鹿邑，落入周口坳陷中。总的来看，冲积扇北部较为发育，沉积厚为 60～120 米。说明黄河出山以后，以北流进入河北平原—渤海为主，而且从一开始就受到基底构造线的控制。到中更新世晚期，黄河冲积扇进一步向东扩大，河道带更为发育，堆积作用大大加强，南流部分仍相对较小些，沉积物以较细的颗粒为主，整个中更新比南部沉积厚度为 40～80 米。

---

[1] 参阅郑洪汉等著的《中国北方晚更新世环境》，重庆出版社，1991 年。
[2] 参阅河南省水文地质一队，《河南中更新世早期岩相古地理略图》。

中更新世早、晚两期，分别与大姑冰期、大姑—庐山间冰期相对应。

3. 晚更新世的河南古地理 ❶

晚更新世的河流冲积堆积物覆盖面积很大，黄河冲积扇的南北差异缩小，看来，华北平原已大致堆积淤平，一般厚度为20～50米。沉积物以黄土状亚沙土、中细沙、粉细沙为主。成因以冲积为主。

在晚更新世早期，正值庐山冰期时，冲积扇规模发展更大，古河道十分发育，而且古河道带仍与基底构造线方向一致。冲积扇南缘黄河古河道与嵩箕山区的古河道汇合，由河南周口东南而下；看起来在这一时期，由于黄河冲积扇的发展抬升，原来古淮水与古黄河之间的天然分水岭已不复存在，黄河能以夺淮进入黄海、东海。

这是黄河冲积扇发育最旺盛的时期，扇体东缘还有3条古河道经商丘、鹿邑一带进入苏皖，与历史时期的汴水、濉水、涡水泛道极其接近。或许就是地质时期的黄河泛道吧？更新世时期黄河（入淮）泛流，将为后世留下宝贵的借鉴。

晚更新世晚期，南部冲积扇略有收缩，但仍然保持着黄水入淮的势头。这一时期，相应地处于大理冰期，黄河中下游，环境干冷严寒。

总的来看，更新世3个时期黄河在华北平原上始终受到基底构造的控制。第四纪中平原持续下降，为承纳巨量的泥沙，形成了深广的空间。冀中坳陷厚达500米，开封坳陷厚达400米，周口坳陷厚300米，东濮坳陷厚300米；其间的构造隆起，如内黄隆起，沉积厚120米，太康隆起厚200米。这一相对沉积趋势，反映出地壳沉降变化的差异性，从而也控制了冲积扇的发育、古河道的演化。

新构造运动造成的河南平原沉降显著，各断块沉降的不均衡特征性，宏观上区划了构造单元。从数百年、上千年的时间尺度看，或许也决定着黄河的演化变迁。

4. 海浸与海退

人们早就说，华北大平原是一个大海湾，是黄河冲积扇的推进，填海为陆，塑造了大平原。

黄河与华夏大陆，诞生于海洋；黄河流域丰沛的气、水来源于海洋，黄河又复归于海洋，黄河的发育演化，莫不与海洋的呼吸、冷暖、起伏共命运。

第四纪以来，随着全球构造活动、气候变迁演化，与华北平原相伴的东部大海，出现过多次海浸与海退。30多万年以来，大致有31万～28万年前的南黄海的一次海浸；约20万年前另一次海浸，在苏北盐城一带曾形成厚1米的海相层。15万～12万年前，在渤海中部发生两次海浸。距今10.8万～9万年、8.5万～7万年，渤海发生著名的沧州海浸，海平面较今高出5～7米，海岸线一度推进到河北文安、大城、青县、南皮、盐山县一线。之后又发生海退，渤海全部成陆，黄河口延伸到今渤海海峡附近。6.5万～5.35万年前，渤海中部还发生过一次海浸，但范围较小，岸线埋藏在现今海区内。在晚更新世晚期，3.9万～2.3万年前，渤海发生著名的献县海浸，海岸线再度推到上述文安—盐山一线，海面高出今天5米；山东广饶一带，水深可达30米，河北黄骅以东可达20～30米。

---

❶ 参阅河南省水文地质一队，《河南中更新世早期岩相古地理略图》。

15

这时正值末次冰期中的温暖间冰阶段。❶

　　献县海浸后，约在 2.3 万年前，我国东部发生海退，海水从渤海、黄海、东海大陆架全部退出，大致在 1.5 万年前，海平面跌落到最低水平，低于今天海面 150 米左右。华北平原与出露的大陆架、朝鲜半岛连为一体，与日本列岛仅以海峡相隔；而黄河河口，就一直延伸到朝鲜半岛南端的济州岛附近，离日本已经不远。这是末次冰期气候最严寒之时，也是马兰黄土形成阶段。强劲的西风，不仅在华北大地沉积黄土，而且还在江南和东部大陆架广泛撒布粉尘，有的黄土堆积在沿海岛屿上，有的甚至漂洋过海，散落在今天日本的冲绳地区。其实这并不惊人与离奇，现代的黄土粉尘，甚至可以飘过太平洋，出现在北美的落基山上！❷

　　非常有趣的是，当时黄河南走的一支，大致从黄海大陆架东南而下，海洋地质的成果说明，在北纬 29°～30°东海陆架上，已发现有两条东西向的宽大河谷，或许它们就是古黄河和古长江？或许，其河源仅一山之隔的古长江、古黄河，东南、东北方向各自奔泻万里之后，在东海大陆架上重新靠拢并找到了共同的归宿。在古长江—黄河三角洲的前缘，在海水下面隐隐约约地有 6 条古河道。这一古长江—黄河水系，穿越了古代黄海—东海大平原，奔腾入海，直端端地跌入深沉的冲绳海沟。

　　海退与海浸和气候的冷暖、黄河水沙的虚盈、黄河下游河道的演变，有着重要的联系。海面下降几十米甚至上百米，黄河河道也迅速下切，原来的一些河漫滩高地被突出出来，这或许是现在华北平原上可以见到的一种地貌，一些更新世的河流阶地、漫滩物质，或者高出地表，或为近代黄河冲积物浅埋。在海退的时候，水流动力较强，自然河床要陡一些，黄河泥沙大都被挟带到大陆架上，华北平原上黄河河谷内沉积的多是一些砾石、粗颗粒。当海面上升时，则往往导致了河口段的河患增加，变迁加剧。

　　更新世的黄河，就这样与环境的变异相依联，环境，始终决定着黄河的演化；而且这一切变异的基本规律，从本质上遗传到了一个新的地质世纪。它就是全新世。

---

❶　参阅《中国海平面变化》，海洋出版社，1985 年；《中国气候与海面变化研究进展》，海洋出版社，1990 年、1992 年；曹家欣撰写的《第四纪地质》，商务印书馆，1983 年。

❷　参阅《日本第四纪研究》，海洋出版社，1984 年。

全新世的黄河自然史*

全新世的黄河自然史，承袭了第四纪以来的演化发展，仍然是宏观地质环境作用的结果。大气圈—岩石圈—水圈交互作用、气候变迁、沙漠冰川演化、新构造运动、海平面变化，再加上日益加剧的人类活动，共同影响与制约着黄河的发展。

全新世的1万年，显示了黄河系统震荡的宏观背景；近3000年来，在人类的强烈参与下，全河系统经历一个个躁动时期，从而，黄河的水沙变化，决溢与河道变徙，成为地质环境振荡的产物。

晚全新世以来，人类更多地参与地质环境作用。人类兴筑堤防，力图控制洪水；中游黄土高原的垦殖发展，加剧了黄土的侵蚀，从而使黄河下游发展成为地上河，多次发生决溢、改徙。在黄河大三角洲上，它时而北入渤海，时而南注黄海，河道变徙无常，成了一条著名的"善淤、善决、善徙"的河。就是这样的一条大河，进一步塑造了华北大平原，哺育了中华文明。但同时它又一次次摧毁黄河大三角洲的社会经济，给那里的人民带来深重的灾难。

黄河与天、地、生物圈进行物质与能量的交换，成为一个开放的耗散结构的巨系统。环境的恶化，人类活动的负面冲击，使系统的准平衡破坏，激化了一系列的自然灾难。但是，人类又总是力图去认识黄河，控制黄河，不断地调整人与黄河的关系。

到了20世纪末，人类认识、利用、改造黄河，已进入一个新的历史时期，中国人开始重新审视浩瀚的黄河史，正在凝思：如何去创造一条全新的黄河？

一、大宇宙中的小宇宙

1. 全新的历史

1万年以前，黄河追随着地球历史，在环境的大动荡中汹涌澎湃地冲进了全新世。

全新世（Holocene），即人们通常说的冰后期，指地质史上大约距今1万年伊始，至今仍不断向前进发的最新地史。与奠定了黄河总体格局的更新世（Pleistocene）相比，这1万年来气候温暖，海平面回升，人类文明迅猛发展。同时，大地依然在不停地躁动着，火山、地震活动频仍，气候冷暖干湿振荡不已。黄河，就在蒙昧与文明的世纪之交，在自然大环境的变化中，不卑不亢、我行我素地哺育了史前文明—奴隶制文明—封建制文明，同时也令人类目睹了它全新一页的活跃历史。

1万年来，它俯瞰四野，闯荡南北，从渤海—黄海到黄海—东海，又从东海之滨回返渤海古盆。在更新世黄土堆积与切割的基盘上，刷新了华北大平原——华夏文明的温床。它的儿女从避让它，到追逐、依附与企图控制它。人们正是用它倾泻出的泥土，填筑了一

---

* 本文系河南人民出版社于2001年出版的《黄河文化丛书：黄河史》自然篇中的部分内容，内容有修改。

道又一道森严壁垒的堤防；而又一次次无可奈何——听任黄河依然如故地把丰硕、旺盛的水、沙，宣泄到人类堤防工程以外的大三角洲上。

这就是人类生灵与水、土三者依恋、融和、冲突的1万年。这是一条河水把中国人与天、地紧紧联系在一起的1万年。

这也是生物圈中的人类最积极地参与了气圈—岩石圈—水圈交互作用的1万年。这是一种生态系统构成中的四圈连环。

这1万年却在黄土与环境的振动中——即黄河的生命发育中，录下了黄河"小宇宙"数百万年地质环境的历史信息，在人类参与的情势下，重现了往昔的种种景观。从全新世走到如今，再去回顾漫漫的第四纪黄河自然历史，我们在省悟：这个小小的星球，它干了些什么？它在干什么？特别是人们还会禁不住地提出："它还想干什么？"

黄河在全新世孕育了文明，文明也屡屡试图塑造黄河，而黄河依然是黄河。而今，文明又不得不重新反思，打量：黄河，从何而来，向何处而去？工业文明和后工业文明，已铸成民族文化长河的新"龙门"。黄河，正流过历史的门槛。

2. 新华夏自然面面观

18世纪著名的法国学者布丰，曾在《论风格》的演说中指出："为什么大自然的作品是这样的完善呢？那是因为每一个作品都是一个整体，因为大自然造物都是依据一个永恒的计划，从来不离开一步；它不声不响地准备着它的产品的萌芽……"

黄河的自然历史，也是如此。黄河是一个上联天地、下入海洋的巨型开放系统。它与地球环境相连的每一个子系统，在大自然的意志下，100个世纪来，都以强烈的参与意识影响着黄河的发展变化。

（1）气候变迁。冰后期来临的报春花，在全球并非突如一夜齐绽放的。青藏高原赋予了黄河生命原动力，在这"圣脊"上，朵朵向往春天的"雪莲"竞相盛开在13000年以前。几乎与此同步，加勒比深海的岩芯有趣地与世界高原递送"春波"。当冰后期的温暖早已融灌了黄河下游史前文明的前"海岱文化"，莽莽的北美冰原才略知春意。国际第四纪委员会科学地界定的更新世与全新世年代，在距今（10000±300）年；而华夏大地却提前2000年划出了这一地史的新纪元。[1]

距今11000～9000年以前，华北地区曾一度是"早春二月"，原野上到处繁衍着冷寒乔木椴、桦与云杉、冷杉。科学家从黄土高原采取试样，其中有机碳频率显示：在13000～10000年前，也曾出现过全新世来临之初的气候颤动。在黄河河套北屏风阴山之上，史前的岩画却录制了当地曾生息过大角鹿与鸵鸟，这大约是人类在最暖年代的写生。在9000～4000年以前，是黄河下游的气候适宜期，所谓适宜，无非是温暖湿润，当时一般气温较今高出2～3℃；其中距今7000～5800年与5000～4000年，两次高温期，华北都有野象、獐、竹鼠、貘生活栖息。气候振动过程中间或出现的数百年低温，是人类发展不得不接受的挑战，这种振动对于黄河，也存在着微妙的生存发展意义。

在黄河中游，距今10000～8200年间，发生了新世纪第一次"寒潮"。而8200～5500年间，是温湿期，但略有冷暖波动；5500年以前，是与下游完全同步对应的一个最暖期，高原为森林草原覆盖；至距今5500～3000年，中游出现一些干冷波动，虽然4700～3500年前的这段时间相应来说较为温湿，但已不如过去适宜与优越，特别是4000年前，寒凉的气候业已出现。

黄河中、下游近5000年的气候波动，竺可桢及其后继者，已通过考古、文献、物候、仪器实测研究，进行了综合分析；大致有殷商、春秋战国、隋唐温暖湿润阶段，相间有两汉之际、南北朝、南宋低温阶段与明清小冰期。这些冷暖变异，或许正是更新世气候变迁的微型复制再现。

在青海省南山，一棵祁连山千年圆柏的年轮，给后人揭示了1155～1427年、1871年至今的两大暖期；鄂尔多斯高原的油松王也显示了900年来的气候变化。黄帝老爷爷、昭君娘娘与光武刘秀，做梦也没想到，后人在他们坟头植下的苍松翠柏，也指示了明清小冰期以来，黄河腹地与两岸的气候变化[2]。祁连山冰岩的岩芯，更告示了1万年来的冷暖变化，高山冰川与地球南北极的冰盖，至今还在时张时弛、时扩时缩、时低时高，伴随地球的呼吸顽强表现自身。

不要低估了黄河流域冷暖干湿变化，气候韵律也许是苍天给予黄河的一台起搏器，黄河的躁动，黄河身体内水与沙的起伏、盈虚，全都与大自然存在某种谐和的波动联系。

（2）沙漠演化。深受全球变化影响，在更新世时扮演过重要角色的亚洲内陆沙漠，依然虎视着黄土高原与高原下的黄龙。在末次冰期的最后阶段，世界上沙漠布局与今日相差无几，只是各分布区域面积略大一些。在中亚细亚，却比今天多一点绿洲，中国西北沙漠的态势，也比今日略略收敛一些。到6000年前，除澳洲腹部，北美西南还有部分沙漠外，包括撒哈拉在内，向日瀚海多已转化为湿润的草原丛林。中国的毛乌素、塔克拉玛干大沙漠亦不例外，毛乌素南缘沙地已土壤化。但在大约4000年前，气候骤然干冷，沙漠化发展，以致喜马拉雅山南的印度河哈拉帕文化，也"莫名其妙"地消失，文化出现断裂。3400年前，毛乌素沙漠的沙黑垆土，与河湖相沉积再次出现，其后气候又转为干燥，沙漠发育。

情况大抵是这样：在鄂尔多斯高原，早、中全新世7000年的温暖期，是沙漠退缩的时期，近3000年的晚全新世，是现代沙漠扩展的时期，西部山地冰川出现了三次挺进；相应地，沙漠地区土壤发育中止，风沙盛行，沙漠扩展，在陕北长城一线，沙漠南缘发展到冰期时的位置。诚然，演化中总有一些沙漠退缩，如东周至秦汉、唐代这些时期。但南北朝时沙漠继续扩展，给后人遗下了楼兰、且末古城与居延垦区一片废墟，而且3000年来总的趋势是沙漠化发展。内蒙古伊克昭盟（现为鄂尔多斯市）与毗邻地区的干旱、风霾，在两汉、三国、南北朝、宋、金元与明清，一度都处于峰期，就说明了一切。

沙漠扩展恶化了黄河的环境。近1000年来，华北出现5次雨土频发期，源源不断的风沙，从柴达木戈壁顺祁连山南直逼青海共和盆地，从腾格里沙漠南插陇东与陕北，从乌兰布和、库布齐沙漠两下包抄毛乌素与陕北，余力尚能颐及山西高原……就是这1000年，西风输送的沙尘，在黄土高原疏疏松松地撒下厚一二米，这是全新世中的一次大堆积。

（3）新黄土堆积[3]。说到新黄土堆积，科学家早在40年前就作出过推断，继而发现了一系列实例。譬如在渭南市西塬北阁村全新世黄土厚约1米，下覆温湿时期的褐红土。秦岭北麓沈河畔二级阶地上有2.6米厚的黄土。在哺育了周文化的岐山县，有个马江源西沟，在1.2米与0.8米的黄土—黑垆土之下，有距今五六千年的文化层。鄂尔多斯高原上，近万年发育了5期古土壤层，间夹干旱期的风沙层。这些实例勾绘出全新世黄土的地层划分，最下层在距今 8100～7400 年前堆积，厚约 1 米，其后在 4600～3000 年前，厚 2.0～2.5 米。晚全新世的堆积与土壤发育颇为复杂，距今 2000 年前与明清小冰期有黄土堆积，其间还有数次较小的堆积波动。

黄土与黑垆土的叠覆产出、发育，透露出一个深刻的信息：240 万年以来的地质过程，今天仍在本性不变地进行。一万年黄土—古土壤的变化，与宏观地质史辩证统一。环境与黄土的演化，既有数十万年、十万年尺度的旋回，又有数万年，数千年的次级乃至更次一级的旋回，一万年来，势必存在再次级的、子属的气候周期，相应出现黄土堆积的子属周期振荡。近代的雨土、尘暴，恰恰是地质时期伴随黄土堆积的一些大气活动的继续。历史雨土频发与低发的交替出现，不啻是地质时代黄土堆积的演示。古土壤的发育，无疑地缓和了侵蚀的严峻形势，而黄土堆积及风沙弥漫的时段，也正是黄河中游的侵蚀强化阶段。

难怪，竺可桢考察西北沙漠后，强调了王之涣出塞诗古本原句"黄沙直上白云间"[4]。一位 20 世纪 50 年代初的老战士告诉我，郑州军营内，一夜风沙，清早起床时，门扉已推不开。士兵在进餐时，从不先揭去稀粥的表皮——挡沙薄膜的，而是咬破一个小口，慢慢地吮下去……能想象当年的郑州吗？

万不可小觑了这些风沙，即便是撒落中游大地的黄土并不全都冲进黄河，但仅仅河曲以上 1200 公里的黄河干流段，风沙直接进入黄河的量，即可达到每年 5000 万吨。而鄂尔多斯风沙区 1300 公里长的支流，每年接纳的风沙量就达到 1 亿吨。黄河下游河道，大概每年也就是淤积 3 亿吨。风沙的强弱起息，与黄土堆积相关，不能不是影响黄河沙量的一个活跃因素。

（4）地壳运动。人们一旦面对千岭万壑、满目疮痍的黄土高原，往往不禁感叹：高原与黄河，都已衰老了。殊不知，鄂尔多斯高原从不承认自己衰老，全新的构造运动，仍在大河上下不停地进行。

继数百万年的地史，黄土高原仍在持续上升，周缘的银川—吉兰泰等 6 个断陷带、褶皱系——断陷盆地，仍在继续下陷。由这些活动性的断裂带控制，自公元前 780 年以来，有记载的大地震就有 51 次，它们像一曲曲历史的回响，令人类缅怀黄河的往昔，更像礼炮，预示新纪元贵客的光临。仅近千年来，鄂尔多斯周缘与华北平原沉降带，就有过 5 次关联的活动高峰期（1290～1370 年、1480～1740 年、1795～1885 年、1914～1952 年、1955 年～?），近年观测说明，西安渭河谷地每年下沉 20 厘米，而附近秦岭与黄土塬，却上升了 5 厘米。第四纪以来河北平原每千年沉降自 12 厘米向 21 厘米发展；近万年则是沉降最烈的。特别是冀中坳陷，每千年达 83 厘米，黄骅坳陷每千年达到 100 厘米。现代华北地形变化的等值零线，几乎无例外地像一对弯曲的巨钳，把历史上的黄河挟持在开封东濮坳陷与黄骅坳陷中，这仅仅是偶然吗？黄河下游复杂的大地构造，正是北北东向的构造线，对黄河的流向起到主要的控制作用。

北起黑龙江、南抵长江的郯（城）庐（江）断裂带，穿越沈阳、营口、海城、潍坊，斜插苏北两淮，断裂复活频繁，它就像黄河下腹部从未完全愈合的刀口，在抽搐、滑移、升降；谁敢担保，北宋之后的夺淮，不是它早已和渤海—黄海达成的一次默契？而北宋时那不可遏止的黄河北流，是不是苍天预演的一场欲擒故纵？清代道光初鲁西南地震活跃，似乎正告了两大断块的重新摩擦，而菏泽沉降中心则急剧下陷；仅仅去责怪太平军、捻军骚扰得咸丰皇帝无暇顾及河防，而酿成 1855 年的铜瓦厢大改道，是否也太苛求了农民革命与皇帝老儿？

华北大平原南部的苏北平原，5500 年前，大致每千年沉降 30～100 厘米，5500 年以来，大致是每千年沉降 80～140 厘米。郯庐带的某些活动，就在豫皖苏朦胧地再现过自商丘到淮阴的废黄河走向，当代的这一地象，是否暗示了地壳内腑脏的变异？而它，可能正影响着黄河的南流。

活动不息，冲击不止。黄土高原的持续上升，华北平原持续下沉，侵蚀—堆积的势差始终存在，且在发展中，而一些时间地壳的极不安稳，与黄河中下游的极度躁动，又有什么内在联系？全新世以来，一些对比构造单元地壳垂直运动幅度特别大的地区，其掀升、翻腾，是否在某种意义上决定着黄河的变徙？

读了第四纪地球史，回答是肯定的。

地壳沉降，也与冰后期水体的变化有关。不要忘了"坐地日行八万里"的地球，它不是每天都是行 8 万里的。1 万年来，地球自转率在变化；这 3000 年来，它是在下降中，其间又有多次波动。自转变化，导致了海洋水体流向变异，赤道海域与中纬度海域水体交换，从而引起极冰、海平面、海温的变异，所谓的厄尔尼诺现象，未必不与它发生互馈作用。而 3000 年来许多黄河重大变异事件，正发生在地球自转率剧烈变异的拐点附近，这也仅仅是偶合吗？

地球自转，与大气环流、地震活动、火山活动、板块活动、冰川积雪变化、地球核幔耦合、海平面变化都紧紧相关联，这些子系统无一不时时在对华夏的黄河小宇宙发生着作用[5,6]。

（5）海面波动[7]。作为黄河归宿的渤海—黄海，在千里冰雪消融后，再次涌动出对广袤黄土地的眷念之情，从五六百公里远的深处，奔返昔日与河水交融的故里，深入大陆，在现代海岸线附近留下激情亲吻的唇印。从一度成为湖沼平原的渤海湾看，1 万年前海平面已回升到负 30 米左右。当时黄河比今天要长得多，在河北——渤海平原上，至少有两条流路：一条绕天津北，会滦河，东北入"辽东泊"，合古辽河南下出渤海海峡。有人曾把黄河石器文化带一直延伸到辽西海岸，甚至与红山文化联系，或许真是一种大胆合理的设想。另一条走向大概是从利津附近，冲着莱州湾沉降区，东至庙岛陆桥，北入渤海海峡。也许还不止于此，所谓的"九河"，似乎是在大禹王以前就早已客观存在的，条条向渤海中心的流路。而郯庐大断裂带，是否也始终在暗暗地控制着渤海海盆的沉降，从而也影响着几条黄河流路的消长？辽东湾的地堑坳陷，是不是华北—渤海平原上永恒的向心点？这是一些饶有兴味的问题。

海洋地质构造与海平面变化，也干预着全新世的黄河。海水仍在上升，6000 多年前，海面已回升到现今渤海零点，五六千年前，最高海面曾超过现今海拔 3 米，海岸线在天津以西、沧州以东、潍坊以北；这就是著名的黄骅海浸。自此之后，海面逐渐下降，就像"望娘滩"传说中的那小龙回头一次，就留下一处滩迹一样，深情的渤海不时回眸留连，短暂停驻，形成了距今 4700～4000 年、3800～3000 年、2500～1100 年的三道贝壳堤——痴情和心潮的纪念品。海涛不能不引起黄河的感应，每一次海面波动，都影响到下游河段的泄水、输沙，甚至黄河下段出现多处骚动。《尚书·禹贡》中所说的"逆河"，是否正是高潮时河口段反坡降的写照？两汉渤海海浸，是否激使黄河产生了一系列决溢的苦果？这种影响，有时可上溯一二百公里。当黄河鼓足了青春的阳刚伟力，挟带丰沛的黄沙投向大海怀抱时，每每似强弩之末，纷纷落淤河口前缘。面对缓缓退去的海水，唯有黄河望洋兴叹而已。

唐宋之际，东海的高水面是否连带有中纬度的海面变化，尚不可知；不过，宋儒欧阳修所说的"海口已淤"，以及其后游、金、赤三河"相继又淤"，令人推想：北宋初的河患，也少不了唐季、五代以来的海面波动因素？以黄海—东海而言，东夷文明开放前缘之一的海州湾，在连云港一带也留下了数道贝壳堤，最大的海浸发生在距今 8000～5000 年间。连云港—淮安—扬州是早年的海岸线，宋初，岸线已东移盐城—东台，范仲淹主持兴筑的范公堤，就画出了它的轮廓线。黄河夺淮以后，岸线迅速推进，这是黄河迅急追逐，又驱赶大海的 600 年，渤海、东海海面，明清时可能曾降到近 2000 年来最低的高度。不过，有谁去估算过两极冰川消融、凝冻，给黄河流域的大气、降水、径流、海面升降，带来多大的影响呢？近年曾有人算过，南极冰盖面的变化，与次年黄河径流，似有异常明显的关联。

3. 大宇宙中的黄河系统

一个潜藏着宇宙天体、地球历史种种遗传密码的小宇宙，这就是开放的黄河巨系统。地球这个天体，对宇宙说来是一个小小的宇宙；地球的第四纪对漫漫的地球史来说，则是次级的小小宇宙。全新世中的黄河系统，又是一个更小的微宇宙，各级宇宙系统有一个"联机运作"的机制；应当说，现今还存在不少千古之谜的黄河系统，其中重大的物理机制，都早已被决定下来。

大自然诸要素二元性反复可逆变化，内营力—外营力交叉作用于黄河系统，在全新世已显示出某种程序与韵律。第四纪已频频暗示人类，去关注大气—岩石—水圈的交互作用，关注其他天体的作用。以太阳活动为例，它提供了太阳系中的地球内、外营力的几乎全部能量。太阳活动—大气活动—黄河旱涝、水沙振动，相互关联。研究还认为太阳黑子数的变化与黄河水旱相关，有人甚至还提出它与黄河输沙的关系，有的研究认为黄河洪水变化周期与太阳活动磁周期有关。上述的冰川、海平面、沙漠、构造活动，也都与太阳活动相关。这是超出了黄河系统的日地关系学说，在中国、在欧美都有相应的研究。尽管目前还不可能找到一个能包罗各种物理要素的模式，但太阳提供了地球系统各种活动的能源、动力，则是无疑的。"一切光辉灿烂的东西总令人想起太阳。"（黑格尔语）一切地上地下威武雄壮的运动，也总离不开太阳。

全新世已走到晚期，但它并未结束。科学家们正为已发生了的小冰期，以及间冰期的某些颤动是否意味着新冰期的来临而争论不休。不论地球将面临何种选择，不论是（气候）适宜、不适宜，是温暖还是严寒，是湿润还是干燥，是相对稳定还是地覆天翻，黄河都必须在四圈连环的环隙中找到自己的位置。中华民族也必须在黄河系统中重审自己的位置，以求文明与黄河的再次谐和。或许，不久之后第四纪的专家们就会对全新世早、中、晚期划分提出异议，因为不论是这个星球，还是它的某一小系统，全新的历史都远未结束。

马克思、恩格斯曾把英吉利比喻成经济的民族，法兰西是政治的民族，德意志是思想的民族。黄河，使文明中华成了"历史的民族"。有了严肃的历史，才有认真的思索，才有全新的创造。一个成熟的民族或者个人，都不会耻笑自己的历史的，而一个真正成熟的民族，也不会用历史的沉醉去取代更新的亢进的。

一切自然历史，也都是自然的当代史。

二、谁纵黄龙当空舞

1. 黄河的"领地"与资源

1万年来，黄河这条不驯的黄龙，也就像古代的黄河人一样，居栖活动的范围是在不断变更的。近40多年来，中国人才使它归顺一些，而且丈量出它的干流全长5464公里，流域面积为75万平方公里。

不过在全新世历史上，它还有"别土"——即几乎整个的华北平原。其中黄泛区面积约25万平方公里，黄河的自然史，始终与这百万黄土地相关。

黄河的主要资源，是河水与黄沙。

历史上黄河水沙有过许多变异。当代，它的天然年径流量为580亿立方米。它流经干旱、半干旱地区，这一径流，比起长江、珠江来是少了许多。不过，正是这些颇有些"先天不足"的流水，却在半个中国造就惊天地泣鬼神的壮举。它每年输向下游16亿吨泥沙，如果用它的泥沙建造一条高、宽各为1米的土堤，那么可绕赤道近30圈。水少，沙多；这就是黄河。

"黄河之水天上来。"天上之水始起于青藏高原。

恰好在1万年前，青藏高原的新一次抬升，再次激发了黄龙的活力，它溯源而上，楔入若尔盖盆地，从此，玛多地区才成为黄河源头。

这是一个龙凤呈祥、五彩缤纷的源头。当地的藏民叫它"玛曲"——孔雀河。雪山下至今还回荡着高亢的藏歌："孔雀河上有孔雀呵，孔雀毛插在净瓶里啊！"是的，若我们背负青天朝下看：玛多的泉眼、湖泊、小溪星罗棋布，波光粼粼，它们构成扇状水系，不正是美丽舒展的孔雀屏吗？

河源高居海拔4000多米，270公里的河长，落差达到2330米。

从玛多到河口镇为黄河上游，长3191公里。6000里征程，飞龙叩关劈峡，到河口镇勒头探路，已降低了3000多米。这一段路程充盈了龙体内生命圣水。在兰州以上，它容纳了300多亿立方米的水，已相当于全河的三分之二，但一路艰辛，蒸发渗漏，到托克托已减到250亿立方米。这一段泥沙来得不多，每年约2亿吨，河床大致冲淤平衡。

黄河中游有36万平方公里的流域领地，是目睹、记录和参与了第四纪天翻地覆大变动的黄土地。黄河在河口镇附近受吕梁山阻挡，一气突转南下，进入山陕峡谷；这一地质时代的杰作，长达700多公里，落差600余米，悬崖峭壁，鬼斧神工，许多地段谷宽仅200～400米，河出禹门口，进入汾渭古湖盆，两岸又豁然开朗；而当奔到那"鸡鸣闻三省"的潼关时，又曳尾东去，打开三门，直抵桃花峪。

从河口镇到桃花峪，黄河行程1234公里，下降了近900米。沿途汇入红河、无定河、延河、渭河、汾河、伊洛河等支流，径流约为247亿立方米。黄河丰硕的泥沙正取自于这一段；山陕主要产沙流域达 13 万平方公里，每年入河沙量 9 亿吨，占全河挟沙量的 56%。龙门到潼关，流域面积 19 万平方公里，沙量 5.5 亿吨，占全河挟沙量的 34%。

可见黄河泥沙主要来自中游；把中、上游对比，水沙异源，水沙是不均衡的。

这 1 万年也都大致如此。人们认识到桃花峪以下的下游段，长达 768 公里，近 2000 多年来，它两岸堤防紧锁，除大汶河外，当今更无其他较大支流汇入，仅有河道本身的 4200 平方公里总面积。现在统计的上游来的 16 亿吨沙，约有 4 亿吨进入深海，8 亿吨散布于河口三角洲及滨海地区，还有 4 亿吨落淤河床。

自从有黄土高原，贯通的黄河就是浑浊多沙的。到全新世中期，这一趋势更加强化，每年约有 9.75 亿吨泥沙泄到下游，从西周到金代，又增加到 11.6 亿吨，明清时期，是 13.3 亿吨，20 世纪以来，发展到 16 亿吨。春秋时《周诗》吟出："俟河之清，人寿几何？"或许，当时的沙量不如后代，而人们已呼黄龙为"大河"。"河"，就是多沙的，据说特别讲究文字象形的老祖先，在制定"江""河"文字之初，便以形定性区分了它们的挟沙多寡。凡河，在曲流"丁"中挟带颗粒——都是多沙的。而江，则是清水。西汉时始称黄河，因为已"河水重浊"，石水而泥六斗了。当时的含沙量已可能高达每立方米 700 公斤，北宋时人们对水沙性状认识深化，黄河含沙的多少，再一次引起人们的注意，有"河流混浊，泥沙相半"的说法。明代河臣潘季驯的笔下，伏秋时分，已"二升之水，载八升之沙"。

历史上曾有过数次来沙持续较多的时期，黄河的含沙已与当代差不多了，但来沙多寡是有阶段性起伏的。"黄河清，圣人出"，黄河也有清澈的时候，不过不一定都应验了"圣人出"的名言。由于中游亢旱少雨，或某处决口把泥沙泄出河外，局部也有清澈的时候。历史上黄河不少支流也不一定都是多沙的："泾渭分明"，泾渭多次清浊易位；多沙、游荡的无定河，是唐代才命名的。"清清延河水"，反映出诗人对革命圣地风物的怀念，延河实际上是多沙的，而西汉时，延河又的确被叫过"清水"。

黄河泥沙确是在变化。现代，丰沙年可高达 30 亿～40 亿吨，少沙年又可落至 5 亿吨以下。20 世纪 70 年代以来，已好些年每年只有 10 余亿吨。到 2010 年代，它又减少到几亿吨，甚至还要少。这究竟是气候变异还是人类活动所致？抑或是综合作用，众说不一，目前似是一团"混沌"。"水沙变化研究""流域环境与水沙运行规律研究"这些前所未有的大兵团攻关项目，于是应运而生。

2. 黄河的变迁[8]

从有记载的历史看，黄河就是善决善徙的。

夏、商王朝活跃在黄河下游，那时黄河就是流徙不定的。不过上古人口较少，殷人避让河患同时又追逐变徙的河水而八迁。那时在记载上似无河决的概念。可能在追逐与避让河水中，人类与黄河相游移，无所谓后世地上河的那种河患。

公元前 602 年，黄河在河南浚县宿胥口改徙，引起了人们的重视，成为史载的第一次河徙。它结束了禹河河线的历史，多沙、游荡的大河，被迅速推进的太行山前汤淇冲积裙向南挤压，迁徙到战国、西汉大河位置。周人对酝酿绸缪已久的山地抬升—坳陷下沉的地质过程，难以做出科学的分析，但他们一定观察到了两条曾并驾齐驱的大河的水沙消长，注意到禹河的日渐枯塞，不然，古书中的"商竭周移"是什么意思？指的就是太行山前的这个大变动吗？这只是全新世中期一些演化的尾声，也是全新世以来一系列演化大趋势的一幕。

公元前 4 世纪前后，齐、赵、魏各国纷纷在自己领土上筑堤，以邻为壑；人类的这一大规模活动，使黄河系统发生开天辟地的变化。泥沙难以在大平原上恣意宣泄，积潴于两堤之间，河床淤高。洪水与它的孪生兄弟——泥沙，又不安分于人类的这种一厢情愿的安排，河患的记载逐渐增多。

不过，先秦时期，以及秦汉的一些河患都未引起重大的河徙。到公元 11 年，河决魏郡，自濮阳东下冲莱州湾，是后人称的"汉唐故道"，河线经濮阳、聊城、惠民，于利津入海。从河与海的关系看，这可能是一条基本的入海路途，古时的漯川泛道，现今下游河道，都与它较靠近。这一入海方向，相对稳定了 1000 年。

北宋以后，河患加剧。1048 年，黄河北决濮阳商胡，北流泛道经大名、德州，于黄骅入海，河道仿佛又回到西汉故道的身边。1194 年，黄河南决阳武光禄村，自延津、东明、曹县，至徐州入泗、淮，标志了南泛夺淮。

1494 年，黄河从兰考以下，经商丘、砀山、徐州，下接泗、淮入海，从此奠定了明清黄河的格局。这次改徙后，流路稳定，得力于明代兴修的太行堤。1855 年，黄河决于兰考铜瓦厢，东北直下东明、梁山、济南，夺大清河河道入海，历史上称大清河泛道，奠定了现行河道的格局。

2000 多年来这一系列重大改造，黄河完成了一次大三角洲的巡礼。这只是一个自然的巡回，它向人们暗示了它的过去，早、中全新世，乃至更新世的数十万、上百万年，似乎都类似如此过来的。

黄河的自然变迁，不乏参加了人类蓄意决口改道的因素，人类政治、经济及其他狭隘的用意，都可能使在必然发展中的黄河，发生偶然性的变化。在近代，1938 年国民政府以水代兵，在郑州花园口决河，黄水自颍、涡二河入淮，横溢豫、皖、苏三省达 9 年之久，若不是人力挽回归故，今天这一本《黄河史》的图、文将会很有些不同了。

在我们常说"唯富一套"的河套河段，由于贺兰山与鄂尔多斯台地的不均匀运动，使银川盆地的黄河自西向东横移。阴山南麓的一段古河，由于阴山的抬升，山前洪积扇的发育，也在清代由北向南变迁，如果读者们有幸登上那绵绵的大青山，遥看南方，那乌加河—乌梁素海，正是清代以前的一段黄河正道。

人们的探索已进了早、中全新世。7000 年中，黄河主流就仅仅满足于一条禹河或"山经"河道吗？以大禹治水为象征的一个重新划分水系的时代，实际上发生过什么？淮北平原全新世地层显示，近 3000 年来的黄河堆积物，还不足以填满深达五六十米的洼陷，以前的 7000 年，黄河曾依然顺着更新世遗留下来的泛道，向东海——后来的黄海输送了巨量的泥沙。南黄海的黄河—淮河三角洲沉积物，也说明了这些。

也有人认为，黄河曾在史前从东流入黄海转徙到北流入渤海，得力于一次地质灾变。有人补充推测，传说中的大禹治水，可能是人为地因势利导了大水北流入海。

此盈彼虚，或平分秋色，或轮流坐庄，或在河北平原选择最佳路径，然而黄河的本性与初衷，是要把华北的渤海填平，直到再次出现新一轮的渤海平原。

3. 中国的忧患

黄河多河患，黄河流域多水旱灾害，人们把黄河曾称之为黄"祸"；西方人译为"中国的灾祸"，或"中国的忧患"。

宋儒欧阳修，早年在滑州做官留下一首诗《葛氏鼎》，非常形象地描述了黄河的洪水：割然岸烈轰云壔，滑人夜惊鸟嘲哳。妇走抱儿扶白头，苍生仰叫黄屋忧。聚徒百万如蚍蜉，千金一扫随浮沤。

黄河的灾祸，除了恶性的决溢泛滥，还包含着广泛的水旱灾害。它处于南北气候过渡地带，前面述及的 1 万年来冷暖干湿变迁，都最敏感地在黄河自身及其流域刻记下来。黄河水主要来自上游地区，而内陆性气候降雨偏少，由于季风作用，降水又多在 7～9 月，以暴雨形式集中出现。1977 年内蒙古乌审召旗一场暴雨，在 8～10 小时内降雨量高达 1000～1400 毫米，创下世界纪录，降水空间与时间的极不均衡，导致流域水旱灾害频发。仅从陕西、河南两省 2200 年来记载统计，陕北、关中发生水灾 407 次，旱灾 547 次。河南黄淮地区发生水灾 717 次，旱灾 671 次。

2000 多年来，赤地千里、饿殍遍野的悲惨景象，史不绝书。如明末大旱，甘肃和宁夏"死者塞路，人相食""……城外积尸如山"；1929 年大旱，甘肃死人 140 万，兰州每日用大车载尸运投黄河。霖断乳绝，母亲黄河，竟成了人类掩尸的去所！在上中古时代，有尧、禹洪水传说，有夏末商初的亢旱。殷墟出土的 10 万多件甲骨，有数千件上面的划刻与求雨、雪有关。

那一处处龙王庙，一座座宝刹佛塔，乃至一块块灵验的信石，都成了人类与天神、地神沟通心灵，求助平安的寄托。那一个个掉头的古代石佛，不见得都是现代人愚蠢所为，有的正是祈雨不成，迁怒石佛的隋炀帝所举……

黄土高原的水旱灾害，最能反映出黄河水文泥沙的变异了。以甘肃和宁、山西和陕西资料作分析，2000 多年来有几次长达数百年的湿期、旱期，水旱总次数偏多，正是气候失调的象征。公元 150 年以前，公元 250～350 年、公元 950～1000 年、公元 1500～1700年，都出现明显失调，还有公元 700 年、公元 800 年、公元 1200 年、公元 1800 年前后的较小失调。失调，实质上是气候与降水的剧烈调整，对阴阳寒暑敏感的黄河来说，河流水文与河道演变，往往正发生在气候失调阶段，这是天、地诸系统失调的表现。水旱变异，也是灾祸临头的征兆，秦代以来华北与渤海地区发生 6 级以上大震 78 次，96% 都发生在亢旱向大水转化的临界点上。

黄河中游不是黄河径流的主要产区，却是暴雨洪水的主要产区，从而也是暴雨侵蚀产沙的主要地区。黄土高原暴雨强度大、历时短、冲刷力强，一些高含沙洪水含沙量，可达 1 吨每立方米！而对下游河道影响最为深刻的正是这一类型的洪水。黄河留给人们最深沉的印象，还是它的洪水，它的桀骜不驯了，真正能塑造下游地貌的动力，也来自洪水。历史上的 1500 多次决溢河患是最真实的记录。已考证清楚的 1843 年暴雨洪水，就来自于黄土高原。民谣唱道：道光二十三，黄河涨上天。冲走太阳渡，捎带万锦滩！1943 年特大洪水，在陕县，洪峰流量高达 36000 立方米每秒，黄河滩上的淤积物，厚达 2 米！2000多年来，还有没有比这次更大的洪水？

甲骨文中的"昔"字，正是黄河洪水的文化精义之所在。它被记作"昔"，就是往日的洪水之意，这就是历史。中华民族的历史竟与滚滚而来的滔天洪水结下不解之缘。黄河洪水，作为历史的印记，始终在中国人的血脉中流淌、激荡着。

三、华夏的再造

1. 黄河冲积扇的发展

晚更新世时期，黄河下游岗丘遍布，湖沼沟河串联。1 万年前的华北，还不是今日这一片广阔的平原。1 万年来，黄河把大三角洲平地碾了几遍，又留下了古河道高地、背河洼地这一道道"碾迹"。西风在播撒黄土尘埃同时，并未疏忽下游地区；同时也形成一些岗、丘风成地貌。全新世这一把沉甸甸的冲积扇，平均厚达 60 米。

近 3000 年来，黄河开始被局部的与系统的人工堤防所约束，冲积扇的堆积较前 7000 年减小，新乡、封丘一带厚 10 余米，郑州—兰考—东平湖积厚 12～17 米，南路 10 余米，现代游冲积扇以郑州桃花峪作为顶点，12、13 世纪之交，上移到兰考附近。历史上，冲积扇是黄河溃决、改道最频地区，其中又以它的北区——今豫北故道地区为主，而且决溢，改道也集中在冲积扇上部——今河南省地区。华北平原系统中的小兄弟——淮北平原，由黄河、淮河共同塑造形成，黄河仍依循着更新世遗留下来的轻车熟路，向淮北平原输送泥沙。淮河水系的一系列平行顺向的减水河，如颍河、涡河，早前的濉水、丹水，在 3000 年之前，也都是行黄水道。

众多的水道、泛道策划了下游三角洲，它们预示了黄河流域的基底构造，预示也完成了黄河的一系列变迁。在这些泛道与大平原的万亿吨泥沙中，淀积与埋藏了几多极珍贵的古气候、水文与社会人文信息，期待着未来去发掘。

2. 黄河流域湖沼群的萎缩

黄河源似一湛蓝的孔雀屏；实际上在秦汉时期，整个"几"字形的黄河，就像一只振翅奋飞的金孔雀！万千的湖泊正是金黄影屏上蔚蓝、海蓝、墨绿的羽环。

上、中游有残存的地质古湖，古河套湖遗存下来的屠申泽与沙陵湖，位于"几"字的两个拐角上。关中、临汾、运城，继承三门湖，还有湖沼 30 多处。由于黄土的冲泄淀积，气候干燥变冷，山陕湖沼率先隐退了。太原古盆的晋阳湖，水面原有千余平方公里，先秦时已萎缩成昭余祁；到唐代，它收缩到 150 平方公里，称邬城泊，到金元，已成为牧马草地。无定河上游的奢延泽，南北朝时大夏王朝傍湖建统万城，"临广泽而带清流"，唐宋时已水涸城荒，化为废墟。与黄河关系密切的中游湖沼，多在唐宋消逝了。

河北平原，曾是千湖之国，全新世早期冷暖交互，平原河、湖发育相间。后来气候温湿，大陆—宁晋泊、白洋淀—文安洼、七里海—黄庄洼三大湖淀群连成一片，黄河蜿蜒其间，天然湖沼成为水沙的最大调节库。《尚书·禹贡》说黄河"北过降水，至于大陆"，大陆泽占据了湖淀片的一隅，先秦时黄河已离它而去，离异并不意味着自由，黄河负载的泥沙则进一步加重。

北宋黄河再回河北，灌注大陆泽，活活地湮没了巨鹿城。位于黄河冲积扇前缘的大野泽，更是南北受到黄河水沙冲积，历史时期变化最大。大野泽是水荡梁山泊的前身，西汉瓠子决口入泽，水域大大扩展；五代滑州决口，聚大野合汶水，形成梁山泊，造就了一代英豪的水上舞台。北宋两次河决入此，终于使水泊绵延数县，烟波浩荡 800 里，金元黄河大肆南泛，梁山泊加速了淀淤，明清时彻底淤为陆野，已可策马轻取黑风口了。古代的巨野城，深深地埋在黄沙下。梁山四周下挖四五米，就是老乡呼为"宋江土"的湖泥，泥中还曾掘出过北宋时的战船……

虞城夏邑一带的孟诸泽、定陶的菏泽、刘邦家乡的丰西泽，都在黄河南泛时埋没。郑州的古荥泽，被黄河穿过，早已面目全非，只凭得花园口的工程地质蓝图，知道更新世以来，这里一直是河、湖相间隔沉积的。郑州—中牟之际的圃田泽，也无处去寻访了……

古代湖泽，曾是洪水的天然调节处所；随泥沙垫淤、人工堤防的阻隔、河道迁徙，河、湖的天然依存关系断裂；气候干燥化进一步作孽，黄河终于被自己"放荡"的行止，以及人类与自然的夹击，堵塞了原本宽阔的出路，从而也就限制、压抑了自己。

3. 城池的湮没

巨鹿、巨野，这曾是人对自然的赞叹，但当年的两"巨"城何见？漫步豫东、鲁西南原野，沉甸甸的历史令人深思：黄河湮没的城镇何其多也！我们总有一天会揭去一层层黄沙，像发现维苏威火山灰下的古迹一样，发现中原文化的一座"庞贝城"。

20多年前，我曾一次次徘徊在河南省沈丘县沙颍河岸，崖岸上是密密麻麻的一层砖瓦碎瓷，上覆数米黄土；附近挖出埋深4米多的战国墓葬。这一带正是古项国之所在。河边的碎瓦砾，是明代项县城圮于黄水的见证。1428年，因圮于洪水，项县迁到珍寇镇。听沈丘人说，挖河时曾挖出来一个地牢，地牢中还有囚犯，坐毙在几米厚的黄沙下，这不是什么"地"牢，而是当年项县的县牢，黄水荡涤项县，冲圮县衙，官民各自逃生，谁还顾得上大牢中的囚徒，大水过后，这些囚徒便成了黄土掩埋下的冤鬼。

豫东一带，在数米疏松的黄土下，是一层坚硬、密实的褐红土地，人称"老地"。正是在这块老土地上，我第一次知道：什么是黄河、黄泛，什么是黄河的堆积。

如这样的古城，河南省就有好多。汉代至宋代的内黄古城，深埋在9米黄土下。古城东昏，在兰考荒沙下8米深。民权有一个北关镇，真正明代考城县的北关，它的砖石、庙础，就在其地下七八米处。要找古考城，真得去深深地考察一番了。

开封是最好的说明。北宋的东京，曾是亚洲最繁华的都市，堪称东方的威尼斯。那"楫师炭商、交易往复"的汴河，那热闹至三更的夜市州桥，都到何处去了？考古勘察的结果，宋金的州桥，屹立在今相国寺大街西端地下12.5米！宋金时汴河边地表在地下10米深，明代的城市地表，约在地下7米处；明末、清代以来的几次大水冲城把开封城活活地埋在了两丈多深的黄土之下。在开封盛传"城下城、街下街"，绝非海外奇谈。徐州市中心彭城商场下，也有一个地下城，那正是黄河夺泗以前的徐州老城。

在黄淮海大平原上，类似的古城还有好多。黄河就是这样一方面用它的水和沙哺育了中华民族悠久的古代文明，一方面又如此轻率地调侃了散布在它身畔的人文聚落。

4. 河床的堆积

黄河在夷平华北大地、扫荡人文聚落的同时，也反复塑造了自己。

从郑州过黄河，由107国道向北，磁固堤迎面扑来，这就是《水经注》所说，黄河过八激堤、卷县北，又东北径由的赤岸固。赤色堤岸早已被黄沙掩埋，但"磁固"——磁实坚固的地名却留传下来，每天自此穿行的车辆、路人，可有谁还曾留心过是在横穿古黄河呢？

从新乡，经滑县、浚县，到濮阳，沿路是一条古堤，堤上是一个又一个的砖窑，烟囱像一根根标杆，标志了故道的走向。以堤内外地势估计，故道河身高出两岸地表六七米，残堤高七八米。秦汉、唐宋墓葬显示出，汉代地表在地下 6～8 米，相应地，汉代金堤在 14 个世纪中，随之也加高了 10 米左右。

说是金堤，在田野中已找不到汉代堤防了，它早已被压在后代堤防、河滩之下。土地中，堤根下，颅骨残肢随处可拾；这些，可能是就风水而葬的，更可能是倒毙的河伏，破席裹尸的汛兵，他们静静地躺在草莽与朔风中，再不能告诉人们过去的一切了。只有那遍撒的瓦片砖砾，遗弃在昔日呼喊动天的原野里……

自濮阳北上，从大名到德州、沧州，地面古道已难识别。河北平原的古黄河，汉、宋两代埋深也在 8 米左右。自濮阳东下，经聊城、禹城、惠民到利津，与今黄河并行的汉唐故道积沙，也有八九米厚，部分残体出露地表二三米。

从兰考乘车去徐州，沿途清晰可见一条蜿蜒的土墙，"墙"上树木丛生，村落鳞次栉比；这是明清故道的一段纪念品，高出地面七八米。若找到有关的遥感图片，你会清晰地看见一泓清水，还正在故道原来的河槽中流淌……多年来，对黄河河床的淤积抬升，有种种的说法，大概人们心中较深的印象，就是每年 10～20 厘米了。为了弄清堆积大势，利用文献记载、文物发掘、地层对比，分析了一些故道，综合它们的堆积状况如下（见表1）。

表 1　　　　　　　　　　　历史时期黄河下游的堆积状况

河　道	河　段	时段/年	河道部位	河床堆积/m
黄河干道	郑州桃花峪	西汉初期～1450	全河床	5.0
		1450～1850	全河床	5.0
豫北故道	滑县—濮阳	西汉初～北宋初	全河床	3.0～4.0
		北宋初期～1194	全河床	4.5
贾鲁大河	虞城—夏邑	元代～1558	全河床	7.0～10.0
明清黄河	沁河口—东坝头	1493～1855	全河床	6.0
	开封	1450～1642	河漫滩	3.0
		1642～1855	河漫滩	8.5～10.5
	兰考	1495～1781	河漫滩	7.0～10.0
		1783～1855	河漫滩	6.0～9.0
	民权	1495～1781	河漫滩	7.0～10.0
		1783～1855	河漫滩	4.0～8.1
	商丘—虞城	1572～1855	河漫滩	8.0～12.0
	丰县	1572～1855	河漫滩	8.79
	徐州	1572～1855	河漫滩	5.0～10.0
	睢宁	1572～1855	河漫滩	5.5
	泗阳	1578～1855	河漫滩	8.4
	云梯关	1590～1855	河漫滩	6.05
	大淤尖	1677～1855	河漫滩	7.55

黄河下游的淤积不是直线式的，而是淤淤冲冲，不断地自我调整，淤多了，可能触发决溢，把过量的泥沙泄出去，也可能加大了局部的河道纵向坡降，可能较顺畅地把过多泥

沙挟带到下一段去。但总的趋势是堆积，冲和淤的累积结局，仍旧是淤积、堆积。

"三十年河东，三十年河西。"黄河的这种自我塑造，又表现在横的方向上。正是陕西朝邑、山西蒲州一段黄河左右摆动，给历代的行政区划与管理带来了不少麻烦。1674年，在西岸的大庆关曾立界筑墙，以分秦晋；此后河势又变，秦晋不分，两省大讧而发生械斗。屡屡丈量滩地，河势屡屡变化，左右游弋，分不胜分，量不胜量，黄河就像一个顽童，自鸣得意于这种没完没了的恶作剧。

难怪，在汜水、在广武，放羊的老汉在邙岭上，常遥指黄河彼岸告诉旅人："俺村的地，就在那厢。"

5. 河口的变迁

黄河塑造华夏大地，也体现在河口地区。

3000年以前，大约有44％的下泄泥沙被输送到河口三角洲与外海，这一比例维持到1855年以前。今天，这一比例增大到60％，自1855年到1954年，黄河河口海岸线每年向前推进150米，其后加快为420米，每年平均造陆速度23平方公里，河口就称为垦利县，由于黄河它每年平生出三四万亩土地，真是越造越垦，越垦越利。河口段，目前正以8～10年一徙的规律在依次行水，它走过套尔河、走过神仙沟，还走过钓口河、甜水沟、清水沟……垦利人叫作"龙摆尾"。

天津一带渤海湾，由于古山经河、禹河，战国秦汉黄河汇入，后来有北宋北流，以及有太行山、燕山来沙，海岸线的推进十分复杂。7000年前的古海岸，在武清县一带，距今海岸70公里。到夏代，海岸向前推了20公里，到天津西站。到西周时，海岸推到张贵庄，西汉末已到岐口，东汉到军粮城，北宋时推到塘沽。7000年中，断断续续推进了70公里。

汉唐故道的河口也在利津附近，从王景治河计起，到893年河口段改徙，行800余年，建造了以北镇为顶点的三角洲，前缘积厚约4.5米。这一堆积体西起套尔河，南至羊角沟，面积约为7200平方公里。

1194～1855年，黄河夺淮入海。黄河河口向前推进了大约90公里，在苏北海岸造陆15700平方公里。北上的泥沙，可送到海州湾；当年苏轼曾有"欲济东海去，恨无石桥梁"的诗句，诗人面对的是大海之中的云台山岛。明清时云台山终与海州城陆连。吴承恩在此山得以饱览胜景，触发灵感，写出一部《西游记》来。

河口延伸了，同时也改变了河道自己。向浅海倾泻泥沙，丝毫不意味着河床淤积的减缓，它导致的反馈，使河口以上一二百公里，持续地淤积抬升，成了一种溯源淤积。这也是河流泥沙的辩证法，欲泄则不达了。

6. 黄河的侧蚀与下切

海口延伸，河床抬升，大平原在淤淀，城池、田野被湮没，这一切变化和中游黄土高原的侵蚀，黄河的侧蚀与下切，汇合成天衣无缝的自然耦合。

由于新构造运动，大地以无限的勇气挺而向上，去迎接风力、水力等外力作用的挑战，结果是黄河干、支流下切，侧蚀加强，这也是古湖盆消亡后，侵蚀水准平衡失落的必然。

古银川灌区，引水渠口向上移迁就是黄河下切的明证。北魏在复兴汉代灌渠时，发现艾山渠渠口已高出河水两丈多，与往昔相比，该段河身大约下切了 1 丈 3 尺；因而不得不在艾山下筑坝壅水引渠。后代一些引渠渠口，也一直向青铜峡口迁移。中卫县泉眼山下一段古渠，竟高出现代河水水位近 20 米。山体上升、河水下切，古今河流地貌已有很大变化。

在引泾郑国渠遗址，只要用一个小时，就可以浏览从秦代到近代引泾发展的全过程，昔日的渠道，也高高地悬挂在只有山羊才能光顾的崖畔上，崖下是湍急的泾河水，渠底高出河床 14 米。"是不是当年有拦水大坝？"从而，也引起一番争论，把水利界与考古界都卷进去，据说还惊动了李约瑟博士。郑国渠是否有坝引水，未来定会做出科学的答复；问题在于：泾河是随同黄河在下切的。

黄河的下切并不单择黄土泥质河床，使郦道元"水非石凿而能入石，信哉"的壶口瀑布，就是一例。由于渭河北山构造活动及溯源切割侵蚀，黄河大约在 3000 年前劈下孟门山，河身从 300 米一下子束窄到 50 多米，飞流瀑泻而下，雷霆万钧，气吞山河。《水经注》如此描绘了绚丽多彩的风光："此石经禹凿，河中漱广，夹岸崇深，倾崖阞捍，巨石临危，若坠复倚。"诗人光未然，在此得天、地、水、气之灵，酝乾坤人鬼之感，写下了气势磅礴的《黄河大合唱》。从郦道元的《水经注》算起，至今不到 15 个世纪，壶口在黄河切蚀下已向上游推进了 4 公里，而且在砂岩上凿下了长 3 公里多，宽 50 米，深 5 米的沟壑。当地叫"龙壕"。

龙壕，是黄河改造华夏自然伟力的明证。

难怪老子早就提出了："天下莫柔弱于水，而攻坚强者莫之能胜。"

从壶口向下，一路翻腾，黄河终于由河津龙门冲出山陕幽谷，进入宽广的汾渭盆地。龙门隘口，从《水经注》时代约 80 步宽，到今天已拓宽一倍多！"禹门三级浪，平地一声雷"。这里是天与地的拼杀，柔水与坚石的决斗，结果顽石却步，玉门豁开。

龙门是司马迁的故乡，他是历史上第一个为黄河"立传"的人。然而，生年有限，司马迁尚未顾上在《河渠书》中写下四个半世纪前梁山的崩塌，更无法知道黄河左右冲突，后来还一直在吞噬梁原、魏城。龙门以下一系列古城，正是在唐宋以后因黄河侧蚀，坍岸而迁城移治。历史记载，明清时期黄河干、支流变异最强烈。潼关以下，灵宝县黄河在清代侧蚀至少有 5 里地。八百诸侯会盟誓师的孟津，从金代、元代到明代也一再迁徙……

龙门之下到潼关一段，俗称小北干流。巨量的泥沙出山后，就在这广阔的河谷造成堆积。有人计算，从三国时代以来，小北干流每年平均淤厚 1.8 厘米，而明代以来每年就淤厚 3.69 厘米，每年沉积 0.417 亿立方米，河流的冲淤，在这里也时有发生，不过用"冲刷"已不足以表述河流的自我两向的变化；在小北干流，有一种奇特的自然壮观景象，每当一段时间，堆积甚厚的河床，会在洪水作用下成段成段、整块整块地被掀翻，在高含沙浑浆中被巨大的力量高高擎起，又以排山倒海之势倾泻而下，这是一种罕见的自然郁积的宣泄。堆积多年的河床，在这自然力的疏导下，得到了暂时的解脱与舒畅。人们称之为"揭河底"。这也许可以看作是黄河未出潼关时的"自我疗救"。

四、耗散结构的失稳

1. 黄土高原的侵蚀

（1）自然侵蚀与人类作用。华北大平原的 1 万年，已使人们领略到地貌衍变的多姿多态；进入黄土高原，那斑驳陆离、千奇百怪的自然景观，那些黄色的塬、梁、丘、壑、沟、谷……使人真正进入了一个凭造化之手雕凿而成的黄土地貌博物馆。

原生的地质地貌和全新世侵蚀结合，黄土增加了更多的沟谷，沟谷密度是反映这种结合的指标。在皇甫川、神木一带，它是5～6公里每平方公里，在绥德是4～5公里每平方公里，在延安是3～4公里每平方公里，黄陵是2.5公里每平方公里。无定河有一条支流称大理河，它的沟谷密度，在1万年前是2～3公里每平方公里，在今天发展到4～5公里每平方公里，1万年的历史，在大理河刻下了长长而又深深的刀痕，侵蚀仍在迅猛发展着。

一寸沟谷，一分忧患。

六盘山是高原地貌区划的天然界线。六盘山以西的广大地区，侵蚀强度小于1万吨每平方公里，即是说，每年从大地上平平地刮去0.83厘米的黄土。

六盘山以东，无定河、皇甫川、窟野河地区，每年侵蚀则高达2.0万～2.5万吨每平方公里。

更新世到全新世，全新世又1万年，侵蚀在一直加大之中；若以各地区的侵蚀与黄土的实际积厚计算，榆林东北的皇甫川，窟野河流域，每千年可侵蚀5～9米，无定河是2～9米。而马兰黄土的堆积，每千年才0.1米，以此计算，整个黄土高原的平均侵蚀年限，也仅仅有1.33万年了！

地理学家与土壤学家认为，3000年以前的年侵蚀量9.75亿吨，可以看成自然侵蚀过程。周代至金代，高原年侵蚀量发展到11.6亿吨，比全新世中期增加7.9%，大概，这仍然属于自然加速的侵蚀率，因为人类的扰动还是有限的。以后侵蚀进一步增加，1494～1855年，增加到13.3亿吨，1919～1949年是16.8亿吨，1949～1980年是22.33亿吨。人为加速侵蚀所占比重越来越大，它与加速侵蚀率的比值，变化到8倍、100倍、500倍！

水土的流失随着人类社会生产力的增长而急剧扩大。黄土高原为人类社会的进步，付出了极其沉重、艰辛的代价，人类社会的文明发展却以对大自然的盘剥为前提，人类的生态前景实在令人忧虑。

（2）人类的垦殖活动。西周以前，黄土高原农林牧协同发展，自然生态系统保存较好；春秋战国时期，铁器广泛地使用在生产领域，人类干预环境的能力大大增强。秦汉时期，人口聚落发展很快，到公元2年，高原人口已达到880万人，洛阳地区人口密度高达每平方公里132人，关中每平方公里30～90人，在陕北与吕梁山以北是每平方公里10～13人，陇东、陇西则每平方公里是10人左右。河套西部、鄂尔多斯高地，百余年的边垦，已使土壤表层退化，向着沙漠化发展，魏晋南北朝，华北处于连年征战，民族大迁徙与社会动乱中，黄土高原人口大大下降，人类活动的干扰相对减少，五胡十六国时，泾河有"河水清复清"的民谣。隋唐时期，是又一次开发高潮，在现今水土流失严重的地区，如陕北、晋西，人口密度又大大超过西汉，毛乌素沙地进一步发展。宋、元、明三代，持续的民族军事抗争，加剧了对自然环境的干扰破坏。到清代大发展时期，1820年，高原人口激增到3400万人，丘陵沟壑区已垦辟殆尽，发展到山垦，沙漠化进一步发展，自然生态环境的恶化，已不可逆转。

人类的垦殖活动，集中在破坏天然植被与地表土壤的扰动上。在文明的进程中，初期的森林、草莽垦伐与土壤扰动，还不至于影响到生态平衡。战国以来，高原农业区的北界推进到太原—龙门—宝鸡一线；秦汉时期，数次大规模地向高原北部、西部移民"实边"，既开发了该地的农业生产，又造成了天然林木的过量砍伐。隋唐农业开发仍集中在关中平原、汾河下游与晋西南，同时农业区还扩展到边关，农耕兴盛甚于秦汉。所以，迄至北魏，关中、晋西南、豫西北的天然植被已彻底破坏，丘陵山地森林屡遭侵伐，到隋唐时期，长安与洛阳近地山材已不敷采伐，又远自陇山、吕梁与鄂尔多斯高原采运。到北宋初，采伐延及陇山以西、渭河北岸的边境；采伐与垦辟，从离石—延安—庆阳以南的阔叶乔木区，发展到岱海—榆林—靖边一线以南的疏林灌丛草原区。

森林砍伐，引起自然生态系统的倾斜，唐代以前，无定河称为奢延水、朔水，唐以后河流泥沙剧增，河道变迁不已，更名无定河。汾河与龙门以下黄河干流，也都在唐宋以后加强了泥沙淀积，河道游荡。到明清，又是林木砍伐最盛的数百年，吕梁、太行已残破不堪，晋北偏关、雁门，原来还山高林密，不过百年已十去六七。子午、黄龙山、劳山及陇东山林，已破坏无遗。渭河上游陇西林区，仅剩寥寥无几的残林丘陵。六盘山林区在明代还保留甚好，到清末，也童山濯濯，"薪已如桂"。贺兰山、阴山，经过明清采伐，林木亦是一蹶不振了。

如此掠夺性的开发，留给近代的，就只能是自然的惩罚了。

2. 全新世历史中的天人关系

恩格斯在《自然辩证法》中说道："只有人才能在自然界上面打下自己的印记，因为他们不但变更了动植物的位置，而且也改变了他们的居住地方的面貌和气候。"

全新世，是黄河人在黄河系统上强烈打下自己印记的1万年。晚全新世，又是人类使黄河系统星移斗转、失衡倾斜的3000年。

（1）人类试图改变黄河。在封建社会中，人类一方面在黄河中游干扰、冲击自然生态；另一方面又在下游辛辛苦苦地加筑堤防、抵御水沙，甚至为了政治或其他的需要，又不断地干扰下游河道的安全。真是个不可思议的历史怪圈。

人类企图改变黄河的最大努力就是兴筑堤防了。人类以局部和系统的堤防来护卫低于洪水水位的土地。黄河大堤从古到今，保卫了一个民族的生存，它的重要意义，至今都还是积极的。在有了各种工程手段的当代，人们还不得不借助于黄河大堤。

但是，系统的堤防，使黄河下游得以广阔游弋的空间大大束窄，由起初的30万平方公里剧减到4000平方公里，这不仅是量级上的冲击，而且是水沙承纳空间环境的巨变。水沙在平面上失去的自由，总要从垂向上去争取夺回。在人与自然的较量中，人，往往取得暂时的胜利，最后，黄河总是以水位的升腾、河床的抬高来维护大自然的尊严，藐视人类的一切努力。黄河灾害的能量在堤防的加筑中默默积累。

这就是自然的辩证法。

人类也在不断地干扰治河。西汉瓠子决口后28年才得到堵复。原因之一就是丞相田盼为保护个人的封邑，阻碍河水归故。魏郡决口后，王莽认为河水东去，使祖坟免受冲袭，而不予堵塞，酿成大改道。五代诸国，在黄河下游征战不已，常常以水代兵，人为决口，致使堤防系统一片狼藉。北宋末的东京留守杜充，为了阻止金兵南下，在滑县决河东行；在大名府抗金的康王赵构，溃退到新的黄河岸边，只有泥马渡江了。金、元、宋三方在黄淮拉锯交兵，也屡屡使用决河战术，明初的治河，旨在遏制黄河北决，以保漕运。

1492 年朝廷明确指出：“古人治河，只是除民之害；今日治河，乃是恐妨运道，致误国计……”由于护祖陵、保漕运这些目的，结果黄河得不到真正的治理，灾祸衍生、扩大，灾害链成为难以解脱的桎梏。

不过，这些仍都是局部的短期行为。人们从传统文化的宗旨出发，始终清楚黄河的整治、黄河的统一与国家大一统的关联。大禹时代的治水，把无人工分野的水系区划，通过疏导、排水，使水系归顺，最后百川汇入大海。同时在治水的组织、集合中，诞生了华夏最早的国家机器。水系一统，也非史前的治水全貌。根据实际形势，也还有“禹厮二渠”，还有“播为九河”，黄河水是可以分流入海的。春秋战国中出现各自为政的水利工事，而又水水相勾连。正是在秦统一六国之后，秦皇才可能东临碣石，刻石记功“决通川防、移去险阻”，第一次有了统一的黄河大堤。从此，用堤防将黄河稳定为一，一直是统一中国的治河根本方略。西汉王朝有时不得不承认河水枝分为二的局面，同时又尽力维护理想中固若金汤的金堤。汉末，王莽不仅有免去元城祖坟黄患的狭隘需要，更深层的，可能是企求改制，取得大自然的认同。只是到东汉王朝巩固下来，大一统的黄河才在新的河道，统一的堤防标准下稳定下来。

而且，相对稳定了 800 年。

北宋一次次出现自然改道北流，人为一次次挽回，既透露出地理宏观背景难以抗拒，又反映出治水心态的莫衷一是和“经义”治水之守旧。南下夺淮，黄河在历史时期出现大失控；有趣的是：女真、蒙古贵族似乎一下子并未理解黄河稳定与大一统的神圣意义，但他们最终仍是被汉族封建阶级的正统文化所同化。这些蒙古贵族最终还是以贾鲁治河，大河归一来满足他们心理上“江山一统”的需求。更有趣的是，宋明理学成熟，又恰是金、元、明初分流局面结束之时；潘季驯、靳辅非常强调以堤防治河，治河顶峰的明清方略战术，与大一统一直贯穿到清末。

尽管治河史上有种种不同意见，不管人们因何种原因，屡屡干扰治河，但治河的大一统，始终占到了主导地位。

这是黄河自然伟力的反映，而又与中国传统文化神秘地相维系。

（2）体现在黄河问题上的天人关系。中国人在与水特别是与黄河打交道中，很早就自觉地去认识人与自然的关系，很早就存在三种认识倾向：消极无为，人与天地自然协调融合，人定胜天。古人从大禹治水获得的精神力量是深远的。人们承认自然环境的巨大作用，承认自然灾害的威胁。但在与黄河的斗争中，人们最崇尚的，仍旧是通过自身的奋斗可以战胜水旱灾害，可以去控制黄河，他们这样去想，也这样去做了。从荀子《天问》的“制天命而用之”，到刘过《龙川集 襄阳歌》的“人定兮胜天”，从《逸周书》的“人强胜天”，到徐光启《农政全书》的“人能胜天”，一脉相连地体现了这个思想。

治理黄河中的学术之争，始终反映了人与自然关系的文化内涵。西汉关并的“水猥”说、冯竣的“分疏”说、张戎的“水力冲沙”说，还有贾让的上策，较多地反映出治河中人与自然谐和的倾向。一次次堵塞决口的成功，传统的筑堤修防，强调了人类征服自然，而改道说则又和谐自然相通。许商、王横循九河的改道主张，韩牧开河分流以迎合复古改制的需要，又融人力、人文与自然为一。王景治河的成功，是人类征服自然的一次重大胜利，但它也未走出自然环境影响的巨大身影。西汉之际天人感应、谶纬说反映到治河上，则表现了无所作为的另一种倾向，因为当时还认识不到天体间的相互作用。明初黄河任其分流受制于护陵保运的政策；而万恭采用"以河治河"，从利用自然始，发展到潘季驯"束水攻沙"、堤防治河，攀登到封建社会人类征服自然追求的顶点，潘氏居然深信如此下去，泥沙"自难垫河"！清代治黄的种种争议，筑堤与分疏之争，沿袭了古宋的两大派的思想实义。北流与南流之争，有一个从封建迷信，到分析自然，认识自然的过程。而分黄导淮、黄淮合流之争，治河抑或防河之说，宗旨都是人类控制黄河。即便是对于黄土高原的生态环境，古代也有不少认识与维护措施，但始终没受到真正的重视，反而受到人类的干扰、破坏和谐自然，也始终受到征服自然、剥夺自然的压抑。剥夺的结果，是黄土的剥蚀，人类生态环境的日益困顿与恶化。

不过，事情的发展并不令人悲观，仍在坚持不懈地为发展寻求出路。今日，久负盛名的中国泥沙科学，正力图跨越时代去重新驾驭黄河。1975年，一次偶然的疏忽，使人们开始认识挟沙运动的更深机理——"高含沙水流运动"。那一年在引渭工程中，因为把高含沙量的700公斤，错记成70公斤，违反常规引入灌渠，结果出乎意料，渠道竟未淤积！研究说明在含沙量超过150公斤每立方米的非牛顿体高含沙水流区，含沙越大反而有利于泥沙的输移。这一发现并不仅仅对于灌溉和水库工程有用，而且说明当代人类可能将黄河的巨量泥沙，通过种种措施，顺畅地输移到海洋。

正如上百万年来黄河泥沙曾塑造了华北平原一样，当代的泥沙也是一种资源。它在自然环境较佳、开发环境较好的黄河下游填海造陆，滩涂围垦与养殖业的发展且不说，单是渤海海洋石油开采，由海上采油转变成陆地开采，就提供了更为方便的条件。渤海海区的水、土资源开发，也可能会有一种意想不到的新格局，使它成为北方最大的综合型产业基地。

是害还是利，是贫困的根源还是开发致富的资本？一词之差，结果都将是迥然不同的两个天地。新世纪的黄河人，能真正和黄河和谐共存，相依为生吗？

地质时代的更迭，依靠的是一次次陨击与灾变，而全新世黄河的每一进程，则越来越多地加上了人类——这智慧之星的撞击。

这才是真正的陨击——人类智慧的冲撞！

大自然的幸运儿——人类，是不会辜负自己母亲的。

3. 黄河——耗散结构的失稳

普利高津教授在统计物理学中提出了耗散结构理论[9]。它已在物理学、化学和地学学科方面得到应用，近期有人试图将它运用到气候系统、海洋系统，进而扩展到社会系统中去。

黄河流域，也就是这样的一个耗散结构。它联系着天、地、海洋与生物——人类，各个系统间存在着物质与能量的交换，这是一个巨型的开放系统。这是构成耗散结构的必要条件。黄河巨系统内，又由许许多多的子系统所构成。天气气候子系统，在全球气候变迁的前提下振动，水文子系统，包含了降水、产流、径流、变化率、水位、泥沙等要素。气候变化作用岩石土壤系统，导致岩土的侵蚀、堆积、成土；水体运动，既揭蚀着岩石圈的表层，又搬运了风力、水力与重力的侵蚀产物——岩土碎屑。侵蚀产沙、泥沙构成、输沙过程、泥沙与载体、河床的相互关系，又组成了河流泥沙子系统。河床子系统，由河床形态（几何、地貌、物质、变化形态）来表征，它依赖于岩石圈、水圈的相互关系，又受制约于地壳运动和人类活动的影响。

构造运动子系统，是黄河系统中不可低估的方面军。它在地质时代决定了黄河地质环境的格局，余威未消。西部山地、太行秦岭、黄土高原仍在抬升，黄土侵蚀不止。华北平原的沉降是问题的另一方面，沉降不止，黄河堆积不已。构造子系统，又与海平面变化相关，海平面奠定了黄河下游的侵蚀基准面，影响了河道演变。地球自转变化也与构造、海平面因素互为因果。在这些子系统之后，是生物圈——植物动物子系统、人文子系统，动植物在人类与气候、岩土之间寻求生存繁衍，而人文子系统，是最后参与耗散结构，又最积极地促使了耗散结构的形成。

以上种种子系统，有各自的运动规律。有气候振动的起伏，有构造活动的涨落，但各种子系统及其振荡涨落，对于整个地质环境下的黄河系统来说，似乎有些微不足道，许多起伏、振荡相互抵消，整个系统处于一种无序状态。而系统从无序中得到的最主要成果，就是相对稳定。在某种时间尺度下，黄河系统处于准平衡、近平衡状态。

准平衡是相对的，地质历史上有过多次平衡的摧毁。如第四纪中冰期到间冰期的转化，或者间冰期向新冰期的回返。岩石圈与大气、水圈在地质灾变下，迫使黄河系统超出了准平衡的线性区域，飞越到远离平衡态的区域。一次超越，就伴随一次否定，一次毁灭，也得到一次新生。黄河正是在大自然这永恒的主旋律下孕生、发育、发展而来的。全新世早期、中期，也有过这种系统的失衡，全球性洪荒时代的传说，可能性的地震地质作用，就是这种失衡的表现。

相比较而言，自然与人文对黄河的重大冲击发生在近 3000 年内。

3000 年来，黄河系统出现了极为有意义的两大问题，一个是自然环境恶化，一个是人类活动（如垦殖、堤防）已足以引起巨系统的振荡。黄河自然史反映出了这一切。

我们归纳，历史曾记下了黄河的咆哮——黄河河患频发阶段：公元前 132～公元 11 年、公元 268～302 年、公元 478～575 年、公元 692～838 年、公元 924～1028 年、公元 1040～1121 年、公元 1166～1194 年、公元 1285～1366 年、公元 1381～1462 年、公元 1552～1637 年、公元 1650～1709 年、公元 1721～1761 年、公元 1780～1820 年、公元 1841～1855 年、公元 1871～1938 年[10]。

这些河患、决溢集中的阶段，应当是下游来水来沙急剧变化的阶段。从统计角度看，明清时期河患频次又大大高于前代，说明近 500 年来，黄河的变异幅度又甚于历代。

黄河的堆积，历史地勾绘出大致轮廓：从西汉中到东汉（公元前 2 世纪～公元 1 世纪、2 世纪）、北宋至金（10 世纪末～12 世纪末）、元明（13 世纪中～15 世纪初）、明清（15 世纪中～19 世纪中），黄河来沙相对增多，河床加积。其间也还有北魏（5～6 世纪初）、唐中叶后（8～9 世纪）两次加积阶段。从历史看，黄河来沙不是直线式变化的，而是阶段性、间歇性波动、起伏，螺旋式上升的；总趋势是来沙增多。

黄河中游干支河道，多在唐宋以后加剧了淤积、变迁，说明水沙条件变异，年际、年内变化幅度加大。黄河下游的进口河段——孟津至桃花峪，从北宋到明清，河道游荡加剧，展宽了 40%～140%！这些说明唐宋以后黄河进入了"躁动不安"时期，来沙剧增，水沙变幅加大，而在科学家称之为"小冰期"的明清阶段，正处在这一变化的巅峰阶段。

历史时期的雨土、地震研究，使人们把黄河的躁动与地球系统的躁动联系起来。在公元 2 世纪中叶后、5 世纪末叶后、7 世纪末叶后、1060～1090 年、1160～1270 年、1470～1560 年、1610～1700 年、1820～1890 年，都是雨土高发阶段，借用计算手段分析，它们在时间与空间上竟与下游的河患，存在惊人的相关关系！西汉之际是一个天灾人祸并发期，有人称之为西汉宇宙期，山崩地裂、大水大旱、灾害并臻。6 世纪初、12 世纪后、17 世纪以来，华北都出现与黄河关联地域的大地震。17 世纪后，华北进入晚全新世以来最严重的地震活跃期，仅八级大震就有 1688 年（郯城）、1679 年（三河）、1695 年（临汾）三起。地震活跃与黄河的躁动是一种什么关系呢？黄河的水沙变异、河道变迁，仅仅出于偶然吗？史前有无至今研究甚微的大地震——黄河大改道？

这些全新的课题，正等待未来的学者们去弄清。

所谓自然环境恶化，是气候进一步干燥寒冷，新构造活动加强。黄河上中游水沙振荡，中、下游河湖关系的异化，使得河道不得不迅急作出种种反应、调整，在气候适宜期黄河系统的某种线性平衡，就难以维持下去。人类活动则给予一次次的冲击，黄河出现了人类加速的侵蚀——堆积。

诚然，3000 年来有过侵蚀相对减缓，河流相对安定的阶段，但总趋势是子系统对全系统给予一系列正反馈，使诸子系统——热力学系统分支失稳。自然作用的有序化，人类活动的进一步有序化，使得一切微小的起伏、涨落几乎无法抵消与耗散，这些偏离，总是被辗转复制、放大，形成连锁性反馈，形成系统的总有序化。有序导致系统天平失衡。终于，一切子系统的连锁反应都在气候最恶劣的明清小冰期合流了。

这种有序化过程，就是黄河系统的躁动不安，就是黄河的侵蚀、堆积加速，它的后果就是黄河灾难的激化。

这是历史时期的总趋势。

从更新世走来的黄河，仍在不息地奔涌流淌。

全新世的历史，初绘了黄河自然结构的图像，或许，我们还远远未能深入黄河的奥秘。

就如丹皮尔在《科学史》中所说："大自然在微笑——仍然没有供出她内心的秘密；她不可思议保护着猜不透的史芬克斯之谜。"也因为自然界中尚未被认识的事物，毕竟还多于人类业已认识了的，其中包括我们的这条黄河……

认识黄河，也是认识人类自己；这个认识过程几乎没有终结。

参 考 文 献

［1］ 徐馨，沈志达. 全新世环境. 贵阳：贵州人民出版社，1990.

［2］ 左大康. 黄河流域环境演变与水沙运行规律研究文集　第二集. 北京：地质出版社，1991.

［3］ 刘东生，等. 黄土与环境. 北京：科学出版社，1985.

［4］ 竺可桢. 竺可桢文集. 北京：科学出版社，1982.

［5］ 任振球. 全球变化：地球四大圈异常变化及其天文成因. 北京：科学出版社，1990.

［6］ 《天文与自然灾害》编委会. 天文与自然灾害. 北京：地震出版社，1991.

［7］ 国际地质对比计划第 200 号项目中国工作组. 中国海平面变化. 北京：海洋出版社，1986.

［8］ 徐福龄. 黄河下游河道历史演变//黄河水利委员会宣传出版中心. 中美黄河下游防洪措施学术讨论会论文集. 北京：中国环境科学出版社，1989.

［9］ 沈小锋，等. 耗散结构论. 上海：上海人民出版社，1987.

［10］ 徐海亮. 历史上黄河水沙变化与下游河道变迁//左大康. 黄河流域环境演变与水沙运行规律研究文集　第三集. 北京：地质出版社，1993.

晚更新世以来黄河在郑州地区的变迁
及古泛道流路辨析[*]

晚更新世末以来，黄河干流以流经郑州地区北境为主（今新乡市原阳县在古黄河以南，该地仍包含于地理的郑州大区内），沿后世称"禹河"的河线，经河北至渤海入海。除此干流外，在郑州北部广武山的东、西两翼，有东、西两条持续性和阶段性泛流，东南而下，进入淮河流域。西泛道存在于晚更新世早期和末期，东泛道直至近代皆间断出现和存在。

一、郑州地区晚更新世末的黄河古泛道

全新世早中期黄河干流在郑州地区的北部，基本上经济源、温县、武陟、获嘉、新乡一线，顺太行山南、东麓而去，大致循后世称"山经河""禹河"方向，流经河北省，进入渤海，对此，河北地理研究所学者吴忱已有系列阐述❶。今原阳县位置在古黄河干道以南，在郑州大区的地理范畴内。同期，黄河也有一些时期经成熟的继承性泛道南泛淮河流域，在郑州境内泛滥，皆自原阳和郑州东部而下，进入古汴水、颍水泛道；如龙山早期，黄河大部水沙曾进入黄海（详见河南学者张新斌认识和综合的各种论说❷）。笔者认为黄河主流大致在距今4800～4600年间（河南龙山文化中期）南下，从淮河流域进入黄海、东海，此时黄河分流入渤海水沙相对细微；约在距今4200～4000年间，主流又掉头北上沿后世称"禹河"河线入渤海，黄河南北"掉头"的关键部位，就在郑州地区。主流北上之后，位于郑州的汴河、颍河泛道只能分泄少量水沙（不作具体考证分析）。黄河南下入淮最主要的分流处所，一处在郑州，即郑州的东北部，所谓桃花峪冲积扇的顶点处；另一处可能在濮阳—菏泽一带。连接黄河和郑州地区的水道，大致有后世称为的济水，其水出河口门可能在宋代的汴口（广武山官庄峪下今河滩里）、荥口（今河对岸姚旗营到詹店一片）一带；还有古宿须水口（扈城附近，今原阳磁固堤西）、济隧口（古卷县附近）、十字沟口（今原阳北古黄河边），均为黄河分洪的减水口。黄河泛水进入广武山东北地区，主要行径济水—汴水泛道东去（该泛道的部分大致被广武山上下的现行黄河河道占据），或经颍水泛道（大致行经今贾鲁河方向入沙颍河）东南而下，影响郑州东部地区。本文称这一主泛道为"广武山东泛道"。此态势持续到晚全新世时期，人工堤防兴筑并完善，黄河逐渐形成地上河，黄河还可能不时沿袭东北部的远古决口和泛道带，入侵郑州地区，如明

---

* 本文系2012年提交郑州中华之源与嵩山文明研究会研究课题《郑州河济文化区和历史时期水系演化探讨》的专题报告之一。

❶ 吴忱，等，《华北平原古河道研究论文集》，中国科学技术出版社，1991年。

❷ 张新斌，等，《济水与河济文明》，河南人民出版社，2008年；王青，《试论史前黄河下游的改道与古文化的发展》，刊载于《中原文物》，1993年第4期；周树椿，《4000年前黄河北流改道与鲧禹治水传说考》，刊载于《中国历史地理论丛》，1994年第1期；王青，《大禹治水的地理背景》，刊载于《中原文物》，1999年第1期。

清黄泛荥泽县、中牟县和 1938 年花园口决口南泛。

在郑州东部的历史时期泛道，人们都较清楚和理解，唯有西部地区，大致在晚更新世末还有一黄河汊道，对郑州环境和人文有较大影响，而不为人所知。

中国科学院地理研究所叶青超主编的《黄河下游河流地貌》揭示了郑州西部荥阳广武地区黄河流经的历史：荥阳广武地区是因地壳上升而抬高的冲积扇形成于晚更新世晚期，是随着构造上升而抬高的古冲积扇。"荥阳广武地区为黄河阶地面上长条状的夹槽，由西北汜水河口向东南方向倾斜，至郑州郊区附近以台地形式与平原接触，夹槽西窄东宽，宽约 15～30 公里，海拔 110～150 米，夹槽地势比邙山南部阶地面低洼。据我们考察所知，这种夹槽地貌形态的特点可能是晚更新世时期的古黄河汊道……从地质剖面来看，夹槽地带的黄土（Q_3^1）已被侵蚀殆尽，而代之堆积的物质为次生黄土类黏砂土，中部夹有厚层的砂层透镜体，实为河流相沉积物，总厚度约为 10～40 米……新郑以东和尉氏西南地区广布的条带状岗地颇为发育，它们为许多南北方向平行排列的砂质岗地，高约 3～5 米，宽 80～250 米，长约 1.5～2 公里，最长 5 公里，为晚更新世古冲积扇向南延伸的残留部分，岗地原由红褐色砂黏土以及细砂组成，以后历经流水侵蚀作用形成长条状的岗地……"

广义的古黄河下游冲积扇，顶点在孟津而非郑州，它与全新世桃花峪冲积扇在时代和地域上都有原则差别，它下伏于今天全新世冲积扇下面，仅出露了一段出山口下的河流地貌单元。局限于对历史时期黄河河流地貌研究，今天人们谈及黄河下游冲积扇，往往只考虑全新世桃花峪冲积扇，忽视古老宁嘴冲积扇的原生形态。黄河出三门峡、小浪底峡谷，形成独立入海的河道，从孟津宁嘴以下完全进入下游冲积扇，循南北山麓寻找最便捷的入海通道；南岸，由于嵩山、邙岭阻遏，而汜水口处可迂回东南下，有较为宽广的嵩—邙走廊，即荥阳—广武条形夹槽，黄河得以在南岸寻找最靠近嵩山山麓的流路。故有郑州西部的泛水穿过荥阳进入市区和新郑北部，下到尉氏、鄢陵、扶沟，京广铁路以东残存有地质时期的黄河洪泛冲积物。[❶] 汜水是独立入黄河的一级支流。《尔雅·释水》云"决复入为汜"，古人早就把汜水看作黄河洪水屡屡入侵的处所。如果巩义市、荥阳市两市地面没有发生构造抬升，汜水河床也没有相应发生下切（目前汜水河口东岸高阶地与河水的高差 20 米左右），在大洪水时，黄河漫流的一支，完全可以挟带汜水进入荥阳—广武条形夹槽，再从郑州南郊东南而下。今人容易受现今地势地貌影响，来设想万年前的黄河变迁。郑州西部（严格说是桃花峪以西）地势与地貌，在晚更新世末期以来，发生了自下降而抬升的重大变化[❷]："本区上更新世晚期以前，表现为大幅度下沉……上更新世晚期本区开始回返上升……在三万年左右的时间里，本区上升了 100～150 米……"相应之下，桃花

---

❶ 参考《新郑县志》（陕西人民出版社，1992 年）第三篇："京广铁路以东……沙丘岗地为黄河古河道沉积砂粒被风吹运而成，相对高差 1.5～5 米，少数高达 10 米……京广线以东地区，由于受古黄河水流切割，与西部岗地分离，形成南北向的条形岗地与黄河隐流洼地相间的地形特征。县东部河流流向也依此，或东或南。京广线以东的古黄河阶地和京广线以西的双泗河、黄水河、溴水河两侧为平原，约占全县总面积 14.4%。"另从河南省水文地质普查成果看，扶沟图幅包含了尉氏、鄢陵、扶沟相关区域，"上更新统（Q_p^3）为黄河冲积形成的沉积地层，底界埋深 50～60m。为灰黄色黄土状粉土夹粉质黏土、褐黄色、灰黄混灰绿色黄土状粉土、粉质黏土互层，夹有 2～3 层含砾石细砂或粉砂"。

❷ 河南省地质局区域地质测量队，《1/20 万郑州幅区域地质调查报告》，1980 年。

峪以上的黄河河床，则呈现间歇下切，河流地貌发生深刻的变化。因此到全新世，黄河大水乃至高洪水水位相对于南岸岸坡而言，远低于更新世晚期，黄河无法再进入这一条形洼地。晚更新世以来郑州西部构造抬升与黄河大洪水水位关系见图1。

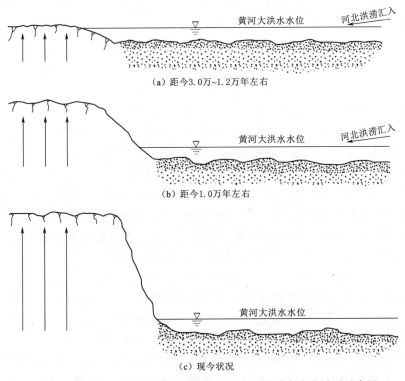

图1　晚更新世以来郑州西部构造抬升与黄河大洪水水位关系示意图

地质界普遍有人提出古三角洲问题，"古黄河三角洲的分布范围，西起孟津，北至卫河，南界越过贾鲁河抵郑州以南十八里河—鄢陵—扶沟一带……在郑州桃花峪以西到孟津一带近黄河两侧的黄土塬，都是晚更新世古黄河三角洲的组成部分"[1]。正是基于对古黄河冲积扇的这种根本性认识，运用地质学、地貌学等学科知识，通过航片、卫片的遥感解译、野外考察和钻探资料分析，认为在晚更新世末，黄河一条枝津汊流，从荥阳西北部东南而下，穿越郑州西郊、南郊，至新郑、尉氏县、鄢陵、扶沟县境。其支分出河的地点，在沿黄广武山的一个缺口——汜水口，或从汜水口以下某黄土峪口分河南下——牛口、宋沟可能性最大。牛口峪一带地层取样分析淤沙夹黏结构，很可能是黄水翻越时快速堆积的遗存。今溥沱汜水河东岸高程与牛口峪峪口高程，大约高出现今黄河在汜水口、牛口峪下高洪水水位30～40米，扣去晚更新世末以来的构造抬升因素，河水在当时完全可以进入荥阳腹地。查勘在汜水东岸的溥沱村至韩村、留村、真村，有一条带状沙层，从牛口峪到刘铺头、马寨、秦铺头，也有疑似河水漫溢通道。大约是距今1.0万～3.6万年时期沉积。在溥沱村附近的黄土岩畔砂样释光测年，约在距今3.60万年（下层）和1.89万年

❶ 石长青，等，《关于黄河三角洲形成问题的初步探讨》，刊载于《地质评论》，1985年第31卷第6期，第543—544页。

（上层）的范围，该沙层应为晚更新世末期黄河挟带古汜水东泛的沉积物。以往水文地质剖面和近期钻探剖面，均显示古河道沙层透镜体的存在。从溥沱、韩村至于枯河到南水北调干渠，大致是该泛道扫荡范围，而南水北调干渠穿越荥阳夹槽地带，就规模性地显示了晚更新世末全新世初古大河的河床相沉积。对此河流相沉积物释光测年，荥阳东大村地下相应地层时代为距今 11.10 千年、18.59 千年、33.57 千年；真村该层粉砂沉积年代为距今 16.18 千年、25.15 千年、49.99 千年；西司马村该层粉砂沉积年代为距今 9.41 千年、18.92 千年、26.24 千年。● 测年时期与泛流源头的溥沱、沙固完全一致，说明系晚更新世末古黄河泛流带沉积。泛水也可以直接东下，或沿后世的枯河、索须水河谷，或翻越市区铁路西的条形岗地，进入东部地区。当时，汜水仅是南泛黄河汊道的支流，古索、须、黄水（后世贾鲁河）等均为该黄泛支流，随其东走或南下。《山海经》里讲郑州西、中部水系均纳入黄河，就是先民基于这种地质地貌前提的水系概括认识。

溥沱村，在上街村西，陇海铁路汜水桥畔。认定该处为黄河入侵荥阳突破点，是其村名和地望的启示。河南省水利厅老学者涂相乾平生研究水利史，撰有《溥沱集解》一文，从古文献和华北众多溥沱地名，总结出一种规律，名称有地貌特征含义。他从历代对溥沱二字的演变和释义，认为"聚水之为溥，流泄之为沱。水聚蓄而下之谓溥沱"。又"漯"字，"亦似溥沱之音转异写"，而清代蒋廷锡《尚书地理今释》则说"漯，一名河源"。涂相乾在《山海经》和《水经注》汾水、汜水、析水、沔水、淮水、比水、淇水、潍水注文句中，找出 10 个例证，河源皆溥沱地貌（当然溥沱地名并非全是河源）。归纳"溥沱"的地理功能，涂先生云："遐想一河流从其主流最上游的聚水盆地溥沱流击，沿途左右岸陆续次第汇入支流，携带其水量向前奔流，各支流亦各自其河源溥沱下流。沿途纳其（次级）支流之水；依次类推……如此向下游携带愈多众流前奔，干流遂形成浩浩荡荡大河流而入海洋"。也完全给后人描述了黄河支流汊道自入汜到合汜东南而下的浩荡磅礴气势。溥沱村南边，汜水东岸有一"沙固"村，黄河冲积平原上大凡称"固""崮""堌"的地名，一般均为平原高地。沙固村名，也是反映的河流地貌，或因河流形成的地貌特征。

"荥阳冯沟—草庙古黄河地质地貌横剖面图"为郑州浅层水文地质剖面之一（20 世纪 70～80 年代河南省地质局水文地质队测绘），其中韩村（郑州上街西北）一带地层所显示的浅层细沙透镜体，可能就是以上关注的这一古黄河汊流的沉积物。汜水河东岸的溥沱村河沙固村紧邻汜水，现代河岸约高出汜水正常水位 20 余米，可以推测，在荥阳地区尚未发生整体抬升（30～20 米左右）之前，黄河水能以轻易通过进入汜水口、上溯汜水并翻越汜水河东岸而下；汜水河东岸沙固一带，仅为水力工程学概念里的翻水"宽顶堰"而已。到荥阳开始出现整体抬升时，黄河大洪水仍可以在汜水河口集聚抬升，偶尔翻越汜岸。

由于晚更新世纪末以来郑州西部黄土台地整体性的构造抬升，按黄河纵剖面发育的基本原理，在构造升降同时，河床纵向剖面需保持相对平衡（平行下降或抬升），所以在构造抬升同时，相应河段河床出现下切，洪水水位（相对两岸抬升以前，也随河床下切呈现下降趋势，这样，黄河泛水后来再不能越过汜水河东岸和牛口峪的岭口进入荥阳、广武夹槽东走或南下。从一系列论证和野外征象看，郑州西部构造抬升是明显的。今日郑州西

● 由国家地震局地壳应力研究所和核工业部地质分析测试中心检测，2011 年。

部地貌、水系是在这一显著构造变化基础上进一步的再塑造，历史时期的郑州水系是西部黄河、湖泊沼泽消亡以后出现重大调整，水系重组，再发育形成的。全新世该地区的地貌进一步被塑造，晚更新世的黄河汊流河床真貌，已被掩埋在后继本地河流沉积（和风积）的数米泥沙、粉尘之下。

但是，近年南水北调中线调水工程在郑州—荥阳区间的大开挖，为世人彻底揭露了数万年前的地层叠压关系，使我们亲眼见到数万年以来荥阳盆地黄河泛道河床的沉积物层次、颗粒性状，能实地考察其沉积环境。晚更新世末黄河确实从这里有一汊道挟带嵩渚山水通过。郑州荥阳的地层结构和以上引述的尉氏、新郑地层描述，使人联想起吴忱对于河北平原黄河与其他太行山河流地貌与沉积环境的深刻分析："第四期古河道带形成于晚更新世晚期的玉木主冰期，年代距今 25000～11000 年。……第四期古河道带堆积时的环境特征——此时气候寒冷干燥，森林植物被覆盖最低，海平面最低，河流流量小但变率大，属于河流非常活跃、洪水暴涨暴落的洪水堆积性质……距今 25000～11000 年的晚更新世晚期的玉木主冰期，气候又变成寒冷干燥……海平面下降，侵蚀基面降低，地面坡度加大，河流流量小但变率大，为暴涨暴落的洪水性质。机械风化强烈，水土流失严重。河流开始以强烈下切为主，形成了第四侵蚀面和切割谷，继而有快速堆积，建造了山前砂砾石洪积扇和平原区砂质古河道带。该期的后期，洪流堆积减弱，风积更加旺盛，因而在洪积扇和古河道上覆盖了一层黄土。"[❶]

在晚更新世末，郑州地区和山前河北平原古河道的沉积环境、地层、岩性是大致类同的。

二、郑州东部的黄河泛道

郑州东部地区晚更新世以来的沉积与西部既有区别，也有类似。从地震地质钻孔所揭示的东部地层与测年结果看，晚更新世黄河冲积扇大规模沉积存在，厚度远超西部。具体在晚更新世末、早中全新世，黄河自汴水、颍水泛道大规模入侵郑州市区东部，最主要的通道大致是自岗李—柳林—祭城—白沙—中牟南小赵庄，从郑州市全新世中期岩相古地理分析（河南省地质局，1980 年）看，该道系黄河冲积扇体的一道主脊，晚近时期，此主脊沉积厚度最大可达 15 米以上，泛道沙层透镜体宽度可达 4～8 公里。从郑州大河村、柳林构袁村到郑州森林公园中细沙沉积，显示了该泛道史前多次大规模行黄，掠过乃至深入市境，其河流相沉积年代在 11200a BP、8740a BP、4620a BP，而 8500～5500a BP 间，该地湖泊沼泽发育（TL），说明，其间有数个泛流高潮时期，相间是泛流细微甚至湖泊沼泽发育的时期。在其不远东风渠边霍庄地震地质深孔，第一层灰黑色砂质黏土（湖相），测年为 3110a BP（TL）；第二层灰褐灰黑色粉砂（河流相），测年为 4700a BP，时间与森林公园孔第一河流相层一致。再下为灰黑青灰色粉砂质黏土（湖相），测年为 7900～9800a BP（TL）。

黄河曾流经郑州东部，《山海经》"中次七经"记载有先秦时期的这一事实：荥阳至中牟的郑州诸水——器难、太水、承水、末水皆入役水，位于今中牟西部的役水再"北注于河"。

---

❶ 吴忱，等，《华北平原古河道研究论文集》，中国科学技术出版社，1991 年。

河南龙山文化的后期，主要基于地质构造活动驱动，黄河主流掉头北上，给予郑州乃至中原地区一个空前飞跃发展的机遇，中州文明因之发生划时代的跃迁，给予中州崛起以非常意义和决定性的影响。龙山晚期大规模治水实际、传说和文献记载，大致也因缘于此。从近30年众多市区工程地质钻孔资料整合勾绘的郑州市（东西方向）的工程地质横剖面看，黄河洪水自广武山东头东南泛滥的支流还有：大致顺京广铁路以东的南阳寨—人民公园—东、西大街一线，东风渠—水校—老干所—家具建材城一线等，沉积砂层之透镜体宽达2～3公里。可见，在晚更新世末到全新世早期，郑州东西部广大地区普遍存在一个冲洪积中细砂层（部分层次含夹有细、中砾石或混夹极薄的黏淤成分），厚达数米至十余米，大河村钻孔岩芯尤为典型，与西部钻孔显示类同，也与河北平原晚更新世末沉积类型类同，说明在更新世与全新世地质纪元交接之际，发生过重大的地质事变，也发生过剧烈的气候变动事件，存在一个持续较长时间的特大洪水期，郑州处于洪泛状态，相应地层以河流相沉积物为主。

不过到全新世晚期，黄河仍有数次泛及郑州东部，譬如明清时期和1938年的黄河泛滥。

若从地质时期的宏观尺度看，除了一定时期黄河主流或汊流不确定性地南北扫荡之外，居于郑州北部的黄河干流是相对稳定的。龙山后期黄河主河道北徙后，直至秦汉、隋唐、宋金时期，黄河干流在郑州地区皆未发生重大改道变徙事变，河线均在武陟东南、原阳西北。我们要了解黄河的踪迹，文献上没有说，唯有依靠考古文化和地质学、地球物理钻探了。

三、黄河干流何时行经现今广武山下的汴河泛道？

对郑州来说，金明昌五年（1194年）河决阳武故堤，终于全面揭开了黄河经郑州南泛夺淮的局面，这是龙山晚期黄河巨变后的一次最重大的逆转事变。

洪武二十四年（1391年），河决原武黑羊山，决口上提，突破了古黄河的邙岭—黑羊山天然高地堤岸线，不过此次河决后，郑州市的广武山脚下实未行河。直至明代中期，黄河在河南、山东、江苏泛滥，仅仅是穿越武陟、原武、阳武、封丘，泛及旧荥泽县界，主流尚未改徙到今原阳以南的原济水—汴水泛道。直到明末清初，河臣潘季驯、靳辅大力整治黄河下游堤防工程，泛水数次自原武冲击荥泽、中牟县境，黄河干流也未能贴近广武山走今黄河河道。这是需要强调的问题。

一个关键变化到正统十三年（1448年）发生，是年新乡八柳树河决，又另决于郑州孙家渡（在现今黄河北河滩里，大致位置在中牟杨桥西北四五公里，京港澳高速公路黄河大桥和来潼寨附近），冲中牟、尉氏行颍河泛道。但黄河主溜仍未行经广武岭之下。1460年后，获嘉、新乡故大河终于南徙到今黄河北堤以南，主流进一步南滚，迁移到汴河泛道上来。因河水多次冲荡淤淀，唐代、宋代、元末的老河阴城就不复存在了。

1489年，封丘金龙口河决，仍行洪武初封丘、长垣一段河线。

1508年，河决贾鲁大河线上的黄陵冈、梁靖口，经曹县南、城武南，或行鱼台南、单县南，多股入运，这一局面大致延续到1532年。但桃花峪顶点处所仍未变动。

而且应该注意的是，明末清初，黄河主流也并非全部时间都行经官庄峪至桃花峪、花园口一段。《续行水金鉴·黄河卷》第六、七记载：

"康熙元年，是年，河决曹县之石香炉，又决武陟之大村、中牟之黄练集。

"康熙十年，筑祥符黑堈堤、陈桥堤、中牟小潭溪堤、仪封石家楼堤、郑州王家楼堤。

"康熙二十二年，筑郑州堤，又与荥泽会筑沈家庄月堤。

"康熙五十七年，是年河溢武陟之詹家店，又溢何家营，经流原武治北。

"康熙六十年六月二十一日，河决武陟马营口，直注原武。

"八月，河决怀庆府武陟县之詹家店、马营口、魏家口等处。

"康熙六十年，是年筑钉船帮大坝，挑广武山下黄家沟（今按黄家沟《河渠纪闻》《河南通志》皆作王），引河一道，导大溜归入正河，又筑秦家厂坝马营口。"

以上事实显示出康熙末年，河水多次连年试图经武陟詹店、何营，重行故道。有司也试图在广武山下挑引河使其归故；说明黄河尚未完全稳定到桃花峪邙岭北面的现行河道中。

"康熙六十一年正月十九日，河冰溢，水复漫涨钉船帮南坝尾接至秦家厂子堰，决断二十余丈，又将新筑越堤塌断，……於广武山官庄峪挑引河一百四十余丈，以杀水势，……乃请于沁黄交会对岸王家沟开河，使水由东南荥泽旧县前入正河，建挑坝於沁口东以扼之，水势始平，以次筑塞诸决口，又於马营口筑大越堤，又筑荥泽大堤，以为遥堤……乃於王家沟官庄峪开引河，工竣启放，大溜直趋引河，河流南徙堵塞可俟……

"雍正元年正月秦家厂马营口堤坝完竣，河复故道。二月筑太行堤，又沁黄交涨，由怀庆府地方姚其营漫滩而出，水与堤平，决梁家营二铺营土堤，及詹家店马营月堤……

"雍正二年正月，稽曾筠奏，沁黄交会，姚其营秦家厂一带，皆属顶冲，但此系下流受患，其上流必有致患之由，臣由武陟至孟县，所属皆沙滩，将大溜逼趋南岸，至仓头对面，又以横长一滩，自北岸伸出，使全河之水，直趋广武山根，以致土崖汕刷，至官庄峪，则大溜又为山嘴所挑，直注东北，於是姚其营秦家厂遂为顶冲……"

经雍正初的系列治理，黄河干流终于稳定到武陟、秦厂以南，广武山以北的河道上来。留在武陟的嘉应观御碑，御坝，都是这个时候的文物。这才奠定了现代黄河滨临郑州市的局面。所以，黄河干流乃自天顺前行武陟—新乡河线，逐步转变到现今铁桥下郑州—中牟—开封河线。清中期，转到现今黄河的河床，才完全占据与覆盖了古汴河河线。

今人多引光绪十五年（1889 年）吴大澂奏称，广武山土岗"日被黄流冲刷，三十余年塌去山根八九里之遥"，来说明广武山被冲啮的程度。但这 30 余年的河势变化，主要系 1855 年铜瓦厢改道后，入海水道趋短，河床纵剖面变陡，河相关系大大改变，桃花峪以下河道重新被洪水塑造，河床冲蚀与侧蚀加剧。这里塌去的绝不是广武山宽厚八九里（横向），而是沿河岸长达八九里的山根山坡（纵向），实地考察邙岭官庄峪一带北麓的山势、坡度、冲蚀溃退情势是可以理解的。两下的认识，在纵横方向上相差几近 90 度！笔者正是在黄委在桃花峪的地质钻探成果和比利时人设计旧黄河铁路桥的地质剖面资料中看到"邙山山麓亦只在今山脚外 250m"，甚至更早期"邙山的 Q_2 黄土层深入到现行黄河中也不过 0.3～1.0km"，得出结论"黄河在西汉以来，并未对邙山形成太大的侧蚀……黄河南蚀在北宋末加剧，到 1355 年，元代河阴城（约在山麓下一里多外）被水冲毁，滩地

'遂成中流'……随后，黄水才不断啮蚀山根"[1]。但如上文所说，黄河主溜不断侵蚀山根，已经是清康雍乾以来了。对照工程地质图，给予人们的直观印象大致就是这样的，这是理解黄河侧蚀、河水与郑州关系的原则问题，涉及许多地貌、地名、水系和河床变迁的科学问题，不能含含糊糊，人云亦云。

不过广武山以北的地方，自明清以来累计也有500余年经行黄河干流，唐、宋、元时期的河阴滩地，湮埋已深、面目全非了。

---

[1] 徐海亮，《历史上豫北黄河的变徙和堆积形态的一些问题》，刊载于《水利史研究会第二次会员代表大会暨学术讨论会论文集》，水利电力出版社，1990年。

史前郑州地区黄河河流地貌与新构造活动关系初探[*]

摘　要：历史时期黄河在郑州地区与桃花峪冲积扇上的变迁，过去和今人已有较为系统的研究。但是由于上古文字资料的欠缺，相关研究的不足，对于史前时期黄河在大郑州地区的河流地貌特征、河道在黄河下游冲积扇顶部的演变，论述甚少，认识还很粗浅。本文试就黄河下游演变意义上至关重要的郑州大区，史前黄河在桃花峪以上特定地域的河流地貌、河道演变与新构造活动的某些关联问题，郑州西部构造地貌对于河湖水系演化的作用，提出一些初步认识。

关键词：史前黄河　郑州　河流地貌　新构造活动

一、桃花峪以上区域的河流地貌

近 20 年来有一些论文与著述，试图提出考古时期黄河在河南境桃花峪冲积扇上存在的变迁问题，突破了历史时期黄河变迁的时空。[❶] 他们设想的变迁区域，均在桃花峪以下。

笔者在 30 多年前，往返于豫东与郑州两地，路过扶沟县、尉氏县、新郑县的条带砂岗和颍水部分支流的岸墅，总是怀疑这一带有远古黄河洪水的塑造外营力作用。1950 年代治理淮河初期徐近之和夏开儒老先生对于淮河流域——特别是淮北地文的论文说那是风沙塑造，一些人也认为此系风沙所为。后来在郑州，笔者也始终奇怪郑州市区西部以台地形式的地势渐次抬升景观，究竟反映出什么问题？曾设想过黄河在什么时候，有可能从桃花峪以上的汜水河口——进入郑州西部的荥阳和郑州西南郊——流向尉氏、扶沟入颍吗？

近年，黄河水利委员会、河南省地理研究所、河南省区域地质调查队几个有心者，联袂研究郑州地区的古环境问题，运用地质学、地貌学、遥感诸研究手段，对于古籍文献中谈到的郑州市周围河湖，重新做实地查勘、考证、分析、解释，笔者参与部分野外查勘、研讨众多的考察论证成果，得以从更宽的视角，重新思考黄河在郑州地区的演变问题。[❷]通过航片、卫片的遥感解译、野外考察和钻井资料分析，笔者粗浅地认为，在晚更新世末至全新世初，黄河一条支津，可能从今天郑州市的荥阳西北部东南而下，穿越该市俗称的"西郊"，南郊十八里河、南曹以南，中牟张庄、三官庙，尉氏大营，其南沿大约靠尖岗，过郭店、薛店，至尉氏县岗李，下入扶沟县境。其支分出河的地点，当然不可能是广武山（今俗称邙山）北麓与东头，而是在沿黄邙岭的一个缺口——汜水口，或从汜水口以下某

---

　　* 本文原刊载于《华北水利水电学院学报》（自然科学版）2010 年第 6 期，作者为徐海亮（中国水利学会水利史研究会）、王朝栋（河南省区域地质调查队），现有修改。

　　❶ 如王青撰写的《试论史前黄河下游的改道与古文化的发展》（《中原文物》，1993 年第 4 期）、《大禹治水的地理背景》（《中原文物》，1999 年第 1 期），张新斌撰写的《济水与河济文明》（河南人民出版社，2008 年）。

　　❷ 有关查勘情况详见郭仰山等撰写的《"禹荥泽"古地理环境研究》（《地域研究与开发》，2010 年第 1 期）。

黄土峪口分河南下——牛口峪的可能性较大。今荥阳市中部与东部地区，可能是该减水河流经的关键区域，目前已在该区域地下数米发现 $100\sim200$ 平方公里的湖沼相沉积地层，有可能是黄河支津与嵩渚山麓众水汇聚、滞留，或河湖相间沉积所形成。

郑州市横跨中国第二级和第三级地貌台阶。西南部嵩山属第二级地貌台阶前缘，东部黄淮平原为第三级地貌台阶后部，山地与平原之间的低山丘陵地带，则构成第二级地貌台阶向第三级地貌台阶过渡地区，荥阳就处于此。郑州西部的黄河南岸荥阳市地貌、地质究竟如何？中国科学院地理研究所地貌室在沈玉昌等先生倡导下，长期研究黄河下游河流地貌问题，$1980\sim1990$ 年代，他们在其综合成果《黄河下游河流地貌》一书中有十分宝贵的描述：

"荥阳、广武地区为黄河阶地面上长条状的夹槽，由西北汜水河口向东南方向倾斜，至郑州郊区附近以台地形式与平原接触，夹槽西窄东宽，宽 $15\sim30$ 公里，海拔 $110\sim150$ 米，夹槽地势比邙山南部阶地面低洼。据我们考察所知，这种夹槽地貌形态的特点可能是晚更新世时期的古黄河汊道……从地质剖面来看，夹槽地带的黄土（Q_3^1）已被侵蚀殆尽，而代之堆积的物质为次生黄土类黏砂土，中部夹有厚层的砂层透镜体，实为河流相沉积物，总厚度为 $10\sim40$ 米，其底部直接与中更新世的假整合接触。以后随着晚更新世末期太行山和伏牛山上升的带动而抬高，形成现在这种阶面夹槽带的地貌景观。历史时期内夹槽还有古湖泊的遗迹。据有关文献说，古代黄河进入下游后，最先出现的湖泊是荥泽，在今荥阳县境，古人说是由济水溢注而成。古代河、济相通，荥泽当亦受河水的灌注……这些记载更能说明该夹槽与黄河河道是相通的，与上述夹槽形态和沉积物质特征的表现是吻合的。

"新郑以西和尉氏西南地区广布的条带状岗地颇为发育，它们为许多南北方向平行排列的砂质岗地，高约 $3\sim5$ 米，宽 $80\sim250$ 米，长约 $1.5\sim2$ 公里，最长 5 公里，为晚更新世古冲积扇向南延伸的残留部分，岗地原由红褐色砂黏土以及细砂组成，以后历经流水侵蚀作用形成长条状的岗地……"❶

这段描述和推论非常重要，主要是提出了：①荥阳—广武山区域地貌为黄河阶地面上长条形的夹槽；②条形夹槽由西北汜水河口向东南方向延至郑州郊区；③夹槽地貌形态的特点可能是晚更新世时期的古黄河汊道；④晚更新世末期太行山和伏牛山上升的带动夹槽抬升，形成现在这种阶面夹槽带的地貌景观；⑤历史时期内夹槽还有古湖泊的遗迹，黄河进入下游后，最先出现的湖泊是荥泽；⑥古代河、济相通，荥泽当亦受河水的灌注；⑦新郑、尉氏广布的条带状岗地为晚更新世古冲积扇向南延伸的残留部分。看来，他们早在 20 世纪 80 年代已经回答了我在当时提出的疑问，其推断和今天我们的野外考察结论相符合。但这一系列描述与推论没有得到当年黄河史专家学者的注意，也没引发多少讨论，更没有引起青年学人的关注，所以直至今天，绝大多数的学者依然因循历史时期黄河变迁的基本态势，受制于历史时期的演变格局，忽视了史前黄河某一时期曾经有过一支，打从郑州西部穿过的客观事实。

其实，黄河从小浪底峡谷出来，从宁嘴以下完全进入下游冲积扇，放眼四方，冲突浪漫，北岸，直抵王屋、太行山脚，循山麓寻找最便捷的路途入海，南岸，由于嵩山、邙山

---

❶　参阅叶青超等撰写的《黄河下游河流地貌》（科学出版社，1990 年）。这段重要文字由叶青超先生执笔。原文应为新郑东部。

阻遏，只能顺济源凹陷盆地南沿东下，伊洛河口基岩突出不得进入，而泛水口处可迁回东下，在邙山南部找到较为宽广的嵩山—邙山走廊，即荥阳—广武山条形夹槽（地带），黄河得以在南岸寻找最靠近嵩山山麓的流路。西线的泛水可以穿过郑州西郊，进入新郑市，所以京广铁路以东残存有地质时期的黄河泛滥冲积物。❶某地质时期的泛水，并不是在今邙山缺口处所汇入黄河，而是在今泛水口上首、上街西边入黄。在现今策划出版的《中国河湖大典》中，泛水是独立入黄河的一级支流。《尔雅·释水》云"决复入为泛"，似乎古人早就把泛水看作黄河洪水屡屡再度的处所，直至今天，黄河下游洪水对于泛水的倒灌依然存在，当代黄河大洪水时，仍然可以见到河水顶托泛水，形成一个长六七公里的回水区。如果巩义、荥山两市地面没有发生构造抬升，泛水也没有相应发生下切（目前泛水河东岸高阶地与河水的高差，无非也就是 20 米左右），在大洪水时，黄河漫流的一支，完全可以挟带泛水进入荥阳—广武山条形夹槽（地带），再从郑州南郊东南而下。这种解释现在难以一下子令人认同，主要是今人极易受现今地势地貌影响，来设想万年前的黄河变迁。郑州西部地势与地貌，在晚更新世末期以来，发生了自下降而抬升的重大变化：1 万多年来，它是间歇性、持续性上升而变化的，桃花峪以上的黄河河床，则呈现间歇下切，史前黄河，在邙山—洛河口一线众多的沟峪里留下高于现代常水位 20 多米的淤积沙层。全新世的中晚期，河水乃至大洪水已无法再进入这一条形走廊。

沿着京广铁路线，有一条太行山前的深断裂，北自北京、石家庄，经邯郸、新乡、郑州，抵平顶山，它大致与中国东部地貌的第三级台阶西缘相应，在其东部，是不断下沉的华北平原，其西边，是不断间歇抬升的第二级台阶黄土丘陵、山地。具体到现今黄河所处位置来说，郑州桃花峪以东，河道处于下沉的开封凹陷中，第四系等厚线最深达 400 多米；桃花峪以上，到小浪底峡谷出口的宁嘴，河道处于济源凹陷中，第四纪沉积厚最多达到 200 多米。值得注意的是，在更新世，该段整体处于下沉状态，只是晚更新世末以来，该区域发生持续性抬升。这一点已经有一些文献谈过。《黄河下游河流地貌》认为："其中，孟津宁嘴至铁路桥段的黄河是由山地进入平原的过渡段，但在早更新世以前，这里并不是上升的而是下降的……从晚更新世晚期以来，本区才开始抬升。"而"因地壳上升而抬高的冲积扇"，"这里所指的冲积扇是形成于晚更新世晚期，随着构造上升而抬高的古冲积扇。其范围较小，西起孟津的宁嘴，北靠太行山南麓，南接伏牛山北麓，冲积扇前缘因受后期破坏而无法考证，大体上在汲县、新乡、获嘉、武陟、尉氏和扶沟一线等地，平面形态分布东宽西窄，残留面积约为 6990 平方公里"。这是广义的古黄河下游冲积扇，它与今天我们常说的桃花峪冲积扇在时代和地域上都有所差别，因为它下伏于今天我们以桃花峪为顶点的冲积扇下面，大部分非常规观察可以看到，仅上延与出露为一段出山口下的河流地貌单元，这一段，长号形的宁嘴—桃花峪"冲积走廊"。刘尧兴等所撰《豫北地区新

---

❶ 参阅新郑县志（陕西人民出版社，1992 年）第三篇：京广铁路以东……沙丘岗地为黄河古河道沉积砂粒被风吹运而成，相对高差 1.5～5 米，少数高达 10 米。……京广线以东地区，由于受古黄河水流切割，与西部岗地分离，形成南北向的条形岗地与黄河隐流洼地相间的地形特征。县东部河流流向也依此，或东或南。京广线以东的古黄河阶地和京广线以西的双泪河、黄水河、溴水河两侧为平原，约占全县总面积 14.4％。另，据悉，河南省地理研究所在1970、1980 年代考察风沙地貌，曾研讨郑州市东南郊京广铁路东地貌，约请中科院贵阳地球化学所参与考察并取样做年代分析，初步认为该处系黄河泛流地貌的再造，与建国初期南京地理所徐近之先生认识不同。

构造活动特征及中长期地震预测研究》也说："邙山顶面为晚更新世的黄土，表明该河段晚更新世以来地壳表现为间歇性的上升运动。由于此段间歇性上升运动与南北两侧盆地的下沉是同时发生的，结果出现了黄河阶地面反倾的怪现象，这充分说明了不同地区、不同地壳运动的方式及速度，控制了不同的河流地貌形态特征。铁桥以东，地壳运动一直表现为下沉的负向运动……"；"此段黄河河道形态特征与新构造运动的关系非常密切……地壳垂直运动直接控制着本区河道的变化"。❶ 从泥沙运动力学与河床演变学理论的长时间尺度看，为维持一定的河相关系与河道纵剖面平行升降调整，这段黄河河道在更新世末以来持续地间歇性下切，但河型承继了更新世以来的游荡性特征，直至现代。

在济源凹陷盆地的南缘，与洛阳—巩义—荥阳盆地之间隔着一条狭长的邙山，系古黄河的二级三级阶地；更新世以来，它一直作间歇性的抬升，而西部孟津、洛阳盆地第四系厚度最多达百余米，东头的巩义、荥阳一带，大约不到 40 米。

二、全新世郑州地区新构造运动问题

据野外考察，地质时期黄河的一支曾经流经荥阳—广武山条形夹槽（地带），后来遗留有一个百余平方公里的大型夹槽湖沼群。河湖相沉积的埋深在现今地表下 2～3 米，顶面一般不超过海拔 125 米（黄海高程），最深底板在 110 米左右，湖积层下伏土黄色、带锈斑和钙质结核的粉细沙层，疑似远古黄河床沙。但是毕竟沧桑巨变，不经深入分析考证，今人很难相信这里曾经有过大河大湖存在。说巨变，因为晚更新世以来，郑州西部地区发生了一系列的构造活动变化，地貌早已昨是今非，除了因袭祖先传说，仰韶晚期、龙山文化时期的先民可能没有看到当时的大河支流；更不要说后来描述古地理变化的先秦文献，可能去记载这个了。要解释史前黄河在郑州的演变，必须考虑当时的构造活动现象，恢复古地貌。河南省有地质文献曾指出："全新世中早期来，新构造运动使本区从缓缓下降转变为剧烈抬升，并延续至今，上升幅度达 20～40 余米"❷。但是，对于郑州与河南西部地区的全新世构造运动具体研究仍属较少。这里将几个零星的、比较说明问题的关联信息分述如下，以作参考。

1. 华北山地抬升

对于华北平原和山地构造活动的描述是多方面的。中国科学院广州地球化学研究所郑洪汉，撰《中国北方晚更新世环境》（重庆出版社，1991 年），认为：20 万年以来垂直构造运动幅度与速率，距今 1 万～700 年，华北平原内部是 32 米、3.44 毫米每年，华北—太行山是 58 米、6.13 毫米每年；700 年以来，前者是 19 米、27.1 毫米每年，后者为 30 米、42.9 毫米每年。距今 20 万年左右、10 万～7 万年、7000～2000 年、300 年左右，存在 4 个构造活跃期，距今 700～300 年，有一个突然的加速运动。最后两个构造活跃期恰好处于全新世，特别是处于全新世中期以来，对于 1 万年来决定黄河演变的深层原因，显然存在重要的参考研究作用。❸

❶ 参阅刘尧兴等撰写的《豫北地区新构造活动特征及中长期地震预测研究》（西安地图出版社，2001 年）。
❷ 参阅河南省地质矿产局水文地质二队撰写的"河南省郑州市区工程地质勘察报告"（1989 年）。
❸ 参阅徐海亮撰写的《黄河文化丛书：黄河史》（河南人民出版社，2001 年）。

《黄河下游河流地貌》也指出："华北凹陷区西侧的太行山，近期隆起山地的形变率为10毫米每年以上，上升最快的可达12～13毫米每年，即相对于稳定区每年上升3～4毫米，说明山地在快速上升。华北平原的形变率一般在9毫米每年以下……"

从这些研究资料看，全新世期间太行山垂直抬升近60米，在全新世中期—晚期、元明清三代，存在突然加速的构造活跃期。对于嵩山山地的抬升状况，目前尚缺乏具体数据，从郑州以东华北平原地块不断下沉看，沿石家庄——郑州深大断裂线，郑州西部黄土台地、丘陵山地相对应的构造抬升，自然是不争的事实，下面另一些现象也可以说明这点。虽然它与太行山地的抬升，可能不一定是同步的。

2. 河流阶地

河流阶地发育，反映出地壳构造活动的情况。中国科学院地理研究所《黄河下游孟津小浪底—郑州花园口的河谷地貌与河道演变初步研究》（地理集刊，第10辑）提出，河流的"第一级阶地为堆积阶地，相对高度为5～15米……主要分布在南岸西霞院至扣马一带"。

对于桃花峪以上一段河道，黄河水利委员会规划设计院《黄河桃花峪水库工程规划选点地质报告》则指出："由于本区间歇性上升，发育了黄河的四级阶地，……一级阶地（堆积阶地）高出河水面15～25米，标高110～130米，上部为黄土类壤土、砂壤土，厚约15米，底部有厚层的砂及卵石"。

黄河一级阶地高度15～25米，可视对比高程与广武山南的大片河/湖相沉积相应，也相当于邙山—洛河口沿黄沟峪里沉积的远古黄河高水位沙层高度。这个数据，当为此河段1万年来黄河河岸相对抬升的数值，也就是同期宁嘴—桃花峪一段河床相对下切的深度量级，反映出荥阳—广武山条形夹槽（地带）湖相沉积层同期抬升的幅度。对黄河河流地貌研究后认为，在中更新世晚期，郑州以西的老冲积扇顶部继承老构造活动而发生上升，形成黄河古阶地。右岸邙山高耸的二级三级阶地为黄河在更新世时期的高滩，在更新世末，也曾经有过高于现今黄河平均水位，与当时高滩相应的高水位时期。

考察荥阳、新密、新郑一带嵩山山前的诸水河流地貌，发现汜水、索水、贾峪河、须水、贾鲁河、双泊河、潩水、黄水河（和有关各支流）等，不同程度均有黄土台地上升、河流下切，河岸陡峻的地貌景观，全新世阶地高达数米，甚至到十余米。显然，晚更新世、全新世以来，豫中嵩山山麓，伴随熊耳、伏牛、嵩山的间歇性上升，有较为明显的构造活动。

3. 郑州与相邻地区的地震活动

历史地震是新构造活动非常重要的表现，证明了该地区新构造运动非常活跃：

郑州位于嵩山隆起与开封凹陷的接壤区，属河淮地震带潜在震源区。区内发育有北西向的老鸦陈断层、中牟断层、古荥断层及北西西—近东西向的郑州—兰考断层、上街断层、须水断层等，它们在区内交汇。无独有偶，所包络区域恰好是前面我们说的荥阳—广武山条形夹槽（地带），其特殊地貌自然是构造的产物。其中的老鸦陈断层和中牟断层为第四纪活动的正断层。虽然近期也有人认为该断层两侧第四纪以来并无活动与错断，否认邙山东侧陡坎与其有关，但该处1974年曾发生2.6级地震，特别是近期汞气测量也显示异常。尽管从地震破坏角度看此潜在震源区似无大碍，但从新构造活动看，郑州地区的反映则是较为显著的。

历史时期郑州发生过中等级别的地震，但近期小震活动呈低频低能态势。荥阳地方志记载，149 年荥阳地震、928 年郑州 4.75 级地震，1814 年荥阳发生 5 级地震，震中就在贾峪。统计荥阳发生轻重地震 50 余次，其中，震中在荥阳的有 8 次，震中不明荥阳有感的 23 次，外地地震波及的 19 次。荥阳大周山圣寿塔寺系北宋修建，据其寺碑称至碑文刻记已经历 29 次地震，说明荥阳南嵩麓低山丘陵区的构造活动是相当频繁的。《荥阳地方志》不完全的统计，荥阳在 151 年、152 年、288 年、1089 年、1524 年、1556 年、1668 年、1691 年、1695 年、1709 年、1755 年等和近现代，均有地震、地裂、地动、地陷记录。

新郑地方志记载，在 813 年、928 年、1343 年、1555 年、1587 年、1640 年、1697 年、1801 年、1805 年、1814 年、1817 年、1820 年、1847 年、1916 年、1937 年、1947 年、1966 年、1983 年，新郑和邻近地区发生过地震、地裂、山崩，乃至河北、山东、河南西部的地震波及本地区。虽然这些均为小震，但说明郑州西部、南部构造活动仍是频繁的。

比邻地区，小浪底地区 2500 年来共发生地震 90 多次，强度最大为 9 级；梁山以下有史以来发生较大地震 7 次。466 年虞城 6 级、1737 年封丘 5.5 级地震，均发生在新乡—商丘断裂带上。这些断裂对水系走向、坡降及地震等的控制作用均说明，新乡—商丘断裂在第四纪以至近期仍有活动，汞气测量有异常。1587 年发生卫辉西 6 级地震、修武 5.5 级地震。1773 年发生新乡 5.5 级地震、1978 年新乡 4.5 级地震等，近期小震活动密集。

1820 年许昌东北发生 6 级地震等 4 次中、强地震，近年小震活动比较活跃。

从周边地区古地震的角度看，有公元前 3600 年的山西霍山断层谷、公元前 2222 年山西永济的地震。国家地震局地质所高建国点绘一万年以来中国古地震频次 5 点平滑图，认为约在距今 5700 年后，5000 年以后，4300～3700 年，华北地区分别有一个地震高发期。❶

另据河南省和郑州市考古文物部门反映，在郑州沿黄可液化沙带的大河村遗址处，发现有文化层被涌沙穿插，该文化层断代约为距今 5300 年；荥阳—邙山南麓薛村二里岗文化层也发生垂向剪切错断，疑是周边地区商代前期地震影响所为❷，不过还需要地震部门进一步探测、考证。

4. 郑州地区新构造运动特征

嵩山构造具有相当的活动性。河南省地质科学研究所张天义等，认为：在郑州地区新构造旋回至少出现过 4 次，"目前尚处于新一轮构造旋回的正向运动期，地壳出现不均衡地拱曲隆起，并在构造运动分异部位伴随有地震活动发生"；"嵩山中段北西向线性异常带：由五指岭断裂、登封断裂、少室山断裂等组成。该组构造是东西向主控构造的配套断裂，与主控构造相比更具有活动性。该组构造其南部控制了全新世地堑式断陷盆地。北部

---

❶ 参阅宋正海、高建国、孙关龙等撰写的《中国古代自然灾异群发期》（安徽教育出版社，2002 年）。

❷ 详细考证参阅夏正楷等撰写的《河南荥阳薛村商代前期（公元前 1500～1260 年）埋藏古地震遗迹的发现及其意义》（《科学通报》，2009 年第 54 卷第 12 期）。

使黄土台地呈掀斜式抬升"。❶ 这里讲的嵩山地区"北部台地",就是指的巩义、荥阳地区的黄土台地,它与嵩山构造活动呈间歇性抬升大致同步。他们谈到郑州圃田—白沙—中牟成为贾鲁河凹陷和新郑隆起的分界,其南北两侧相对垂直位移年视相对速率为 5 毫米。这也是晚近本地区新构造活动的一个非常突出的表现。此外,从遥感信息和地震资料分析,汜水—索须河东西向线性异常,其南侧出现强反射带,反映基底隆起;在荥阳附近出现有直径 5km 的环形影像,在 1520~1691 年间,在北东和东西向构造环形影像交切部位多次发生 3 级左右的地震。

第二、第三级地貌台阶交接地带台地所谓"高原化"现象,以及高原化突破南北深断裂向东部平原发展,自然是河南省构造活动的一种突出的活跃特征。国家地震局地质研究所刘尧兴等认为:"太行山东麓,山地与平原之间的台地地貌非常发育……台地突出于山前的地貌特征,反映了'高原化'由山区向平原推进的过程,说明太行山东麓的近期构造变形在垂向上主要表现为隆起特征。在水平运动方面,众多的事实已表明太行山东麓断裂带具右旋活动的特征。……当太行山区的河流自西向东流经断裂带时,都呈现出向南扭曲的特征……在垂直运动方面,太行山南麓也同样存在'高原化'由山区向平原扩展的态势。但比起太行山东麓,其'高原化'的范围较小,时代较新。""嵩山山麓地区'高原化'过程的时代与太行山南麓相近,但'高原化'的范围比较大。按晚更新世地层分布的前缘分析,已到达郑州—新郑—许昌一线。❷"实际上,郑州—荥阳地势呈台阶状递升,就反映了以台地形态出现的"高原化"现象。晚全新世初黄河在豫北地区的演变(如古人说的"商竭周移",公元前 602 年宿胥口改道),除了我们常说的太行山抬升、汤河淇河冲积裙压迫因素外,山前台地向东南方向推进的隆起"高原化"过程,也是导致河道演变的构造原因之一。

郑州大区的构造活动,在其南部许昌就有例证。张本昀等在《许昌地区全新世以来的新构造运动研究》中提到:"许昌地区的历史地震、水系特点及其变迁规律、地貌及地层特点,揭示了许昌地区全新世以来新构造运动强烈,空间上表现为西升东降为主,同时具有南北向的水平差异运动,上升的中心在许昌—灵井连线上,时间上表现为构造平静期和活跃期交替出现,汉代以来为构造运动活跃期"。颍河及其支流的变迁规律,证明了许昌活动中心:"许昌地区的新构造运动处于不等量升降状态,许昌至禹县间西北东南向的灵井岗地,是该地区新构造运动上升的中心部位,向东、向南则相对下降……新构造运动在空间上主要表现为西升东降,大致以陈曹—许昌市区—长村张一线为界,以东为构造下沉区,以西为构造上升区,上升的中心在许昌—灵井连线的方向上。❸"长葛、许昌境内双泪河与颍河的不断改道,就反映出嵩山构造活动对其东南地区的影响。

此外,有人也分析了对于本文研讨地区有关键作用的郑州—兰考断裂:"此断裂沿邙山南坡东延至桃花峪被郑州—武陟断裂向南错断,然后沿黄河南岸向东过开封与新乡—商

---

❶ 参阅张天义等撰写的《郑州地区新构造运动的遥感地质特征》(《河南地质》,2001 年第 9 卷第 4 期)。

❷ 参阅刘尧兴等撰写的《豫北地区新构造活动特征及中长期地震预测研究》(西安地图出版社,2001 年)。

❸ 参阅张本昀、潘春彩、郑维萍撰写的《许昌地区全新世以来的新构造运动研究》(黄河水利职业技术学院学报,2004 年第 16 卷第 4 期)。

丘断裂相交……该断裂由多条近东西向密集发育的断层构成断裂带……3条土壤气汞测量断面显示，此断裂仍在活动。[1]"该断裂向西、东方向还可能两向延长。从卫星影像上可以清晰地看出邙山南坡的这一隐伏的断裂痕迹，为邙山本身的隆起和邙南夹槽带的新构造活动、地形变提供有力的旁证。邙山是黄土高原与华北平原过渡带上最东南缘的黄土塬，在黄土高原隆升区向东部华北平原沉降区转折的特定地貌位置。"郑州—兰考断裂"在大郑州地区新构造运动中具有什么特征，它相对于邙南夹槽带的构造活动是什么性质？它和汜水、上街、须水、古荥、中牟、老鸦陈、花园口众多活断层构成一条有数个近南北断层穿插的，东西走向的活动断裂带，他们可能决定着郑州水系、湖泊的演化、消长与走向，晚更新世黄河的一支得以流经荥阳郑州地区，河流改徙后该地湖沼发育，其后荥阳与郑州西诸水发育、演变成现状，都与这个断裂带的活动有关。这是今后需要进一步探讨的问题。

5. 周边更大范围的新构造活动

鄂尔多斯断块南缘的活动可作一例：徐馨、沈志速描述的1955～1986年实测地形变数据，在一定程度上反映出黄河中游地区的活动事实："鄂尔多斯块体内部继续上升，而其周缘基本在下降，其中以渭河谷地西安地区附近下降量最大，可达15～16毫米每年；周缘6个断陷带或断裂束，1962～1986年间，除山西南部长治、临汾等表现为正值外，其他地区均为负值，最大垂直变幅达19.2毫米每年（中条山山前），最小为0.2毫米每年（凛山）。……西安附近的渭河谷地在1970～1980年间下沉200毫米以上，同期各地南侧秦岭与北侧黄土塬区每年约上升4～5毫米，形成鲜明对照。"[2]

李容全等《对黄土高原的新认识》[北京师范大学学报（自然）41卷第4期]认为全新世"晋陕峡谷的上升速度6毫米每年"。邱维理、张家富、周力平、李容全认为山西河曲地区的构造运动的"第5个阶段大约始于3.4千年以前，此次黄河下切形成了 T_1 阶地及现代黄河河床下的基岩河槽，曲流侧蚀作用塑造了宽约230米的现代河漫滩。T_1 阶地高出现代河漫滩约4米，此阶段河谷谷底下降的平均速度约为1.2毫米每年，曲流侧蚀的可能最大速度约为67.6毫米每年。"[3]

凡此种种，说明鄂尔多斯块体、秦岭豫西山地、吕梁中条新构造活动是强烈的，相应地，山西、陕西、河南西黄土高原及其河流谷地，出现较为显著的地形变。这些活动均为河南境黄河中游地区新构造活动存在和活动程度的参照。全新世以来，黄河中游地区的构造活动是显著的，对中游乃至下游的河流地貌演变，起着重要的，有时甚至是决定性的控制作用。

三、结语

沿石家庄—郑州—许昌一线的深大断裂，影响着黄河在郑州大区的河流地貌与河道演变。晚更新世末以来，该构造线以西的古黄河下游冲积扇顶部——宁嘴—桃花峪"冲积走

---

❶ 参阅石建省、刘长礼撰写的《黄河中下游主要环境地质问题研究》（中国大地出版社，2007年）。

❷ 参阅徐馨、沈志速撰写的《全新世构造运动基本特征》（《贵州地质》，1989年第6期）。

❸ 参阅邱维理等撰写的《山西河曲黄河阶地序列初步研究》（《第四纪研究》，2008年28卷第4期）。

廊"，随同地貌第二级阶梯呈上升态势，黄河宁嘴—桃花峪河段河道相应间歇下切，该构造线以东的桃花峪冲积扇承续第四纪的下沉形势。通常称谓的桃花峪冲积扇，严格讲是晚更新世晚期以来黄河的地质环境塑造的地貌单元。

与黄河两岸地势对比，相对于现代黄河的较高水位得以使河水的一支津，从晚更新世的宁嘴—桃花峪河段的古汜水口至桃花峪一段邙山的特定"山口""峪口"深入邙山以南，穿过荥阳—广武山条形夹槽地带，自郑州市区西部、南部进入颍河流域。此状况可能持续到早全新世，特别在大洪水时期。黄河支津径流或残留水体与嵩山山前诸水汇合，可能在某些时期聚集、滞留，沉沙淀积，静水形成湖群，气候转变（或构造活动），湖泊沼泽消长。黄河下游冲积扇顶部地区发育的湖泊沼泽，位于郑州西郊至荥阳北部、东部，郑州市区北部、东部和南部。同期同类型的冲积扇顶点湖泊，在现今黄河北岸还有沁阳湖与吴泽等。

由于晚更新世纪末以来郑州西部黄土台地整体性的构造抬升、黄河河床相对下切，洪水径流量减小，黄河泛水后来再不能进入荥阳—广武山条形夹槽地带。从一系列征象看，构造抬升是明显的。今日郑州西部地貌是在这一显著构造变化基础上进一步的再次塑造，历史时期的郑州水系是西部湖沼消亡以后出现重大调整，水系重组形成的。

致谢：本文在探讨和撰写中，得到河南省科学院地理研究所陈嘉秀研究员郭仰山工程师和黄河水利委员会王德甫教授的指教与大力支持，并得到中国科学院生态研究中心陆中臣研究员、中国地质大学索书田教授、中国科学院地质与地球物理研究所袁宝印研究员、中国科学院地理研究所姚鲁峰研究员、中国地震灾害防御中心张军龙博士的指教和启迪，河南省科学院地理研究所鲁鹏助理研究员的大力帮助；特别是"古荥泽考察研究组"的野外工作，得到郑州市考古文物研究院的支持和资助，特此一并感谢！

晚更新世至早中全新世黄河冲积扇顶部湖泊沉积环境变化探讨[*]

——以郑州"荥阳—广武泽"、荥泽、圃田泽为例

摘　要： 位于黄河冲积扇顶部的河南古代大型湖泊研究属湖泊研究中的缺环。郑州地区河湖环境演化研究与中州古文明起源直接关联，不可或缺。郑州西部的远古湖泊沼泽，也因疏于文献披露，地学界和考古学界尚缺了解。郑州市立项的《郑州地区晚更新世以来古环境序列重建与人文聚落变化的预研究》，将郑州古湖泊作为区域古环境恢复的突破口，重点选择郑州西部"荥阳—广武泽"、中东部的荥泽、圃田泽，针对郑州全新世湖泊沼泽群的缘起、发育、沉积环境、变迁与消亡问题，基于自然环境史与科技方法，借助于构造、地球理化勘测、湖泊科学、考古文化的研究和实证手段，通过沉积学、地貌过程、生物学、地球化学等科学途径，建立区域地层和年代序列，初步重建区域晚更新世至早中全新世湖泊环境。本文介绍该课题对郑州古湖泊沼泽沉积环境探索过程、典型湖泽沉积物诸理化特性与环境磁学分析，以确认研究时期古湖泽环境在郑州西部、东北部、东部区域的自然历史，认识到黄河是郑州地区古湖泽发育演化的根本动力，郑州滨湖文化在文明起源和可持续发展中的特殊意义。在史前黄河泛滥郑州和中原古湖泊认识上有所创新。

关键词： 郑州　黄河冲积扇　湖泊沼泽　沉积环境　勘探　理化分析

中国科学院南京湖泊研究所于郑州古环境重建的课题湖泊沉积演化中指出："近年来，在郑州一些地区深约 4～12 米多处，发现有 1～2 层灰黑色黏土层，具有湖沼相沉积特征[1]。在郑州西部的荥阳地区，该湖泊沼泽层为灰黑色—灰褐色黏土、粉砂质黏土；在郑州东部的圃田泽地区，湖泊沼泽层为灰黑—黑色黏土、淤泥质黏土亚黏土。这些层位中含有植物的花粉，如香蒲属、苔菜属、狐尾藻属、黑三棱科、眼子菜属等水生植物，泽泻属、蓼属、莎草科等湿生沼生植物花粉。这些事实和证据是否能够验证历史上的古湖泊记录？郑州地区地跨黄河、淮河两大流域……从地质钻孔调查，发现该区域的古河流水系在晚更新世以来，受到郑州西部新构造抬升和黄河三角洲地貌发展的影响，古河流湖泊水系发生了巨大变化[2]。……伴随着大黄河三角洲—华北平原的塑造，区域文明的发育与古河湖水系的发生、发展有什么重大联系？"[3]

这些问题，触发了由郑州文物考古研究院、南京湖泊研究所、河南省地理所三方组成的课题组协商立项《郑州地区晚更新世以来古环境序列重建与人文聚落变化的预研究》

　＊　原文发表于《黄河文明与可持续发展》（第 17 辑），2021 年，此次笔者有部分修改。

　❶　郭仰山，张松林，王德甫，等. 禹荥泽古地理环境研究地域研究与开发，2010（1）：141－145；王德甫，王超，王朝栋，等. 禹荥泽——古黄河的一块天然滞洪区. 湖泊科学，2012（2）：320－326。

　❷　徐海亮. 史前郑州地区地貌与水系演化问题初探. 历史地理，2013（28）：33－44；徐海亮，王朝栋. 史前郑州地区黄河河流地貌与新构造活动关系初探. 华北水利水电学院学报，2010（6）：101－106；徐海亮. 郑州古代地理环境与文化辨析//郑州市境水系变化的三个重大问题. 北京：科学出版社，2015。

　❸　于革，等. 郑州地区湖泊水系沉积与环境演化研究. 北京：科学出版社，2016。

（2010 年）。本文将陈述该课题的探索理念与古湖泊沼泽环境重建过程。

一、探索郑州地区的古湖泊环境要从黄河冲积扇的发育说起

要讲郑州湖泊，要讲荥泽和圃田泽的兴衰，需从黄河大冲积扇的发育谈起。黄河何时贯通三门峡和八里胡同，学界有距今 110 万～30 万年的多种说法，近 20 多年来，时兴距今 15 万年之说，❶ 众说纷纭，但以此立论，几成主流。究竟黄河贯通于何时代，却难断一是。现在不去纠缠这个学术分歧，就实证了的晚更新世末黄河冲积扇而言，在距今 15 万～1 万年之际，黄河下游大三角洲，是以孟津的宁嘴作为顶点，从孟津到地理上的郑州地区，皆属于大三角洲的顶部。

复旦大学历史地理所的张修桂老师，提出黄淮海平原—黄河三角洲的第一、第二、第三湖沼带的论说❷。晚更新世至早中全新世时期郑州地区的湖泊沼泽发育演化，就发生在第一湖泊沼泽带上恰好属于张老师最先研究的地区。然而，国家湖泊科学研究和古湖泊数据库，在河南地区是一个空白❸。

20 世纪，学界从地貌学、历史地理和古地理多学科角度，针对历史时期和全新世，乃至晚更新世的黄淮海地区湖泊沼泽、河间洼地地貌及其演化进行研究，就黄淮海平原湖沼变迁，邹逸麟有《历史时期华北大平原湖沼变迁述略》❹、王会昌有《河北平原的古代湖泊》❺ 等。

邹逸麟与张修桂后来在《黄淮海平原历史地理》一书中，系统分析了黄淮海平原的湖泊历史演变，根据先秦文献记载统计，当时黄淮海平原范围内，有大小湖泊沼泽 40 多个❻。文献记载古湖泊沼泽名目，实际上很难概全。古人难以准确描述已经消亡的远古湖泊，而所记载的各地区名目也未必全面。在先秦的湖泊沼泽中，张先生归纳了三个湖泊沼泽带，郑州地区的湖泊沼泽则处于第一湖泊沼泽带，即黄河古冲积扇顶部区域的湖泊沼泽。他曾述及湖泊沼泽形成的重要古地理原因："在今修武、郑州、许昌一线左右的黄河古冲积扇顶部。这里有著名的圃田泽、荥泽、崔苻泽，以及修武、获嘉间的河南大陆泽等……由于第一湖泊沼泽带处在黄河古冲积扇的顶部地区，黄河出孟津之后，摆脱两岸丘陵、阶地制约，汛期洪流出山之后，漫滩洪水首先在这一地区的山前洼地和河间洼地停聚，从而形成第一湖泊沼泽带的诸大湖沼。同时，第一湖泊沼泽带所处位置，恰是郑州以西更新世末期所形成的古黄河冲积扇的前缘地带，扇前地下水溢出在低洼的地区滞留，显然也是这一湖沼带形成的另一原因"。❻根据文献辑录的第一湖沼带的大陆泽（今修武、获嘉之间）、修泽（今原阳西）和荥泽（古荥阳东、北）、冯池（今荥阳西南）和黄池（今封丘南），都在古冲积扇顶部，包括与大陆泽比邻的吴泽、原阳的修泽，都可视为发育在地理概念的郑

❶ 吴锡浩，等. 关于黄河贯通三门峡东流入海问题. 第四纪研究，1998（2）。

❷ 邹逸麟. 黄淮海平原历史地理. 合肥：安徽教育出版社，1987。

❸ 于革，薛滨.《中国晚第四纪湖泊数据库》完成. 科学通报，2001（15）：1320。

❹ 邹逸麟. 历史时期华北大平原湖沼变迁述略. 载《历史地理》第五辑，后辑入作者《椿庐史地论稿》. 天津：天津古籍出版社，2005。

❺ 王会昌. 河北平原的古代湖泊. 地理集刊第 18 号. 北京：科学出版社，1987。

❻ 邹逸麟. 黄淮海平原历史地理. 合肥：安徽教育出版社，1987。

州大区，即古宁嘴冲积扇——桃花峪冲积扇顶部的大小湖沼。

20 世纪 80 年代中期，中国科学院遥感应用研究所研究报告"利用遥感资料研究黄淮海平原地区湖泊洼淀的形成与演变"，略带郑州地区的荥泽、圃田泽；认为"它们都是在河流的变迁、迁徙所形成的背河洼地基础上受河水补给而形成的"。[1] 这也是对于郑州地区古湖泊沼泽生成机理——河湖关系的一种解释。

郑州大区的湖泊沼泽是晚更新世晚期的黄河冲积扇在形成与发育过程中的产物。考察历史黄河及其冲积扇的演化发展，扇前及扇缘部位，故泛道或其背河洼地，发育一系列的湖泊沼泽。不是简单地从地理教科书那样仅从平面来描述有什么湖泊沼泽，而是从时空四维关系，从地貌过程来看湖泊沼泽的动态演化，须知其所以然。第一湖泊沼泽带，以郑州为中心，大致推进到许昌、新郑、（古）洧川、尉氏、开封、封丘、延津、卫辉这一弧线。实际含有孟州、济源、沁阳、温县、荥阳和郑州西部的许多湖泊沼泽。晚更新世，这一区域都处于济源—开封凹陷中，在嵩山与太行山隆升同时，总体上处于沉降过程中，新郑、许昌、洧川处于凹陷区边缘，而在新郑—通许隆起的南侧也存在构造沉陷。晚更新世，郑州、新乡京广线以西的市（县、区）域，在"济源湖盆"的范围中，京广线以东在"郑汴湖盆"或者称开封凹陷湖泊的范畴；黄河汇伊洛济沁入海，潴水郑州，湖泽浩荡，漫布四方，后又逐渐解体，发育众湖泊沼泽群。湖泊沼泽则循黄河泛道方向排列。黄河大冲积扇的第二湖泊沼泽带，就推进到雷泽、菏泽、大野泽、孟渚泽一线，即冲积扇东缘濮阳、菏泽、商丘一带。山东南四湖的形成即为冲积扇发育过程的某种继续，属于黄淮海平原湖泊沼泽的复合典型。此后全新世冲积扇继续推进，黄河夺泗夺淮，骆马湖生成，乃至人为影响下硕大的洪泽湖出现，下一级湖泊沼泽带再演进生成。它们都是黄河大三角洲发育过程的产物。

目前学界研讨最多的荥泽和圃田泽，仅仅是第一湖泊沼泽带上的两个有晚近文献可稽的湖泊沼泽。但郑州西部还有相对更早的黄河泛滥形成的更宽广的湖泽。

基于黄河冲积扇发育，形成该湖泊沼泽群的首要动力要素，是黄河的水沙，以及郑州地区的嵩渚山之水沙，这也是湖泊沼泽消长的动力要素。局限于对历史时期河流地貌的认识，或者仅仅停留在地表，人们在提到全新世桃花峪冲积扇时往往忽略了古老的宁嘴洪积—冲积扇，这是广义的古黄河下游冲积扇，与通常说的桃花峪冲积扇在地理概念上显然有所差别：它包括孟津以下黄河河道，黄河南包括巩义市、荥阳市、新郑市北东部的嵩山山前部分地区，及尉氏—长葛—鄢陵—扶沟部分平原，黄河北包括济源市、焦作市、新乡市部分太行山前地区。古洪积—冲积扇上端位于出山口宁嘴到桃花峪的济源坳陷中。该坳陷第四纪沉积物厚最多达到 200 米；其南翼的巩义—荥阳凹槽，特别是其东部的荥阳—广武山条形夹槽（地带），是相对下沉的地貌单元。该古冲积扇处于太行、嵩山山前和黄河出山口下，伊洛济沁与黄河交汇，万泉聚集，更新世以来是一个天然潴水之区，有众多湖泊沼泽。在济源—武陟的山前冲积平原和黄河滩地、荥阳—广武山条形夹槽（地带），以及郑州、中牟的部分地域，各时期的地调、水文和工程地质资料显示，在地表下数米、十余米乃至数十米，有一层甚至多层黏土、亚黏土的类湖泊沼泽相沉积（有人认为是类古土

---

[1] 中国科学院遥感应用研究所. 黄淮海平原水域动态演变遥感分析. 北京：科学出版社，1988。

壤，甚至就是古土壤，但基本不是）。散布在一系列天然剖面的沉积物，启发了人们重新认识郑州晚更新世末以来的疑似湖泊沼泽环境。

历史自然地理学者张修桂的"第一湖泊沼泽带"概念，早将思维上溯到更新世晚期。他的认识和概括，即从大三角洲古地理和地貌过程来认识这些湖泊的演化。在历史地理、古地理的探索中，十分忌讳静止、孤立地认识时空。在黄河古老冲积扇顶部、郑州地区的古湖泊沼泽地区，首先得把黄河冲出小浪底八里胡同峡谷后，最先抵达的水沙漫布区域包括进去。古近纪、新近纪与第四纪的更新世，济源凹陷与东部的开封凹陷几乎同步下沉，所以郑州东部（桃花峪和京广铁路以东，皆处在古宁嘴冲积扇上，后来又被叠压在全新世桃花峪冲积扇之下）的湖泊沼泽，比如历史时期人们认识的圃田泽和文献中的荥泽其基本形态和古冲积扇顶端的湖泊沼泽差不多，但形制和规模在不同时期因地理环境不同，沉积环境的不同，可能大有差异。

对于晚更新世黄河冲积扇，地矿部正定水文地质所的邵世雄则有更宽广的界定，他认为："中更新世冲积扇（第Ⅰ期）此时在坡头一带已成为剥蚀倾斜台地。在此基础上，发育了晚更新世早期（Q_3^1）冲积扇（属第Ⅱ期），今日地表留有邙山和马岭岗西的南北向条状岗地，而到了晚更新世晚期（Q_3^2），黄河冲积扇（属第Ⅲ期）范围最大，除了河南汜水、郑州、尉氏一带有出露者以外，南达永城、安徽亳州以南，并于淮北平原的相当大范围，均可见其南翼出露地表。"[1] 这里说的邙山，即郑州市北部的广武山，马岭岗方位大约是新郑东、郑州空港区，尉氏西的古役山（《山海经》云），因原白沙镇南的航空港区张庄镇兴建富士康分厂，此沙山（马岭岗的西北翼，古役山之一部）已经完全被人工推掉。港区东南，毗邻尉氏县、长葛县，类似地貌区域有"九岗十八洼"之称，也是与马岭岗同期、类同岩性的晚更新世早期黄河冲积扇的堆积物，后期的流水剥蚀（包括晚期黄泛）和风力侵蚀和再堆积，形成梳状条状沙岗地，岗间有条形的积水洼地。笔者在郑州地区多年实地体验，认同邵先生的概括。

张修桂老师古地理概念的构建，是笔者认识黄河冲积扇发育、郑州古水系和认识黄河塑造郑州地区的地文史——特别是启蒙认识——诸如荥泽、圃田泽这些中州重要的远古湖泽不可或缺的理论基础。

二、借助地球物理和化学方法，建立郑州晚更新世末以来河湖相沉积模式[2]

湖泊基础研究与地球表层勘探、构造地貌结合，是这次探索郑州地区古湖泊的主要途径。

1. 荥阳地区（含郑州中心城区西部）

郑州西荥阳市是重点探索地区之一。在前文提到的黄河古冲积扇上，特别值得提到的是荥阳—广武山条形夹槽（地带）的地貌特征。据原中国科学院地理研究所地貌室研究，该地区"为黄河阶地面上长条形的夹槽，由西北汜水河口向东南方向倾斜，至郑州郊区附

❶ 邵时雄，等. 中国黄淮海平原地貌图. 北京：地质出版社，1989。

❷ 徐海亮. 郑州古代地理环境与文化辨析//晚更新世以来黄河在郑州地区的变迁及古泛道流路辨析. 北京：科学出版社，2015。

近以台地形式与平原接触，夹槽西窄东宽，宽约 15～30 公里，海拔 110～150 米，……这种夹槽地貌形态的特点可能是晚更新世时期的古黄河汊道……从地质剖面来看，夹槽地带的黄土（Q_3^1）已被侵蚀殆尽，而代之堆积的物质为次生黄土类黏砂土，中部夹有厚层的砂层透镜体，实为河流相沉积物，总厚度约为 10～40 米，其底部直接与中更新世的假整合接触。以后随着晚更新世末期太行山和伏牛山上升的带动而抬高，形成现在这种阶面夹槽带的地貌景观。历史时期内夹槽还有古湖泊的遗迹。"[1]

原中国科学院地理研究所地貌室长期研究黄河下游河流地貌问题，1980～1990 年代，他们在其综合成果《黄河下游河流地貌》一书中有如下描述：

"据有关文献说，古代黄河进入下游后，最先出现的湖泊是荥泽，在今荥阳县境，古人说是由济水溢注而成。古代河、济相通，荥泽当亦受河水的灌注……这些记载更能说明该夹槽与黄河河道是相通的，与上述夹槽形态和沉积物质特征的表现是吻合的。"[1]

研究认为："孟津宁嘴至铁路桥段的黄河是由山地进入平原的过渡段，但在早更新世以前，这里并不是上升的而是下降的……从晚更新世晚期以来，本区才开始抬升。"[1] 而"因地壳上升而抬高的冲积扇"，"这里所指的冲积扇是形成于晚更新世晚期，随着构造上升而抬高的古冲积扇。其范围较小，西起孟津的宁嘴，北靠太行山南麓，南接伏牛山北麓，冲积扇前缘因受后期破坏而无法考证，大体上在汲县、新乡、获嘉、武陟、尉氏和扶沟一线等地，平面形态分布东宽西窄，残留面积约为 6990 平方公里"。[1]

在这一古冲积扇上，不但有黄河支津的东南向岔流，也有它和嵩山山前诸山水共同塑造的湖泊沼泽，所以水动力条件和沉积环境、造貌过程非常复杂。

把晚更新世—全新世初的郑州西部荥阳—广武山条形夹槽（地带）区，视为河湖相交替发育、二元回旋堆积区域，它们曾与黄河、王屋太行南麓来水，以及汜水、索须水相连——容纳着嵩渚山前的诸河、泉水。这一带在古近纪、新近纪、第四纪早中期都随济源凹陷下沉，但从距今 3 万年开始，特别是全新世以来，郑州西部随嵩山隆升呈整体抬升，宁嘴老冲积扇顶部因之抬升，黄河河水和它容纳的太行来水，受到抑制，罕见进入荥阳河湖盆地。在晚更新世主要受黄河水沙剥蚀的荥阳—广武山条形夹槽（地带），则逐渐发育演化为一些缓坡上的湖沼陂洼，承受了当地高仰山陵和黄土台地的剥蚀生成物（水动力冲积下再堆积的类黄土沉积）。特别是随构造抬升、黄河相对下切后，一般洪水再难进入黄河两侧，最后根本不能进入荥阳湖盆，古湖泊沼泽得不到黄河外水补给，只汇聚嵩山山前内水，容纳山水坡水，成为年际性的或季节性的浅湖沼泽。因该地区处于间歇性升降，不能形成深沉的湖泊。距今 8000～5000 年期间，得益于全新世大暖期的充沛降水补充（年降雨较今约多 200～250 毫米），持续存在宽广的湖泊沼泽区。[2] 在荥阳—广武山夹槽条形（地带），大致在 200～350 平方公里的范围，广泛存在过连续、断续的湖泊沼泽相沉积。汛期水体充盈连为一片，旱期可能分解为多个不连续的浅湖泊沼泽。地势较高体量较小的湖泊沼泽，率先干涸。从西到东，地势呈缓慢的下降，这一些湖泊沼泽，同一时期其不同的区域水面，有不同的海拔高程，河湖水面串联，形成一定的比降。

---

❶ 叶青超，等. 黄河下游河流地貌. 北京：科学出版社，1990。
❷ 徐海亮. 史前郑州地区黄河河流地貌与新构造活动关系初探. 华北水利水电学院学报，2010（1）。

《郑州地区晚更新世以来古环境序列重建与人文聚落变化的预研究》课题组于 2010 年 2 月、10 月和 2011 年 7 月 3 次对郑州地区进行综合踏勘并钻探，获得了 20 余个剖面岩芯；并参考了郑州市工程及水文地质、交通城建、南水北调地质资料，普遍在地表下深约 4～12 米处，有 1～2 层灰黑色黏土层，疑似湖泊沼泽相沉积特征。选取其中郑州西部张五寨、司马村、后真村、安庄村等 4 个典型剖面，采集沉积物、化石、年代样品进行分析。并于 2010 年 12 月和 2011 年 2 月对全境钻孔共 15 个控制孔进行取样和磁化率扫描，采集岩芯总长 423.4 米，获得磁化率数据 2045 个。并搜集和集成了 80 个工程、水文地质钻孔与剖面的沉积资料。

在此基础上，2011 年 6～7 月在郑州西部和东部圃田，钻取了张五寨孔和圃田孔，作为标准钻孔剖面，分析了大河村钻孔揭示的湖泊沉积环境与文化的关系。

野外查勘，郑州地区以上这 20 多个剖面分别含灰色、灰褐色、灰黑色、青灰色、青紫色黏土、粉砂质黏土、黏土质粉砂层，湖泊沼泽相特征明显。如典型孔张五寨、司马村、后真村、大庙、安庄村等，大庙和安庄村孔则有双层灰黑色的炭质层。还有荥阳市的蒋头、西大村、水泉、丁洼、三官庙、苏楼、丁楼、汪沟、军张、宴曲、大师姑、茹寨、西张寨等多个村庄的岩芯，发现类似的二元河湖冲淤结构，浅层普遍存在着一大片疑似晚近湖泊沼泽区。对于重点钻孔剖面，经检测和反复实证，确认湖相沉积，遂在全新世系统地层初步取样分析，最早确认为湖相沉积物；孢粉浓缩物样品经中国科学院广州地球化学研究所、北京大学核物理与核技术国家重点实验室联合检测 AMSC－14 结果，张五寨（GZ3847）为（5625±29）a BP，司马村（GZ3848）为（6108±24）a BP，后真村（GZ3849）的结果为（7411±30）a BP。大师姑附近的湖相淤层厚 1.3 米，AMSC－14 结果测年结果为距今 6936 年左右。皆为全新世中期大暖期湖相沉积。

对 15 个钻孔岩芯进行磁化率扫描，检验其沉积环境。磁化率较高，指示了河流可能搬运较多的强磁性碎屑物质沉积；较低的磁化率则可能指示了河流搬运的强磁性碎屑物质沉积较少，相应层次可能为湖泊相沉积。

南水北调中线引水干渠工程揭露上部土层深 20m 以上，自东南—西北斜向横剖了荥阳—广武山条形夹槽（地带），认定西部荥阳—广武山槽形地区存在中全新世的浅湖沼沉积层，叠压在晚更新世末全新世初的河流相砂层上。❶

张五寨在市区西部和荥阳的结合地，课题组在此探勘并施钻造孔，作岩芯的分析，14C、TL 测年，发现了（18.2±1.8～26.0±2.0）ka BP 的灰黑色粉质黏土、灰绿色粉砂的沉积物，15.07～12.9ka BP 沉积的灰褐色淤泥质黏土层，为晚更新世末的湖相沉积。12.9～10.93ka BP 沉积的灰黄色粉砂，为全新世初的大洪水期河流相的漫滩沉积；而 7.5～2.81ka BP 沉积的灰—褐—黑色黏土，为浅湖相沉积层。

张五寨钻孔初步说明在郑州西部自晚更新世末到晚全新世，这里都是河湖相间的。张五寨在历史时期乃至 20 世纪 50 年代遗存的零星陂塘，可能是荥阳腹地湖沼区遗留下来的最后静水面。根据项目的进展，以张五寨钻孔作为郑州西部地区的标准孔，代表荥阳市和郑州西郊"荥阳—广武泽"沉积环境标准。其沉积环境、岩性和相应层位位置（见表 1）

---

❶ 王德甫，王超，王朝栋，等. 禹荥泽——古黄河的一块天然滞洪区. 湖泊科学，2012，24（2）：320－326。

（钻孔、岩性判别由河南省地理研究所承担，测年由中国科学院青海盐湖研究所、南京湖泊研究所承担）。

表 1　　　　张五寨钻孔有关层次的岩性、样品深度和光释光年代表

样号	层深/m	岩　　性	年代/a BP	样品深度/m	高程/m
ZW－118	2.64～4.0	灰黑色粉质黏土	18200±1800	3.16～3.18	111.83
ZW－154	4.0～6.2	灰黄色粉砂、具灰绿、蓝灰色斑	17000±1600	3.8～3.84	111.18
ZW－212		灰黄色粉砂、具灰绿、蓝灰色斑	26000±2200	5.12～5.16	109.86
ZW－257	6.2～8.2	灰黄色粉砂	41000±4000	6.1～6.14	108.88
ZW－280		灰黄色粉砂	44000±4000	7.0～7.04	107.96
ZW－289		灰黄色粉砂	54000±4000	7.8～7.84	107.18
ZW－300	8.2～10.2	灰黄色粉砂、含黑灰色斑	58000±5000	8.4～8.44	106.58
ZW－314		灰黄色粉砂	59000±5000	9.16～9.2	105.82
ZW－332	10.2～12.3	灰黄色粉砂，含钙质结核	66000±6000	10.04～10.08	104.94

注　参阅于革等撰写的《郑州地区湖泊水系沉积与环境演化研究》中的表 3.9（科学出版社，2016 年）。

　　该钻孔深层岩芯系晚更新世晚期的湖泊沼泽相沉积，其中层位在深坑地下 2.6～6.2 米是 18～26ka BP 时期的湖相沉积，证明郑州西部曾经有过长期间歇性湖泊沼泽沉积历史。之前，这一带可能为黄河的岔流泛道行经。荥阳城关西安庄村上层湖泊沼泽层厚约 3～4 厘米，下层湖相层厚 30 厘米左右，中间夹一层厚 7～8 厘米的棕黄色黏土质粉砂，可能有过时间较为短暂的浅湖相沉积。所举张五寨剖面（34°48′N，113°28′E，120 米）相对高度 2.8 米，上部为灰—黄褐色黏土质粉砂，中值粒径 22.7 微米，黏土含量 14.4%，细砂占 10.7%；中部为灰—深灰黑色黏土质粉砂，中值粒径 18.5 微米，黏土含量 21.7%，细砂占 5.0%；下部为黄褐色粉砂、细砂质粉砂，中值粒径 28.9 微米，黏土含量 14.0%，细砂占 23.1%。中部灰—深灰黑色层颜色较深、颗粒相对较细，具有典型的湖泊沼泽相特征。❶ 荥阳—广武山夹槽（地带）的黄河岔流河床的大剖面见图 1。课题组在古黄河河床上布设钻孔，于东大村（DDC）钻孔，见距今 11.10ka 后、18.59ka 前的湖泊沼泽相沉积层，在真村（ZC）钻孔，见距今 5.98ka 前、16.18ka 前的湖泊沼泽相沉积层，在西司马（XSM）钻孔，见距今 18.92ka 前、26.24ka 前的湖泊沼泽相沉积层，在西冯村（XF）见距今 6.31ka 的湖泊沼泽相沉积。这些湖泊沼泽相沉积层，厚的可达 5～6 米，薄的也有 1.5～2.5 米。足见连续堆积时间很悠长，并且出现多层，甚至跨世（晚更新世/全新世）的湖相沉积层。

　　因区域构造升降的不均衡差异性，一些同期的河流相与湖沼相，不一定在同一高程上。以上钻孔由课题组丙方实施取样、送检，热释光（TL）测年技术，由国家地震局地壳应力研究所和国家核工业部地质研究所承担。

　　❶ 李永飞，等. 郑州—荥阳附近全新世湖沼沉积环境及对人类文化发展的意义. 海洋地质与第四纪地质，2014（34），3.（作者系南京湖泊研究所的博士研究生，参加本课题的部分资料整理和研讨工作）

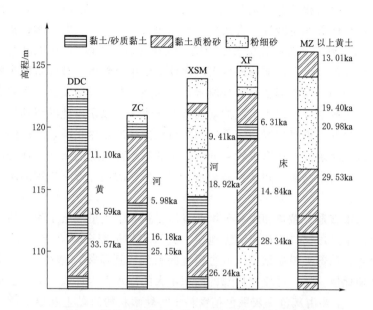

图 1　郑州西部晚更新世以来的河湖沉积剖面图

　　初步研究认为："荥阳盆地以须水镇为中心的湖泊沼泽区，地表低平，仰韶、龙山时代人类傍湖而居。西张庄湖泊沼泽区，湖内有 1 个仰韶遗址，3 个龙山遗址，4 个夏商遗址。仰韶遗址分布于盆地洼地，表明湖中低丘岗地也有人居住。龙山文化时代，湖面缩小成沼泽，出露的高地上人类也可以居住。历史时期早期湖泊继续收缩，人类活动范围进一步扩大。根据区域考古遗址的时代和分布，发现了不同时期的湖相层，表明荥阳地区有两个湖泊沼泽中心，一个以西张庄为中心，北边在后丁村、史坊、李岗，南至罗寨、金寨、方勒寨、前袁垌一线，西边到留村，东边至于三官庙。""由此，在郑州西部古湖分布在荥阳盆地全新世早期的湖泊分布的北界在陈铺头一带，沿着130～135米等高线西至薛村、安庄，南及荥阳、蒋寨、张五寨一线，估计分布面积达到390平方公里。全新世中……湖泊面积 218 平方公里。全新世晚期的湖泊集中在荥阳东部，西部边界在真村、大庙以东，量算湖泊面积分布约 98 平方公里。"❶ 粗略匡算，郑州西部荥阳—广武山条形夹槽（地带）全新世中、后期湖泊沼泽水面面积，大致缩减到200～100平方公里之间。

　　2. 郑州市区东北部的湖相沉积

　　郑州市区东北，首选先秦文献上的荥泽湖泊沼泽区。

　　郑州市区的东北部，为最典型的黄河冲积平原，处于全新世的黄河下游冲积扇顶点偏南，也处于市区流水倾注的一角。蕴含冲积平原、黄河泛道条形高地、河漫滩、河间洼地、泛滥洼地坡地、决口扇缓坡，及风积沙丘，广袤的平野富含起伏的微丘高地，特别是发育了多处黄河冲积扇扇缘的湖泊沼泽，而北部荥泽与东部圃田泽是最具典型的。

---

❶　于革，等. 郑州地区湖泊水系沉积与环境演化研究. 北京：科学出版社，2016。

河南省地质局"郑州第四纪全新世早中期岩相古地理图"（1990年）沉积等厚线显示：桃花峪冲积扇南翼的主沙脊，大致自广武山东头东南而下，在柳林、祭城一带沉积厚15米以上。沙脊两侧的老市区和贾鲁河—圃田大片区域，也厚达10米以上。从目前部分钻孔分析，在更新世结束、冰河解冻后大洪水期的早中全新世，黄河自豫东的颍河、涡河两泛道带大规模地向淮河流域泛滥，分泄水沙。从地震与工程地质钻孔资料看，晚更新世末黄河贯通性泛流砂层大致位于市区的新通桥至庙李一线以东。此线以西则为 Q_2、Q_3 的粉质黏土层。不过和历史时期堤防完善后的决口泛滥情况不尽相同，史前的黄河泛流，多次沿袭系列传统性继承性古泛道带轮番分洪，向邻近地势偏低的条状洼地翻滚迁移。在泛道两侧，或者在古河道高地之间，容易积水，形成条状的或外形不规则的湖沼。荥泽、圃田就在其左右。

多年来郑州市交通、城建和水利等事业发展，积累了大量浅层工程地质资料，表明大致在现今地表以下 20～30 米为全新统地层，其沉积特征粗分为3层：①Q_{4-3}，以褐黄、灰黄色粉土为主，局部夹粉质黏土，或含锈黄的粉细砂透镜体，厚约 6～9 米，为晚全新世冲积扇发育期地层。这一层仅有局部的面积不大的静水积水环境，大多在历史文献上有所涉及。②Q_{4-2}，主要由灰色、灰黑色稍密粉土与软塑状粉质黏土互层组成，基本属静水环境的沉积物，厚约 6～10 米，局部夹有深黄深棕色粉细砂，其下部为灰黑色淤泥质粉质黏土，含大量植物朽根和螺壳片，有腥味，局部为数米黑色泥炭层，炭质含量高，主要为中全新世前期湖沼发育期地层。部分地区夹有黄河泛滥带的河相冲积层，为锈黄色的中细砂、粉细砂。③Q_{4-1}，局部中细砂或夹粉质黏土，个别有粗砂、细砾石，一般层厚 8～12 米，为早全新世黄河与嵩山山前河流冲—洪积扇古河道发育期地层。

郑州东、北地区地层探讨以郑州轨道交通1号、2号线和京港澳高速、连霍高速线、航海陇海路高架路、南三环线工程地质勘探资料为基本线索，构成与花园路—紫荆山路、金水路交叉的勘测线，控制本区。辅以南水北调中线干渠和东区重大高层建筑基础开挖资料。共同构建了东部全新统的沉积框架。

以郑北连霍高速公路与北四环线的钻探为例，这一线披露全新统地层最厚约35米，上部为亚砂土、亚黏土夹薄层粉砂透镜体，局部地带有黑色淤泥质亚黏土，疑似浅湖相层厚达 5～15 米；下部为大范围连续的细砂或中细砂层、黏性土夹砂层，局部含砾石，厚达 10～20 米。其分布与沉积韵律大致与上述区域工程地质描述相同。在连霍高速穿越贾鲁河一带，近地表有埋深 4～9 米、15～33 米，宽达数百米的亚砂、粉砂层或中砂层，疑似 Q_{4-3} 和 Q_{4-1} 的黄河河流相沉积层，但它们之间大多间有埋深 10～15 米的 Q_{4-2} 灰黑色亚黏亚砂互层沉积，显然为中全新世时期的静水河湖相沉积。说明该部位在全新世早期与中、晚期，在人工引索须水东流之前的前鸿沟水道带，曾多次（多期）有较持久的黄河水行经。自此向西，在文化路立交、老鸦陈—固城立交，至贾鲁河匝道桥一线两侧，在上部较薄的湖相淤泥层下，都有全新世早中期的大范围的细砂—中、粗砂河流相沉积层，疑系沿广武山东，黄河大溜南泛所致。这一河流带在稍北小双桥村东也有类似发现：村西土层受广武岭南麓基底控制，村东沉积主要受广武山东的黄河泛滥影响。轨道2号线在金水路以北的钻探，也连续披露了类似的沉积信息。从金水路起到花园路刘庄，Q_{4-1} 的地层主要是厚 6～12 米的黄灰色中砂、细砂和粉砂，而全新统的底界，大致在海拔 60.5～66.5 米的高程之内。全新世早期，有一非常广阔的河流冲积泛滥带斜穿花园路，但 Q_{4-2} 缺失河流相沉积，当时此处为泛湖相地层，后一度被河流冲积剥蚀。唯有轨道 2 号穿越柳林沙门处，Q_{4-1}、Q_{4-2} 地层均为细砂、中砂，底板和顶板凸出，明显抬升数米，此为全新世早中期由大河所经，横向宽达数百米，上与广武山东至岗李间的泛流相接。从河南郑州岩相古地理图可见，自岗李、柳林西北到祭城东南，是一沉积厚达 15～20 米的河湖相物质，祭城附近 Z37-2 孔，仅 Q_{4-2} 砂层即厚达 10 米。这个西北—东南向的沉积带，凸显出早中全新世黄河冲积扇上该泛道的沙脊脊体。在这一普遍分布的河流相的上面，大多覆盖有数米的灰黑色或灰黄色粉质黏土层，有关地质文献描述为中全新世湖泊发育期静水或缓流、背河洼地、牛轭湖的沉积物。

郑州北的古湖沼地，在城建工程中多有发现。如大河路至英才街一带（今索须河与贾鲁河之间）的交通、城建地基钻探披露，地表下 6～8 米深，普遍有数米厚的黑灰色淤泥质沉积层，疑似全新世中晚期的湖泊沼泽沉积，且与今黄河南岸 1958 年岗李水库一带通常认为的古荥泽湖洼相连。现在尚缺疑似荥泽范围的系统性钻探，笔者依据花园口公路大桥（河南省交通厅勘测设计院，1985 年）和岗李水库的工程地质资料（黄河水利委员会勘测设计院，1958 年），认为全新世的荥泽底层湖相沉积层有所体现，至少现今黄河下游河床与文献上的荥泽北部地望大致叠合；甚至，原阳到郑州的原 107 国道南段的勘探资料，披露了原阳南部也埋藏湖相沉积物，说明当时的荥泽的北界，可能已跨越现今黄河河道，到了原阳南部的沿黄区域。

郑州东北部，以最西边的老鸦陈钻孔岩芯为代表。该孔位于京广铁路沿线老鸦陈活断层东，是地貌和沉积环境的控制孔。在地表下 7.5 米是松散的黄土状亚砂土，为西部高地水流冲积物，或风沙堆积和人类耕植土。下伏 2.4 米的是灰黄色亚砂土，再下伏 4 米是灰黑色亚黏土与底层黑色的亚砂土。按其深度和产状，疑似全新世中期的静水湖沼相沉积物。文献里荥泽西沿，大致到达了老鸦陈村东一带。下伏厚 13.4 米的灰白色中细砂，是全新世早期的黄河河流相沉积物。

老鸦陈东南小杜庄钻孔，地表下厚 9.1 米是黄土状亚砂土，下伏 3.9 米深灰、灰黄的亚砂土。其下伏 2.5 米是灰黑色亚黏土，疑似全新世中期湖相沉积层；再下伏 11.8 米是亚砂土、细砂。到文化路附近的庙李村南，钻孔显示地表下 6.6 米是灰黄色粉砂、黄土状亚砂土，下伏 1.4 米是灰黑色亚黏土，呈块状，疑系受黄泛冲积剥蚀的湖相沉积层；再下伏 6.0 米是灰黄色褐黄色亚砂土、下伏 7.6 米是深灰、浅灰色的粉砂、细砂，可能是全新世早期的河流相沉积。花园路边的柳林钻孔和前述几孔的岩芯衔接很好，有连续性。地表下 9.1 米是浅黄色的粉土、亚砂土，下伏 3.4 米是黑灰色淤泥、亚黏土，有臭味，疑似全新世中期的湖泊沼泽相沉积层；下伏 12.5 米是浅黄色、浅灰色的中细砂、粉砂；再下伏 15.9 米是浅黄色、灰黄色中细砂，为全新世初期黄河主溜的沉积。可见随冲积扇部位的不同，各钻孔沉积层全新统的厚度发生变化，但大致都可以对比相衔接。从老鸦陈东到柳林，郑州北部的全新统是一套完全一致的地层。显示出在全新世中期，有大范围的湖泊沼泽相存在。这个大范围水区，凭借河流水沟，逶迤绵延到中州大道东的大河村东，东西直线距离 9 公里多。这一系列水文地质钻孔，连起来则贯穿了文献中荥泽的南部区域，表现了文献上记载的荥泽南部沉积特征。

荥泽水域东部以大河村钻孔作为湖盆的控制点。大河村地表以下 8～13.3 米是灰黄色、青灰色、灰黑色的黏土质粉砂、淤泥质黏土层，内含水生动植物残骸，疑系遗址周围的长期湖沼沉积物（见表2）。目前已发掘的大河村遗址本身是湖滨的一个高地。对该湖相层上下 $TL_{9.40m}$ 测年为（5810±490）a，^{14}C 测年（9.45米/12.12米/13.0米）分别为（5465±35）a/(6870±50)a/(8910±120)a。这个孔显示，比邻大河村存在连续 3000 年之久的湖相沉积，十分有意义。大河村与老鸦陈村至柳林地层完全类同，柳林西南城建地基钻探也出现类似湖沼相埋藏。银基花园工程钻探的同一层，为褐黄色—黑灰色粉土、粉质黏土，系黄河漫滩形成的牛轭湖静水相或缓流水相的沉积物。大河村处于湖盆东部，湖相层持续时间最长，庙李和小杜庄等则处于湖盆西南边缘浅湖区。

表 2   大河村钻孔的岩性和年代表

深度/m	岩　性	年代/a BP
0～5	灰黄色黏土质粉砂	
5～6.2	灰褐色粉砂，含红烧土块，为含文化层土壤	
6.2～8.2	灰黄色纯黏土	
8.2～9.15	灰黄色黏土质粉砂，含锈斑	
9.15～9.4	青灰色黏土质粉砂，夹有 5cm 灰黄色纯粉砂层	5465±35
9.4～12.8	灰黑色淤泥质黏土，含蜗牛碎片和完整蜗牛壳	6870±50
12.8～13.3	灰黑色黏土，含粉砂	8910±120
13.3～17.7	灰黄色粉砂	
17.7～26.9	灰色中细砂，含砾石	

注　于革，等. 郑州地区湖泊水系沉积与环境演化研究. 北京：科学出版社，2016。

此类沉积层，在郑东新区高层建筑地基中有普遍发现，而且与地铁1号线东区的线路钻探结果一致。该勘测线路贯穿了荥泽和其东南的圃田泽区域。

郑州东北部，大致从京广铁路东沿的江山路，南至铭功路以东，花园路以西，在商城路以北，大约 100～120 平方公里地区，在地表下 6～10 米深度，不同程度存在一层厚达 2～8 米（个别 10 米）的灰色、灰黑色粉土、软塑性粉质黏土层，大部分属于文献中荥泽范围的全新世中期静水、湖沼相沉积层，粉质黏土中有机质含量达到 5%～15%。到郑汴路两侧一带，该值高达 28%～30%，属高含有机质的或泥炭的粉质黏土❶。

郑东新区工程地质与地震小区划的密集钻探，显示出更为详尽的地层特点。在京珠澳高速以西，老107国道以东，连霍高速以南，陇海铁路以北的探测区里，比邻大河村南地、柳林东，森林公园以北，牤牛寨、十三连以西的西北角，为浅层无湖相软土地区，浅层均为粉土、粉砂。在森林公园中部，有深黄色中细砂、深灰色亚黏土和浅黄色粉砂互层的沉积物，相应各沉积层 TL 测年分别为 2.67ka BP、4.62ka BP、8.50ka BP、8.74ka BP、

❶ 王荣彦. 郑州东区灰色地层的工程性状及其对策措施. 岩土工程界，2007，(9) 11。

11.20ka BP，与柳林北构袁钻孔浅层粉砂层的 2.72ka BP、4.05ka BP 结果完全对应，证实花园口、柳林至森林公园、祭城黄河主泛道流路的存在。在沙岗沙丘两侧，有紧邻的湖沼和泥炭沉积区，沙岗与湖沼分布是犬牙交错的。

参考大量的水文地质和工程地质钻孔资料，在中州大道和连霍高速交会点的东南角，大河村仰韶—龙山文化遗址的 F2 西北角钻探。大河村与荥泽有何关系？回顾杨氏《水经注疏》中关于济水水系的支流"黄水注"段落，其中称黄水经故市后，"黄水又东北至荥泽南，分为二水，一水北入荥泽下，为船塘，俗谓之郏城陂，东西四十里，南北二十里。守敬按：荥泽久塞，此称一水北入荥泽，下为船塘，则塘在荥泽南，计周数十里，当在今郑州之西境，荥阳县之东境。"

固市（故市）县故城，在今惠济区政府东南的固城村，地名未变。今区政府东、北，大致为荥泽和船塘陂所在位置。船塘陂地望，约在苏屯、固城东，郑州英才路以南，古黄水河条形洼地。中州大学、郑州师专新楼工地工程地质呈现湖相沉积，疑系该陂沉积层。其自然水面已接近 100 平方公里，接纳了黄水、管水径流和其他坡水。船塘是荥泽消亡后，一度替代容纳郑州南北来水的浅水湖沼。接着经文说："《竹书·穆天子传》五曰：甲辰，天子浮于荥水……""一水东北流，即黄雀沟矣。"《水经注》时代，已有自黄水干流支分的河沟名黄雀沟，水出自雀梁。另有管水支分（即郦注中的不家沟、后世的郑水、金水河），汇入黄雀沟，分水大致在船塘东部，再与黄（京）水东支汇，下入黄渊。其汇合处（黄河泛道背河洼地），已至于今柳林东北，也可能皆入船塘，出船塘下黄渊。黄渊大致位于京水与大河村、石桥三者之间的三角地带。渊者，靠近黄水河口，受济水（或河水）或黄水自身冲掏，下自成潭。济水、黄水、管水汇合的三角水区，为城东北角潴水区，属郑州东北最低洼最靠近原阳沉降中心处。黄渊接近大河村中心遗址。按郦注渠水所述，五池水源于一湖泽，大致的位置，应在大河村近旁，黄水的东支也接近大河村。先秦文献里的荥泽，实际和郦注中这几条沟河串联，也与潴水的黄渊相连，已东越花园路，达中州大道边的大河村、石桥、京水一带，和大河村周围的河湖坡洼相连（京水$_{Z9-1}$ 钻孔有湖相沉积，[14]C 测年系距今（5915±135）年以来，与大河村湖相同一时期）。前文云自岗李到柳林，到祭城，有一条微弯的大沙岗，荥泽和大河村周围的湖泊沼泽联通，依靠众多的沟河坡洼，它们穿过沙岗鞍部的水流联络了东西湖沼。这是否就是大河村发掘研究认可的，当时先民居栖河湖畔一隅的证明？

用大河村湖相沉积层，来复原代表全新世郑州东北部的湖泊沼泽群的沉积模式。大河村钻孔剖面分析显示（见图 2）：12030～9720a BP 沉积的灰黄色中细砂系洪水沉积，9720～8980a BP 沉积灰黄色粉砂为河漫滩沉积。在这一较长时期，黄河的大溜多次长期经过，但大河村遗址本身位置较高，可能处于当时黄河泛道稳定高岸。8980～5430a BP 灰黑色黏土沉积为湖相沼泽层，取代此前的河流发育期，相应是荥泽和郑州北部湖泊沼泽水体最扩展时。此钻孔距离 F2 房基的西北角仅仅 4 米许，在房基边居然有连续不间断的湖泊，大概可以说明：它的水域相当宽广、稳定，有持续的水源补充。5430～4740a BP 黏土质粉砂为河漫滩沉积，应该在仰韶中晚期有一次长期的黄河泛流过程，京广铁路边的西山古城与大河村是一个文化体系，止于距今 4800 年左右，有可能就与期间大洪水相关。4740～3590a BP 灰黄色黏土系湖相沉积（其中缺失龙山中后期的河流相沉积层），应该说

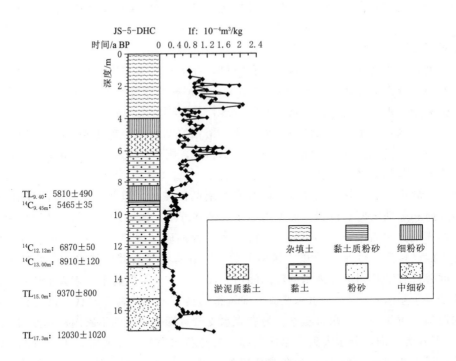

图 2 大河村 JS‑5‑DHC 孔岩性、年代与磁化率变化特征图
（引自河南省地理研究所、中国科学院南京湖泊研究所）

大河村的河湖相沉积到这一期间有所恢复，但掺杂着河流泥沙的积淀，仍有河流冲击入侵；相应是中原气候振荡下降，降水量振荡剧减时期。北郊的荥泽，可能多次遭遇黄河入侵，融汇了大量的黄河洪水和泥沙。3590～2890a BP 含红色土块的灰褐色粉细砂为商周文化层堆积，这时也还有场次性黄河泛水进入大河村周围，推测在夏、商时期，与荥泽水系联通的大河村周围广阔的湖泊沼泽也已开始萎缩，裂解、衰亡。

大河村南弓庄剖面岩性与河湖相沉积见图 3，从图 3 可以看出，细微地表现了 2010 年在大河村南侧 6 公里左右的弓庄钻孔的沉积序列❶。大河村南侧原森林公园弓庄（现开挖为龙子湖），河流相沉积样品年代在距今 11200 年前后、8740 年前后，最后一层为 4620～4200a BP。而在 8500～5500a BP 间，该地湖沼发育（TL 测年，国家地震局地壳所，2011 年），说明其间有数个黄河泛流高潮时期，相间隔泛流细微，转为湖沼发育的时期。2021 年大水显示，龙子湖—象湖—莲湖东站三角地带，有可能是某一时期圈田泽的湖心区域。这个剖面的测试结果，与大河村相当一致。

国家地震局地质研究所《郑东地震小区规划》记载，在距离弓庄 3 公里许东风渠附近霍庄钻探，第一层灰黑色砂质黏土（湖相），测年为 3110a BP（TL）；第二层灰褐灰黑色粉砂（河流相），测年为 4700a BP，时间与弓庄柱状第一河流层一致；再下为灰黑青灰色粉砂质

---

❶ 于革. 郑州地区湖泊水系沉积与环境演化研究. 北京：科学出版社，2016。（徐海亮现据原始检测记录数据予以修正）

黏土（湖相），测年为 7900～9800a BP（TL）。

在郑州市区东部，即京广铁路以东的冲积平原区，借助郑州市浅层工程地质资料，可以概略看出：①郑州大学生活区——马头岗污水处理站剖面上，南阳寨钻孔东 2 公里，到新易钻孔东 2 公里、龙子湖西外环西钻孔 1 公里区间，地表下 8～10 米，系一东西长达 6000 米左右的疑似湖相沉积层，层厚约 4～5 米。在龙子湖外环东钻孔地表下有两层长约 4000 米的湖相层，分别厚达 2～3 米，这可能是古荥阳城东荥泽的沉积层，包括大河村周围的湖沼层。②郑州燃气公司——姚桥安置区剖面，除鸿森、南阳寨钻孔显示地表下数米有长达 6000 米的疑似湖相层外，全剖面东西浅层几乎没有湖相沉积。显示的京广铁路西 6000 米左右的浅层湖相，即五龙口地方，可能是荥阳潜水区、黄水河"河口"与铁路东潜水区的过渡段。毕竟东、西水区最大高程差达 15～20 米。③大庄——广播电视局剖面，有全新世的浅层湖相沉积层，埋深 15～20 米，在贾鲁河槽的西流湖、舒景苑、变电公司、思达十一、省老干、银基大厦、市工商局等多个钻孔都显示，这些湖相层在东西方向上只有 2000～3000 米，层次也较前要薄得多，说明郑州城区南部的古湖泊沼泽，较为零星和分散。④姑娘楼——旧客运东站剖面，英协、南一区、客运东站钻孔，有多层位疑似湖相层显示，东西绵延长达 6000 米，埋深 15～10 米。

森林公园钻孔

人工扰动土层	
粉砂质亚黏土	−1.0M SG001 (2.67±0.23) ka
浅黄色细砂	−1.5M SG002 (4.62±0.39) ka
暗黄色轻粉质黏土	−2.0M SG003 (8.50±0.72) ka
棕黄色粉砂	−2.5M SG004 (8.74±0.74) ka
深黄色中细砂	−3.5M SG005 (11.20±0.95) ka

图 3　大河村南弓庄剖面岩性与河湖相沉积示意图

河南大学侯卫东（2012 年）以考古遗址为根据，大致界定了荥泽的范围。他认为："荥泽在西汉初年之前的范围在荥阳故城以东、荥泽县故址以南、垂陇故址以西、故市故城以北。"从以上凭借地球物理勘探手段恢复的信息看，先秦文献中的荥泽及网络的水区范围，要大于这部分考古遗址圈定的区域，从而达到 150～200 平方公里的范围。

3. 郑州东部的圃田泽探索

圃田泽是先秦和历史文献均有记载的郑州东部大型湖泊沼泽，在历史时期长期存在。此沼泽群，与传统认识的湖泊不太一样。从文献分析理解，可能是沼泽湿地与沙洲沙岗共存，草薮及园圃并在，疏林水草丰盛之区。到 20 世纪 60 年代的国有农场、知青连队的场部周围，残存圃田泽裂解之后的零星陂塘，到 80 年代业已消亡。一批水文地质钻孔说明，在城东路、经三路到京港澳高速路基，东西长十多公里范围内，全新统地层内分布有各期的不同的湖泊沼泽群。在东部，是得到古鸿沟水系不断补给的圃田大泽。郑州东站地区桥梁、高架建筑群基础钻探，出现高炭质含量湖相沉积层。东区地震区划勘测说明，在探测区东北角，即姚桥乡北、祭城北，是两大块积厚达 5～15 米的典型湖相区；加上燕庄—会展中心湖泊沼泽区；祭城—火车东站—圃田北厚达 5～15 米湖泊沼泽区，这 4 个区域可能是从中全新世以来的郑州东新区湖沼主要分布区，也是圃田泽某一时期的湖心地区，又与圃田泽水系的众多沟渠相连。在勘测中有/无湖相的二者之间，是积厚在 3～5 米之间星罗棋布的浅湖泊沼泽/河流相二元沉积。按地震钻探成果看，多处全新统不到 30 米，甚至小于 20 米。所以，晚更新世末郑州东部地貌相当复杂，基底起伏不平。纵横剖面看，晚更新世末的地层，多为贯通式的砂层，蕴含河湖相的粉砂质黏土层。

在圃田镇郑汴路边钻探，地面下 6.4～13.8 米浅灰、深黑、灰褐色亚黏、黏土层，含螺壳碎片，疑系古代湖泽边缘湖积物（该镇中心与陇海铁路以南原有 10 米的沙岗）。圃田 Z47 地质钻孔深度 7～13 米岩芯，淤泥质亚黏土 AMS ^{14}C 结果为（2795±175）a BP 至（5690±130）a BP[❶]。京港澳高速公路圃田钻孔 S97，显示了晚更新世至全新世的河湖互层的继承性河湖相特点。课题钻探的圃田 PT 孔就接近 S97 孔，显示孔深 9～13.8 米系湖沼相沉积，AMS ^{14}C 测年，该层沉积年代自上而下约为 3.9ka BP、5.3ka BP、6.04ka BP、7.96ka BP。京珠高速公路圃田出口处地表下埋深 6.37 米、9.18 米、12.25 米处灰褐、黑色湖沼相层，^{14}C 年代为 2900～5300a BP。圃田 zk1538、zk1539、zk1540 孔湖积层样品，测年分别为（3.28±225）ka BP、（2.79±175）ka BP、（5.69±130）ka BP。[❷] 圃田系列钻孔测年和分析显示，其湖相层位下部沉积为河流砂层，中部黏土层为湖泊相沉积—沼泽沉积—湖泊相沉积，上部砂层为河流相沉积。韵律十分明显。层深 11.4 米为黑色淤泥质黏土层，发现多种水生植物、湿生和沼生植物花粉，以及含量较高的水生植物孢子和藻类。

鉴于目前本课题对圃田泽的探索仅仅是开始，只能说历史上动态的湖泊沼泽范围在现行黄河南岸以南，祭城—圃田—白沙沙岗一线以东，中牟老城之西，郑汴路、陇海铁路沙岗带地貌之北。圃田泽与此沙岗以南广大的水区靠一些河流串联，但南北湖泊沼泽的关系，还没有弄明白。前人在圃田镇周围有多个钻孔，京港澳高速公路则提供了系列的穿越圃田沼泽区的钻孔工程地质数据。课题在圃田高速收费站出口位置布设钻孔，岩性和系列检测成果见表 3、图 4 和图 5。

表 3   **圃田钻孔岩性和沉积年代表**

深度/m	岩　　性	年代/a BP
0～6.4	灰黄色粉砂土	
6.4～11.0	灰褐色淤泥质黏土	2967±23
11～12	黑色淤泥质黏土，见螺壳碎片	3929±24
12～13.8	灰褐色黏土	5332±26
13.8～25.8	灰褐色含黏土中细砂	
25.8～28.6	灰黄色蓝灰色粉砂（黏土），含钙结核（1～3cm）	
28.6～41.3	灰黄色黏土，多含钙质结核	11000
41.3～44.7	棕红色黏土	
44.7～50.0	灰黄色黏土，多含钙质结核	

注　于革，等. 郑州地区湖泊水系沉积与环境演化研究. 北京：科学出版社，2016。

---

❶ 第四纪冰川与第四纪地质论文集（第六集），碳十四专辑，地质出版社，1990 年，第 109 页。
❷ 第四纪冰川与第四纪地质论文集（第六集），碳十四专辑，地质出版社，1990 年。

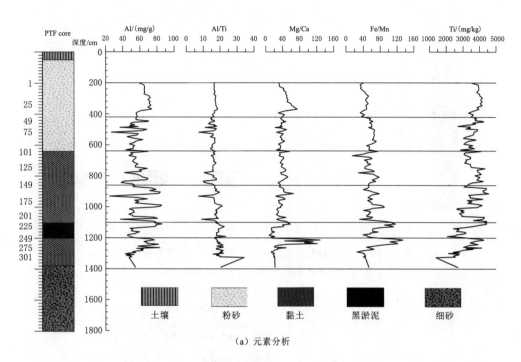

（a）元素分析

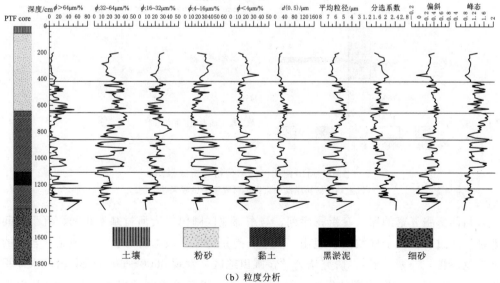

（b）粒度分析

图 4（一） 圃田钻孔沉积物元素、粒度、有机质分析成果图

（河南省地理研究所、中国科学院南京湖泊研究所）

71

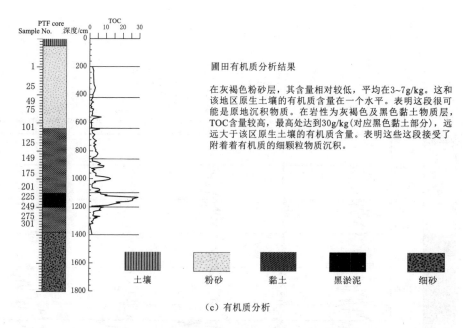

圃田有机质分析结果

在灰褐色粉砂层，其含量相对较低，平均在3~7g/kg。这和该地区原生土壤的有机质含量在一个水平。表明这段很可能是原地沉积物质。在岩性为灰褐色及黑色黏土物质层，TOC含量较高，最高处达到30g/kg(对应黑色黏土部分)，远远大于该区原生土壤的有机质含量。表明这些这段接受了附着着有机质的细颗粒物质沉积。

（c）有机质分析

图4（二）　圃田钻孔沉积物元素、粒度、有机质分析成果图
（河南省地理研究所、中国科学院南京湖泊研究所）

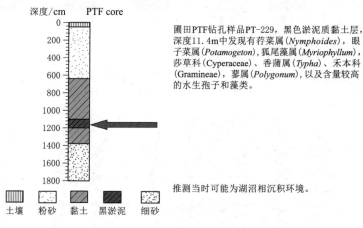

圃田PTF钻孔样品PT-229，黑色淤泥质黏土层，深度11.4m中发现有荇菜属(*Nymphoides*)，眼子菜属(*Potamogeton*)，狐尾藻属(*Myriophyllum*)，莎草科(Cyperaceae)、香蒲属(*Typha*)、禾本科(Gramineae)，蓼属(*Polygonum*)，以及含量较高的水生孢子和藻类。

推测当时可能为湖沼相沉积环境。

图5　圃田钻孔沉积物孢粉分析成果图
（以上均中国科学院南京湖泊研究所测试成果并绘制）

　　郑州西部张五寨的那一套沉积序列，与东部地区圃田、大河村基本相同，沉积时间略有差别。经过沉积物土样粒度、理化、磁学、孢粉特征手段综合分析（其他钻孔岩芯的检测成果就不再一一列示了），研究认为"在圃田地区，发现8000～6000a BP为洪水冲积物堆积，6000～2600a BP为湖沼发育，沉积了灰褐—灰黑色淤泥质黏土，2600a BP以来受黄河泛滥影响，沉积了河漫滩沉积物。"❶ 同时认为："圃田孔沉积物在10～14米内和张

　　❶　于革. 郑州地区湖泊水系沉积与环境演化研究. 北京：科学出版社，2016（现文字与原著相比，略有修改）。

五寨孔在 2～10 米处较低的亚铁磁性矿物，结合较低的磁化率、较高的 TOC 值和较细的粒径分布，以及孢粉等指标，表明该深度内可能为湖沼相沉积物"[1]。

　　研究认为："TOC 百分含量分析表明，圃田钻孔为 5.05%，个别层位超过了 20%，甚至 30%；张五寨钻孔 TOC 含量 0.26%，相差 20 倍。这主要源于两地沉积环境不一样所导致的。圃田钻孔孢粉含量较丰富，每克样品孢粉含量变化于数百至数十万粒……""……圃田钻孔，经过对该钻孔样品的年代测定，并利用年代测试结果建立时间序列。3 个 ^{14}C 年代进行线性内插，其他层位年龄通过沉积速率推算得到 28.6 米达到 11000a BP"；"郑州东部可能存在两个湖沼区：一个位于京水、大河村的东边，包含祭城，等高线 85～90 米，黄河南岸，时代全新世早期；另一个以圃田为中心，时代中全新世"[1]。探索认为第一个京水—大河村中心，就是东荥泽—京水—大河村中心（前述），是郑州北东部的核心湖泊沼泽区；另一个中心，即东部的圃田中心。其湖泊"分布高程在 90 米左右，湖泊分布以圃田镇为中心向周边辐散……量算湖泊面积约 42 平方公里"[1]。这一估算看来偏于保守，按实际野外调查和历史地理研究成果，仅仅圃田和白沙镇陇海铁路以北到黄河南岸刘集、大孟一片的涉水范围大约已在 120 平方公里。由于全新世中晚期它能不断得到渠水和黄水的补充，该湖沼水面伸缩变化范围大，至少可达 80 平方公里。诚然，并非这一范围全部被水覆盖，圃田泽区域内，有沙洲、沙丘，有园田和局部旱地，不是每一钻下去都能见到湖相层。唐人说圃田泽："一名原圃，县西北七里。其泽东西五十里，南北二十六里，西限长城，东极官渡。"[2] 郑州大学陈隆文综合分析后认为："圃田泽的地理位置大致应该是以今天中牟县城之西北的贾鲁河右、左两岸为中心，北至大孟镇南北地区，南不过西古城村—东古城村一线以南，西至青龙山魏长城一线，东至官渡镇以西，这一区域内应该是圃田泽的水盛之时的最大范围。"[3] 上述各说法对比，大抵是一致的。

　　研究还从生物孢粉角度提出："在圃田 PT 钻孔样品进行了系统花粉鉴定。在黑色淤泥质黏土层（PT-229，深度 11.4 米上下），发现了大量水生植物的花粉……花粉统计的结果可以反映古湖泊中生长的水生植物和植物群落演变的状况，指示当时特定的湖泊水生沉积环境。"[1] 从另一角度实证了湖泽在某一时期的客观存在。

　　综上所述，郑州地区三个典型钻孔沉积层序和沉积比较见图 6。

　　4. 郑州中心城区南部的湖泊沼泽

　　以上我们对郑州中心城区的西部、北部和东部，都选择了一些剖面来进行观察和判断。联系到历史时期郑州东南诸如鲍湖、螺蛭湖、梁湖、圃田泽、晶泽等湖沼，商城的东部、东南部是大片的湖泊沼泽区域。郑州中心城区的南部，发现有系列的湖泊沼泽相沉积剖面。在站马屯附近钻探取样，地表数米内仍系全新世沉积，晚更新世末、全新世早中期，有河流相和河湖相沉积。实际上，在京广、陇海铁路的东侧或北侧，属于类冲洪积扇前缘的低洼带，史前一直是积水、潴水之区。市体育馆附近钻探，发现有黑灰色淤泥层，在郑州火车站地铁区钻探，第⑥、⑧层黑灰色、褐灰色粉砂质黏土，为积水、静水类湖沼

❶ 于革. 郑州地区湖泊水系沉积与环境演化研究. 北京：科学出版社，2016。

❷ （唐）李吉甫. 元和郡县图志. 北京：中华书局，1973。

❸ 陈隆文. 黄河水患与圃田泽的湮没. 北京：中国社会科学出版社，2011。

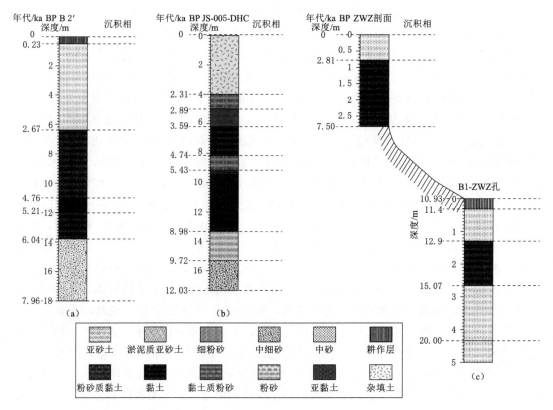

图 6　郑州地区三个典型钻孔沉积层序和沉积比较图（南京湖泊研究所）

相沉积；陇海铁路与陇海东路之际的部分钻孔出现的类似沉积层，可能系南部坡水与前熊耳河漫水坡洼的积水因素形成。后来在商城建筑时，这些城外位置坡洼、湖塘水系，被人为疏浚沟通，作为护城河了。

紧邻南水北调干渠和地铁 2 号线的站马屯钻孔，检测得到的成果见表 4。

表 4　　　　　　　　　站马屯（GC－006－ZMT）岩芯的层次与测年成果表

序号	层深/m	岩　性　描　述	TL 年代/ka BP
1	0.8	灰黄色粉砂	
2	2.0	灰黄色粉砂，含砾石、砂礓	
3	2.3	灰黄色粉砂质黏土	
4	3.6	灰黑色黏土，含蜗牛壳碎片	6.12±0.52
5	5.0	有棕色锈斑，青绿色斑块综合粉砂，含砂礓	
6	6.6	青灰色黏土，含砂礓，坚硬致密	
7	7.6	棕黄色粉砂，含黏土块，含砂礓	
8	9.0	灰黑、青绿色黏土质粉砂，含砂礓	9.05±0.77
9	9.5	灰黄色细砂	
10	9.8	棕黄色粉砂，岩芯不成形	

序号	层深/m	岩 性 描 述	TL 年代/ka BP
11	11.5	棕黄色细砂，质地均匀	
12	13.5	灰黄色粉砂，质地均匀	
13	14.5	灰黄色细砂	
14	15.5	灰黄色黏土质粉砂	
15	18.0	棕黄色黏土，坚硬细密	
16	19.2	棕黄色黏土质粉砂，坚硬致密	
17	22.0	红棕色粉砂质黏土，岩芯细密	

注 于革. 郑州地区湖泊水系沉积与环境演化研究. 并据原始检测记录予以部分修正，北京：科学出版社，2016。

在郑州南部，即京广线以东、陇海路以南，仍然在早、中全新世（距今 9～6ka）左右存在过一套间歇性的湖沼相沉积。由于缺乏周围更多的钻孔分析，南部湖区范围还不甚了了。但直至近现代，在站马屯以南，沿地铁 2 号线至机场延伸段，现存地名仍有大湖、康平湖、恩平湖等，说明在晚更新世郑州西部黄河泛流冲积和后期郑州南部山水影响下，晚期也有不少湖沼发育，直到新郑市的东南部和尉氏县西、长葛市的东北部。这是今后需要深入的问题。

三、一些宏观问题的讨论与小结

课题主要依靠地层揭露与理化检测，依靠实证提出、研讨问题，尚存一些需要讨论之处。

1. 黄河冲积扇的发育与郑州湖泊沼泽的关系

黄河是郑州地区晚更新世以来湖泊发育与演化的基本驱动力，同时，郑州西、南部的山水、坡水也积极参与了本地河湖水系环境的活动。

郑州西部与张五寨的钻孔，以及郑州北部与大河村的钻孔披露：晚更新世末全新世初，发生过气候与地质灾变事件，黄河上游冰川融化导致郑州过境径流激增，存在一个为时较长的黄河与本地河流发育、冲洪积扇迅猛发育时期，在郑州市区西部和东北部堆积了大量的泥沙，当时在广武山前后，黄河干流与泛水、山水汇聚，森茫一片，或许即古人说的"荥波"。距今 1.1 万～0.9 万年，河流发育期结束，洪水逐步归槽，大河的天然堤与原始地貌出露，洼地积水成湖，进入郑州四周的湖泊沼泽发育期，全新世西部的荥阳—广武泽扩展，东北部的荥泽相继成形，并承接黄河分水，沉积泥沙。东西两片水区仍有河流串引勾连。在诸钻孔揭示的河流/湖泊发育期的迭次旋回中，河流冲积层与湖相沉积层二元结构辗转出现。后来黄河在郑州东部地区仍有过数次大规模行洪的历史，很大程度上影响着东部平原的造貌演化。

史前郑州自然环境与黄河分洪的密切联系，河流相与湖沼相在郑州地区迭次出现，弥补了黄河在郑州演变历史的认识不足，是课题的一创新之处。

距今 5000 年左右，东亚气候环境进一步干凉化。中全新世后期，黄河不再大举泛及郑州（但龙山时期东部仍存在一个较长的行黄期），历史时期黄河与郑州黄淮诸河流逐步人工渠化，晚近大中型湖沼渐次终结了它在郑州地区的生存历史，局地侵蚀基准的改变，郑州西、南丘陵诸山水河床加快了发育，下切。有人提醒笔者，鉴于黄泛频繁，郑州地区的古湖沼地层层序太紊乱，无法用通常的湖泊研究方法。实际上，从目前初步探索和复原，发现晚更新世末以来黄河对于郑州地区的泛滥，其泛道、流路，其泛滥时间，有线索可循，有信息可证。在历史时期，有详尽的文字记载，有广泛的人文传承可访；在史前时期，凭借浅层地层（含古湖床）的调查、勘探、检测实验，重建了地层序列和年代序列，逐渐体察到黄河入侵的时空规律。黄泛对郑州的侵扰，是可循可知的。诚然，本课题处于预研究阶段，钻孔岩芯测年取样尺度较大，分辨率较粗，随着研究深入，可以渐进缩短时间尺度，岩芯取样完全可精细到分米厘米级分辨率，更细腻地解析沉积过程和微观理化性质，揭示环境变化的规律，解读远古自然奥秘（课题的环境磁学扫描仪达到 2～5 厘米间距的精度）。哪些堆积物是风积的，或黄河带来的（抑或本地水流携带的），需要进一步做物源鉴定。课题在荥阳—广武河谷，已经做了古河床与黄土岭堆积物重矿检测，判定荥阳—广武夹槽里黄河泥沙与广武岭风积物矿物的沉积环境差异，且与河北省地理研究所的河北平原黄河古河道河床重矿种类、性质、比率对比，黄河古河道上下游的这一计策结果基本衔接。

2. 郑州市区四周古湖沼区域客观存在

通过初步探索，认为继承了晚更新世的环境态势，在全新世早中期，郑州市区的东、西、北、南各部位，大、中型的湖泊沼泽群普遍存在。个别浅湖泊沼泽残余水体延续到 20 世纪初。一批文献中没有记载、坊间尚无口传、学界没有共识的远古湖泊沼泽，就分布在中心市区、荥阳、中牟、原阳、新郑。其中最典型、水面浩渺的是西部的古"荥阳—广武泽"（简称荥—广泽）。对西部的"荥—广泽"，东北郊的"荥泽"，东郊的"圃田泽"诸浅湖沼群，进行了重点钻探、取样、地球物理（化学）分析，进行了磁学、生物孢粉等单项研究，确认这些钻孔揭示了郑州三大古湖泊沼泽群的沉积环境演化。从而突破了单凭文献记载判断郑州古湖泊沼泽环境的严重认识局限，用地学方法取得重大创新。诚然，不可以一孔之见去粗浅概全，在冲积平原上，往往数十米之差，地层可能迥然不同。但这三个钻孔得到了面上近百钻孔剖面资料的支持。研讨需要在预研究基础上深化与扩展。

3. 郑州典型大型湖泊沼泽群的年代

根据本课题研究的范围和发现探索的深度，西部"荥—广泽"大致生存发育于晚更新世末，终结于春秋时期，是课题目前探索中出现最早的浅水湖沼群。文献中记载"荥泽"，是相继发育出现的湖泽，发育于全新世早期，终结于春秋时期。东部的圃田泽，由于我们钻探的深度有限，所揭示的空间和时间段有限，目前看是全新世郑州大型湖沼发育较晚的，出现在全新世中期，终结于全新世晚期。作为郑地湖沼水源之一的黄河，在晚更新世末曾侵扰西部地区，是称为"荥—广泽"的主要水源之一；但后来随郑州西部构造抬升，黄河入侵的通道断绝，荥阳—广武山夹槽（地带）湖盆闭锁，储纳本地来水，以维持湖泊沼泽形态，适逢全新世中期的暖湿气候条件，湖盆水面得以扩张至最大。而距今 5500 年、4200～4000 年的东亚宏观气候事件使得黄河中下游湖泊面积迅速缩小，气候转为干凉，降水大幅减少，间歇的构造抬升也致使西部河湖水体下泄东逸，湖泊沼泽渐次退缩消亡。郑州地区龙山晚期人类因其天时地利，应对涝渍菹洳，大力开展平治水土、开发水土，禹"陂障九泽"（《国语·周语下》）即是，"人得平土而居之"（《孟子·滕文公下》），"令益予众庶稻，可种卑湿"（《史记·夏本纪》）也是，人类参与环境的改造，地理环境发生巨大变革。距今 4ka（±200a），西部远古的湖泊沼泽环境开始终结。荥阳地区的聚落遗址大批出现，并成为郑州聚落考古文化最密集的地区。

郑州东北部和东部，从一些深层钻孔岩芯看，在晚更新世有可能是存在早年黄河冲积扇的河湖二元沉积的。但本课题钻探没有打透全新统，仅仅在全新统的范畴探索湖泊沼泽发育的历史。文献中的广袤的荥泽，大致出现在早全新世，距今约 9ka，湖泽裂解萎缩在郑州商亳建成时期（距今 3.6ka）。商初到春秋，分解的湖区进一步萎缩，部分湖泊干涸，走向消亡。到秦汉时，统一的黄河大堤建成，黄河进入荥泽湖盆的入口与分水量大大消减，济水确已难济，荥泽干涸成陆。东部的圃田大泽，从初步的考察与钻孔的湖相层看，兴盛于中全新世的距今 6ka 左右，消亡于春秋时期——距今 2.6～2.7ka 左右。

附带需要回顾的是本课题的年代测试问题。测年曾是开始最急迫的任务，急需初步了解地层年代控制趋势，而国内实验室任务重，排队长，也因需要做多种方法的比对，南京湖泊所采用了 ^{14}C、OSL 年代测试，^{14}C、OSL 送样 20 余个，测试单位涉及新西兰 Rater 实验室、波兰 Poz 实验室、中国科学院广州地球化学研究所、中国科学院青海盐湖研究所、北京大学考古文博学院，丙方将近 200 个样品送国家地震局地壳应力研究所、国家地震局地质研究所实验室和核工业部北京地质研究所 TL 测年，并参考了前人和其他行业在郑州和比邻地区的测年数据。总的来看，各种方法所得到的年代数据，可以相互衔接、对应，而无太大相互抵牾的地方。其中，仅仅 TL 法的送样，已经达到 180 例，较快得到郑州地层年代序列的比对认识，有力地支持了重点钻孔的年代建立。尽管有教授极不赞成 TL 的科学性，但由其派出的博士在特定检测区域同样采样，用其实验室的仪器、OSL 方法重做，测年数据基本一致。目前突出的不足，还不是急忙筛选方法，而是还没有拿出时间对每一个成果本身进行深入的分析评估，就急忙采用并付诸宏观沉积环境的分析，没有去研究年代序列建立中可能存在的问题。

4. 地文研究在自然环境历史研究中的作用

著名的历史地理学家侯仁之先生多次表示，历史自然地理的研究需要上溯到古地理的范畴，至少要进入全新世时期。实际上，许多历史地理学者的研究早已走出书斋，涉足第四纪、全新世的自然历史（含气候史、地貌史、地质史与河湖海洋水系演化），进行实证性探索研究。本文所沿用的第一湖泊沼泽带含义，就不局限于文献时期的地理概念。笔者在 40 年前涉猎黄河自然历史，意识到研究黄河，一方面需要知晓浩瀚无际的黄河文献与社会、民俗资源；另一方面，需要从大地、从自然历史，探索黄河的过去。如满足于代代传颂、反复吟诵文献典籍，固步议论黄河，将于事无补。珍贵的文物文献可能被历史的黄河深埋于地下，更多的自然环境地文信息也必然深藏在默默的黄土中，待人开发。研究在郑州地区的地层、地貌的初步探索中，发掘与感知远古水圈岩石圈演变信息，感触到环境演化的步履足迹。自然信息，单纯依靠现存文献资料和电脑海搜是无法获得的。所以，人文资料需要与地文（自然）信息联袂探索，以促进对过去历史的探讨。对远古环境历史的恢复，有待于人文与自然科学（地文）的渗透穿插，舍一不可。

5. 探讨所揭示的气候环境问题

在揭示湖泊相沉积环境时，也考虑到了环境的主要方面，即气候环境和要素，但限于时间和经费，探索没有在人们最关注的气候方面着意深入展开。尽管专著提到了"在晚更新世以来的东亚气候系统中，郑州地区古湖泊演变史这个气候环境下的一个缩影。"也提到"张五寨末次盛冰期沉积物以河流相为主，源于黄河大量泥沙泛滥于冲积平原……大河村晚冰期—全新世早期以河流沉积为主。"[1] 但是没有凭借课题自己的钻孔和检测资料（如众多孢粉），抽象和引申出气候变化与振荡的丰富信息来。也没有将气候信息和湖泊沼泽环境变化进一步发生联系。尽管有这三个钻孔和专著引述的郑州以外地区的气候变化证据，但缺间接地与郑州的和周边一些钻孔的孢粉测年数据。在整个全新世沉积物中，钻孔岩芯孢粉含量最高，木本植物占了优势。而有机碳的含量这一段也达到最高水平，不仅仅是水生植物孢粉优势。这是该课题的不足之处，本来可以有所收获的，也是今后亟须深入补充探讨的问题。毕竟，气候环境的变化，与中州华夏文明起源直接关系。

    6. 湖泊沼泽环境与人文社会发展的关联

    截至第二次文物考古普查，郑州地区考古发现众多沿河流分布的文化遗址。

    过去泛泛地讲黄河文化，而在考古文化和古水系、湖泊沼泽的实际平面分布中，我们既看到黄河与其支流文化的底蕴深厚，也看到了郑州地区湖泊文化的强大生命力，感知文化与湖泊沼泽的亲和力。郑州西部，在海拔 150 米以下，尚未没有发现裴李岗文化遗址，而在那个时期，荥阳的腹地洼地主要被湖泊沼泽占据，先民没法定居栖息。所以在本课题评审验收野外考察时，考古界从湖泊水区的界定，清楚了这一带没有发现更早文化的地理依据。荥阳的晚更新世—全新世的湖泊沼泽，是从其西部向东部迁移变化的，仰韶与龙山文化遗址，多分布在东部，西部最先干涸出露湖积台地的区域，人类逐水草而居，也逐水草的退缩而进。研究认为："古湖泊阶地、湖漫滩是人类主要生活聚落的地貌格局。中全新世的人类聚落进一步扩展到荥阳盆地东侧，仰韶文化遗址主要分布于 113.37°E 以东地区，或盆地周边 140 米以上丘陵区。分布高度从海拔 150 米向东延伸到 120 米的等高线。尽管比早全新世湖泊在该区南部和东部的缩小，但人类选择了湖泊阶地和湖漫滩定居……龙山文化遗址集中分布于 113.37°E 以西地区，或盆地四周较高的山丘上。这可能指示了晚全新世湖泊向东部退缩，湖岸线在 120 米等高线以下。盆地西部湖泊在约 5～4ka BP 左右湖沼已经消亡，先民在干涸的湖底生活。龙山文化在荥阳盆地西侧分布较密，与晚全新世湖泊面积缩小，湖泊向东部迁移，人类居住地的东移一致。夏商周遗址点集中分布于盆地中央低地。"[1]仰韶时期先民对自然的依存较大，则先集中于水草丰富的东部，到龙山时期，先民的水土适应和开发能力大增，遂进入西部先干涸的湖积台地。

    张五寨钻孔，附近有著名的东赵遗址，有关帝庙等考古文化遗址。荥阳和郑州西部在荥广泽水系中，大致有新石器文化与夏商周三代遗址百余处。尽管荥广泽率先消亡，但郑州西部文化遗址密度最大。大河村遗址位于文献中记载的荥泽的东部，但从大河村到西山古城十来公里，都是仰韶、龙山的大河村文化的中心地带，甚至大河村就是这一文化的核心聚落处。古荥泽的周边，如西部的广武山及山麓、荥泽南部，皆为仰韶文化的兴起区域，在原大河村文化的范畴，继而兴起河南龙山文化。到了春秋战国时期，荥泽已趋萎缩干涸，周边兴起系列由较小的聚落发展起来的环湖古城邑。笔者在《郑州古代地理环境与

———————————
    ❶ 于革，等. 郑州地区湖泊水系沉积与环境演化研究. 北京：科学出版社，2016。

人文探析》对环荥泽古城邑群作了介绍。而圃田泽附近，仅仅沿郑汴路的沙丘岗地，就有仰韶、龙山和夏商遗址多处，陇海路以南，有一批远古遗址出土，这里远古是郑汴交通的濒湖要道，后世出现了南枕沙岗、北面莆草的夏、商诸侯方国——图、禽、敝、郊等古国，显然是环圃田泽文化的体现。且从中牟的考古文化普查，也可以看到圃田范围的文化环境底蕴。如泽北刘集的仰韶遗址、雁鸣湖乡韩寨。而泽南的九龙后魏、国庄、太平庄，郑庵前杨、螺蛳湖、路庄，三官庙大辛庄、苏家、晶店、赵家、后段，韩寺镇姚家、姚家乡罗宋，白沙镇南寺村等仰韶、夏商文化遗址，成为圃田泽南部的考古文化带，是前述古国聚落文化的强力支撑。也说明在史前黄河大举从花园口断裂带方向南泛前，这里曾有新石器时期丰富的文化赋存。

　　龙山文化后期，郑州四周的湖泊群多数已趋于消亡；但东、北部地势就下，始终得到黄河枝津、本地水源补充的圃田泽、荥泽，得以延续到商、周，使东部、东北部地区继续有较为稳定的水源滋养，具有支撑、包容庞大王都的相对较强的环境承载力。在亚洲酷旱的漫长时期，河流文明的印度河哈拉帕文化消亡了，但滨临湖泊沼泽的郑州的商文化，却持续了下来。

史前时期河水泛及济淮的环境史探索[*]

徐海亮　轩辕彦

摘　要：黄河冲积扇的发育演化是目前认识远古河济地理环境演变的基础。借助黄淮海平原岩相古地理、河流地貌、沉积相研究，探索史前黄河下游泛道带变化踪迹及河、济水系环境演化，辨识目前认识不足的济水、汜河、瓠子河诸泛道带，探索全新世早中期黄淮平原沉积环境。勘探地球物理、第四纪地质和地貌，考古学文化始终是最佳的切入点。凭借全新世研究，复原黄淮地文、人文特质，解读全新世中期的河、济、淮水系演化奥秘，探讨河、济、淮水系演化制约下的河济文化迁移与嬗变，探索河济地区水系的环境史。

关键词：河济演化　黄河泛道带　古地理环境　全新世早中期　环境史

一、楔子

史前黄河的变徙演化，是极为重要的历史地理与古地理相互渗透、叠合的地学、文化学前缘问题。笔者参加中国科学院领衔的"六五""七五"国家自然科学基金重大项目"黄河流域环境演变与水沙运行规律研究"，研讨历史时期和现代黄河的流域环境、水沙、变迁、河床演变，感触到进一步探索史前黄河、认识黄河环境自然演化规律的紧迫性，同时也触摸到史前黄河概貌（首先是河流在确定时期的空间位置），对认知中国考古文化、文明起源、文化嬗变等重大问题的意义，触摸到考古界对史前黄河变迁要素认知、需求的急迫性。毕竟远古中华文明起源与发展的根系，就在黄河流域。鉴于学界尚未对史前黄河演化做系统研讨，没有建立某种研究平台，提出科学技术路线，本文只就个别涉及方面、切入方法予以探索，提出某些线索，提出一种设想。希望得到诸家的关注和指教，更希望青年学者积极参与。

历史自然地理与古地理研究有过确切的范畴、年代分界线吗？可能并没有。两者均需要人文与自然科学成果的积极支持，本质是需要地理环境科学的支持。历史自然地理，是上古自然地理合理的延续，地球自然哲理性的延伸，它们高度融汇贯通，具有自然发展的必然性，是一个完整的环境科学体系，很难以时间、（有无）文献来截然分界。古地理研究尚缺系统文献，但可以用种种地学、地文的代用序列弥补（环境科学研究里常用的代用序列）。侯仁之先生曾多次提出将历史地理的研究上溯——至少上推到全新世环境一万年范畴，老一辈的历史地理大家谭其骧先生，从来没有把史前时期和历史时期的地理环境研究截然分开。学界许多优秀的自然历史专著和论文除了在援引历史文献上略有差异，也穿越了全新世时空。历史自然地理与古地理研究，似融汇于全新世环境这一综合科学中。文献的不足，确实给予上古黄河问题的探索带来种种不便与困惑，但先秦文献里蕴含了某些

---

　　* 本文系郑州中华之源与嵩山文明研究会资助课题"地理与文化视野中的河济文明"（课题编号：Y2019－12）成果，刊载于《黄河文明与可持续发展》（2023年第20辑）。

古地理环境踪迹，值得提炼。在研究历史时期的黄河演化过程时，最活跃的人才从传统的单纯文献考据已转向地学界，以广阔的视野和迄今地文、人文资料，补充不足。今天，已能看到地学探索向古地理领域进发的曙光。

借助于黄河冲积扇的发育，基于勘探地球物理学岩相古地理、全新世环境、区域地质与构造地质研究，借助于对历史时期黄河下游重大泛道带——济水、汳水、瓠子河泛道带的探讨，现代地学已经做到"以今鉴古"——逐步复原一些黄河古泛道带。河北地理所吴忱对于河北平原古河道的研究，是历史自然地理和古地理贯通的积极、成功尝试。河流历史的研究中，有些自然信息被人忽视，其实埋藏在华北平原下的珍贵的自然与人文信息（比如说考古文化），可能是楔入古地理研究的某种途经。由黄河水沙凝聚、积淀的一大本地文序列，是超越人类文献黄河史的厚重大书，是寻找黄河演化踪迹的最重要的科学知识宝库。历史时期的黄河变迁，也是今天社会发展一个不可或缺的借鉴：河循旧道，历来如此。上古河道变迁与历史的变迁都有规律可循，历史时期的黄河重大决口和改道处，往往都在构造线上，在构造断裂线或它们的交叉点上❶。历史时期河、济水系的演变，是史前黄、淮河流自然演化的继续、再现。全新世济水与黄、淮皆独立入海，成为著名三渎，他们若即若离、穿越时空，水系勾连、休戚相关。史前与历史时期黄河入侵淮北，必然侵入夺占和翻越济水水系。新石器时代以来，先民世代相传的对自然环境的朴素认识，对大批古文献典籍的重新领会、研读，尤其考古学的发展与发现，也使我们重新理解过去被忽视的文献真谛。本文概括多年观察与实践，文理融合，择重提出探索河、济远古环境可能的线索和方法。

二、黄河冲积扇发育与河济水系演化

本文从古地理和全新世地貌过程——黄河冲积扇演化视角，认识史前及历史时期黄河对于济、淮的泛滥。黄河冲积扇发散型的主干泛道带发育大势为北东方向或北东东方向，也有东向、东南方向趋势，以河济淮关系而言，黄河水沙选择不同泛道，越过济水进入淮北地区。历史地理的研究，实际上早已从全新世环境视野，论述了黄淮海平原第一、二湖沼带问题，阐述了全新世早、中期黄河冲积扇前缘及扇前湖沼地区，即河、济、淮平原地区。

"第二湖沼带，在今濮阳、菏泽、商丘一线以东地区。这里最著名的湖沼有大野（巨野）泽、菏泽、雷夏泽以及孟诸泽。第二湖沼带所处的地貌单元，大致在早全新世黄河冲积扇前缘与中全新世黄河冲积扇前缘之间。早全新世，黄河冲积扇迅速向东北、东、东南三个方向推进，前缘已达今（山东）东明至（河南）宁陵一线，此线以东不少地方分布着代表湖沼环境的灰黑色淤泥质黏土层，如曹县、成武、单县、定陶、巨野等地。大量泥沙虽然掩埋了早全新世的部分古湖，但由于中全新世气候湿润多雨，我国东部沿海普遍发生海侵，黄河冲积扇的前缘地带，湖沼随之迅速扩展，这时的湖沼地层分布广泛且具有连续性。先秦时期的第二湖沼带上的大部分湖沼，便是在古黄河冲积扇前缘湖沼带洼地的基础

❶　石建省，刘长礼. 黄河中下游主要环境地质问题研究. 北京：中国大地出版社，2007 年。

上发育形成的，当时黄河通过其分流济水和濮水等，为这一带湖沼提供大部分水源。"[1]
早、中全新世黄河冲积扇推进、第二湖沼带形成的地貌过程，超出了狭义的历史地理界定，说明史前黄河水沙大幅度地进入了豫东、鲁西南平原。

20 世纪 80 年代河南地质界的《河南平原第四纪地质研究报告》[2]，据大量的钻孔资料集成黄淮海平原 8 幅第四纪各时期的岩相古地理图。它们突出显示了黄河各时期由冲积扇放射状延伸的泛道带——位于豫北、豫东及古济水、淮河流域的古泛道带基本位置和走向（见图 1）。

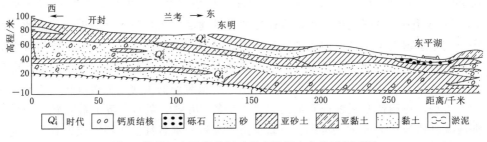

图 1　郑州—东平湖黄河冲积扇浅层水文地质剖面图

全新世黄河下游冲积扇的河道带发育，主要通过一系列以郑州为核心的发散型古泛道带推进实现。各地质时期通过岩相古地理图显示的主要古泛道带有：

（1）现行黄河以北，大致是：①山经河、禹河泛道，沿太行山东麓到河北平原；②汉志河（谭其骧命名）泛道，郑州经新乡—滑县—濮阳—南乐一带到馆陶，趋向冀鲁平原；③郑州—长垣—范县的濮水泛道。这是大家比较熟悉的古泛道带。

（2）现行黄河以南，大致有：①济水泛道带，一路，自郑州北，经原阳—封丘—长垣，与现行河线基本接近；另一路，从菏泽—巨野—济宁方向入古汶、泗。二者大致行经古济、濮水的诸分支水路，这里统称济水泛道带。②汳河泛道带，主干行郑州—开封—商丘—徐州方向，大体上与秦汉古汳水方向一致。③颍水泛道带，行郑州、扶沟、周口，走古颍水道。④瓠子河泛道带，自汉志河的滑濮段枝分、跨越现行黄河，自滑、濮间趋鲁西南，或东北入古大野泽，或东南经汶、泗入淮。

晚更新世黄河下游的主要泛道带，部分东泛、跨越古济水，进入先秦的淮河流域。全新世各个时期，特别是晚全新世——历史时期的黄泛，为早前地质环境、黄河冲积扇演化的继承运动，是一次又一次远古演化的重现。

在晚更新世早期，黄河冲积扇古河道极为发育，在以上走向的基础上，古泛道带沿北东、东、南东方向延伸，嵩箕山地区水系汇聚于扇体南缘，沿许昌、周口向东南阜阳、颍上方向延伸。晚更新世的晚期，濮阳的冲积扇扇体，向南东方向发育推进，现行黄河一线两侧（濮阳和菏泽）扇体联通，以滑县—濮阳、长垣—兰考为顶点的，相对于桃花峪冲积扇的次一级冲积扇发育；全新世中、晚期的瓠子河泛道，皆处于这次一级的亚冲积扇上。

❶　参阅邹逸麟撰写的《黄淮海平原历史地理》（安徽教育出版社，1993 年）。

❷　参阅河南省地质矿产局水文地质一队、地质矿产部水文地质工程地质研究所 1982—1986 年编制的《河南平原第四纪地质研究报告》。

期间，濮阳—聊城—德州方向，众多古泛道带联通。在濮阳南和长垣—兰考有开阔的河流相物质沉积，推进到东明、曹县、定陶、单县。这是史前就泛滥黄淮平原北部——不能忽视的一个亚冲积扇。

《中国黄淮海平原地貌图》❶中的"黄河冲积扇发育简图"，专门标志出全新世中期 H_3^2 的这一冲积扇，即没有被 H_3^3 堆积物完全覆盖而出露于地表部分，主要包含今鲁西南地区，及今开封北到长垣、濮阳、范县、台前以南的沿黄地区，和开封东到商丘南、亳州、淮北市以南区域，即全新世中期黄河冲积扇发育——黄河南泛济水、淮河的堆积，其流向与主泛道位置，早在晚更新世末大体奠定。说明全新世中期黄河水沙已充填的鲁西南低洼区，恰好是传统的渤海水系的豫北"汉志河"泛道带，和属于黄东海水系的汳河泛道带夹角——背河低洼地区——济、濮水在其间流淌日久，史前黄河演化变迁则通过这南、北两大泛道带，夹击并湮没过豫北南沿—鲁西南的济（濮）水区域。

邵世雄等在编绘《中国黄淮海平原地貌图》时，综合了有关省区地质界研究成果，综合表现了黄淮海平原更新世各期以来的地貌过程、叠置现象。在晚更新世，"（黄河冲积扇）南翼前缘达安徽淮南、蚌埠；北翼超过河南内黄、清丰，山东聊城、鄄城、东明；冲积扇主体前缘东至山东曹县、定陶附近。在此期间扇顶进一步东移，陆续达坡头、孟津、沁口、铜瓦厢等地……而到了晚更新世的晚期，黄河冲积扇（属第Ⅲ期）范围最大，除了河南汜水、郑州、尉氏一带有出露者以外，南达永城、安徽亳州以南，并于淮北平原的相当广大范围，均可见其南翼出露地表"。笔者认为以上基于地质时期地貌过程的这一论说，是近40年来对华北平原南部地貌——特别对鲁豫之际地貌阐述较为妥帖实际的。

全新世中期鲁西南、豫东的水系，在龙山晚期，得到先民的粗疏整理，水/土和水系有了人为分野。先秦到郦道元描述的河、济与淮河上游水系，大致就是距今4000年前后客观存在且延续下来的态势。今人可凭借这些，来认识和理解夏、商、周三代的黄淮河湖水系环境。

但全新世早中期黄河南泛堆积有限，古兖州地区较之于豫州地区，仍显得低洼。能彻底淤平鲁西南平原洼地的，则是全新世晚期黄河泥沙的持续堆积，特别是1855年黄河改道的泛滥堆积。

之所以一再强调史前泛道，乃至泛道带（并非历史时期堤防挟制的河流），因春秋前的黄河是地下河，泛流非单一河道，众水并流，河、济、淮诸多支脉相通。毕竟那是在人工规模性改造自然环境前，没有人工约束，也没有人为的分水岭，是黄河翻越天然堤高地，或通过天然河网水系，进入济水、淮河水系，造成涝渍灾害。所以，历史时期的黄泛基本是通过地上河道及其枝津，特别是地面洪水的径流过程来实现，是水沙冲淤大地直接导致的灾害；而史前南泛济、淮的灾害大致是黄河主流南迁济淮水网，河济泛区的河湖并涨，不一定都发生了广泛的、强烈的地面冲淤过程，有可能是河济水位普遍抬升引起土地涝渍，水域扩大，土地淹没，原有湖泊扩张、土地迅速沼泽化问题。

---

❶ 参阅邵时雄，王明德主编的《中国黄淮海平原地貌图》（地质出版社，1989年）。

三、史前黄河泛滥济水、淮河的主要通道

黄河冲积扇的扩张、演进，主要通过主泛道带的向前推进、水沙扩散来实现。史前至少长期存在 3 条直接泛滥影响济水、淮北的主泛道带，它们都属于地质时期业已存在的泛道带。

1. 郑州为起点的济水泛道

郑州—东平湖黄河冲积扇浅层水文地层剖面见图 1，从图 1 中可以看出，济水泛道的主轴线：郑州—封丘（或开封）—兰考—东明—鄄城—东平湖的纵向大剖面，该剖面显示在全新世早、中期，存在从郑州至于鄄城和古大野泽的黄河冲积扇体上骨干河流相沉积剖面，沉积层先后累积厚达 30～15 米；在郑州—兰考一段，济水泛道与汴水泛道带基本贴近，郦道元说浪荡渠出自济水，分出汴水，均从荥泽出，分水处大致在郑州杨桥附近。不过先秦的济水走今黄河的北岸（原阳、封丘），秦汉的汴水行今黄河南岸，相距并不远。在晚全新世，剖面的上部突出呈现了兰考到东平湖区间的河流相沉积，为 1855 年铜瓦厢改道后的兰考冲积扇剖面。全新世中期自黄、汴扇体枝分的泛道曾穿过济水水系进入了大野泽，走先秦的济濮水路线。一般人们误以为济水泛道只是在 1855 年之后才得以行经，其实不是。早全新世郑州至东明区间，大野泽以下的济水全线多是可以行黄的，当时黄水在东明以下走向何处，本剖面尚未显示。

济水于郑州北荥泽东北分水，并接纳了郑州西南山水，多年径流量达 3 亿～4 亿立方米（暂按今产水况计，另文），但水沙量毕竟有限，单靠其自身不足以淀平早中全新世相对低洼的鲁西南，图 2 显示，黄河大溜一度循此而下泄水沙。史前时期的黄河南泛，是从行经已久、泛道带堆积甚高的豫北泛道带（如谭其骧说的禹河、汉志河）和汴水泛道（大致为先秦的郑州—商丘—徐州方向），向鲁西南地区推进，泥沙堆积在河网与附近的湖泊沼泽、洼地，黄淮之间相对高亢的冈丘并未全部荡平淤高，为先秦之人居栖落脚之避水台，现俗称"堌堆"。菏泽地方历史文化研究者潘建荣经大范围发掘与探测，综合考古和建筑工程实际，认为史前遗址周围的土壤原系黄河冲积物，又经本地环境影响（如水浸与湖泊沼泽化）和人类耕作活动，已与原次生黄土性状不完全同，外观显然不同；有考古人误以为鲁西南龙山遗址在当时没有被黄沙湮没，甚至误认为那个时候黄河没有对鲁西南地区入侵，是片面的。

从图 2 中可以看出，济水泛道带主干左右的各支系，河流在全新世早、中期可能曾经行水；元明和清末因黄河泛滥、改道行水，是全新世泛滥鲁西南的基本泛道之一。在龙山时期大河大部水沙南下时，郑州规模性减水分黄无疑加大了济水下泄径流量，济

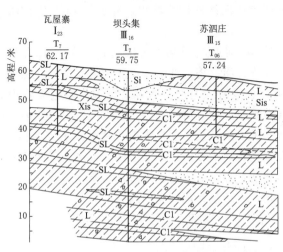

图 2　黄河坝头集以下到东阿县位山段纵剖面图

84

水是鲁西南河湖水系的主干清水河道，郑州源区约 3 亿~4 亿立方米。其水量相对黄河主流仍然弱小，同时，黄河也自汴河泛道带的兰考—商丘段，向泛道主脊的左翼背河地区的东明、曹县、成武、单县泛滥。鲁西南低洼区，遂因黄河下游弧子、汴河泛道挟持，济水贯穿其中（在今兰考—东明—鄄城一线），泛滥被灾。

但是，汴河泛道总趋势仍向东南方向，泛滥淮河流域，而非鲁西南。

岩相古地理图显示，多条泛道同时或轮回分流基本态势，在中更新世早期河流冲积相发育时即已奠定。当时在现今豫北，以沿太行山东麓的新乡—卫辉/延津—滑县/浚县—濮阳—内黄/清丰南乐—大名，和长垣/东明—濮阳—范县/鄄城的古黄河泛道带为主，均指向了冀鲁平原，泛滥于河济地区的左翼（北翼），即今海河平原。长垣—范县泛道实为济水泛道带的侧翼，走的先秦濮水线，濮为济水分流支津。而济水主泛道带行郑州—长垣—范县—济南古泛道带，也是现今黄河南、北的界限。远古黄泛可能多次走济水这一泛道（现行黄河河线），进入济阳坳陷，从而泛滥济水流域。在晚更新世，冲积扇体的前缘古河道发育，黄河水沙已经自豫北地区，南泛东南而下，跨越济水水系进入淮北。

2. 以郑州和武陟为冲积扇顶部的汴河泛道带

郑州—开封—民权—曹县、郑州—尉氏—商丘—砀山的古汴河河道带，郑州—长葛—西华—鹿邑的古河道带，是史前黄河南泛淮北地区的主要通道。❶

远古黄河南泛进入淮北平原的首要位置，就在郑州东的开封坳陷区，古郑州东北（含今原阳、封丘），郑州—兰考断裂和新乡—商丘断裂，与穿越黄河的武陟、老鸦陈、花园口、原阳东断裂，控制着黄河南岸—广武山前，也控制了全新世中期豫北黄河古道以南、原阳—中牟赵口—中牟以西大片古黄河背河洼地的沉降；在这一坳陷地区里孕育了晚更新世的前"汴河""颍河"泛道带，也孕育了跨越现今黄河河道、先秦文献记载中的荥泽（与现黄河）就在汴河泛道河谷里，从更新世到全新世，这里始终是开封凹陷的持续沉降区，为黄河南下的第一选择。前"汴河"泛道带是黄河在郑州广武山东的主要继承性泛道，一支沿花园口断层走向，走文献中荥泽与圃田泽洼地，并凭借东南而下的多个条形洼槽连缀，经颍河泛道直趋周口坳陷；一支就沿今开封—商丘—徐州直趋黄海。这些晚更新世时期海平面低下时形成的洼槽与河流，是黄河南下淮北，直下黄东海的主要通道。黄河泛道连接了荥泽与圃田泽，是人工整理鸿沟前的黄、淮流域天然通道。

早年黄河史研究者岑仲勉说："我们唯一的转语，只有认为鸿沟是上古自然的遗迹。'河渠书'着'引河'字，把自然的地文遮蒙了二千多年……"❷ 岑言极是。先秦联接黄河与淮河水系的众多天然水道——先秦的荥渎、宿须水、济隧、阴沟水、十字沟等，均有可能是晚更新世时期黄河进入淮河流域经过的诸多减水道遗存。史前黄河天然减水河，多水口分洪减水，是冲积扇顶部的最基本现象之一。这些减水河均与郑—汴地区原始地貌的湖泽、洼地相通，与淮河水系相联。郑州—商丘—徐州泛道带主脊的南北两侧洼地，恰好类似泛道北侧的鲁西南地区，也是得以承受充容多余黄河水沙的湖洼地区。黄水通过晚更

---

❶ 秦汉汴河自郑州到开封、商丘到徐州，中牟、开封北也称官渡水、俊仪水、汴水，商丘北也称获水。明清黄河在民权以下，大致走古获水河道。这里说的汴河泛道带指郑州到徐州方向的系列东西走向泛道。

❷ 参阅岑仲勉撰写的《黄河变迁史》（人民出版社，1957 年）。

新世业已形成的诸多减水河——豫东地区的"平行顺向河"——远古的豫东水系——前颍水、丹水（汳水）、古"涡河"、"惠济河"、"浍水"、"沱河"等"平行顺向河"下泄豫、皖、苏地区；仰韶与龙山时期的考古文化聚落遗址，多排列在这些羽状古水系两岸。笔者均视为黄河通过汳河泛道带——向东南分出的减水河系，可能在晚更新世末低海平面时期（15000a BP）已经下切定型，因此，有的水道完全可能在龙山文化的中晚期——龙山治水时期，借助于自然态势，经人工粗放的疏浚整理，为留存到先秦与后来的豫东水系，这些水道两侧密集的仰韶龙山聚落遗址，说明古今河道左右演化迁移不太大。

黄河的这种多个分水特性，也传递给了济水。

据黄河下游工程地质资料[1]，在现行黄河郑州花园口剖面上，晚更新世末厚达15～30米的中、粗沙层，含砾石，为冲积扇上部河流相沉积层。到早、中全新世，有厚达10余米的细沙、粉细沙河流相沉积层。中全新世，剖面的南部地区有厚2～10余米的壤土层，剖面的北部仍系粉沙、细沙层，显示当时剖面的左侧行河。到晚全新世，剖面的中、北部系黏土沉积。厚10～15米，而南部粉细沙沉积厚达10～15米，南部行黄。全新世的大多数时期，黄河经由豫北，经禹河、汉志河泛道从河北平原进入渤海，值得注意的是，花园口剖面说明，至少自晚更新世末起，黄河东行主泛道，就行经现行黄河的郑—汴河段大致位置，即历来称之为"汳河泛道"的部位，沿明清黄河郑州—徐州段，进入淮河流域。该工程地质图的开封柳园口剖面，显示出该河段的中泓从晚更新世以来一直是行河的；再下，到开封常门口剖面，全新世以来的T6层、T5层，也基本上为黄河的河流相。到兰考的东坝头剖面，晚更新世末基本上是黏土、壤土沉积，但是全新世早期间为粉沙、壤土、黏土淀积，特别是全新世中期在整个剖面，均为粉细沙贯通沉积，也有黏质的疑似河中沙洲、心滩的透镜结构，显示曾经行黄。这四个今日黄河的深、大断面，均显示了现行黄河郑州至兰考，早在1855年之前，甚至早在仰韶、龙山时期之前，就已行黄。

邵时雄等主持编绘的《中国黄淮海平原地貌图》中，有"武陟—萧县"和"罗山—汶上"两幅剖面，显示商丘北的明清故道行水方向和部位，全新世以来一直有河流相亚砂土沉积，且自郑州北到开封北，再到商丘北，从晚更新世开始，黄河河流相沙层沉积，上下层次基本上是贯通和连续的。说明了明清黄河河道也好，现今黄河河道也好，基本上就处于史前汳河泛道带的大范围里，元明清黄河诸泛道是否可以视为在地质时期黄淮多岔流泛道带的再现呢？当然是的。

郑州岩相古地理探索发现在晚更新世末、早中全新世，黄河自汳、颍泛道水道带曾大规模入侵郑州东部，堆积了深厚的泥沙，勘测认为行洪通道经花园口附近的岗李—柳林—祭城—白沙北，乃至中牟南，为桃花峪冲积扇体南翼的主脊，沉积厚度最大达15米以上，沙体宽度可达4～8公里，经行时间很长。郑州花园口、杓袁、沙门到大河村、原森林公园、施测钻孔多有中细沙沉积，史前多次长期行黄。森林公园钻孔和地震规划钻孔测年（TL），深黄色中细沙层河流相沉积年代为（11.20±0.95)ka BP，浅黄色细沙层为（4.62±0.39)ka BP，粉细沙层距今4.70ka BP。披露了史前的黄河南下的时间和韵律。而距今

● 参阅水利部：黄河水利委员会勘测规划设计研究院撰写的《黄河下游现行河道工程地质研究图集》（1996 年）。

3000 年的土层系沙质亚黏土，为湖沼相沉积物。● 显示了该泛道形成的大致年代。此外郑州大河村与圃田钻孔，显示出其湖泊沉积层的上覆、下伏层，分别有距今 7.96 千～6.04 千年及 12.03 千～9.72 千年冲洪积层、9.72 千～8.98 千年与 5.43 千～4.74 千年的河漫滩沉积。❷ 说明该汳河泛道带曾多次在郑东或中牟分水趋向颍河泛道带。

汳河泛道晚更新世末已发育生成，汳河泛道在向东、南分水之际，多次向北——东明、曹县、单县一带泛滥，蒙泽、孟渚泽等，也是汳河泛道向鲁豫间泛滥，冲积扇左右推进的产物。

综上所述，汳河泛道带自晚更新世末到全新世中期，绝大多数时期以冲—洪积的河流沉积为主，顶点就在武陟、郑州地区，主要泛及淮河流域。兰考早期就作为亚冲积扇顶点存在，不需要等到 1855 年铜瓦厢决口。泛流主要指向东北、东方向，史前该泛流时间发生在全新世早中期，老冲积扇大体上与清末形成的兰考冲积扇叠置，地面难以发现区分。

3. 以滑县为亚冲积扇顶点的瓠子河决口冲积扇泛道

地貌学者吴忱和冯大奎对于华北平原的黄泛冲积扇概括中，提到了滑县冲积扇，吴忱这里指的可能是西汉初期❸的瓠子河决口冲积扇；近年他回答笔者询问，说这里的钻孔深处确实有史前的堆积物。而在桃花峪全新世大冲积扇中，全新世中期（亚）冲积扇，大致在开封以下、豫北黄河故道以南。这里包含着广义的瓠子河决口冲积扇，其顶点在豫北的滑县、濮阳间。既然晚更新世和早中全新世冲积扇发育已经越过了现行黄河河道一线进入鲁西南，兰考—长垣—濮阳以东决口冲积扇的发育则突破了济水泛道一线。突破济水泛道的是滑、濮与今黄河之间的瓠子河，按地方志记载，古瓠子河之源在滑县。而《通典》云："白马有瓠子堤"，说的是西汉的堤防，顾炎武云"瓠子之源在魏郡白马"，说的是瓠子河。❹ 瓠子河实为豫北禹河、汉志河传统泛道和济水泛道的联结水道。《水经注》卷 24 中有十分详细描述，恕不赘述。

黄河水利委员会工程地质资料❺，清晰地披露了濮阳南一段现行黄河的纵剖面地质状况，显示了晚更新世—全新世区域黄河状况。通常理解，这一段黄河河道似乎是在 1855 年铜瓦厢决口改道后才形成的。但是，从长垣县瓦屋寨到台前县孙口和东平湖位山枢纽以上，晚更新世地层存在连续的（大河）粉砂、细沙甚至粗砂的沉积层，而濮阳的坝头集以下河段，有黄河漫流与沉积的历史；晚更新世末，又转换为湖沼相沉积，上覆以黏土、沙壤土。图 2 显示了黄河坝头集以下到东阿县位山段纵剖面的大样，实为远古"瓠子河"决口冲积扇的一段地质大断面（即冲积扇体剖面），到台前县赵庄闸钻孔则已进入古大野泽范围。此一段黄河堆积一直延续到全新世中期。观察注意到：瓦屋寨、坝头集、邢庙、赵楼闸和旧城险工钻孔显示的附近堤段的全新统底板，均系河流相；彭楼闸、王黑闸的上更新统顶板，也系河流相。这 7 个钻孔说明全新世前夕和全新世初，现行黄河左岸一带不同

● 参阅徐海亮撰写的《郑州古代地理环境与文化探析》（科学出版社，2015 年）。

❷ 参阅于革等撰写的《郑州地区湖泊水系沉积与环境演化研究》（科学出版社，2016 年）。

❸ 参阅吴忱撰写的《华北地貌环境及其形成演化》（科学出版社，2008 年）。

❹ 参阅［清］顾炎武撰写的《肇域志》（上海古籍出版社，2004 年）。

❺ 参阅水利部、黄河水利委员会勘测规划设计研究院撰写的《黄河下游现行河道工程地质研究图集》（1996 年）。

时段曾为大河河床沉积，那是河流发育、冲积扇剧烈推进时期。当时的大河水沙，遍及历史时期的黄河豫北故道东南和菏泽的济水流域。全新世中期，自瓦屋寨以下，细沙连贯到王黑、赵庄闸地层，厚达 8 米，上覆壤土、沙壤土。可见，到全新世中期延续了晚更新世末、全新世初大河泛滥的大势，大量的水沙沿着图 2 的纵向剖面东下直趋古大野泽，到历史时期浅层沉积物才一度转换为河漫滩、河间洼地物质。值得深思的是，当时和后世，这一段时间似无黄河主河道，此段河道是到 1855 年决口才正式形成的❶，这些大范围的早期黄河堆积物，并非 1855 年来自开封、兰考而下，说明长年堆积濮阳—菏泽之间，这一带的大量泥沙，是从传统的豫北泛道带通过瓠子河泛道东南而下输移过来的。

因豫北泛道高地系晚更新世以来的基本泛道，行黄多年，相对于济阳凹陷和东濮凹陷，堆积甚厚；濮阳城上下地势较高，而濮阳—菏泽间相对低洼，河水一旦自滑、濮间向菏泽、大野泽方向漫流，一泻千里。濮阳西南宽广的堆积体，即一度全河东南下的瓠子河冲积决口扇。历史时期曾多次发生过。

除该冲积扇大断面外，黄河水利委员会在今东平湖（古大野泽部位）钻孔检测，孔深 7.8 米处地层 ^{14}C 测年距今（2250±80）年，系黄泛于秦汉巨野泽沉积；而孔深 10 米处地层 ^{14}C 测年距今 4500～5000 年，疑似龙山时期黄河泛滥大野泽之沉积。❷ 这说明在秦汉乃至在史前，此钻孔位置是古大野泽湖相沉积，大野泽范围从巨野西延及郓城和东平县。

瓠子河泛道源自滑县，趋濮阳，自西北东南而下，汉武帝时全黄正由此改道，夺泗入淮。说明武帝主持堵口的瓠子河，是一条地质时期以来的继承性泛道。

但在仰韶、龙山时期，滑县道口镇以东到濮阳城关，是沿黄古文化遗址高地，过去曾以老爷庙三义寨遗址为代表。从留固、八里营、赵营、大寨、老爷庙到濮阳的两门镇（海通），滑县大致有 30 多个龙山文化遗址，这些岗丘、堌堆的遗址现今高程大致在 53～55 米。连绵至濮阳城关，濮阳东、西是一串诸如马庄、铁邱、戚城等 30 多个古文化遗址的岗丘，海拔在 50～52 米。这一岗丘条带是黄河的天然堤岸，形成豫北黄河泛道带与堤南湖泊沼泽洼地区（现为北金堤滞洪区）的分水岭，它既是沿黄的古文化带，也是濮济流域的天然堤，挡水屏障。这一带岗丘排列、聚落雄踞，是黄河一般洪水难以翻越的聚落带。但龙山时期的黄河，曾自滑县历史的瓠子河方向，穿滑县白道口到濮阳新习之遗址高地，东南而下。究竟是洪水量太大、水位过高，还是有其他基底构造原因所致，现不可考。但可以想见龙山时期可能历经极端灾难。西汉若无人为强行瓠子堵口，全河天然改道东南，势在必然。

瓠子冲积决口扇（现濮阳黄河大堤内），在坝头集至台前吴坝一段黄河大堤浅层钻孔，蜿蜒百里。图 3 显示决口扇（横向）宽约 20 千米、最深达 8 米左右的漏斗形粉细砂剖面，当为汉"瓠子决口"、宋"曹村决口"泛道冲淤沉积物，该泛道与现行黄河河道走向斜交，"穿越"到鲁西南的地区，泛及东明、鄄城、菏泽和郓城，直至巨野与济宁，北入大野泽，南入汶、泗。下伏冲积扇厚达 10 米以上，为连绵至位山的黄河河流相沉积物。如现行黄

❶ 查清代咸丰五年至同治五年，兰考铜瓦厢决口泛水大致乱走兰通、考城、东明、濮州；后因濮阳金堤阻拦，到同治五至十三年，黄河大溜方渐渐归顺东坝头—渠村—临濮—濮州—寿张这一现行黄河线方向。光绪初年方筑新河东堤，新河渐渐行就。见颜元亮硕士论文：《清代黄河铜瓦厢决口》。

❷ 参阅李金都，周志芳撰写的《黄河下游近代河床变迁地质研究》（黄河水利出版社，2009 年）。

河左岸王黑闸横剖面，全新世初即行河，且为河道的中泓，多为沙积，间有壤土，全新世中后期一直为黄河河流相细沙沉积。在赵庄闸剖面，晚更新世即为黄河河床，全新世早中期即为细沙的河床河流相，此状况断续发展到后世。左岸纵深数十里瓠子河决口冲积扇顶部的濮阳新习、子岸、五星、八公桥镇部位浅层地质钻孔披露❶，该区域全新统地层，多为黄河冲积层的细沙、粉沙组成。说明晚更新世末以来，从濮阳上下（到范县、台前），东南到菏泽地区，黄河滑—濮间决口冲积扇长期存在，下泄古济水、淮北，并非到了西汉、北宋黄河才在瓠子口一带决河，湮没济、淮。只是西汉黄河冲击的方向是自西北向东南，而清末铜瓦厢兰考改道，冲击方向指向东北，两个不同时期河道的泛决、冲击方向交叉。

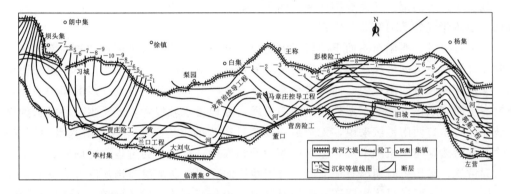

图 3 聊兰断裂东西两盘地壳升降示意图

菏泽市城市环境地质调查报告述及该市浅层水文地质状况为：松散岩类浅层孔隙含水岩组（浅层淡水）主要由第四系全新统及上更新统中上部的黄河冲积物组成，岩性主要为粉土、粉质黏土、黏土和粉砂、粉细砂，局部分布有中细砂，底板埋深一般 20～40 米，最大埋深 60 米。❷ 即晚更新世末至全新世中晚期大时间跨度的浅层沉积物，均为黄河冲积物。

史前与历史时期瓠子河泛道泛滥堆积，可能是两个时期黄河南北大演化——改变鲁西南自然环境，并影响河济文化环境的一个关键问题。

现行黄河河道于濮阳至济南，1855 年铜瓦厢决口后，侵占了大清河水系河道，但从一些钻孔披露地层看，史前黄河入侵济水流域后，也遗留下来过混乱水系的沉积物。史前黄水经由，黄河已多次走过济阳凹陷之"济水泛道"。

瓠子河冲积决口扇顶点在滑濮；晚更新世到全新世早、中期，连续性或间断性行黄，决口扇在濮阳左右纵横扫荡变化，部分位置晚更新世为主流流经，其他位置早、中全新世为主流。但全新世中期相对于龙山文化时期，该冲积决口扇基本堆积河流相物质。山东大学考古系在菏泽十里铺的发掘与研究，发现有距今 3800～3500 年的史前洪水的堆积层。说明龙山晚期和商代还有过多次黄水的沉积物。但因该发掘所测年层次还不到位，故缺龙

❶ 参阅河南省水文地质勘察院资料。
❷ 参阅山东省鲁南地质工程勘察院撰写的《菏泽市城区城市环境地质调查与评价报告》（2013 年）。

山早中期的测年数据。笔者已告知考古领队的陈雪香教授。不过专门从事第四纪与地貌学、黄河冲积平原历史研究的学者近年在豫北地区做钻探和分析，认为从大名到濮阳地区，具有河北平原地貌地层的类似沉积环境。而在濮阳高城遗址的城内外，存在大约距今4800～4400年的河床/河漫滩沉积物，上覆距今4400～4200年的静水或湖相沉积层；在该沉积层以上，再覆有疑似龙山晚期至历史时期的黄河河流冲积物。此处为广义的瓠子河冲积决口扇的左缘位置（濮阳高城遗址，传说下伏颛顼古城。目前发掘的古城，大致是龙山晚期遗址和春秋时期的卫国都城），湖相层上下冲积层，都有可能是黄河经瓠子河泛道带的冲积物质充斥（尚缺严谨的物源分析确认）。

历史时期因金堤完善，结束天然分黄，阻断下泄水沙，瓠子河冲积扇趋于萎缩，泛道集中到瓠子口下的部位，即濮阳西南。西汉（瓠子）和北宋（曹村）等河决遥堤，仅仅是再现了地质年代的黄河演变与灾祸。

史前自滑县、濮阳东南而下的瓠子河泛道，湮没的主要是济水流域的鲁西南地区，历史时期瓠子河泛道的多次泛滥，是史前黄泛的再现。不同的是，史前黄泛不一定与历史时期一样水沙遍及鲁西南地表，而可能是循兖州原有的河湖水系，进入众多的湖泊沼泽，逐渐抬高了原有水位，淤塞了系列河流湖泊沼泽，陆地被水域侵吞，先民生存环境遭到极度的破坏。对于鲁西南地区来说，无疑是一场旷日持久的洪涝灾害，鲁西南六水四湖水系，一片混乱涝渍，潴塞沮洳不堪。但水位的抬升和维持，有较长的过程，史前的黄河主流南下引起黄泛，与历史时期已有地上河、有了系统的大堤，黄河决口迅疾泛滥成灾的形式很不一样。河水主要通过济水泛道、瓠子河泛道、汳河泛道带（含在豫东支分的诸减水河）水系，持续抬升了济水流域、淮北地区以大野（巨野）泽、菏泽、雷夏泽及孟诸泽为代表的第二湖泊沼泽带的水位，从而淹没湖畔土地，致使土地沼泽化，河湖水网淤塞，水系紊乱，给河济地区造成了长时间（数百年之久）的洪涝积水灾害，恶化了先民的生存环境、破坏与再塑了鲁西南与淮北地理景观。

诚然，本文强调黄河变徙导致区域性径流变异的环境地质灾害，实际上，还有通常研究强调较多的气候变异导致的区域性洪涝灾害，两者有时是同期的，或耦合发生反馈的，这里不再赘述。

黄河在清末1855年改道入东濮凹陷，可能与位于该凹陷轴线部位的黄河断裂有关。黄河断裂系对东濮凹陷形成的控制断裂，位于该凹陷中部，北北东—北东向延伸，断面倾向北西西—北西，全长约130公里。濮阳菏泽之间的习城集，就位于瓠子河冲积扇的中轴线和现行黄河交叉处，习城以南即狭义的、和现行黄河几乎同一趋向的黄河断裂，基岩落差巨大，达到2500～3000米。构造研究认为，黄河断裂可能是已切穿了地壳的深断裂，所以，从古至今都控制着兰考—濮阳—菏泽间的黄河演化，绝非偶然。

4. 其他领域对史前黄河南泛的探索研究

疑者尝问：史前如有黄河南泛，为何苏北无沉积物证据，也没有在黄海发现早期沉积物？查有关论及皖北、苏北、黄海大陆架沉积地貌的文章，似乎在已披露的钻孔中述及疑似史前黄泛地层比较稀缺？但实际情况不是这样简单。

河南、安徽两省地质研究曾专门描述过史前黄河泛滥于淮域问题。《安徽区域地质志》描述："第四纪岩相古地理概况……（中更新世）形成的古淮河和古黄河分别穿过蚌埠和砀山一带，往东流经苏北平原入黄海"。❶ 认为在中更新世黄河已穿越了淮北平原入海。河南、安徽地学界对这一问题有过全面的描述。刘书丹论述："从对河南东部平原数千眼钻孔资料和大量微观测试资料分析而得知，黄河进入河南东部平原乃是中更新世早期……在晚更新世初期，才流经山东、安徽、江苏等省……冲积扇的南缘，已达太康、睢县，并有几条河道带分别于商丘、永城、鹿邑等处流入皖北平原和苏北平原"。❷ 皆认为在古地理范畴存在黄河南泛。❸

以上问题显然历史文献似未涉及。但古地理研究已有的成果云："晚更新世时期的淮河已受黄河水量的补给或汇合成主流，从阜宁、滨海以北入海，在阜宁、涟水一带形成河口沙坝"。❹ 认为地质时期的黄泛对淮河的影响，有类同明清黄泛之处。新世纪重新撰写的《中国古地理》在相关部分引用了邵世雄的成果，并指出："中更新世晚期黄河水系贯通之后，淮河水系发育受黄河冲积扇向东南推进的影响，淮河迅速向下游伸延。至晚更新世，豫、皖、苏平原低洼部分已被黄河堆积物填平。原从苏皖流向西北的河流，逐渐改变流向东南，淮北平原与苏北平原构成一体……"❺ 苏皖西北流的水系，大致汇聚于汶、泗及其鲁西南——即豫皖苏北部较低洼部分。20 世纪晚期和 21 世纪的古地理专著对史前黄河南泛济水和淮河的阐述是完全一致的。工程地质、地貌过程、古地理研究成果证实晚更新世的黄河，已跨越了济水水系，再泛滥于淮河。

黄淮海平原地貌图的豫皖结合部位，安徽界首、涡阳，河南永城以下的带平行细线标示的区域，地表出露的即晚更新世黄泛沉积的遗留或残留地层，它裸露于地表。从淮北土壤黄河泛滥遗存看，研究认为全新世初，"淮北平原上河流发育，形成了冲积的紫色黏土和粉砂层，现今涡蒙等地尚可见其残丘"；全新世中期，"淮北平原上普遍堆积了一层青黄杂色、棕黄色亚黏土和粉砂、亚砂土的沉积，是河漫滩相和泛滥带相的沉积物"❻。

这些和明清黄泛沉积物相异的，色泽性状不同的，即为史前黄河对于淮河的泛滥——加上本地河流冲积物复合形成的堆积物。

此外，鲁西南菏泽地区和豫东商丘地区，全新世早中期属低洼湖沼区。就菏泽地区而言，大致有四个湖相黑色淤泥层埋藏区，以东明为一中心（文献无记载），定陶南为一中心，郓城为一中心（疑系巨野和鄄城间的古大野泽），单县为又一中心（靠近古孟渚泽），埋深等值线分别为 12～6 米、8～4 米、10～4 米、10～4 米不等。这几个等值线包络地带，原湖相沉积较深，或者后期黄泛淤积较深厚。东明黑淤土距今年龄约在 5500～8800 年之间，是大汶口文化及此前的湖沼相沉积，可能是龙山黄泛前的湖相沉积或文化区古

❶ 参阅安徽省地质矿产局撰写的《安徽区域地质志》（地质出版社，1987 年）。

❷ 参阅刘书丹等撰写的《从河南东部平原第四纪沉积物特征探讨黄河的形成与演变》（《河南地质》，1988 年第 2 期）。

❸ 关于黄河入侵皖北、苏北的探讨，参阅徐海亮撰写的《史前黄河在淮河流域的泛滥》，编入《江淮流域的灾害与民生》（科学出版社，2021 年）。

❹ 参阅中国科学院《中国自然地理》编辑委员会编写的《中国自然地理 古地理（上册）》（科学出版社，1984 年）。

❺ 参阅张兰生、方修琦主编的《中国古地理 中国自然环境的形成》（科学出版社，2012 年）。

❻ 参阅安徽省水利局勘测设计院、中国科学院南京土壤研究所编写的《安徽淮北平原土壤》（上海人民出版社，1976 年）。

壤，龙山时期黄泛沉积再覆盖其上。在 30～40 余米埋深下还有一层黑色淤泥（或壤土），为距今 1.8 万～2.7 万年时的晚更新世末的湖相沉积。❶

山东的地貌区划研究认为，至中全新世前期，黄河冲积扇前缘已经突破濮菏，延伸至鄄城县左荣—巨野县柳林—单县李丰庄一线。到全新世中期，冲积扇前缘已经到达济南附近。❷ 即可能沿瓠子河泛道而下。以上陈述，涉及了在全新世中期，黄河冲积扇发育通过占夺济水，对于济水地区地貌再塑造。先秦文献所记载的鲁西南水系，可能是此发育期告一段落后，晚全新世的地貌水系景观。

其实，海洋地质和古地理研究都曾披露了晚更新世黄河进入南黄海的状况。如："晚更新世末期低海面时期古黄河在渤、黄海陆架区分布的基本轮廓。这一时期的古黄河水系大致可分南北两支，但其先后发育过程因目前尚无测年资料难以论证，然而它们都曾汇集于该黄河三角洲区。北支由渤海经北黄海进入南黄海，南支由苏北废黄河口附近向东伸入本区。北支的古黄河能够较好地和华北地区发现的浅埋古河道对应，如吴忱等在豫北、鲁北、冀中南部平原都发现了浅埋古黄河，并指出，末次冰期之主冰期的古黄河在山东禹城一带，张祖陆等在鲁北平原发现的一期埋藏古河道，其 ^{14}C 年代为 $(24400 \pm 1100) a BP$～$(25130 \pm 470) a BP$，南支则可与丰、沛县一带晚更新世黄河古河道相连。由此华北和苏北平原陆上的浅埋古河道和渤、黄海陆架区埋藏古河道和古三角洲联成一体，形成晚更新世末期古黄河水系的统一体。南黄海埋藏古三角洲的发现说明了在 $(2.7 \times 10^4 \sim 2.8 \times 10^4) a BP$，当时的黄河入海口在南黄海中部陆架深水区。"❸ 如此，古大河须经过豫北（东部）、鲁西南，通过皖、苏北部平原，不存在耸人听闻的盛冰期黄河断流实事。海洋地质研究认为："古三角洲平原，分布在南黄海西南部，沿江苏省沿岸呈扇形展开，它是由古黄河、长江的新、老三角洲叠置而成，地形自西向东缓缓倾斜。"❹ 有人疑问没有如明清那样在河口外发现水下三角洲，一个原因，可能是工作还很不到位，水下地层的揭露点分布还很不充足，年代学序列尚未建立；另一个原因，是史前黄河泥沙量远远小于历史时期，更无系统堤防，不如明清时期，将来沙都尽可能输送到外海。涉及地质时期和考古时期，这需要撇开既有的历史文献确立的明清黄河及其泥沙量级及运动的固定思维模式。史前黄河南泛，泥沙首先是填平了豫、鲁和皖、苏之际先前的湖沼低洼区域，况且晚更新世、全新世早中期没有如明清那样的大规模堤防工程，水流与泥沙难以被人为集中推向黄海，多是分散、沉积在黄淮平原与大陆架上，其河口海岸形态，与历史时期也不好同日而语。

河南省地质界认为："晚更新世末期至全新世初期，黄河下游平原新构造运动又较强烈，其性质主要表现为不均匀沉降并伴随着新地层的拱曲、断裂和岩浆活动。由于西部山区的再度隆起和下游平原的不断沉降，致使郑州以下到山东鲁西南京杭大运河之间的广大区域又堆积了近代黄河沉积物，形成了古黄河三角洲。经 ^{14}C 测定，其年代为 8000～

❶ 参阅王瑞田撰写的《山东地矿局第三水文地质队相关资料》（1993 年）。

❷ 参阅山东省农业区划委员会办公室、山东师范大学地理系编写的《山东省地貌区划》（山东师范大学出版社，1983 年）。

❸ 参阅李凡等撰写的《南黄海埋藏古三角洲》（《地理学报》，1998 年第 3 期）。

❹ 参阅王开发、王永吉撰写的《黄海沉积孢粉藻类组合》（海洋出版社，1987 年）。

10000 年".❶ 这样，已明确认为在全新世早期济水、淮北平原有黄河水沙的大幅度入侵。

海洋科学和河口冲积扇的研究，认为河北平原和苏北平原确实存在与黄河主流改道交替形成、关系密切的多道贝壳堤，如"渤一"贝壳堤（距今 4700～4000 年），"渤二"贝壳堤（距今 3800～3000 年）、"渤三"贝壳堤（距今 2500～1100 年）、"渤四"贝壳堤（距今 800～100 年），全新世中期四道贝壳堤形成，相应地可能是（有的就是）黄河南泛之时机，黄河下泄渤海的水沙大幅度减少，期间海洋动力作用相对强劲，塑造了稳定的自然贝壳堤。分析研究认为：渤海"（4740±40)a BP 发生了一次海浸"❷，这是一个发人深思的年代数据，从有关研究分析对比，有可能仰韶到龙山早期发生的黄河主流南下，与这一海进事件在时间和机理上吻合与关联：黄河主流水沙南移鲁西南地区，恰好就出现在公元前29～28 世纪左右，值得研究。海进事件除了通常认为的是海洋动力的宏观变异外，同时也可能是陆地水文动力作用相对较低，意味着黄河进入渤海的水沙相对微弱，甚至黄河的主流离开了河北平原造成的。大陆泽在龙山早期曾出现过干涸事件期，是否反映了冀中的黄河一度改徙或断流呢？

以上诸多研究，均意味着在晚更新世到全新世早、中期，黄河冲积扇的发育演化，导致黄河水沙入侵了当时的黄淮大平原，并遗留下来众多的地理证据。相信今后黄淮沉积环境与年代学、海洋地质的探索，能够更多地实证史前黄河泛滥于淮北平原，弥补文献的缺失。

龙山时期的黄河大部分水沙，离开原豫北及河北平原泛道，主要经由鲁、豫、苏、皖平原南下（但河北平原不一定非得断流）：①郑州东为泛决口的颖河、汳河泛道；②濮阳附近决口的瓠子河泛道。龙山晚期南泛结束后，这些泛道在人类参与下演化转成为先秦的颖水、丹水（汳水）、济濮水、瓠子河水道。这里的系列泛道为花园口、原阳东、新乡—商丘系列构造断裂控制；瓠子河泛道是聊兰断裂、东濮断裂、济阳断裂及滑濮一带的长垣断裂系五星集断裂等构造断裂控制，他们的走向影响和决定着诸泛流取向，断裂的活动烈度与变动时间，甚至决定着泛流变化出现的时空。历史上元、明、清时期，发生在新乡、原阳、郑州、中牟、开封和菏泽、商丘等地系列重大决溢和改徙事件，是史前黄河决溢南泛的某种再现。而鲁西南处于龙山时期前的业已高仰的豫北泛道带和豫东汳河泛道带夹河区域内低洼处（基底为临清坳陷和菏泽—成武坳陷区），成为豫北泛道改徙东南而下的水沙接纳区。即瓠子河泛道带形成的背景。历史时期元光三年、熙宁十年决口泛道实际就是其某种意义的后续现象（史上在此部位还有多次泛决），下冲东平湖、南四湖与徐泗地区。

关键是：历史时期的南北主要泛道，基本都是地质时代、史前黄河的继承性泛道。地质基底构造与活动在黄河下游演化变迁中发挥了重大的潜移默化作用。

5. 地质构造因素对黄河演化的影响推测

地质环境制约着乃至决定着黄河的时空演化，内营力的造貌作用宏观而深刻，构造基底与构造断裂往往控制着河流的改徙和走向，历史上诸多决口改道处所恰好在地质构造线

---

❶ 参阅石长青等撰写的《关于黄河三角洲形成问题的初步探讨》（《地质论评》，1985 年第 6 期）。

❷ 参阅刘世昊等撰写的《黄河三角洲滨浅海 50m 以浅埋藏古河道浅析》（《海岸工程》，2013 年第 4 期）。

上。构造断裂线左右的上升基盘和下降基盘的相对升、降运动❶，积极参与和驱动了黄河的变徙。

一般意义上说，黄河的泛流区域和泛道，自然选择在基底坳陷、断陷的部位，基底隆起、高抬部位和方向，难以被泛流选择。北宋末黄河大举南泛前的三千年，乃至更早，下游河道（含泛道）基本在冀中、黄骅、济阳三大坳陷中，在两侧隆起的钳制中变迁，尽管也突破过某隆起（如通许太康或内黄隆起），或数次选择在东濮坳陷里走弧子河泛道、在开封坳陷中走颍河、汴河泛道（及汴河南侧的涡河泛道），进入华北南部济宁—成武断陷、周口坳陷，但基本格局都未改变，是构造基底型态确定了黄河的空间演化。不同的地质活动阶段，基底构造不同单元的起伏、隐形和相对的升降活动，隆升或坳陷沉降加速或减缓，以及相关的断裂构造活动加剧与减缓，决定和制约着黄河下游的演变趋向。在此前提下，华北平原的晚更新世与全新世古地理岩相图显示，黄河下游以郑州为全新世冲积扇的顶点，发散出多条古泛流河道带，历史时期黄泛路线尽皆被包含在这些泛流古河道带中。而且历史时期黄河特别重大的自然决口与改道，大都就发生在活动断裂线上和各断裂的交叉点上。

不过，是否全新世中期该泛道的黄河水沙业已进入汶水、泗水进入淮域？从对南四湖的一研究看，还不一定如此："2400a BP 以前南四湖地区的独山湖一带湖泊尚未形成，推测当时为泗河、城河冲积扇前缘的缓坡地，在空间上远离黄河决口冲积扇的前缘。2400a BP 左右湖泊开始出现，与黄河泛滥开始影响研究区有关。"❷ 按此认识，之前黄河泛滥主要波及和充盈鲁西南的北部、西部湖泽洼地区域，就地淀淤，尚未大规模通过东部地区进入泗水流域。但 2400a BP 左右，黄河水沙已经穿过整个鲁西南地区抵达南四湖了，这是一个旁证。

聊考断裂位于史前时期和历史时期黄河下游频繁变化的濮阳—菏泽地区之间，它始于山东广饶，向西南经济阳、禹城、范县、濮阳、东明到河南兰考东侧，后继续向西南延伸，全长近 500 公里。总体走向北东向，系鲁西隆起与华北断块坳陷分界的深层大断裂。❸ 据王学潮、向宏发等研究、布设的 5 个钻孔穿透全新统到下更新统，断裂两侧的下、中更新统底界埋深均有明显落差，西盘下沉，东盘相对上升（见图3），断裂的断距分别约 65 米（Q_1）和 35 米（Q_2）。Q_3 地层底界也有 7 米左右的落差。全新统底界则有 10 余米的落差。该断裂的最新活动面切错了地表以下 52 米深的层位，且向上影响到地表下 30 米深度层位。从此深度，说明全新世早中期地层与沉积均受到影响。无疑也严重影响到黄河冲积扇的发育，也即泛流和泛道的发育❹。

濮水、济水所在的聊兰断裂带与济阳、东濮凹陷构造关系紧密，王学潮、向宏发专著提供的鲁西南上更新统底板等深线图，显示出兰考—东明—濮阳—范县一线，紧紧贴近聊兰断裂线，这一地带的上更新统底板深达 70～80 米，相比较而言，是邻近地带底板最深的，这一带沉降幅度最大（相应晚更新世 15 万年来堆积也最厚），所以豫北故泛道带与该

---

❶ 参阅石建省、刘长礼撰写的《黄河中下游主要环境地质问题研究》（中国大地出版社，2007 年）。

❷ 参阅张振克等撰写的《黄河下游南四湖地区黄河河道变迁的湖泊沉积响应》（《湖泊科学》，1999 年第 3 期）。

❸ 参阅向宏发、王学潮等撰写的《聊城—兰考隐伏断裂的第四纪活动性—中国东部平原区一条重要的隐伏活动断裂》（《中国地震》，2000 年第 4 期）。

❹ 参阅王学潮、向宏发撰写的《聊城—兰考断裂综合研究及黄河下游河道稳定性分析》（黄河水利出版社，2001 年）。

地带地表高差甚大，是地质历史上黄河南北翻滚入侵鲁西南，相对高屋建瓴、顺势而下，塑造晚近地貌最剧烈的了。自濮阳坝头集到位山一线，恰是豫北黄河迁移滚入黄河断裂的最佳位置，也是瓠子河冲积扇展开的部位，故龙山时期和历史时期的黄河重大南泛事件，皆至此滚入黄河断裂，再顺现行黄河这一构造线方向直趋大野泽。

历史地震是构造活动振荡变化的一种强烈地象表现。聊兰断裂带上历史地震多发频发，近期突出的有：濮城 1502 年的 6.5 级地震，郓城 1622 年的 6.0 级地震，菏泽 1937 年的 7.0 级和 6.75 级地震。无疑，聊兰断裂东西盘的不均衡变动，引发地震，加上周边的黄河断裂（濮阳文留至长垣恼里）、长垣断裂（濮阳清河至长垣城西）、新商断裂（焦作—新乡—兰考—商丘）的差异性构造活动，极大程度影响着我们熟知的历史时期黄河演变与改道，作为既得的构造活动与继承性黄泛通道而言，它们自然也影响了目前尚不完全明确的史前演化。

今人认为聊兰断裂影响现行黄河下游河道的稳定性。它自然也影响历史与地质时期黄河河道的活动与稳定。有可能：聊兰断裂东、西两盘升降态势，在全新世中期一度发生改变，即西盘的沉降减缓，乃至止跌转升？东盘的抬升速率相应一度滞止？构造活动可能导致了龙山时期的瓠子泛道冲积扇加快速度向东（鲁西南）推进发育。而历史时期该泛道带的再次活跃（如西汉与北宋，乃至清末的某些时段），是否有类似的构造活动驱使？比邻的东濮坳陷与济宁—成武断陷，在何种程度上影响与控制了瓠子泛道的活动与发育，晚近时期它们的活动韵律究竟怎样？这些都是需要在多个学科领域发现问题，进一步深入探索的。

诚然，黄河的南北摆动泛滥，即便与构造活动关系极其密切，也并非单就瓠子河泛道带与聊兰断裂就可以独自驱动的。黄河演化发生变徙的结果，可能是一系列内外营力作用合力最终导致。

河南省地矿厅张克伟分析认为"全新世中期太行山东、南整体上隆，沉降中心向东、南方迁移，孟津—黑羊山断裂也发生了继承性掀斜运动，则是河流向南、东滚动改道的地质背景"。[1] 这段论说，实质地推测了黄河龙山时期演化和北宋末—明清南流的地质动因。太行台隆与黑羊山断裂掀斜运动，也可能与聊兰断裂东西盘的可逆升降运动发生在同一地质阶段，具有宏大的地质机制背景？吴忱在其专著里关于华北古地貌环境中的斜掀式构造运动的阐述，概括了燕山、太行山山前华北平原黄河与其他本地河道在晚更新世到全新世早中期发生规律性集体南北变动，认为恰是华北斜掀式新构造运动起到了主导的作用。[2] 对于黄河说来，以西北——东南方向的差异性升降运动为主。这个作用表现为不同运动的趋向效果或者地质合力，都驱使了历史时期和龙山时期黄河主流向东南而下。这个地质阶段恰好在天文地质的时空尺度上与年代学的龙山水患时期发生耦合。龙山晚期和 19 世纪中叶黄河主流又掉头北上，有可能是上述构造活动的逆向运动背景的产物。太行的隆升减缓，太行山前各河流冲洪积裙的发育减缓，如龙山早期和春秋时期、北宋时期那样推挤黄

---

❶　参阅张克伟撰写的《黄河冲积扇上部构造运动与河道变迁的关系》，刊载于《黄土·黄河·黄河文化》（黄河水利出版社，1998 年）。

❷　参阅吴忱撰写的《华北地貌环境及其形成演化》（科学出版社，2008 年）。

河泛道带向东南移动的内外营力减轻甚至一度暂停，同时太行山东的深断裂活动加剧，汤东断裂等发生剧烈活动，都可以致使回头北去的黄河，一头进入太行东裂谷带，进入山前禹河泛道带。这些涉及构造地质与地质环境的问题，需要更多学科的参与和探索，超出了本文的范围。地理学家任美锷就认为共工怒折不周山的传说，寓指距今 4200 年左右黄河再度北流入渤海，得力于发生在太行山南端的一次空前大地震的地质灾害之机会。[❶] 这不啻是一个非常大胆的推测。

20 世纪六七十年代，因长江、黄河及其他大江大河的治理，河流地貌学与河床演变学的学科理论及其内涵，取得突飞猛进发展。同时，不少涉及江河治理与工程的科技工作者，对河流及河床的演变机理，偏重于从河流动力学来理解，强调是蕴含泥沙的河流和水力，造成对于河床边界的冲击淘刷，强调水动力作用下的物质交换，驱动河床演变，以致形成宏观的河道迁徙演化。有的年轻学人专注了泥沙与水文，误以为江河的决溢、演变，仅仅是一个洪水与泥沙量级的问题，从而忽略了导致河流地貌变化的地球内外营力，既有水力的外营力，也有作为地球内营力的构造动力。我们过分钟爱河床演变学、泥沙运动力学，误以为解答了河流地貌变化、河道变迁的所有问题。1981 年，笔者看望病中的钱宁院士，询问了一个问题。即他在 1965 年出版的《黄河下游河床演变》中，提到河流泥沙运动是河床演变的基础，目前还看不出构造运动对其的作用，是否现在还这样看吗？钱先生断然说，"现在已不这样看了。"随即，指到一些原版书籍，说美国的历史没有中国这么长，美国人研究河床演变历史，多借助于构造地貌学、地质学科，来复原河流的演变历史。非常可惜的是，钱先生没有来得及把他从欧美河流学研究得到的重要启发，在黄河与长江的探索中发挥出来，就告别了河流泥沙与河流地貌界。中国科学院地理研究所，曾从苏联带回了一套动床演变河型变动的模型设备及基本理论，后来继续有实验研究，但没有在此基础上深入探讨构造地貌变动对于诱导、触发河道演化的宏大机理，或进行田野工作实证。

四、历史时期黄河变迁研究的启示

20 世纪 80、90 年代，黄河变迁和水沙变化的基金项目，[❷] 通过文献记录和野外工作，借鉴遥感手段在前人研究的基础上，详细复原了期间的主要河道；除了历史黄河变迁格局和演化规律，最大的启示是可能"溯源"和"以今鉴古"探索史前与地质时期的演变，思考其演化规律。黄河下游必须特别关注的地区之一，就是滑县、濮阳一带的次级冲积扇顶部地区。

这一地区的黄泛，到历史时期有大量的记载，发生过公元前 132 年著名的瓠子决口，1071 年澶州曹村决口、1077 年曹村决口。有人误以为这都是些孤立的偶发事件。实际上，历史时期在滑县、濮阳决溢，南泛及澶、濮、曹、郓，注巨野泽、梁山泊，冲泗、淮，围困徐州的洪水，绝非这三次，仅汉武帝瓠子堵口以后，又有公元前 29 年决东郡金堤泛兖、豫；223 年后，河济泛滥。唐、五代、北宋间，有 828 年郓、曹、濮、兖州大水；838 年曹、濮大水；858 年滑、郓、兖大水；923 年酸枣决河注郓；941 年滑州决，漂濮、兖、

❶ 参阅任美锷撰写的《4280a BP 太行山大地震与大禹治水后的黄河下游河道》(《地理科学》，2002 年第 5 期)。

❷ 参阅钮仲勋主编的《历史时期黄河下游河道变迁图》(测绘出版社，1994 年)。

郓等；944 年滑州决，浸曹、单、濮等州，环梁山合于汶济；983 年决滑，泛澶、濮、曹、济；1019 年漫澶，历澶、濮、曹、郓至徐州。自古"河走旧道"；自滑县、濮阳决溢泛滥东南，是一习惯性的继承性泛滥，业已形成濮阳—菏泽亚冲积扇，姑且名为"瓠子河冲积扇"。查河南中更新世以来的黄河冲积扇岩相图，发现中更新世的早期和晚期、晚更新世早期，从新乡到滑县、濮阳，以及长垣到范县，一直为大黄河冲积扇的古河道带连接，晚更新世晚期，濮阳南部的冲积扇扇体与现今黄河、黄河南的古冲积扇体已联通为一，说明史前南泛的"瓠子河泛道带"在早全新世前业已形成。这些得到黄河下游河道河床与堤防的地质剖面图的支持，即历史时期决口漏斗状堆积物下伏河流相，系早期的冲积扇体。

黄淮海平原地貌过程，滑县、濮阳是全新世中期次一级冲积扇的顶部，黄河在可以偏北行，走"汉志"河道，北北东行走禹河九河之徒骇河泛道，偏东北行走东汉至唐宋的"京东故道"，偏东和偏东南行——走晚更新世、早、中全新世和龙山时期、西汉北宋中期的"瓠子河泛道"。濮阳处于黄河大变之"十字路口"，是黄河四下改道之要冲。

从黄河史由近及远看，其下游始终在太行山、嵩山和鲁中山地的三足鼎立之间南、北摆动，而鲁中山地是庞大黄水汪洋里的"中流砥柱"，无论黄河如何演变，总在其左右低洼区域及湖泽渊薮择路，或选择经河北平原（后世之海河平原）进入渤海，或经黄淮平原（淮北平原）进入黄东海。如以现今黄河为界线，仰韶晚期、龙山早期黄河下游的主流，行经该界线以北地区的豫北鲁西泛道河线（相当于后称的"山经"河、"汉志"河、漯川大河与京东故道等）；黄河主流，距今 4800～4600 年左右，迁移南下越过古济水，泛滥于该界线东南的淮域地区，充盈当时相对低洼的鲁西南与皖北湖泊沼泽区。泛道大致断断续续，走类似金元明清时期各阶段泛流和稳定后的河线位置。这似乎是老天回答屈原在《天问》中天才般质问的"何故以东南倾""东南何亏"的客观历史。只是到了距今约 4300～4200 年以后，黄河下游入侵淮域的水沙又逐渐萎缩，或大溜回头向北变迁（出现水沙"西北倾"现象），回到仰韶时期的上述北流泛道区域，相对稳定到学界称之为"山经"河、"禹贡"河及"汉志"河之大方向上。龙山时期与历史时期的黄河南泛，历经时间大约都在六七百年。是否存在一个气候与构造活动的旋回周期（宇宙期？），就需要更多的相关学科深入探索分析了。

仰韶、龙山时期数百年的演化过程，含有黄泛空域巨变、气候灾害导致径流的变动，也有突发的地质灾变背景。与历史时期不同的是，当时并无人工堤防，下游多汊分流，湖泊沼泽遍地，大河水沙自然填塞坑洼后则左右滚翻，各泛道、减水河迭次过水，完全处于一种天然瀚漫、混沌状态；某时期大河的主流、岔道、枝津与其水沙量级发生相对变化，此起彼伏，其形态与历史时期的决堤改道完全不同。况且史前黄河来沙量少，多就地沉淀、淤积，黄淮水力不足以如明清黄泛那样——在人工堤防挟持下输送到海洋。龙山晚期豫州和兖州地区的治水，就在黄河主流北上之后，延续至传说中的大禹功成，长 200 多年。先民利用水土环境重大变迁（黄河北上）和气候振荡变化（相对干凉期），适应了河道演化的新格局去整理局地水土环境，涉及鲁西南、豫东地区，即古史说的兖州、豫州地区。

通常以为黄河的南北变迁仅仅是一个水文问题（洪水和泥沙），其实从河流改徙的本质看，驱动力和变动尺度更大的或者更为本质的，可能是地质环境问题，并与气象水文、泥沙变化相互反馈、联袂。河流泥沙研究领域的院士钱宁所言：河床的形态变化，"是地表在内营力和外营力作用下长期发展的产物，既要考虑流水的动力作用，也要考虑地质构造运动的深刻影响；既要研究现代过程，也要了解历史演变"。❶ 这是非常重要且指导实际工作的一个结论。

五、黄河变迁与考古文化的寓示，仰韶、龙山时期的治水

黄河南北摆动，这一地质年代的奥秘，岑仲勉曾借他人论说提出问题："或问禹始引河，北载之高地，然则水未治以前，河从何处行？曰，尧时从大伾山南东出，或决而北，或决而南，氾滥兖、豫、青、徐之域（禹贡锥指·四零中下）自有天地即有河，陶唐以前盖不知其几千万年也，其北耶？南耶？不可得而知也。……抑闻之，郦道元云，禹塞淫水，于荥阳引河通淮、泗，济水分河南流，则当时已不尽北（皇朝经世文编·九七裴曰修治河论。裴系雍、乾间人）。"❷ 清人与现代学者这种对于黄河在华北大平原上的南北演变的推测和自然哲学思辨，很符合自然客观规律与实际，绝非妄议。

（一）仰韶晚期、龙山时期黄河南下北上摆动，有相应的文化现象

1. 传说颛顼时期与尧舜时代的洪水与治水

《国语》等文献多说颛顼、共工时有大洪水，"昔共工弃此道也，虞于湛乐，淫失其身，欲壅防百川，堕高堙庳，以害天下……"《淮南子·天文训》："昔者共工与颛顼争为帝，怒而触不周之山，天柱折，地维绝。天倾西北，故日月星辰移焉；地不满东南，故水潦尘埃归焉。"《淮南子·本经训》说："舜之时，共工振滔洪水，以薄空桑。龙门未开，吕梁未发，江淮通流，四海溟涬，民皆上丘陵，赴树木。舜乃使禹疏三江五湖，辟伊阙，导廛、涧，平通沟陆，流注东海。鸿水漏，九州乾，万民皆宁其性，是以称尧舜以为圣。"这些颛顼与共工部族冲突的传说，可能喻示了距今 4800～4600 年左右黄河南下引起数百年巨灾的事件。共工氏据太行山前、黄河西侧，局部工程"壅防"，"以邻为壑"，加大了颛顼部族的下风水地区灾患。而说共工"水处十之七，陆处十之三，乘天势以隘制天下"，可能含指共工氏乘黄水南徙，侵吞河西退出的土地；"地不满东南"，寓指豫东鲁西南低下，"故水潦尘埃归焉"；"天倾西北"，可能隐含太行山强震、山崩和构造活动的信息。炎帝族共工与黄帝族颛顼争领地、争霸权在先。黄河向东南迁移，东南涝渍困苦，河西的疆土扩大，两大族系生存环境冲突加剧在后。传说颛顼东奔有亲缘关系的少昊族团，可能从位于今濮阳的黄帝故都，逃离瓠子河泛区，东迁阳谷县景阳冈古国高地避难，距濮阳帝丘仅百余公里。《本经训》说"舜之时，共工振滔洪水，以薄空桑"，喻示共工与黄帝族群的斗争持续千年，核心仍是洪水。共工一直借水土之高势"激发"洪水，居于相对低势的河濮济湖区黄帝后裔，长期受害。山东考古所张学海诠释，河济地区位于"古济水西侧，冀、鲁、豫交汇区山东一方，属于大汶口文化的重要分布区——大汶河分布区的前沿地带，与仰韶文化东西为邻。此地又是黄泛区，自汉武帝时河决瓠子以来，黄河泛滥决口经常湮没这地区，且有济水为患，自古就是水患重灾区"。他认为这就是颛顼还都濮阳前黄

---

❶ 参阅钱宁、张仁、周志德撰写的《河床演变学》（科学出版社，1987 年）。

❷ 参阅岑仲勉撰写的《黄河变迁史》（人民出版社，1957 年）。

帝古都的穷桑（也有说在曲阜）。❶

被妖魔化的治水氏族共工，实质是被着意神魔化与人格化了的黄河洪水——东南直下冲击空桑的天灾人祸。著名的"绝地天通"宗教改革可能也与洪水有关。共工氏盘踞太行山东麓以水代兵，居于河濮济低地的颛顼族团，天灾人祸交加，遂有"嘉生不祥""祸灾荐臻"，普遍禳灾促发了"夫人作享，家为巫史"，也反过来促进了颛顼的社会变革。

2. 龙山文化王油坊类型避水南迁？

龙山时期王油坊类型（距今4450~4350~4250年）发现于鲁西南、豫东与皖北地区，是济濮水、淮水上游的一支考古学文化。有学者认为可能是传说中的有虞氏文化。

王油坊类型是近年考古发现的有明显迁移踪迹、移徙路途较远的龙山文化。沿济、淮支流向淮河下游迁移，先迁淮北再到蚌埠地区。蚌埠禹会村遗址有王油坊类型的陶器等。然后迁至苏北兴化，又过长江到江阴，进一步到上海松江广富林（距今4000年左右），遂至杭州湾。这不像简单是文化传播过程，更可能是人群迁徙流动，最大可能是躲避东南而下、冲击豫鲁皖低地湖沼区的洪水。族群的迁移同时把中原灾患、避水治水文化的心理和工程技术带到了东南，并与良渚的治水结合，治水文化得到了升华。顺着王油坊类型文化迁徙轨迹，蚌埠上下到苏皖杭嘉湖平原、宁绍平原，似乎均打上了舜、禹文化的烙印。这种泛文化被聚焦到禹王身上，发展成为一种国家政治文化和经义治水精神，再被固化为一种华夏民族的精神。

王油坊类型迁徙的时间与路线，与黄河入侵济水河湖的时代大致吻合，是不是也旁证了史前曾经存在过的黄河南下？

3. 唐尧之一部可能从菏泽迁移至晋南临汾地区

《左传·昭公元年》说到黄帝水官金天氏后裔台骀被颛顼派去治理汾、洮（涑）二水，开发了晋中南沿汾土地，台骀被封为一方水神。龙山早期，可能有黄帝族裔跨越黄河发展到上党地区，这是否也与黄河南迁有关？唐尧族系的发源地是有争议的。一说唐尧出生与主要活动地区在鲁西南。尧，垚也，同"垚"，积土而成垚。尧也可能是原居栖大河泽畔高堌的部族。在生存与发展的压力下，从黄淮的菏泽地区迁往汾河流域。考古与文献有说最早祭祀尧帝的地点在鲁西南，倾向于❷唐尧之一部（或第几代尧帝）自鲁西南迁移到山西汾河中下游。王守春根据考古和文献，从历史自然地理的角度分析，说"尧都是从今山东省西部的定陶迁移到山西省临汾地区的。"❸ 陶寺文化距今4500~3900年，王守春认为唐尧一部首先从定陶迁移到河北唐县一带，保定西部的唐尧文化遗存是迁徙中暂时立足遗传下来的。诚然，陶寺文化有自己的特点，主持陶寺遗址考古发掘的何驽先生并不认同自鲁西南西来说，认为陶寺文化有石峁、岱海等诸多地区文化因素，主要是北方南下的文化。不过，颛顼命台骀治理汾水、洮水，尧舜与大禹的治水，也需要连续起来思考。

❶ 参阅张学海撰写的《张学海考古论集》（学苑出版社，1999年）。

❷ 参阅侯仰军撰写的《考古发现与传说中的尧舜时代》，刊载于潘建荣主编的《史前文明与菏泽历史文化研究论集》（黑龙江人民出版社，2013年）。

❸ 参阅王守春撰写的《尧的政治中心的迁移及其意义》，辑于解希恭主编的《襄汾陶寺遗址研究》（科学出版社，2007年）。

4. 祝融氏直系夏后氏一部西迁至嵩箕山地？

传说祝融氏为颛顼后裔，夏后氏为其直系，原居河济文化核心的濮阳地区。龙山时期祝融氏的一支（如陆终氏）南走开封（如杞县），再西迁到第二地貌台阶上（避水？）进入郑州西。豫西的密县、偃师和登封、禹州的嵩箕山地，均有夏后氏族裔，最后也成就了龙山晚期治水"集大成"的禹王族系。考古学里的禹王之都阳城东墙，圮于五渡河的洪水；2021年嵩山五渡河发水，就淹至阳城遗址的台地。但目前中原禹文化说有河济与豫西晋南说分歧。在祝融氏文化迁移中，豫东的杞县尚有"有仍氏"夏后氏之同姓一支，可能与豫东的王油坊类型有交融。

（二）鲁西南水系、考古文化及治水族群

1. 鲁西南的自然与古文化环境

龙山晚期治水传说是在鲁西南吗？徐旭生到豫西与晋南寻找夏禹，但认为"洪水发生及大禹所施工的地域，主要的是兖州"。[❶] 本探索涉及种种人文和地文现象，夏禹和治水的探索，并非虚拟。

龙山晚期鲁豫皖苏接合地区的考古学，提供龙山治水到集于大禹一身传说的实证线索。从仰韶到龙山、岳石文化的水环境看，鲁豫冲积平原低洼地区，河、济、濮、沮、汳水流经，大野、菏泽、雷泽、孟渚泽坦露其间，菏泽地区为"四湖六水"之泽国水乡。

查有关鲁西南全新世地层的剖面图，在菏泽地区葛岗、色旗营、高庄集、马岭岗、菏泽、晁八寨、后张堂钻孔，全新世中期均有较厚的湖相沉积，全新世中期湖相沉积的顶面和湖相层厚，东明的葛冈为−14.3米、层厚5～6米，色旗营为−15米、层厚4米，牡丹集高庄集为−9.67米、层厚7米，马岭岗为−5米、层厚10米，菏泽−8.75米、层厚3～4米，晁八寨−9.35米、层厚5米，后张堂为−8.5米、层厚6～7米。菏泽孔深层湖相层有距今（5870±145）年的 ^{14}C 测年数据，其他湖泽年代大致相近。湖相层菏泽最薄，马岭岗最厚。在湖相沉积上下，葛岗、色旗营、高庄、菏泽等钻孔位置，也存在中细沙河流相沉积层，厚数米至十米。说明全新世早、中期，该勘测线路显示有一普遍的河流相沉积过程。[❷] 可见，黄河的水沙多次淀积。河流相与湖沼相旋回轮番，迭次堆积。

济水出自黄河，自济水又分出濮水、沮水、澭水、氾水、菏水，以及被郦注文字说糊涂后人的"南济、北济"，加上东去的浪荡渠，树枝状分岔的水系，恰是冲积扇顶部水系发散分化变更的体现，济水继承了黄河在华北大平原上扫荡四野——不断枝分演化。先秦时期的菏泽水系是客观存在过的：澭水、濮水，自今长垣境入东明，经菏泽北，到鄄城，过雷泽，又经古尧陵、成阳，下入注巨野、郓城间古大野泽。济水自封丘平丘入菏泽市境，东北分出沮水，经菏泽城，与澭水汇，入大野泽。一水东去定陶，过陶丘，入菏泽，再入大野泽，又于古乘氏分出菏水，东南经西汉昌邑下巨野、金乡、鱼台，入后世的南阳、昭阳湖；一水与沮水分于兰考，东行经安陵堌、魏冉墓、左丘，南过定陶，称氾水。济水在开封北、兰考南分出的黄沟水，东行曹县，过楚丘到成武、单县，再经丰县、沛

❶ 参阅徐旭生撰写的《中国古史的传说时代》（文物出版社，1985年）。

❷ 参阅王学潮、向宏发撰写的《聊城—兰考断裂综合研究及黄河下游河道稳定性分析》（黄河水利出版社，2001年）中的图4-4。

县，汇入后世的微山湖。菏泽地区"四湖六水"水系环抱着众多丘岗、堌堆文化遗址，仅菏泽与济宁市，即已发现 500 余处。菏泽现有 112 处[1]。一些重要遗址主要分布在丘岗、堌堆上，部分被龙山时期黄泛和后世黄泛湮埋，考古发掘可据，一些遗址有碑刻，方志也有记载。

侯仰军曾提出鲁西南"突兀着百千土丘，丘下沟河纵横，连通着若干湖盆。岗丘或由上古黄河冲积而成，或是千年风成。其大小高低不等，数以千计。史籍记载的菏泽境内的山、丘、陵就有历山、涂山、景山、文亭山、箕山、大陵山、巩山、富春山、栖霞山、千干山、金山、菏山、凤咀山、曹南山、左山、仿山，犬丘、陶丘、清丘、咸丘、谷丘、乘丘、廪丘、楚丘、梁丘、莘丘、安丘、葵丘，安陵、桂陵、马陵、荆陵等百余处。"[2] 这些丘岗、山陵，和数百个土质堌堆都成为先民避水图存的原状高地。"堌堆就是上古岗丘布野的最好佐证。堌堆上的文化堆积几乎全部为灰黑土质，一般高出地面五六米，地下深埋四五米。说明古人生活在岗丘之上的丘顶，距今地表在五米左右，而丘下平原，则可能在今地表十米至二十米上下。至于湖泽底部则应在数十米不等。"在鄄城闫什镇传说舜耕遗迹的历山庙钻探，确实发现庙院里地表下 8 米左右均为灰黑灰褐色的文化层，含细沙的壤土、亚黏土，《尚书·禹贡》所言"厥土黑坟"即是之。潘建荣据探测经验称，菏泽一带龙山时期聚落周围当时地面海拔高度在 30 米上下，堆积土也非通常豫东北所见黄泛沉积的类黄土，而是湖积灰黑壤土。

龙山鲁西南黄泛，不同于历史时期的黄河决口泛滥，客水——黄水大量进入原济水水系，湖沼水位迅速、持续抬升，陆地活动空间大幅度减小。居民除赴岗丘堌堆避难，也有远徙他乡如王油坊类型文化。

此地河湖水网实质是龙山黄河南泛结束之后，先民因势利导恢复水土故迹，整理疏浚而成。当地文化在与水的抗争中生存并发展了。

汳水泛道边的永城造律台、王油坊遗址，年代为 2580～2140a BC。据第二次文物普查成果，豫东地区龙山时期遗址有 151 处，鲁西南有 80 处，皖北也有 49 处，总和远大于该统计地区大汶口文化的 90 处，说明龙山时期发展——坚持留在祖宗家园的先民对生存环境逐步适应。但是，在豫东的 151 处中，能够辨认确定为晚期遗址的仅有 36 处，鲁西南仅 2 处，说明大洪水后期留存下来的遗址依然有限（或有尚未辨识的）。不过，豫东黄泛区龙山古城已出现，淮阳平粮台就是一例，该城兴筑年代距今约 4300 年。从遗迹分析，龙山城墙的首要功能可能还是防水，"昔者夏鲧作三仞之城"应该就在我们述及的鲁豫地区。传说中鲧堵水作堤、作城，可能从护村堤、小围子肇始。

从聚落遗址分布看，它们多数处于黄淮海大平原的第二湖沼带，即黄河、济水、汳水、瓠子水、泗水串联的湖沼水系上。与此同期，黄河大三角洲顶部的第一湖沼带上（郑州、新乡、开封）沿黄、济、丹、颍河水系湖沼群一带，聚落密集。郑州地区距今 5300～4800 年，有以大河村、双槐树、西山古城为代表的遗址群，郑州西山古城有明显

❶ 参阅潘建荣撰写的《关于呈请中华探源工程专家组赴菏泽市探研古遗址的报告》，刊载于《史前文明与菏泽历史文化研究论集》（黑龙江人民出版社，2013 年）。

❷ 参阅侯仰军撰写的《考古发现与夏商起源研究》（山东大学博士论文，2006 年）。

的水毁痕迹，是否与龙山早期黄河南泛有关？王城岗早期古城当在公元前 22 世纪，晚期也毁于洪水。解析郑州交通与城建工程地质资料，广武山东断头到南阳寨、人民公园一线浅层，有早、中全新世的河流相沉积层。河南黄河北、太行山南、东麓还有系列龙山古城如辉县孟庄，也有洪水冲蚀痕迹。这种文化现象，是否意味着嵩山东南虽然有黄河影响，但下游山东地区水毁更为严重。而距今 4000 年左右王湾三期文化的南向、东向强烈扩张，大致就发生在黄河南北摆动在河南境内结束后。

2. 豫东北的河济文化形态

《史记·殷本纪》里商汤《汤诰》云"古禹、皋陶久劳于外，其有功于民，民乃有安。东为江，北为济，西为河，南为淮，四渎已修，万民乃有居"，恰是龙山晚期兖豫治水和聚落发展事实。沈长云认为夏后氏早期居住的地域在古代的黄河及济水流域之间，禹所都的阳城即古河济地区的中心濮阳；濮阳五星乡的高城遗址发现后，更加深了认识。诚然，不是把大禹文化作为某一具体局地文化理解，而是作为大中原文化来认识的。龙山晚期200 多年的治水活动，河济聚落文化曲折发展，一批以典型的龙山古城为政治中心的聚落区，正是龙山晚期到治水功成时期社会经济高度发展的显示。河南北部的龙山遗址有数个集聚区，有焦作到新乡的南太行区，在大河古道的北岸高地一线。有卫辉到安阳的太行东麓区，限定了大河西泛界。有滑县、濮阳集聚区，限定了大河的东（南）岸和瓠子河泛道，为河、濮分水岭。而豫东遗址多沿后世贾鲁河、涡河、惠济河、沱河分布，是典型的王油坊类型文化区。尽管没有将龙山早晚两期区分，但可以看出文化布局与发展趋势，聚落分布响应河水游移，显示黄河风险区划，应对规避水患需求。鲁西南以鄄城、菏泽集群，定陶、曹县集群和成武为中心的龙山遗址区，与豫北地区的发展是类似的。

袁广阔在豫北孟庄、戚城、高城、铁丘等古城考古研究基础上，提出以濮阳为中心，称之为后岗二期的河济（濮）文化区，洛阳、郑州地区龙山晚期文化以及王油坊类型均包含在其中。提出"河济地区的后岗二期文化应当是探索早期夏文化的主要对象""后岗二期文化主要分布于太行山南麓和东麓的黄河、古济水两岸，在西到济源，东至山东菏泽，北到冀南，南达开封以南的广大区域内……后岗二期文化遗址众多，仅在河南濮阳、安阳、新乡、开封以及山东菏泽、聊城等地就已经发现一百多处，而且还有大量遗址掩埋在多次泛滥的黄河淤沙下。目前，考古学者已经对安阳后岗、汤阴白营、辉县孟庄、濮阳马庄、新乡李大召、菏泽安丘堌堆、杞县鹿台岗、永城王油坊等遗址进行了发掘，出土了丰富的遗迹和遗物。"《史记·夏本纪》记载夏王朝的姒姓封国，"有扈氏在今郑州以北黄河北岸的原武一带，斟寻氏在今山东省潍坊市西南部，费氏在今山东鱼台县境内，杞氏在今河南开封杞县境内，缯氏在今山东临沂县境内，辛氏在今山东菏泽境内莘冢集一带，斟戈氏在河南开封和商丘二地区之间，葛氏在今河南宁陵县境内，韦氏在今河南滑县境内，顾氏在今河南范县境内，昆吾氏在今濮阳一带，有虞氏在今河南省虞城县境内，有仍氏在今曹县西北，有鬲氏在今山东德州"。[1] 这些古姓氏所居地域，基本也是龙山晚期与先夏各参加治水氏族区域所在，均在兖州、豫州一带。人文地域大致显示出龙山晚期治水的地望。

---

❶ 参阅袁广阔撰写的后岗二期文化与早期夏文化探索（《光明日报》，2016 年 1 月 30 日）。

沈长云认为"夏后氏源于颛顼氏族",夏的同姓"姒""其可考者几乎都分布在东土""如有扈氏,在今河南原武;有莘氏,在今山东莘县;杞氏,在今河南杞县;缯氏,旧说在今山东临沂,近年在山东临朐县发现曾过铜器,缯国或应在此处……夏的婚姻和与国,如有虞氏、有仍、有鬲、昆吾、豕韦,以及尝为夏车正的薛国,亦几乎全在东土"。❶ 他认为,夏后氏应为祝融"八姓"中的一姓,此祝融八姓,原大多居于豫、鲁、苏一带,只是后来祝融的一支(陆终氏)才迁移到密县和偃师地方(这也可能是嵩箕地区夏后氏一支的先宗,杞县一带的有仍氏,疑系祝融族系南下济汭停留豫东的一部)。甚至禹都阳城就在濮阳。❷ 对此,沈氏撰有"夏族兴起于古河济之间的考古学考察"❸。侯仰军也认为:4000年前济淮流域的自然地理环境是最宜古人生存之地,中国历史上确实存在夏后氏,其族源地就在古济水、淮水流域及周边一带。

古治水氏族在河济淮水系的经营发展,为河济淮地区后世的三代文化打下了经济、政治和文化的坚实基础。"自从大禹治理好了豫东、鲁西南地区的洪水后,这里便成了夏商周三代人口最繁庶,政治、经济、文化最发达的地区之一。夏商二代立国的基础,或者说他们的大本营,就在这里。商朝建立后,虽'不常厥邑',然其所都之亳、隞、相、奄、邢、殷等,都在这一带。"不能否认,河济淮水系地区的确是夏商周三代经济文化昌盛繁荣之区,延至春秋战国、秦汉时期皆是如此。西汉的济阴郡成为黄河下游人口密集、商贾毕从的经济文化中心。

以上文化地区,基本就是龙山黄河南泛——侵入——继而又回头北上扫荡的济(濮)水、淮河区域。先夏著名的古姓氏,基本多是龙山晚期经历了水患与治水的远古族群了。这些族群居栖地域,基本上就是在河济淮地区,他们的治水活动范围,在很大程度上就是前面一再陈述的,受到黄河变徙、泛滥之水来回滚动、侵扰的古代的济(濮)、淮流域。

豫北地区后岗二期遗址分布见图4。从图4中可以看出,豫北地区龙山时期的黄河水系与文化分布的"人与水"的空间关系,寓意深刻。后岗二期的文化,有不少是自仰韶时期就继承延续下来的远古聚落遗址。太行山东麓,现代淇河下游、近现代卫河以西,是后岗文化遗址的一个集聚区,被视为古黄河左岸的后岗二期太行文化遗址区。而图中的近现代马颊河金堤河的上游,濮阳上下,是另一后岗二期遗址——濮滑文化遗址群,含编号119中新庄直到编号164王庄诸濮滑遗址,以及编号76浮邱店、78苏坟到82书院的长垣遗址。数十个濮阳、滑县、长垣后岗二期文化遗址,组成古黄河豫北故道的右岸高地及濮水文化走廊,海拔高度在50～53米上下。在这两大组聚落群之间,是古黄河河道的游荡徘徊之区,后岗二期遗址稀少。编号118以下一串大河腹地遗址,大致是分布在内黄隆起部位高位"心滩"地带的遗址,黄水在其两侧行经,一般未湮没此高滩地带(内黄"心滩"为古黄河环抱的浚县大伾、浮丘山岛核后部的浚县、内黄高滩,有后岗二期与夏商的文化遗址)。龙山时期的黄河自豫北古河道带南下泛及济(濮)水、淮域,越过了(或穿插)大河右岸天然堤高坎(50～53米,个别有60米以上),翻越了濮阳、滑县仰韶、龙

---

❶ 参阅沈长云撰写的《夏后氏居于古河济之间考》(《中国史研究》,1994年第3期)。

❷ 参阅沈长云撰写的《禹都阳城即濮阳说》(《中国史研究》,1997年第2期)。

❸ 参阅潘建荣主编的《史前文明与菏泽历史文化研究论集》(黑龙江人民出版社,2013年)。

山文化遗址群，"跌入"黄河断裂构造线，再泛及鲁西南。当时鲁西南平地比滑、濮沿黄地区，要低 10～20 米，大野泽、菏泽、雷夏泽湖滨地区就更低了。所以史前黄河如果自滑、濮河水右岸高地翻越——泛滥海拔 30～40 米的鲁西南平原，势若高屋建瓴，倾泻直下了。

　　豫北地区后岗二期遗址分布成为几大集群（见图 4），其间疑是黄河得以自然游荡发展的区间。这很能显示龙山时期聚落遗址与河水构筑成的人地相互关系的空间形态。

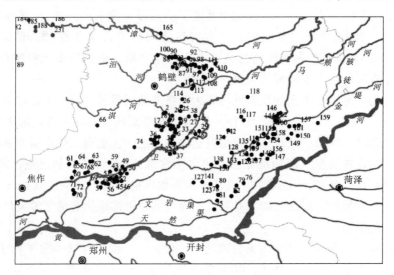

图 4　豫北地区后岗二期遗址分布图

注：参阅李世伟撰写的《后岗二期文化与周邻文化关系及相关问题研究》（郑州大学硕士论文，2016 年）。

　　图 4 绘制有现代的卫河，与金堤河马颊河，在他们之间，是仰韶、龙山时期大河得以游荡旋回的宽泛河谷滩地空域，现代的黄河则远在金堤河以南。那么，从龙山时期的豫北古黄河如何演化为金堤完善后的"汉志河"呢？过去的探察和现在的认识有何关联呢？

　　利用地质钻孔，对各个深度的地层分析，可以概略地看出豫北大河变化的过程。从西汉前期河床约在故道地表下 8～10 米，两岸的汉、唐地面，约在今地面下 6～8 米，考虑到叶青超等提出的这一带 3000 年以来沉积厚达 11～12 米（《黄河下游的河道演变和黄土高原的侵蚀关系》，载于第 2 次河流泥沙国际学术会议论文集），以及河北地理所在冀东南做的工作，地面下 20 米的砂体，经 ^{14}C 测定，至少是一万年前堆积形成的，馆陶地下 25 米处贝壳的年代已大于 36000 年。"把研究地域各控制点的 15～20 米深的土层，作平面投影，并参考一系列新石器时代的考古发掘，绘出全新世中期的大河形势图。大河的东南岸（右岸），大致在滑县半坡、沿村，曹起营、唐古寺、辉庄、冢上、白云观及濮阳郊区故县、西高城和程庄这一系列仰韶、龙山文化遗址的西北。其西（北）岸，从淇门算起，至浚县四马湖、大碾、小河集北、任贾店、亮马台、陈庄、新寨、小滩，在内黄县豆公、楚旺一带，过内黄泽。这时的大溜，被大伾、浮丘山和一系列的心滩分成了两叉，由于漳河冲积扇和汤淇冲积裙加速向东南推进，浚县西山山前冲积物的前推和图示心滩的'溯源'发育，大河就逐渐地被挤到'心滩'以东的河槽内。其中，大伾山东及内黄亳城集两处原生冈丘相当稳定。前者东侧有颛顼高阳氏、帝喾高辛氏遗址，1979 年探眼发现有仰韶、龙山陶片、烧土灰层,后者有商中宗太戊陵遗址与亳城遗址,亳城即河亶甲由嚣居相时所筑,地表就有殷商陶片,1963年安阳考古所曾取样。另外在濮阳郊区戚城、铁丘、马庄、蒯聩台等处,近年来都相继发掘并考定有仰韶、龙山及殷周文化层。以上四大系列的新石器时代与殷商、西周文化遗址,大致把大河分隔成三岔,与文献记载中的禹河、汉志河,漯川,地望同一"❶。

考古发掘的事实默默无言,但却忠实地描述了大河的自然历史。

六、余论

(1)本文基于晚更新世和全新世黄淮平原岩相古地理研究,以及黄河冲积扇发育基本模式的研究,首次提出史前时期黄河泛滥济水、淮北的基本态势和主要泛道走向,作为认识龙山黄泛的地理认识基础。通过浅层水文/工程地质和典型钻孔剖面分析,证实晚更新世和全新世早、中期通过汳河泛道带和济水、瓠子河泛道带的存在,认识到古黄河对豫东、皖苏地区和济(濮)水鲁西南地区地貌、水系的塑造,给出控制性代表钻孔剖面及沉积形态,推测史前河、济、淮变化。

史前时期淮北平原黄泛,从相关地质构造、古地理、地貌、地层、年代学、沉积环境、历史地理和海洋科学的研究得到支持。但一些初步探索的思路与见解,需要更多学科更为广泛的深入,特别是地层学与年代学,勘探地球物理、地球化学等方面。

(2)史前黄淮灾害,目前研究价值突出的是仰韶、龙山时期的全河南泛,已有较多先秦典籍文献和考古文化研讨成果的支持。黄河形态的历史研究不能总在距今3000年踌躇不前,需要先上溯1000年甚至更早。需要重新梳理、理解古文献,筛选出更多更可靠的信息。从文献探讨自然奥秘做学问仍是需要的,就如一个《尚书·禹贡》,我们对于其中每一重大问题的实际意义是否都理解和解读客观,明白无疑了?《禹贡》里济水"入于河,溢为荥"的说法,难道就是济水进入黄河后,水溢入郑州广武山东头的"左传""汉志"指认的荥泽,还是泛指某更为硕大的泛水区?

近年,我们在郑州市西部地区,用地学方法复原了晚更新世到全新世中期的地貌和河湖环境,发现在郑州西部、荥阳腹地,远古存在一个处于广武—荥阳夹槽洼地、最大达到200平方公里水面的湖沼群❷,而且在晚更新世末它一度与古济源凹陷的湖盆相连。古黄河的高水位期间,入黄的济水,就可能通过黄河的支津,进入荥阳盆地,呈现河湖相旋回的二元沉积。其沉积物源确认主要是黄河泥沙。这里的"荥"显然不局限在历史文献讲的郑州东北部的那一个"荥泽",尽管西部和东北的荥泽之间某一时期也会有古水系联通。看来黄河与郑州荥泽的连接,会有更复杂的形式且是动态变化的形式。当代文人、地理与考古学者,之所以不轻易相信这个由地学证实的事实,可能因为忽视了历史的地理单元的相对位置,还会发生垂向的变动,有"四维"之因素,对晚近三万年郑州西部山地和台地的抬升幅度缺乏了解。而《禹贡》里的山水记述,很可能是先秦学者和百姓描述的代代相

---

❶ 参阅徐海亮撰写的《黄河故道滑澶河段的初步考察和分析》,刊于《历史地理第四辑》(上海人民出版社,1986年)。

❷ 参阅于革等撰写的《郑州地区湖泊水系沉积与环境演化研究》(科学出版社,2016年)。

传了上万年的地象，比当代人按现今地望现今地貌去理解的古文献更客观真实。可见，即便是历史地理范畴，也还有一个文献理解和思辨问题。

（3）勤于发挥田野所长的史念海先生，是历史地理与古地理交融研讨的楷模。1984年笔者到浚、滑、濮阳一带考察黄河故道，地方水利局说，史先生研究禹贡大河，曾回到抗战前他读书生活的浚县考察山川，收集了大量的机井卡片，复原出古大河环境，撰写成《浚县大伾山西部河道考》❶。在前辈启示下，笔者也学习应用水利部门众多的水文地质资料，寻觅故大河踪迹乃至河床形态。遵从史先生的办法，收集了机井卡片，用这浅层地质资料，采河床砂样做粒度分析，恢复了地表下约四十米的土层堆积，绘制出大河纵横断面，又结合当时不多的考古文化遗址，恢复黄河大势，绘出"全新世中期大河形势图"❷。这也是学习前辈对古地理的探索。

（4）历史形态的地理研究，不仅需尊重古人对于地理环境的描述，也需要特别尊重当代对于地理环境的研究，特别需要吸取当代地学研究的新方法及其科学成果。地理学领域的院士郑度曾经介绍地理科学的方法论，他认为："先进技术的引进和应用，开拓了地理科学研究的深度和广度，研究水平不断提高并取得显著进展……因此有可能对地理综合体、地理过程以及不同地域获得多层次、多时相等各种信息数据，精确定量地阐明地理现象和过程，揭示地理规律。面对《21世纪议程》复杂的综合问题，地理科学应从传统的综合发展为现代化的系统综合，将现代地理科学推向新的更高的水平。"❸

黄河演化的历史研究正好就是上述的地理现象和过程的研究，是探索自然规律的重大问题。而现研究领域的科技手段的种类与复杂先进，已经超出了郑院士二十多年前的概括。可以从高空和地下，对地球表层物质进行全方位的勘测、取样、检测、定量定性。我们在郑州地区所做的晚更新世以来的古环境复原尝试，不仅找到了早已干涸埋藏的史前河湖水系，建立起沉积年代，确定了沉积物源，得到了沉积物的理化指标，而且恢复了沉积事件的气候环境等。郑州的探索说明，在华北平原重点位置做黄河演化环境复原探讨，有较为成熟的技术路线和方法。目前第四纪和全新世环境的丰富的研究方法，大多可参考采用，这也是地理学方法论创新的一个契机。

"六五""七五"期间得以开展的黄河流域环境演化与水沙变化运行研究（中国科学院地理研究所，左大康领衔），已经过去30年。30年来，诸如流域环境演化—水沙变化—河道变迁这些具体问题，尚缺乏组织和采用高新科技手段的新时代联合攻关，而21世纪频频出现的新的环境史问题——黄河来水与来沙急剧减少、黄河治理战略是否需要调整，如何调整，黄河研究能够给考古学文化研究带来什么作用？黄河环境变化正在给黄河问题与国计民生带来重大的挑战，也给既往的黄河研究提出新挑战。

（5）从自然灾害链的思维角度，审视各种自然灾变类型的致灾机理和有机联系，有助于黄河研究从传统科学里脱颖而出。过去，我们善于从河水径流的大小、等级，泥沙的颗

---

❶ 参阅史念海撰写的《浚县大伾山西部河道考》，刊载于《历史地理第二辑》（上海人民出版社，1982年）。

❷ 参阅徐海亮撰写的《黄河故道滑澶河段的初步考察和分析》，刊载于《历史地理第四辑》（上海人民出版社，1986年）。

❸ 参阅郑度撰写的《〈中国21世纪议程〉与地理学》，刊载于《面向21世纪的中国地理科学》（上海教育出版社，1997年）。

粒与量级，来思考黄河的灾患与突变、改徙，可能还局限在水文的一隅孤立地思索水圈—岩石圈—大气圈的联动机制。前面已多次提到构造对于河流变异和改徙的驱动，对于河流改徙演变的最大驱动，可能是地质环境系统。对各灾害链事件进行对比，发现在时间关系上，它们多发生于距今 5500 年（或 5000 年）后，并集中在距今 4800/4600～4200/4000年左右。联系大尺度上的文明演进，在"夏禹宇宙期"之前，还可能存在千年尺度的"宇宙期"、数百年尺度的灾害期，各类地球物理事件，诸如毁灭性地震与构造活动，巨大水旱自然灾害，天地失常引发的极端性生物瘟疫、灭绝灾难，各种灾害也存在显著时间关联性的链状结构，群灾并发持续长达百年，甚至数百年的时期。这样，在至今尚未发现确凿文字记载的中全新世，在群灾并臻的龙山时期，上天可能为今人留下了极其丰富的灾害自然信息，我们则可以利用这些灾害信息来恢复某些特殊自然环境变化，而黄河环境演化可能最能说明问题。这一时段也是中华文明起源的关键时期，建立中华民族的史前历史，认识民族文化，无法离开对史前黄河演变与数百年改道的灾害期认识。

所以，这对于探知自然灾害发生的物理机制，科学地阐述黄河环境史，从深层次认识中华文明的起源，都可能是非常重要的问题。

构造地质作用与黄河泛溢变迁

黄河决溢、泛滥是黄河冲积扇发育的自然过程和结果，与其紧密相联系的是区域构造内营力、构造升降的作用。20世纪80年代，笔者当面求教于泥沙泰斗钱宁：是否认为地质构造作用对河床演化尚无太多作用，他回答说早就不这样认识了，并举出许多构造活动深刻影响河道形态变化、河床变动的事例，说美国历史不长，美国人主要从地学资料来研究河流的演化，并介绍海外最新专著。显然，研究微观泥沙运动和宏观水文变化，不能忽视构造地质作用，它是黄河下游河床变徙和决溢灾害中最重要的、更宏大的动因。

河流地貌与河流学十分重视构造断裂与活断层对河流发育、变动的深层次影响。对于黄河下游，直接或间接影响和制约着河道变徙的主要活动断裂，可能是位于济源—开封坳陷、东明凹陷中的黄河断裂（黄河八里胡同出山，其下游也可视为处于夹持在太行山和嵩山两大山系隆起和通许太康隆起、鲁中隆起之间，下行济源—开封凹陷、济阳凹陷、黄骅凹陷、冀中凹陷的多个大裂谷带中）；断裂区周边与内部，还有汤东断裂、聊城—兰考断裂、新乡—商丘断裂、李万—武陟断裂、封门口—五指岭断裂、盘古寺—新乡断裂、洪门—广武断裂、老鸦陈断层（分别为北北东、北北西、北西向）。它们在更新世中期甚至晚期和全新世均有活动。历史时期在黄河下游地区发生过系列的隆升或持续沉降，以及重大地震，均显示着新构造活动的存在，深刻影响着黄河下游的发育和河患、变徙。

在郑州市境的东北部，东西走向的郑汴断裂、郑州—兰考断裂与穿越黄河的武陟断层、老鸦陈断层、花园口断层、原阳东断层，可能控制着沿黄河南岸到广武山前、全新世中期豫北黄河古道以南、原阳—中牟赵口—中牟以西大片古黄河背河洼地的低洼区域的沉降；该区域作为开封凹陷的西端，这里孕育了前汴河泛道，也孕育了跨越现今黄河河道、先秦文献记载中的荥泽，从更新世到全新世，这里始终是持续沉降区域。黄河在郑州广武山东头的主要继承性泛道（中更新世和全新世），恰好沿花园口断层走向（330°），而以荥泽为中心的湖沼群与东部以圃田泽为中心的湖沼群，又凭借一些东南而下的条形洼槽连缀，这些地质时期形成的洼槽—河流，连接了文献中荥泽与圃田泽，也是鸿沟开挖前黄淮流域的天然连接通道。在历史时期连接黄河与淮河水系的众多水道（如荥渎、宿须水、济隧、阴沟水、十字沟等），均有可能恰恰是沿以上一些北北东、北北西向的跨越黄河之断裂线发育的、地质时期黄河泛流经由的遗存水道。除此之外，可能由中牟断层、柳林断层影响，毛庄、老鸦陈镇以东，直至柳林镇东部，是郑州北郊的系列湖洼，沿后世的贾鲁河谷方向发育。推测在晚更新世末，老鸦陈活断层两侧的两大巨型湖沼盆地，就由这些大致东西走向的流水联系，某些较宽阔的谷地，丰水时节就成为条状的季节湖泊。全新世晚期以来的枯河、贾鲁河则是在远古水系基础上发育变化而来的，穿越郑州市区的活断层也深刻地影响着当地河流水系的发育。

对远古郑州自然环境和人文地理格局影响最关键的，莫过于黄河了。

在晚更新世，黄河可能主要从两条泛道流经现今的郑州地区进入淮河流域。一条从广武山（今俗称邙山）北广衮滩地上东南而下，绕广武山东头，大致从先秦时的济水、鸿沟水、宿须水、阴沟水多条流路方位，沿花园口断层方向东南而下，其东支走俗称的汴河泛道，南汉下颍河泛道。郑州西山古城的仰韶龙山文化中止于4800年前，有可能就是这条泛道来水大举南下导致。对于广武山东这一主泛道，人们没有怀疑。因为历史时期黄河多次自此南泛进入淮河流域，今人有深刻历史的印象。在全新世中晚期，这条泛道还较大规模行经过河水。大量的钻孔资料和测试结果支持着黄河由此泛滥、冲击郑州地区的判断。

另条泛道，可能从今郑州市荥阳西北部蜿蜒东南而下，穿越俗称的郑州"西郊"，大致沿南水北调渠线，向东越过古荥与老鸦陈断裂，沿今枯河、索须、贾鲁河走向东流，与前一泛道合流，进入郑州东部洪泛平原；也可能东南而下，过南郊，冲新郑、中牟、尉氏，下鄢陵、扶沟县境，进入颍河泛道。其支分出河的地点，当然不可能在广武山北麓与东头，而是在沿黄邙岭的缺口——汜水口和牛口峪。今荥阳市中部与东部，郑州市区西部，可能是该减水河曾经流经的关键区域。❶ 但全新世郑州西部地势抬升，此西泛道再也不能翻越广武山。

从黄河铁路桥到汜水口一段的广武山，应该是这两大泛道的分水岭。在晚更新世，此段广武岭，是冲积扇顶部渺茫黄水泛流里的中流砥柱，荫庇着未来郑州地区的人文兴旺发展。东路泛水从山头以东，沿汴河、颍河泛道东南而下，并在河间洼地留下了郑州市东北部、东部、东南部全新世湖沼群（荥泽河圃田），而且这个过程直至历史时期还不止一次出现。西路水沙则在市区西部和荥阳境留下了荥（阳）广（武）夹槽的湖泊沼泽群。此即《禹贡》所说的济水"入于河，溢为荥"了。两大泛道之间被广武岭阻隔，造物主刻意的安排，冥冥中确定了郑州古文化聚落区的地理选择、发展，从而打下古都建城的物质基础。由于广武山的存在，广武山两侧形成的泛道，剥蚀了部分泛区原来的黄土地层，但难以直接威胁广武山荫庇的两条泛道间老黄土、黄土状土与风沙土组成的第四系冲洪、湖积阶地，它们实际成为黄土岭与大河环抱的巨型台地，泛道废弃、湖泊发育，湖泊沼泽消亡、沧桑更迭，从而奠定了未来全新世郑州文化走廊的区域与走向，以此为基础发展了郑州地区的生态文化，并终于形成了商城建都的总体格局。

在晚更新世末，大致以京广铁路为界线的东西两部分地形变发生升降变异，郑州西南山地、丘陵进一步出现间歇性抬升。郑州东部地区随开封凹陷持续沉降，郑州西、南部随太行、伏牛山抬升嵩箕隆起、通许—新郑隆起，而相对抬升。《黄河下游河流地貌》认为："孟津宁嘴至铁路桥段的黄河是由山地进入平原的过渡段，但在早更新世以前，这里并不是上升的而是下降的……从晚更新世晚期以来，本区才开始抬升。"❷《1/20万郑州幅区域地质调查报告》认为京广铁路以西地区"上更新世以前，表现为大幅度下沉……上更新世晚期本区开始回返上升……在三万年左右的时间里，本区上升了100～150米"。

---

❶ 参阅徐海亮撰写的《史前郑州地区黄河河流地貌与新构造活动关系初探》（《华北水利水电学院学报》，2010年第6期）。

❷ 参阅叶青超等撰写的《黄河下游河流地貌》（科学出版社，1990年）。

文献提供了历史时期地震和黄河决溢的灾害信息，邓起东统计，黄河下游有史以来共发生 8.5 级地震 6 次，7～7.9 级地震 14 次，6～6.9 级地震 200 余次，地震的分布受活动断裂和断陷盆地的控制。❶ 但是史前的自然灾害缺乏文字记录，尚缺文字记载的古地震，及其与黄河变徙关联的问题是我们需要深入发掘与探索的。

在郑州黄河沿岸的一些考古发掘工作，提供了古地震的某些线索。大河村遗址发掘时，工作人员发现有裂缝涌沙，用麻杆探测，3 米杆竟不到底，裂缝宽达 20 厘米。被断裂的该遗址文化层断代约为距今 5300 年。遗址邻近黄河河岸和郑州—兰考断层，紧靠花园口断层，这是否古地震的遗存呢？大河村西 10 余公里的广武山南麓，因南水北调工程的抢救性发掘，于薛村发现大量的古地震遗迹，主要有地堑、地裂缝和古代文化遗迹的错位等。根据古地震遗迹与文化层之间的相互关系，初步判断古地震发生在商代前期，大致时间在二里岗下层晚期到二里岗上层之间，通过灰坑中木炭的 ^{14}C 测年，确定这次古地震发生在（2910～3165±35）a BP［或（3160±35）a BP］之间，亦即日历年龄 1260～1520 BC 之间。初步判断震级在 6.8～7.1 级。❷ 诚然，不能排除裂缝系湿陷性黄土所为，但这毕竟提供了又一个邻近黄河河岸的古地震线索。后来，在考察郑州众多的仰韶文化、龙山文化遗址中，发现了更多的疑似地震的线索。

薛村位于广武山南麓，邻近郑州—兰考活断层，其西边，靠近汜水断层，这正是前文提及的黄河入侵荥阳盆地的主要通道。

除此之外，在郑州市东南郊的梁湖（南水北调工程）抢救性发掘，也发现疑似性地震线索，而该遗址距离须水断层很近。

《地震战线》1978 年第 4 期载有《历史上的空桐大地震发生在哪里》一文，考证出《开元占经》所说的周贞定王三年，"晋空桐震七日，台舍皆坏，人多死"之空桐，非山西空桐，而是河南虞城县利民镇东南。❸ 若是如此，大致是新乡—商丘断裂有活动，这一断裂带附近有过多次较强地震。贞定王三年，是公元前 466 年。据《竹书纪年》所载，到公元前 463 年，"晋河绝于扈"，"扈"古国，即今原阳县西北，古宿须水的口门附近。《竹书纪年》这里讲的"河绝"，意即黄河在此决口改徙，下游河绝，主溜行宿须水入郑州、入济水了。前 466 年的地震，反映出该断裂的活动，可能导致了前 463 年的河道改徙事件。这一断裂，始终深刻地影响着黄河下游的变徙，金、元、明、清黄河在修武、新乡、原阳、延津、封丘、兰封、曹县、商丘等处的变迁活动，应该都与其有关联。这是地震与河徙关联的典型案例。

现行黄河是 1855 年兰封铜瓦厢决口才改道形成的，铜瓦厢恰好处于 NE 向的聊考断裂带与 NWW 向的新乡—商丘断裂带的交会处，NWW 活动断裂为压剪性，具垂直错落与水平位移双重性，对该处决口起到促进作用。地震是隐伏断裂活动的征象；史载："伏念大河之北，自戊申（熙宁元年）地大震，水达溢，民大失职……"（宋，刘挚，忠肃集，《论备契丹

---

❶ 参阅中国科学院地质研究所、国家地震局地质研究所撰写的《华北断块区的形成和发展》（科学出版社，1980 年）。

❷ 参阅夏正楷等撰写的《河南荥阳薛村商代前期（公元前 1500—1260 年）埋藏古地震遗迹的发现及其意义》（《科学通报》，2009 年第 54 卷第 12 期）。

❸ 参阅钱林书、王仁康撰写的《历史上的空桐大地震发生在哪里》（《地震战线》，1978 年第 4 期）。

奏》卷六），"旧有高庙记，自熙宁改元，地震，继大水，民惧建祠有已也"（顺治《望都县志》卷二，《重修五岳碑记》）。说明 1068 年河北的河间、沧县强震引发黄河决溢。而 1668 年郯庐断裂带山东莒县 8.5 级强震也引起黄河决口，直冲清河县，"城垣尽圮"。

从河流改徙的本质看，与水文泥沙系统相联系——且动力量级和变动尺度更大的，是环境地质问题，归根结底，地质环境决定和制约着黄河的时空变迁，构造断裂往往控制着河流的改徙走向，华北平原地质基底构造单元决定着黄河改徙的方向河位置。一般意义上说，黄河的泛流区域和泛道，总是选择在构造基底坳陷、断陷的部位上，而基底隆起、台隆部位和方向，较难被选择，甚至基本不可能。北宋末黄河大举南泛以前的两三千年中，下游河道基本在冀中、黄骅、济阳坳陷中，在两侧隆起的钳制中变迁，尽管也有突破某些隆起（如通许太康或内黄隆起），或数次选择在东濮坳陷里走瓠子河泛道、在开封坳陷中走颍河、汳河泛道，进入华北南部的济宁—成武断陷、周口坳陷。不同的地质活动阶段，基底构造不同单元的迭次、隐形和相对的升降活动，隆升或坳陷沉降加速或减缓，相关的断裂构造活动加剧或减缓，决定和制约着黄河下游的演变趋向。历史时期黄河的改徙是如此，地质时期也基本是如此。

此外，综合回顾、分析，黄河下游系列断裂和隐伏构造，均与重大决口改道事件关联。分析这些重大改道处所，均在裂谷断隆带边缘，或者在活动断裂的交汇带上。构造活动水平错动与垂直变形强烈，影响河道的稳定。所以新构造活动对黄河下游变迁有直接影响，表现在控制河流走向、控制河相变动、影响河势、影响河床沉积速率、诱发河床变迁、主导河床变动。从构造活动和水文变化来剖析黄河下游决溢、改徙，就全面地从内、外动力地质作用分析了直接的影响（如影响河势河型）、间接影响（如促进淤积加速），长期、缓进影响（如影响河流走向），也有突发性的短促的灾难性影响（如地震诱发决溢改道）。

笔者考察郑州地区史前重大文化遗址过程中，从考古界得知，郑州地区仰韶、龙山文化遗址在发掘过程中，陆续发现一些疑似地震的线索和痕迹。人们不太相信郑州会有较大的历史地震，甚至不相信这里会有秦岭和伏牛山引导的显著的新构造活动。实际上，我们在郑州西部地区发现全新世时期有着显著的构造抬升，并且相信，豫西地区新构造抬升的主要驱动来源是欧亚板块青藏高原被印度南亚板块挤压、楔入。这种应力传递甚至从西南到华北、华东，我国北方 20 万年以来垂直构造运动变动幅度与速率见表 1。

表 1　　　　　　　我国北方 20 万年以来垂直构造运动变动幅度与速率表

构造单元	构造运动变动幅度/m				垂直构造运动变动速率/(mm/年)
	20 万～10 万年	10 万～1.0 万年	1.0 万～0.07 万年	0.07 万～0.00 万年	
阿拉善边部	21	77	27	2	
陇西内部	30	66	32	4	15
鄂尔多斯边部	24	50	22	2	5.0
陇西—陕北边部	19	41	22	6	7.5
晋东内部	24	60	20	11	6.0
华北平原内部	28	77	32	19	23.0
银川—贺兰山	97	160	74	10	15.0

构造单元	构造运动变动幅度/m				垂直构造运动变动速率/(mm/年)
	20万～10万年	10万～1.0万年	1.0万～0.07万年	0.07万～0.00万年	
河套—大青山	50	86	42	32	
渭河—秦岭	53	107	64	45	8.0
汾河—吕梁山	69	126	70	35	16.0
华北—太行山	72	183	58	30	38.5

根据表1的估算结果，全新世以来，我国北方的构造运动变动幅度要高于此前，而最近700年，则是升降幅度更为显著的时期。

史前时期，黄河没有堤防约束，也无人类因素影响，其自然演化基本驱动就是地质构造内营力和水力的外营力驱使。

二、黄河与郑州地区的水系演化

龙山时期黄河下游灾害与大禹治水文化实质[*]

徐海亮　　轩辕彦

摘　要：本文借鉴构造地质、考古文化和古地理、河流地貌多学科研究成果，从史前华北平原黄河下游南北演化变迁的地理地质机制，黄河改道引发的区域性洪涝灾害，以及龙山文化迁徙、颛顼到大禹时代治水文化的演化，重新审视与诠释文献中相关灾害环境史、治水文化史问题。

关键词：龙山时期　黄河下游演变　大禹治水文化

伟大的屈原，在《楚辞·天问》中，发出振聋发聩的呼喊："八柱何当？东南何亏？……洪泉极深，何以窴之？地方九则，何以坟之？河海应龙，何尽何历？鲧何所营？禹何所成？康回冯怒，墬何故以东南倾？"他在《天问》里，对先秦传说和文献中涉及神州自然灾变与龙山文化的传说，提出一系列发人深省的疑问，都可能是客观自然过程的反映和联想。

一、对龙山时期黄河变迁与大禹治水、颛顼改革的基本认识

在《河南龙山时期自然灾害与大禹治水真谛》《中原文化传统与大禹治水》《对"绝地天通"改革核心及其影响的一些认识》《"崇山"与中原文化的传播》四篇文章里[❶]，表述了一些与龙山时期灾害环境、黄河演化及史前文化迁徙、社会嬗变的相关认识：

（1）大约距今 4800～4600 年期间，黄河下游的主流南移。这是龙山时期华北平原南部洪灾环境发生变化的前提。距今 4200 年左右黄河又转回北流。历史时期的黄河南泛夺淮，不过是史前和地质时期多次发生的黄河泛流进入黄淮平原的重演而已。王青认为："在距今 4600 年前后的龙山文化早期，黄河下游河道发生了改道，走今淮北平原的废黄河一带入海"。[❷] 周树椿说"黄河南流时，荥泽、圃田泽、崔符泽、逢陂泽是黄河南流的故道"。[❸]

（2）华北构造基底和构造活动控制着黄河的南北变动。有人认为黄河在龙山晚期北流因于种族战乱祸害（蒙文通，1941 年），或先民利用太行山洪积扇前缘低洼地势，人工开挖疏导所致（吴忱，1991 年）。有人认为共工怒折不周山的传说，是指距今 4200 年左右，黄河再度北流入渤海，得力于发生在太行山南端的一次空前大地震（任美锷，2002），[❹]

---

[*]　本文系提交河南省历史学会 2016 年年会交流论文，刊载于《中原文化研究》，2017 年第 1 期。

❶　上述论文辑入徐海亮《郑州古代地理环境与文化探析》一书（科学出版社，2015 年）。

❷　参阅王青撰写的《试论史前黄河下游的改道与古文化的发展》，刊载于《中原文物》，1993 年第 3 期。

❸　参阅周述椿撰写的《四千年前黄河北流改道与鲧禹治水考》，刊载于《中国历史地理论丛》，1994 年第 1 期。

❹　参阅任美锷撰写的《4280a BP 太行山大地震与大禹治水后（4070a BP）的黄河下游河道》，刊载于《地理科学》，2002 年第 5 期。

也有人认为一次重大天文灾害可能重创了平原的古水系，导致黄河南流（王若柏，2003）。

（3）尧舜治水时代确实有过一个基于气候变化的漫长多水期，大水不是局地偶发，而是黄河中下游广泛存在。《尚书·尧典》里："帝曰：'咨！四岳，汤汤洪水方割，荡荡怀山襄陵，浩浩滔天。下民其咨，有能俾乂?'佥曰：'於！鲧哉。'帝曰：'吁！咈哉，方命圮族。'岳曰：'试可乃已。'帝曰：'往钦哉！'九载，绩用弗成。"在《尚书·益稷》里，有"帝曰：'来！禹，汝亦昌言。'禹拜……曰：'洪水滔天，浩浩怀山襄陵，下民昏垫。予乘四载，随山刊木，暨益奏庶鲜食。予决九川，距四海，浚畎浍距川……'。"《墨子·七患》说的"禹七年水"，《庄子·秋水》说的"禹十年水"，都是对这一群灾并发时期的记述。中原龙山古城普遍有洪水冲蚀的痕迹，支持了文献记载。

（4）大禹治水背景是：黄河主流北上进入河北平原后，黄淮水系混乱，旧道壅塞，雨涝无泄，湖沼遍布，沮洳混乱不堪。所谓"共工之王，水处十之七，陆处十之三"（《管子·揆度》），可能是后世对整个龙山时期水泄不通、洪涝弥漫的客观写照。到龙山晚期，先民平治水土，排出积水，禹"浚畎浍而致之川"，疏浚排洪除涝河道，理顺黄淮平原糜烂的水系，诸水顺地势得人工分野，致横野之水"地中行"，不再漫流泛滥。同时，禹"陂障九泽"（《国语·周语下》），"人得平土而居之"（《孟子·滕文公下》），"令益予众庶稻，可种卑湿"（《史记·夏本纪》），在古豫州、兖州地区大规模平治水土，治理坡洼陂泽、沼泽湖池，开辟垦殖、发展稻作。

各种典籍把龙山文化后期长达200多年的黄淮平原古兖、豫地区先民治水、开辟垦殖活动的传说，辗转记录演绎，层层叠积，投射于创世纪的治水英雄禹王一身。

（5）距今5000年之时，气温下降，距今4800～4600年、4000～3800年两个时间段，各种自然灾害集中频发。颛顼、共工时期，"祸灾荐臻""祸乱并兴"，正是其间灾害多发的反映。《淮南子·天文训》说："昔者，共工与颛顼争为帝，怒而触不周之山，天柱折，地维绝。天倾西北，故日月星辰移焉；地不满东南，故水潦尘埃归焉。"有可能是对一次大地震和大洪水的描述，地震促发黄淮水涝灾害频仍。地震、洪水也给共工氏造成严重灾患，生态失衡，社会与政治动乱，"皇天弗福，庶民弗助"，灭亡了共工。

距今4200多年前出现系列降温和洪涝灾害事件，持续严寒200年，极端性地震与气象灾害送走了龙山文化，促进了文化的转型。阶段性干凉气候却成为大禹治水成功的一个条件。

（6）全新世早期中期，有多个强震高发期（前8670～前7920年、前7190～前6900年、前5695～前5255年、前5255～前4880年、前4470～前4250年、前4250～前3945年、前3115～前2860年、前2440～前2010年、前2010～前1610年等），强震是构造升降剧烈的标志性事件，期间往往伴随极端寒冷、毁灭性洪灾和海侵事件发生。

刘东生院士等使用环境演化高分辨率分析（10～100年时间尺度）的方法研究全新世古环境问题，提出距今4800～4200年间有一次降温事件与海进是华北平原的重大灾害环境事件。

渤海最大的海侵岸线分布在现代海岸线内30～100公里，距今7000～6000年（有的延迟至5500年）。❶海面波动，形成距今4700～4000年、3800～3000年、2500～1100年的

---

❶ 参阅施雅风撰写的《中国海平面变化》（山东科学技术出版社，1992年）。

三道贝壳堤,每一次波动,都影响到黄河河口段的泄水、输沙,下游河道发生躁动,出现改道事件。"逆河"是海侵致河口段水面呈反坡降的写照(但是构造、气候和海平面各系统的振荡,并非一一对应或耦合)。

(7) 不论黄河发生什么规模的南北变迁改道事件,都在豫东、鲁西南和豫北、冀南平原制造了一系列巨大且持续的大范围洪涝灾难,水系被打乱重新组合,沧海桑田易位,且与海平面变化、气候湿润、持续降水洪涝灾害叠加;形成洪荒时代的传说和残存不全的先秦文献描述。龙山早期,先民以迁移避水为主,龙山晚期,先民在避水同时,整合各族团力量,着手整理水系,疏泄排水,从而进入了大禹治水文化阶段,催生了统一的王国。

(8) 颛顼承黄帝而有中原。《左传·昭公十七年》剡子说:"昔者黄帝以云纪,故为云师而云名。炎帝氏以火纪,故为火师以火名。共工氏以水纪,故为水师而水名。……"颛顼命少昊后裔昧的儿子台骀治汾、洮(涑)二水,开发了晋中、南土地,台骀被封为一方水神,受祀至今;唐尧族群从而自黄淮迁往汾河流域。颛顼生活于大汶口晚期或龙山早期,即治水的颛顼族群可能生活在唐尧以前的两三百年中;"颛顼的时代大抵可与公元前2600年开始的这一时期晚期,亦即龙山时代之初相对应"。[1]

(9) "嘉生不祥""祸灾荐臻",天灾威胁社会,或天灾人祸交加,对灾害的普遍性恐惧促发"夫人作享,家为巫史"。自然灾害(特别是水灾)也是促进颛顼宗教改革的原因之一,社会动乱与自然灾害相互渗透、联系。颛顼与共工部族都面对了黄河旱涝、洪水变异,在宗教改革之后,颛顼战胜了治水著称的部族共工氏,迁都瓠子河泛道边的帝丘,重新拥有了中原之地。颛顼与共工的争斗,也是基于灾害环境、生存空间的政治斗争。颛顼黄帝族团与洪水的斗争,与共工族团的斗争,都蕴含了避水、治水的内容。

(10) 龙山早期的黄河改道南流使冀、鲁、豫一带的生态环境发生剧变,人类不得不随之大规模转移。这可能也是颛顼族去东夷少昊部的原因之一。尧舜禹治水发生在龙山晚期的灾害群发时期,适逢黄河主流迁移、改道东北返回渤海。史前黄河变迁与南北滚动改道是个缓慢过程,类似宋金元时期黄河南泛经历了数百年才稳定到明清河道上来。所以,共工与颛顼时的大洪水、尧舜禹时的大洪水泛滥,历时较长,而文化的迁移和嬗变又与黄河变迁休戚相关。

以下段落不再重复阐述这些内容和认识,而要分析龙山文化晚期逐渐形成的大禹治水文化的自然背景与实质究竟是什么,并上溯到龙山早期共工、颛顼族团涉水冲突,追究黄河下游变迁的地质地理背景,寻找相关的自然环境与考古人文证据。

二、龙山时期先民面临的黄河下游洪水的地质环境背景

河行旧道,这是自然演化中一个常见到的地学现象的经验概括。

基于对历史时期黄河变迁过程及其变化规律研究,认为史前黄河下游的南北改道泛流,是地质时期黄河演化变迁的继承性再现,不同的是,地质时期的黄河变迁与泛流完全是自然的,自龙山文化的晚期起,黄河环境受到先民自发性围堵和疏理分洪水道、排干滨河湖泽的干预;到历史时期,人类建造系统堤防,控制黄河南北摆动,积极参与了地质地

---

❶ 参阅李学勤撰写的《中国古代文明与国家形成研究》(云南人民出版社,1997 年)。

貌环境再造。

以今鉴古，黄河下游始终在太行山东、嵩山东和鲁中山地以西、南、北摆动，而鲁中山地是一庞大的"中流砥柱"，无论黄河如何演变，总在其左右低洼区域择路，或选择进入渤海，或进入黄东海。以两汉、唐（北）宋的黄河为界线，仰韶晚期、龙山早期黄河下游的主流，大致行经该线以北地区的泛道河线（山经河、汉志河、京东故道），而龙山早期黄河主流，距今4600年左右，翻滚南下，泛滥于该界线的东南地区，泛道接近金元、明清时期各阶段的各条泛流和稳定下来后的河线。这似乎也就是老天回答屈原天才的质问"何故以东南倾""东南何亏"的客观实际所在。只是到了龙山晚期，大约距今4300～4200年以后，黄河下游的主流又逐渐向北变迁，回到仰韶晚期的上述北流泛道区域，相对稳定到"山经"河、"禹河"（及"汉志河"）的方向上。龙山时期数百年的演化过程，既含有黄泛区空域以及洪水径流量级的渐变，也反映了突发的地质灾变。与历史时期不同的是，毕竟当时无堤防，下游多汊分流，填塞则左右滚翻，变迁完全处于天然状态，只是某个时期河流的主流、岔道与水沙量级发生相对变化，此起彼伏，非同历史时期的决堤改道。龙山晚期的治水活动，延续至大禹功成，长约二百多年，人类充分利用了环境变迁，适应了河道演化的格局去整理局地水土环境。涉及的范围，就在鲁西南、豫东、苏皖北部地区，即古史说的兖州、豫州地区。

人们误以为黄河的南北泛流和改道仅仅是一个水文问题（洪水和泥沙），其实从河流改徙的本质看，与水文泥沙系统相联袂，而动力量级和变动尺度更大的，乃是环境地质问题，地质环境决定和制约着黄河的时空变迁，构造断裂往往控制着河流的改徙走向。一般意义上说，黄河的泛流区域和泛道，总是选择在基底坳陷、断陷的部位上，而基底隆起、台隆部位和方向，较难被泛道选择，甚至基本不可能。北宋末黄河大举南泛以前的两三千年中，下游河道基本在冀中、黄骅、济阳坳陷中，在两侧隆起的钳制中变迁，尽管也有突破某些隆起（如通许太康或内黄隆起），或数次选择在东濮坳陷里走瓠子河泛道、在开封坳陷中走颍河、汳河泛道，进入华北南部的济宁—成武断陷、周口坳陷。不同的地质活动阶段，基底构造不同单元的迭次、隐形和相对的升降活动，隆升或坳陷沉降加速或减缓，相关的断裂构造活动加剧或减缓，决定和制约着黄河下游的演变趋向。在此前提下，华北平原的晚更新世与全新世古地理岩相图[●]显示，黄河下游以郑州为全新世冲积扇的顶点，发散出多条古泛流河道带，历史的黄泛路线包络在这些泛流古河道带中。特别重大自然决口，都发生在活动断裂的交叉点上。更有意思的是，古东海海洋地质研究披露：在距今1.8万～1.5万年的冰盛期的最低海平面时的暴露的东海大陆架上，古黄河口与长江口河道相距不远，双双落入冲绳海沟。远古黄河未必非得绕道从渤海海峡出海（尽管目前有人认为黄河古道，经渤海中央海槽出黄海的济州水道），它可以直接穿过需要淀积塑造的黄淮平原。在低海平面时期，黄、淮经由塑造的鲁西南、豫东诸水道，是后世黄河泛滥、自然减水分洪凭借的通道，鲁豫苏皖毗连地区的与古水道相连的大片湖泽、低洼区，是巨量泛水泥沙容纳之区。在《中国黄淮海平原地貌剖面图》上（邵世雄等，1989），罗山—汶上剖面上全新世早期、早中期，自菏泽一带到大运河，同期武陟—萧县剖面商丘以西，均

---

❶ 参阅石建省、刘长礼撰写的《黄河中下游主要环境地质问题研究》（中国大地出版社，2007年）。

为深厚的湖沼相沉积地层。

大禹时代先民治水的成功，是地质环境过程的一个标志，也是环境史的一个标志点。黄河泛流大规模地离开华北平原南部坳陷区，进入北部坳陷区，也是相应的气候环境变化"冷干时期"标志，是一个人地关系变动——人类参与地质环境改善的标志。先民感知系统中的"洪水"，既有流域性特大洪水，也有实实在在的区域性淫雨、暴雨导致的河水暴涨、泛滥，有泥沙淀积抬升导致的河床演变、水文变异，有海平面上升导致的河口、下游排泄不畅，沮洳不堪，有地震灾害连锁引发的洪水灾害，更有河道变迁后区域水土关系急剧变更——即沧桑巨变，也还有气象灾害发生和河道变迁后的江河湖泽关系的恶化。

灾害，蕴含了自然和社会的双重内涵，乃至传说中"洪水"概念包含了人类社会变化、社会结构演化嬗变下，人地关系认知体系的变化。所以，古文献传下来的"洪水"概念，包含自然和社会诸多方面的极复杂和深刻的综合信息。

河南省地矿厅张克伟分析说"全新世中期太行山东、南整体上隆，沉降中心向东、南方迁移，孟津—黑羊山断裂也发生了继承性掀斜运动，则是河流向南、东滚动改道的地质背景"。[1] 这里深刻地剖析了黄河龙山南流和北宋末至明清南流的根本地质动因。

龙山时期的黄河大部分水沙，离开原河北平原旧泛道，主要经由鲁豫苏皖平原南下：①郑州东泛决口的颍河、汜河泛道；②濮阳附近泛决口的瓠子河泛道。龙山晚期南泛结束后，这些泛道演化成先秦的颍水、丹水（汜水）、济水、瓠子河水道。此①系列泛道为花园口、原阳东、新乡—商丘系列构造断裂控制，而②系列泛道为东濮断裂、济阳断裂及五星集等系列构造断裂控制，系列断裂的走向决定着诸泛流的取向，断裂的活动烈度与变动时间决定着泛流变化出现的时空。元、明、清时期，新乡、原阳、郑州、中牟、开封等地系列决溢事件发生，可以看成是史前黄河决溢南泛的再现。历史时期元光三年、熙宁十年决口泛滥走的就是瓠子河道（史上还有多次泛决），下冲东平湖、南四湖与徐、泗地区，南走菏泽、济宁，而考古文化颛顼之墟的濮阳高城，就紧靠当年的瓠子河泛道。关键的是：历史时期南北主要泛道，基本都是地质时期、史前黄河的继承性泛道。地质构造在黄河下游演化变迁中发挥着重大作用，这是借鉴历史时期的黄河南泛，探索史前黄河变迁的基础。

相对于郑州桃花峪而言，濮阳属于中全新世黄河冲积扇亚扇区的一个顶点，冲积扇亚区的主脊古河即瓠子河。借鉴现行黄河兰考东坝头到位山的河道地质纵剖面图来推测龙山时期的瓠子河泛道，地质纵剖面图显示了黄河河床下的古地面黏土、壤土、沙壤土多元结构，濮阳市坝头集以下到东阿县位山段，应为古瓠子河泛道行经的一段剖面，台前县赵庄钻孔已进入古大野泽范围。在今东平湖钻孔检测，孔深 7.8 米处地层 ^{14}C 测年结果距今（2250±80）年，为秦汉巨野泽沉积，孔深 10 米处地层 ^{14}C 测年距今 4500～5000 年，为龙山时期大野泽沉积。[2] 黄河离开瓠子河、颍河汜河泛道回归河北平原，并稳定在冀中、黄骅坳陷的《山经》河（处于太行山前大裂谷）及《禹贡》《汉志》河道位置[3]之后，夏禹

---

❶ 参阅安芷生撰写的《黄土 黄河 黄河文化》，辑于《黄河冲积扇上部构造运动与河道变迁的关系》（黄河水利出版社，1998 年）。

❷ 参阅李金都、周志芳撰写的《黄河下游近代河床变迁地质研究》（黄河水利出版社，2009 年）。

❸ 以上河道均以复旦大学著名历史地理专家谭其骧先生命名和阐述内涵为准，系列文献略。

时代因势利导，在古兖、豫地区治理混乱水系和平治水土成功。类似过程，有1855年南泛的黄河下游，从铜瓦厢改道重新进入济阳坳陷，行经现行河道（济水泛道），十多年重建堤防，河道相对稳定下来。历史时期的这一逆反过程可作一借鉴，让我们理解史前黄河演变大势。

晚更新世末、早中全新世，黄河自汳、颍泛道曾大规模入侵郑州东部，主要经岗李—柳林—祭城—白沙北……，郑州全新世早中期岩相古地理分析图❶显示，该道系桃花峪冲积扇体的南翼主脊，其沉积厚度最大可达15米以上，泛道主流透镜体宽度可达4～8公里。郑州花园口、大河村、杓袁、沙门到森林公园地下，多有中细沙沉积，史前多次行黄。在森林公园钻孔和东风渠霍庄地震规划钻孔中检测了其河流相沉积年代，前者深黄色中细沙层为（11.20±0.95）ka BP，浅黄色细沙层为（4.62±0.39）ka BP，而距今3ka的土层系沙质亚黏土，应为湖沼相沉积物（河流中止）；后者的粉沙层距今4.70ka BP。❷ 大致显示了该泛道形成的年代。在郑州大河村钻孔与圃田钻孔，显示出湖泊沉积层的上覆、下伏层，分别有距今7.96～6.04ka及12.03～9.72ka洪积层、9.72～8.98ka与5.43～4.74ka的河漫滩沉积，❸ 郑州黄河泛流，全新世初就大规模发生，在颍河、汳泛道之间择取不同流路，河流相与湖沼相迭次出现。大河村有仰韶到龙山早中期（4.4～4.1ka BP）文化，但龙山晚期文化阙失，可能水系变迁强迫文化迁移。❹ 除此之外，在鲁西北也发现了浅埋的黄河古河道，王青认为，"这些古河道应是龙山文化之前的黄河入海河道……黄河至少在大汶口时期很可能是流经这些古河道入海的。"❺ 更早以前，黄河也曾从济阳坳陷的济水泛道分流入海（龙山时期前）。黄河在大冲积扇有多路主泛道古河道带，是一个地质、地貌客观存在的事实。

龙山早期黄河南泛的构造地质背景是：其间太行隆升加剧，诸水冲洪积扇加快向东南发育，挤压黄河干支向东南迁移，不排除当时有地质或天文灾变事件发生，发生水文振荡，促使了黄河水沙在短期里骤然南下；适逢通许—徐州与泰山隆升相对减弱，黄水得以沿一些构造断裂线，穿过隆升区之间南下，甚至冲越隆升区。由于当时无堤防约制，水沙散漫在黄淮平原上，这一时期大量泥沙填充了平原起伏的洼地和广布的湖沼，穿越淮北平原夺淮入海能量不足，所以没有像晚更新世末、全新世初和明清黄河那样形成显著的黄海河口外水下三角洲❻。到龙山晚期，构造地质现象可能与早期恰好逆反，太行山隆升减缓，其东麓的深断裂活动加剧，冀中坳陷沉降加速，内黄隆起间歇减缓，黄河的大量水沙自豫东又回到了河北平原上。邵世雄主持编绘的《中国黄淮海平原地貌图》的文字说明，提出：全新世黄河冲积扇以沁河口为顶点者，沉积于公元前2278年以前至公元1194年，也即"山经河"或"禹贡河"至宋金的豫北黄河冲积扇的发育年代。这个公元前23世纪

---

❶ 参阅河南省地质矿产局水文地质一队、地质矿产部水文地质工程地质研究所撰写的《河南平原第四纪地质研究报告》（1986年）。

❷ 参阅徐海亮撰写的《郑州古代地理环境与文化探析》（科学出版社，2015年）。

❸ 参阅于革、徐海亮等撰写的《郑州地区湖泊水系沉积与环境演化研究》（科学出版社，2016年）。

❹ 参阅郑州市文物考古研究所撰写的《郑州大河村》（科学出版社，2001年）。

❺ 参阅周民叔等撰写的《环境考古研究（第三辑）》[《鲁北地区的先秦遗址分布与中全新世海岸变迁》（北京大学出版社，2006年）。]

❻ 一些海洋界朋友以黄东海没有发现全新世中期河口水下三角洲来判定黄河此期没有南泛，值得商榷。

大致就是"禹贡河"生成的时间。❶ 任美锷院士推测的太行山超强地震促使黄河改道走禹河河线，不是没有可能的，且正好发生在华北的公元前 2440～公元前 2010 年强震期中❷，探讨需要将古地震与河流地貌学科结合，予以分析、辩证。

三、龙山时期黄河演化的文献记载和其他

囿于对古文献的理解，迄今黄河史的研究没有认真去涉及和解读上述史前黄河演变问题。屈原的《天问》早就提出了古史和古黄河的疑问，启迪本文从疑似神话传说中发现问题。

《国语》等多说颛顼、共工时有大洪水。《国语·周语下》："昔共工弃此道也，虞于湛乐，淫失其身，欲壅防百川，堕高堙庳，以害天下，皇天弗福，庶民弗助，祸乱并兴，共工用灭。"《列子·汤问》云："……共工与颛顼争为帝，怒而触不周之山，折天柱，绝地维；故天倾西北，故日月星辰就焉；地不满东南，故百川水潦归焉。"《淮南子·兵略训》说"共工为水害，故颛顼诛之"，《淮南子·天文训》中的"昔者共工与颛顼争为帝，怒而触不周之山，天柱折，地维绝。天倾西北，故日月星辰移焉；地不满东南，故水潦尘埃归焉"；涉及颛顼与共工族团的华北生态环境系列灾害事件大致是同一件事，突出显示了距今 4600 年左右黄河南下的灾害事件。当时黄河是自然河流，"百川"泛指并行与瀚漫的水道。共工氏据黄河西侧，为保全自己族团，做局部工程"壅防"是可能的，这种"以邻为壑"的做法却可能给颛顼族团的"下风水"地区加大灾患。所说共工"水处十之七，陆处十之三，乘天势以隘制天下"，可能也含指共工氏趁洪水之势威胁天下。"地不满东南"，恰恰寓意东南低下，黄河泛滥而至，"故水潦尘埃归焉"。"天倾西北"，则可能包含上古太行山强震和构造活动的信息。《山海经·大荒西经》说"风道北来，天乃大水泉……"，也包括当时普遍有大水的信息。本来，炎帝共工与黄帝颛顼就有争领地、争帝位的斗争，面临黄河向东南滚动迁移，河西的疆土（太行山前冲洪积扇）越发推进延伸，河东（豫东、鲁西南地区）地域在洪水压迫下越发收缩，原本就对立的两大族系生存利益冲突更盛。年幼的颛顼东奔有亲缘关系的少昊族团，不完全就是政治斗争失利，还蕴含有族群避水避乱的信息。❸ 而且颛顼不一定非要到东夷族团的大海边上不可（日照），可能就从今濮阳黄帝故都，逃离瓠子河畔泛区，到了距濮阳高城约 100 公里的阳谷县景阳冈古国略高地带避难。《淮南子·本经训》说："舜之时，共工振滔洪水，以薄空桑。"共工族团居豫北太行山前高地，所谓振滔洪水，即借水土之高势"激发"洪水，黄帝族团居于相对较低的河济地区，是共工（拟人化和妖魔化的黄河）发水的首要受害族群。山东省考古所张学海诠释，空桑就是穷桑，这一带位于"古济水西侧，冀鲁豫交汇区山东一方，属于大汶口文化的重要分布区——大汶河分布区的前沿地带，与仰韶文化东西为邻。此地又是黄泛区，自汉武帝时河决瓠子以来，黄河泛滥决口经常湮没这地区，且有济水为患，自古就是水患重

---

❶ 参阅邵世雄等撰写的《中国黄淮海平原地貌图》（地质出版社，1989 年）。

❷ 参阅任美锷撰写的《4280a BP 太行山大地震与大禹治水后（4070a BP）的黄河下游河道地理科学》（2002 年）。

❸ 类似隔河的水土变迁之冲突，当代仍然存在［参阅胡英泽撰写的《流动的土地：明清以来黄河小北干流区域社会研究》（北京大学出版社，2012 年）］。

灾区。这些都与穷桑的地理条件很吻合……"并认为这就是颛顼还都濮阳前黄帝古都的穷桑（也有说在曲阜）。他说《史记·周本纪正义》引《帝王世纪》曰："黄帝由穷桑登帝位，后徙曲阜。少昊邑于穷桑，以登帝位，都曲阜（按《太平御览·皇王部》引此，下有'故或谓之穷桑帝'之文）。颛顼始都穷桑，徙商丘。"❶所以，被妖魔化的善于治水氏族的共工，其实是神化与人格化了的黄河洪水灾害，即通过黄帝族团活动中心地带，东南直下淹没空桑的天灾人祸，共工势力趁机扩大占据颛顼族团地盘。炎、黄族团的长期斗争，就伴随着黄河在华北平原上的南北摆动延续数百年之久，一直到大禹治水的时代，遂有禹伐共工，杀相柳之说。世代承袭的传说，把龙山晚期黄河回迁到豫北、河北平原的水灾，也归罪于共工氏了。经史里记载的有关传说，自然是胜利者黄帝族团的主流性诠释，也是黄河下游千年演化的最好旁证。龙山晚期黄河北上，在《山经》《禹贡》里就可以找到它稳定下来后的位置，先秦文献中多有描述，唐尧虞舜族团早年活动中心在鲁西南，就在菏泽附近的定陶与雷夏泽畔。文献中讲的洪水灾害，一方面包含着确实存在的气象灾害；另一方面"怀山襄陵"，是黄水在豫东鲁西南和豫东泛滥、湖泽漫溢的写照，唐尧避水，其政治中心自鲁西南迁移到山西汾河中下游，王守春根据考古文化和典籍记载，从历史地理的角度分析，说"尧都是从今山东省西部的定陶迁移到山西省临汾地区的。"❷高度文明的陶寺文化应该就是唐尧虞舜文化迁移到汾河后出现的。

凭借自然科学重审先秦文献透露的史前信息，多少回应了屈原。现有说空桑村在豫东的杞县葛岗，但泛指鲁西南与豫东地区，而龙山时期黄河南泛，恰好就在这一个相对低洼的地区，具体的景阳冈古国，在它的北部区域。豫东的灾民或寻高地居栖，或远走京广铁路以西的嵩箕山前高地丘岗安家，王油坊文化远走江淮、黄埔松江、钱江，是否与此有关？

黄河变迁，也可以从华北平原古文化的演变与跃迁做一旁证。

龙山晚期鲁豫皖苏接合地区的文化考证和研究，给出集中于大禹一身的治水文化实证成果。从仰韶晚期到龙山、岳石文化时期，鲁豫皖苏的黄河冲积平原低洼地区，黄河、济水、濮水、沮水流经，大野泽、菏泽、雷泽相伴，有许多堌堆文化遗址，仅菏泽与济宁市，即发现500余处。菏泽市文化馆的郅田夫先生，早在20世纪70～80年代就有研究。类似文化地貌，豫东称之为丘、岗、塚子，冀中冀南称之为台，鲁西南叫台子、城子、埠子、古堆，苏皖称为墩、岗，都是先民维护培高、攀附得以居栖和避水的墩台。这些高台遗址，是先民规避黄、济、濮、汳、颍诸水泛滥的明证，含逃避汛期湖泽水涨溢的需要，但逃避洪涝是主要的。

尧，垚也，垚也，积土而成垚。"尧"的寓意，也可能就是原居栖大河泽畔高堌的部族。

龙山时期豫东北、鲁西南平原的先民，如要大规模地避水，远走他乡，有三条主要选择方向：走太行、鲁中、嵩箕高地。颛顼走少昊之乡，唐尧驱逐共工氏，经"八陉"奔山西，夏后氏先民在嵩山周围巩固大后方，也与豫东先民避水行为关联。避水只是一种选

---

❶ 参阅张学海撰写的《张学海考古论集》[《东土古国探索》（学苑出版社，1999 年）]。

❷ 参阅王守春编写的《尧的政治中心的迁移及其意义》（科学出版社，2007 年）。

择，太行山前的先民，也完全可能沿着东南而下的减水河河道，迁移到豫东和鲁西南地区，交汇东夷文化。先夏和后继的先商部族，都沿袭过这种顺泛道走向而迁居移民的。

所以先民并非简单和被动地避水，他们也适应环境而生存，堌堆文化就是证据。在汲水泛道边的永城造律台、王油坊龙山时期遗址的文化，年代为 2580～2140a BP。据第二次文物普查成果，豫东地区龙山时期遗址有 151 处，鲁西南有 80 处，皖北也有 49 处，总和远大于该统计地区大汶口文化的 90 处，说明了整个龙山时期发展，留下的先民对生存环境逐步适应。但是，在豫东发现的 151 处中，能够辨认确定为晚期遗址的仅有 36 处，鲁西南仅 2 处，也说明在大洪水后期留存下来不算多！（诚然有一批尚未辨识确认的）这种趋势从河南龙山——二里头文化遗址的分布图上也可以看到，遗址密度大大降低，可见灾害环境严重地限制了聚落发展。不过，豫东黄泛区龙山古城已出现，淮阳平粮台古城就是一例，该城兴筑时代距今约 4300 年。从遗迹分析，城墙的首要功能，可能还是防水，"昔者夏鲧作三仞之城"，传说中鲧堵水作堤、作城，从护村堤、小围子肇始。龙山古城产生，说明社会分化、氏族集团之间斗争激化。从聚落遗址分布看，他们多数处于黄淮海大平原的第二湖沼带上，即黄河、济水、丹水、泗水河流湖沼水系上。与此同期，黄河大三角洲顶部的第一湖泊沼泽带上（郑州、新乡、开封）沿黄、济、丹、颍河水系湖泊沼泽群一带，更是聚落密集，郑州目前以西山古城、登封王城岗、新密古城寨为代表，出现极其密集的古城、卫星城邑分布，一些外围聚落，夏商成为著名的城邑群。王城岗早期是公元前 22 世纪的古城，晚期也毁于洪水。西山古城的卫星城堡，有的圮废于广武黄土岭，有的就隐藏在岭下黄河滩深层。西山古城废于 4800 年前，很可能与龙山早期黄河大幅度南泛有关？利用郑州市交通与城建工程地质资料，发现在广武山东断头到南阳寨、人民公园一线浅层，有早、中全新世的河流相沉积层，其沙层透镜体宽达 2～3 公里，说明有大河经过，其为黄河无疑。

《史记·殷本纪》里商汤作《汤诰》云："古禹、皋陶久劳于外，其有功乎民，民乃有安。东为江，北为济，西为河，南为淮，四渎已修，万民乃有居。"讲的就是这个龙山晚期的治水范围和聚落文化发展事实。沈长云 1994 年曾写出《夏后氏居于古河济之间考》和《禹都阳城即濮阳说》，认为夏后氏早期居住的地域在古代的黄河及济水流域之间一带，禹所都的阳城即古河济地区的中心濮阳。"濮阳五星乡的高城遗址发现后，更加深了认识。❶ 我们当然不是把夏后氏与大禹文化作为哪一个具体的局地区域文化来看，而是作为大中原文化来认识的。通过二百多年治水活动，河济地区聚落文化曲折、稳定发展，具有了一批以典型的龙山古城都城为中心的聚落区，说明龙山晚期治水—大禹阶段治水成功地推动了社会发展。

从河南省龙山文化遗址分布图看出，众多遗址位于历史时期的豫东平原诸水道附近（或河间高地上），说明黄河南泛时期，径流沿袭晚更新世末的古水系下泄，洪水并未毁灭豫东先民的整个生境，传说中的大禹治水，也即龙山晚期豫东和鲁西南治水，相当大程度上是疏理被黄河泥沙淤塞的原有水系，排除湖沼地带壅堵的积水，排干与开发一些沼泽，即对"洪荒"条件下的自然水系环境进行人工的分野。地理界前辈徐近之在 20 世纪 50 年

---

❶ 参阅沈长云撰写的《夏族兴起于古河济之间的考古学考察》（刊载于《历史研究》，2007 年第 6 期）。

代治淮初期的论文《淮北平原与淮河中游的地文》，提出豫东淮北平原的"平行顺向河"概念，大致指的古今豫东的沱河、浍河、包河、大沙河、濉水、惠济河、涡河、贾鲁河、颍河、汾泉河、洪汝河等，认为它们皆属于黄河的减水河，黄河南泛时，它们都是西北—东南而下的分洪河道。

无独有偶，在禹州北的具茨山顶，有一系列刻绘着各种神秘文化符号的岩石，其中在一较为平整的岩面上，刻画了大致平行且东南顺向而下的槽线，岩面的倾斜度接近现今豫东平原的自然坡面，人为刻槽的走向，也大致与豫东的顺向河接近。它给熟悉豫东地理和黄河变迁史的人第一印象，几乎是一块铭记整理豫东远古水系的丰碑，难道它就是龙山晚期治水成功后，夏后氏先民铭刻的黄河南泛前豫东水系——或者大禹整理恢复了的水系，在嵩山余脉矗立的纪功碑吗？拟或是仰韶先民刻画的早年豫东水系呢？![❶] 良渚古水利工程的发现与研究，把先民规模性的治水活动上溯到距今 5000 年前，是否能够增强我们对大禹文化（含禹迹）探索的一些自信呢。

袁广阔在豫北孟庄、戚城、高城、铁丘等古城考古研究基础上，提出以濮阳为中心，有一个广大的称之为后岗二期的河济文化区，洛阳、郑州地区人龙山晚期文化以及王油坊类型均包含在其中。他提出"河济地区的后岗二期文化应当是探索早期夏文化的主要对象。""后岗二期文化主要分布于太行山南麓和东麓的黄河、古济水两岸，在西到济源，东至山东菏泽，北到冀南，南达开封以南的广大区域内……""后岗二期文化遗址众多，仅在河南濮阳、安阳、新乡、开封以及山东菏泽、聊城等地就已经发现一百多处，而且还有大量遗址掩埋在多次泛滥的黄河淤沙下。目前，考古学者已经对安阳后岗、汤阴白营、辉县孟庄、濮阳马庄、新乡李大召、菏泽安丘堌堆、杞县鹿台岗、永城王油坊等遗址进行了发掘，出土了丰富的遗迹和遗物。"文献中的夏都"禹都阳城、太康斟鄩、相都斟灌、帝宁老丘、胤甲居西河和桀居斟鄩。……除桀都斟鄩位于豫西的伊洛河流域外，其余都在河济地区。"而《史记·夏本纪》记载夏王朝的姒姓封国，"有扈氏在今郑州以北黄河北岸的原武一带，斟寻氏在今山东省潍坊市西南部，费氏在今山东鱼台县境内，杞氏在今河南开封杞县境内，缯氏在今山东临沂县境内，辛氏在今山东菏泽境内莘冢集一带，斟戈氏在河南开封和商丘二地区之间，葛氏在今河南宁陵县境内，韦氏在今河南滑县境内，顾氏在今河南范县境内，昆吾氏在今濮阳一带，有虞氏在今河南省虞城县境内，有仍氏在今曹县西北，有鬲氏在今山东德州。"[❷] 因此，河济地区，是龙山晚期中原治水诸氏族居栖、开发的主要地区。大禹治水时代结束，这一地区在数百年治水的基础上，推进了社会转型，氏族凝聚，得以密集的聚落、城邑，突出的中心古城确了定水退人进和文明飞跃的事实，也才可能在夏朝初期，成为姒姓封国集中的夏王朝的政治、经济中心地区。中原地区在仰韶晚期已迈入文明大门，其实，传说中颛顼战胜共工、派遣台骀治水汾、洮，意味着初级管理与控制的国家功能早就开始具备，但统一的帝国晚至夏禹时才来临。一个重要原因可能就是龙山瀚漫洪水和频发的群灾，企图扼杀文明进程，而中原和周边的多个王国的社会嬗变、政治斗争、转型与整合，也有较为漫长的过程。

---

❶ 水利史老前辈姚汉源先生，在得知具茨山的发现后，曾欣喜于在豫中的这一疑似禹迹的发现。

❷ 参阅袁广阔撰写的《后岗二期文化与早期夏文化探索》(刊载于《中原文化》，2016年第1期)。

韩建业将龙山前后期的分界定在公元前 2200 年左右；并认为造律台文化有来自王湾三期和后岗二期文化的影响。意味着袁广阔界定的后岗二期泛河济地区是客观的。[1]

黄河从早期泛滥于鲁西南和豫东地区，回复到太行山以东，除先秦文献的记载之外，也可以从其他迹象发现：偃师二里头文化区，聚落分布从仰韶晚期到龙山晚期，自夹河滩较高处向原低滩处扩展，说明龙山晚期黄河下游改道，河床得到刷深，下游到伊洛河口的大洪水水位大为下降，一级阶地发育，文化遗址扩展的事实。以辉县凤头岗遗址环境变迁研究为例，"龙山晚期，出现了一次河流下切侵蚀堆积，留下了一套河流相的沙砾层和河漫滩的沉积物"，[2] 这一现象，在太行山前诸河流下游均有出现，说明龙山晚期，黄河刚进入太行山山前新河道（禹河），河槽刷深，河床和附近的太行山冲积裙上的黄河支流，均有相应刷深、下切。

而《韩非子·外储说》讲"尧……举兵而诛共工于幽州之都"，《庄子·在宥》说"尧……流共工于幽都"，在人文意义之外，是否也隐喻黄河径流迁到冀中平原的自然意义？毕竟共工曾作为水神、水工，也作为万恶的洪水代表，被神化与人格化了。

四、龙山晚期的治水活动促成族系融合，大一统国家出现

龙山时期的自然灾害与各氏族、族团之间征战不已。实际上治水活动中，也产生了族团的交流与融合。共工氏与黄帝族团并非总是生死决战，《国语·鲁语上》就说"共工氏之伯九有也，其子曰后土，能平九土，故祀以为社"，共工后代曾与黄帝族团合作治水，有功，受到祭祀。后裔四岳，也曾辅佐夏禹治水（在《尧典》《舜典》中多次出现"四岳"，鲧和禹都是他们推荐的）。在今本《竹书纪年·帝尧陶唐氏》记载了这一长期的治水过程：六十一年，命崇伯鲧治河。六十九年，黜崇伯鲧。帝在位七十年……洪水既平，归功于舜，将以天下禅之……七十五年，司空禹治河。《尚书·益稷》则述及一段纪实性的对话：帝曰："来！禹，汝亦昌言。"禹拜曰："都！帝，予何言？予思日孜孜。"皋陶曰："吁！如何？"禹曰："洪水滔天，浩浩怀山襄陵，下民昏垫。予乘四载，随山刊木，暨益奏庶鲜食。予决九川距四海，浚畎浍距川。"少昊族的伯益，成为禹治水的副手，其子玄仲是灾后重建的领袖。商先祖契，曾辅佐夏禹治水活动，先商也是一个善治水之族，后代商王冥因治黄身亡。周先祖后稷，也在佐夏禹平治水土后，主管农业生产。上述夏王朝的姒姓封国，基本上都是在大禹领导的治水活动中的有功氏族，他们的封国，就在曾经治水的地方。可以说大禹通过治水，协和万邦，结盟各部落、酋邦，联合了四方非黄帝族团，促成了中原各大族系的融合。

《尚书》载，尧舜时期的管理集团"设九官"，禹为"司空"管治水；弃为"后稷"管农业；契为"司徒"教化百姓；益管畜牧山川，伯夷管祭祀礼仪等，共 20 多人，初创具国家雏形的典章刑律。《史记·夏本纪》说，"禹乃遂与益、后稷奉帝命，命诸侯百姓兴人徒以傅土，行山表木，定高山大川"。各路"诸侯"稷、契、益、伯夷等，属不同氏族，都有自己的方国，他们分别是周、商、夷等部族的首领。将各方国（邦国或酋邦）组织起

---

[1] 参阅韩建业撰写的《早期中国—中国文化圈的形成和发展》（上海古籍出版社，2015 年）。
[2] 参阅张小虎撰写的《辉县凤头岗遗址龙山到汉代的环境变迁研究》（2016 年）。

来，成为治水的基本力量，社会形态也发生深刻嬗变，大一统的国家终于显现雏形。

大禹疏通九川，治理九泽，划全国疆土为九州，确定了以河济地区为中心各方通向黄河的水道，不可能是随心所欲的。在分散的广阔的地域中，各地区治水的氏族如何协调，如何传递信息？共同的语言已经流通，文字必有相当的发展。先民已有的天文气象和地貌地层土壤知识，在治水实践中产生质的飞跃。治水促进了古代科学技术的发展。大禹治水针对水土重新配置，直接的成果是物质的，更本质的成果却可能是精神的。大禹和各个族团的英雄引领先民走出灾难，治水承上启下，传续着创造与拼搏精神。它凝聚了中原周围各个氏族部族，融合为族团的王国联盟，进而铸造了一个有共同心理素质的华夏民族，造就了一种特定的民族政治文化。在克服、应对洪水灾害的过程中，先民的自然观、社会观得到洗礼，在灾后重建中，实现了认识、观念、方法和社会制度的创新。龙山晚期200年在组织全民防灾抗灾、大区域规模性治水的同时，古代社会形态转变，初级行政功能发育，部族方国和王国联盟的民主制派生，并转型为治水集权，产生国家形态的集权制度，从而催生了中央王权。这样，实现了从古国、方国，联盟聚合到王国、帝国的划时代嬗变，催生了自方国、王国就开始孕育的国家形态，促进了中华第一个集权王朝的产生。在某种意义上，也可以说是先民能动的洪涝治理，社会重组、文明再建，使整个政治文化获得了升华。

仰韶、龙山时期的灾害环境与灾害链[*]

灾害与环境，始终是我们的永恒话题。在仰韶、龙山时期，中原和周边地区数度多种天灾并臻，先民生存环境曾经极为恶劣。

本文对于全新世中期全面考量，应用考古地球物理方法与代用指标序列成果（诸如黄土、孢粉、冰川、湖泊环境、石笋、火山地震、海洋等），证实极端性强降温、地震火山、洪旱灾害群发期和史前灾害"宇宙期"的客观存在。通常说的全新世"大暖期"并非都如想象的那样环境持续"适宜"与"平和"。从仰韶、龙山文化时期到夏禹立国，有过不同时间尺度与不同振荡幅度的数个巨大的灾害期，乃至发生过毁灭性灾难事件；对各灾害链事件进行对比，它们多发生在距今 5500 年、5000 年后，特别集中于距今 4800/4600～4200/4000 年间。灾害环境对于文化的兴衰、变迁、跃迁究竟影响如何？自然环境的正/反冲击与社会形态的冲突、演进关系如何？这是与文明起源密切相关的、十分有趣的，有时甚至是很关键的自然历史问题。在相当大的程度上，先民的自然认知体系、自然哲学观、天人观、天文历算科技的形成与发展，都与认识与应对灾害环境有关。

探索与应对灾害环境，促进了先民认知思维的进步，带来了科技和文化的进步，推动社会形态的创新，激励文明的起源。黄帝时代到夏禹时期，观天察地、应对灾害，焕发拼搏、求知、创新、勤俭精神。"万国和，而鬼神山川封禅与为多焉"；先民崇尚观察自然异变和沟通天地，人地关系推进，同时凝聚了中华大地的各氏族的精神，协和、振奋万邦，锤炼、凝铸了一个有共同心理素质的华夏民族，促进了社会的发展，"多难兴邦"，造就了华夏民族的国家。

中华文明起源的中心地区在中原，中原文明的核心地区又在黄帝、夏禹文化发展的豫中；河南周边一些典型古文化与中原地区在仰韶文化中期似乎即将跨入国家的门槛，为何推迟到龙山文化晚期的夏禹时期才建立了第一个王权国家？其间究竟发生过什么推迟或促进文明进程的社会/自然事件？不少考古、自然学者认为，自然环境突变与灾害频出导致了中原周围地区新石器文化的衰落，推测中原周围一些地区一度很不适合人类居栖，形成了一种特定的地理限制，从而也催生了文明的大聚集大跃迁。

比如，有人认为：裴李岗时期的贾湖文化因洪水袭击，东、南下淮汉；西安半坡仰韶文化先民，可能因躲避严重灾害彻底走离了家园。"红山文化"的式微，可能来自强震、天石陨击、火山爆发引发的强降温；从甘青齐家文化式微到喇家文化惊骇的覆灭，可能是持续的降温事件打击和强震——黄河积石峡堰塞湖溃坝。帝尧部族从冀中（一说鲁西定陶）迁徙晋南和共工氏迁徙幽州，可能迫于陨击、巨震和黄河下游河道南北大变徙。磁山文化的先民逃避突发灾难，连大量的粟米也没来得及带走；海岱文化的东夷部族发展受限

———————

  * 辑于郝平、高建国主编的《多学科视野下的华北灾荒与社会变迁研究》（山西出版集团 北岳文艺出版社，2010 年）。现有修改补充。

制，主要是当年黄河下游漂泊不定的改徙。较长时期湿润/干旱的交替出现，可能制约了江汉地区石家河文化的发展，良渚文化的衰亡，可能由于气候异常、降水增多，河湖暴涨、海水入侵，生境急剧恶化。河南多座仰韶、龙山古城都有洪水冲蚀的痕迹（如郑州西山古城、辉县孟庄、登封王城岗）记载了一个漫长的洪水时代……

从浩繁的经史典籍中，人们已经看到对于历史时期自然灾害环境的种种记述，以及人类认识自然环境应对自然灾害的活动。而史前时期，各种国学文献也留下了一些相关的记录。暂时撇开社会发展自身的规律和制约因素，可以说中原仰韶、龙山文化的形成、兴衰与自然环境、灾害环境休戚相关，先民的自然哲学观、天人观、科学认知体系、科学技术的形成与发展，都与应对灾害环境紧密相关。

在《竹书纪年》中，有"以女魃止淫雨"的记载。有"天雾，三日三夜，昼昏。"在黄帝一百年时，"地裂。帝陟。"在《黄帝内经·素问·六元正纪大论》里，黄帝问："五运之气，亦复岁乎？"岐伯答："郁极乃发，待时而作也。""土郁之发，岩谷震惊，雷殷气交，埃昏黄黑，化为白气，飘骤高深，击石飞空，洪水乃从"，这是地震（附有火山？）/巨洪的一种实际现象，这种十分罕见的巨震发生的惨烈描述，古氐羌裔脉的纳西族的东巴经文和其他西南民族文化同样也有记述，这些远古的灾害记忆，恰恰在2008年5月汶川特大地震实况中得到印证。

五帝时代，发生过多次大范围的气候异常和洪水灾害。在《竹书纪年·帝尧陶唐氏》中，记"六十一年，命崇伯鲧治河"。六十九年，因鲧治河失败，"殛崇伯鲧"。而"帝在位七十年……洪水既平，归功于舜，将以天下禅之……"但不几年（七十五年），又命"司空禹治河"。故有"帝禹夏后氏"记，"当尧之世，舜举之。禹观于河，有长人白面鱼身，出曰：'吾河精也。'呼禹曰：'文命治水。'言讫，授禹《河图》，言治水之事，乃退入渊"。禹王继黄帝后得传《河图》《洛书》。另有类似的记载："三苗将亡，天雨血，夏有冰，地坼及泉，青龙生于庙，日夜出，昼日不出。""夏有冰"和"五谷变化"的字句表明禹伐三苗时，气候出现异常。《太平御览》卷七引《孝经钩命诀》有"禹时五星累累如贯珠，炳炳若连璧"等记载。

美国学者将其理解为"五星汇聚"，认为发生在1953BC。

《尚书·尧典》里，记有："帝曰：'咨！四岳，汤汤洪水放割，荡荡怀山襄陵，浩浩滔天。下民其咨，有能俾乂？'佥曰：'於！鲧哉。'帝曰：'吁！咈哉，方命圮族。'岳曰：'试可乃已。'帝曰：'往钦哉！'九载绩用弗成。"在《尚书·益稷》里，有"帝曰：'来！禹，汝亦昌言。'禹拜……曰：'洪水滔天，浩浩怀山襄陵，下民昏垫。予乘四载，随山刊木，暨益奏庶鲜食。予决九川距四海，浚畎浍距川……'"。

《淮南子·本经训》云："逮至尧之时，十日并出，焦禾稼，杀草木，而民无所食。"另"舜之时，共工振滔洪水，以薄空桑。龙门未开，吕梁未发，江淮遍流，四海溟涬。民皆上丘陵，赴树木"。《淮南子·泰族训》云："……日月薄蚀，五星失行，四时干乖，昼冥宵光，山崩川涸，冬雷夏霜。……故国危亡而天文变，世惑乱而虹霓见，万物有以相连，精祲有以相荡也。"《淮南子 天文训》："昔者共工与颛顼争为帝，怒而触不周之山，天柱折，地维绝。天倾西北，古日月星辰移焉；地不满东南，古水潦尘埃归焉。"实际上可能反映的是一场一代代人口头和文字载体流传下来的重大的天文—地质—大河迁徙与洪涝灾害链事件！

古籍的种种记载，说明中原的仰韶中后期、龙山文化时代，发生过多期巨大的旱洪、地震（火山？）灾害，天翻地覆，气候振荡。李学勤认为在《山海经》、《太平御览》（引《黄帝玄女战法》）、《韩非子》所谈的涿鹿之战里"风雨""雾冥"，反映了"涿鹿之战时曾发生了气候的波动。环境考古揭示了我国自旧石器时代晚期至新石器时代晚期的洪水情况可分五个时期……研究者认为，在距今 5000～4000 年，是自然环境自 12000 年以来又一个大变化时期……可见在涿鹿之战的传说中，那些被巫术呼唤出超常的暴风雨，还有其后的大旱都不是毫无根据的"。❶

中华文明的孕育深深地渗入了原始的天人关系、灾害文化的观念，而正是在黄帝时代到夏禹时期群发的自然灾害和深刻的社会变革中成熟完善，最后产生了王权国家。我们要探究黄帝文化，解释龙山、夏禹文化，离不开与其休戚相关的灾异现象和原始灾害观。中原地区原始的天人观、宗教祭祀、天文历算、社会形态观，恰恰是在应对严峻的自然灾害中产生与发展的，原始的科学、技术，与呼天唤地的上古巫术若即若离。华夏文明的出现与再造，不能离开对于全新世中期自然灾害群发的总体考量。那正是先民打开双眼看文明和科学的关键时机。凝聚于黄帝文化与大禹治水的种种传说与记录，实际上是裴李岗前期的农耕文化出现以来，先民适应与改造生存环境实践的记忆结晶。正是一次次的生存危机和一次次致文明于毁灭的群灾挑战，使各氏族的一些领袖，在响应挑战、唤起族人，克服危难、转化危机的过程中，带领氏族走出苦难，推动自然与人文思维的顿悟与"文化跃迁"，重建和推进了文明，文明才从黄帝时代进入夏禹时代。先民观天察地、应对灾害，延续着创造与奋斗传统，促进华北各部族大融合，"万国和，而鬼神山川封禅与为多焉"（《史记·帝王本纪第一》），凝聚了中华大地的各氏族的精神，协和、振奋万邦，锤炼、凝铸了一个有共同心理素质的华夏民族，"多难兴邦"，也造就了一种特定的华夏政治文化。

的确，距今 6000～4000 年，在神州大地，无论是社会形态还是自然环境，都在发生翻天覆地的巨大变化。随着当代科学技术进步和人文/自然历史研究的深入，必将有更多的考古事实与人类解读了的自然信息证明这样一点：从自然界各系统突变和巨大灾害的角度看，这期间发生过系列星体汇聚、太阳异常活动，发生过系列的地球物理事件、地质灾害和气候突变、海洋变化事件。

1988 年，笔者在《黄河下游的堆积历史和发展趋势》❷ 中提出：黄河下游河道存在两汉之际，宋金、明清三个强加积时期；从干冷气候条件、雨土频发、水文变幅加大和河道变形、河患加剧，认识到应当结合气候变迁、新构造运动等更为深刻、广阔得多的大环境背景因素。笔者也一再思索钱宁院士提出的"一般当气候变得干寒时，河流的中上游表现为水沙条件的变化所引起的堆积抬高，中下游则表现为海平面下降所带来的溯源侵蚀"原则 ❸，来理解干寒气候条件与灾害活跃、河湖变迁关系。

20 世纪 80 年代以来，中国一些地学工作者，在理论和实际工作中，提出了"灾害

---

❶ 李学勤. 中国古代文明与国家形成研究. 昆明：云南人民出版社，1997。

❷ 徐海亮. 从黄河到珠江——水利与环境的历史回顾文选. 北京：中国水利水电出版社，2007。

❸ 钱宁，张仁，周志德. 河床演变学. 北京：科学出版社，1987。

链"的概念，以表述自然界灾害群发、灾害环境大震荡的整体关联性。俗话说"祸不单行"。其实，早在西汉时期，刘向在《说苑·权谋》中就提出："福不重至，祸必重来"；元代，高明《琵琶记·糟糠自厌》改提出："祸不单行，福不双至"，讲的都是多种灾难（灾害）的关联问题。1963 年，王嘉荫在《中国地震史料》中提出自然灾害存在群发性，1972 年，耿庆国用干旱与地震关联预测地震灾害，1975 年海城地震后，卢耀如提出"灾害链"概念，1980 年，徐道一等在《天体运行与地震预报》书中指出，"天体运动的变化过程势必影响地球上发生的各种自然现象，如地球的海洋潮汐、固体潮汐、气象、冰川等"；1982 年又发表《宇宙因素与地震》，提出"明清宇宙期"概念，1983 年，高建国将汉代灾害群发称为"两汉宇宙期"，李树菁提出"夏禹宇宙期"；1986 年，高建国提出"清末宇宙期"概念。❶ 2007 年，郭增建等在《地球物理灾害链》一书中，系统地提出灾害链的震/洪、洪/震、旱/震、地震/台风、巨震/沙尘沙漠化、地震/寒潮的联锁现象及其物理机制。当代地震界是最强烈感知"灾害链"的一群人。

考古界王巍《公元前 2000 年前后我国大范围文化变化原因探讨》❷ 从考古文化的专业角度，就突出归纳了重大的灾害事件与中国大范围古代文化变化的关系。

高建国研究"夏禹宇宙期"得出结论是："一系列地象异常、气象异常、天象异常、文化异常，充分说明公元前 2000 年前后是一个由暖变冷的低温期、大洪水期、地震多发期、文化断层或跃变期，而且是在异常的天文背景下发生的。这一切，毫无疑问地证实了距今 4000 年前后的大禹洪水期是一个自然灾害异常期或自然灾害群发期，相应地，在中国文化史上也是一个异常期，是中国历史上一个重要的文化断层和跃变期。"❸ 诚然，从更长尺度的多种替代序列研究（如太阳活动周期、冰芯、石笋、湖泊泥炭沉积、黄土、季风变化等）来看，明清小冰期，两汉、夏禹宇宙期和龙山、仰韶宇宙期，可能还不完全在同一时间尺度的灾害重现期上。徐道一认为天文事件诸如："超新星爆发引发相关系列天象（陨石、彗星太阳黑子低值）、地象（火山、地震、洪旱、海啸）、气象（小冰河期）。"而"彗星的峰值期与地震活动相对应。哈雷彗星到来前 8 级以上大地震对应良好"。《竹书纪年》说夏桀"十年，五星错行，夜中陨星如雨，地震，伊洛竭"则"可能是世界上最早有关陨星与地震关系的记录"。❹

如图 1 的太阳活动周期波动，似乎反映出仰韶宇宙期、龙山宇宙期和夏禹宇宙期的天文背景。它们都在千年或两千年尺度的天文周期上出现。

我们可以从仪器或文献记载的当代、历史时期自然灾害链状呈现观察，进而通过"考古地球物理"方法或其他第四纪研究的多种手段，推溯到考古时期的地球物理系统振荡与灾害链问题。全新世中期是否存在完整持续不断的、适宜的"大暖期"实际是令人怀疑的。史前部分重大地球物理与灾害链事件见表 1。

　　❶ 高建国. 苏门答腊地震海啸影响中国华南天气的初步研究——中国首届灾害链学术研讨会文集. 北京：气象出版社，2007。

　　❷ 刊载于《考古》，2004 年第 1 期。

　　❸ 宋正海，等. 中国古代自然灾异群发期. 合肥：安徽教育出版社，2002。

　　❹ 徐道一，等. 天文地质学概论. 北京：地质出版社，1983。

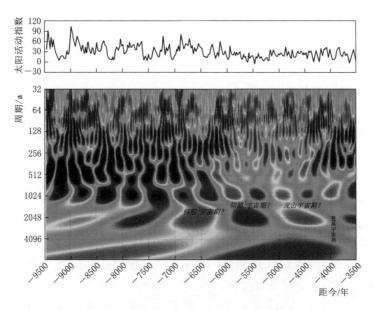

图 1　早中全新世太阳活动小波变换示意图

表 1 史前部分重大地球物理与灾害链事件表

发生事件时间	事件性质	研究者	技术路线或研究手段	分析结论
5500a BP、4000a BP前后 5900a BP、5400a BP前后	降温事件 降温事件	吴文祥 刘东生 施雅风	综合黄土、孢粉、西部冰川、海平面停滞研究 冰川与环境	降温事件与多种地球物理事件关联
6000～5400a BP前后； 4900a BP、4600～4300a BP； 4000～3700a BP前后	中国寒冷时段	方修琦	与北大西洋，敦德冰芯、若尔盖、粤湖光岩、冲绳黑潮比较综合	1300～1500年尺度变化
5800～5000a BP， 4500a BP～3600a BP前后 6500～570a BP， 4500～3600a BP前后	新冰期干凉期、寒冷期 冷期	徐馨 徐国昌	综合分析，西部内陆湖泊水位、冰川前进 综合西部气候环境变化	全新世寒冷期 全新世寒冷期
5800～5000a BP， 4000～3500a BP前后	寒冷期/降温期/新冰期	于革、刘健； 王绍武、董光荣	全新世火山爆发事件与冷期对比 火山灰"阳伞效应"	多次火山集中时期与其部分可以对应
4800～4200a BP， 4200～2600a BP前后	华北偏涝期 华北偏旱期	洪业汤	泥炭纤维素的$\Delta\delta^{13}C$值	北方泥炭分析与副高有关
5400～5100a BP，4700～4100a BP前后	北方干旱区干旱期	吴海斌 郭正堂	青海湖钻孔有机质含量变化	4千～3.5千年东部沙区出现干旱
5100～4900a BP，4800～4400a BP前后	寒冷偏涝期 干旱少雨	王邨 等	典籍、物候等综合分析	气候与海平面变化相对应
7000～6000a BP，5500～4500a BP前后	海面下降 寒冷期	杨怀仁	河口海岸、海洋地质、第四纪综合分析	气候与海平面变化相对应

发生事件时间	事件性质	研究者	技术路线或研究手段	分析结论
6120a BP 5500a BP 4740a BP 4550a BP	高海面 +3 米 低海面 −1 米 较高　0.5 米 低海面 −2 米	赵希涛	河口海岸、海洋地质综合分析	低海面事件 与寒冷气候 事件对应
5700a BP 后，5000a BP 后， 4300～3700a BP 前后	地震高发期	高建国	古地震研究	相应考古文化 衰减
3995～3680a BP 前后	地震较多期	高建国	古地震研究	
1953a BP	五星会聚		天文推算	群灾并发
3580a BP、3343a BP、 3100a BP、2857a BP、 2614a BP、2371a BP	金星凌日	耿庆国	天文推算	黄河中下游 相应大水
4600a BP 前后 4000a BP 前后	黄河下游大幅度 南北改道	周述椿 王　青	第四纪、海洋地质、河口 海岸、考古学	与史前大洪水的 背景相关
7000～2000a BP	新构造运动 活跃期	郑洪汉	地壳垂直运动 \ 同位素 测年	

对以上各灾害链事件进行对比，发现在时间关系上，它们多发生在距今 5500 年（或 5000 年）后，并集中在距今 4800/4600～4200/4000 年左右，联系大尺度上文明的推延、龙山文化的艰难跋涉，这一系列毁灭性的灾害链事件难辞其咎。在"夏禹宇宙期"之前，还可能存在千年尺度的"宇宙期"、数百年尺度的灾害期，各类地球物理事件和剧烈自然灾害，天地失常引发的极端性生物瘟疫、灭绝灾难，存在显著时间关联性的链状结构，而且群灾并发持续了一个长达百年甚至数百年的时期。这样，在至今尚未发现确凿文字记载的中全新世，上天为今人留下了极其丰富的灾害自然信息赋存，我们可以利用自然信息来恢复一些考古文化环境。

就火山活动而言，距今 8000～4500 年 Fuji（日本富士山）、5600 年 Pago（太平洋）、5140 年牡丹峰、5050 年 Harohato（新西兰）、5000 年 Nasu、Bandai（日本）、5000 年 Bulusan（菲律宾）、4200 年 Galunggung（印度尼西亚）、4105 年长白山、4020 年 Fournaise（印度洋）、4000 年 Long Island 火山（印度尼西亚）、4000 年 Unzen（日本）、7000～5000 年 Zhupanovsky（俄罗斯）等火山爆发事件 ❶，均可能直接导致东亚高纬度地区长达数月的灾害性极端降温，引发或标志了其他关联性灾害事件发生。

又以冰川研究而言，通常认为的全球 6～5ka BP 全新世暖盛期，在中国未必合适，在这千年之内，出现过 4 次冷谷和 4 次暖峰。在 4900～2900a BP，虽然温度波动和缓而整体偏暖，但在 5000～4000a BP 期间，就曾出现过 4600a BP 左右和 4200a BP 左右的降温事件，其间有一个 4400～4200a BP 的次暖期。这个记录可以与其他地球系统的变异做比较，虽然并非一一对应。

---

❶ 引自美国海洋大气局地学数据中心"火山数据库"。

中国 5000～4000a BP 气候突变研究已有如下证据 ❶：中国北方 4200a BP 左右的强降温事件、3500a BP 左右降温 3 摄氏度事件，北方 4000a BP 左右的干旱和豫西 4000～3500a BP 干旱事件，岱海 4000a BP 冷事件，怀来 4800～4200a BP 显著变冷事件，华北平原 4400～4000a BP 和长三角 4800～4000a BP 的大洪水事件。大范围的气候寒冷事件与旱涝洪水事件关联。长江上游在 4840～3983a BP 期间先后发生了系列特大洪水事件 ❷。以上都可能系 6000 年前"大暖期"鼎盛期基本结束后气候波动剧烈，形成的数个多灾期，灾害以突发或过程酝酿、间歇爆发形式出现。

满志敏在概括全新世气候变化格局时，认为"距今 6000～5000 年，这个阶段的气候波动剧烈，是环境较差的时期"，并举出中国南北气候波动的一系列例证❸。

一般来说，东部低海面事件与气候恶劣、西部高山冰进、湖面下降和地震火山活动、急剧的构造活动等事件也是对应的。

从现代地球物理方法和思路，人们还作出种种探讨，诸如：地球自转速度变化是决定地壳运动的主要因素，其变化周期与地震活动周期有关；地震发生的时间与大磁暴出现的时间似有一定联系；太阳直径百年周期变化对中原地区气候有异常影响；大部分 8 级地震发生在极移高峰期间；黄河流域大旱大涝与太阳活动强弱有关；月地耦合对于地震灾害有影响；天文—构造线（北纬 35°沿黄河中下游）震洪或洪震关系灾害链等。❹

如果类似的各自然范畴的联动机制存在，那么对于史前的地球物理事件—灾害链问题，同样可以引证作为考古文化兴衰的环境背景参照的。诚然，各个系统不一定都是正相关关系，而且发生振荡时间并非一一对应，各种灾害的孕育、发生也总是有一个能量积累、释放的过程，有渐进也有突变，特定文明的衰亡总有一个过程。

毋庸置疑，宏观的自然界重大变化引发了各种巨震巨灾、气候异常，旱涝并臻、大河改道、农业生产遭受毁灭性打击，伴随时瘟流行，中原和周围地区的生存环境受到严重威胁。而先民探索灾害，没有先进观测仪器，他们往往利用树木、山峦、建木立柱器，从天文观察入手，他们最先是朦胧地，也是天才地意识到地上的千变万化，都与天体运行的异常有关。如果说尼罗河文明的天文学数学从探讨河水泛滥规律产生，华夏文明的天文历算、算学、易学、测量学，就从急迫地需要探索自然变化与巨大天灾而发展。古人原始的自然观与朴素的灾害链概念，今天正得到当代科学技术的逐渐检验。所以，我们明白了顾炎武为什么说"三代以上人人皆知天文"。从农业的基本需要出发，观象授时，中国是世界上最早创立宇宙自然、社会认知体系的国度。关注天数学、历数学及天官学是中华文明的一大特征。《史记·天官书》："太史公曰：自初生民以来，世主曷尝不历日月星辰？"遂有"大挠作甲子"（《世本·作篇》），"黄帝师大挠"（《吕氏春秋·尊师》）之说，有"仓颉作书，容成造

❶ 参阅穆文娟等撰写的《7000a BP 以来临汾盆地新石器文化演替的探讨》［载于《环境考古研究（第四辑）》，北京大学出版社，2007 年］。

❷ 参阅葛兆帅等撰写的《晚更新世晚期以来的长江上游古洪水记录》（载于《第四纪研究》，2004 年第 5 期）。

❸ 参阅满志敏撰写的《中国历史时期气候变化研究》（山东教育出版社，2009 年）。

❹ 参阅耿庆国、张元东、任振球撰写的《地震气象学、天文气象学进展》（海洋出版社，1987 年）；《天文与自然灾害》编委会编写的《天文与自然灾害》（地震出版社，1991 年）；郭增建等撰写的《地球物理灾害链》（西安地图出版社，2007 年）。

历"之说。（《淮南子·修务训》）黄帝之后，历代皆设置观察日月星辰之官，颛顼应对天时民情，实行宗教改革，后代沿袭旧制，仍以羲、和，常羲名之，如：《尚书 尧典》："（尧）乃命羲、和，钦若昊天，历日月星辰，敬授人时……日中星鸟，以殷仲春……日永星火，以正仲夏……霄中星虚，以殷仲秋……日短星昴，以正仲冬……"黄帝至禹的"三十世"，是原始天文、历象学大发展的时代。帝尧时期的天象台遗址，在山西陶寺出土。夏启时的天官昆吾，是黄帝集团的大隗氏与炎帝集团祝融氏的后人，世代为王家天文官。

中原地区如此重视天文观测，农耕适时耕种也许只是一个常规例制方面的起码需求。现代科学看，当年的确有过一系列的灾害高发期、群发期，按当时的认识水平，判测灾害预测灾害，也许对于生民最起码生存更为重要。《国语·楚语下》所说颛顼时期"夫人作享，家有巫史"，结果"神狎民则，不蠲其为，嘉生不祥，无物以享，祸灾荐臻，莫尽其气"应该有另外的解读。实际情形可能相反，因为"嘉生不祥""祸灾荐臻"，才会有"夫人作享，家有巫史"。万物生长不良，祸灾频繁不是因为人人祭祀占卜的结果而是原因，而那一时期中原地区多发的天时失常和自然灾害，才是普遍存在的观天占卜祭祀的本质。郑州大河村文化的仰韶第二至四期，都有彗星、日月、星座纹陶器出土，其时间大致距今5500～4400年。而中州的河洛—汝颖之间，嵩山周回广袤的黄土台原、川谷，是裴李岗文化—仰韶文化—龙山文化的中心地区，处于区位中心的嵩山山系诸山，都可能作过当时观天察地、探讨天时之变和宗教礼仪的神山圣地。具茨山的石刻，如果确定是史前所为，其中不少样本可能是至今发现的该类观天/祈天文化活动的一种遗存。

在嵩山东支的具茨山岩刻分布密集区西端山脊发现的具茨山符号（见图2），与大汶口文化多处出现的"炅""炟"字符号（见图3）意义上类同吗？笔者认为可能是同一时代、天文意义相近，甚至完全一致的准文字符号。只是具茨山的这一符号镌刻的具体时期——乃至同期其他重要涉及天文问题的符号需要进一步断代，剖析其实质性意义，这是一个十分有趣的问题，需要诸家深入研讨，得出更接近历史实际的结论。

图2　具茨山符号

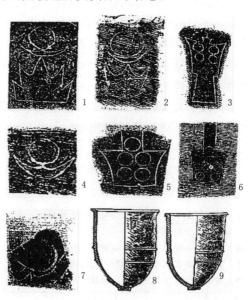

图3　大汶口符号

郑州段南水北调中线干渠揭示的史前黄泛奥秘 *

2011年春，南水北调中线引水渠工程郑州段全面施工，总干渠荥阳段和郑州市区段的土方开挖，进展迅速，人们可能没有想到的是，这项21世纪的巨型水利工程，给我们打开了一本厚重的黄河环境史的地文书、水文书，揭示了远古黄河汉道贯穿大郑州，流经郑州西部、南部的奥秘。

如果在雨后初晴时分，沿着郑州市南郊、西郊已被开挖的干渠行进，到郑州西郊段、荥阳段工地，顺整齐的渠边线放眼向前望去，渠坡上色泽呈浅黄、深黄，或灰褐、姜黄、红褐的各色土层，一目了然，土层界线似乎与渠帮、渠底线平行。我们开玩笑说"像五花肉啊"！顺着业已清理的渠坡，从道上下到渠底，在不同的位置，可以清晰地观察被开挖剖析的郑州西部大地：不同色泽的土层——耕作层、粉砂层、砂质黏土、粉砂层、粉质黏土、细砂层等，交互叠合，延伸十余公里，井然有序，前后衔接，浑然一体。而多数工段的黏土亚黏土层、粉细砂层，至少都有两层，呈现出多次不同水力条件下沉积旋回。野外观察砂层、黏层的状态、颗粒，分别为不同河流冲积或静水环境下的沉积物。因为工程开挖，让我们免费全线查看了郑州西部浅层地质、地层大剖面，省去了打十个钻孔！端详沙层放大了的沙粒，磨圆度大、分选型好，色泽均匀，系流水长途搬运沉积所为，其中偶含黏粒或小礓石，或水生介壳动物化石，与我们熟悉的黄河河沙比较，就可能是黄河来沙，而非本地山前洪积冲积物。

但这是1万年、2万年前留下的黄河沙！探索黄河自然演变，我们不能不对这史前的粒粒黄河沙肃然起敬。

要看今天地势地貌，不研读地质文献，不勘探测试，即使水利的专业人员也难以相信黄河曾经从地势较高的荥阳黄土阶地流过郑州西郊、南郊。但是，这却是史前郑州地区黄河演变的一个不可否认的客观事实。通过释光技术测年，通过重金属矿物和物源分析，得知这些沉积物确实是黄河的，也得知了它们沉积的年代，就在距今1万到3万年前。

中国科学院地理研究所地貌室长期研究黄河下游河流地貌，20世纪80~90年代，在他们的综合研究成果《黄河下游河流地貌》（科学出版社，1990年）一书中，叶青超先生有一段十分宝贵的描述：

"荥阳、广武地区为黄河阶地面上长条状的夹槽，由西北汜水河口向东南方向倾斜，至郑州郊区附近以台地形式与平原接触，夹槽西窄东宽，宽约15~30公里，海拔110~150米，夹槽地势比邙山南部阶地面低洼。据我们考察所知，这种夹槽地貌形态的特点可能是晚更新世时期的古黄河汉道……从地质剖面来看，夹槽地带的黄土（Q_3^1）已被侵蚀殆尽，而代之堆积的物质为次生黄土类黏砂土，中部夹有厚层的砂层透镜体，实为河流相

* 本文研究系由河南省博士后研发基地——郑州市文物考古研究院项目"郑州地区晚更新世以来古环境序列重建与古聚落变化的预研究"资助。

沉积物，总厚度约为 10～40 米，其底部直接与中更新世的假整合接触。以后随着晚更新世末期太行山和伏牛山上升的带动而抬高，形成现在这种阶面夹槽带的地貌景观。"

这一段理性分析，是 1980 年代通过地质地貌考察，通过郑州周围地质钻孔资料分析和黄河发育的研究得出的。我在郑州工作时，跑过郑州四郊，读过地质地貌资料，研读过记载历史黄河演变的典籍，对黄河汊道曾流经西郊、南郊，深信不疑。但自己毕竟在野外考察经验十分有限，查阅的地质钻孔资料也十分有限，所以问题一直没弄清楚。况且，历史文献不可能准确记载史前的事情。

只是通过近年与郑州一群好事者的考察、勘探，我们认为黄河在郑州市西部的史前泛道确实存在，它属于晚更新世时期（大约数万年到 1.2 万年以前）黄河宁嘴冲积扇的一条古老泛道，相对于晚更新世和全新世黄河在郑州广武山（俗称邙山）东的泛道（后世称汴河泛道与颍河泛道，人所共知）而言，我们暂时称其为广武山西泛道。它大致从古汜水口、牛口峪等黄土岭缺口入注，流经荥阳—广武山夹槽（地带），下至郑州南郊和北郊水路，穿越郑州西部、新郑、航空港区、尉氏东南而下，进入古洧水，从而汇入颍河泛道。这些，在 1960～1980 年代的水文地质剖面、1990～2000 年代的工程地质资料中有所显示，近年郑州市周围大量城市建设地基施工，也有揭露；只是缺乏年代测定。南水北调中线规划、文物保护普查钻探和地质钻探实施，广武山下穿黄倒虹吸工程施工，中线渠道工程划线、征地，搬迁开始，我们也一月又一月，急迫地期待着大开挖大揭露这一天来临，盼望一睹史前黄河真面目。

2011 年这一天终于来到，南水北调中线引水渠开挖工程动工，到 5 月、6 月，工程全面斜穿荥阳—广武山夹槽（地带），清晰地揭露了大河流经沉积的地层。我们在荥阳真村、东大村、大庙、司马、大师姑和市郊的张五寨、站马屯专门布设钻孔，钻探、分析了荥阳夹槽浅层的沉积序列，取样进行测年和分析，试图对各地层的沉积环境、各层沙土的性状、史前黄河汊道的河流地貌，做出一些新的探索。

要和郑州人猛一讲这事情，包括业内专家，人们首先怀疑的是，上街、荥阳地势高仰，高昂的广武山阻挡，荥阳就比黄河和郑州西郊高得多，黄河水怎么流得过来？上街那儿汜水河岸高出汜水河床 20 多米，黄河怎么流上来？

这是基于现代地貌"刻舟求剑"得出的误判。在史前，具体说在 3 万年以前，郑州西部整体相对于现代要低，那时候的黄河水，可以在较高水位，甚至正常水位时轻易穿过汜水口和广武山上的某些沟峪，进入荥阳、广武山之间的盆地。由于距今 3 万年以来，特别是全新世 1 万多年以来，郑州西部整体发生间歇性抬升，郑州西部的荥阳地区，相对抬升了 30～40 米，从年均水位时可以自由流淌，到洪水期较高水位才能流经，再到非常洪水时期高水位才能进入，乃至再也进入不了，原来正常的黄河汊道，演变成泛道、季节性河道，最后荥阳—广武河槽萎缩成一段不能行黄的"盲肠"，原因皆在嵩箕隆升驱动的构造抬升之上。如扣除这个抬升值 40 米、30 米，设想黄河在此上下的正常水位相当于今海拔 130～140 米以上，黄水当然可以由广武山的某些缺口流入。3.0 万～1.2 万年以来，桃花峪以上宽广的河谷随同两岸大山、丘陵、黄土构造抬升，黄河河道相对下切，以保持原有的河道纵剖面，高水位就再也不可能进入荥阳—广武山夹槽（地带）了。同时，郑州西南部嵩山山地抬升，也"挤压"结束了泛道东南而下的流路，在郑州机场东西一线，新郑隆

136

起在全新世的最新活动，也造就了一道分水岭，新郑和郑州南郊坡水俱东北而去，分水岭以南降水均随洧水东南而下颍河泛道。再也看不见西郊来水穿航空港区东南而下的局面。3万年以来，沧桑巨变，地表流水搬运塑造，风沙掩埋，人类垦殖，史前黄河泛道被深埋地下，直到2011年重见天日。我们没有去考察干渠开挖披露的航空港区的地层奥秘，但它一定会揭露大河横流洗荡新郑东南部—尉氏西部，进入颍河泛道带，沉积、剥蚀，再堆积再冲蚀，又堆积的历史，不然为何遗留下来那令人生疑的规范的梳齿状岗丘地貌？

人们不相信构造抬升的威力这么大，但我们请北大城市环境学院用最先进的光释光测试手段，再次证明郑州西部在3万年以来整体的抬升数值，就是20～40米！

这是一个缓慢变化的地质历史演化过程，单凭简单的野外查勘，已经很难置信黄河的汉道曾经从此处流经，但荥阳和郑州市西郊的农民，居然相信祖祖辈辈传承下来的远古黄河水系流经的说法。我的认识在故文献和老农民之间摇摆。我非常敬畏地相信，从旧石器时代以来就在黄河两岸栖息的先民，包括在漫漫的广武岭上、荥阳—广武山夹槽（地带）栖息的各代先民们，早就目睹了这个漫长——奇特却又平凡的地质过程，不管他们曾有过怎样的迁徙替换、生灭兴衰，但却一代又一代地把当地最普通的水文和地文现象，传承了下来。

晚更新世黄河在郑州冲积扇建造和发育的过程中，是最为重要的河流动力因素，提供了巨量物质，除对于构建郑州地区基底次生黄土的贡献之外（10余米到30余米），就是在黄河泛流的河间洼地、河流漫滩地或河槽中，发育了一系列晚更新世湖泊；全新世黄河不再进入西部之后，该地的水系在地质构造和气候条件下重新调整，形成条带状的季节性浅湖沼群。从我们对张五寨、真村、司马等处河湖相地层的取样和测年看，这些西部湖沼范围（和水位）可能在距今7500～5600年达到过最大（和最高）。在北郊大河村、东郊圃田镇，我们分别获取了4～8米的连续湖相沉积岩芯，其中蕴含的自然信息正在提取之中，可能包含的湖相沉积段（时间）还要上溯至晚更新世末。这是历史典籍不可能记载清楚，或者记载的有只言片语，而后来一般学者已难以理解的典籍则隐约包含着自然奥秘。在构造运动和气候变化的制约下，也在人类垦殖开发的参与下，郑州西部的湖沼群在全新世中期（大约距今4000年前后）相继干缩消亡，郑州西部的河流水系，原来集聚于季节性湖泊沼泽，遂在新的侵蚀基准上重新发育，逐渐形成现今状况。

由于开封凹陷区域性的持续下沉，黄河水系的沟通，得到来水补给，所以到历史时期的中晚期（如宋代元代），郑州东部地区湖沼处于裂解中，仍保存有一些，有的以人工改造治理的陂塘形式出现，直至20世纪50年代，郑州东部、南部地表，仍可以见到古代湖泊沼泽的痕迹；70年代的五七干校、知青农场，就在圃田等乡镇原来的湖沼里。庆幸的是，郑州东部新城市的工程地质探测，也大量揭示了全新世在黄河参与下的造貌过程与沉积环境的某些特征。

从众多的地质钻探资料看，黄河河流泛道与湖沼带的分布，在发育机理上与空间展布、时间续连上存在重要的关联。

我们在郑州东、西两部，分别布设了标准钻孔，试图通过精细测试研究，获得晚更新世以来河流、湖泊水系，植被、气候、沉积的某些自然信息，探讨与重建郑州地区的古环境序列。相信这些对于认识郑州的过去（自然与人文），以及建设未来的郑州，都是有意义的。

广武山，是黄河冲积扇顶部在黄水汪洋与泛流里的中流砥柱，对未来郑州地区的人文发育空间，起到了庇护作用，功大莫比。从广武山（汜水口—黄河游览区）到郑州市区，是旧石器、新石器文化遗址密度特别大的古文化走廊，它处于郑州的东西广武泛道之间的"夹河黄土台地"上，其间有古济水和当地诸水穿越，河湖贯通。正由于西、南山地的持续抬升，郑州西南部和市区地势相对较高，西路黄水到近1万年已经断绝，嵩、邙来水只有顺古济水通道东下；东路来泛黄水偎依古老河湾台地，联通荥泽、圃田泽，难以威胁后来的新石器文化聚落密集区和王都商城地区，适宜于长期定居，建设开发。广武山同地质时代的伙伴，可能就是新郑、中牟、尉氏之间的马岭岗，感谢大自然的眷顾，给郑州人留下了关键的地质典范，也留下了东南部梳齿状的地貌奇观。

不过，除旱涝灾害外，郑州还经历过远古的大地震（文献无记），穿黄工程进行前开展文物勘察和保护性发掘，发现荥阳薛村在3000多年前可能发生过破坏性地震，考古部门说，在黄河南岸的大河村，在巩义的双槐树，在高新开发区的梁湖，都发现过疑似古地震迹象。这些，都留待今后进一步探索、查证。当然，毁灭性自然灾害没有能扑灭中州文明的火光，华夏文明正是在以郑州为核心的中州崛起。

纵观郑州古水系的环境演化历程，完全可以说：文明起源时期的郑州古文化，是依傍众多河流的典型的河湖文化。郑州的考古和环境，把"纯粹的"自然演化，人文嬗变，人类的抽象思维，在这里交融到一起。

郑州市境水系变化的三个重大问题[*]

一、郑州境内古济水流路与穿越黄河问题初探

作为"四渎"之一的济水，在郑州水系演化中起到十分关键的、无可替代的作用。

在典籍、文献中，以及近现代学者研究中，济水一度穿越郑州地区的北部，独流入海。实际上，地质时期的"济"集纳王屋、太行南麓来水和嵩山北麓伊洛、汜索水，在黄河尚未形成"大渎"前，"古济"就独自入海，是中州的一条头等大河（诚然不与黄河关联而成"济"），当时它北可走太行东，顺冀中凹陷入海；中路走历史时期的济水——大清河，即现行黄河下游线，沿着开封凹陷、济阳凹陷入海；南可往后世的浪荡渠、贾鲁河方向，入济宁—成武断陷、徐淮断陷、周口凹陷，进入颍、淮流域入海。黄河出山独立入海后，两河一度可以互不干预，分别独立入海，但黄河源远流长、径流非常丰富，迅速扫荡下游平原，冲断济水的流道，以致夺取古济所走过的各主要水道。这一点，黄淮海平原更新世各期的岩相图就清楚地显示出来（见图1，黄河河道带相占据了古济水河道带的一些位置）。部分济水河流被夺，成为黄河支流，济水与河水又可能交叉穿插，问题才变得非常复杂了。历史时期郑州段的济水河道，大致在郑州广武山北麓，经行现代黄河的河线，该河线，涉及"汴河泛道"上段，在黄河史研究的角度看（多局限于历史时期），济水是在郑州境内最先"支分"黄河的一条河流。它大致流经郑州的古荥阳、市区、古中牟北和当时还属于郑州大区的原武、阳武县，在阳武东境流向封丘、定陶、巨野。

济水穿越历史郑州的河线约长百公里。她在郑州地区的水道，明清以来被黄河所占据。

历史地理学家史念海先生早在20世纪80年代撰写了《论济水和鸿沟》^❶，系统论述了济水的流路；河南历史学者张新斌在2008年出版《济水与河济文明》，也详细考证了济水流路及其水旁重要城池、地名。本文不再重复这些具体文字和分析。

史、张两人先后对于济水穿越黄河的传说和文字，进行了分析，作了一些必要的辩证。笔者认为以上述及的济水，谈到了一个重要的问题——济水产生的机理，即她是从黄河减水分洪出来的。从而否决了种种臆想和猜测。实际上，在《水经注》记载里，济水不仅在石门口引入河水，古代也经由大郑州的天然口门荥口——荥水水道、宿须口——宿须水道、阴沟口——阴沟水道、济隧口——济隧水道、十字沟口——十字沟水道等，次第引入和分泄河水，从而进入济水。济水通过一系列分水口和分水道，分泄黄河径流，是不争

---

* 本文系提交郑州中华之源与嵩山文明研究会研究课题《郑州河济文化区和历史时期水系演化探讨》的专题报告之一，2012。

❶ 史念海先生该文分三次（期）连续发表于《陕西师范大学学报》，1980年。

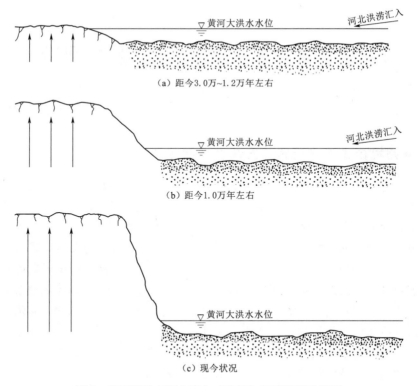

（a）距今3.0万~1.2万年左右

（b）距今1.0万年左右

（c）现今状况

图1　晚更新世末河北济水"穿越"黄河机理示意图

的事实。岑仲勉的叙述与以上意思是一致的："我们唯一的转语，只有认为鸿沟是上古自然的遗迹。"河渠书"着"引河"字，把自然的地文遮蒙了2000多年，至今未被人发觉，是贻累不浅的。"[1]

　　郑州大学荆三林在1979年重新执教后，与笔者曾大谈荥阳乡土地理与黄河变迁，他说道："《晋地道志》说济自大丕入河与河水斗，南溢为荥泽。这个'斗'作何讲？"笔者理解，古人是指二水相激相混，壅高向南溢出则成荥泽。济水分水道是天然河道，后来人类借此天然河道的一段修整、清疏，遂成鸿沟，并分出渠水。荆先生最骇人听闻的话，是反问我，《尚书·禹贡》中说济水"入于河，溢为荥"是啥意思？是指的邙山东头下的荥泽，还是另有所指？

　　后来我才明白，荆先生实际认为的古荥泽地望就在今天荥阳市的北边，在广武山南麓，而非单指西汉荥泽。这个概念，后来我不止一次专门询问过历史地理和水利史的大家，《禹贡》中的原话何以解释？他们都循旧解泛指《汉书》里的荥泽。直到三十年后我才明白，作为荥阳本地人氏的荆三林，有考古文化底蕴的先生，并非偏爱乡土才这么说，而是确有地域学者之高见。《禹贡》这原话，是需要认真辩证的，可能绝不是国人长此以往觉得的那样简单。古文献典籍里的关键言语，涉及地望、地貌和实地性状的，言简意赅，需要认真阅读理解。毕竟指的是几千年甚至万年前的地理状态和特性，不好以今人的

❶　岑仲勉. 黄河变迁史. 北京：人民出版社，1955 年。

眼界与理解去简单理解。

可能在黄河还未完全形成与入海之前，相当于后世伊洛沁河流域的径流汇合，本来就是依循种种流路独立入海的，其中也包括有上述的济水一道；黄河以北的"沇"与"黄河南"的"济水"，本来就可以是一条完整的延续的河流，在黄河形成以前众多生灵心里，这是铁的事实。旧石器时代的先民，如果从河、济平面情势直观去思考济水与黄河关系，可能也总是如此去理解的。黄河冲出小浪底八里胡同，四下寻找出路入海，既有紧靠太行山麓的《山经》《禹贡》河道，也会有漯水、济水河道，还会有汴水、颍水泛道。黄河把原来的伊洛、济（含沁、丹）四下行经的河道袭夺兼并了。在全新世，海平面很快回升，黄河河床逐渐沿程（或溯源）淤积抬升，逐渐成为华北平原水系的最大分水岭，黄河天然堤分划了水系，但洪水仍可以通过以前的许多天然缺口进入诸减水河道，此现象延续到战国时期，人工堤防出现，秦汉时期，黄河下游出现系统堤防，河水仍可沿袭以前的网状水道相互调剂补充。但是，郑州先民世代忠实相传，他们仍保持了对地质时期水系由来的、刻骨铭心的历代传说和记忆，他们仍认为济水是打太行山的古沇水流过来的。无论今人争辩黄河打通三门峡、八里胡同究竟是百万年前、几十万年前或十几万年前，中州先民就这样一代一代地把一个曾经的客观事实流传了下来。到黄河横亘其间后，特别有了人工的黄河大堤、黄河河床日益抬升成为分水岭后，人们不明济水何以过（黄）河，当时的科学难以解释河道变迁的深刻的地质与水文机理，只好出现济水穿黄河底下而出的穿凿附会传说了。这可能就是从战国到南北朝，直至清末民国学者带局限的认识，而且争论不已。当代文人仅仅解释澄清了"三伏三见"，但也没有从黄河演变的地质史来揭示过去的被掩埋的事实，以及古人产生疑惑与传说的根本自然原因。

沇、济本来就是同（水）名的两字，读音转同，渡河——引取（沇、河）水者，则"济"也。水利史学家姚汉源认为，"这种隔黄河同名的水道，除济水外还有汜水，亦名丹水。"姚先生认为"汜"从丹来，是否与河对岸博爱县的丹水有关？在黄河出现之前，丹水自然顺应济水、沁水，也可直泄郑州境的。所以河流的称呼也留存了河流被阻断或袭夺前的状况。❶ 岑仲勉也说过："丹水、沁水都在黄河的北岸，为什么它们的名称会移用到南岸？还有一层，这种罕有的怪现象，在黄河所经过的地方，似乎未曾发现，偏偏在仅仅上下百里的区域，如济水、沁水、丹水等，都将河北的名目移带过河南。"❷ 两先生立问很好，一河两岸沿用一个（穿黄的）水名，恰是因有变动较大的黄河穿流，是冲积扇顶部的郑州特有的水文、地质现象。

然而，黄河分流之水毕竟有时间限制，非汛期和枯水时期，黄河能进入济水的径流很小，甚至没有，济水要维持独流入海的一条清水河局面，除荥泽、大野泽调蓄外，还需要有较为稳定、充沛的清水水源。从《山海经》与《水经注》的描述，古济水一直把郑州西南山水——索水、须水、黄水作为部分稳定的水源。郑州山水，源于当时森林植被相对良好嵩山北坡区域，水量丰富、径流稳定、泥沙量小，对济水起到稀释黄河来水，维持长期较为稳定的局面。难怪汉代以来，一直有人干脆将索须水看作汴水上源，甚至就把他们就

❶ 姚汉源.《〈水经注〉中之汴渠引黄水口》，载于《黄河水利史研究》，黄河水利出版社，2003年。
❷ 岑仲勉. 黄河变迁史. 北京：人民出版社，1955年。

当做汴水，直指索水为汴。济水正是吸纳、包容了郑州嵩山、嵩渚山之水，沿途又汇聚、串联了平原坡水、湖沼，集纳众多泉水，遂淀积泥沙、补充水量、均调径流，得以持续、稳定地穿过鲁豫平原入海。这是济水在全新世早中期，乃至晚期，能稳定独流入海的重要原因。

然而，对济水的认识决不仅限于此。从近年对郑州水系的实际考察研究，黄河在距今3万～1万年左右，自汜水口、牛口峪泛滥荥阳与郑州西郊，河水可以便捷地进入郑州，当时索、须、黄水，均为西泛道的支流，河水可"济"荥，黄河北的太行山水，可入黄随黄"济"荥，这是古人亲见的客观事实。在3万年前，郑州西部整个地块尚未抬升而是下沉，黄河水位相对于两岸而言比全新世时较高，河北的太行山水，可以入黄，洪水时期则随黄河高水位轻易进入黄河南岸，进入荥阳地区；3万年以来，西部地块逐渐抬升，河水势能相对增加，动力作用加强，向下侵蚀加剧，河床相对下切，一般洪水渐渐难以通过汜水口和牛口峪，进入荥阳盆地了，但大洪水仍能南下；河岸与日俱高，河水水位日下，特大洪水偶然还能南下。随时间的增长，河岸高程/水位的反差（空间）拉大，非特大洪水，就逐渐难以翻越牛口峪岭口和滹沱一带汜水河岸的宽顶堰，进入荥阳广武洼槽。这种状况发展到全新世，西部构造抬升加剧，河岸与河水水位差距更大，黄水再也不可能进入，此即现代看到的状况。牛口、滹沱宽顶堰高程较黄河多年平均洪水位高出30～40米，这也大致是郑州西部地块晚更新世末以来构造抬升的数值，所以，过去，黄河北岸的水，完全可以随黄河水一起通过某些入口渠道，进入荥阳。华北平原上这种两条水流直交、斜交的情况，远古时期处于常态，即使在《水经注》时期，人类活动已经变更了许多河道的状态，我们还可以发现郑州的济水南北，许多河岔、沟渠都类似"十字沟"，是交叉相连的。汉代京相璠在《春秋土地名》中解释道："济隧，郑地也，言济水荥泽中北流至衡雍，西与出河之济会，南去新郑百里，斯盖荥播，河济往往迳通矣。出河之济，即阴沟之上源也。济隧绝焉，故地亦或谓其故道为十字沟。"[1] 这段话点明了河、济连通的奥秘。王隐的《晋地道志》也谈到："河泛为荥，济水受焉，故有济隧，为北济也。"[1] 郑州河、济两岸水系可以平交相通，并非古人理解的潜流——"下沉式"立交。当然，不能否认当年确实也有泉涌汇流现象，但大概不会是河北山泉水钻过了黄河大裂谷；如无现代示踪原子之同位素技术手段，古人怎么能判断该泉水出自彼岸潜流呢？"三伏三见"仅仅是一种科技不发达时代大胆的猜疑或穿凿附会罢了。

济水之"济"字，本来就有渡过、贯通、借助、救助等意。渡河，即"济水"；渡水达彼，即"济渡"。古人将一直独立入海的大河命名"济水"，具有它"贯穿"黄河之意，也有在南岸取水借水为源之意。地理含义非常深邃有趣。

数万年前黄河北岸之王屋山太行山水，汇入黄河，乘黄河高洪水南溢之承载，可以进入郑州西部的荥阳，这在当地旧石器先民心中是不争的事实，是祖祖辈辈相传、耳熟能详的客观事实。同时，在全新世早中期，荥阳—广武湖盆洼槽，还残存着晚更新世末黄河流经遗存下来的河间洼地、牛轭湖、漫滩湖泊沼泽，它们集聚了索、须、黄水，再流向东北，补充广武山东北麓的济水。这是从裴李岗、仰韶文化期到三代先民尽皆认知的客观事

---

❶　王谟. 汉唐地理书钞. 北京：中华书局，1961 年。

实。在这个意义上，黄河与济水在广武山西部，还有进入郑州的通道，地质时期的济水入口，就不止于文献典籍上的那一处。仅仅是在全新世时期彻底消亡掉了。

地质地貌意义上入河南渡的"济"水，实际上是包含着从沁水到流经今济源市的溴水，和流经沁阳、温县的沇（沛）水，流经焦作博爱的丹水，是太行王屋山南麓总体山水。《禹贡》上讲的"导沇水，东流为济，入于河，溢为荥"，指的就是王屋、太行山水入河，泛滥漫溢为荥。上源称沇，至温县称济。沁水突破出山口时间不太长，出山口也并非今日之唯一的五龙口，而是稍上之河口村处，上古沁水出山后，也在今溴水至武陟一带，形成广布的冲积扇，在不同时期分多道南下。沁水也进入济水水道，这样，也完全可能进入古代郑州地区的境内。

除了战国、秦汉时期人们理解的广武山东北的济水与荥泽外，在地质时期，最大的一个可能是黄河北之水从温县一带入河，直接从汜水口、汜水河漫溢 \ 翻越上街附近河岸，从滹沱一带进入荥阳盆地；滹沱则成为这一新河流之源头。考察济水的故道，在温县平皋村西入河，正对着南岸汜水口，既然《晋地道志》明言济水自大伾入河，大伾就在汜水口处，为何河水不能傍大伾直入汜口东南而去呢？《禹贡》属于一种后人汇编集大成的典籍，它描述的地理现象，将史前和战国成书时各期考察、观察和认识，叠加积累，形成数千上万年文化的综合投影。具体在郑州和荥阳，所说的黄河泛溢为荥一段，也许是泛指3万年到五六千年前的自然现象，也许是专指5000年前左右的自然现象？黄河泛水可在荥阳—广武山狭槽（地带）的泛溢湖沼，在广武山东也壅潴成湖（文献中的荥泽）。这是完全可能的。这是种更换角度的思维。文字出现前无碑刻、记载留下，人们只能依据战国以来的文字描述，但先秦的地理认识——特别是春秋战国的认识，已经和系统文字出现前，出现了重大的认识断裂，服务于朝堂的堪舆学者，未必把民间的经验认识概括抽象到理性层次，也可能甲骨文出现前这个客观事实已用某种载体被记载了，但这种甲骨前的文字载体可能发生损毁、遗失甚至破坏，也可能还未发现。后人只能结合当时存在于田野被观察到的现象来理解经典和世代相传：把也是黄河溢出之水、集聚、漫溢在广武山东的那一实体，指认为荥泽，穿插和下泄之水，视为济水了。3万年来（见图1），由于黄河南岸的构造抬升（同时也伴随了黄河河床的相对下切），黄河以北的济水从可以借汛期大洪水时进入黄河南岸，到后来不可逾越黄河的变化机理。

我们提倡唯实，不唯人、不唯书。要根据现代科学解释的地学实际现象来认识理解古籍。更主张依托变动中的河流、地貌来思考绝非静止的济水和济水现象。

对于类似《禹贡》这样的多层次（多时期）各类信息叠加的文献，应该理性地分层解析，并结合实际勘察来认识理解。况且顾祖禹在《读史方舆纪要》中也批评指出："至于三伏三见之说，出于近代俗儒，自孔、郑诸家以迄于宋世诸儒，未有主此说者。"❶

对黄河在郑州西部泛道的勘察，对荥阳古湖泊沼泽的考察，强化了我们的推测与解析。河水泛及荥阳—广武洼槽，洼槽成为蓄洪区与沉砂池，出水一部分东南或东下，一部分与当地山水积聚成季节湖沼；河水不能进入该湖盆后，正值全新世早中期，嵩山山前来水极为丰沛，该处湖沼水位升高、面积扩展，通过索、须、京水黄水，维持了向广武山东

---

❶ ［清］顾祖禹. 读史方舆纪要. 北京：中华书局，2005 年。

北的济水—鸿沟—浪荡渠源源不断补充清水的功能。这样，荥广区域，实际上也起到了黄河南的济水之源的作用。特别在两汉时期济水直接取水于黄河水口阻塞、水路不畅或水口脱河时，荥阳之水，则成为补给济水的主要水源。其实，汉代就视荥阳为济水流域，把济水的国家形态的祭祀引进到荥阳，不论他是把济水看作从汜水而来，还是把索水看作济水的源头。在索河河王水库东北的大庙村，汉代建有济渎庙祭祀济水，现为一道观。清代荥阳士人张调元有文专门记述。清末民初，在枯河上游的西大村，也有济渎庙（原址现为幼儿园）。光绪《郑县志》记有贾鲁河上源有济渎庙，有济桥，属于荥阳的八大景。济水文化在荥阳植根确实很深。济渎庙先祀于荥阳，历史上是有证据的。宋徽宗在宣和七年有《封济渎诏》：朕惟百川，莫大四渎。禹导沇水，是为济源。汉祠荥阳，具载祀典。国家登秩，益严岁祀。（清《济源县志·卷十三》）

因此，笔者认为古黄河北岸的王屋、太行山水，原来就可以在黄河高洪水位时，通过汇入黄河，实现"浮"（于）黄、汇（于）黄、融（入）黄，随黄顺畅进入黄河南境，再会同郑州山水，形成独流入海的济水。近3万年来郑州西部抬升，黄河不能再进入西部之后，济水只能集黄河在广武山前东北侧泛溢、渗出之水，以及融汇本地山水、坡湖之水，继续下流了。古人不能理解这个地质时期两水交会交叉——后来黄河北的水不复穿黄的事实，才出现种种臆测。后来，因补充水源不足，济水上游断流，就更难以认识自然本质，留下了千古疑惑与猜测。

二、郑州贾鲁河水系的形成问题

《水经注》时代，郑州地区没有贾鲁河系之称呼，大致在地域上似乎相当于后世贾鲁河系统的是济水—渠水水系，当时郑州中东部的河流俱汇入济水和济水支分衍生出的渠水。济水独流入海，此时，还不能说郑州中东部水系均属于淮河流域。

隋唐时期的通济渠大运河，利用了秦鸿沟、汉浪荡、汴渠旧道，郑州地区原索须、黄水、管水等水流，与运河渠道应该是直接或间接相通的。

《隋书地理志》云"管城有郑水""荥阳有京索水"，"京索"之间应加顿号，这里指的是两条河。后来杨守敬按"盖以索水处京县，故谓之京索"，不妥。但唐代《元和郡县志》中，郑州的管城、中牟，均未记载黄水、管水，仅荥阳县有京水，"出县南平地"；有索水。北宋初成书的《太平寰宇记》中，郑州管城记有："【郑水】一名不家水，源出梅山。"下分二水，"一水东北流注入黄雀沟，即今之黄池。"这里说明《寰宇记》沿袭了《水经注》的说法，也谈到与圃田水系沟通的黄雀沟、黄池，但并未谈到下面有相当于后世连接郑州中牟的贾鲁河。荥阳县里谈到的京水、索水，也完全引述《水经注》的说法，没有新见地。中牟县，除了谈到圃田泽，未提到其他与郑州关联的水道。所以，在地理志书中很有名的《元和志》《寰宇记》在郑州水系中，对此竟然毫无创见。

倒是源于唐《十道图》的北宋《元丰九域志》，明确地在卷一·四京的"东京"中的中牟条，谈到有汴河、郑河、圃田泽。汴河即北宋时的汴渠，位于郑州、中牟北部；郑河，应该是《隋志》《寰宇记》里的管水、郑水，明确指出该水进入中牟。在京西北路的郑州，荥阳郡，明确指出管城有金水河、郑水、圃田泽，荥阳有嵩沧水、京水、索水、须水。当时的金水河实为郑水之下段，连接中牟汴京者，并未如后世贾鲁河东南而下。这里的京水，就是《水经注》中的京水、黄水，应该是现今贾鲁河的上段。《元丰九域志》叙述郑州水道比较明晰，但也未明确指出郑州的索、须、京、郑诸水是否合流，如何进入中牟？

可见，明清时期的汇聚郑州中东部水系、被称为贾鲁河者，在北宋时期尚未形成。

但是，北宋建隆二年（961年），发京西数万军民，"导索水自旃然，与须水合入于汴"。即疏引索须水入汴河，将入汴京的京西郑州水称为金水河，东京五大漕渠的金水河系统就包括了索须水、黄水、郑水、承水诸河流。但此时各水主要是资运汴京，中牟至尉氏间水道，还没有如明清贾鲁河那样从中牟尉氏直接东南而下；乾德二年（964年）引自长葛、新郑溱水的西南—东北向的闵河入惠民河，（与后世的贾鲁河流向斜交）进入东京。北宋京西诸水，以东京为中心，与明清不同；可见，贾鲁河的大势也未形成。但人为将郑州诸水疏通、引入东京金水河漕渠，为后世贾鲁河形成的重要第一举。《宋会要》曾记载："《宋史河渠志》金水河一名天源，本京水，导自荥阳黄堆山，其源曰祝龙泉。太祖建隆二年春，命左领军卫上将军陈承昭率水工凿渠，引水过中牟，名曰金水河，凡百余里。抵都城西，架其水横绝于汴，设斗门，入浚沟，通城濠，东汇于五丈河，公私利焉。"另外，"宣和元年六月（《宋史》卷九四《河渠志》），复命蓝从熙、孟揆等增隄岸，置桥槽坝，浚澄水，导水入内。内庭池御既多，患水不给，又于西南水磨引索河一派，架以石渠绝汴，南北筑隄，导入天源河以助之。"讲的就是人工引道后世贾鲁河上源和索河一支，通中牟、东京。

元至正四年（1344年）黄河白茅决口，河道北移冲决运河，山东曹州以下，至商丘、徐州一带河道糜烂，水系不通。1351年，贾鲁任工部尚书主管治河，疏浚、整理黄陵岗以东280余里故道，培修堤防。这段河道在黄河史上称为贾鲁大河，工程处所在封丘至兰阳以北、仪封以东，曹州、仪封宁陵之际，商丘、虞城、砀山一段，与后世才出现，并提到的郑州中牟间的贾鲁河并无直接关系。邹逸麟先生考证贾鲁治河，也并不认为在工程同时疏浚过贾鲁大河以外的河道。但是，《明史·河渠志》记载贾鲁治理治河同时，也述及自郑州疏汴，历中牟至祥符朱仙镇，经吕蒙潭到周家口，会沙、涡、汝、颍诸水。因贾鲁治理，遂以贾鲁名称之。清人康基田在《河渠纪闻》中，民初武同举在《淮系年表》中，均附会说贾鲁在1356年引郑州京、索、须水入中牟，后人称为贾鲁河；但贾鲁本人已在1353年去世，此说至少在时间上有误，系人云亦云、转抄讹传之误。查《元史·河渠志》中的欧阳玄详细记载贾鲁治河所撰"至正河防记"，见贾鲁治河工程区域，与郑州水系毫无关系，而且工期仅仅数月，关键工程是黄河曹州白茅、黄陵岗堵口。如果郑州地方政府也在同期疏浚过郑州中牟间区域河道，应该说与贾鲁治河无关，后人借贾鲁之名，把当地疏浚内水小河称之小贾鲁河，也是可以理解的。从明清起，到民国和当代，不少地方志或散文、新闻、规划、网络媒体和坊间，总把郑州贾鲁河当作元末贾鲁修治，脱离了历史事实，水利史学界从来没有这么说过。

明初，黄河在中牟开封间多有决溢，北宋以汴京为中心的金水、惠民河水系湮塞糜烂。成化中（1470年）扶沟县曾自力疏浚吕蒙潭南张单口新河，至县城东北汇双洎河。在黄河大泛之后，1490年白昂曾疏浚过黄泛流经的孙家渡河。1493年工部侍郎陈政治河，提出疏浚自郑州经朱仙镇到陈州的决口故道分减黄水溜势。这一段黄泛下游走的才是后来的贾鲁河河线。

1494年刘大夏治河，在主要疏浚前朝贾鲁大河同时，又疏浚孙家渡河，自中牟另开新河导水南行，河长70里，这样，人为疏浚、沟通了黄泛河道，郑州洪涝之水也汇此，从双桥到中牟李胡桥—城关北—板桥—朱仙镇—尉氏闹店—金针—永兴—白潭，下再接北宋蔡河故道，通达周家口。当时的记载也未称其为贾鲁河。但是，这次工程毕竟同时疏浚了贾鲁大河与中牟水道，自此，人们把二者联系一起，乃至混淆为一，贾鲁河被叫开。河南历史地理学者李长傅的《朱仙镇历史地理》一文叙述此工程及其走向后指出"这就是贾鲁河"，大概也基于此。由此看来，成化、弘治年的治理与沟通孙家渡河，对于后世贾鲁河的完善形成，起到十分关键作用，然而官方还没有如此之命名。

1448年河决泛孙家渡河在何处？据笔者1987年编绘明清黄河变迁图时考证，经黄委徐福龄先生指教，该河大致从原武西的姚庄（今名姚村，在故金堤的王禄正南）到中牟杨桥西的孙家渡，直入中牟西北的郑水（笔者考证当时，在图上注明是"郑水"，非贾鲁河），今无孙家渡地名，地望大致在杨桥西北四五公里许，京港澳高速公路黄河大桥与来潼寨附近。

万历年间，因原漕运阻塞，都御史胡世宁建议利用沁水济运同时，利用郑州中牟的河流通漕："查荥阳之东，广武山南，一水流经郑州、中牟之北，祥符之西，由朱仙镇而南经尉氏、扶沟、西华之东，沈丘之南，在《元史》名为郑水，土人名为贾鲁河者也……"（《万历实录》卷416）。可见，直至万历年间，官方仍将其视为"郑水"，"土人"——民间已称为贾鲁河。邹逸麟先生考证贾鲁河时，也指出"盖今贾鲁河名，实起于明代后期当地居民之俗称，并非贾鲁所浚而得名"。（《历史地理》，第五辑，上海人民出版社，1987年）但此河线与古鸿沟、浪荡渠、沙蔡、惠民河河线根本不同，其形成有赖于人工治理，也受制于黄河泛滥，其上源从先秦的黄河出流，变化到仅靠郑州地区的山水、坡水。《明史·地理志》记载："荥阳州西。南有大周山，汴水出焉。又东南有嵩渚山，京水出焉。又有索水，源出小陉山，北流与京水合，下流入於郑水。"这里讲汴水出自大周山，误，讲京水出嵩渚山，也不妥，或许这里的京水，还不是《水经注》的黄水、京水。但却指出郑西的索水、京水，下入于郑水，很有意义，即古代的济水、渠水已经消亡，郑州之诸水——索、须、京，俱汇于后世称金水河的前身——郑水，下泄中牟了。上面已述及，其实这时汇流为一的郑水下段，已经被民间称为贾鲁河了。应该说，直到明万历年间，目前笔者还未见到官方以贾鲁河正式称之的文献。明末清初可能是该称呼被官方逐渐接受时日。

清代，是疏浚治理该贾鲁河最多的时期，而且在有关官方公文里已沿用地方和民间称呼，正式称其为贾鲁河。康熙年间，河南巡抚一再提出疏浚，1706～1708年，自荥阳至沈丘，贾鲁河与沙颍河全面疏浚。雍正朝，先后疏浚了中牟段和郑州—中牟段。乾隆元年，疏浚修治郑州大凌庄至中牟合河口段，1714年、1719年，连续疏浚了因淤沙阻塞的贾鲁河。据不完全的统计，清代共治理贾鲁河19次，是历来地方为它主持工程最多的一个时期。

民国初期成书的《清史稿·地理志》云：中牟"贾鲁河入，合龙须沟，隋志郑水。"指贾鲁河前身即郑水。郑州，"须索河入，会京水，东迳衍南、祭城北，右合郑水为沙河，一曰贾鲁河，右合潮河从之。古汴水，禹贡曰濉，春秋曰邲，秦鸿沟，汉蒗荡渠，东流曰官渡水，曰阴沟，曰浚仪渠。"这里讲须水合京水在祭城北，再右合郑水，名沙河，或贾鲁河。水系已与现代大致相同。

乾隆年间成书的齐召南《水道提纲》，在卷七"入淮巨川"里，说"自荥阳有索河，北流东折，经河阴、荥泽南境，会南来之京河、须河；又东经郑州北，会南来之东京河，又东南，会南来之磨河，即古溱洧诸水，今总名小贾鲁河。又东南，有栾河自南来会；又东南，经中牟县城北，自此以下，俗曰贾鲁河"。齐召南这里讲的河阴、荥泽，均县名；京河，指贾峪河、东京河，可能指后世之金水河；磨河，指十八里、七里河，古代有人把它们当作溱洧分水，客观上反映出郑州南部水系是后来新郑隆起有所发展，才加大了分水北流的。因此，大致在乾隆年间，郑州东郊的这一河系已总称"小贾鲁河"；西部来水汇合潮河以后，到中牟以下，才俗称贾鲁河。现代所见的贾鲁河，则是在清代整治基础上，特别在1938～1946年期间黄河泛滥、人工归故整理后所稳定下来的。河线和系统水系，已发生了翻天覆地的变化。

三、晚更新世末以来郑州湖泊沼泽演化概略 [1]

1. 地貌学、历史地理学和古地理的相关研究

20世纪60～90年代，学者们从地貌学、历史地理和古地理多学科角度，针对历史时期和全新世乃至晚更新世的黄淮海地区湖沼、河间洼地地貌及其演化进行研究，如刘遵海（1963年）、陈述彭（1963年）、尹钧科（1981年）、陈桥驿（1982年）、邹逸麟（1985年）、王会昌（1987年）、叶青超（1990年）、吴忱（1991～1998年）。就黄淮海平原湖沼变迁，邹逸麟有《历史时期华北大平原湖沼变迁述略》、王会昌有《河北平原的古代湖泊》。

邹先生后来在《黄淮海平原历史地理》一书中，系统分析了黄淮海平原的湖泊沼泽历史演变，特别是其对先秦时代湖泊沼泽的分布，对于认识郑州大区湖泊沼泽演化，有宏观指导意义。

根据先秦文献记载统计，当时黄淮海平原范围内，有大小湖泊沼泽40个左右。有可能，文献记载的湖泊沼泽数目尚难完整，而且古人实难描述已经消亡的远古湖泊，所记载的地区也未必平衡。在先秦时代的湖泊沼泽中，邹先生和张修桂老师归纳了三个湖泊沼泽带，述及郑州地区处于第一湖泊沼泽带以及湖泊沼泽形成的重要古地理原因："在今修武、郑州、许昌一线左右的黄河古冲积扇顶部。这里有著名的圃田泽、荥泽、崔莶泽，以及修武、获嘉间的河南大陆泽等等。……由于第一湖泊沼泽带处在黄河古冲积扇的顶部地区，黄河出孟津之后，摆脱两岸丘陵、阶地制约，汛期洪流出山之后，漫滩洪水首先在这一地区的山前洼地和河间洼地停聚，从而形成第一湖泊沼泽带的诸大湖泊沼泽。同时，第一湖泊沼泽带所处位置，恰是郑州以西更新世末期所形成的古黄河冲积扇的前缘地带，扇前地下水溢出在低洼的地区滞留，显然也是这一湖泊沼泽带形成的另一原因"。[2] 邹、张先生根据文献记载辑录的第一湖泊沼泽带的大陆泽（修武、获嘉之间）、修泽（原阳西）和荥泽（古荥阳东北）、冯池（荥阳西南）和黄池（封丘南），都在古冲积扇顶部的郑州地区之

---

❶ 系与河南省地理研究所郭仰山等共同调查、探索完成。

❷ 邹逸麟. 黄淮海平原历史地理. 合肥：安徽教育出版社，1987年。

上；而位于新郑、长葛、许昌的几个湖泊沼泽，严格讲已在黄河冲积扇顶部的边缘甚至外缘。

20世纪80年代中期中国科学院遥感应用研究所牵头，在"六五"期间重点科研课题"黄淮海平原水域动态演变遥感应用研究"中，包含有黄淮海平原地区湖泊洼淀形成与演变的子课题项目，其研究报告"利用遥感资料研究黄淮海平原地区湖泊洼淀的形成与演变"，以黄淮海大平原历史时期和现代的湖沼洼地影像研究为主，略带郑州地区的荥泽、圃田泽。认为"它们都是在河流的变迁、迁徙所形成的背河洼地基础上受河水补给而形成的"。❶ 该报告所附遥感分析图，注明在郑州市西部和东部，各有一片湖泊沼泽区，皆为秦汉和魏晋南北朝时期的湖洼。但是，这次的研究仍然局限于历史时期的黄淮海平原湖泊沼泽，没有上溯早中全新世。

可以说，20世纪80～90年代主要是利用文献和野外考察、部分遥感手段，对于历史时期和现代的黄淮海大平原湖泊演变，作出相应的研究，涉及郑州地区的湖泊颇为有限。自那以后，尚未组织对于该地区的湖泊演变做专门研究，更缺乏对于远古郑州大区湖泊的系统探讨。

2. 黄河古冲积扇对于郑州古湖泊沼泽带的意义

研究郑州地区的古湖泊，必须再述及黄河冲积扇，黄河是造就郑州周围古湖泊沼泽群的第一要素和元勋。囿于历史时期河流地貌的认识，或者仅仅停留在地表的观察，人们在提到桃花峪冲积扇时往往忽略了最上游和最古老的宁嘴洪积—冲积扇；即"因地壳上升而抬高的冲积扇"；"这里所指的冲积扇是形成于晚更新世晚期，随着构造上升而抬高的古冲积扇。其范围较小，西起孟津的宁嘴，北靠太行山南麓，南接伏牛山北麓，冲积扇前缘因受后期破坏而无法考证，大体上在汲县、新乡、获嘉、武陟、尉氏和扶沟一线等地，平面形态分布东宽西窄，残留面积约为6990平方公里"。❷ 这是广义的古黄河下游冲积扇，与今天常说的全新世桃花峪冲积扇在时代和地域概念上有所差别；它包括黄河河道，黄河南——包括巩义市、郑州西、荥阳市、新郑市的嵩山山前部分地区，及尉氏—长葛—鄢陵部分地区，黄河北——济源市、焦作市、新乡市部分太行山前地区。此古洪积—冲积扇上端位于出山口宁嘴到桃花峪的济源凹陷中，该凹陷第四纪沉积厚最多达到200多米；其南翼的巩荥凹槽，特别是东部的荥—广武山夹槽（地带）部分，是相对下沉的地貌单元。该古冲积扇处于太行、嵩山山前和黄河出山口下，伊洛沁河与黄河交汇聚集，更新世以来就是一个天然潴水之区，多湖洼、沼泽。在济源至武陟的山前冲积平原和黄河高滩地区与荥阳的荥阳—广武山夹槽（地带）地区，以及郑州市、中牟区的部分地域，各个时期的水文地质资料和工程地质资料显示，在地表下数米乃至十余米、数十米，有一层甚至多层黏土、亚黏土的类湖泊沼泽相沉积，揭示了郑州全新世和晚更新世普遍存在的湖沼环境。

在古冲积扇上，值得一提的是荥阳—广武山地区。据中国科学院地理所地貌室研究，该地区"为黄河阶地面上长条状的夹槽，由西北汜水河口向东南方向倾斜，至郑州郊区附

---

❶ 中国科学院遥感应用研究所. 黄淮海平原水域动态演变遥感分析. 北京：科学出版社，1988年。

❷ 叶青超，等. 黄河下游河流地貌. 北京：科学出版社，1990年。

近以台地形式与平原接触，夹槽西窄东宽，宽约 15～30 公里，海拔 110～150 米，……这种夹槽地貌形态的特点可能是晚更新世时期的古黄河汊道……从地质剖面来看，夹槽地带的黄土（Q_3^1）已被侵蚀殆尽，而代之堆积的物质为次生黄土类黏砂土，中部夹有厚层的砂层透镜体，实为河流相沉积物，总厚度约为 10～40 米，其底部直接与中更新世的假整合接触。以后随着晚更新世末期太行山和伏牛山上升的带动而抬高，形成现在这种阶面夹槽带的地貌景观。历史时期内夹槽还有古湖泊的遗迹。"❶

邹先生和张修桂的第一湖泊沼泽带概念实际已引申到更新世晚期，在黄河老冲积扇顶部、大郑州地区的古湖泊沼泽地区，首先得把黄河出小浪底峡谷后，最先到达的这些地方包括进去，第三纪与第四纪更新世里，济源凹陷与东部的开封凹陷几乎同步下沉，所以郑州东部（桃花峪和京广铁路以东，处在古宁嘴冲积扇上，后被叠压在全新世桃花峪冲积扇之下）的湖泊沼泽，比如历史时期人们认识的圃田泽和文献中的荥泽（属于更新世到全新世的继承性湖泊沼泽），其基本形态和古冲积扇顶端的湖泊沼泽差不多，但形制和规模可能大有差异。可以把晚更新世与全新世初的郑州西部疑似湖泊沼泽，暂称为"济源湖"和"荥广泽"，它们原与黄河、济水相连，承接与汇聚王屋、太行山前、嵩渚山前的诸河流、泉水，但在距今 3 万年始，特别是全新世以来，郑州西部整体抬升，黄河河水受到过水堰顶抬升限制，再难进入湖盆，该区则逐渐演化为一些湖泊沼泽坡洼；特别是随构造抬升黄河相对下切后，一般洪水再难进入两侧，最后根本不能进入湖盆，古湖泊沼泽得不到外水补给，只与山前内水相连，容纳一些山水坡水。❷ 因此，古冲积扇顶部（即郑州地区西部）的湖泊沼泽，其发育阶段大致在晚更新世末到全新世初，兴旺在所谓大暖期的全新世中期，部分我们见到的类湖泊沼泽—古土壤土层，可能系古黄河汊道的河漫滩、河间洼地沉积物，或草灌沼泽、滨河泛滥地、浅水湖泊沼泽等，不一而同，有显著的成壤过程迹象，或者经长期流水剥蚀搬运、静水浸泡下的原马兰黄土、全新世风尘再沉积变种，含水生动植物。因此，前述荆先生指认今荥阳市北部地域为济水入河，泛溢、潜水形成的远古荥泽，就非狂言了。

在郑州西部，经过长期实地考察踏勘，南京湖泊研究所择地于全新统地层取样分析确认为湖相沉积物。近年动工的南水北调中线引水干渠渠道，全线揭露该地上部土层（深20～30 米），斜向横剖了荥阳—广武山夹槽（地带）。通过实地考察并取样分析，郑州西部荥阳—广武山夹槽（地带）确实存在中全新世的浅湖泊沼泽沉积层，河湖相沉积层叠压在明显的晚更新世末、全新世初的老河湖相砂层之上。❸

随构造活动间歇抬升和气候振荡变化，黄河不再从汜水东岸或者广武山的某些峪口入侵，水源和水动力条件巨变，郑州西部的湖泊沼泽大多在全新世中期末消亡，现存先秦文献自然难以明确记载（对《禹贡》的有关认识理解也不一）。但是，郑州东部的古湖泊沼泽，在桃花峪冲积扇发育过程中非但立即消亡，而是在开封凹陷的持续沉降过程里继续得到黄河泛水和嵩渚山前河流（济水、鸿沟水系）补充，得到延续演化，历史时期仍有详尽

❶　叶青超，等. 黄河下游河流地貌. 北京：科学出版社，1990 年。

❷　徐海亮. 史前郑州地区黄河河流地貌与新构造活动关系初探. 华北水利水电学院学报，2010 年第 1 期。

❸　关于荥阳地区的远古湖泊，参见王德甫等撰写的《禹荥泽—古黄河的一块天然滞洪区》（《湖泊科学》，2012年第 2 期）。

记录，但其分布的三维空间位置发生不断变化。要强调的是，由于广武山东黄河泛道的水源补给持续存在，它们与郑州西部古湖泊沼泽现状不同，在全新世中、晚期，仍与更新世末全新世初期的下垫面状况基本类同，从众多钻孔柱状看，多数呈现继承性湖泊沼泽迹象，一些湖泊沼泽甚至在历史时期末还依稀存在，如圃田泽化解后的湖群陂沼，或者郦道元说的李泽或冯泽；它们曾与黄河减水支津或泛水连通，还接纳山前来水和郑州城市区域涝水，既承接与垫淤了黄河泥沙，又能得到充分的水源补充。京珠高速公路圃田出口处地表下埋深 6.37 米、9.18 米、12.25 米处灰褐、黑色湖相层，^{14}C 年代分别约为 2900～5300a BP。圃田 ZK1538、ZK1539、ZK1540 孔湖积层样品，测年为（3280±225）a BP、（2795±175）a BP、（5690±130）a BP[1]。圃田孔测年和分析显示，其湖相层位下部沉积为河流砂层，中部粘土层转变为湖泊相沉积—沼泽相沉积—湖泊相沉积，上部砂层为河流相沉积。沉积韵律十分显著。层深 11.4 米为黑色淤泥质黏土层，发现多种水生植物花粉、湿生和沼生植物花粉，以及含量较高的水生孢子和藻类。

《水经注》时代，圃田泽是河湖联通的鸿沟水系上的一个大型调剂性湖泊。

《水经·渠水注》云：“渠水自河与沇乱流，东迳荥泽北，东南分沇，历中牟县之圃田泽北，……泽在中牟县西，西限长城，东极官渡，北佩渠水，……水盛则北注，渠溢则南播。故《竹书纪年》梁惠成王十年（公元前 361 年）入河水于圃田，又为大沟而引甫水者也。……渠又右合五池沟，上承泽水，下流渠，谓之五池口。”姚汉源先生 1982 年提交中国水利学会水利史研究会成立盛会的论文《〈水经注〉中的鸿沟水道》[2] 解释：“战国时魏最初开鸿沟……自济水引河水入甫田泽，‘又为大沟引甫水’，时自泽向东开沟，大沟就是鸿沟。渠经过甫田泽，利用泽水通航，泽可以作为调节水库，亦可作为沉沙池。泽通渠水口尚有五池口。另《渠水注》还载有不家水口、清沟口等。不家水、清沟都是过泽入渠的天然水道，也是鸿沟的一些补充水源。”

鸿沟圃田泽水系，上承广武山前的黄河溢出之水（下接纳砾石溪水、索须水等）、荥泽水，郑州西南丘陵地区的黄水、不家沟水、承水、华水、清沟水、潮水、役水，鸿沟北边就是黄河支津的济隧水、十字沟水，圃田泽蓄纳调节的湖水，可以通过官渡水、五池沟、役水排泄和补给到鸿沟中去。《水经·渠水注》对此有非常详细的描述：“郑之有原圃，犹秦之有具圃。泽在中牟县西，西限长城，东极官渡，北佩渠水，东西四十许里，南北二十许里。中有沙冈，上下二十四浦。津流径通，渊潭相接，各有名焉。有大渐、小渐、大灰、小灰、义鲁、练秋、大白杨、小白杨、散吓、禹中、羊圈、大鹄、小鹄、龙泽、蜜罗、大哀、小哀、大长、小长、大缩、小缩、伯丘、大盖、牛眼等浦。水盛则北注，渠溢则南播，《竹书纪年》梁惠成王十年，入河水于甫（圃）田，又为大沟而引甫（圃）水者也”。24 浦之“浦”，我们一般理解为水流，陈桥驿认为系大泽湖盆中分割成为的小湖。不过“浦”恐怕也不仅指水流，“浦”，实为和水系关联的地貌专业术语。《说文》中表河岸地貌的字有：崖、岸、濆、涘、汻、汜、湆、浦、澳、濒、陔、湄。如《说文·水部》：“浦，濒也”，水滨之意。《诗·荡之什》：“率彼淮浦。”《战国策·秦策》：“还为越

---

❶ 参阅陈隆文撰写的《郑州历史地理研究》（中国社会科学出版社，2011 年）。

❷ 中国水利学会水利史研究会. 水利史研究会成立大会论文集. 水利电力出版社，1984 年。

王，禽于三江之浦。"《淮南子·兵略训》："尧战于丹水之浦。"《吕氏春秋·本味》："江浦之橘。"《楚辞·湘君》："望涔阳兮极浦。"以上均为濒水——水滨水畔意。根据圃田古况微地貌，浦者，也可能为湖畔或沙洲频出的岸滩，而沙岗、沙洲反过来又为众多津流湖沼隔离、沟通，圃田地区的沙岗—洲渚—津流—浦岸，是一特殊的近黄和受到黄河水沙（包含风沙）不断影响的——湖泊沼泽区水网、沙洲众水岸聚落地理景观。24 浦，很可能都属人类渔猎活动乃至生息的好地方。圃田，也不一定完全因蒲草而名，浦、甫、蒲、莆恐为异体的关联和同义字，或为一种模糊的复合的地貌、生态景观，蒲草即水边岸边的挺水草属；"圃田"为水边已有人为开发和划分"圈"起来的田园、人居。古本《竹书纪年》中"圃田"就作"甫田"，从天然的"甫""浦"到有人工修作开发、居栖的"圃"，有一个过程，津浦众多，非此实名的 24 浦，似有泽内泽畔多沙洲—多滨岸意。后代湖泽萎缩，人工整理围垦，兴修水利，湖泊沼泽津流又化解演变为 36 陂，直到北宋，圃田泽地区仍如江南水乡貌。

河南省水利厅的涂相乾先生，长期研究河南水利历史问题，在 20 世纪 80 年代撰写《鸿沟故道行经今地图考》[1]，从《竹书纪年》和姚老之说，认为公元前 361 年，"鸿沟已开凿了从黄河右岸渠首到圃田泽的引水渠段，并开始挖从圃田泽引水东向大梁去的渠段"，到公元前 340 年，"才将鸿沟开凿到大梁的北郊"北郭。涂先生认为鸿沟先以引黄为主，沿程陆续汇纳右侧从荥阳、郑州、中牟南境、尉氏、鄢陵、扶沟、西华等县河流。在这许多水系支流上，"当时大都有一些湖、泽，承泄和调节来水……鸿沟是具有相当大的调蓄能力的……这些从右侧入渠支流及其上面的大小众多的湖泊陂泽，和从其左侧分流出去的各分支水道，以鸿沟为纲，联结形成一个有注、有泄，并有调节的长藤结瓜的水道系统"。

涂先生解释《渠水注》说，注文中的长城，"在管城东面数里处南北通过"；"官渡应在今原阳、中牟间黄河南岸，东漳乡一带"在 2009 年作者又一再当面嘱告，原阳大宾乡马头村出土乾隆五十九年石碑，云原村官渡，汉建安五年末，袁曹会兵立此高阜。而经文中的中阳城和伯禽城，皆位于圃田泽西岸，"分别为今郑州管城东十里和中牟县西三十里（蒋冲村北）的古城。又《括地志》管城县下称：'圃田泽在郑州管城东三里'，《元和志》中牟县下称，'圃田泽，以名原圃，县西北七里'。当时中牟县在今九龙山镇蒋冲村。从以上资料，大致可以勾绘出圃田泽的范围"。此外，郑州大学陈隆文撰有"郑州古代水系于湖泊"[2]，其中从史籍角度详细叙述了历史时期圃田泽的概况、地望、演变。这里就不赘述重复了。

通过郑州东部地区地层对比，参考近年东部建设的众多钻孔资料和历年考古发掘，认为在郑州东部，存在以圃田泽为主体的湖泊沼泽群体，其湖泊沼泽中心的圃田泽，核心部位大致在今黄河以南，石桥、姚桥、祭城以东，圃田、白沙以北，中牟城关西、北。迄今，中牟文物普查和考古发掘所发现的仰韶至商代的文化遗址，绝大部分在陇海铁路以南地区，说明仰韶、龙山时期，历史时期文献记载的圃田泽水域就已经存在，甚至还更宽泛一些。若水区扩展、串联，北可抵渠水济水，西可达七里河、魏长城等接近管城地方。当

---

❶ 辑入《河南水利史志资料》，1983 年。
❷ 陈隆文. 郑州历史地理研究. 北京：中国社会科学出版社，2011 年。

然，在中牟北部，刘集和雁鸣湖地区，也有遗址发现，说明湖泊沼泽内部或边缘仍有部分沙洲、陆地，有人文遗址，随考古工作的深入，对圃田泽地区的地貌、水系，当有新的认识。

按国家地震局地质研究所对郑东新区地震小区划研究成果，全新世，郑州市区东部湖泊沉积深达5米以上者，大致分布有三大片：①东风渠南、未来大道两侧、郑汴路以北、农业东路以西；②京珠澳高速以西、东风东路以东、陇海铁路以北、金水东路以南；③连霍高速以南、姚桥路以北、迎宾大道以东、京珠澳高速两侧（参阅国家地震局地质研究所《郑州市郑东新区地震小区划报告》2003年）。其间西北—东南方向横亘一条大沙垅，即柳林西下至中州大道两侧，再下至祭城—东风渠，直至京珠澳高速，沙脊两翼有湖泊沼泽沉积。在沙垅脊梁和深湖泊沼泽之间，是大片沉积厚在5米以下的浅湖沼泽群。所以，郑州东部的圃田湖泊沼泽面积是非常大的，此情景遗址延续到宋元时期，之后，因黄河大举南泛，冲击和淤积，气候也更趋干冷，东部湖沼尽皆干涸消亡了。

郑州古湖泊沼泽群在水源充足时节，广联为一，水面浩森，在低水位期和枯水位时节，分散为众多小型湖塘，以至干缩消亡。自然，郑州东西部的湖泊沼泽群落的生成、发育和演化，它的气候环境与构造环境背景，以及西部黄土残塬区的土层特性，还需要更深入的探测、研究。

黄河河流地貌发育的阶段性差异和地域差别，直接驱使郑州地区东西两部位古湖泊沼泽发育的水源水动力条件（外营力）的变化，是认识郑州地区古湖泊沼泽演化和区域差异的关键。

在郑州市区的东北部，东西走向的郑州—兰考断裂与穿越黄河的武陟断层、花园口断层、原阳东断层联合，可能控制着沿黄河南岸到广武山前、全新世中期豫北黄河古道以南、原阳—中牟赵口—中牟以西大片古黄河背河洼地的低洼区域的沉降；该区域作为开封凹陷的西端，这里孕育了前汴河、颍河泛道，也孕育了跨越现今黄河河道、先秦文献记载中的荥泽，从更新世到全新世，这里始终是持续沉降区域。沿花园口断层走向，东北部以荥泽为中心的湖泊沼泽群与东部以圃田泽为中心的湖泊沼泽群，又凭借一些东南而下的条形洼槽连缀，这些东南走向的洼槽—河流，连接了文献中荥泽与圃田泽，也是鸿沟形成前古黄淮流域的天然连接通道。除此之外，可能由中牟断层、柳林断层控制，毛庄、老鸦陈镇以东，直至柳林镇东部，是郑州北郊的系列湖洼，沿后世的贾鲁河谷发育。推测在晚更新世末，老鸦陈活断层两侧的两大巨型湖泊沼泽群，就由这些大致东西走向的流水联系，某些较宽阔的谷地，丰水时节就成为条状的季节湖泊。元明以后的枯河、贾鲁河就在远古这种河—湖—河流水系基础上发育演化而来。而大致东西走向的郑州—兰考断裂、上街断层、须水断层与荥阳—广武夹槽轴向一致，它们与古荥断层、老鸦陈断层结合，也从地质构造上控制着荥阳—广武湖泽的演化。

在太行山王屋山南端，东西走向的盘古寺大断裂形成济源凹陷的北缘断陷，从济源到武陟的山前冲积洪积扇上的群星湖泊沼泽，也可能具有地堑断陷与黄河高滩边缘洼地（远古河道带北部）湖群双重塑造性质。全新世该段黄河伴随构造活动相应下切，更新世黄河二级阶地北邙和清风岭突起，成为黄河北岸的天然堤，也成为山前冲洪积扇前缘洼地湖泊沼泽的南岸天然堤。

3. 晚更新世以来郑州地区古湖泊分布与演化趋势

根据河南省浅层水文地质资料、郑州市部分重大工程地质钻探资料描述和近年极为丰富的水利、交通（公路与地铁）、城市建筑基础开挖披露，我们可以大致了解和推测荥阳—郑州市区—中牟的更新世末—全新世湖相沉积的分布概况，为复原郑州晚更新世以来的古环境，近年专门对荥阳地区进行详细的野外查勘、取样和分析，在郑州市区周围进行钻探，揭示地层、取样分析。上述地区晚更新世以来湖泊群所处位置，与借助构造、地貌分析的湖泊沼泽位置基本一致。即西部荥广夹槽，西起汜水、上街，东至古荥、须水一线，郑州东部京广铁路以东，北抵黄河南岸，即郑州东北东南部—中牟中北部和西南地区，都是湖泊沼泽比较发育或集中的地区。而且郑州城南，也发现存在河湖相沉积层，管城区南部，仍有远古湖泊沼泽。如果以郑州商城的局地范围看，可能在其城里和郭外，晚更新世到全新世中晚期，郑州市区四周皆在不同地区和时期，存在过大大小小的湖沼。从宏观和本质上讲，这是黄河冲积扇前缘和嵩山山前冲积洪积裙前缘共同建造的，为更新世时期黄河泛道和遗留支津的河漫滩、河间洼地沼泽，河水驱动发育演变，气候演化波动、构造形变三因素共同建构之。郑州市区西南部，曾是早期西南山地溪河和高地坡水入侵的通道。郑州大区晚更新世和全新世广泛的冲积扇前缘湖泊沼泽区域，一直前伸，甚至南及新郑、尉氏、长葛、鄢陵和扶沟，这是需要继续做探讨的。这里仅仅依靠系列钻孔资料，对陇海铁路以北的区域，进行了湖泊沼泽分布的大致估计。

认真比较晚更新世末以来郑州的黄河泛道和湖泊沼泽分布图，明显发现在郑州西部，荥阳—广武湖泊沼泽群大致分布走向与广武山西泛道关联，郑州东北部的《汉书地理志》描述荥泽、圃田泽湖沼群串体，与广武山东部的汴河、颍河泛道诸汉流关联。黄河是郑州古湖泊沼泽群体塑造的基本水动力条件。

到全新世晚期（含历史时期），郑州仅京广铁路以东地区残存湖泊沼泽群，在铁路以西，全新世中期的湖泊沼泽业已消亡。

4. 现行黄河以南地区古湖泊沼泽水体的演化与迁移

黄河古宁嘴冲积扇在晚更新世可以分作两期，早期冲积扇以邙山、马岭岗为代表，为条状高阶地；晚期冲积扇从汜水、荥阳、郑州市西南到尉氏，显见其踪迹[1]。更新世末全新世初，西部山区冰川消融，超常洪水发生，极为丰沛的径流在出山口以下寻找更多的下泄泛道，横扫华北平原，北及太行东南麓、南掠嵩山东麓。对于郑州而言，巨量水沙在黄河以南的黄河洪积冲积扇主要分两路东南直下，西路可能从汜水口、牛口峪一带穿邙岭而下，东路从邙山头以东，大致沿汴河、颍河泛道东南而下，两者之间被邙山头至官庄峪、孤柏嘴至汜水口的黄土岭阻隔。东路水沙在河间洼地留下了郑州市东部全新世湖沼群，而且这个过程在全新世中晚期还不止一次出现。西路水沙则在市区西部荥阳地区留下了荥广湖泊沼泽群。西区的黄河洪水，一路沿古荥、老鸦陈断层的方向，顺郑州市区西南而下，进入尉氏、扶沟——进入颍河泛道，也有一部分在市区北部顺中牟断层方向直接东下，与东路水沙汇合，再东南而下。郑州东西两大湖沼群，皆与黄河泛道的走向、分布相关。

郑州四郊的湖泊沼泽地貌和水区，主要是黄河大洪水（河流发育期或冰后期大洪水）

---

[1]　参阅吴忱撰写的《华北地貌环境及其形成演化》（科学出版社，2008 年）。

之后，气候转温暖湿润时期湖泊沼泽发育扩展，以及河、湖相间（地貌也被反复塑造）水体潴留的产物。特别是上述区域东、西两部分构造升降的严重差异，西部湖泊沼泽在全新世早期就得不到黄河补给，即开始萎缩。从根本看，因西部地势渐高，东部持续下沉，西部水体也在这种向东迁移的"倾盆效应"里，加快溢失，东部的湖泊沼泽发展扩张更为便利，黄水入淮（域）更为便捷。总的看，湖泊沼泽水体平面位置随冲积扇发育向东部边缘推进。

到全新世中期，一度分水南下淮河的黄河北上沿太行山东麓而下以后，龙山文化后期先民在黄淮地区治水活动普遍开展，郑州地区环境也发生巨变，出现较长的干燥枯旱时期，湖泊沼泽演化进入新的气候期。古文献里说的禹"陂障九泽"（《国语·周语下》），禹王治水成功，"水由地中行……然后人得平土而居之"（《孟子·滕文公下》），"令益予众庶稻，可种卑湿"（《史记·夏本纪》），大禹"塞其淫水，而于荥阳下引河东南以通淮泗"（《晋地道志》），客观地反映了一个大变革时代里人们顺应了自然演化（气候变干，湖泊萎缩），能动地平治水土的状况，一些湖沼周围开始筑陂障泽，边缘地区得到垦殖，积水排干，发展农业、聚落。传说中大禹"覃怀厎绩、至于衡漳"，"荥波既潴、导菏泽、被孟潴"和"九川涤源、九泽既陂"（《尚书·禹贡》），说的就是这个过程，广义郑州地区（黄河宁嘴洪积—冲积扇顶部）大河南北的河湖治理、平治水土也首当其冲。这也是传说中大禹治水的一部分工程。

当然，郑州周围湖泊沼泽群的消长，也始终受到气候振荡的影响。全新世中期，在仰韶文化的气候适宜时期，全新世高温湿润期，降雨增多，湖泊水体再次充盈，郑州湖泊沼泽群的水体面积发展到最大，之后，气温下降、干燥发展和黄河泛滥淤积、人类垦殖影响下，郑州周围的湖沼面临整体消亡的局面，而这与湖泊研究黄淮海平原和我国东部地区高中低湖面湖泊水量消长趋势几乎一致[1]，中国东部地区高中湖面组在早中全新世达到最大水量，约在距今 5000～4000 年大幅下降，相反地，低湖面组则水位上升。郑州西部湖泊沼泽消亡以后，原湖相沉积层被后代本地流水侵蚀带来的泥沙掩埋，并混杂有阶段性的气候干冷期风沙沉积物，地表则是全新世晚期人类的耕作层。东部地区湖泊沼泽消亡要晚得多，湖相沉积物上覆介质的相与沉积旋回要复杂一些。

古地理研究认为全新世时期，在"河北北部和河南北部的山区黄土……流水搬运作用和沉积作用加强，土层被冲刷下来，河水将其带到平原里，成为一种泥浆式黄土，随着不同位置而有所谓'湖泊泥浆岩''沼泽泥浆岩'和'草甸泥浆岩'等。这种变种黄土的生长与所谓水上景观和水下景观有关"。[2] 尚不知是否在黄河南岸的郑州地区西部的地貌景观和相应地层，与此有一定的可比性。

郑州东部湖泊沼泽存在时间从历史时期延续到近现代。中华人民共和国成立初期，郑州东部仍残存一些洼地，系古湖泽陂塘遗迹，后来成为地方的林场、农场。唐代东城外就有李氏陂。东南郊南曹的梁湖、鲍湖、螺蛭湖、大湖、中牟螺蚍湖、晶泽、蓼泽、大汉陂、白墓陂、桑家陂等，都是历史时期和近代与圃田泽有关联的湖泊。

---

❶ 参阅于革等撰写的《中国湖泊演变与古气候动力学研究》（气象出版社，2001 年）。

❷ 参阅《中国自然地理古地理》（科学出版社，1984 年）。

2021年7月郑州大水，暴雨洪水和漫天的涝水，使我们一度穿越时空，似乎看到了龙山时期的大洪水，而在今天龙子湖、莲湖、象湖的三角地带，出现了积聚最深的水区，这里是否再现了圃田泽的湖心地区，在郑州东站综合工程基础开挖时，笔者在其基础工程中看到过数米厚的疑似黑色湖相沉积物，那是不是一度就是古圃田泽的湖心？

郑州地区地貌、水系演化与人文崛起关系初探[*]

古代中州地区，究竟是什么得天独厚的自然环境奠定了其人文长足进步的基础？在更新世/全新世划时代的纪元交替时刻，郑州地区究竟发生过什么灾变与沧桑巨变？在严峻挑战中，先民获得了什么样的自然机遇？而文明的崛起，除了普遍性的气候演化影响因素外，郑州地区构造地貌、河湖水系、气候变化要素在古文化中心区的生态系统中居于何等地位？这不啻是众多学科的学者关注的问题。本文就郑州地质构造影响下的晚近地貌演化、受构造影响的黄河演变及与区域河湖水系演化的复杂关联、水系演化的新证据、自然灾害挑战下先民的应对诸问题，探讨史前郑州区域人文崛起的环境背景，进而提出构造、地貌和黄河是影响郑州区域环境演化的主要内外营力，是人地关系的自然基础。

一、郑州地文与水文：受构造活动影响的郑州河流地貌

郑州跨中国第二级、第三级地貌台阶，西南部嵩山及其山前高地在第二级台阶前缘，东部黄淮平原为第三级地貌台阶后部。京广铁路东部是持续下沉的华北平原，其西部地质构造基底属太行、嵩箕隆起区，呈间歇抬升。桃花峪以东，郑州东北部处于持续下沉的开封凹陷中，桃花峪以上，黄河河道处于济源凹陷中。在更新世，该河谷整体处于下沉状态，但是晚更新世末以来，却随太行、嵩箕隆起发生间歇性抬升；郑州南部构造属通许—新郑隆起，晚近时期，大致与郑州西部同期发生显著隆升。郑州西、南部高昂，东、北部低洼，这种地貌格局进一步显示。开封凹陷的中心在郑州东北的原阳，全新世早中期位于郑州今城区河流皆趋向东北。

黄河从小浪底峡谷出山，从孟津以下进入下游古老的宁咀冲积扇，北抵王屋、太行山麓，循最便捷的路途，沿太行山麓入海；南部，由于嵩山、广武山阻遏，黄河顺济源凹陷盆地南缘东下，在荥阳的汜水口入侵郑州，于广武山南麓找到较为宽广的嵩—邙盆地，即"荥阳—广武山条形夹槽（地带）"，更新世洪水得以靠近嵩山山前，穿过郑州市区西、南郊，进入新郑地区。所以京广铁路以东仅新郑—中牟尉氏界残存地质时期黄河泛滥冲积物，与郑州北部的广武山同为古黄河冲积扇的河道阶地❶，其他古冲积扇体被掩埋在全新世时期的桃花峪冲积扇沉积物之下。近 20 年郑州工程建设提供了大量地质资料。从横穿郑州东西的工程地质钻孔大剖面看，晚更新世末到早全新世，普遍存在河流相的中细砂沉积物，部分层次富含粗砂和砾石，说明黄河与本地山前冲洪积物的广泛分布，在末次冰期

* 本文部分工作在郑州市文物考古研究院《郑州地区晚更新世以来古环境序列重建与人文聚落变化的预研究》执行中得到启示、支持和帮助，特此感谢。本文刊载于《历史地理第二十八辑》（上海人民出版社，2013 年）和《郑州古代地理与人文探析》（科学出版社，2015 年）。

❶ 邵时雄，等. 中国黄淮海平原地貌图. 北京：地质出版社，1989 年。

结束后，存在一个特大的洪水泛滥时期，郑州本地西南浅山丘陵河流水沙也特别丰沛，存在一个河流湖泊蓬勃发育的环境，现存丘陵、平原基本地貌基本是那个大洪水时代塑造的。

晚更新世末至全新世初的黄河，除了传统认识的自郑州广武山东北部汜河泛道泛及该区，另有一条从今天郑州市的荥阳西北部东南而下，穿越市区西郊，南沿靠郑州西南岗丘到南郊，掠过新郑的郭店、薛店，趋中牟西南抵尉氏境，下入扶沟、鄢陵境。其支分出河的地点，可能在沿黄广武山的某一个缺口。南水北调中线引水渠开挖穿越荥阳全面揭露了地层，据实地查勘取样，黄水从汜水口—汜水东岸，或从以下某黄土峪口翻越南下——宋沟、牛口峪的可能性最大。翻水堰顶大致高出当代黄河高洪水位 30～40 米，意味古今黄河高洪水位与该天然堰顶高程发生数十米的上下相对错动。在荥阳—广武山条形夹槽（地带）内 8 处针对疑似古黄河冲河湖相地层钻探取样，经热释光测年，后经北大城环学院光释光测年证实，该古大河沉积层的年代大致在距今 3.60 万～1.00 万年，相应沉积层的现今高程较黄河河床，高出 40～30 米，主要是以厚层中、细沙、砾石为代表的古河道，内含类黄土、粉砂夹层（荥阳盆地构造升降不平衡所致，南北两侧抬升较大，东西走向的槽底相对较小）。

中国科学院地理研究所地貌室在其综合成果《黄河下游河流地貌》（1990 年）曾描述到这个问题：

"荥阳、广武山地区为黄河阶地面上长条状的夹槽，由西北汜水河口向东南方向倾斜，至郑州郊区附近以台地形式与平原接触，夹槽西窄东宽，宽约 15～30 公里，海拔 110～150 米，夹槽地势比邙山南部地面低注。据我们考察所知，这种夹槽地貌形态的特点可能是晚更新世时期的古黄河汊道……新郑以东和尉氏西南地区广布的条带状岗地颇为发育，它们为许多南北方向平行排列的砂质岗地，高约 3～5 米，宽 80～250 米，长约1.5～2 公里，最长 5 公里，为晚更新世古冲积扇向南延伸的残留部分，岗地原由红褐色砂粘土以及细砂组成，以后历经流水侵蚀作用形成长条状的岗地……"[1]

晚更新世末，郑州地区古黄河主流北流入渤海，有两条南下的泛滥、减水流路——广武山东与广武山西泛道，本地发源河流，均汇入黄河泛流，东南而下，进入颍河泛道入淮，泛道之间还有众多汊流连接沟通。古黄河多汊，在当时某特定时期部分水沙进入淮河流域。由于晚更新世大河的中流砥柱广武山的掩护荫庇，黄水未能顺畅覆盖郑州全区，却在两泛道之间，形成较为宽阔的夹河黄土台地，形成新石器先民得以进占、落脚生息的郑州文化走廊。黄河穿越郑州，既制约着文化的发展，也带来罕有的生存与发展的机会。

黄河穿越郑州地区向东南泛滥，在地质构造的前提下，是进一步塑造郑州地区晚近地貌和组合水系的最基本外营动力。这也是探究晚近郑州区域地文与水文问题的症结所在。

郑州区域地质分析《1/20 万郑州幅区域地质调查报告》中指出京广铁路以西，黄河南北基岩山地之间地区，"上更新世以前，表现为大幅度下沉……上更新世晚期本区开始回返上升……在 3 万年左右的时间里，本区上升了 100～150 米"。[2] 因此，距今 3 万年京

---

❶ 叶青超，等. 黄河下游河流地貌. 北京：科学出版社，1990 年。

❷ 参阅河南省地质局区域地质测量队撰写的《1/20 万郑州幅区域地质调查报告》（1980 年）。

广铁路以西地区结束沉降大势，转而抬升，黄河河床相应下切，嵩箕隆起和偏南的通许—新郑隆起活动，也逐渐遏制着泛水东南下。大致在全新世初，广武山西部的泛道高水位洪水再也不能漫溢荥阳—广武山条形夹槽（地带），西部黄河支津随即萎缩、消亡，郑州水系出现根本的大调整。地貌抬升和水系的重组，终于导致了郑州现代人活动发展的划时代跃迁发生，古人类开始从嵩山山前的沿河丘陵高地向郑州西、南部非黄河洪泛区大规模迁移。人类居栖地与水域、土地的平面位置发生变动和系列调整。这个过程在更新世结束业已开始，早全新世的适宜气候促进了农业、渔猎文化的迁移。从郑州地区旧石器文化以来，裴李岗、仰韶、龙山文化、二里头文化、殷商文化遗址的演变，可以看出先民从西、南部较为高仰的浅山、丘陵、台地，逐渐向西部、南郊和中东部较为低洼的冲积平原迁徙、集聚的趋势。

晚更新世末以来的构造变化再造了郑州地貌和水系，不少研究论证了京广铁路桥以上的郑州西部晚更新世以来的构造抬升事实，重要的是，构造抬升导致了西部黄河泛道的消亡，郑州地区借助于黄土岗丘台地、冲积平原、河流湖泽条件，成为文化发育的热土。

中国科学院地球化学研究所郑洪汉认为：中国北方垂直构造运动幅度与速率，距今1万～700年，华北平原内部是32米、3.44毫米每年，华北平原—太行山是58米、6.13毫米每年；距今700年以来，前者是19米、27.1毫米每年，后者为30米、42.9毫米每年。❶ 邓起东认为："黄淮海平原第四纪以来沉降速率为0.11～0.27毫米每年，其中北部沉降幅度相对较大，南部沉降幅度相对较小。全新世沉降速率为1.54～2.40毫米每年，近代沉降速率为3.7～8.4毫米每年。"❷ 这些比率大致也和同期太行南麓与郑州西部构造抬升相对于东部平原的变动速率量级相当。

黄河河流地貌分析认为："从孟津宁嘴至郑州铁路桥段黄河及其支流伊洛河、大峪河和沁河都有河流阶地的发育，说明这都是地壳上升的结果。……其中，孟津宁嘴至铁路桥段的黄河是由山地进入平原的过渡段，但在早更新世以前，这里并不是上升的而是下降的……从晚更新世晚期以来，本区才开始抬升。"其 T_1（Q_4^1）阶地：黄河下游坡头—邙岭的比高为5米，洛河为10米，大峪河为10米，沁河为10～18米；T_2（Q_3^3）阶地：坡头—邙岭比高10～15米，洛河30～40米，大峪河为25米，沁河为25～35米。❸ 黄河水利委员会则认为："由于本区间歇性上升，发育了黄河的四级阶地，……一级阶地（堆积阶地）高出河水面15～25米，标高110～130米，上部为黄土类壤土、砂壤土，厚约15米，底部有厚层的砂及卵石。"❹ 所述一二级阶地大致是全新世、晚更新世末的堆积阶地。

地震地质界认为华北山麓与平原过渡带有一个所谓"高原化"的隆升过程："嵩山山麓地区'高原化'过程的时代与太行山南麓相近，但'高原化'的范围比较大。按晚更新世地层分布的前缘分析，已到达郑州—新郑—许昌一线。"❺ 这即是郑州西、南部的嵩箕隆起、新郑—通许隆起的继承性与持续结果。全新世的继承性隆升促进了水系的进一步调

❶ 郑洪汉，等. 中国北方晚更新世环境. 重庆：重庆出版社，1991年。

❷ 邓起东. 华北断块区新生代现代地质构造特征。

❸ 叶青超，等. 黄河下游河流地貌. 北京：科学出版社，1990年。

❹ 黄河水利委员会规划设计队，《黄河桃花峪水库工程规划选点地质报告》，1976年。

❺ 刘尧兴，等. 豫北地区新构造活动特征及中长期地震预测研究. 西安：西安地图出版社，2001年。

整变化，对郑州地貌、水系起到重大作用。郑州地震局研究认为："由于黄河北岸近东西向大断裂的复活，断层北盘下降，南盘上升，使邙山高高抬起，耸立于黄河南岸，为郑州市区北的一道天然屏障。……晚更新世晚期……喜山运动使西部台塬及北部邙山抬升，塬间地带相对下降，构成低洼区，潴水成湖，形成了一套冲湖积相地层。"[1]

这也是黄河汊道穿越荥阳槽地与全新世湖盆的地质背景。以上论证均说明郑州西部构造抬升的存在和变化幅度，也说明了郑州水系演化的构造地貌基础。

郑州南部随通许新郑隆升，地貌较为高仰。研究郑州轨道交通地质勘察资料，2 号线的站马屯（JZ-08-01）到陇海铁路（JZ-08-13）钻孔揭示地面（乃至下伏地层面的）坡降竟达 1/250，陇海铁路南到金水路以北这一过渡带，地表高程下降 6～7 米，Q_4 和 Q_{3-3} 底板也下降 6～9 米。西南绕城高速公路从索河到兴国寺一段的地层变化，也反映了南部构造抬升的幅度，单就这短短一段看，郑州南部相对中部抬升约 20～30 米，而且主要是在晚更新世末以来发生的。因而，在晚更新世以来，郑州南北和东西两端的构造升降幅度大致一致，决定了全新世晚近地貌和水系演化，扭转了过去众多河流随黄泛东南而下局势，确定了自西南向东北流的基本格局，决定了郦道元在《水经注》中所记载的先秦以来水系的基本状态。

吴忱在研究河北平原古河道和地貌环境中多次提出晚更新世末的环境状况："距今 2.5 万～1.1 万年的玉木主冰期，华北平原又恢复了像玉木早冰期那样的景观，河流又开始活跃……初期以深向侵蚀为主，在山麓地区形成切割谷（清水期切割谷），在平原地区玉木间冰阶湖相黏土层的表面形成了侵蚀面（第四侵蚀面）和切割谷，接着在切割谷中和侵蚀面上进行了快速堆积，在山麓地区堆积了洪积扇，在平原地区堆积了古河道带高地。由于此时的河流为辫状—顺直状河型，水浅而含沙量大，河水多以暴涨暴落的洪流形成出现，所以河流极易变迁改道，华北平原 60％以上属于砂砾石洪积扇和砂质古和地貌景观。后期，河流堆积减弱，风力堆积占主要地位，华北平原地面上普遍覆盖了一层黄土状物质，这就是现在山麓洪积台地或洪积扇地区看到的黄土状物质。"从郑州西部古河道沉积地层及其沉积环境看，黄河冲积扇顶部与河北平原的沉积形态、环境背景非常类似，大河上下，基本一致的。[2]

在全新世早期，西部嵩潴山水（汜、索、须）独流入黄或进入桃花峪以下的黄河减水河道；到全新世中期末，西部壅潴于荥阳—广武山条形夹槽（地带）湖泊消亡，原支分于黄河、取水和调蓄于荥阳—广武泽的济水水源大为缩小，古济，古索、须、黄水（京水）上源的区域侵蚀基面发生根本变化，随构造抬升，西部河流进一步发育、侵蚀下切，才逐渐形成《水经注》记述的河流形态。东北部地区，历来接受广武山东黄河泛流之水，串联荥泽、圃田泽等，又承接西、南部下泄与出渗的水体，形成前渠水水系（人工整理前的鸿沟天然水道），成为全新世中期郑州地区承受各方来水的瓮盆泽国。新郑太山、郭店、薛店—尉氏、中牟马岭岗分水岭，使新郑北的山岗、坡水冲郑州东南，再汇入圃田泽水系，

　❶　郑州市地震局、河南省工程水文地质勘查院有限公司，《郑州市地震安全基础探测工程 2007 年项目综合报告》，2008 年。

　❷　吴忱. 华北平原四万年来自然环境演变. 北京：中国科学技术出版社，1992 年。

在西南持续抬升、东北持续下沉态势下，它们后来发育形成前"熊耳河""七里河"和"潮河"。城西南一带岗丘山水、坡水，也早在此时发育河流直冲后来城区的管水——现代为金水河。作为"四渎"之一、之二的河、济，及致密河网、支津穿越本区，嵩潩山水汇于其中；东部低洼就下，形成沟通史前黄淮河湖水网的、得天独厚的古都水乡泽国环境。这是支撑郑州新石器文化崛起与生根的环境奥秘所在。

森林公园钻孔

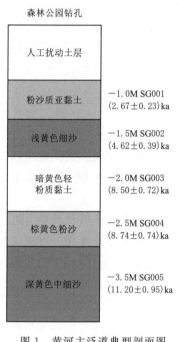

图 1 黄河主泛道典型剖面图

全新世中，郑州东部地层始终有黄泛沉积物。相对稳定持久的继承性主泛道即沿花园口活断层方向，自花园口—柳林—祭城的冲积扇砂脊，该砂脊梁砂层厚在 15 米以上，宽 2～3 公里。从古渤海与黄海的海洋地质与海岸线变化分析，推测在早、中全新世黄河的主溜曾较长时期夺淮进入黄海，笔者认为在桃花峪冲积扇顶点横扫分泄黄河部分泛流的可能性最大。在处于该泛道边的郑州龙子湖区的原森林公园钻孔（弓寨），分层取样测年，结果证实了这一推测。参阅其他工作位置钻孔测年数据也支持这一推测。地表下第 3 层浅黄色细沙（见图 1），大致是龙山时期的黄泛沉积物，这一次黄泛为期较长，可能存在数百年之久。第 5 层棕黄色粉沙大致是裴李岗时期的黄泛沉积物，第 6 层深黄色中细沙大致是全新世初期大洪水的泛流沉积。这一次黄河大泛滥，促进了晚近郑州东部地貌的成型，从郑州市区东西向的系列工程地质剖面可以明显地发现洪水在老鸦陈断裂、花园口断裂引导南下的多个通道位置。洪水退入洧水进入颍河泛道带，在城市东南留下规范的梳齿状条状岗丘地貌。

二、凸显的水文特征：处于黄淮平原第一湖泊沼泽带的郑州湖泊沼泽群

河流并非郑州水系研讨中的唯一对象。纵观各种工程地质资料，在郑州市区周围进行长期踏勘、钻探、取样，并由中国科学院南京地理与湖泊研究所进行沉积物粒度、磁学、化学元素、有机物、花粉、大化石、沉积环境的检测分析，确认郑州地区古湖泊、沼泽群的广泛分布。

全新世早期，大致沿袭过去黄河广武山东、西泛道带的方向，发育了两大串湖泊、沼泽群，东部湖泊、沼泽群以文献中的荥泽和圃田泽为中心，由系列黄河减水河、本地水道网联，包络面积大约 120 平方公里。西部浅水湖泊、沼泽，一些是晚更新世黄河泛滥时在河漫滩、河间洼地发育的季节性湿地沼泽，包含有嵩山山水被潩塞形成的浅湖洼，它们以荥阳—广武山条形夹槽（地带）为天然湖盆，包络面积为 170～200 平方公里。全新世大暖期的湖泊发育期，冲洪积物在特定气候与微地貌条件下，既有浅沼沉积，也有显著的暴露成壤过程；有的部位经流水剥蚀、静水浸泡和风尘堆积，生成原马兰黄土、全新世黄土变种，含有水生动植物。经过长期实地考察勘探，中国科学院南京地理与湖泊研究所取样分析确认为浅湖相沉积物；其孢粉浓缩物样品经中科院广州地球化学研究

所、北京大学核物理与核技术国家重点实验室联合检测，[14]C测评结果：张五寨（5625±29）a BP，司马村（6108±24）a BP，后真村（7411±30）a BP。湖泊、沼泽沉积土样的热释光检测（国家地震局地壳应力研究所、核工业部地质分析测试中心，2011年），真村5.98ka BP，西冯村6.31ka BP，大庙6.04ka BP。这大致也是中全新世大暖期郑州四周湖泊发育最兴旺时期。在郑州北郊大河村遗址F2地表以下8～13.3米，采得灰黄色、青灰色、灰黑色的黏土质粉砂、淤泥质黏土完整岩芯，内含水生动植物残骸，系遗址边多年性湖泊、沼泽沉积，[14]C测年大致在5500～8900a BP间。东郊圃田镇孔根据年代测定，深度6.37米、9.18米、12.25米处湖相层[14]C年代分别约为2.9ka BP、3.9ka BP、5.3ka BP。ZK1538、ZK1539、ZK1540钻孔湖积层样品，成果为（3280±225）a BP、（2795±175）a BP、（5690±130）a BP[❶]。圃田地层样本测年和分析显示，其湖相层位下部沉积为河流砂层，中部黏土层转变为湖泊相沉积—沼泽相沉积—湖泊相沉积，上部砂层为河流相沉积。沉积韵律十分显著。层深11.4米黑色淤泥质黏土层，发现有莕菜属、眼子菜属、狐尾藻属、香蒲属等水生植物花粉，以及湿生和沼生植物花粉，以及含量较高的水生孢子和藻类。

西部张五寨剖面深色粉砂黏土中富含蜗牛化石，经中国科学院古生物研究所鉴定鉴定主要是条华中国蜗牛和奥氏中国蜗牛。分布在年均温度6～15摄氏度，年均降水400～800毫米的地区，相对湿度90%左右。张五寨剖面的沉积和生物遗存，反映当时古湖泊、沼泽与古黄河和古嵩潩山水相通，洪水季节成为湖泊，枯水季节演化为沼泽湿地。在西部相应沉积层采取孢粉测试样品，在湖泊、沼泽区的样品中藻类含量明显高于孢粉，也反映出湖泊、沼泽在这个区域的分布（北大城环学院第四纪生物遗存实验室，2011）。张五寨、真村、司马村部分的花粉分析表明蒿属为主（38%～41%）、含有湿生莎草科（7%～8%）和蓼属等，未见到沉水/挺水植物花粉，代表近岸草灌沼泽植物群落。根据沉积剖面、粒度、磁学、蜗牛组合、花粉，以及年代学多种测定结果，张五寨一带全新世早期为水动力较强的河流相沉积，中全新世5.6～7.4ka BP气候湿润，地表发育浅湖沼泽。

张修桂对黄河冲积扇顶部的第一湖沼带有成因的概括，准确地指出在中原文明形成前后，郑州地区湖沼遍布的地貌—水系原因："第一湖泊、沼泽带处在黄河古冲积扇的顶部地区，黄河出孟津之后，摆脱两岸丘陵、阶地制约，汛期洪流出山之后，漫滩洪水首先在这一地区的山前洼地和河间洼地停聚，从而形成第一湖泊、沼泽带的诸大湖泊、沼泽。同时，第一湖泊、沼泽带所处位置，恰是郑州以西更新世末期所形成的古黄河冲积扇的前缘地带，扇前地下水溢出在低洼的地区滞留，显然也是这一湖沼带形成的另一原因。"郑州四周晚更新世末和全新世湖泊、沼泽的发育演化，均与此有关。[❷]

郑州北郊的古湖沼地也广泛发现。如大河路至英才路一带（今索须河与贾鲁河之间）的地基钻探披露，地下6～8米以下普遍有数米厚的黑灰色淤泥质沉积层，疑似全新世中晚期的湖沼沉积，且与今黄河南岸岗李一带通常认为的古荥泽湖洼相连。近年城市建设勘察发现：总的来说，从京广铁路东沿的江山路—丰庆路—东三街—铭功路以东，东西向的

　　❶　中国第四纪研究委员会碳十四年代学组. 第四纪冰川与第四纪地质论文集. 第六集. 碳十四专辑. 北京：地质出版社，2001年。

　　❷　邹逸麟. 黄淮海平原历史地理. 合肥：安徽教育出版社，1987年。

商城路、郑汴路以北，大约 120 平方公里地区，在地表下 6～10 米不同深度，普遍存在一层厚达 4～8 米（个别 10 米）的灰色、灰黑色粉土、软塑性粉质黏土层，部分属于全新世中期的静水、湖沼相沉积层，粉质黏土中有机质含量达到 5%～15%。到郑汴路两侧一带，该值高达 28%～30%，属高含有机质的或泥炭的粉质黏土[1]。

郑州东北冲积平原地貌的西界、南界，大致以京广、陇海铁路为标志。陇海铁路此段走向与须水活断层基本一致；该断层的南盘，全新世显著抬升，其北盘，承续更新世态势，持续下沉。郑州西部和南部的抬升趋势，自然是嵩山山地和新郑隆起的延续、反映。从金水路到陇海铁路，属于郑州东北地区的南翼，它的沉积趋势和金水路北大致一样，但其西侧和南侧受到构造抬升的影响，在地层结构上和高程上均有某种过渡型的反映；商城恰好选择在本区的西南隅，或许不是偶然。实际上，在京广（陇海）铁路的东侧（北侧），存在一个属于冲积扇前缘的低洼带，史前一直是积水、渚水之区。如市体育馆附近钻探，发现有黑灰色淤泥层；地铁火车站钻探孔，第⑥层、第⑧层黑灰色、褐灰色粉质黏土，很可能为积水、静水的类湖泊、沼泽相沉积。陇海铁路与陇海东路之际的部分钻孔出现的类似沉积层，也可能系南部河流冲积与古熊耳河漫水坡洼的积水形成。远古在商城建筑时，今铁路东侧、北侧的这些坡洼、湖塘水系，被人为串通，成为外郭前沿的护城河了。商城的外郭墙，继承了中原龙山古城城墙普遍的双重功能，除防人与动物外，还有抵御郑州西南部山水坡水，以及北部东部泛水、湖水漫溢的防洪工事作用。商城东北抹一斜角，似乎显示着前述古泛道宽广河谷开口坡洼的影响。

郑州裴李岗、仰韶、龙山先民，先居于较高的河流黄土台地和显露的老湖积台地上，随文化期的递进，人类渐次迁移和扩展到靠近上述湖泊、沼泽群的湖滨低地，仰韶以来许多聚落就渐次植根于原湖积台地上。需要强调的是：郑州腹地的古文化也是典型的近湖文化。

距今 5500 年、4200～4000 年的气候事件使得黄河中下游湖泊面积缩小，中原龙山文化后期，郑州四周的湖泊群多数已趋于消亡，但始终得到黄河支津与其他本地诸水补充的荥泽、圃田泽，却得以延续到历史时期，使东部、东北部地区继续有较为稳定、适宜的生态环境和水源滋养，支撑和包容一个庞大都市的环境承载力相对西部较强。郑州文化并非通常强调的、单一的河流台地文化，这是郑州地区文化崛起并持续发展的另一个最重要的环境奥秘所在。诚然，夏后氏族团在发展、建国的进程中，还因循了早期河流文化部族的习俗，首选了颍河上游、洧水上游台地，并在伊洛河台地建都，新寨期文化个别遗址一度已接近郑州市区，但仍选择向西部较高、靠近河谷地区发展，最后落脚伊洛河谷，发展蜕变到二里头文化，它们没有确定郑州中心地带为一级政治、文化中心的原因，可能在4000 年前，黄河冲击郑州东部豫州、兖州被黄河扫荡、水系紊乱的残局仍在收拾整理中，郑州东部湖泊、沼泽成片，后世形成郑州商亳的地域还在逐步整理开发中，西部荥阳境内湖泊、沼泽消亡不久，也正在整理、拓展，皆不宜规模建设。相对而言，伊洛夹河滩地水土开发较为成熟，幅员虽然狭窄些，夏初营建还过得去。但郑州腹地近湖和沼泽地，从仰韶末、龙山到二里头期的持续开发，终于为早商族团在郑州崛起，准备了一个广袤的舞台。

---

❶ 王荣彦. 郑州东区灰色地层的工程性状及其对策措施. 岩土工程界，2006 年第 11 卷第 9 期第 29－30 页。

据郑州东西两部查勘，仰韶时期以来的历代文化层，蕴含在 Q_{4-2}、Q_{4-3} 的自然土层中（见图2），早期考古文化立足于中全新世湖泊发育期的湖沼相沉积、河湖间岗地之上。商城的遗址，又多在现地表下 4～5 米，在全新世中期末、地势较高的位置上发现。

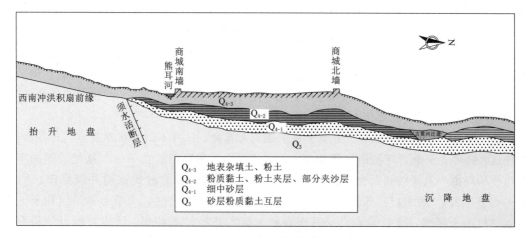

图 2　商城及其环境基底地层剖面示意图

三、自然予以人文的启迪：郑州建城的一些环境背景

郑州市区，已发现旧石器时期人类活动零星遗迹。在早全新世初的大洪水期结束后，先民开始规模性进入郑州东西两大区低平地区，聚落发展。东部龙山中期（约在距今 4800～4200 年间）还有过黄水长期泛滥，也有长期普遍存在的湖沼水区（至唐宋时期），但冲积平原上依然存在不少稳定的岗丘、沙丘，均系史前黄淮冲积平原上繁星点点的高地、沙岗，是新石器时期先民规避洪水、一度集居的地方。从考古文物普查看，富含新石器至夏商文化遗迹的地方，在市区京广铁路以西高昂地区普遍存在，京广铁路东、陇海路以南也有大批业已确认的新石器至三代的聚落遗址。

广武山荫庇了郑州，人文兴起，社会经济发展。晚更新世西部黄河入侵结束后，在西北的塬区冲积平原区、在西南山前冲洪积平原和东部冲积平原都可能形成大型中心聚落、镇堡，最后可能发展成城市甚至国都。先商族人没有选择更安全的西部，一个环境原因可能是夏、商族在郑州活动——商城确定兴建以前很长一个时期，中原都处于严重枯旱期，西部、南部的湖泊相继消亡、水源承载力相对不足，地形又被侵蚀切割，高仰起伏、崎岖破碎，缺乏东部广袤平原的开阔、河湖滋润条件，而且水路交通不及东部湖泽、河网相连，不足以形成可融汇、聚合并支撑周边文化的大经济、贸易中心区域。东部低下、卑湿，易受洪水威胁，但在龙山晚期黄河主溜南下入淮基本结束后，到先商经营本地，已经有四五百年没有持续的大洪量的泛水入侵，商族得以利用东部湖泊水域较为稳定的优势，落足定居。

郑州河湖文化战胜伊洛河流文化的关键环境要素，是夏商之际的灾害环境异变，中原经历罕见的超长干旱时期，降水变率加大，径流大幅减少，河流尽皆干涸，多数湖泊水位也大为下降，但毕竟因靠近水体相对留存的湖泊，郑州地区比之偃师更有发展和进退余地。中国在距今4000年以来开始了南涝北旱局面，亚热带北界与夏季风降雨带南移，这是全球性气候变化的反映之一。埃及第7～11王朝在2213～1986a BC衰落，印度河文明在1800～1700a BC衰亡，西亚文化2200～1900a BC衰落，皆因酷旱和环境恶化。中州文化同样也遭致毁灭性冲击，夏代衰亡了，但先商却崛起了。郑州地区恰好是在距今4000年后中原长期酷旱、大环境恶化的背景下，依靠本地水土优势发展、建城、建都的。

典籍中相关气候灾害记载不胜枚举，不绝于史：《古本竹书纪年》云："胤甲即位，居西河，十日并出。"《今本竹书纪年》说帝癸（夏桀）十年"五星错行……地震。伊、洛竭"……二十九年"三日并出"。成汤十九年至于二十四年"大旱"，"王祷于桑林，雨"（此桑林地望，据说就在郑州东南沙岗湖沼区）。

故《墨子·非攻下》云："遝至乎夏王桀，天有命，日月不时，寒暑杂至，五谷焦死，鬼呼国，鹤鸣十夕余。"《国语·周语上》云："昔伊、洛竭而夏亡……"夏代后期的干旱少雨严峻局面一直延续到商代早期。《世本》载："汤旱，伊尹教民兴凿井以灌田。"《墨子·七患》云："殷书曰：汤五年旱。"《庄子·秋水》："汤之时，八年七旱。"《荀子·富国》："故禹十年水，汤七年旱。"《吕氏春秋·慎大览》："商涸旱，汤犹发师以信伊尹之盟。"《吕氏春秋·顺民》："昔者汤克夏而正天下，天大旱，五年不收。汤乃以身祷于桑林。"《淮南子·泰族训》亦云："……五星失行，四时干乖，昼冥宵光，山崩川涸，冬雷夏霜。……故国危亡而天文变，世惑乱而虹霓见，万物有以相连，精祲有以相荡也。"夏末商初的持续酷旱时期，或许成为商汤取代夏桀的自然契机，在古人看来，自然异变与社会变动总是"天人合一"的。夏王朝在伊洛河边的枯旱窘迫与商族在圃田畔环境的游刃有余，恰恰成为大相径庭、力量消长的对比。早期黄土、河谷的文化被更为先进的河湖近水文化所取代，是历史的进步。

一代人在郑州一生的活动，不足以观察理解西部、西南部构造抬升事实，但大自然在黄河还是地下河时就奠定了郑州城市的一个基础条件。商城处在偏于低洼的郑州东北冲积平原区的西南隅，在泛水威胁和湖沼包围下，它似乎处在一个较为宁静的"海湾区"——仍为相对稳定之区。考古文化的时空变化，使我们看到郑州建城的前期条件。一个城市的兴起与永恒持续发展，是自然环境和经济文化发展交融的必然。古人在黄河严重威胁的郑州——却选择相对卑下之区，潜在的奥妙和永恒的自然哲理就是西部、西南部的基底抬升，始终抵销着开封凹陷持续的"陆沉"对郑州的消极影响，多年高洪水水位变动的观察，使先民取得相得益彰的经验——商城尽管在河流、湖泊沼泽包围之中，西部、南部山地抬升，商城的基底相应产生了数米的抬升值，冲积平原的商城，恰好处在西南山水冲洪积扇前缘，有着稳定的基座和避开黄泛的优势，早商的圣山——广武山荫庇郑州的西部；古济水、鸿沟之黄河天然分流的蛛网，以及西南诸水，穿越本区，提供了较为稳定的生存和发展的水源，这就是先商各族集聚这里—发迹的奥秘。晚更新世以来，郑州东北部可能多次陆沉、泛滥，但广武山荫蔽、低岗沙丘众多、地基高仰，是区域西南隅近水又得天独厚的地方。

致谢

课题组郭仰山（河南省地理研究所）、王德甫（黄河水利委员会）、王朝栋（河南省区域地质调查队）参加野外勘察和分析讨论，郑州文物考古研究院提供课题资助与相关的区域考古研究系列出版专著，张松林教授始终与笔者进行交流讨论，给予考古学与郑州考古实际的帮助和启迪；笔者在近年探索中得到河北地理研究所吴忱研究员、复旦大学历史地理研究所邹逸麟教授、中国科学院南京地理与湖泊研究所于革研究员、中国科学院地质与地球物理研究所袁宝印研究员、南京大学杨达源教授的指导与帮助，在此一并致谢！

全新世郑州东北部的自然环境与商都建城[*]

摘　要：黄河冲积扇发育，广武山荫庇郑州人文滋生发展，西南山地构造抬升，古都基底稳固。早、中全新世，因袭黄河古泛道的湖泊、沼泽群扩展、河济水系网络密致，滋润土地、养育万物。借助地震地质、工程地质与地层研究，重建史前东北部地区古地貌水系、沉积环境，探讨商城某些既得的自然环境背景。

一、全新世早中期的郑州地貌水系

郑州处中国地貌第二级、三级台阶过渡地带。京广铁路分划整个郑州为东、西两大区，东为黄河冲积平原，西为黄土残塬丘陵、山前岗丘；东西两大部，又大致以陇海铁路为界，分为南北四个亚区。诸亚区地貌、地层，既有独立又相关联，颇具不同地理单元造貌机理的驱动。西北亚区，为弱侵蚀切割的黄土丘陵残塬区，包含业已注意到的荥阳—广武山条形夹槽（地带）的冲洪积平原。西南亚区，为嵩山余脉北麓、东麓的丘陵、黄土岗地和山前洪积裙、冲洪积平原。本文所探讨的郑州东北部亚区，为最典型的黄河冲积平原，处于全新世的黄河下游冲积扇顶部，蕴含河漫滩、河间洼地、泛滥洼地、泛滥坡地及冲积平地、决口扇缓坡，及黄河泛道条形高地、风积沙丘，广袤平野富含微丘高地。

商城就坐落在该地貌亚区的西南隅较为高仰处。

黄河是郑州晚更新世以来环境演化根本动因之一。西北亚区立足晚更新世的宁嘴古冲积扇，泛水曾从汜水口入侵荥阳而下；后西部随嵩箕隆起抬升❶，黄河通道受阻，泛水不再行经。❷ 郑州东北部，是黄河全新世的桃花峪冲积扇的重要发育区域之一，下伏古老的宁嘴冲洪积扇。❸ 太行山前断裂制约的近北西向和北东—北北东向的汤阴—新乡—古荥、武陟—郑州、卫辉—黑羊山、原阳—中牟、花园口隐伏构造（或活断层）均导引着甚至决定着黄河南下，形成黄河下游最重要的继承性大泛道，晚更新世以来的汴河、颍河泛道，均自此而下。从京广铁路桥到汜水口的广武山，是这东部、西部泛道的分水岭，为冲积扇顶部在茫茫黄水泛流里的中流砥柱，她荫庇了未来郑州地区的人文发育空间。从广武山到今郑州市区，是新石器聚落遗址密集地区，即为广武山庇护的新石器文化走廊区，它介于郑州的东西广武山泛道之间的夹河黄土台地上，其间有古济水和当地诸水穿越、河湖贯联，全新世中期以来，黄水一度不再向南泛滥，而且西南地区随嵩山间歇抬升，区域基底持续隆升，郑州西南部和市区地势相对高仰稳固，西路黄水到全新世已经断绝，嵩、邙山来水只有顺济水通道东下；而广武山以东黄水枝津和泛水傀依在顺京广、陇海路交叉的弧

---

*　本文系第五届环境考古学大会论文（兰州大学，2012 年），内容有修改。

❶　参阅河南省地质局《1/20 万郑州幅区域地质报告》（1980 年）："上更新世以前，表现为大幅度下沉……上更新世晚期本区开始回返上升……在三万年左右的时间里，本区上升了 100～150 米。"

❷　叶青超，等. 黄河下游河流地貌. 北京：科学出版社，1990。

❸　徐海亮. 史前郑州地区黄河河流地貌与新构造活动关系初探. 华北水利水电学院学报（自然科学版），2010（06）。

形大河湾的台地边沿之外❶，难以威胁未来的聚落密集区和早商亳都地区，适宜于长期定居，建设开发。由广武山庇护、立足于老黄土台地，早全新世黄河冲积平原西缘（较高）形成的大文化走廊地区，河网湖塘密布，水肥土美，植被繁盛，生意盎然，资源充足，最适宜于农牧与渔猎开展。全新世郑州地区的黄河主要泛道见图1。

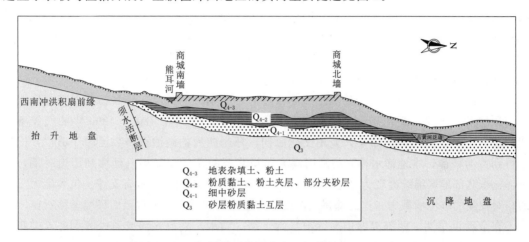

图1　商城及其基底地层剖面示意图

河南省地质局"郑州第四纪全新世早中期岩相古地理图"沉积等厚线显示：桃花峪冲积扇（南侧）的一条沙脊，大致自广武岭东头东南而下，柳林、祭城一带沉积厚在15米以上。其两侧的郑州老市区和贾鲁河—圃田大片区域，也厚达10米以上。从目前一些钻孔分析，在更新世结束、冰河解冻的洪水期，早全新世，全新世中期（龙山文化早期?），黄河都可能自这一泛道带大规模地向淮河流域泛滥分泄水沙。从地震钻探深孔资料看，晚更新世末黄河贯通性泛流砂层大致位于市区新通桥至庙李一线以东。以西大致为 Q_2、Q_3 的粉质黏土层。不过和历史时期堤防完善后的概念不同，考古时期的黄河泛流，可能沿袭一些古泛道多道分洪减水，向邻近条状洼地翻滚改徙。龙山晚期，中原先民在豫州、兖州大规模治水、开拓湖泊沼泽陂田，典籍说禹"陂障九泽"（《国语·周语下》），"人得平土而居之"（《孟子·滕文公下》），"令益予众庶稻，可种卑湿"（《史记·夏本纪》），有可能发生在黄河主流重新趋向太行山东麓，走"禹河"古道之后。

从掩蔽黄河南侵的意义上看，广武山是商族得以落足定居、化游牧为农耕，安定发展、崛起代夏的自然圣山，是区域自然环境奥秘所在，《国语·周语上》云："昔夏之兴也，融降于崇山……商之兴也，梼杌次于丕山"，撇开原始宗教和神秘教义，是否也点出了广武山对于商人在郑州崛起、郑州商城建立的实际环境意义？

文物与考古研究者在研讨和确认商亳地望时认为"商兴之于丕山，也绝非戏言"，丕山脚下的亳，即郑州商城，❷ 无疑也点出丕山和古商城两者之必然联系。

中全新世系黄淮海平原"第一湖泊沼泽期"，郑州居于其"第一湖泊带"顶点；黄河

---

❶　郑州工程地质界认为这一线属古黄河一级阶地边沿。

❷　郑州市城市科学研究会，郑州古都学会. 古都郑州//阎铁城. 论商亳在郑州，郑州：中州古籍出版社，2004年。

枝津和嵩潴山水共同营造了其西部的河湖、浅湖相沉积层，所见类湖泊沼泽—古土壤土层，可能系古黄河叉道的河漫滩、河间洼地沉积物，在一定条件下，有成壤过程迹象，或者系长期流水剥蚀搬运、静水浸泡下的原风成马兰黄土变种，含水生动植物。经过长期实地考察踏勘，经中国科学院南京地理与湖泊研究所择地取样分析与颗分确认为湖相沉积物；孢粉浓缩物样品经中国科学院广州地球化学研究所、北京大学核物理与核技术国家重点实验室联合检测，AMS C-14 结果为：张五寨（5625±29）a BP，司马村（6108±24）a BP，后真村（7411±30）a BP。这也相应是中全新世郑州四周湖泊发育最兴旺时期。

郑州地区的裴李岗、仰韶、龙山先民，先居于高黄土台地和显露的老湖积台地上，随自然环境的演化，人类渐次迁移和扩展到接近河畔、湖滨的低地，许多新石器聚落植根于原湖积层上，郑州古文化是典型的河、湖文化。距今 5500 年、4200～4000 年的气候事件使得黄河中下游湖泊面积缩小，龙山文化后期，郑州四周的湖泊群多数已趋于消亡，但始终得到黄河枝津、本地诸水补充的圃田泽、郑州北部的荥泽，却得以延续到历史时期，使东部、东北部地区继续有较为稳定、适宜的生态环境和水源滋养，具有支撑、包容庞大王都的相对较强的环境承载力。这是郑州地区文化持续发展的另一个最重要的环境奥秘所在。

在全新世早期，西部嵩潴山水（汜、索、须、黄水）独流入河或通过济水进入桃花峪以下的黄河减水河道；到全新世中期末，西部雍潴于荥阳—广武夹槽浅湖消亡，原枝分于黄河、源于荥阳—广武沼泽群的济水水源大为缩小乃至消亡，古济、索、须、黄（京）的侵蚀基面发生根本变化，西部河流发育、侵蚀下切，逐渐形成后代的河流形态，并与东北部湖洼、水系沟通。东北部地区，历来接受广武山东黄河泛流之水，串联荥泽、圃田泽等，又承接西部下泄的水体，形成前鸿沟水系（人工整理前），为全新世中期郑州地区承受各方来水的瓮盆泽国。早全新世西、南山地抬升、新郑隆起的加速，形成郭店、薛店、马岭岗分水岭，郑州西南梅山、太山山水、山前坡水，进一步发育形成前"熊耳河""十八里河"和"潮河"，再汇入联系圃田泽的前鸿沟水系。中牟、新郑、尉氏间沙岗地区径流和潜水，也作为补充圃田泽的水源了。

正是作为"四渎"之一、之二的河、济，及其枝津穿越本区，嵩渚山水汇于其中，东部平原就下，形成沟通史前黄淮河湖水网的、得天独厚的郑州古都水乡泽国环境。

二、郑州市区东北部全新统地层特征与环境背景

郑州东北部地区全新统地层，指郑州市区京广铁路以东、陇海铁路以北的区域地层。

近 20 年来交通、城建和水利等建筑事业发展，通过各种探测，对郑州东北部地区的浅层工程地质、地层有了广泛、深入的认识。概括已有探测成果，大致在现今地表以下 20～30 米左右为全新统地层，据其沉积环境与工程地质条件粗分为 3 层：①Q_{4-3}，以褐黄、灰黄色粉土为主，局部夹粉质黏土，或含粉细砂透镜体，厚约 6～9m，为晚全新世冲积扇发育期地层；②Q_{4-2}，由灰色、灰黑色稍密粉土与软塑状粉质黏土互层组成，属静水相沉积，厚约 6～10 米，局部夹深黄深棕色粉细砂，下部为灰黑色淤泥质粉质黏土，含大量植物朽根和螺壳片，有腥味，局部为数米黑色泥炭层，主要为中全新世前期湖泊沼泽发育期地层；③局部中细砂或夹粉质黏土，一般厚 8～12m，为早全新世洪积扇古河道发育期地层。钻孔普遍发现河流与湖泊发育迭次发生，沉积旋回规律昭然。

郑州东北地区地层探讨以郑州轨道交通 1 号、2 号线和京港澳高速、连霍高速线工程地质勘探资料为线索，构成与花园路—紫荆山路、金水路交叉的井字形勘测线，控制本区。

北线连霍高速与北四环的钻探，披露全新统地层厚约 35 米，上部为亚砂土、亚黏土夹薄层粉砂透镜体，局部地带有黑色淤泥质亚黏土，厚 5～15 米；下部为大范围连续的细砂或中细砂层、黏性土夹砂层，局部含砾石，厚达 10～20 米。其分布与沉积韵律大致与以上区域工程地质描述相同。在高速公路穿越贾鲁河地带，近地表有埋深 4～9 米、15～33 米，宽达数百米的亚砂、粉砂层或中砂层，疑似 Q_{4-3} 和 Q_{4-1} 的河流相沉积层，其间有埋深 10～15 米的 Q_{4-2} 灰黑色亚黏亚砂互层沉积，为中全新世时期的河湖相沉积。说明该部位在全新世早期与中、晚期，在人工引入索须水汇合之前的前鸿沟水道带（乃至近 800 年），曾多次（多期）有充盈和较持久行经的河水，该水道带是黄河全新世在郑州的一条主要泛道带。自此向西，在文化路立交、老鸦陈—固城立交，至贾鲁河匝道桥一线两侧，在上部较薄的湖相淤泥层下面，都有全新世早中期的大范围的细砂—中、粗砂河流相沉积层，疑系广武山东头黄河泛滥所致。这一河流带在稍北小双桥村东也有类似发现；村西土层受广武山南麓基底控制，村东沉积主要受岭东黄河泛滥的控制。轨交 2 号线在金水路以北的钻探，也连续披露了类似的沉积信息。从金水路起到花园路刘庄，Q_{4-1} 的地层主要是厚 6～12 米的黄灰色中砂、细砂和粉砂，而全新统的底界，大致在 60.5～66.5 米的高程之内，全新世早期，斜穿郑花路，有一个非常开阔的河流冲积泛滥带，但 Q_{4-2} 缺失河流相沉积。唯有在轨道交通穿越柳林处，Q_{4-1}、Q_{4-2} 地层均为细砂、中砂，底板和顶板凸出，明显抬高数米，可能在全新世早中期系均由大河所占，主溜宽达数百米，上与岭东—岗李间的泛流相接。从岩相古地理图可见，自岗李、柳林西北到祭城东南，是一沉积厚达 15～20 米的河湖相物质，祭城附近 Z37-2 孔，仅 Q_{4-2} 砂层厚达 10 米。这一西北—东南向的沉积带，凸显出早中全新世黄河冲积扇上该泛道的脊体。它东南而下掠过后来商城郭外的东北角，商城城墙东北的斜角可能暗示该泛流结束后数百年（前 1600 年左右）建筑商城城墙时，这里还保存着一遢沿宽阔河谷上口的洼坡湖沼。从二七纪念塔至人民路原省博物馆，到市体育场一线的钻探显示，Q_{4-1} 的中细砂层底板高于金水路以北的 8 米以上，可能受郑州南部构造抬升影响。部分钻孔甚至 Q_{4-2} 也出现数米的细砂沉积层，可能系龙山早期黄河或城南城西的泛水对郑州城区泛滥，侵袭到后来商城部位所为。

在这一普遍的河流相的上面，大多覆盖有数米的灰黑色或灰黄色粉质黏土层，有关地质文献描述为中全新世湖泊发育期静水或缓流、背河洼地、牛轭湖的沉积物。在郑州东北全新世早中期的河流相沉积，主要是广武山东黄河泛流携带物质，因为索、须水是宋元后人工导引才进入后世的贾鲁河泛道的，史前时期它们是黄河、济水的支流。

郑州北郊的古湖泊沼泽地，在勘测中也多有发现。如大河路至英才路一带（今索须河与贾鲁河之间）的交通、城建地基钻探披露，地下 6～8 米以下，普遍有数米厚的黑灰色淤泥质沉积层，疑似全新世中晚期的湖沼沉积，且与今黄河南岸岗李水库一带通常认为的古荥泽湖洼相连。大河村遗址地表以下 8～13.3 米，为灰黄色、青灰色、灰黑色的黏土质粉砂、淤泥质黏土层，内含水生动植物残骸，疑系遗址临近的多年性湖泊沼泽沉积；大河村的地层与柳林一带类同，柳林西南城建地基钻探也出现湖泊沼泽相埋藏。金水路银基花园工程钻探的同一层，为褐黄色—黑灰色粉土、粉质黏土组成，系黄河漫滩形成的牛轭湖静水相或缓流水相的沉积物。此类沉积层，在郑东新区的地基施工中有普遍发现，而且与轨交1号线中州宾馆以东线路钻探结果一致。京港澳高速和郑州火车东站（原107国道）钻探，以及原来一批水文地质钻孔说明，在城东路、经三路方向线到京港澳高速路基，东西12公里范围内，在全新统地层内分布有各期的不同类型的湖泊沼泽群，商城东墙外不远的司家庄钻孔（CKB19）和临近的棉麻厂考古发掘，就出现有深厚的全新世湖相沉积，在东部，则有与古鸿沟水系联通的圃田大泽。圃田镇地面下6.4～13.8米浅灰、深黑、灰褐色亚黏、黏土层，含螺壳碎片，疑系古代圃田泽边缘区域湖积物（该镇中心与陇海铁路以南原为十余米高的沙岗）。其综合分析工作尚在进行中。圃田 Z47 地质钻孔深度 7～13 米岩芯，淤泥质亚黏土 AMS C-14 结果为（2795±175)BP～(5690±130)BP[1]。

大致从京广铁路东沿的江山路，南至丰庆路—东三街—铭功路以东，在东西走向的商城路、郑汴路以北，大约100～120平方公里地区，在地表下6～10米不同深度，不同程度存在一层厚达2～8米（个别10米）的灰色、灰黑色粉土、软塑性粉质黏土层，部分属于全新世中期的静水、湖泊、沼泽相沉积层，粉质黏土中有机质含量达到5％～15％。到郑汴路两侧一带，该值高达28％～30％，属高含有机质的或泥炭的粉质黏土[2]。联系到历史时期这一带存在的鲍湖、螺蛳湖、梁湖与圃田泽等湖泊、沼泽，商城的东部、东南部是大片的湖泊、沼泽区域（京港澳高速公路圃田钻孔 S97，显示了晚更新世至全新世的河湖互层的继承性河湖相特点）。

郑东新区的密集钻探（工程地质与地震小区划钻探），显示出更为详尽的地层特点。在京珠澳高速以西，老107国道以东，连霍高速以南，东风路和陇海铁路以北的探测区里，比邻大河村南地、柳林东，森林公园以北，牡牛寨、十三连以西的西北角，为浅层无湖相软土地区，浅层均为粉土、粉砂。就在森林公园中部，有深黄色中细砂、深灰色亚黏土和浅黄色粉砂互层的沉积物，释光测年为 2.67ka BP、4.62ka BP、8.50ka BP、8.74ka BP、11.20ka BP，与柳林北杓袁孔浅层粉砂层的 2.72ka BP、4.05ka BP 结果对应，证实柳林至森林公园、祭城黄泛流路的存在。但是，在沙岗沙丘两侧，就有局地湖泊、沼泽泥炭沉积区，说明沙岗与湖泊、沼泽分布是犬牙交错的。探测区东北角，即姚桥乡北，祭城北，是两大块积厚达5～15米的典型湖相地区，加上司家庄—燕庄—会展中心湖泊、沼泽区、祭城—新火车东站—圃田北厚达5～15米湖泊、沼泽区，这四大片可能是从中全新世延及历史时期中期的郑东湖泊、沼泽主要分布区；在有湖相与无湖相区二者之间，是积厚在5米以下的广泛的星罗棋布的浅湖相沉积区。按地震钻探与测年成果看，郑东新区许多地方全新统也不到30米，甚至有小于20米的。所以，晚更新世末本地地貌十分复杂，起伏不平，从纵横剖面来看，晚更新世末的地层，多为贯通式的砂层，蕴含河湖相的粉质黏土层。

本冲积平原的西界南界，大致以京广、陇海铁路标志。按轨交钻探资料描述，京广铁路以西，均为全新世以前地层，路东，始有全新世沉积物；陇海铁路以南，均为晚更新世

❶ 中国第四纪研究委员会碳十四年代学组. 第四纪冰川与第四纪地质论文集. 第六集. 碳十四专辑. 北京：地质出版社，2001年.

❷ 王荣彦. 郑州东区灰色地层的工程性状及其对策措施. 岩土工程界，2007年第9期.

地层，到路北（如二里岗南街路口钻孔）开始有全新世沉积物。陇海铁路此段走向与须水活断层基本一致，东伸至圃田、白沙、中牟；该断层的南盘，全新世显著抬升，其北盘，承续更新世态势，持续下沉。郑州西部和南部的抬升趋势，自然是嵩山山地抬升的延续，从金水路到陇海铁路，属于郑州东北地区的南翼，它的沉积趋势和金水路北大致一样，但西侧和南侧受到构造抬升的影响，在地层结构上和高程上均有某种过渡型的反映；商城恰好选择在本区的西南隅这过渡处所，或许不是偶然。在轨交 2 号末端的站马屯钻探取样释光测年，地表数米内仍系全新世沉积，晚更新世末、全新世早中期，有河流相和河湖相沉积。实际上，在京广（陇海）铁路的东侧（北侧），存在一属于类冲洪积扇前缘的低洼带，史前一直是积水、潴水之区。如市体育馆附近钻探，就发现有黑灰色淤泥层，在火车站地铁区钻探，第⑥、第⑧层黑灰色、褐灰色粉质黏土，很可能为积水、静水的类湖泊、沼泽相沉积；陇海铁路与陇海东路之际的部分钻孔出现的类似沉积层，也可能系南部坡水与古熊耳河漫水坡洼的积水因素形成。后来在商城建筑时，在上述铁路东、北侧部位的这些坡洼、湖塘水系，被人为沟通，成为外郭前沿的护城河了。商城的外郭墙，继承了中原龙山古城城墙的双重功能，它还有抵御郑州西南部山水坡水，以及北部东部泛水、湖水漫溢的防洪工事作用。目前，北城外郭目前仍在勘探中，郭墙与郭外护城河尚不明确。邹衡认为，《左传》襄公十一年（公元前 562 年）诸侯"同盟于亳城北"，应就在此不远处。

仰韶时期以来的历代文化层，蕴含在 Q_{4-2}、Q_{4-3} 的自然土层中（见图 1），早期考古文化立足于中全新世湖沼相沉积、河湖间岗地、台地之上。郑州商城的遗址，多在现地表下 4～5 米发现，在中全新世末地层上和相对地势较高的位置上发现。

三、新石器、夏商聚落的分布和中心城市亳都的形成

郑州市区，在旧石器时期就有人类活动与居住。早全新世初的大洪水期结束后，先民开始规模性进入郑州东西两大区低平地区，聚落发展。尽管后来黄水还可进入东部，也有长期广泛分布的湖泊、沼泽水区，但冲积平原上依然存在不少稳定的岗丘、沙岗避水台，如后世一些地方——胜岗、岗杜、二七塔、杜岭、紫荆山、二里岗、王岗、东岗、马头岗、大河村、前牛岗、雁岭岗、祭城、青龙山、凤凰台、西营岗、刘南岗、李南岗、老南岗、古城、老庙岗、圃田营等，均系史前冲积平原上繁星点点的高地、沙岗，是新石器时期先民一度集居的地方。富含新石器、夏商文化遗迹的地方，京广铁路以西高昂地区约120 处姑且不说，仅路东就有商城内城系列聚落、黄河桥村、王寨、刘寨、小营点军台、任寨、胜岗、大河村、柳林、桑园等数十处业已确认的聚落遗址。加上沿 310 国道分布，南枕沙岗、北面蒲草的夏商诸侯方国——圑、禽、敝、郔等 ❶，描绘了一幅仰韶、龙山时期至夏代、先商在郑州东北部地区聚落发展的概略图景。

古文化变动、迁移和聚集，也在一定角度暗示了郑州东北区人地关系的变化脉络。商城建设，成为区域文化凝聚与结晶升华的核心。

广武山荫庇了郑州文化发育，晚更新世末西部黄河入侵结束后，在西北塬区和冲积平原区、山前冲洪积平原和东部冲积平原都有可能形成大型中心聚落、镇堡，最后发展成城

---

❶　参见《古都郑州》（中州古籍出版社，2004 年）中的"郑州市域古都群示意图"。

市甚至王都。但先商族人为何没有选择避免黄水（更安全）的西部，反而就下东部呢，除了先商自东而来，郑州以东是先商扩展、活动的基本地区、郑州西部是商侯与夏王对峙区外，根本原因可能是夏、商族在郑州活动——商城确定兴建以前较长一个时期，中原严重枯旱，郑州西部即便是政治和军事上颇为宽松——夏王朝容许商人西向，但是西、南部的湖泊相继消亡、水源相对不足、地形高仰、剥蚀起伏、崎岖破碎，缺乏东部广袤平原的开阔、滋润条件，水路远不及东部湖泊、河网相联便捷，不足以形成可融汇、聚合并支撑周边的经济、贸易中心区域。东部虽然低下、卑湿，易受洪水威胁，但在龙山晚期黄河主溜南下入淮基本结束后，到先商经营本地，已经有四五百年没有持续的大洪水入侵，加上处于持续干旱期，[1] 但是善于治水的商族先民并不惧怕东部的不利因素（商先祖契佐禹治河，传说冥治水以身殉职，殷商王族贵胄墓葬选低下近水处所，如白家庄 M3、铭功路、北二七路墓葬，这是一个并不怕水、非常亲水的族群），先商从游牧到农业定居，活动中心几迁，不出大河左右，自冀南—豫北—鲁西南—豫东，先商灭温取顾、韦，旋克昆吾，逐一翦除夏人卫星国[2]，穿越、活动、栖息在宁晋、黄泽、雷夏、大陆、孟潴等古湖泽畔，是一个黄淮海平原道地的"走江湖"游牧族群。到郑州遂轻车熟路，利用郑东持续沉降、湖泊水域较为稳定的优势，落足定居；况且，从各遗址发掘看，商城内外先民聚落的"可落足"点地势高低，相对于低洼处一般可高出 4 米以上，即便发水，颇具安全感。所以他们首选了紧靠大河大湖水源的郑州东部发展经济、贸易，在建设商城之前很久，前述开封—郑州 310 国道沿线诸方国背靠沙岗、滨湖建邑，已预示了西进、建设郑州的大趋势。先商在郑州地区拓展，以此为进占中州的滩头，营建了村落、军寨、中心聚落，有了功能区划，借助今郑汴间地利，他们已经为后来在此筹军城、兴都城，奠定了坚实的物质、文化和环境基础。其中就包括对该地区渔猎农耕条件、交通条件、采伐、土质、水文、天文气象等的认识。[3]

中国在距今 4000 年以来开始亚热带北界与夏季风降雨带南移，近 20 年对于中原和周边相关地区环境的各种研究成果，均显示了夏商之际的环境突变和恶化趋势（见表 1）。

表 1   夏商之际一些重大的参考环境事件表

时代/a BP	环境事件	研究地区	依据与技术方法	论文作者与发表时间
4000～3588	干旱少雨	中原地区	典籍	王邨，1987 年
3600～3500	干旱期	中国	典籍、碳十四	王绍武，2006 年
4500～3600	干凉期	中国、西部	综合	徐馨、徐国昌，1990 年
6800～4200	暖湿期	郑州西山	黄土	王晓岚，1999 年
3900～3650	干凉少雨	洛阳二里头	孢粉	宋豫秦，2002 年

---

❶ 商城二里岗期孢粉含量很少，且以草本类型为主，参阅宋国定撰写的《郑州商代遗址孢粉与硅酸体分析报告》，刊载于《环境考古研究（第二辑）》（科学出版社，2000 年）。相比诸家在大河村、小双桥所测试的前后考古、气候时期孢粉的结果，夏末商初的确是个气候不适宜阶段。

❷ 见《竹书纪年》所载史实。

❸ 朱彦民认为，"郑州地区一度是商夷联盟讨伐夏桀势力的军事大本营和前哨阵地"，见《商族的起源、迁徙与发展》（商务印书馆，2007 年）。

时代/a BP	环境事件	研究地区	依据与技术方法	论文作者与发表时间
3995～3680	地震较多、旱震关系	中国北方	古地震	高建国，2002 年
4000～3700	寒，干冷期	中国	综合	方修琦，2004 年
3800～3400	雨带南移	内蒙古朱开沟	综合	方修琦，2002 年
4000～3500	干旱少雨	河南豫西	环境考古	方孝廉，2000 年
3700	极端干冷	青藏高原	环境考古	周卫健，2001 年
4200～2600 4200	太平洋副高南移南涝北旱 南亚季风减弱	东北地区 西南地区	泥炭纤维素	洪业汤，2003 年
3755～3655	湖泊干涸	洛阳孟津	孢粉、碳十四	董广辉、夏正楷，2006 年
4000	东亚季风突变， 雨带南迁	中国、北方	综合	吴文祥、刘东生，2004 年

郑州恰好是在中原长期酷旱、大环境恶化背景下，依靠本地水土优势发展、建城、建都的。典籍中相关气候灾害记载不胜枚举，《古本竹书纪年》云："胤甲即位，居西河，十日并出。"《今本竹书纪年》说帝癸（夏桀）十年"五星错行，……地震。伊、洛竭"……二十九年"三日并出"。成汤十九年至于二十四年"大旱"，"王祷于桑林，雨"。

故《墨子·非攻下》云："遝至乎夏王桀，天有命，日月不时，寒暑杂至，五谷焦死，鬼呼国，鹤鸣十夕余。"《国语·周语上》云："昔伊、洛竭而夏亡……"夏代后期的干旱少雨严峻局面一直延续到商代早期。《世本》载："汤旱，伊尹教民兴凿井以灌田。"《墨子·七患》云："殷书曰：汤五年旱。"《庄子·秋水》："汤之时，八年七旱。"《荀子·富国》："故禹十年水，汤七年旱。"《吕氏春秋·慎大览》："商涸旱，汤犹发师以信伊尹之盟。"《吕氏春秋·顺民》："昔者汤克夏而正天下，天大旱，五年不收。汤乃以身祷于桑林。"《淮南子·泰族训》亦云："……五星失行，四时干乖，昼冥宵光，山崩川涸，冬雷夏霜。……故国危亡而天文变，世惑乱而虹霓见，万物有以相连，精祲有以相荡也"。在古人看来，自然异变与社会大变动总是"天人合一"的。

如前所述，夏人、先商族人在郑州地区活动，已经进入中全新世末，除圃田、荥泽之外，郑州周围全盛期的湖泊沼泽群渐次干涸或萎缩，商城内外多数湖床曝露（另有零星洼地季节性存水），上覆粉沙、粉土风尘颗粒土层，龙山晚期、夏、洛达庙期和二里岗早期的聚落和新建村落，大多从一些岗丘、较高地，蔓延发展到原来的河漫滩、湖泊沼泽区，基底被包含在 Q_{4-2} 的地层中。从商城各文化层的发掘深度、环境土质，以及周围护城河和多处水井的深度，可参考作为地质柱状宏观界定。附近泛流河漫滩和湖相沉积物质，在商城的建筑上起到重要作用，城墙和宫殿的基础、夯土都尽可能利用了以前流水和静水形成的二元结构的黏粒土，查多段城墙和宫殿夯土，呈红褐色，其实这并非取自深层的 Q_3 生土，而系尽量掺合了早中全新世大河漫滩、河湖淤泥的褐红胶泥的粉砂、灰土混合物，为最佳的三元复合建筑土料，❶ 目的在于增强基础凝聚和承载力、防水浸泡能力。

造物主已经在黄河还是地下河时就打造了郑州城市的基础条件。商城偏于郑州东北冲

---

❶ 参见《古都郑州》，中州古籍出版社，2004 年。

积平原区的西南隅，在泛水威胁和湖泊沼泽包围下，它似乎处在一个业已宁静的大河泛道——硕大的"海湾"之滨，为相对稳定之区。根据郑州各区史前各期遗址（未含商城系列遗址点）分布密度变化，笔者提出"仰韶、龙山文化时期郑州聚落增加迅速，二七、中原、上街荥阳地区基本达到一级、二级密度水准，金水区、管城区和中牟西南部也达到二级、三级密度；应该说，这一开发程度开始奠定夏商建立古都的前物质基础。"若包括商城内外遗址统计，密度最大的自然是老郑州市区这块。古人选择相对卑下之区，最奥妙的就是西部、西南部地层地势抬升，抵消了开封凹陷持续下沉对于郑州东部的不利影响，西南部 Q_2、Q_3 地层随基底抬升楔入冲积平原，支撑城市稳健存在。

观察远古泛水水位变动，先民取得宝贵经验。商城尽管在河流、湖沼包围之中，但轨交 2 线的站马屯（JZ-08-01）孔到陇海铁路（JZ-08-13）孔显示，地面（与下伏地层）坡降竟达 1/250，铁路南到金水路北的过渡带，地表高程下降 6~7 米，Q_4 的底板也下降 6~9 米，西南部山地隆升，使商城的西南郊基底相应抬升，商城恰好处在西南山水冲洪积扇扇缘。广武山荫庇着郑州的中西部，黄泛威胁甚微；反之，鸿沟之前黄河分流的河网，以及西南诸水，贯穿本区，提供了稳定充沛的生存水源，这就是先商各族集聚这里的奥秘。西南绕城高速公路从索河到兴国寺一段的地层变化，轨交 2 号站马屯到商城路一段的地层变化，反映了南部构造抬升的幅度，短短一段，南端相对北端抬升 20~30 米，而且主要发生在晚更新世后期以来。自此以来，郑州东北部多次遭遇陆沉、泛滥，但低岗沙丘依然众多、地基相对高仰，是该区域西南隅近水又可暂时避水——人类居栖的得天独厚地方。

况且，龙山晚期后，黄河自邙山头东南沿汴河颍河泛道而下——规模性泛滥的势头正式结束，大河主流北上太行山麓走"禹河"新道，水位就下，困扰郑州上下的黄河洪水位与由此顶托的涝水水位大为下降，郑州东北部的开发、聚落建设方兴未艾。几乎同时，偃师二里头文化的城市建设也从夹河滩南部高仰处，向其中部——后来的宫殿区推进，大概黄河在龙山后期的划时代变迁给二里头城和郑州商城的发展，都提供了绝好的契机。

郑州地震地质部门的"郑州市第四纪地层剖面图"（常庄—燕庄东剖面）清晰地显示了市区中西部基底，受到第三纪、早中更新世地层隆升的影响，隆起而高仰，不至于受洪水冲蚀，但燕庄以东则低洼下沉，受到黄河泛滥的影响。

在黄泛大漫湾西南部，紧贴圃田湖泊沼泽群，四周略显低洼，中西部略显隆起且平衍，这就是选定未来商城的地方。春秋时期的《管子·乘马篇》所言"凡立国都，非於大山之下，必於广川之上；高毋近旱，而水用足；下毋近水，而沟防省；因天材，就地利……"，是否早在商城建设的实践里，多多少少"先验"地，更是经验地体现了它呢？郑州城市在地貌台阶过渡地立足，则是地质环境早就决定下来的，它决定着黄河变迁，确定了郑州东西地区的升降差异，也给予了人类最佳的都城建设环境。

《水经注》中的郑州水系今释笔记之一[*]
——河水、济水、渠水

　　古代郑州地区河流水系的记载，最具权威性的文献当为战国时期成书的《山海经》（之"中次七经"）和北魏成书的《水经注》有关卷目。前者过于简略，并可能有阙失；但见荥阳、市区和中牟区域的主要河流，均汇入黄河。这可能反映出三代，乃至三代以前先民观察概括的地理、水系形势（龙山晚期，流经郑州东部有黄河泛道和支分的济水，古人均视为黄河水系。直至三代，黄淮流域的人工分野尚未形成，更无人工堤防）。郦道元曾任职于颍川郡，其郡治在长葛，毗邻郑州地区，郦氏有便就近实地考察，反复研究，所以《水经注》有关篇目详尽记载了郑州地区水系和历史地理。从水系沿革来说，郦道元时郑州源于西南浅山、丘陵的水系，发源地和上游流向，予今尚无原则性的差异。笔者以多年实地查勘为基础，结合近期古地理、历史地理、第四纪、黄河演变、考古等学科的研究成果，以个人读书笔记形式，在这里回顾与考证，实际解说郑州各河流走向变化。以相关自然、人文地理为要旨，按杨守敬《水经注疏》（辑于《杨守敬集》，湖北人民出版社，1988年）相关篇章及注释条目，选录郦道元正文（王先谦《合校水经注》，中华书局，2009年第一版；王国维校，《水经注校》，上海人民出版社，1984年版），一一对照当代郦学名家陈桥驿先生力作《水经注校证》相关篇章（中华书局，2008年版），再确定和摘引注校文句，两本显著差异处加笔者说明；后附部分杨守敬、熊会贞、全祖望等有关考证的注释与按语，以作参考。笔者理解、讨论的"今释"文字随其后。

　　其中，《水经》文、郦道元注言用宋体（五号），杨、熊等人有关的考证按语、集解，用宋体（小五号）。笔者的"今释"文字，结合后世水系演变与地望的考证、勘察和人文解说以及心得体会，用楷体（五号），另起段落，直接放在经文或"注疏"文后。涉及引文、参考文献，出处均含在文内，一般不再用页注或尾注。极个别原注文字断句和注疏点校有疑问地方，笔者略加修改、说明，但非重新校勘。

　　本文讨论的主要范围，限于古今郑州中心地区的沿黄地带。自西到东，从荥阳汜水到中牟古役水，涉及《水经注》文为卷五《河水注》、卷七《济水注》、卷二十二《渠水注》相关内容，与本人笔记一起汇于"之一"；另有郑州中心地区外围的卷十五《洛水注》、卷二十二《郑州境内颍水、洧水》等，汇于"之二"。选择条目由笔者命名，列于文首。

　　引文和今释文句，均根据各水流陂泽条目中叙述内容和阅读、解释需要重新分段，未严格按原《水经注》行文顺序排列。

　　本人已经提交"郑州中华之源与嵩山文明研究会"的课题研究报告，选择王先谦合校

---

　　* 本文系提交郑州中华之源与嵩山文明研究会研究课题《郑州河济文化区和历史时期水系演化探讨》的主题报告之一，2012年。后征求诸家意见，又经版本对照修改，在文字和内容上有所补充完善。

本和王国维的校注本作为阅读蓝本，参考其他郦学著作，因为《合校》本考证到位，清晰细微；而王国维《校注》本简练，考据甚略，郦注原文明晰，便于本笔记溯源和参考，"从事郦注版本研究最早而获得很大成就者，首推王国维"。❶ 王国维校勘《水经注》，是掌握了宋刊残本、永乐大典本、明抄本、孙潜夫袁寿阶手抄本、黄省曾本、全谢山本、武英殿聚珍本、朱氏《水经注笺》等。因为仅仅引用部分注文，又重在对比说明古今水系变化尤其变化地点，借以阐明新的发现和一些新的认识，所以对《水经注校》和《水经注疏》原句都作了疏减。笔者仅寻地理学派途径，从现今考古发现与实地考察出发，探讨和思考郑州古水系及相关的自然、人文问题。

以《水经注》记载的郑州水系为一标志，先秦到郦道元时代，郦道元时代以来，郑州中心地区水系发生过重大变化。根本的变化在于：荥阳市、郑州市区、中牟县在古代的河流水系基本属于黄河水系、济水渠水水系。由于古济水曾独立入海，济水在古代地理概念中并不属于淮河水系，渠水仅是出自济水、联系黄淮的人工运河。所以郑州中心区域，在郦道元时代前基本不属于现代意义上的淮河—颍河水系，而是属于河、济水系。而现代郑州中心地区水系径流，基本属于淮河水系的二级支流水道贾鲁河系统。关键的变动在北宋出现，北宋初东京运河中枢系统兴建、从郑州引水至开封，北宋之后黄河南泛，郑州中东部水系大变；特别是元明清以来在郑汴之际黄河频繁泛滥，加上人工干预、治理，逐步形成的一个较为年轻的贾鲁河水系。没想到明清以降，贾鲁河竟独此以大，成了郑州中心城区的唯一排洪除涝河道。

今释条目排列顺序：

卷五《河水注》——河水条1、汜水条、河水条2。

卷七《济水注》——济水条、砾石溪条、索须水条、荥泽与济水相关联条目、黄水条。

卷二十二《渠水注》——渠水条、不家沟条、清池水条、白沟水条、役水条。

卷五《河水注》今释

河水条1

又东，沛水注焉，又东过巩县北。孙云：沛水当作沇水，沇与济同……

今释：此经文又东、沛水句，王先谦《合校》本、陈桥驿《校证》本无；该水可能为古济水一条流道，今温县、孟州间的潴龙河似为其故道，史志有考。此水不在郑州境，不辩证两本差异，也不赘述考证。巩县，这里指今巩义市西北3公里康店镇康店故巩县城，黄河北岸系温县地。

河水于此，有五社渡，为五社津。……县北有山，临河……

今释：陈桥驿《校证》本这句话为郦道元注文。河、洛分水岭邙山系嵩山支脉，自洛

❶ 郦道元学研究专家、历史地理学家陈桥驿语。见其《〈水经注〉版本和校勘的研究》，集于《水经注研究四集》，杭州出版社，2003年。

阳北到郑州广武山方向，沿黄河绵延百余公里。这里具体指广义邙岭之巩县段，即站街至温县高速公路黄河大桥左侧邙山。五社渡口应在山末神尾山下，古今变化不太大。

谓之釜原邱，戴作原。守敬按：《御览》引此作岑原邱，又引《十道志》作岑，云在巩县西北三十三里。《寰宇记》亦作岑，云在西北三十五里。其下有穴，谓之巩穴，言潜通淮浦，北达于河。……

今释：陈桥驿《校证》本此句仍为郦道元注文。巩县故城北山南麓，有石窟寺，为后代基岩造像。

洛水从县西，北流注之。

洛水于巩县东迳洛汭，北对琅邪渚，守敬按：《山海经》之琅邪，《注》谓山嶕峣特起，此琅邪殆以形似名乎？此地与琅邪县隔，不知渚何以有琅邪之名？郦氏于琅邪渚已无说，盖流俗相传，聊书存之耳。入于河，谓之洛口矣。自县西来，而北流注河，清浊异流，皭焉殊别……

今释：陈桥驿《校证》此句仍为郦道元注文。此洛口描述与今大致相同。琅邪渚名已失，但河、洛间仍见大片沙滩。黄河水浑浊，洛水清澈，汇合后尚未全部融混，依然"泾渭分明"并行一段。

又东过成皋县北，济水从北来注之。会贞按：济水别有篇。

河水自洛口又东，左迳平皋县南。

今释：陈桥驿《校证》此句仍为郦道元注文，王本作经文。此平皋古县在今温县平皋村处。村西有济水一故道，此不赘述考证。

又东，迳怀县南，守敬按：县详《沁水注》。济水故道之所入，与成皋分河。守敬按：成皋详下。平皋在河北，成皋在河南，二县以河为界，故云分河。河水右迳黄马坂北，谓之黄马关。会贞按：《通鉴》，晋咸和三年，刘曜闻石勒济河，议增荥阳戍，杜黄马关。关在泛水县西十五里。孙登之去杨骏，作书与洛中故人处也。

……

河水又东，迳旋门坂北。

今成皋西大坂者也。会贞按：薛综《东京赋·注》，旋门在成皋县西南十数里。《续汉志·注》，在西南十里。《元和志》，旋门关在泛水县西南十里。《泛水县志》，今崤关之南峡口也。升陟此坂而东趣成皋也。曹大家《东征赋》曰：望河洛之交流，看成皋之旋门者也。

今释：旋门坂，《元和志》云在成皋县西南十里。郑州大学陈友忠考证，在汜水镇西12里的廖峪处，今廖峪为巩、荥界沟，廖峪后枕大坡，即为古旋门坂，现有水泥村道可上大坡，达穆沟，再东拐山坡直下，旋至虎牢关西南。故经文云："升陟此坂而东趣成皋也"。

河水又东迳成皋大伾山下，

《尔雅》《释山》曰：山一成谓之伾。许慎、吕忱等并以为丘一成也。孔安国以为再成曰伾，亦或以为地名。守敬按：《禹贡山水泽地所在》，大邳在河南成皋县北。非也。《尚书·禹贡》曰：过洛汭至大伾者也。

今释：王先谦《合校》本无"释山"一条。成皋大伾山，即《禹贡》所言之大伾，也即《国语·周语上》云："昔夏之兴也，融降于崇山……商之兴也，梼杌次于丕山"之丕，系黄河下游一控制节点，位于汜水口西岸黄河边土山，已被黄河冲蚀殆尽。现残存"吕布城"与古成皋城土山。

郑康成曰：地肱也，朱肱讹作喉。赵、戴同。会贞按：《古微书》称《河图绛象》云，东流至大伾山，名地肱。此喉为肱之误，今订。

今释：地肱，犹如地脊地脉也，言伾在黄河、济水与大地间的关键地位。解为"喉"者，寓意扼黄河之咽喉，从河流学看，大伾实为黄河刚进入下游河道，河床演变的一个控扼节点。

沇出伾际矣。在河内修武、武德之界。济沇之水与荥播泽出入自此，然则大伾即是山矣。伾北即《经》所谓济水从北来注之者也。今沁水自温县入河，会贞按：此即《济水注》所云，济水迳温县故城西南注河者也。不于此也。

今释：其实，温县济水之入黄水口就在成皋伾山之对岸偏西。

所入者奉沟水耳，即济沇之故渎矣。成皋县之故城在伾上，《地形志》，西成皋有成皋城。在泛水县西北。萦带伾阜，绝岸峻周，高四十许丈，城张翕崄，崎而不平。《春秋传》曰：制，岩邑也，虢叔死焉。杜《注》，郑邑。今河南成皋县也，一名虎牢。即东虢也。会贞按：杜《注》，虢叔，东虢君也。《汉志》，东虢在荥阳，说见上卷陕城下。《济水一》之虢亭，即此虢也。

今释：虢亭位置不在成皋城处，在荥阳广武，见后文所释。

鲁襄公二年七月，晋成公与诸侯会于戚，遂城虎牢以逼郑，求平也。盖修故耳。《穆天子传》曰：天子射鸟猎兽于郑圃，命虞人掠林，有虎在于葭中。天子将至，七萃之士高奔戎，生擒虎而献之。天子命之为柙，畜之东虢，是曰虎牢矣。守敬按：以上见《穆天子传》五。《竹书纪年》周穆王十四年作虎牢。然则虎牢之名，自此始也。秦以为关，守敬按：贾至《虎牢关铭序》，汉祖守之以临山东。《新唐志》，泛水有虎牢关，亦谓之成皋关。《元和志》，成皋关在泛水东南二里。汉乃县之。

今释：虎牢关在古成皋县城西南，汜水河西。

城西北隅有小城，周三里，北面列观，临河，岩岩孤上。

今释：郦元所见成皋西北隅小城残垣，疑似今民间俗称之"吕布城"。

汜水条
河水又东合汜水。

今释：此句仍为郦道元注文。下同。

水南出浮戏山，会贞按：《山海经·中次七经》，浮戏之山，汜水出焉。《续汉志》，成皋有汜水。《地形志》，西成皋有汜水。今水出汜水县西南四十里浮戏山。世谓之曰方山也。

今释：浮戏山，今荥阳、巩义南五指岭，地方也有称五支岭、方山。汜水，即今荥阳西部汜水河。汜水，按《尔雅·释水》云"决复入为汜"，意与黄河泛荥阳之水有某种关联。似乎远古一直把汜水河槽看作黄河洪水屡屡再泛的处所，现代黄河下游洪水倒灌汜水依然存在。河水高水位顶托汜水时，在汜水河道形成一个长约五六公里的回水区。如果不计 3 万年来巩、荥地面发生的构造抬升（百米左右），汜水也没有相应发生下切（目前汜水河东岸的高阶地与河水的高差，无非也就是 20 余米），黄河水就如以前一样可以长驱直下荥阳—广武夹槽盆地。《尔雅·释水》语似乎为古人一种相传经验的概括，汜水之名有深刻的地学含义。从现场查勘，古黄水翻越汜水河东岸阶地直冲荥阳腹地处所，大致在今汜水镇南，陇海铁路、连霍高速大桥上下，沙固、滹沱村一带。

会贞按：《洧水注》，方山即浮戏之山，故《寰宇记》引《郡国县道记》称，汜水出方山。北流东关水。水出于嵩渚之山也，泉发于层阜之上，一源两枝，分流泻注，世谓之石泉水也。东流为索水，西注为东关。西北流，杨兰水注之，水出非山，西北流，注于东关水。又西北清水入焉。水自东浦西流，与东关水合，而乱流注于汜。汜水又北，右合石城水，水出石城山，其山复涧重岭，欹叠若城，山顶泉流，瀑布悬泻，下有滥泉，东流泄注……

今释：民国《重修汜水县志》卷一"地理"的汜水条云，"其源有二，一曰小龙池，出九顶雪花峰，俗名老庙山，古曰石城山……小龙池与黄龙池水，即'水经注'之石城水明矣。二曰柏池，俗名庙子池，在环翠峪神母祠前"。以上多数民国地名沿用至今。

汜水下北合鄤水，水西出娄山，至冬则煖，故世谓之温泉。东北流，迳田鄤谷，会贞按：《左传·成三年》，诸侯伐郑，郑公子偃使东鄙覆诸鄤。此田鄤谷在郑之西北，盖别一地。谓之田鄤溪，水东流注于汜水。汜水又北迳虎牢城东溪，会贞按：即上成皋县故城。汉破司马欣、曹咎于是水之上。汜水又北流注于河，……

今释：汜水为黄河一级支流，这里源头、流向、支流景状与今大致相同，从源头到入河，没有太大变。2021 年 7 月郑州大水，观察汜水上段，巩义之米河及其支流，一度水势直抵两岸山根坡上，岸堤、公路、民居尽皆冲毁，恢复了古代的天然状态。现各较大支流有庙路河、高庙河、蹬固川（即古鄤溪，民国《重修汜水县志》点校注云，蹬固川在汜水城南四里，即古之田鄤溪）。

河水条 2

河水又东，迳板城北。守敬按：《寰宇记》，板渚在板城东北三十里，则城去渚甚远，与以城名渚之义不合，意是城距渚三里，《寰宇记》衍十字耳。当在今汜水县东北十余里。

有津，谓之板城渚口。会贞按：《初学记》七引戴延之《西征记》称板渚津。《隋书·炀帝纪》，大业元年自板渚引河通淮，盖即因渚口导之。《元和志》，板渚在汜水县东北三十五里。《一统志》在县东北二十里。

今释：以上均为郦道元注文。按以上分析，板城，接近板渚，应紧靠广武岭；而板渚原址大致在荥阳牛口峪下黄河河滩的西北方向，现今河道里。后隋炀帝开通济渠引河自此，下行广武山前平坦滩地。

河水又东，迳五龙坞北。坞临长河，有五龙祠，应劭云：崑仑山庙，在河南荥阳县，会贞按：《风俗通》十，河出崑仑山，庙在河南。荥阳县，河隄谒者掌四渎礼祠，与五岳同。疑即此祠，所未详。

今释：以上均为郦道元注文。五龙坞，该临河坞堡旧址不详，或是后汉魏晋建筑，在今牛口峪外广武山北麓控扼黄河津渡之要害处。距板渚古渡应不远，坞名可能从古五龙祠而来。郑杰祥《商代地理概论》考证卜辞"于南方将河宗"，当在殷都南方黄河岸边，即此；再演变为后世的河堤谒者祭祀黄河的五龙祠。此为历代祭祀黄河的要地之一。

又东过荥阳县北，蒗荡渠出焉。

今释：此荥阳县，指今位于郑州古荥镇之古荥阳治，非今荥阳市治。古蒗荡渠所出，也即济水所出荥口一带，即今武陟、原阳界一带，广武山汉霸二王城西北对过（现今黄河对岸）。此水口，于郦道元时期在当时黄河南岸。蒗荡渠所出，也即济水天然出口，蒗荡渠系先民利用古大河泛道带、古济天然河谷，人工开挖整理的运河。

大禹塞荥泽，开之以通淮、泗，全云：以荥泽为禹所塞，善长之缪极矣。赵云：按《禹贡》豫州云，荥波既潴，禹陂水为泽。故道元《济水注》云，大禹塞其淫水，则指既潴而言，此言禹塞荥泽，辞不达意，未为大非。惟云开之以通淮、泗，则指鸿沟为禹迹，乃其缪耳。即《经》所谓蒗荡渠也。

今释：龙山文化晚期，黄河改道重新北流，非直接贯穿南下，荥泽来水日渐细微，湖泽开始萎缩。"塞荥泽"系自然演变，而华夏先民利用湖泽与古济河形，整理开发，以通东夷、淮夷之地，历代理解或附会为禹王伟业。这可能是"以通淮、泗"的意义。其实，这或许是黄淮规模性人工水利工程肇始，历经一、二百年，经多代人努力成就。"荥"，《说文·水部》："荥，绝小水也。"《淮南子·泰族》："故丘阜不能生云雨，荥水不能生鱼鳖者，小也。"也许"荥"非小意，乃漫水汪洋。实际上晚更新世末、全新世初，郑州黄河漫流之"荥水"，已积聚成泽，环绕广武山东西，绝非小水。

汉平帝之世，河汴决坏，未及得修，汴渠东侵，守敬按：汴渠即蒗荡渠，详《济水》篇。日月弥广，门闾故处，皆在水中。汉明帝永平十二年，议治汴渠，上乃引乐浪人王景，问水形便。景陈利害，应对敏捷，帝甚善之。乃赐《山海经》《河渠书》《禹贡图》，及以钱帛。后作陂，发卒数十万，诏景与将作谒者王昊治渠，筑隄防脩堨，朱昊作吴，治渠讹作共防，又隄下脱防字。《笺》曰：《后汉书》及《玉海》皆作王昊。《御览》引此亦作吴，下作治渠防隄筑脩堨。戴改、增。赵改吴同，下作共筑隄防脩堨。

今释：从王国维《水经注校》本，吴应为昊，但今亦有沿用"王吴"的。

起自荥阳，东至千乘海口，千有余里。景乃商度地势，凿山开涧，防遏冲要，疏决壅积，十里一水门，更相回注，守敬按：《御览》《事类赋》引此并作回。无复渗漏之患。明年，渠成，帝亲巡行，诏滨河郡国，置河隄员吏，如西京旧制。景由是显名，王昊及诸从事者，皆增秩一等。

今释：这里讲的是"河汴决坏"，王景其实主要治理的是汴河，成功地改荥口单门引黄为多口门轮换引黄入汴，非整治黄河干流。后人多有误解。

顺帝阳嘉中，又自汴口以东，朱《笺》曰：《御览》作自汴河口以东。守敬按：《寰宇记》亦作汴口。

今释：阳嘉年整理之汴口，即指王景治理的引水口下游，改其为较为稳固的土石结构。

缘河积石为堰，通渠，咸曰金隄。朱《笺》曰：《御览》作曰金隄。会贞按：事在顺帝阳嘉三年，详《济水注》。汉河隄率谓之金隄。又帝时河决酸枣，溃金隄。成帝时河决馆陶及东郡金隄，则金

180

隉之名久矣。阳嘉之隉，沿旧称耳。《元和志》，金隉在荥泽县西北二十二里，是隉首。正在汴口之东。

今释：荥阳有古金隉关，或许在两汉金隉的首段位置，应在今武陟县南部，古黄河南岸。隋末瓦岗寨义军自浚县南下渡河，破此关攻入荥阳（隋治已在今荥阳）。《元和志》云金堤在唐荥泽县西北22里。两汉金隉为下游堤防称呼，当代在武陟、原阳以下，到滑县、濮阳、清丰、南乐境内还依稀可见蜿蜒的堤形。

灵帝建宁中，又增修石门，以遏渠口，水盛则通注，津耗则辍流。

今释：东汉建宁石门口，相对于永平、阳嘉年引黄口门地望，已向黄河上游些许迁移，大致到汉、霸王城对岸武陟境，姚旗营至詹店一带，在当时黄河南岸。引黄口门的次第上提，说明黄河河床和引渠渠底日渐抬升（溯源淤积），引水不畅，不得不渐次上提，以满足引水和输水的需要。此已类似银川平原古引黄渠口、关中引泾渠口渐次上提事例。下文涉及武陟、原阳境系列联通河、济的天然水道，也有先后形成和类似更迭演变过程。

河水又东北迳卷之扈亭北。守敬按：以后文白马渎迳白马县之凉城北，漯水迳阳平县之冈成城西例之，卷下当有县字。《左传》杜《注》，卷县西北有扈亭。《续汉志》亦云，卷县有扈城亭。故郦氏称卷县之扈亭，在今原武县西北。卷县详下。

《春秋左传》曰：文公七年，晋赵盾与诸侯盟于扈。《竹书纪年》：晋出公十二年，《竹书》，周贞定王六年，晋河绝于扈，正出公十二年也。守敬按：《史记·年表》，晋出公在位只十八年，则此不当作二十二年审矣。河绝于扈。即于是也。

今释：扈亭，在今原阳县祝楼镇古黄河南岸。河绝，按指河水在此经由阴沟水口南泛，沟口以下原黄河主溜干涸。此按语说贞定王六年，按《古本竹书纪年》原文改作三年（公元前466年）。王国维、陈梦家考证卜辞中的"雇"，即春秋的"扈"；河南郑杰祥也从此。卜辞中商王在雇地黄河畔古"荫"地水边祭祀河水，此水金文书写同繁体的"阴"，说明至少在殷商时，黄河在此已有分水河道—阴沟水。迄至郦道元，已行经十几个世纪，见其《商代地理概论》（中州古籍出版社，1994年）所述。称阴沟，可能寓意此分水河道为地下形态。不仅命名之时，殷商时期，黄河可能都还未形成地上河。

河水又东，迳八激隉北。

汉安帝永初七年，令谒者太山于岑，于石门东，积石八所，皆如小山，以捍冲波，谓之八激隉。守敬按：《济水注》于岑造八激隉于河阴。《方舆纪要》，在河阴县西。在今武原县西。

今释：八激隉，是史载黄河干流石筑险工，类似现代治河工程中挑流丁顺坝等护岸工程，其称谓十分形象。位置应在卷城古黄河上游不远处。卷城地望见下文。激者，《说文·水部》："激，碍衺疾波也。"言水受阻碍而斜行，扬起迅疾波涛。《汉书·沟洫志》云："为石堤，激使东，抵东郡。"颜师古注："激者，聚石于堤旁冲要之处，所以激去其水也。"

河水又东，迳卷县北。守敬按：汉，县属河南郡。后汉、魏属河南尹。晋属荥阳郡。后魏因。在今原武县西北七里。

晋楚之战，晋军争济，舟中之指可掬。楚庄祀河，告成而还。即是处也。

今释：今原阳县祝楼镇有东、西圈村，其东7公里许有圈城、娄庄村，疑系此。卷、圈形音相近，本为一字。

河水又东北，迳赤岸固北而东北注之。会贞按：赤岸固当在今原武县北。

今释：原阳县 107 国道边有磁固堤村，考证在古黄河南岸堤，疑系古赤岸固堤。"赤"，也可能取颜色之意；赤与"磁"音同，成"磁固"，豫方言又有结实、稳固之意。

又东北，过武德县东，沁水从【西北来】注之。赵据《禹贡锥指》引此增西来注三字，戴增同。并增北字。

今释：此为经文。此古沁水河口，1960 年代史地学家钮仲勋实地考察认为，古沁在今武陟县城东大城村（故武德县址）入黄河，后入黄口改至其西南。时日已久，以上诸黄河分减水河均已湮没。特别金元黄河南泛以来，原阳境内长期走河，淤沙厚积，地貌巨变，春秋、汉魏古水旧迹无可寻觅。

卷七《济水注》今释

济水条

……其水又南注于河也。

今释：此黄河北之水，省略不录。

与河合流，又东过成皋县北，又东过荥阳县北，《书》孔《传》，济水入河，并流十数里，[后人多引作数十里。]而南截河，又并流数里，溢为荥泽。……成皋以下，荥阳以上，为济与河合流之地。

今释：考黄河北之济水，自温县上下入黄。入口正对南岸汜水口，故云成皋以上，济与河融汇，混合同流。直至今武陟南，于古荥阳北的古大河南岸（现位于黄河北），济水遂枝分黄河，东南而去。

又东至北砾碟南，砾碟只一处，不分南北。胡渭亦为此文所误，而强名之，宜其献笑后来也。说见后。全乙作北至同。戴删北字，云，北字后人所加。《汉书·沟洫志》，颜师古引《水经》沛水东过砾碟，无北字可证。守敬按：戴据师古引此删北字，不知师古引亦无南字，则是钞变《经》文，不足为证。赵谓至北二字当倒互，似是，然亦与《注》称济水东南流不合。余谓《注》叙砾石溪水东北注济，则济水不得在砾水溪之南，是此《经》文本当作又东南至砾溪北，传钞者将南北二字互倒，又以北字错入至字下，遂与水道乖违。郦氏所见《经》文已是误本，惟郦氏例不改《经》，故后文驳之。东出过荥阳北。

今释：此砾碟即下文所引砾石溪，但不该走至济水之北，从未见北砾石溪有所记载，以上诸家考证精当。陈桥驿《校证》本直接将上下文作"又东至砾碟南，东出过荥泽北。"改的明确，且准确指出济水在荥泽之北也很有意思。原注的古荥阳县，即今郑州古荥镇。

《释名》《释水》曰：济，济也。源出河北，济河而南也。《晋地道志》曰：济自大伾入河，会贞按：《河水注》释大伾，引郑玄曰，地喉也，沇出伾际矣。与河水鬬，南泆为荥泽。会贞按：《御览》六十一引此句作溢出为荥水，盖钞变其辞。《注》后文济水自泽东出即是始矣下，亦引王隐说，与此互有详略。荥泽详后。

今释：王先谦《合校》本无"释水"条名。大伾在汜水口西，济水就在此对岸入河。见以上"河水注"解释。

1979 年郑州大学荆三林教授重执教鞭，曾面对笔者，问："何为水鬪"？两水之"鬪"，笔者理解似指济入河。济、河两水激流混交，且水位互壅，溢出河道南泛，拥潴形成湖泽。这是首次有学者给笔者提出河济问题。

《尚书》曰：荥波既潴。孔安国曰：荥波水以成潴。阚骃曰：荥播，泽名也。故吕忱云：播水在荥阳，谓是水也。昔大禹塞其淫水，而于荥阳下引河东南，以通淮、泗。济水分河守敬按：鸿沟首受河处，一名蒗荡渠，亦名汴渠，后世又名通济渠。《水经》则直谓之济水。《注》称渠口在敖城西北，是济水分河处在今荥泽县之西北。东南流。

今释：上文讲济水入河在大伾处，但文字忽然跳至数十里下的荥泽，注疏文亦转至荥泽，古学者均未解释其中奥秘。荆三林系荥阳人氏，其反问，笔者以为似有怀疑《禹贡》所言的荥泽在今荥阳腹地，而非古荥阳东、后世文献之荥泽。济水天然分河之处，按陕西师范大学史念海先生分析，是荥渎之分水口—荥口。实际上，黄河减水口门不止一处。从今武陟到原阳，沿线有数处天然分水口。最上一处在今武陟县邑南、荥阳官庄峪北的古黄河南岸，与今沁水河口大致相对，但该地今已在黄河以北。此口之下，相继有其他天然分水口和后世人工引水之汴口。

汉明帝之世，司空伏恭荐乐浪人王景，字仲通，好学多艺，善能治水。显宗诏与谒者王吴始作浚仪渠。吴用景法，水乃不害，此即景所俯故渎也。

今释：西汉平帝时，河汴决坏，直到 60 余年后永平年修治。王景个人主要修作的是汴渠工程，口门此时在荥口，多口引黄，可能也是因古之天然水口修作。

渠流东注浚仪，故复谓之浚仪渠也。守敬按：即《渠水》篇所谓汉氏之浚仪水。明帝永平十五年，东巡至无盐，帝嘉景功，拜河隄谒者。汉灵帝建宁四年，于敖城西北，垒石为门，以遏渠口，谓之石门。守敬按：《禹贡锥指》，此即贾让所谓荥阳漕渠也。其水门但用木与土，至是，始垒石为之。故世亦谓之石门水。水门广十余丈，西去河三里。会贞按：刘昭曰，石门在荥阳山北一里。《一统志》，在今荥泽县西北。此石门在下荥口石门之西南。石铭云：建宁四年十一月，黄场石也，而主吏姓名，磨灭不可复识。魏太和中又更俯之。撤故增新，石字沦落，无复在者。水北有石门亭，戴延之所云新筑城，周城三百步，荥阳太守所镇者也。水南带三山，即皇室山，亦谓之为三室山也。

今释：此建宁石门，大约在武陟姚旗营到詹店一带，当时为古黄河南岸。说明时隔不久，王景整修的荥口已淤塞，故选择偏向上游处另开口引水。当时此地均属荥阳。此三山即后世称三皇山，按史籍分析，即广武山，现俗称邙山；渠水"南带"三山，且似说明济水就在山下不远处。这一段经文大致说的现京广铁路黄河桥位置之上游一小段古济水。其河线为现行黄河所占。

济水又东迳西广武城北。

《郡国志》：荥阳县有广武城，城在山上，会贞按：《汉书·高帝纪·注》，孟康曰，于荥阳筑

183

两城而相对，名为广武城。《史记·项羽本纪·正义》，《括地志》，东广武，西广武，在荥阳县西二十里。戴延之《西征记》云，三皇山上有二城，东曰东广武，西曰西广武，各在一山头，相去百步。汴水从广武涧中东南流，今涧无水。城各有三面，在敖仓西。汴水即济水，延之似即以广武涧水当济水，不知济水迳广武北，不迳广武涧中，不得混济水、广武涧为一，当以郦《注》正之。汉所城也。守敬按：此谓西广武也。据《史记·范雎传》，秦昭王四十三年，城河上广武，则秦已筑城。郦氏盖专就刘、项战争时言之。

今释：汴水不可能进广武山。《西征记》此说是混淆汴、济与广武涧的一处。后人有误认广武涧为汴首者，或楚汉盘踞对持的"鸿沟"即沟通黄淮的鸿沟，其谬与此同，亦或从此起。楚汉之盘踞对持，是利用了秦人所筑之古城。

高祖与项羽临绝涧对语，责羽十罪，羽射高祖中胸处也。山下有水，北流入济，世谓之柳泉也。

今释：柳泉下入济水，意味济水距离广武山麓不远，广武山并未伸入黄河滩甚远。

济水又东迳东广武城北。

今释：东西广武城，似为今邙岭上之汉、霸二王城，间隔之绝涧，郦道元称广武涧，今人俗称"鸿沟"者，绝非运河工程之鸿沟。由此，济水北距广武城亦不该太远。金元以来广武岭被黄水侧蚀、吞噬并非传说和想象的那么多。况且工程地质图显示广武岭基岩北伸不远，且深埋在后来的黄河河床下，难以被明清以来数百年黄水侵吞冲去。

楚项羽城之。汉破曹咎，羽还广武，为高祖坛置太公其上，曰：汉不下，吾烹之。高祖不听，将害之。项伯曰：为天下者不顾家，但益怨耳。羽从之。今名其坛曰项羽堆。夹城之间有绝涧断山，谓之广武涧。项羽叱娄烦于其上，娄烦精魄丧归矣。

济水又东迳敖山北。《诗》所谓薄狩于敖者也。其山上有城，即殷帝仲丁之所迁也。皇甫谧《帝王世纪》曰：仲丁自亳徙嚣，于河上者也，或曰敖矣。秦置仓于其中，故亦曰敖仓城也。会贞按：《汉书·高帝纪》，二年，筑甬道，属河，以取敖仓粟。《史记·黥布传·索隐》，引《太康地记》，秦建敖仓于成皋。《元和志》引《宋武北征记》，敖山，秦时筑仓于山上。《寰宇记》，敖仓城在荥泽县西四十五里，秦置城以屯粟。

今释：敖山系广武山北麓边的一个土岗，广武山之一部分。《元和志》云在唐荥泽县西北15里，位置应在二王城东北方向，早已沦入明清河中。春秋许多重要事件发生于此，但该山并非通常以为的那样高峻。此山岗近在水边，筑仓储粮便于转输。从京广铁路老桥与桃花峪枢纽工程地质诸剖面图（乃至上溯到洛河口的黄河大地质剖面）看，广义广武山基底第三纪基岩深埋河床沉积物下，但沿黄河横向延伸甚微，约 $300 \sim 500$ 米。黄河选择的这一构造行走线，说明在今黄河河床或滩地处所，学界以为的广武山存有数里向北延伸部分被水冲蚀，较难成立。

济水又东合荥【渎】。

渎首受河水，有石门，谓之为荥口石门也。守敬按：《禹贡锥指》，上石门，汉建宁四年立，在敖城西北。此石门，汉阳嘉三年立，在敖山东。时地各别，近志混而为一，大缪。两石门相去数十里。余谓建宁之石门，在敖城西去河三里，阳嘉之石门，在荥口河滨，安得混而为一。

今释：荥渎，王国维本原作"泽"，陈桥驿《校证》本按《合校》本将"泽"作"渎"，"渎"即荥口分出之荥水，直通荥泽，或宣泄荥播泛水之路。荥口，推测在现今武陟—原阳界，是泛滥荥泽的一主要天然泛道——荥水之口门。所以有"决荥口，魏无大梁"之说，泛水可顺荥水、济水古道直冲大梁。

而地形殊卑，盖故荥播所道，自此始也。会贞按：《国策》，苏代曰，决荥口，魏无大梁。知必先有此口而通塞不常，故苏代云然。但称荥渎，又称荥口，必与荥、播通，故郦氏言故荥播所道自此始。以下文济隧证之，济隧上承河水，绝出河之济，南会荥泽，并言济水自荥泽北流与出河之济会，盖荥、播、河、济，往复迳通矣。因与荥、播之水通，遂并其上承河水谓之济隧。由此知荥渎当亦然，而此叙渎受河水东南注济，不及通荥、播之道，略也。

今释：荥渎，荥播，均为卑下之地，泛水之所经。

门南际河，有故碑云：惟阳嘉三年二月丁丑，使河隄谒者王诲，疏达河川，述荒庶土。云大河冲塞，侵啮金隄，以竹笼石，苇茸土而为竭，坏隤无已，功消亿万，请以滨河郡徒，疏山采石，垒以为障。功业既就，徭役用息，辛未诏书，许诲立功，府卿规基经始，诏策加命，迁在沇州。……川无滞越，水土通演，役未踰年，而功程有毕，斯乃元勋之嘉课，上德之弘表也。昔禹脩九道，《书》录其功；后稷躬稼，《诗》列于《雅》。夫不惮劳谦之勤，凤兴厥职，充国惠民，安得湮没而不章焉？故遂刊石记功，垂示于后，其辞云云。……石铭岁远，字多沦缺，其所灭，盖阙如也。荥渎又东南流，注于济，今无水。会贞按：《河水注》云，荥口石门，水断不流。

今释：南北朝时，荥渎已干涸断流。实际，随黄河河床演变，可能在西汉末荥渎已干。

次东得宿须水口，水受大河渠，侧有扈城水，自亭东南流，注于济水，今无水，宿须在河之北，守敬按：宿胥即禹河之道，至周定王时河徙，遂在河之北。此宿须出河南流注济，则在河南。《水经》称，河水东北过武德县东，今则大河经武涉县南，改从东南流。考渠侧之扈亭，在今原武县西北，则宿须故渎在今原武西境，大河之北矣。

今释：扈，在原阳县西北，扼宿须水口。古宿胥口，在滑县、淇县界，非此；古黄河北徙处所。杨案极是。

……济水与河浑涛东注，自西缘带山隰，秦、汉以来，亦有通否。守敬按：所谓通者，秦以前有济隧、济渎之水，汉有两石门之水。所谓否者，两石门皆湮塞无水，故接下文桓温等开石门之事。晋太和中，桓温北伐，将通之，不果而还。义熙十三年，刘公西征，又命宁朔将军刘遵考仍此渠而漕之，始有激湍东注，而终山崩壅塞，刘公于北十里，更凿故渠通之。守敬按：《宋书·武帝纪》及《刘遵考传》皆不载此事。《括地志》自宋武北征之后，复皆湮塞。今则南渎通津，川涧是导耳。守敬按：谓刘公所开之渠在北，故称济为南渎。当郦氏时，刘公所开者已塞，惟有南渎通流耳。济水于此，又兼邲目。《春秋·宣公十二年》，晋、楚之战，楚军于邲，即是水也，音卞。京相璠曰：在敖北。

今释：此邲地，为古族古国所在。就济水而言，非诸家解释的在郑州东，而是在敖山北麓附近和原阳的古黄河背河滩地上。这次古战场，位于广武岭下邲地，乃至于今原阳境内的河济滩地。

济水又东迳荥阳县北。

砾石溪条

（济水又东南，砾石）溪水注之。

（水出荥阳城西南）李泽，守敬按：索水迳虢亭南，砾石溪迳虢亭北，则溪在索水之北。索水东迳大索城南，又东迳虢亭。大索城即今荥阳县，在古荥阳之西南，此水出荥阳城西南，则所出之泽，当与今县近矣。泽中有水，即古冯池也。

今释：陈桥驿《校证》本为"济水又东"，予王校本有改。杨案之古荥阳县地望即今古荥镇，其今荥阳县城地望即现代荥阳市治。砾石溪水相当于现代荥阳市广武山南麓的枯河。《尔雅·释水》："水注川曰溪。"杜预曰："溪，亦磎也。"李巡曰："水出于山入于川曰溪。"宋均曰："有水曰溪，无水曰谷。"《广雅·释山》："磎，谷也。"可能该溪水在当时也非稳定水流，随季节有干潩之状。《中国历史地图集》将此标注为汳水，似不妥。"卞"与"汴""汳"同一，应在广武山北麓。而清代成书的《汉书地理志水道图说》："卞水，今河南荥阳县索河也"，《辞海·历史地理分册》释名"指今河南荥阳县西南索河"，仅算一说。历史地图上已有索城，索水是既得地名，何来汳水称呼？濲，系上古水名也，非郦元时才有濲字；《山海经》北次三经即有敦与之山，濲水出其阳。只是《山海经》仍称荥阳索水为器难水。春秋之时，荥阳有索氏邑，以殷商遗民索氏兄弟居此，因氏而名水。《左传·昭公五年》"郑子皮、子大叔劳诸索氏"，所指，也即此索城也。流经之水称为索水，应已良久。后人理解《汉书》将此古水认作汳水，误也。

索、须水从来没有被称作卞水或汳水。只是两汉时期，黄河分水入济已经减少，荥泽业已干涸，济水主要依靠荥阳山水为继，人们自然把荥阳诸水视为济水之源，从而汉代荥阳境内有济渎庙之置，这也可能是将"索"也视为"卞"源的原因。《汉书·地理志》与桑钦的《水经》、许慎的《说文解字》均为东汉著作，索氏商周已居此，索水至少在当时已有固定称谓，显然与自河水分流之卞（汳）非一水。虽然史地学家邹逸麟在考证时认为："自《水经注》起，历来都把'汳'和'汴'当作同一字的不同形体，以为'汳'即'汴'……事实上'汳''汴'声形皆不同。原本也不是一条河。西汉时代的卞水仅是济水在荥阳县境内的一条支流，东汉时遂将济水分河水口一段称为汴渠"。[1]另郑杰祥认为"郔"即"弜"，古氏族名，从王国维说"为柲之本字"（见《古都郑州》《商代地理概论》书中解释）。弜（郔，也有人认为二字不是同一族名和地望）字在甲骨文和金文里大量出现，也证明此地名由来已久。从出弓箭射手的氏族名，或从聚落水名得，名皆有可能。郔在春秋战国之际，曾属郑国北部军事要地，逐鹿中原的列强和附庸诸侯驻屯于此，围绕此地发生过系列的大战。姚汉源《〈水经注〉之汴渠引黄水口》，全面论述了汴口由来和演变，[2]认为，"荥播之播又作为波、嶓，《说文》作潘；水名又转为汳、卞、汴、郔等字，都是一音的分化……意思是泛滥分布"。如济水一样，"这种隔黄河同名的水道，除济水外还有汳水，亦名丹水。"姚先生认为"汳"从丹来，是否与河对岸博爱的丹水有关？耐人寻味。今人杨伯峻《春秋左传注》（中华书局，1990年）也说："郔，本为水名，即汴河，汴河也即汴渠。其上游为荥渎，又曰南济，首受黄河，在荥阳曰浪荡渠……"所言极是。

---

❶ 《中国历史地图集》考释（一），载于《历史地理研究》（复旦大学出版社，1986年）。
❷ 姚汉源论文，为水利史会议论文，辑入其《黄河水利史研究》，黄河水利出版社，2003年。

同理，"泌"（浸出、支分、泉渗）"变"（善变徙、改动）皆同音通理的字。由此观之，汴、汳都不会走到今荥阳腹地。砾石溪水排泄广武岭南麓坡水，也系晚更新世末期从汜水口、牛口峪分泄的黄河汊道遗存之一，全新世中晚期犹存，明初干涸；现代地貌仍现东西向条带状低洼河型，淤沙积厚，北宋时期曾借之资运，当地今仍有运粮河称呼。可能汴渠阻塞时分，漕运曾借此至牛口转盘陆运至下河到板渚或汜水口。或宋初东京建筑、生活所需大宗砖石、木料薪炭，与粮草食物借此向汴河运输过。

《郑州古今地名词典》在"卞水"条目中指出："汉以为汴水上源，称卞水，亦称蒗荡水，或称鸿沟水。即今荥阳市区境之索河与郑州北境之须索河。"系简单援引以上成说，未作考究。河汴决坏，汴汳糜烂时，可能下游仅靠索、须水源济流，西汉末东汉初，均循此将荥阳山水作为大梁的汴（汳）水上源。词典所云"汉以为"，倒是十分恰当的，班氏之误解，可以理解，但影响到后世的判断。清代《汉书地理志水道图说》的理解也就以讹传讹，遂延续到历史地图与《辞海》的条目考证。汴水与索水源头不同，或说不甚相关，历史时期汴水自然也不可能穿越广武山到山南麓。这一原则出入，影响到当代航运史志的研究和著述，也影响到对于通济渠荥阳段的地望认识，需要专门澄清。

李泽，系古黄河泛滥荥阳—广武槽地后在全新世早中期的遗存水体一部；冯池，则可能是经人工修葺的该泽边缘一隅，有人认为就在古荥城西南，也有人认为在枯河上游。《路史》云荥阳"李泽中有冯水，即古冯池，故冯夷国"；河南马世之考证广武镇的冯沟村有一古城遗址，可能就是当年的冯国，则冯池距此不远，那么出自广武岭的溪水也就不致太长。但溪水实集邙岭南麓之水，源头应更靠西一些。冯国，可能即西冯村一带，冯池地望待再考，是否它就是我们考察的荥阳—广武大泽的一部分，还需要做更多的工作。王守春参加我们论证汇报时，说荥阳—广武泽，可能就是李泽或冯池。

《地理志》曰：荥阳县冯池在西南是也。东北流，厯敖山南……迳虢亭北此池，水又东北，迳荥阳县北断山，东北注于济，世谓之砾石涧，即《经》所谓砾溪矣。

今释：既然称"迳虢亭北"，说明此溪水渊源略长，必在虢亭以西，所传冯池在古荥西南也就难以成立，其当在今荥阳市治北偏西。称"断山"，指广武山东头立断，从基底地层看，此地貌特征在地质时期已经形成，黄河泛滥郑州东部，正是借助了"断山"—无遮挡这一情势。但郦道元叙述溪水上游文字极为简单，没有人文遗迹，怀疑到南北朝时，砾石溪上段区域荒野未开发。

今考察荥阳高村镇、王村镇南张村—柏垛—新店的连霍高速路以南，直抵金寨回族乡—西大村—武庄，似在仰韶、龙山时期为一片古浅湖沼泽区，所谓李泽恐属其一。至少到北魏时期（甚至宋元），可能仍缺少一般人文遗址，多为荒野陈地。此地后世多为烧砖取土、挖掘深坑，也为一证。古河湖带黏质沙土与淤土为烧制砖瓦的上等原料。荥阳腹地历来为国家城市建设的砖瓦材料基地（乃至1950、1960年代国家建材部下属的砖窑、砖机大型企业），以上枯河—索河河间浅湖区，加上索河南浅湖区，均存不少巨大的烧砖取土深坑，据悉不少是北宋供京师之用遗留的。宋太祖建隆二年修治汴渠，疏浚、引索须水入汴，目的之一即加强京西河运，以输送京城建筑和日常生活物质，提供薪炭、砖瓦、蔬茶（索河上多壅水置茶磨）。《皇畿赋》说："戢师炭商，交易往复"，讲的便是汴河、惠民河诸水的功能了。对现今枯河与索须河流域的古湖相沉积物做测年分析，本区全新世浅湖沼泽发育和存在的时间大致在距今8600～5500年间，应该与历史时期的李泽和冯泽有关联的。

索须水条

（济水又东，索）水注之。

今释：即今索、须水。古索水注古济水处所不详。从经文看，应该在保和寨至花园口一带黄河南岸；但北宋引索水通汴漕资运，索、须、京水合流，走行汴河线趋东京。从20世纪20、30年代陆军军用图可见，直至民国中期，索须水皆从惠济桥东下岗李、核桃园、京水镇，在石桥入黄，这大致是北宋以降的水路，与后来的贾鲁河无关。如今索须水从北郊京水（古镇）祥云寺入贾鲁河，是行经原古索须水南支线，可能也是1938年花园口决口泛滥，归故以后，人工整理重新恢复的索须水主要流路。

（水）出京县西南嵩渚山，会贞按：《一统志》称旧志云，《水经注》索水出京县西南嵩渚山，器难水出小陉山，本二山二水。《元和志》，索水出荥阳县南三十五里小陉山。是合器难、索水为一水。《寰宇记》，嵩渚山一名小陉山，俗名周山，在县南三十五里。是并合嵩渚、小陉为一山矣。《明一统志》，大周山在县南三十五里，嵩渚山在县东南二十五里，一名小陉山，又与《寰宇记》不同。……

今释：诸案山名今均在荥阳境。嵩渚山应为崔庙南新密荥阳界山，又名小陉山、周山、大周山，当地也称塔山，即今荥阳南部之雾云山、三山、万山、岵山之总称。

与东关水同源分流，即古旃然水也。朱上句讹作与东关分水，下句脱然字。赵改、增云：《寰宇记》引此文作与东关水同源分流，即古旃然水也。全、戴改，增同。旃然水详后。其水东北流，器难之水注之。《山海经》曰：小陉之山，器难之水出焉，而北流注于侵水，即此水也。其水北流，迳金亭，守敬按：此亭无考，以下京县证之，当在荥阳县南三十余里。又北迳京县故城西，入于旃然之水。朱旃作梅，《笺》曰：当作旃。全、赵、戴改。守敬按：残宋本、《大典》本作旃。旃然水东北流，器难水北流入之，则旃然水在西，器难水在东。今荥阳县索河有数源，出西者旃然水，出东者则器难水也。

今释：索水即今荥阳市治南之索水，这里的古旃然水相当于今丁店水库上游左支，源于崔庙三山西南石岭寨；器难之水相当于右支。后者在《山海经》"中次七经"述之："小陉之山，器难之水出焉。"两者汇合于今丁店水库。故索水就是流经现代荥阳城关的索水，古今同名。京县，即古京襄城，在荥阳市东南，古城墙犹在。器难之水，源自今贾峪、崔庙间浅山小陉；现索河上源地发现有众多旧石器文化遗址点，有翟沟、楚湾、槐树洼、上河村、魏河等数个仰韶、龙山遗址。是一重要的早期文化区。或许在索河上游水畔，有过重要陶器或其他器物作坊，精美优质器物制作需多磨而难成，人有"大器晚成"之感叹，因此"器难"遂成水名。是否如此，需要考古发掘研究证实。

……其水乱流，北迳小索亭西。……

今释：按《古今地名词典》云，小索亭在荥阳市区乔楼郭村南。索水以索亭而得名。

索水又屈而西流，与梧桐涧水合。水出西南梧桐谷，东北流注于索。会贞按：《隋志》，荥阳县有梧桐涧，当在今荥阳县南。斯水亦时有通塞而不常流也。索水又北屈东，迳大索城南。《括地志》《元和志》并云，荥阳县即大索城，小索城在县北四里。《寰宇记》略同。……

今释：《郑州市古今地名词典》云，大索城在荥阳市区北2公里，张楼村南。与古志说有异。河南马世之考证，索，商代子姓国。《路史》云"索，郑之索氏。故成皋东有大索城"；《敦煌名族志残卷》云"索氏，右其先商王帝甲封子丹于京索，因而氏焉"。

索水又东，迳虢亭南。守敬按：亭在今荥阳县东北。应劭曰：荥阳，故虢公之国也，……杜《注》，虢叔，东虢君也。虢国今荥阳县。《汉志》陕下，东虢在荥阳。今虢亭是矣。

今释：自大索城到虢亭一段，郦道元记述的人文遗址也极少。可能这一段索水北岸，串联着一些浅湖沼泽，到北魏时尚未开发（荥阳腹地一些地方，实考到元明清才出现移民村落）。但索水南岸，直到索、须汇合口一段，仰韶、龙山以来，遗址乃至城池甚多。

……索水又东北流，须水右【古】入焉……

今释：陈桥驿《校注》本未如王改，仍用"右入"。两意略有差别。梧桐涧无处考寻，约是荥阳城西南的小水沟，疑似今石板沟一带。虢亭，《古今地名词典》云故址在广武镇广武村，索水经其南，与今走势同，以下再合须水。《经》须水入索水位置与今大致同，此即今市区西的须水下段，但上源有变。《续汉书·郡国志》荥阳县，"有虢亭，虢叔国"，司马彪《郡国志》云"县有虢亭，俗谓之平咷城"，在广武镇南城村，马世之认为即南城村的平桃城，有点军台遗址。

（须）水近出京城东北二里榆子沟，会贞按：今荥阳东四十里有须河，与索河中隔京河。考《注》，须水即在索水东，则今京河乃古须水。京河有二源，其西源较短，即须水出京城东北者也。亦曰柰榆沟也。

今释：此为古须水源头，今源在荥阳贾峪镇。

又或谓之为小索水，东北流，木蓼沟水注之。水上承京城南渊，世谓之车轮渊，会贞按：今京河东源较长，即木蓼沟水出京城南者也，其初出曰瓦灌泉。

今释：这里将渊源未必流长的榆子沟视为须水源头，恐为古人局地的认识，亦或后世须水袭夺了其他河流，源头变迁。此"京城"即位于荥阳市东南10公里的京襄城村。公元前772年，郑桓公"寄孥"于此。地方有传说，后郑武公以此为都城，建立了东方郑国，拥有虢、邻等十邑之地。是否如此，还需文献与考古发掘支持。《读史方舆纪要》载："京城在荥阳县东南三十里，春秋郑邑。"古京襄城，南北长1775米，东西宽1425米，包含王寨、城角、京襄城、朱洞、红洞、南张寨等村。现存的城墙遗址，是西城墙北段和东城墙南段两部分。公元前743年，郑庄公封大叔段于京城，周襄公十六年（公元前636年），周有"叔带之乱"，襄王出避，郑文公迎周王居此城，后亦名襄城，清代合京、襄二字称为"京襄城"。京襄城地望不变，其东北二里榆子沟，大约相当于今兴国寺水库上游一段沟河，古代可能未如今状入汇；南渊木蓼沟，似与今贾峪镇北部饮马坑水库、马沟一段河道方位同，也非须水上源，经文和按言均未提到在贾峪镇西北的现今认为的须水正源，可能当时这是两条河，古须水曾发生过演变和袭夺，还有待进一步考证。

清齐召南《水道提纲》"入淮巨川"云京河，"西南自瓦碴泉来会"。清代在此说的京河，并非郦注中之京水黄水，而是须水一支。

渊水东北流，谓之木蓼沟。会贞按：《名胜志》《东京赋》自《注》，以蓼沟为九沟之一，盖即此沟。又东北，入于须水。须水又东北流，于荥阳城西南，北注索。

今释：今索、须汇合处亦是。须水，原名濉水，《郑州市古今地名词典》引荥阳县地方志云：须水河 汉将与楚战，河水沸腾。留侯曰：见险能止，大易知之，请少须。故名。

索水又东，迳荥阳县故城南。守敬按：两汉县属河南郡。魏置荥阳郡，……索水又东流，北屈西转，北迳荥阳城东，而北流注济水。会贞按：今索水东迳荥泽县南，会于贾鲁河。

今释：此荥阳县故城、荥阳城均指古荥。《水经注》时代的索水，自古荥东，北流，入济水。河线大致走今纪公庙南、师家河东、惠济桥与保和寨间，入济水也即大致进入现代黄河保和寨河段。但当时济水在现行黄河北部，所以索水还有一小段北行路径。

清代黄河占据了济水河道，有了堤防——黄淮分水岭，在堤岸以南出现了一条明清一再疏浚整理的贾鲁河，索水未越过分水岭入黄而是汇入贾鲁河了。这里既有自然演变因素，也有人为治理引导因素。

今释：《水经·济水注》索水条云："《春秋》襄公十八年（按：公元前549年），楚伐郑，右师涉颍，次于旃然，即是水也。济渠水断汲沟，惟承此始，故云汲受旃然矣。"这一段话甚为重要！郦道元认为济水断于汲，可能已指汲河引黄口塞、坏？济水无法以河、汲之水为源，可能意味着早在春秋时期人们认识到济水实以索水为主源？宋程大昌在《禹贡山川地理图》中说：郦道元记砾、索曰：济渠水断，汴沟惟承此始。则自汉以后，汴渠实资砾、索以为有水之始也。程大昌解释的意思，济水以荥阳山水为源，乃自汉以后，这个"汉"的时间节点，程大昌是如何建立的呢？是否宋人普遍认为秦汉之后，河水不能正常"济"汲，从而不正常"济"济呢？！《十三经注疏》之《毛诗正义》中卷七，七之二有《禹贡》豫州云："荥波既猪。"东汉人郑玄笺注云："沈水溢出所为泽也。今塞为平地，荥阳民犹谓其处为荥泽，在其县东。"（唐代孔颖达正义）程大昌或许受到东汉郑玄与唐人孔颖达的影响，确认荥泽淤塞在汉室了。那为何郦道元要在提到《左传》历史时联想到"惟承此始"？这个"此"是指襄公十八年后，还是五六百年以后呢？郦道元凭借什么确定"济渠水断"非春秋而是"汉"呢？

这里是古人讨论济水以索水为源的一段重要的考证。

杜预曰：旃然水出荥阳成皋县东，入汲。守敬按：此《左传》杜《注》文，杜作汴，郦改作汲。盖因《汲水》篇作汲，故改以与下汲受旃然句合。汴、汲字异义同。《续汉志》成皋有旃然水，今在荥阳县南三十五里，北流入京水。

今释：杜预讲的成皋旃然，出自旃然池，指汜水河东、广武岭南的枯河，而非索水上源之旃然。此因荥阳崔庙一带红色砂岩，寸草不生，如红旗招展得名，因地色指染水也。读者与学者往往弄混两个旃然，郦注说的二旃然实在两地，不能混淆为一。

荥泽与济水相关联条目

济水又东迳荥阳泽北，荥水所都也。《注疏》集解孔安国曰："荥，泽名。波水已成遏都。"索隐古文尚书作"荥波"，此及今文并云"荥播"。播是水播溢之义，荥是泽名。故左传云狄及卫战于荥泽。郑玄云："今塞为平地，荥阳人犹谓其处为荥播。"

今释：荥阳泽即《汉书·地理志》里的荥泽。按经文次序，其地望大致在保和寨东，废岗李水库一带。汉代已干涸，所以郦道元这里讲的荥泽，仅仅是古荥泽南部残留或汉以后遗址，济水在其北部。1959年修建花园口枢纽工程、1980年代修建黄河花园口公路桥，从工程地质资料（黄委会档案馆、省交通勘测设计院）发现，花园口以上河段及其两岸，在地表下二十多米上下有大片疑似湖相层的白灰色粉砂质亚黏土层；查公路工程地质资料，在黄河北武陟、原阳境内，在市区连霍高速公路北的地表下均有大片疑似湖相沉积。所以，历史典籍里所说的荥泽，并非今人认为的仅仅在邙岭下、黄河南岸1950年代修建的岗李水库一带，而是广阔时跨现今黄河河道以至两岸纵深的大型低洼、浅湖沼区。当时的济水，可能穿泽或傍泽而过。泽干涸以后，湖床底部或边缘尚存东西走向的河床，此即地质时期的"汳河泛道"（非后世"汴河"）条形洼地；济水所借天然河道，也为黄河的天然滞洪区和沉砂池。后来人工开挖修筑的鸿沟、汳（汴）水、通济渠、广济渠、汴河运河河道，又利用其势，走今黄河或黄河南岸一线。今黄河离桃花峪、广武岭后，东至京珠澳高速公路黄河桥上下，皆占据了古湖盆的一部分。按史念海的讲法，荥泽即黄河出荥口后在河背洼地的壅潴区，荥泽自然不会仅限于岗李一隅。

岑仲勉认为程大昌的解释较好。《禹贡山川地理图》称："荥泽，郑氏曰，今塞为平地，荥阳民称谓其地为荥泽，郦道元所言亦与郑合，……则可知荥本无源，因溢以为源，河口有徙移，则荥之受河者随亦枯竭。"荥泽以河的分支为源，黄河河床抬升淤高，分水口变迁与堵塞，都影响荥之水源。加之气候变迁转干旱化，人为垦殖陂泽，遂导致该湖泽彻底干涸。

京相璠曰：荥泽在荥阳县东南，会贞按：《书·疏》引郑《注》，泽在县东。《左传·宣十二年》杜《注》同。在今荥泽县治南。与济隧合。

今释：此说人们理解有局限，并影响后世学者。荥泽甚广，见以上说明。这里仅是荥泽合济隧处到县东南。济隧系古黄河一分水泛道，位于今原阳境，"隧"者，寓地下行水，先秦有此称呼。相对于后代黄河已成地上河，济隧应为古时地下河的分水道称呼。

济隧上承河水于卷县北河，会贞按：渠水出荥阳北河，与此称济隧承卷县北河同。古河水迳今原武县西北，河之南即卷县，济隧承河水于卷县北，则出今原武之西北。

今释：今原阳县祝楼镇东有东圈村，其东有圈城村，应为古卷城所在。济隧口应该就在卷城北不远的古黄河南岸边。

南迳卷县故城东，又南迳衡雍城西，衡雍即垣雍，见下，又详《阴沟水》篇。守敬按：《释例·土地名》云，卷县，治垣雍城。《括地志》亦云，故卷城即衡雍。此《注》则分卷城、衡雍城为二。济隧南流，先迳卷城东，后迳衡雍城西，则衡雍在卷县东南。《方舆纪要》，在今原武县西北五里。

今释：《正义》引《括地志》云："故城在郑州原武县西北七里。"疑系今原武镇北的古城村。

《春秋左传·襄公十一年》，诸侯伐郑，西济于济隧。杜预阙其地而曰水名也。京相璠曰：郑地也。言济水自荥泽中北流，至垣雍西，朱垣作恒，《笺》曰：当作衡。戴改衡。全、赵改垣。赵云：按春秋时衡雍，后改垣雍。《史记》，秦昭王四十八年，韩献垣雍以和。《战国策》，魏王曰，秦许我以垣雍。魏公子无忌谓秦有郑地得垣雍，是也。恒、垣字近，致讹。与出河之济会，朱《笺》曰：济水伏流，自河而出，故谓之出河之济。守敬按：《阴沟水注》京相璠以为出河之济，又非所究，指此语。

今释：济隧既与济水在垣雍西会，垣雍约在今原武镇西北的古城村。说明济水在此已走入原阳县境，并不在现今黄河道上。垣雍是济水、济隧交口控扼要地。

南出新郑百里。守敬按：京说止此。新郑详《洧水注》。斯盖荥、播、河、济，往复迳通矣。全、戴迳作径。会贞按：上云济隧南迳衡雍西，又引京说，济水自济北流迳垣雍西，下又云济隧南会荥泽，时南流，时北流，所谓往复迳通矣。出河之济，即阴沟之上源也，济隧绝焉。故世亦或谓其故道为十字沟。

今释：阴沟的上源出河口门，在卷城之上，阴沟应与济隧在垣雍以北处已交汇。阴沟与济隧，不一定同时自河分水，故述及阴沟，济隧遂绝焉。十字沟非阴沟，也非济隧，而是在卷城之下游分河水南下的另一泛道，在垣雍东与阴沟水交汇。

自于岑造八激隄于河阴，水脉径断，故渎难寻。

今释：1984年黄委"黄河志"总编室徐福龄先生带队考察武陟至河北馆陶河段故黄河金堤，八激堤靠近原阳县故金堤的磁固堤村上下，为汉代著名险工。但未考察该工程究竟，或许石工已被古人挖掘他用。

又南会于荥泽，守敬按：此句遥接前南迳衡雍城西句，叙济隧之流，又南上当有济隧二字，方明。然水既断，守敬按：㶟然水即索水，索水入济水，未尝断也。此盖因上叙荥泽，指济入河不复截流而南言耳，与㶟然水无涉，戴不增㶟字为有识矣。民谓其处为荥泽，守敬按：《史记·夏本纪·索隐》引郑玄曰，今塞为平地，荥阳人犹谓其处为荥、播，《禹贡》及《桧风·正义》引作荥泽。《续汉志》，荥阳有［原讹费］泽，《地形志》同，皆称故名。

今释：郦道元认为汉人筑八激堤，黄河的减水沟河断流，以致西汉荥泽干涸，估计郦道元时代湖形坡洼仍大致可见，故当地百姓按世代相传指其处为荥泽。

《春秋》，卫侯及翟人战于荥泽，而屠懿公，宏演报命纳肝处也。朱《笺》曰：《吕氏春秋》［《忠廉》］曰，狄人杀卫懿公，食之，遗其肝。宏演使反，报命肝下，自剖其腹，纳懿公之肝。全云：按杜预曰，战处当在河北，非此荥泽也。又宣十二年楚潘党逐魏錡，及荥泽。即此矣。守敬按：荥泽之战，在《左传·闵二年》，略宏演纳肝事。有垂陇城，守敬按：以下文沙城、水城例之，有上当有泽际二字。济渎出其北。会贞按：此济渎即上东迳荥泽北之济水，济水、济渎通称，详后。《春秋·文公二年》，晋士縠盟于垂陇者也。京相璠曰：垂陇，郑地。今荥阳东二十里有故陇城，全、赵、戴陇上增垂字。会贞按：杜氏《释例》郑地内称，荥阳县东有垂陇城。然是年《注》作有陇城，又《续汉志》，荥阳有陇城，皆称陇城，与此合，足征垂陇城亦有称陇城，京说本无垂字，不当增。在今荥阳县东南。即此是也。世谓之都尉城，盖荥阳典农都尉治，故变垂陇之名矣。

今释：《大清一统志》说垂陇城在荥泽县东北，当在古荥泽之畔；今人多说此城就在花园口附近，不一定。若按上下文字看，可能在济隧汇合济水处，此段济水走今原阳境内，故该垂陇城很可能在现今黄河花园口大桥北头，古荥阳和旧荥泽县东北方向。济水自荥泽北出于斯，是判断荥泽、济水关系的控制处所。此城需进一步探索考证，这也是殷商、春秋时济水、荥泽边的重要城池。

泽际又有沙城。守敬按：非也。此郦氏言荥泽之旁城名，上之垂陇城，下之水城亦然。左佩济渎者，与上文垂陇城济渎出其北意同，特变文耳。若改泽际作渎际，则既言渎际，又言左佩济渎，不可通矣。至下节济水自泽东出，即是始矣，方为北济之源。城左佩济渎，《竹书纪年》，梁惠成王九年，会贞按：今本《竹书》周显王七年。王会郑厘侯于巫沙者也。泽际有故城，朱泽讹作渎，此与上二节一例，当作泽际无疑。全、赵、戴不改此字，反改上文泽际作渎际，试问所谓渎际者，是指何水？全失郦氏之旨。世谓之水城。

今释：沙城、水城为济水、荥泽畔城邑，皆不可寻觅，很可能已沦入黄河泛滥了。但可见荥泽在花园口东北，似乎还有数个泽畔城邑。

《史记》：《穰侯传》秦昭王三十二年，魏冉攻魏，走芒卯，入北宅，即故宅阳城也。守敬按：《竹书纪年》沈约《注》，宅阳一名北宅。《括地志》，宅阳城在荥阳县东南十七里。在今荥泽县东北，近出土宅阳币甚多。

今释：宅阳，《大清一统志》中称其在荥泽县东北；但从以上文字看，可能系济水南岸的城邑，距花园口不甚远，目前附近尚未发掘出相应古城，杨守敬所说发现许多宅阳币不知在何处。按郑州大学陈隆文《郑州历史地理研究》对荥地韩币的考证，流行于战国的韩币有宅阳布、邲布、四阳布、垂字布，分别铸制于宅阳、厘城（在郑州北30里）、氾阳（氾水战国旧城）、垂陇城，环荥泽经济圈与济水畔的这些商业城邑，直接支持了商贸乃至硬通货流通。邹衡从东周"亳"字陶文，与宅阳布之"宅"字对比，确认"亳"意，从而确定汤都郑亳。

《竹书纪年》曰：惠王十三年，朱《笺》曰：今《竹书》，巫沙之盟是显王十一年事。赵云：按《竹书》，惠王是梁惠成王，周显王十一年，正梁惠成王十三年，朱氏因刻本失去成字……王及郑厘侯盟于巫沙，以释宅阳之围，还厘于郑者也。守敬按：《史记·魏世家》，惠王五年，与韩会宅阳城，即此事。而年岁乖连，盖《史记》往往与《纪年》不合也。

今释：实为韩厘侯。时郑国已灭，韩据原郑地。

《竹书纪年》，晋出公六年，会贞按：今本《竹书》周元王七年。齐、郑伐卫，荀瑶城宅阳。俗言水城，非矣。

今释：经文在述及济水与荥泽时，没有提到现代郑州北部考古发掘的远古中心城邑——西山古城，说明郦道元时对该城并不知晓，未发现墙基遗存。该古城位于广武山南、枯河北岸的二级阶地上，背靠西山，其南墙疑系古砾石溪枯河发水冲蚀。城东部，临黄河自广武山东头南泛古道的侵蚀阶地，阶地下也系古砾石溪、索须水等入济水、荥泽的通道。现在考古界认为是迄今发现的中原第一古城。该城靠广武山，处河济、荥泽和郑州入荥诸水之要冲，所据地理形势非常重要。目前考古发掘认为该城建置于距今5300～4800年。因邻近黄河，疑系黄河南泛所毁，居民迁移。除此外，在黄河游览区炎黄二帝像下现今黄河边，于河床深层还有一未发掘的远古城邑，大约半里余见方。城正扼守在广武岭断头与砾石溪、索须水入济水、荥泽口上，似为扼守之军事和交通要冲。

以上述及和实际已考证的广武山周回分布密集的春秋战国城池，可能在仰韶、龙山时期，皆有聚落城邑。济水两岸乃至环荥泽地区，是华夏文化的活动中心，也是其与东夷、淮夷文化交流的重要通道和文化集散地。

济水自泽东出，即是始矣。

今释：郦道元认为即在垂陇、宅阳一带，济水从荥泽分出。黄河泛水在荥泽沉沙淀积，化为清水下泄，故济水和渠水，相对于河水，都是清水河。荥泽既是天然滞洪区，也是一个天然沉砂池。

王隐曰：河泆为荥。朱泆作决，全、赵、戴同。会贞按：本卷前文，引《晋地道志》南泆为荥泽，与《史记·夏本纪》泆为荥合，此决为泆之误无疑，今订。济水受焉。故有济隄矣，为北济也。

济水又东南迳厘城东。守敬按：此遥承上济水又东迳荥泽北。接叙济水为南济之上流，盖济水分河，东南流只一水，至东迳荥泽北，有自荥泽出之水，绝此济水而行于北，为北济。此济水则绝北济而行于南。下文叙济水入阳武，后言济水又东南流，南济也，即此水，故此为南济之上流，但《注》尚未提明耳。此《注》引京说荥阳东四十里有厘城，在今荥泽县东南。《春秋经》书：公会郑伯于时来，杜预所谓厘也。朱作《左传》所谓厘也，全、赵、戴同。会贞按：《左传》作郲，不作厘。杜《注》，时来，郲也。荥阳县东有厘城，则是杜《注》谓之厘，此《左传》二字为杜预之误，今订。京相璠曰：今荥阳县东四十里，有故厘城也。守敬按：此京说称厘与杜同，而确指在荥阳东四十里则尤密，郦氏复引之以示博。

今释：陈桥驿《校证》本王隐语不作"北济"，而作"此济"，以陈《校证》为准。今人杨伯峻《春秋左传注》云："郲，经作时来……当在今河南省郑州市北三十里"，郲可能已到现行黄河以北。此即古厘（厘）城，依然在今花园口附近或河北岸。以上古城，位置和功能十分重要，需进一步探索考证。

黄水条

济水又合黄水，水发源京县黄堆山，朱讹作黄淮止，《笺》曰：止一作山，宋本作上。赵改黄堆山，云：《寰宇记》引此作黄堆山。《方舆纪要》，嵩渚山，一名小陉山。《水经注》以为黄堆山也。全依改，云：亦即黄雀山。戴改同。守敬按：《御览》六十三引此作黄堆山。顾祖禹谓黄堆即嵩渚、小陉，虽误，然足征山与小陉接，在今荥阳县之东南。黄水出此山，盖即今县东之须河也。须河有数源，黄水出山东南流，则须河之西也。

今释：陈桥驿《校证》本作"右合济水"，两者皆可。赵改原注校本的"黄淮止"为"黄堆止"，《说文》未收录"堆"字，疑似古代该处原名为黄隹。"隹"与"佳"形近，"佳"为"隹"讹。"隹"为短尾小雀，该山岗因多短尾隹雀得名，山下岗丘的"雀梁"、下游的"黄雀沟"，恐均由此而来。所以杨说"朱讹作黄淮止"，未必正确。朱说也事出有因，即便朱作"淮"，亦水滨雀鸟意。依次，全祖望改，称"黄堆"即"黄雀"，就很合理。现有一些注本作"黄淮山"，需要加集注方可理解。黄水因发源于黄雀群居之山岗丘陵而得名，则较为可信。附近为黄雀图腾的部族所居。济水合黄水处所不详，大致在花园口以北的黄河中。而黄水的分支黄雀沟也入济水，入口大致在京水村东北、石桥村西北方向的黄河中。

东南流，名祝龙泉，泉势沸涌，状若巨鼎扬汤，朱作汤汤，赵改扬汤，云：《御览》引此作扬汤，上汤字误，全、戴改同。西南流，谓之龙项口，世谓之京水也。会贞按：《地形志》，京县有京水。

今释：黄堆山，即为新密市白寨镇北杨树岗的条带形黄土岗丘，今基岩偶有（灰岩）出露，上覆黄土，远看为黄山，也系黄雀所居，其水称黄水；一源自祝龙泉，似现代白寨杨树岗下的圣水峪自流泉，该泉在圣水寺下，后世认为系贾鲁河源头。该岗丘历来为采石矿坑所占，2021年郑州暴雨大水，白寨为一暴雨中心，街上一村民云，院子中有一米许石缸，一夜暴雨盛满。大雨数日，岭上矿坑为雨水充满。雨后人为抽去矿坑积水，为时竟达一月许，水利局估算积水可达2000万～3000万立方米之巨。若无矿坑积水存储，是年尖岗水库必须泄水求安了。西北不远，今为黄帝岭，民国地图名黄地岭，与黄堆山对应。古又称黄水为京水，盖水在京地，系受古京襄城之古京县影响，水名援用了城邑名。黄水

194

西支，应为发源于荥阳贾峪大周山的今贾峪河，这才是古称的京水。该京水入黄水（上游河道可能有袭夺现象），黄水下游亦从称京水了，故有花园口东的"京水"地名存在。河源这一段旧石器考古发现甚多处，旧石器、新石器时代均为先民集聚的优良处所。

又屈而北注，鱼子沟水入焉，水出石暗涧，东北流，又北与潗潗水合，水出西溪，东流，水上有连理树，其树柞栎也。南北对生，凌空交合，溪水历二树之间，东流注于鱼水。鱼水又屈而西北，注黄水。会贞按：今须河之东源有二水，盖即鱼子沟及潗潗水，而一西北流，一东北流，方位稍异。

今释：鱼子沟水疑似现今尖岗水库上源右支，白寨光武店现仍有鱼池沟地名，疑系鱼子沟音转。民国年间陆军地图和现今地形图，白寨东南石头岭下，仍有鱼池沟、龙泉庙等与注文相关地名。祝龙泉也可能指白寨东南光武店鱼池沟上源之泉池，与圣水泉直线相距二三公里；该池南有山名石头岭。从现今地形图看，此泉流渊源略长于圣水泉，但泉水也已枯涸。

黄水又北，迳高阳亭东。又北至故市县，重泉水注之，水出京城西南小陉山，朱《笺》曰：小，宋本作少。全、赵、戴改少陉山，详前。会贞按：今须河之西有一水，东北流来会，盖即重泉水，但出故京城东南，不出西南，或上源有湮塞矣。东北流，又北流迳高阳亭西，东北流注于黄水，又东北迳故【固】市县故城南豁，前汉县属河南郡，后汉废。《一统志》，在今郑州西北三十五里。

今释：固市（故市）县故城，在今惠济区政府东南的固城村，地名未变，当时应在一岗地高阜上，下有豁水入黄水。重泉水今无处寻觅，若其渊源与须水接近，也可能被后来的须水袭夺。其汇合黄水处，在固市西南。从源头到固市一段，注文写得比较粗略，可能有缺失，正好行经郑州传统称呼的"西郊"一段。但这一段有不少古遗址，郦道元未见。高阳亭为何，暂无考。特别是贾鲁河自西流湖到冲积平原的五龙口、南阳寨一带，火车北站所在，1914年管县地形图显示，贾鲁河五龙口呈多股沟道进入静水区，此处昔日为一潴水之区，这里可能形成一暂时侵蚀面，考察曾在基坑发现数米湖相沉积层。荥阳东曾有更新世黄水自西而来，五龙口西北的关庄钻孔竟有20余米深的砂层，西南有贾鲁河注入，可能为郑州西南部众水归宿。故该地有黄河渡口的传说。

黄水又东北至荥泽南，分为二水，一水北入荥泽下，为船塘，俗谓之郏城陂，东西四十里，南北二十里。守敬按：荥泽久塞，此称一水北入荥泽，下为船塘，则塘在荥泽南，计周数十里，当在今郑州之西境，荥阳县之东境。

今释：济水既合黄水，黄水应入荥泽、济水，此处似应断句为"……一水北入荥泽，下为船塘……"。郏城者，非隋代的郏城县也，可能当时陂塘与某城邑有关联。一水北上者，大致沿今惠济区天河路、江山路方向。船塘陂地望，约在苏屯、固城东，郑州城北新大学城英才路以南，属古贾鲁河条形洼地。中州大学、郑州师专新楼工地工程地质呈现有湖相沉积，疑系该陂沉积层。该陂塘唐宋已消亡。明清贾鲁河形成，其一支大致行经该陂原占之条带洼地。从前后文看，黄水与荥泽和船塘相连。

《竹书·穆天子传》五曰：甲辰，天子浮于荥水，乃奏广乐，是也。赵改辰作寅，云：《穆天子传》是甲寅。全、戴改同。守敬按：《穆天子传》原是甲辰，赵氏谓是甲寅，乃误本也。盖下雀梁距荥水不远，壬寅先至雀梁，甲辰后至荥水，由南而北，相去二日，若甲寅则相去十二日矣。

今释：雀梁，当指今市区西北、贾鲁河两岸条形漫坡岗地，有人认为郑西雕塑公园处旧陈庄遗址即是，陈庄在贾鲁河西岸上，与五龙口村隔河相望，也在昔日的贾鲁河进入平原地区的"河口"处。穆王大概是自此雀梁登舟，系黄水远古一码头也。穆王沿黄水达荥泽，两日荡舟游乐。丁山《殷商氏族方国志》认为《穆天子传》之雀梁即古郑州大族——雀族居之雀地。近有释地说雀梁在郑州东北，不妥。此梁非桥梁，而是岗梁，云地貌状。

一水东北流，即黄雀沟矣。守敬按：《地形志》，阳武有黄雀沟。黄雀沟互见《渠水注》，今郑州西有小贾鲁河，盖即黄雀沟，但小贾鲁河上源不自须河出，与古异矣。

今释：从经文看，沟系黄水分出，而按杨注，此黄雀沟约在后来称呼贾鲁河一带，东北流，为老鸦陈之薛岗与南阳寨所夹持，但河线与方向似有重大变迁。《水经注》时代，或许已有自黄水干流支分的河沟。水既然出自雀梁，也称黄雀沟。另管水分支，汇入黄雀沟，分水大致在船塘东部与黄（京）水东支汇，下入黄渊。其汇合处（黄河泛道背河洼地），约在今柳林西北，也可能皆入船塘而汇，出船塘下黄渊。黄渊大致位于京水镇与大河村、石桥三者之间的某一处所。渊者，靠近黄水河口，受济水（河水）或黄水自身冲刷掏旋，形成深潭。古代郑州河流比降与冲刷力还是较大的。此黄渊接近仰韶、龙山文化的重要中心遗址金水区大河村。后文所述五池水源于一湖泽，也在大河村近旁，黄水的东支也接近大河村，这是否就是大河村发掘研究认可的，当时先民居栖河湖畔的证明之一。探索曾于大河村遗址处湖相层采样，测年为距今（5465±35）年、（6870±50）年、（8913±100）年。大河村至今虽然尚未发现古城址，但袁广阔认为，它系郑州仰韶文化重要的政治中心，可能和前面述及的荥泽周围诸春秋古城的史前遗址群一起，构成了环荥泽的仰韶、龙山河济文化聚落群。据悉，近年大河村二期发掘工程，发现有城壕。

《穆天子传》曰：壬寅，天子东至于雀梁者也。

又东北与不家沟水枝津合。会贞按：……考《渠水注》，不家沟水迳管城西，又东北分为二水，一水东北流，注黄雀沟，即此水也。则是不家沟水枝津，《注》脱不家二字，沟又与靖形近致讹耳，今订。二水之会为黄泉【渊】，朱渊作泉，全、赵同，戴改渊。会贞按：黄渊互详《渠水》篇，在今郑州北。北流注于济水。

今释：陈桥驿《校证》本作"又东北与靖水支津合"，与过去众校不同。该靖水支津，后面管水条无有，需重新考证。从黄水支分的黄雀沟和《渠水注》中管水下段的不家沟支津汇合，称黄渊。所谓"渊"，或许是过去黄河泛滥主流或黄水、不水自身冲刷的深潭。以上黄水上源，与今贾鲁河同，涉及的不家沟，即下文渠水注者，相当于现代的金水河。但不家沟支津于何处北上与黄雀沟合，尚不可寻觅。

与郑州地区直接关联的济水至此，下分出渠水。济水经阳武去延津，不再叙述。济水与渠水分流处所，见下文解释。

卷二十二《渠水注》今释

渠水条

渠出荥阳北河，东南过中牟县之北。守敬按：此蒗荡渠也。《汉志》云：荥阳有狼汤渠。……

《汉志》云，首受沛，此以为出荥阳北河，即《河水经》云，过荥阳县北，蒗荡渠出焉者也。盖济本自河出，济、渠二水，互受通称。就济水之言，谓之渠受济可，就渠水言，谓之渠出河亦可也。荥阳县见《济水》篇。

今释：渠水，即蒗荡渠。经文述及渠水在郑州大势。荥阳北河，指古荥阳北的河水——济水，当时济水行经现代黄河在京广铁路桥上下一段黄河干线。但这里是《水经》原文的泛泛指示。从上下文字看，从石门、荥口到古阳武，渠水与出河之济水混流一段，即经文云"渠水自河与沛乱流"，但既名渠水——蒗荡渠，说明已经人工修整"渠化"，或始于龙山时期夏后氏，或起于魏王引水，或来自秦军攻魏，可以利用原济水水道一段，也可从济水中直接开渠引水，与济水分流。

《风俗通》曰：渠者，水所居也。渠水自河与沛乱流，东迳荥泽北，守敬按：《济水经》与河合流，东过荥阳县北，东出过荥泽北。渠水出荥阳北河。渠水之道，即济水之道，故谓自河与济乱流，东迳荥泽北也。自河出处，在今荥泽县之西北，详《济水》篇，荥泽亦详彼篇。东南分沛，守敬按：此即《济水》篇所云，历长城东南流蒗荡渠出焉者也。当分济于今郑州东北。

今释：沛者，济水也；渠水和济水在荥泽东南分野处，从沿线水口地望看，大致应在中牟西北杨桥一带（即古阳武桥，在古阳武南，即今原阳南武庄一带。阳武旧邑已沦入黄河中，后世阳武县系搬迁治所，隋代阳武桥被转称为杨桥），所谓魏长城大致在此处穿越郦注济水及1855年以后的黄河。按郦道元分划，黄雀沟仍进入济水，不家沟已属渠水流域。两出水口相距并不太远，济、渠分水盖于此。

历中牟县之圃田泽，守敬按：《尔雅》十薮，郑有圃田。《周礼·职方氏》，豫州薮曰圃田。《汉志》中牟，圃田泽在西。《续汉志》，中牟有圃田泽。《元和志》，在中牟县西北七里，又云，在管城县东三里。管城亦汉中牟地也，在今中牟县西，县详后沫水下。北与阳武分水。守敬按：阳武县见《济水》篇。阳武在渠水北，中牟在渠水南，二县以水为界，故云分水。

今释：郦道元时的圃田泽位置，自此可见，是在渠、济分流之后，即在古阳武南偏东，也在不家沟东南。这里的阳武县治，在今原阳县治西南黄河北岸武庄一带，与中牟杨桥隔岸相对。隋代这里有阳武桥跨古汴通达，后转称杨桥。

泽多麻黄草。故《述征记》曰：践县境便斯卉，穷则知隃界。今虽不能，然谅亦非谬。《诗》所谓东有圃草也。会贞按：《小雅·车攻》篇文，《文选·东都赋·注》《后汉书·班固传·注》并引《韩诗》东有圃草。《毛诗》作甫草。圃、甫古字通。皇武子曰：郑之有原圃，犹秦之有具圃。泽在中牟县西，西限长城，东极官渡，北佩渠水，守敬按：上言水历泽北，是泽在水南，北带渠水矣。东西四十许里，南北二十许里。朱作二百，赵同，全改一百，戴改二十。会贞按：黄本作二百，明抄本作二十。阎若璩曰：中牟县西北七里，有圃田泽。范守己据《穆天子传》，以为自洧川之北，直抵中牟之西，东连尉氏，西接新郑，周回三百余里，总谓之圃田。中牟得其地什之四，洧川、尉氏各什之三，是也。据此似《注》二百字不误。然自来称此泽，惟范氏广言之耳。考《元和志》，《寰宇记》文与此略同，并言东西五十里，南北二十六里。刘伯庄述更详，亦言东西五十里，南北二十六里。足证此二百当作二十，故《御览》七十二引此作二十，至全作二百则无据也。中有沙冈，上下二十四浦，津流迳通，渊潭相接，各有名焉。有大渐、小渐大灰、小灰、义鲁、练秋、大白杨、小白杨、散吓、禺中、羊圈、大鹄、小鹄、龙泽、密罗、大哀、小哀、大长、小长、大缩、小缩、伯邱、大盖、牛眠、……《春秋地名考略》引刘伯庄，有云西限长城，

197

东极官渡，高者可田，洼者成汇，上承管城县界曹家陂，又溢而北流，为二十四陂，今为泽者八，若东泽、西泽之类为陂者二［《方舆纪要》作三。］十六，若大灰、小灰之类，其实一圃田泽耳。与《注》有异同，盖郦氏后之变迁矣。等浦，水盛则北注，渠溢则南播，

今释：此处形象地描述了渠水与圃田的关系。圃田泽系渠水的天然调剂水库，泽内诸水旺盛则加大渠水宣泄，渠水丰溢则促使圃田泽水涨溢、南扩。渠、泽联通相济。24 浦之"浦"，郦学专家陈桥驿在《我国古代湖泊的湮废及其经验教训》中，指为在大泽湖盆中分割成为的小湖。（刊载于《历史地理》第十四辑，上海人民出版社，1998 年）不过，笔者换向思考，"浦"恐怕不仅指水流、水区貌，也可能为与水系关联的一种特殊地貌术语。《说文》中关联河岸地貌的字有：崖、岸、濆、涘、汻、沈、滑、浦、澳、濒、陈、湄。《说文·水部》："浦，濒也。"笔者理解为水滨之意。如《诗·荡之什》："率彼淮浦。"《战国策·秦策》："还为越王，禽于三江之浦。"《淮南子·兵略训》："尧战于丹水之浦。"《吕氏春秋·本味》："江浦之橘。"《楚辞·湘君》："望涔阳兮极浦。"以上"浦"均水滨水畔意。根据圃田古况，浦者，似为湖沼畔、沙洲岸滩边，南京大学的地貌学专家杨达源认为浦者，即古之湿地称谓也，华东一些河流如黄浦江、浦阳江，都有河边湿地。这样看来甚至"圃田"也不一定如常见之说完全因蒲草（岸边蒲草，因岸名草）而名，似也有湖沼内和泽畔沙洲、湿地、薮草犬牙交错，浅沼滨岸意，因"浦"之沼泽排干，圈之为田、为圃。"田"已有人工农业开发园圃之意。

故《竹书纪年》梁惠成王十年，入河水于甫田，又为大沟而引甫水者也。守敬按：今本纪年甫田、甫水，甫俱作圃。徐文靖以大沟在尉氏县西南十五里，东北合康沟者当此沟，似未确。

今释：入河水指的是鸿沟、渠水段，大沟是魏人兴作的另一段工程，地望不详；或许已在中牟东北境内，直趋开封。

又有一渎，自酸枣受河，导自濮渎，历酸枣，迳阳武县南出。世谓之十字沟而属于渠。或谓是渎为梁惠之年所开，而不能详也。斯浦乃水泽之所锺，为郑隰之渊薮矣。渠水右合五池沟。沟上承泽水，下注渠，谓之五池口。守敬按：《方舆纪要》，宋张洎曰，莨宕渠自荥阳五池口出，注为鸿沟，是也。魏嘉平三年，司马懿帅中军讨太尉王凌于寿春，自彼而还，帝使侍中韦诞劳军于五池者也。今其地为五池乡矣。

今释：五池沟系平原排涝沟河，串联几个陂池，源头是一小湖，约在今大河村东，流道早湮，五池口也不可寻。按上下文意，大致在今黄河南岸石桥至古不家沟口之间。

不家沟条

渠水又东，不家沟水注之，《笺》曰：宋本作十家沟，下同。赵增水字，云：按《寰宇记》，郑水一名不家沟。不，姓也。守敬按：《名胜志》引杨侃《东京赋·注》作浮家沟，谓之九沟之一。

今释：郑杰祥《商代地理概论》说卜辞中已有此水，称"不水"。所以此水至少在商代已有，并穿流商亳所在的西、北城区。《山海经》对此水缺记。另，"不"为河南古姓，如盗发汲冢竹简的不准即姓"不"，此姓或为"卜"。《风俗通义》及《潜夫论》云：氏于职者，巫卜陶匠是也，殷周时代有专门从事占卜职务者，称为卜人；世代任卜人者，遂为

卜氏。《潜夫论》云：夏后有卜氏，又叔锈后有卜氏。《元和姓纂》云：周礼有卜人氏，以官命氏；晋卜偃、秦卜徒父、鲁卜楚丘，皆为卜筮官，其后遂以为氏。该水畔可能因早商卜氏所居而名，卜氏因事占卜而呼之，"不"与"卜"音通。后世卜氏沟被叫为不家沟了。

水出京县东南梅山北溪。会贞按：《续汉志》，密县有梅山。《注》下引杜预在密东北，此言出京县东南。京县详《济水》篇。京之东南，即密之东北。《元和志》，山在管城县西南三十里。今水曰东京河，出郑州西南三十里梅山。

今释：梅山即今新密与郑州界之梅山。此不家沟—郑水、管水地望，皆相当于现代的金水河。北溪大致相当于今奶奶洞沟的金水河源处，在梅山西北麓。宋太祖建隆二年，组织疏引索、须水资汴，同时也将京西郑州方向通汴京的漕渠称为金水河，为东京著名五大漕渠之一。《宋史河渠志》虽无详尽说明，但该工程也包括了引郑水在内，金水河名声极大，郑水从此也就沿用了北宋金水河之名至今。《太平寰宇记》里的郑州条："【郑水】一名不家水，源出梅山。《水经注》云：'不家沟水出京县东南梅山北溪，东北流经管城西，俗谓之管水。'又东北分为二水，一水东北流注入黄雀沟，即今之黄池。"《元和志》所说"东京河"，是相对于源自京襄城与靠近京地的须水源头京河而言，源于梅山的郑水被认为是它们东边的京河，故名东京河。

《春秋·襄公十八年》，（楚）蒍子冯、公子格率锐师侵费，右回梅山。杜预曰：在密东北，即是山也。其水自溪东北流，迳管城西，……《左传·宣公十二年》，晋师救郑，楚次管以待之。杜预曰：京县东北有管城者是也。俗谓之为管水。会贞按：《隋志》管城有郑水。《寰宇记》，郑水一名不家水，是俗传展转改易，既以不家水为管水，又变管水为郑水矣。

今释：此处之管城即后世郑县、郑州老城；由此，俗称绕管城是水为管水。

又东北分为二水，会贞按：《寰宇记》引此，作又东分为二水。一水会贞按：此枝津。东北流，注黄雀沟，会贞按：黄雀沟见《济水》一黄水下。谓之黄渊，渊周一百步。其一水会贞按：此正流。东越长城，东北流，水积为渊，南北二里，东西百步，谓之百尺水。

今释：魏长城外有潭渊名黄渊，盖因黄雀沟入焉。已与圃田泽相连。

北入圃田泽，分为二水。

今释：所谓魏长城天然防线在古济水以南的路线，大致走的阳武桥（杨桥）西—京水镇东南马头岗—祭伯城岗丘—商都路南的东周古城岗丘—火车东站南之青龙山，再南走老南岗、西尚杨（岗），东连圃田镇西营岗，迤东老庙岗，为魏国与郑国（后韩国）间一段天然高地曲折的国界和国防工事。沿线高昂砂质岗丘弯曲，以东地区，盖为圃田泽湖沼群游移、盈缩变化的水区；以西，是接近古郑州的已分化成零星的湖沼陂塘。这样，不家沟水穿越魏长城处，大致就在今郑东新区龙湖东部。另在祭城西，今农业路、如意东路交口，有原名"郑河"的村庄，民国老图上称"小郑河"（或"小正河"），现已被新区的街区所占。推测它应在穿过魏长城的郑水—不家沟岸边，至少是一个上古村庄，概属祭国在河边的要地。其西为小营点军台商代遗址。古祭地自然在郑水旁，但郦道元未谈及祭伯古城。郑州文物考古院张松林提出，在此推测长城线以东，郑州—中牟间仍发掘有韩国官纹陶器，此地似并不属魏，怀疑是否确有这一边界长城线，甚至怀疑魏长城是否存在。这一见解很有意思，待考。

一水会贞按：此正流。东北迳东武疆城北。会贞按：下引薛瓒城在阳武。《续汉志·注》同。《括地志》，在管城县东北三十一里。《元和志》，在县东三十一里。在今郑州东北。

今释：按此距离计算，武强故城大致在今郑州东区龙子湖高校园区北部，薛岗、姚桥一带沙岗上。带强（疆）字的县邑，可能为郑国武力获得的边界城池。如果属实，武疆城确在魏长城东，但也可能放在祭伯城高地上，其地望、沿革待考。

又东北流，左注于渠，为不家水口也。会贞按：今东京河自郑州西南，东北流入贾鲁河。旧不家水下流，当自州东北，至今中牟县西北入渠，已湮。一水会贞按：此枝津。东流，又屈而南转，东南注白沟也。

今释：当时的"金水河"即不家沟一支可直接入济水分出之渠水。其出水口，大致在今黄河南岸石桥到杨桥之间。民国军用地图显示金水河入贾鲁河，在祭城北的马皮靴村；古不家沟口，可能在该村东北、刘江村西北的黄河岸附近。但仅金水河汇入晚近的东风渠，以下古郑水河道早已湮没无考。

此东流入白沟的不水大致在祭城与姚桥之间，东南而下，自古白沟而入圃田泽，流向大致与今东风渠同。现代东风渠线利用了古泛道砂脊高地，注文里的白沟水很可能走的古黄河泛道的背河洼地。白沟水支津早已湮没，白沟上承今十八里河与七里河，当时叫承水。不家沟和白沟都属于圃田泽水系，祭伯领地当在圃田泽畔，圃田亦为其享有使用权的渊薮。故《穆天子传》有"祭父自圃郑来谒""乃遣祭父如圃郑"句，祭伯也陪同穆王游猎，皆说明祭与圃田泽关系甚为密切。

清池水条

渠又东，清池水注之，守敬按：《唐志》武德四年置清池县，取此水为名。水出清阳亭西南平地，《一统志》，中牟县西南有小清河，即古清池水，源出新郑县佛潭。东北流迳清阳亭南，守敬按：下引杜预亭在中牟县西，亦在今中牟县西。东流，即故清人城也。……清水又屈而北流，会贞按：郦氏好奇，往往名称错出，故自此以下四称清水，后又称清沟水。赵于此增池字，岂未检下文耶？

今释：清阳亭、清人城，清邑城，后世一度为中牟或圃田县城，故址在中牟九龙镇蒋冲村（圃田镇东南、白沙镇南偏西，今前程大道附近），现村里仍见略高的中心十字街岗地，疑似该古城中心；城西北枕靠圆形山丘，今称老庙岗。《尔雅·释地》载："圃田泽南畔置清邑，此城即清邑城也。"此段清水相当于今石碌潭沟。但城市建设发展，难觅昔日沟型之上段，至郑汴路（310国道）、陇海铁路与河交汇处，河道或经整治，宽阔有加，河型清晰，应为圃田与白沙的界河七里河，于康庄附近汇入潮河水系，于中牟人文路汇于贾鲁河。

至清口泽，七虎涧水注之，水出华城南冈，一源两派，津川趣别，西入黄崖沟，东为七虎溪，亦谓之为华水也。会贞按：因水出华城南，故又以华为名。

今释：水至清口泽，清水应已穿越白沙310国道部位到中牟县西北，方汇入下文所言的七虎涧。清口泽可能系大圃田泽残存的一隅。此水汇聚了华阳寨南、今郭店北的水，古称华水；华水相当于今潮河上游。按经文所说，潮河的这一段，古今尚无太大变化。但古代多称溪、涧，说明这一段河流当时突显山间水流貌，与今地貌有别。然而，后世华水称为潮河，流传至今，说明该水有潮汐现象（地方志云一日有三潮）。事实上，地球上的岩体、海洋、湖泊及地下水都会产生潮汐现象，含油、气的流体在封闭圈内由于天体引力作用也会产生潮汐现象。郑州的潮河，可能因汇聚于旺盛期的圃田泽，受湖泊影响（加上地下水影响），反映出强烈的潮汐现象，被古人关注，遂名。

又东北流，紫光沟水注之，水出华阳城东，会贞按：华阳城即华城，见《洧水》篇黄水下。北而东流，俗名曰紫光涧。又东北注华水，会贞按：水在今新郑县东北。华水又东迳茦城北，即北林亭也。……又东北迳鹿台南冈，会贞按：冈当在今中牟县西南。

今释：华阳古城遗址在新郑郭店镇北，现称华阳寨，为战国古城，郑州文物考古院张松林认为即古华族所居，甚至"华夏"之"华"由此而来，古代华山的称谓也与此相关。这一认识也很有意思，涉及"华夏"来历，需认真探讨。鹿台南岗，今名已变，从潮河流向与地名方位看，大致在新郑机场东北一带古马岭岗的北部残丘处，三官庙至薛店大路边杨庄处，即一椭圆台地，顶部标高141米，上有航空雷达，疑系该鹿台岗。

北出为七虎涧，东流，期水注之，水出期城西南平地，世号龙渊水。东北流，又北迳期城西，又北与七虎涧合，会贞按：水当在今中牟县西南。谓之虎溪水，乱流东注。

今释：这一段走今潮河东至机场路一带，过九龙镇东北入清水。从描述的华水诸流水情看，当时这段地势地貌甚为起伏，水势较为急促，与清水不同。诸水今已难寻，期城地望无考。

迳期城北，东会清口水。司马彪《郡国志》曰：中牟有清口水，即是水也。

今释：清水出自平地，似较入汇之七虎涧、华水近源流短。潮河沿线两岸，有已发掘与普查的安庄、毕河、席庄、刘德城、张化楼、曹古寺、司赵、梁湖、大燕庄、西营岗等新石器时期至商代遗址，说明其上中游河势基本未变。

白沟水条

清水又东北，白沟水注之。水有二源。北水出密之梅山东南，而东迳靖城南，守敬按：城在今郑州东南。

今释：此即上文提及的承水下游分出的白沟支津。靖城今已难寻，大致在刘南岗、老南岗之间，应有对应发掘的古城遗址。这里的北水应为今十八里河。

与南水合。南水出太山，西北流至靖城南，左注北水，即承水也。《山海经》曰：承水出太山之阴，东北流，注于役水者也。

今释：此太山，在新郑梅山南，属新郑地。两山相距不远，古代植被繁盛，皆系郑州西南众水水源地。这里承水一源出梅山东南，过去有古城水库，已干涸；一源出太山，在太山下有已干涸的郭庄水库，另有小鸿沟、小乔沟、东洪沟诸名，为七里河上游。二者基本走今十八里河与七里河的上游，在今新郑龙湖镇左右，附近古遗址密集。十八里河畔上有古城、沙窝李仰韶遗址，小刘河西袁与王垌新石器—商代遗址，下有战马屯十八里河仰韶龙山遗址。从实地考察，河道夹持在岗丘之间，古今河道横向变迁似乎不太大。七里河沿岸也有刘德城、尚岗杨仰韶—商代遗址，其上中游河线也相对稳定。

世亦谓之靖涧水也。又东北流，太水注之。水出太山东平地。《山海经》曰：太水出于太山之阳，而东南流注于役水。守敬按：《山海经》承水，太水皆注役水，役水注河。郦《注》则太水注承水，承水注清水，清水枝津注役水，役水注渠水，详略不同也。世谓之礼水也。东北迳武陵县城西，守敬按：城在今郑州东北。东北流注于承水。守敬按：《一统志》引旧《志》七里河在郑州东南七里，有三源，一出梅山，一出太山，一出州南站马屯，至州东南七里合流，经水磨村，俗名磨河。

今释：依然是十八里河下段或七里河。今两水合流处，名岔河村。随新郑隆起活动发展，两河纵向横向都有所变动。合流处所在处所一万年来应有较大变化，可能是随郑州南部隆升自上往下推移。站马屯，从地名辞典，应称战马屯。

又东北入黄瓮涧，北迳中阳城西。守敬按：《地形志》中牟有中汤城，汤为阳之误，当以此正之。当在今中牟县西。

今释：其实中阳城地已属郑州市区辖。魏国时，曾为魏长城的魏、郑边境重要城邑，下述郑厘侯朝魏惠成王于此。黄瓮涧无考，直到此处，水流仍非平原地区河流称谓。

城内有旧台甚秀。台侧有陂池，池水清深。涧水又东，屈迳其城北。《竹书纪年》梁惠成王十七年，郑厘侯来朝中阳者也。

今释：韩已承郑，与惠成王会于中阳者应为韩厘侯，非郑侯。

其水东北流为白沟，又东北迳伯禽城北，守敬按：城当在今中牟县西。盖伯禽之鲁往迳所由也。屈而南流，东注于清水，即潘岳《都乡碑》所谓自中牟故县以西，西至于清沟，指是水也。乱流东迳中牟宰鲁恭祠南。守敬按：《宋史·真宗纪》，景德中，幸西京，经汉司徒鲁恭庙，赠太师。今鲁公祠在中牟县三异坊。

今释：鲁恭祠约在今中牟西10公里的鲁庙村。而中阳城、伯禽城地望暂无考。有人认为中阳等故城在今东周古城附近，则此段七里河变迁不太大。按郑杰祥分析，卜辞中所涉及的"擒"地，可能就是后世之伯禽城，要按河流走向言，此伯禽城也可能离东周古城不远，或者就是东周古城，恰在中牟至郑州的交通要道上，则中阳城还在其上游（七里河）附近，如西尚杨一带高岗地。从中阳到鲁庙，这一段承水河线与变化甚大，今七里河被现代工程东风渠截留，其下段柳园口至鲁庙之河型早已湮没，无可觅。承水者，平原河道，上承山丘岗地来水也。

……沟水又东北迳沈清亭，疑即博浪亭也。服虔曰：博浪，阳武南地名也，今有亭，赵云：按《汉书·张良传·注》引服虔曰，博浪，河南阳武南地名，今有亭。《史记·索隐》，服虔云，博浪，地名，在阳武南。……会贞按：服虔所云博浪亭，至郦氏时已无此名，因以沈清亭当之。终不敢臆断，故云未详。而《史记·索隐》云，浚仪西北四十里有博浪城。殆后人复取旧名为名欤？《元和志》，博浪沙□阳武县东南五里。《寰宇记》，博浪沙亭在县东南五里。唐、宋阳武县即今县治。所未详也。

今释：沈清，一可能有沈氏居此，或沈氏修亭，也很可能"沈"通假"沉"，此指河沙沉清（澄清）。

历博浪泽，昔张良为韩报仇于秦，以金椎击秦始皇，不中，中其副车于此。又北分为二水，枝津东注役水。清水自枝流北注渠，会贞按：今小清河自新郑县东北流，至中牟县西。《一统志》谓入丈八沟，据此注则入八丈沟者，枝津也，正流旧北入渠。谓之清沟口。

今释：清沟口应在渠水南岸，也在今黄河南，即杨桥至万滩万胜一线上。但地望无考，大致在万滩一带南。上经文说清沟迳博浪亭，博浪沙概位于旧阳武东南，旧阳武早已沦入黄河，且在渠水北。若经文博浪之说成立，清水汇入之圃田泽北界，已抵今原阳境内。这也说明圃田泽北界已深入今原阳境内。

役水条

又东，没水旧本作役水注之。

水出苑陵县西隰侯亭东，世谓此亭为却城，非也，盖隰却声相近耳。中平陂，赵云：按中平陂上有脱文。世名之塴泉也，即古役水矣。《山海经》曰：役山，役水所出，北流注于河，守按敬：《中次七经》文。毕氏云，役山当即今中牟县北牟山，与《注》所役水导源之地异。疑是水也。

今释：《山海经》记载正确，即此。仅是其记述诸山方位、距离有误（或阙失）。役水因山命名。说注于河水，也是正确的。龙山早中期黄河流经中牟，《山海经》记载的古人记忆和传说，或者此"河水"也是古人对出河的济水的认识。

东北流迳苑陵县故城北。东流，北迳焦城东阳邱亭西也，守敬按：二句连言东北流，不合。此东上当有又字。城在今中牟县西南五十里，今有焦城寺。守敬按：亭在今新郑县东北。

今释：苑陵县故城在新郑北偏东14公里龙王镇古城寨，新郑机场东南高仰部位，商代旧有古苑国。《元和姓纂》《尚友录》记述，商王武丁（盘庚侄），曾封其子文于苑（即苑陵）为侯爵，世称苑侯。后代以爵名为氏，即苑姓。今考古发现有大量西周文化遗存，该城极有可能为西周的邻国都城。《括地志》记载："故邻城在郑州新郑县东北三十二里。"郑樵《通志》记载："今新郑县东北三十五里有古邻城是也。"秦、汉设苑陵县，后世城池保留较为完整，城址平面呈长方形，城垣东西长2300米、南北宽1700米、周长9里13步。整个城墙夯筑而成，城墙高9～16米，墙基宽13～32米。看来新郑薛店至中牟三官庙一线的分水岭，上古甚为高仰，被视为役山者（《山海经》）可能如是；但该山也泛指中牟、尉氏与新郑界（八岗、三官庙与张庄西、韩佐街、岗李西的八千乡的李久昌村）绵延至长葛、尉氏界，即南北长达23公里的马陵砂土岗（也称马岭岗，现代最高点达149米，但近世大量开挖平地，或作建材用，沙岭早已不成山形），邵时雄有黄淮海地貌图"图说"认为，此岗系与广武岭同期的黄河阶地残余。新郑机场即位于沙岗西麓高地上、富士康新厂区建设推平该岗北端残丘。该系列梳齿状南北顺向排列的岗丘，古代林草群落茂密莽苍，岗下水流沼地穿插富集，近代一些岗丘仍高数米至二十米。如郑州航空港区代管的尉氏大营镇，其岗丘高昂，地貌十分典型。现在看，古役水汇集该分水岭西、北坡水，但远古在三官庙—薛店分水线以南的流水皆北流（今属洧水支流梅河，南流），苑陵县西之水北泄，说明该分水线形成较晚，甚至在《水经注》时代之后，新郑隆起仍在较强烈活动且影响于斯。

谓之焦沟水。……役水自阳邱亭东流，迳山氏城北，会贞按：《书钞》引阚骃《十三州志》，山民城北为榆渊。故戴据改两氏字作民。然考《竹书》作山氏。《寰宇记》《名胜志》尉氏县下，并称古山氏城，则氏字是也，在今尉氏县西北。为高榆渊。《竹书纪年》，梁惠成王十六年，守敬按：今本《竹书》周显王十四年。秦公孙壮率师城上枳安陵山氏者也。又东北为酢沟，又东北，鲁沟水出焉。会贞按：此鲁沟水详后新沟水下，在渠水西，与后沙水东之鲁沟水异也。役水又东北，堨沟水出焉。会贞按：役水世名堨泉，此水自役水出，故亦有堨沟之目。堨沟水即汜水，详后。又东北为八丈沟，会贞按：《名胜志》引《东京赋·注》以丈八沟为九沟之一……

今释：明清尚存，称为丈八沟，即为古役水上段，现残存中牟张庄北到郑庵东、中牟新城一段遗迹。后世贾鲁河系形成，经屡次黄泛湮没变化，并因近现代工程改道，改徙东南下之新丈八沟，旧迹已难寻觅。

又东，清水枝津注之，水自沈城东派，注于役水。会贞按：沈城即前沈清亭也，水在今中牟县北。

今释：以上文字涉及水区疑似今中牟张庄丈八沟流域上段老丈八沟一带。后世渠水水系变迁，贾鲁河形成，该水区直接东、南而下了。

又东迳曹公垒南，东与沫水合。《山海经》云：沫山，守敬按：《中次七经》文。山、水均作末。郭《注》，《水经》作沫。六字当是后人所加。毕氏云：山在今中牟县。沫水所出，北流注于役。今是水出中牟城西南，疑即沫水也。东北流，迳中牟县故城西，

今释：这里的中牟故城在清代县城东数里。该沫水疑系今城关西南一带北泄之水。古代水系基本北流东北流。沫山何指？或许也是中牟城边的沙山……

役水又东北迳中牟泽，守敬按：泽当在今中牟县东北，互见后汜水下。即郑太叔攻萑蒲朱《笺》曰：《左传》作萑苻。戴、赵改萑蒲。守敬按：《左传·释文》苻音蒲。《校勘记》，《石经》初刻作萑蒲，后改作萑苻。惠栋云，《韩非子·内储说》引此事作萑。《诗·小弁》萑苇淠淠。《韩诗外传》作萑，古字通。戴、赵似未见及。杜《注》，萑苻，泽名。郦氏以中牟泽当之。之盗于是泽也。守敬按：《左传·昭二十年》，郑太叔为政，不忍猛而宽。郑多盗，取人于萑苻之泽。太叔悔之，兴徒兵从攻萑苻之盗，尽杀之。其水东流，北屈注渠。

今释：至此，役水已到中牟城以北。萑苻泽，典籍有多称；应在中牟一开封境，郦注即视为中牟泽。萑苻，此泽亦多蒲草黄麻、鹳鸟萑雀，故名。古役水已没，《郑州古今地名词典》和一些水利规划文件说潮河即古役水，可能与实际情况有出入。其实二水上下有异，发源地不同，役水在潮河东边，其流域涵盖今中牟县南部沙岗沙丘地区，其水北入圃田泽，是圃田水系的又一大水源地。其国土面积相当于中牟、新郑、尉氏的三结合地带的北部，计有900平方公里左右，系古代黄河泛滥颍水泛道带上部的主要区域。

渠水又东南而注大梁也。

今释：以下的渠线已到中牟东北，出郑州境东南下开封了。

汴河源流、汴口与"郑州大区"*

要探讨唐宋时期郑州地区的汴河、汴口，就不能不探究黄河从夏禹时代到明清时期在广义的郑州地区的演变和人类作为，也要面对古神州的东西—南北九衢通津之地"郑州大区"在黄—淮关系中的至关重要地位，要研究南北通运工程的渊源、演化，要回顾在这一个特定"郑州大区"中，人类予以唐宋运河工程的作为。这也是水利史界姚汉源、徐福龄先生，历史地理界谭其骧、史念海先生在郑州专门研究过的"老问题"。针对目前探讨的"运河申遗"问题，结合典籍叙述和今人研究，予以重新回顾，冀希成为下面工作的初步的学术支持。

一、汴河源流与汴口概说

1. 汴河由来

在地质时期的某些特定阶段，黄河水沙始终能够通过郑州地区的北部和西北部的通道进入现今的淮河流域，所以延续在全新世早、中期（社会文化相当于河南早裴李岗文化到龙山文化晚期），黄河与淮域始终有天然水道相通，甚至在某些特定的时期，黄河曾大规模地通过先前水道或泛滥新路进入淮河水系。具体在郑州广武山（俗称邙山）北麓外，虽有黄土低阜、残丘、沙岗（如史念海先生所言之三皇北，实为黄土低岗，难与高昂的广武岭相比），连同大河右岸的天然堤，高高低低、断断续续，迤逦东北而去，成为黄、淮一道分水岭（路线大致沿原阳县祝楼—师寨—黑羊山—福宁集，传说中的郑国长城大致沿此线，秦汉黄河大堤即利用此天然的条状高地而建）。虽然黄河当时为地下河，但与黄淮平原诸多水道天然勾连，在河水汛期和大洪水时，河水（含其他支流与客水）完全可循地质时期遗留的现存条形洼区和水道，轻车熟路，东南而下，非汛期时，山北坡的泉水雨水、大河的基流、渗水，也可以沿背河与河间洼地东南下行。广武山北河水支津流水，只是大河下游自桃花峪冲积扇顶点到今濮阳一带的多条减水河之一，它又聚广武山北麓柳泉、广武涧诸水，时盈时虚，时宽时窄，很早的时候，人们可能称为"泌水"，疑似为渗出、涌出的泉水。传说禹王于此因势利导，沟通黄淮。司马迁《史记·河渠书》所云："自是之后，荥阳下引河东南为鸿沟"，是三代之后此处黄淮关系的一个全面的写照。而《水经·济水注》则详细指出："《晋地道志》（曰：济自大伾入）河，与河水斗，南泆为荥泽。《尚书》曰：（荥波既潴。孔安）国曰：荥波水以成潴。阚骃曰：荥波（幡，泽名也。故吕忱）云：幡水在荥阳也，谓是水也。昔（大禹塞其淫水，而于）荥阳下，引河东南，以通淮泗。"将这支分水流视为南济之源，部分古人到今人都这样理解，自然是有其道理的。古代大河自汜水口到"禹河"与河水诸多的枝出"引河"，和郑州广武山，乃至郑州西南诸

---

* 近 20 年研讨中先后得到黄河史前辈—黄河水利委员会徐福龄、中国科学院地理所历史地理学家钮仲勋、复旦大学历史地理研究所历史地理—运河史家邹逸麟、水利部水利历史—运河史家郑连第指教，特此一并致谢。

山，包络形成关键的大河济"夹河滩"三角地带，广武山是屹立于十分广袤平原、洼地与苍莽黄流中的一个更新世黄土大"疙瘩"。其北麓"夹河滩"仅仅是其中最北翼，最靠近大河，也最为今人认可的一块较为广袤的依山背河滩地，汴河的渊源、沿革、演变，就在这河济"夹河滩"发生。

"泌"，"必"从水，因其地处黄淮连通的要冲，夏、商时又设有军事城堡，称为"邲"，从邑，"泌""邲""卞"古音转通，位置应该就在广武山的北麓广袤的河滩里。这也可能是后代汴水、汳水称呼的渊源。不过邹逸麟先生认为："自《水经注》起，历来都把'汳'和'汴'当作同一字的不同形体，以为'汳'即'汴'……事实上'汳''汴'声形皆不同。原本也不是一条河。西汉时代的卞水仅是济水在荥阳县境内的一条支流，东汉时遂将济水分河水口一段称为汴渠"。[1]另河南郑杰祥认为"邲"即"弜"，古氏族名，从王国维说"为秘之本字"（见《古都郑州》《商代地理概论》书中郑文）。弜（邲，也有人认为二字不是同一族名和地望）字在甲骨文和金文里大量出现，证明此地名由来已久。从出弓箭射手的氏族名，或从聚落水名皆有可能。它在春秋战国之际，曾属郑国境军事要地，逐鹿中原的列强和附庸诸侯国，驻屯此、围绕此，发生过系列的大战。

《左传》对此有过系统的记述：鲁宣公九年（公元前600年）："【经】楚子伐郑邲。晋郤缺帅师救郑"。宣公十二年（公元前596年）"【经】十有二年春，葬陈灵公。楚子围郑。夏六月乙卯，晋荀林父帅师及楚子战于邲，晋师败绩"。【传】"楚子北师次于邲，沈尹将中军，子重将左，子反将右，将饮马于河而归。……晋师在敖、鄗之间。……及昏，楚师军于邲，晋之余师不能军，宵济，亦终夜有声……丙辰，楚重至于邲，遂次于衡雍"。此即著名的楚、晋"邲之战"。"【传】十四年（公元前595年）……夏，晋侯伐郑，为邲故也。告于诸侯，搜焉而还"。"成公【传】三年（公元前588年）春，诸侯伐郑，次于伯牛，讨邲之役也，遂东侵郑"。

除射手氏族的"弜"之外，在春秋郑国以前（考虑本自然环境研究问题特称谓的"郑州大区"的地望，几乎就相当于极盛期的郑国全境），在这一带还有诸多唐虞、夏商周方国城邑，如位于广武山的"高"（鄗），位于古荥东花园口一带的"龙"（垂陇），位于敖山的"胥"，位于花园口一带的"来"（郲），位于今北邙山上（或山下）的"河"与"冯"（以上城邑详见《古都郑州》一书所辑郑杰祥"郑州市域殷商方国国都探索"，马世之"郑州市域夏商周诸侯国国都探索"二文），加上著名的郑州古荥镇西山古城，当时黄河南岸低岗上的"扈""卷"（在今原阳境），这一庞大的城邑集群，控制着先秦山（伾）、河、济（古人认为的出河之南济）、湖（传统意义的荥泽、圃田湖群，荥波之"波"，实为圃田泽）贯连的金三角要地（实质上是古代中国东西—南北之九衢通津）。仰韶、龙山时期，这既是炎黄族团的一个政治、经济、文化活动中心地区，也是临华北地貌的第三级台阶，沿古黄河、济水与东夷族团交际/争战的舞台，也是一度以重镇西山古城为核心的军事、政治城邑集群。除西山城在龙山前期可能因黄河洪水/强震地裂被毁，其地位到夏商时期可能有变化，被取代外，这个城邑群大体局面持续到春秋战国时期。

---

❶ 复旦大学中国历史地理研究所. 历史地理研究复旦大学中国历史地理研究所建所四十周年专辑. 上海：复旦大学出版社，1986年。

魏国南下，迁都大梁之前，已经占据了这个战略要地，并在公元前 361 年开鸿沟，"梁惠成王十年，入河水于甫田，又为大沟而引甫水"。这样，通过规模的运河工程，河水有计划地通过这一天然河间洼地与湖沼群，进而引入国都。所以鸿沟是至今有文字记载的古代最早沟通黄淮的运河，后又称浪荡渠。修成后，经秦、汉、魏、晋、南北朝，一直是黄淮间水运通道。水利史界老前辈姚汉源先生，写有《〈水经注〉中的鸿沟水道》一文，历史地理界老前辈史念海先生，写有《论济水和鸿沟》[1]，他们都全面探讨了鸿沟，此处不再赘述。姚又写有《〈水经注〉中之汳渠引黄水口》，全面论述了汳口由来和演变。[2] 他认为，"荥播之播又作为波、嶓，《说文》作潘；水名又转为汳、卞、汴、郊等字，都是一音的分化……意思是泛滥分布"。如济水一样，"这种隔黄河同名的水道，除济水外还有汳水，亦名丹水。"谙熟音韵学的姚认为"汳"从丹来，是否与河对岸博爱的丹水有关？源自《水经注》言，可惜笔者未在姚老生前意识到和询问他，今年姚老泰然骑鹤而去，也带走了好多他酝酿和深藏心怀的永世的探索。此地空余黄鹤楼！此外，他认为"古代河溢为荥播，可能很广大，后因浅涸分为二，西面的叫冯池，东面的叫荥泽。最初可能通名荥或冯。所以《续汉书·郡国志》称荥阳有'费泽'。费应为冯音转"。他绘制的水经注时期的鸿沟水系图，似乎也把荥泽地望看得比古今学者认定的要宽泛得多。既有郑州北、铁路东古今传统共识的荥泽（在 20 世纪 80 年代大家称呼的郑州北郊范围，包括花园口南北，笔者的确看到一些大致属于湖相沉积的地层剖面或资料），也有铁路西、古荥边的荥泽。叹笔者过去学浅、浑沌，未能深究，也未在他生前询问他。季龙先生曾经在郑州研究黄河下游历史，交流于黄河水利委员会，也登临广武山寻古，但笔者也没有就冲积扇顶点的复杂问题去求教于他。

　　卞、汴称呼在汉代地理史地典籍《汉书·地理志》云："河南郡……敖仓在荥阳……荥阳，卞水、冯池皆在西南。有狼汤渠，首受济，东南至陈入颍，过郡四，行七百八十里。"汴水，又称汳水，大致是东汉时的称呼，鸿沟运河系统的一支，从郑州引水后经今开封、商丘、虞城、砀山、萧县，至徐州入泗水，在东汉和南北朝都是重要的运道。因为鸿沟、汴河引黄处所皆在今郑州—新乡境，主要人工运河的黄运交口——运口，居于郑州桃花峪广武山下一带，因运河，郑州成为历史上南北的交通运输、经济、军事之要冲。

　　《水经注·阴沟水汳水获水》云："汳水出阴沟于浚仪县北，阴沟即蒗荡渠也。亦言汳受蒗然水，又云丹、沁乱流，于武德绝河，南入荥阳合汳，故汳兼丹水之称，河济水断，汳承蒗然而东，自王贲灌大梁，水出县南而不迳其北，夏水洪泛，则是渎津通，故渠即阴沟也。"需要说明，这里的阴沟，已不是源头在卷的，而是它到开封的下游的称呼了，阴沟出汳。而郦言"汳受蒗然水"，讲的是郑州处所的汳受蒗然水，汳在黄河滩或今枯河，蒗然在荥阳，一曰索水上游，二曰砾石溪上游，郦注皆云。再有，黄河南的汳，即是丹水南入为之，即姚汉源的解释，水流可以过黄河而为之，丹、汳合一。

　　西汉鸿嘉四年（公元前 17 年）黄河下游决溢未堵，平帝时黄汳混流；王莽始建国三年（公元 11 年）黄河大决魏郡（今大名一带），数十年失修；东汉明帝永平十二年（公元

---

❶ 史念海. 河山集. 三集. 北京：人民出版社，1988 年。
❷ 姚汉源. 黄河水利史研究. 郑州：黄河水利出版社，2003 年。

69年），令王景治河，形成新的黄河河道，后称汉唐河道。王景博学多才艺，善治水，曾成功地修过浚仪渠（汴渠一段）。永平十二年夏，他和王吴组织军士数十万人治理黄河和汴河，自荥阳到千乘海口，筑黄河堤千余里；勘测地形、开凿山丘、挖除河道中的石滩、裁弯取直、防护险要堤段、疏浚淤塞河段，"十里立一水门，令更相洄注"，第二年夏天完工。耗资100多亿钱。竣工后恢复西汉时的管理制度，设河防官吏。但其现存记载过简，对"十里立一水门，令更相洄注"，后人解释分歧很大。有人认为当时黄河是双重堤防，相当于后代的缕堤、遥堤，在缕堤上十里建一水门，引浊水在两堤间放淤固滩，已澄清的水自下游水门回入河内；有人认为水门建在汴堤上，引浊水在黄汴二堤之间放淤，放清水入汴等。他们都认为这是治河成功的关键。《后汉书》记：治河前"汴流东侵"，日月益甚，水门故处皆在河中；治河后，"今既筑堤理渠，绝水立门，河汴分流，复其旧迹"；"往者汴门未作，深者成渊，浅则泥涂"。提到的水门都指引黄入汴的闸门，即西汉"荥阳漕渠"口的水门。王景改为多口引水，在渠首段十里筑一闸门，但河汴分流，对黄河河道不产生什么影响，起不到改善河道作用。《水经注》卷七《济水》所引古碑文，记载了阳嘉三年（公元135年）河堤谒者王诲等整治河济的事迹。但东汉时期诸多石门具体位置，今人没有详细考证。

清人编著的《行水金鉴·黄河》所注"荟蕞云"，有一段极概括的文字，记述了战国至西晋时汴水流向与修治情况："汴水从广武涧中东南流。今涧，北有武济山，即广武支陇，地属孟津，相州，为周武王济河处。宋元丰中，范子渊议导洛通汴，屡请於武济山麓，修堤置堰是也。北为黄河自荥阳流入，东入荥泽界，……西南有湝然河，源出漫泉，一名窟河，至荥泽县，达於河，南有索河，自荥阳流入，与京水合。又东入荥泽县界，西有石门渠，荥渎受河之处，即禹贡导荥水之道，亦曰荥口，亦兼郏之称。晋楚之战，楚军於郏，即此水也。后汉灵帝时，於敖城西北，垒石为门，以遏浚仪渠口，水门广十余丈，西去河三里，水盛则通於河，水耗则辍流。魏黄初中，河济泛溢，邓艾议开石门以通之。晋武帝时，复坏，傅祗为荥阳太守，造沉荥堰。於是兖豫无水患。东北有清水，即济水旧流也。今堙，东有河阴旧城，荥泽县，在郑州北少西四十里，西北有敖山，殷仲丁自亳徙嚣，即此。"

迄至郦注水经的南北朝时期，历代在广武山北的夹河滩汴口都有作为，河淮都是相通的，这也就是隋唐在河南境兴作大运河的前提。

2. 隋唐运河与北宋汴河工程述略

隋开皇四年（584年）开广通渠，大体沿已废西汉汴渠漕渠线路，自长安北引渭水至潼关入黄河。长安城内东、西市均有运河通城外并与广通渠相连。《元和郡县图志》"河南道一"云：开皇七年（587年），"使梁睿增筑汉古堰遏河入汴也"；隋炀帝大业元年（605年）"更令开导，名通济渠，自洛阳西苑引谷、洛水达于河，自板渚引河入汴口，又从大梁之东引汴水入于泗。达于淮，自江都宫入于海"。唐宋时称其汴河或汴渠。它以谷水、洛水为源，自洛阳西苑开渠引水重新入洛水通黄河，再顺水至板渚开口入汴渠，至开封东改道东南至泗州（今盱眙县北）入淮水。大业四年（608年）开永济渠，南端由沁河通黄河，北端通涿郡（治蓟，今北京市）。永济渠引水口位置大致在今武陟城东，与汴渠的板渚开口遥遥隔河相对。桃花峪下，首次成为南北十字交叉的运口枢纽要地。大业六年

（610 年），重修江南运河，从京口（今镇江）至余杭（今杭州）。这样自今北京经郑州至杭州的运河全线开通，郑州成为南北运河枢纽要地。黄河与海河、淮河、长江、钱塘江已形成了一个统一的交通网络。隋唐都大力修治黄河三门峡段，开元二十九年（741 年）于北岸凿开元新河通航，但不甚成功，这段运输主要依靠陆运绕行代替（即三门峡运道）。五代时后周及北宋建汴京，除大力恢复改进汴河，利用永济渠外，还自汴京向东北开广济渠通今山东一带，西南开惠民河，东南开蔡河通淮汉流域。汴渠在北宋京畿的河运系统中起到至关重要作用，为维持通运与防治灾患，北宋十分注意经营汴渠，还一度引洛河水济汴，史称清汴工程。北宋末黄河南决，汴河湮塞，金人于此尚无作为。元代建都大都，漕运终点北移，京杭大运河开通，黄运交会点下移徐州，隋唐汴渠的主干航运功能被大运河取代，旋即废弃。研究河南广义郑州地区的汴河问题，重点放在经营最力，距今较近的唐宋时期，最为适宜。

据《旧唐史》卷 49 食货志 29 载："开元二年（714 年），河南尹李杰奏，汴州东有梁公堰，年久堰破，江淮漕运不通。发汴、郑丁夫以浚之。省功速就，公私深以为利。十五年（727 年）正月，令将作大匠范安及检行郑州河口斗门。先是，洛阳人刘宗器上言，请塞汜水旧汴河口，于下流荥泽界开梁公堰，置斗门，以通淮、汴，擢拜左卫率府胄曹。至是，新漕塞，行舟不通，贬宗器焉。安及遂发河南府、怀、郑、汴、滑三万人疏决开旧河口，旬日而毕"。另据《新唐史》卷 53 食货志第 43 云："开元十八年（730 年），宣州刺史裴耀卿朝集京师，玄宗访以漕事，耀卿条上便宜曰：……可于河口置武牢仓，巩县置洛口仓，……玄宗以为然。乃于河阴置河阴仓，河清置柏崖仓；三门东置集津仓，西置盐仓；凿山十八里以陆运。自江、淮漕者，皆输河阴仓，自河阴西至太原仓，谓之北运，自太原仓浮渭以实关中"。这段文字说明：到唐初，荥泽界（即河阴县）口门没有使用，而是上游板渚口门；但到开元初，位于汜水板渚的引水口因淤塞并不好用，请求重开下游的隋梁公堰口门。

唐末五代，汴河处于废弃失修的状态，直至后周。《行水金鉴·运河》卷 94 归纳云：在五代"周显德六年（959 年）春，世宗遣朴行视汴口，作斗门。《五代史·王朴传》""是年二月丙子朔，命王真诚如河阴按行河堤，立斗门於汴口，壬午命侍卫都指挥使韩通、宣徽南院使吴廷祚（当作延祚）发徐、宿、宋、单等州丁夫数万浚汴水"。

后周经营的仍是河阴县的汴口，收拾了唐末与五代的混乱局面，也开启了北宋大力经营河汴的格局。《宋史·河渠志》云："汴河，自隋大业初，疏通济渠，引黄河通淮，至唐，改名广济。宋都大梁，以孟州河阴县南为汴首受黄河之口，属于淮、泗。每岁自春及冬，常于河口均调水势，止深六尺，以通行重载为准。岁漕江、淮、湖、浙米数百万，及至东南之产，百物众宝，不可胜计。又下西山之薪炭，以输京师之粟，以振河北之急，内外仰给焉。故于诸水，莫此为重。其浅深有度，置官以司之，都水监总察之。然大河向背不常，故河口岁易……""河口岁易"，应该是北宋时期的汴口常态，这给汴河上段研究带来不少困难。《宋史·河渠志》云：

"太宗太平兴国二年（977 年）七月，开封府言：'汴水溢坏开封大宁堤，浸民田，害稼。'诏发怀、孟丁夫三千五百人塞之。三年正月，发军士千人复汴口。

"大中祥符二年（1009 年）八月，汴水涨溢，自京至郑州，浸道路。诏选使乘传减汴口水势。既而水减，阻滞漕运，复遣浚汴口。

"神宗熙宁四年（1071年），创开訾家口，日役夫四万，饶一月而成。才三月已浅淀，乃复开旧口，役万工，四日而水稍顺。有应舜臣者，独谓新口在孤柏岭下，当河流之冲，其便利可常用勿易，水大则泄以斗门，水小则为辅渠于下流以益之。安石善其议。"

这段记载，说明熙宁年间，一度将汴口上移至孤柏岭下。但熙宁五年，日本僧人成寻沿运河自杭州到汴京去山西五台山参禅，根据其日记，一行人离开汴京之后，就弃舟陆行，过中牟、郑州、荥阳、汜水，至巩县郭村、任村，过河。可见当时汴河上游没有通航，禅师未去河阴境，而走的陆路。❶

"神宗熙宁七年（1074年）春，河水壅溢，积潦败堤。八月，御史盛陶谓汴河开两口非便，命同判都水监宋昌言视两口水势，檄同提举汴口官王琬。琬言訾家口水三分，辅渠七分。昌言请塞訾家口，而留辅渠。时韩绛、吕惠卿当国，许之。

"神宗熙宁八年（1075年）春，安石再相，叔献言：'昨疏浚汴河，自南京至泗州，概深三尺至五尺。惟虹县以东，有礓石三十里余，不可疏浚，乞募民开修。'诏检计工粮以闻。七月，叔献又言：'岁开汴口作生河，侵民田，调夫役。今惟用訾家口，减人夫、物料各以万计，乞减河清一指挥。'从之。未几，汴水大涨，至深一丈二尺，于是复请权闭汴口。"

元丰年间，因水源不足，汴口冲淤无常通运不顺，引洛清汴工程提到议事日程上来：

"元丰元年（1078年）五月，西头供奉官张从惠复言：'汴口岁开闭，修堤防，通漕才二百余日。往时数有建议引洛水入汴，患黄河啮广武山，须凿山岭十数丈，以通汴渠，功大不可为。去年七月，黄河暴涨，水落而稍北，距广武山麓七里，退滩高阔，可凿为渠，引洛入汴。范子渊知都水监丞，画十利以献。'又言：'汜水出玉仙山，索水出嵩渚山，合洛水，积其广深，得二千一百三十六尺，视今汴流尚赢九百七十四尺。以河、洛湍缓不同，得其赢余，可以相补。犹虑不足，则旁堤为塘，渗取河水，每百里置木闸一，以限水势。两旁沟、湖、陂、泺，皆可引以为助，禁伊、洛上源私引水者。大约汴舟重载，入水不过四尺，今深五尺，可济漕运。起巩县神尾山，至土家堤，筑大堤四十七里，以捍大河。起沙谷至河阴县十里店，穿渠五十二里，引洛水属于汴渠。'疏奏，上重其事，遣使行视。

"二年（1079年）正月，使还，以为工费浩大，不可为。上复遣入内供奉宋用臣，还奏可为，请'自任村沙谷口至汴口开河五十里，引伊、洛水入汴河，每二十里置束水一，以刍楗为之，以节湍急之势，取水深一丈，以通漕运。引古索河为源，注房家、黄家、孟家三陂及三十六陂，高仰处潴水为塘，以备洛水不足，则决以入河。又自汜水关北开河五百五十步，属于黄河，上下置闸启闭，以通黄、汴二河船筏。即洛河旧口置水澨，通黄河，以泄伊、洛涨。古索河等暴涨，即以魏楼、荥泽、孔固三斗门泄之。计工九十万七千有余。仍乞修护黄河南堤埽，以防侵夺新河'。从之。

"三月庚寅，以用臣都大提举导洛通汴。四月甲子兴工，遣礼官告祭。河道侵民家墓，给钱徙之，无主者，官为瘗藏。六月戊申，清汴成，凡用工四十五日。自任村沙口至河阴

❶ 释成寻. 参天台五台山记. 白化文，李鼎霞，校点. 石家庄：花山文艺出版社，2008年。

县瓦亭子，并氾水关北通黄河，接运河，长五十一里。两岸为堤总长一百三里，引洛水入汴。七月甲子，闭汴口，徙官吏、河清卒于新洛口。戊辰，遣礼官致祭。十一月辛未，诏差七千人，赴汴口开修河道"。

从以上文字看，元丰年间的汴口，大致从孤柏岭下仍回到下游板渚一带。

"绍圣元年（1094 年），帝亲政，复召宋用臣赴阙。七月辛丑，广武埽危急。壬寅，帝语辅臣：'埽去洛河不远，须防涨溢下灌京师。'明日，乃诏都水监丞冯忱之相度筑栏水签堤。丁巳，帝谕执政曰：'河埽久不修，昨日报洛水又大溢，注于河，若广武埽坏，河、洛为一，则清汴不通矣，京都漕运殊可忧。宜亟命吴安持、王宗望同力督作，苟得不坏，过此须图久计。'丙寅，吴安持言：'广武第一埽危急，决口与清汴绝近，缘洛河之南，去广武山千余步，地形稍高。自巩县东七里店至今洛口不满十里，可以别开新河，导洛水近南行流，地里至少，用功甚微。'诏安持等再按视之。十一月，李伟言'清汴导温洛，贯京都，下通淮泗，为万世利。自元祐以来屡危急，而今岁特甚，臣相视武济山以下二十里名神尾山，乃广武埽首所起，约置刺堰三里余，就武济河下尾废堤枯河基址，增修疏导，回截河势东北行，留旧埽作遥堤，可以纾清汴下注京城之患'，诏宋用臣、陈祐甫覆按以闻。十二月甲午，户部尚书蔡京言，'本部岁计，皆藉东南漕运，今年上供物至者十无二三，而汴口已闭，臣责问提举汴河堤岸司杨琰，乃称自元丰二年至元祐初八年之间未尝塞也。诏依元丰条列。明年正月庚戌，用臣言，元丰间、四月导洛通济，六月放水，四时行流不绝，遇冬有冻，即督沿河官吏伐冰通流。自元祐二年冬深辄闭塞，致河流涸竭，殊失开导清汴本意，今欲卜日伐冰，放水归河，永不闭塞，及冻解，止将京西五斗门减放以节水势，如惠民河行流，自元壅遏之患'，从之。"

绍圣三年，提举河北西路常平李仲说，"自宋用臣创置导洛清汴，於黄河沙滩上节次创置广雄武等堤埽，到今十余年间，屡经危急，况诸埽在京城之上，若不别为之计，患起不测，思之寒心，今如弃去诸埽，开展河道，请究兴复元丰二年以前防河事，不惟省岁费，宽民力，河流且无壅遏决溢之患，望遣谙河事官相视施行，又乞复置汴口，依旧以黄河水为节约之限，罢去清汴闸口。"

四年，"闰二月，杨琰乞依元丰例，减放洛水入京西界大白龙坑及三十六陂充水匮，以助汴河行运，诏贾种民同琰相度合占顷亩及所用功力以闻……五月乙亥，都提举汴河堤岸贾种民言，元丰改汴口为洛口，名汴河为清汴者，凡以取水於洛也。复匮清水，以备浅涩而助行流。元祐间，却於黄河拨口，分引浑水，令自滩上流入洛口，比之清洛，难以调节，乞依元丰已修狭河身丈尺深浅，检计物力，以复清汴，立限修浚，通放洛水，及依旧置洛斗门，通放西河官私舟船，从之"。

清汴工程效果并不理想，加上治河方略往往受到党争的反复干扰，熙宁变法失败，汴河的经营在哲宗朝莫衷一是："元符三年（1100 年），徽宗即位，无大改作，汴渠稍湮则浚之。"除《行水金鉴 黄河》所注"荟蕞云"，有如下文字："有撩兔源河，在广武埽对岸，分减埽下涨水也。宋大观中，诏沈纯臣开。宣和初，又浚治焉"，再未见其他；可见直至北宋末，再没有什么大举措了，汴河口门也没有什么工程与改动，主要位置在河阴唐代旧址、板渚接瓦亭子清汴口门、孤柏岭下訾家口。

二、唐宋汴口位置

1. 唐宋汴口诸说

唐代汴河与汴口的位置有元和年成书的《元和郡县图志》详细记有："河阴县，本汉荥阳县地，开元二十二年（734 年）以地当汴河口，分氾水、荥泽、武陟三县地于输场东置，以便运漕，即侍中裴耀卿所立"；"汴渠，在县南二百五十步，亦名蒗荡渠。禹塞荥泽，开渠以通淮、泗。……隋炀帝大业元年更令开导，名通济渠，自洛阳西苑引谷、洛水达于河，自板渚引河入汴口，又从大梁之东引汴水入于泗。达于淮，自江都宫入于海"。"汴口堰，在县西二十里，又名梁公堰，隋文帝开皇七年，使梁睿增筑汉古堰，遏河入汴也。""汴口，去（氾水）县五十里，今属河阴。""板渚，在县东北三十五里……牛口渚与板渚迤逦相接。"❶

史念海先生根据《元和志》叙述，又到邙山现场作了详细考察，认为"板渚应在牛口峪之西"。"隋炀帝引黄河水入于汴河的那个板渚水口到唐代中叶已经有了变迁。唐代中叶汴河由黄河分流出来的地方，由板渚向东北移了十五里，当时叫汴口。那里本来有一条堰，用以阻遏黄河水使之不能都流入汴河。这条堰在隋文帝时就已修成，它是在汉代石门的基础上增筑的"。"距板渚十五里的汴口，当在今官庄峪北约二点五公里处。"❷ 对此，人们也往往视为定论。

河南省水利厅的涂相乾教授，研究水利历史多年，他查询史料和旧地图，认为《元和志》说的汴口，"约在今邙山岭崖刘沟村以北的黄河中"。《元一统志》卷五汴梁路记载，河阴县"东至荥泽县山庄村界一十里，西至氾水县树何村界三十三里，北至怀孟路武陟县黄河五里，东至荥泽县二十五里"。"唐代河阴县城位置当在今桃花峪村西北三、四里，霸王城东北的黄河中。查旧陆军五万分之一地形图，这一带当时为黄河滩地，有边长里许的方形洼地，此洼地西至刘沟村北汴口堰的推测位置正好二十里。"❸ 涂说与史说基本一致，但他后来未再做考证，权作为研讨河阴与汴口位置的一个方案。

荥阳地方志研究者张明甲根据民国《河阴县志 金石考》录神峪《唐赫连崇通墓砖》载"天宝四载，殡于河阴县西南广武山之原"，张明甲据县志确认今刘沟即唐代的神峪，定河阴城在广武山刘沟东北；又近年曹庄（在今广武镇附近）出土唐墓志云"墓在河阴县东南十八里"，确定河阴城就在刘沟北。（见 2008 年 12 月递交的《通济渠中段调查研究》附图）从而判定汴口约在今武陟县驾部村附近的氾水滩区。这是一个重要的推测，他基于原河阴县的十八个村庄被划到现今黄河北的武陟境的事实（见《通济渠中段调查研究》），认为唐宋汴河的取水口，应该大大地向偏北和偏西的方向推进，肯定不在后代黄河南边滩地上。不过古文所云方向，尚无方位角度，而且神峪若不是今刘沟，而是广武北的神沟村，那么河阴城位置也可能东推到东张沟—桃花峪一带的河道里。且如张明甲推断请汴工程的瓦亭子，既可能靠近北岸的驾部，也可能靠近南岸的牛口，即当年的河阴仓一带。从

---

❶　参见《元和郡县图志》卷五，河南道一。

❷　史念海. 河山集. 二集. 北京：生活·读书·新知三联书店，1981 年。

❸　涂相乾. 宋代汴河行经试考//水利史研究会成立大会论文集. 水利电力出版社，1984 年。

任村沙谷到瓦亭子，是沿河岸弯弯曲曲计算的五十里，而非直线跨距。2008 年 12 月提交的《通济渠中段调查研究》，在张明甲的基础上，陈述诸多理由，明确认为唐宋汴口位置，在驾部一带。该研究提供详细阐述，是根据地方志资料探索汴口的重要依据之一，这里不再重新赘述。

郑州文物考古研究院的宋秀兰认为，"我们认为敖地位于旧河阴县治（今天广武乡）西二十里，今荥阳县治西北三十里的敖山，即在今荥阳县西北马沟村和牛口峪一带"。"当时的河阴县在曹庄西北十八里，即位于牛口峪东不远的刘沟村正北……敖仓濒近河、济、汴三水交流而又即将分道之处，正在今马沟、牛口峪一带。"❶ 宋、张二说十分一致，是今天探讨汴口位置的重要参考。河南省社会科学院考古与历史研究所的张新斌则认为，"敖仓……今荥阳市北邙乡苏庄、马沟乡一带，近年来多次发现有圆形仓窖，部分仓窖中有少量炭化谷物遗留。这些地方有可能为敖仓的一部分。但在今黄河游览区内东广武城东，发现一古城遗址……其为敖仓城的可能更大。"❷

1980 年代徐海亮随同黄委会黄河志总编室作黄河变迁古道研究，在郑州一段，曾经根据黄委会《黄河桃花峪水库工程规划选点地质报告》（1976 年）的中坝坝址刘沟—草亭剖面，认为："元至正十五年（公元 1355 年）被河水淹没的广武山北麓河阴县的滩地，也大致是 A—A 剖面上 92.00 米高程以下残存的二元结构的黏土层。西汉至明景泰期间，黄河河床抬高 5 米左右。"❸该"滩地"偏右岸，从邙山脚伸入黄河约 2 公里许，但是，当时只就武陟、开封的地层，做了初步对比和初步判断，缺乏断代研究，何以说明这个剖面的二元结构显示了较为宽广的河阴滩地，而非局部黏土沉积—甚至是某结核剖面？何以说明这就是唐—元代相对稳定的岸滩呢？而且，该文在写作当时，不是为的研讨汴河，也没有说明当时的汴河和汴口，就在这个剖面的附近（见图 1）。

当代，可能在 30～50 年内，不会再考虑兴建桃花峪水库，但 20 世纪 50～70 年代的规划——特别是几个坝址的勘探，确实对于了解黄河在冲积扇顶点处的堆积形态，却十分有意义。在局部意义上，它也提供了古汴、唐宋汴渠的下垫基底。

2. 北宋汴口地望与黄河变徙、侧蚀的再考证

历史上黄河在孤柏咀至广武山头河段的河势。黄河水利委员会黄河志总编辑室的杨国顺在 1985 年写过一篇《黄河孟津至桃花峪河段历史河势初探》❹，该文认为："唐时在今官庄峪东北、汴渠之北、黄河以南的平地上建有河阴城。黄河有时也靠近南岸，但其位置大约只相当于现在的中河……宋初的汴口位置与唐时无大变化，仍在河阴县南"。并勾画出历史上孤柏咀至桃花峪河势变化图，按此研究，黄河过孤柏咀后东北而去，河阴滩地在今官庄峪至桃花峪北部的一个大三角地带。看来杨也不赞同邙山北麓曾远远深入现今河道，且大段被冲噬掉。徐海亮也正是根据黄委会在桃花峪的工作，和比利时人设计旧黄河

❶ 郑州市城市科学研究会，郑州古都学会. 古都郑州. 郑州：中州古籍出版社，2004 年。
❷ 张新斌. 济水与河济文明. 郑州河南人民出版社，2007 年。
❸ 中国水利学会水利史研究会. 水利史研究会第二次会员代表大会暨学术讨论会论文集//徐海亮. 历史上豫北黄河的变徙和堆积形态的一些问题. 北京：水利电力出版社，1990 年。
❹ 中国水利学会水利史研究会. 水利史研究会第二次会员代表大会暨学术讨论会论文集. 北京：水利电力出版社，1990 年。

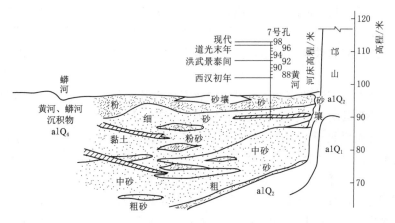

图1 桃花峪水库中坝坝址剖面图

铁路桥的地质剖面，看到"邙山山麓亦只在今山脚外250米"，甚至更早期"邙山的Q_2黄土层深入到现行黄河中也不过0.3~1.0公里"。得出结论："黄河在西汉以来，并未对邙山形成太大的侧蚀……黄河南蚀在北宋末加剧，到1355年，元代河阴城（约在山麓下一里多外）被水冲毁，滩地'遂成中流'……随后，黄水才不断啮蚀山根"❶。对照工程地质图，给予人们的直观印象大致就是这样的，这是当今判断河阴城地望的一个前提。为此，今年重作野外查勘，实地观察邙山北麓土山沟峪的脊线、谷底线走向，邙山被黄河冲蚀剥离，似乎的确并不太多。

3. 黄河主流什么时候才行经广武山脚下

不少黄河研究者都认为从桃花峪到中牟一段黄河，大致行经的就是当年汴河的走向。过去，人们以为黄河在北宋末年南泛旋即到了现今河道位置，通过"七五"期间国家自然科学基金重大课题《黄河流域环境演变和水沙变化》的研究，我们发现实际上不是这样简单。宋金元的决口口门多在滑浚、延津一带，元末，河阴城被冲毁，才有1344年河阴城避水，就近南迁至大峪口，即今张沟位置的邙山冲沟口的较高处所，黄水则时而来到广武山脚下；但元末明初，黄河主流仍在武陟、新乡一带行旧河线，封丘、兰考、商丘、永城改行贾鲁大河或行无定所。1370年（洪武三年），河阴县因河患再迁今广武治所。

洪武二十四年（1391年），河决原武黑羊山，决口口门上提，突破古黄河的邙岭—黑羊山天然堤岸线，不过此次河下行颍河泛道，邙山脚下实未行河。关键变化到正统十三年（1448年）发生，是年新乡八柳树河决，大溜经阳武北、延津南、长垣南、濮州南、范县南，冲沙湾穿运入海。这一情状大致维持到1456年。这一河线，在1453年徐有贞引沁济运，开广济渠时一度利用过。1448年又另决于郑州孙家渡，冲中牟、尉氏行颍河泛道，故该年有两处决口走了两条泛道。1460年后（即所谓明天顺后），获嘉、新乡大河终于南徙到今黄河北堤以南，主流进一步南滚，迁移到汴河泛道上来。因河水多次冲荡淤淀，唐代、宋代、元末的老河阴城就不复存在了。

❶ 中国水利学会水利史研究室. 水利史研究会第二次会员代表大会暨学术讨论会论文集//徐海亮. 历史上豫北黄河的变徙和堆积形态的一些问题. 北京：水利电力出版社，1990年。

1489年，封丘金龙口河决，仍行洪武初封丘、长垣一段河线，自曹州西、东明南，径直东北，冲沙湾穿运入海。这一局面一直到白昂治河后的1493年。白昂、刘大夏整治堵决后，北流大致约束在元末明初的"贾鲁大河"一线。

1508年，河决贾鲁大河线上的黄陵冈、梁靖口，经曹县南、城武南，或行鱼台南、单县南，多股入运，其中影响较大的是冲沛县飞云桥的一支。这一局面大致延续到1532年。但上游未动。

所以，黄河干流乃自天顺前行武陟—新乡河线，逐步转变到现今铁桥下郑州—中牟—开封河线，在本文称为"河济夹河滩"地区的汴河渠首地域，才完全行经黄河，清中期，到现今黄河的河床，已经完全覆盖了汴河。1448年孙家渡决口是一关键大变，不过究其根本，元代以后广武山、敖山失控，黄河南滚侧蚀加剧，明初郑州以下的一系列变迁，加强了这一趋势。

但是，应该注意的是，明末清初，黄河主流也并非全部时间都行经官庄峪至桃花峪、花园口一段。请看《续行水金鉴·黄河》卷第六、七记载：

"康熙元年，是年，河决曹县之石香炉，又决武陟之大村、中牟之黄练集。

"康熙十年，筑祥符黑堈堤、陈桥堤、中牟小潭溪堤、仪封石家楼堤、郑州王家楼堤。

"康熙二十二年，筑郑州堤，又与荥泽会筑沈家庄月堤。

"康熙五十七年，是年河溢武陟之詹家店，又溢何家营，经流原武治北。

"康熙六十年六月二十一日，河决武陟马营口，直注原武。

"八月，河决怀庆府武陟县之詹家店、马营口、魏家口等处。

"康熙六十年，是年筑钉船帮大坝，挑广武山下黄家沟，（今按黄家沟《河渠纪闻》《河南通志》皆作王）引河一道，导大溜归入正河，又筑秦家厂坝马营口"。

从以上事实，显示出康熙末年，河水多次连年试图经武陟詹店、何营，重行故道。有司也试图在广武山下挑引河使其归故；说明黄河尚未完全稳定到桃花峪邙岭北面的现行河道中。

"康熙六十一年正月十九日，河冰溢，水复漫涨钉船帮南坝尾接至秦家厂子堰，决断二十余丈，又将新筑越堤塌断，水由李先锋庄坝下直逼马营口堤工，至十八日决开二十余丈，水深溜急，无可堵塞，陈鹏年建议于王家沟挑挖引河一道，使水由东南会入荥泽旧县前入正河，……六月初四日夜，沁水暴溢，冲塌秦家厂北坝台八丈，南坝台九丈五尺，边埽加镶塌卸六丈，又钉船帮大坝蛰陷四十五丈，抢筑将成，对初六（今按《怀庆府志》作四）复陷，幸王家沟引河汛水刷宽一百余丈，全河尽注，不浸马营决口，陈鹏年、杨宗义于广武山官庄峪挑引河一百四十余丈，以杀水势，……乃请于沁黄交会对岸王家沟开河，使水由东南荥泽旧县前入正河，建挑坝于沁口东以扼之，水势始平，以次筑塞诸决口，又於马营口筑大越堤，又筑荥泽大堤，以为遥堤，复挑仪封县白家楼北岸引河，虞城县挑黄堈坝对岸引河，河溜通畅，乃因伏汛沁水暴溢，又决於秦家厂，钉船帮大坝塌陷，复以新工未稳，暴流洊至，屡筑屡决，此塞彼开，乃于王家沟官庄峪开引河，工竣启放，大溜直趋引河，河流南徙堵塞可俟。

"雍正元年正月秦家厂马营口堤坝完竣，河复故道。二月筑太行堤，又沁黄交涨，由怀庆府地方姚其营漫滩而出，水与堤平，决梁家营二铺营土堤，及詹家店马营月堤，……

七月初四日至武陟县木栾店地方，初五日阅看姚其营至马营漫口共十一处，即於初六日由沁堤头阅看秦家厂一带堤埽工程。

"雍正二年正月，嵇曾筠奏，沁黄交会，姚其营秦家厂一带，皆属顶冲，但此系下流受患，其上流必有致患之由，臣由武陟至孟县，所属皆有沙滩，将大溜逼趋南岸，至仓头对面，又以横长一滩，自北岸伸出，使全河之水，直趋广武山根，以致土崖汕刷，至官庄峪，则大溜又为山嘴所挑，直注东北，於是姚其营秦家厂遂为顶冲，臣以为下流固须堵筑，上流尤贵疏通，应於仓头对面所长横滩，开引河一道，直接中泓，俾水势顺流，由西北径达东南，不致激射东北，……嵇曾筠以秦厂顶冲，其源在上流广武山根，挑溜直注东北，湍激生险，因於仓头对面横滩挑引河一道，直接中泓，水势顺达东南，不复激射，秦厂工稳，十里决口亦塞，此探本之治也。工竣，坚筑秦厂大坝靠堤，又将越堤内填实，加筑北坝尾，接连遥堤，南坝尾接荥泽大堤。

"雍正四年十一月十五日，嵇曾筠奏，臣前恭进黄沁安澜图，奏事张文彬，传臣齐摺，人展图，指口宣，皇上圣旨，令於指之处，或应开挑引河道，若别处形势类此者，俱应相机开河，传谕到臣，伏查黄河形势，东西畅流，则势顺而安恬，南北斜冲则势横而激荡，今河秪上自广武山而下，河深通，行於两岸之中，祥符以下，河势多曲，每遇扫湾转溜，即成南北斜冲，两险工，均坐此病……《硃批谕旨》"。

看来，经雍正初的系列治理，黄河终于稳定到武陟、秦厂以南、广武山以北的河道上来。河济夹河滩，开始"失守"。留在武陟的嘉应观御碑，御坝，都是这个时候的文物。

今人多引光绪十五年（1889年）吴大澂奏称，广武山土岗"日被黄流冲刷，30余年塌去山根八九里之遥"，来说明邙山被冲啮的程度。但这30余年的河势变化，主要指1855年铜瓦厢改道后，入海水道趋短，河床纵剖面变陡，河相关系大大改变了，桃花峪以下河道重新被塑造，冲蚀与侧蚀加剧，以消耗富余的能量，笔者以为，这里塌去的绝不是广武山宽厚八九里（横向），而是沿河长达八九里的山根（纵向）。两下的理解，在方向上相差90度！盖因发生巨变的位置恰在黄河冲积扇顶点，涉及黄河变迁的关键、原则问题，难以调和。

但是，累计500余年的行河，唐、宋、元时期的河阴滩地，湮埋已深、面目全非了。

216

先秦时期郑州地区济水径流基本估算

全新世时期的济水上游，已与黄河北济源、沁阳、温县的古济水源头地区没有直接关系。从先秦文献和郦道元《水经·济水注》记载看，这一时期的济水上游水源区是古郑州大区（含今荥阳、郑州城区的古索须水和砾石溪、黄水流域，及原阳），还有济水上游沿线的封丘、开封、兰考等处，而封、汴、兰没有大型湖泽，济水在此只能得到少量串引的沟河与陂池、坡水补充。郑州地区主要有黄河分水，经荥泽沉沙、停储与调节，补充济水；有嵩渚山水汇荥——郑州西部和北部的湖泽调蓄补充。到秦汉之际，黄河下游大堤完善，原不少天然分水口逐一淤塞、废圮，实际上从黄河里补充调剂济水的水源量大幅度减少，秦汉中州济水主要水源区，就是现今荥阳和郑州城区了。西汉时荥泽已经干涸成陆，济水水源成为大问题。

全新世中期，荥阳地区的荥阳—广武泽和郑州北部的荥泽，已经成为济水上游的主要水源地，他们汇聚了荥阳和郑州西南山地的系列山水径流，径流量较为稳定。秦汉时期黄河分水减少、渐绝，所以西汉时在荥阳腹地有"济渎庙"，国家祭祀济水于此，绝非偶然。

《后汉书·顺帝纪》"阳嘉元年京师旱，诏遣侍中王辅等，持节分诣岱山、东海、荥阳、河洛，尽心祈焉"。诏曰："政失厥和，阴阳隔并，冬鲜宿雪，春无澍雨。分祷祈请，靡神不禜。深恐在所慢违，今遣侍中王辅等，持节分诣岱山、东海、荥阳、河、洛，尽心祈焉。"章怀太子注："济水，四渎之一，至河南溢为荥泽，故于荥阳祠焉。"章怀太子理解《禹贡》有识，认为济水入于河，到河南溢为荥泽，故祠此（在北魏太和后迁大索城即今荥阳城关，汉济渎庙在此东北）；但古之荥阳和众人所识荥泽在古荥，为何建祠不在古荥附近的荥泽，而于后世未迁址之荥阳？实际上两汉在索河附近建祠，祭祀的已是当时济水上源的索水，西汉已将嵩山山前水流视为济水源头了。也可能秦人已有此认识了。

后来，宋徽宗有《封济渎诏》云：

朕惟百川，莫大四渎。

禹导沇水，是为济源。

汉祠荥阳，具载祀典。

国家登秩，益严岁祀。

此诏时间为北宋宣和七年（1125年）。清《济源县志·卷十三》载。明确指出汉代祭祀济渎，在黄河南的荥阳。足见至少在两汉时国家祭祀济水源头，已在荥阳。

《汉书·地理志》云："河南郡荥阳下有汴水，在西南有蒗荡渠，首受济水。"观《水经注》，郦氏在水系归类中把郑州西南山水归属于济水注文，表达了他对既往郑州水系的一个基本判断，以及《水经注》时代的实际事实。涉及济水上源问题，《水经注》里有系列经文和郦注文字，提到引黄口门溃败、复修，以及先秦引河水口和水道淤塞的史实。从中也透露出先秦与两汉的济水实际水源问题。

《水经·济水注》索水条云："《春秋》襄公十八年（公元前549年），楚伐郑，右师涉颍，次于旃然，即是水也。济渠水断汲沟，惟承此始，故云汲受旃然矣。"这一段话甚为重要！郦道元认为济水断于汲，可能已指汲河引黄口塞、坏？济水无法以河、汲之水为源，意味着早在春秋时期人们已经认识到济水实以索水为主源？宋程大昌在《禹贡山川地理图》中说：郦道元记砾、索曰：济渠水断，汲沟惟承此始。则自汉以后，汲渠实资砾、索以为有水之始也。程大昌解释的意思，济水以荥阳山水为源，乃自汉以后，这个"汉"的时间节点，程如何建立的呢？是否宋人普遍认为秦汉之后，河水不能正常"济"汲，从而不正常"济"济呢？《十三经注疏》之《毛诗正义》中卷七，七之二有《禹贡》豫州云："荥波既潴。"东汉人郑玄笺注云："沇水溢出所为泽也。今塞为平地，荥阳民犹谓其处为荥泽，在其县东。"（唐代孔颖达正义）程大昌或许受到东汉郑玄与唐人孔颖达的影响，确认荥泽淤塞在汉室了。那为何郦道元要在提到《左传》历史时联想到"惟承此始"？这个"此"是指襄公十八年（公元前549年）后，还是五六百年以后呢？郦道元凭借什么确定"济渠水断"非春秋而是"汉"呢？

研讨者可沿着郦道元前后的系列叙述以及荥泽的干涸来梳理汲口、济水水源问题。

《水经注疏》卷七"济水注"郦注云：《尚书》曰：荥波既潴。孔安国曰：荥波水以成潴。阚骃曰：荥播，泽名也。故吕忱云：播水在荥阳，谓是水也。昔大禹塞其淫水，而于荥阳下引河东南，以通淮、泗。疏：赵云：《禹贡锥指》曰，河与荥渎相乱，其来已久，而荥泽在西汉时依然无恙。故班固云，济水轶出荥阳阳北地中，谓荥泽也。至东汉乃塞为平地。

济水分河东南流。守敬按：鸿沟首受河处，一名蒗荡渠，亦名汴渠，后世又名通济渠。《水经》则直谓之济水。《注》称渠口在敖城西北，是济水分河处在今荥泽县之西北。

这里《注疏》赵引《禹贡锥指》胡谓云，荥泽在西汉时无恙，到东汉塞为平地，似荥泽干涸在两汉之际，从而济水失源在东汉？而我们从郑州古湖泊沉积相的测年看，郑州东北部荥泽水环境大致结束于距今3590年左右，在郑州商城建立的时期，荥泽已开始分化、裂解，此后发展到干涸，大致在商、周时期了。到完全干涸自然有一个变化过程。回顾《左传》之整个记述，集中谈到河济地区众多地名与河流水名，但罕有荥泽，桓公元年（公元前685年）、僖公二十八年（公元前632年）、文公二年（公元前625年）、文公七年（公元前620年）、文公八年（公元前619年）、襄公二十七年（公元前546年），诸国在荥泽周围的垂龙城、践土、扈、济隧、衡雍、郔多地都有会盟和交战活动，但尚难具体提到荥泽。《左传》闵公二年（公元前660年），"冬十二月，狄人伐卫，……（卫与）狄人战于荥泽，卫师败绩，遂灭卫"。但杨伯峻先生说此为荧泽，当在黄河之北，非古荥阳处之荥泽。陈隆文理解和解释史念海先生的解释，史先生也不认为闵公时狄卫之战的荧泽是所谓自荥阳到朝歌的荥泽（见陈隆文"古荥泽考"和史念海"论济水与鸿沟"）。惟宣公十二年（公元前597年），晋楚交兵于郑，提到的"荧泽"。杜预注释即为荥泽。这不能不令人怀疑，尽管楚子驻军于郔，就在荥泽附近，为何原文不用"荥"而用"荧"？

难道在两周数百年间，作为湖泊而非简单地名的荥泽，已经不复存在吗？

到秦汉之时，黄河大堤已修，来水阻遏，水源不足，大一统的荥泽不再存在，承续它的部分水区（如郦注的船塘陂），也难以独自成济水源头。《嘉庆一统志》引京相璠曰：

"荥泽在荥阳县东南，与济隧合。郑康成曰：自平帝以后，荥泽塞为平地，荥阳民犹以其处于荥泽。在其县东。《括地志》在荥阳县西北四里，今成平地。"按此言，荥泽在西汉末已断水淤塞为平地。

郦注云：建武十年（公元34年）阳武令张汜言"河决积久，侵毁济渠，漂散十许县。是其时济亦决败矣。莽时河入济南、千乘，则侵济处更多。"此为公元34年建言。张汜为官阳武，应该很熟悉河汴引水的利害关系，陈述了公元11年后河汴决坏局面。两汉的历史，汴坏则济坏。济水泛滥，坏刘汉王朝龙兴之地。但光武朝发卒兴工，实未真正解决问题，遂延及明帝永平时。

郦注云："汉平帝之世，河汴决坏，未及得修，汴渠东侵，日月弥广，门闾故处，皆在水中。汉明帝永平十二年（公元69年），议治汴渠，上乃引乐浪人王景，问水形便。景陈利害，应对敏捷，帝甚善之。乃赐《山海经》、《河渠书》、《禹贡图》，及以钱帛。后作隄，发卒数十万，诏景与将作谒者王吴治渠，筑隄防修塌……"这里讲的王景治河，其实主要治理的是汴河，成功地改荥口单门引黄为多口门引黄入汴，非黄河干流。可见永平年治河治汴，重点在治理引水口门。此后，济水可自汴河得其水，应该较正常地运行了一段时间。

郦注再云："顺帝阳嘉中，又自汴口以东，缘河积石为堰，通渠，咸曰金隄。"阳嘉三年（134年）为一次汴口大型工程整理，即指王景治理的引水口下游，改为较为稳固的土石结构。目的在于壅水以通汴渠。此举反映出重要迹象：可能已出现汴渠引水，水口不定、水位不足，王景兴作之后六十余年，已有新问题了。永和到阳嘉，水源问题再次出现。

郦注再云："灵帝建宁中，又增修石门，以遏渠口，水盛则通注，津耗则辍流。"可见阳嘉后引黄流量仍嫌不足，需要增修石门遏制渠口，保持口门稳定，不时仍有"津耗"之虞，汴渠便会"辍流"。东汉灵帝建宁四年（公元171年）石门口，相对于永平、阳嘉年引黄口门地望，实际已向黄河上游些许迁移；大致到汉、霸王二城对岸今武陟境，姚旗营至詹店一带，在当时的黄河南岸。引黄口门的次第上提，也透露出一个重要信息，即说明黄河河床和引渠渠底日渐抬升（溯源淤积），引水流量不足不畅，不得不将引水口渐次上提，以满足引水和输水的需要。足见河汴决坏乱流，济水也因此败乱，河床演变，引水困难，汴坏，济津则耗，汴济可能辍流——断流。东汉时需要不断做工程以维持引黄至汴至济的水源，两汉时济水对黄、汴依靠犹在，但保证率不一定高。

此外，经文云"济水又东合荥【渎】。"郦注有"荥渎又东南流，注于济，今无水。会贞按：《河水注》云，荥口石门，水断不流。……次东得宿须水口，水受大河渠，侧有扈亭水，自亭东南流，注于济水，今无水"说明到南北朝时，荥渎已干涸断流，扈城水亦无水。所以郦注言"今无水"，实际上，随黄河河床演变、水口败坏，可能在西汉末荥渎、扈水已干。则注《水经》时，济水已不从荥口来水了。

"注疏"接扈城水后接有一段称："……济水与河浑涛东注，自西缘带山湿，秦、汉以来，亦有通否。守敬按：所谓通者，秦以前有济隧、济渎之水，汉有两石门之水。所谓否者，两石门皆湮塞无水，故接下文桓温等开石门之事。晋太和中，桓温北伐，将通之，不果而还。义熙十三年（416年），刘公西征，又命宁朔将军刘遵考仍此渠而漕之，始有激

219

湍东注，而终山崩壅塞，刘公于北十里，更凿故渠通之。"此处杨守敬按语很重要，讲了先秦的济隧、济渎诸资济之水口、水道自汉以来尽皆无水，并两汉兴筑两石门之来水，均"否"——无水了；广武山下，只兼"邸之小水（目）耳。"所以到东晋义熙年间刘裕北伐，仍欲在此有作为，最后未果。南北朝时期汴渠引水已不好实现。这应该是郦道元官至颍川郡在郑州一带看到的实际情况了。

从而以下文字，郦道元遂将郑西山水视为济水支流，十分符合实际，顺理成章。注言：索水又东，径荥阳县故城南，……索水又东流，北屈西转，北径荥阳城东，而北流注济水。……杜预曰：旃然水出荥阳成皋县东，入汜。守敬按：此《左传》杜《注》文，杜作汴，郦改作汜。盖因《汜水》篇作汜，故改以与下汜受旃然句合。汴、汜字异义同。《春秋 襄公十八年》，楚伐郑。右师涉颍，次于旃然。即是水也。济渠水断，汜沟惟承此始，故云汜受旃然矣。赵改又云：河济水断，汜承旃然。旃然水，即索水上游名也。云汜受索水，即济水受索也。

以上种种现象情况，说明济水以黄河引水为源，在两汉时期引水十分不稳定，当时和南北朝地理学家已认识到，实际上汜水济水以转为郑州西南山水为主源。

岑仲勉认为程大昌的解释较好：《禹贡山川地理图》称："荥泽，郑氏曰，今塞为平地，荥阳民称谓其地为荥泽，郦道元所言亦与郑合，……则可知荥本无源，因溢以为源，河口有徙移，则荥之受河者随亦枯竭"。荥泽以河的支津为源，黄河河床抬升淤高，分水口变迁与堵塞，都影响荥之水源。加之气候变迁转干旱化，人为垦殖陂泽，遂导致该湖泽彻底干涸，济水水源也无所靠了。

郑州地区在那个时候在水资源方面可以给予济水多大的支撑呢？需要匡算一下：

在晚近黄河冲积扇顶部湖泊沉积环境探索——以郑州"荥阳—广武泽"、荥泽、圃田泽为例的探讨与讨论中，根据在郑州地区作的古湖泊环境重建工作，认为郑州西部和荥阳的"荥广泽"和文献记载的荥泽、圃田泽兴旺时期的最大水面面积可以分别达到：400～200平方公里、200～150平方公里、120～80平方公里。

如果按这理想化（概化）的湖泊水面面积来看湖泊沼泽地的年调节水量，以年平均保证率达到50％的水面面积，浅湖的平均水深0.5米来保守地估算，那么郑州西部荥广泽的湖泊沼泽群正常年均容水量为1.5亿立方米，文献记载的荥泽正常年均容水量为0.9亿立方米，圃田泽正常年均容水量为0.5亿立方米。如果是这样，在不考虑古今降水、植被、下垫面等条件的差异情况下，史前郑州三大湖泊沼泽水域的匡算水量如下：

按照郑州市水利水电规划设计院估算的现代郑州有关河流水系的多年平均径流量数值，现代郑州西部主要河流：索河（汇合口以上流域）为2670万立方米，须水河（汇合口以上流域）为1124万立方米，索须河（入贾鲁河）为4681万立方米，贾峪河（岔河口以上）为1118万立方米。枯河为1776万立方米（枯河可能有部分径流直接汇入济水或荥泽）。而贾峪河口下侧（含贾峪河）则为1879万立方米，索须河下侧（含索须河）则为7732万立方米。汜水河以东的（郑州西部）面积现代年均径流量大致为1.0亿～1.1亿立方米。与按照湖泊水面面积估算的容水量基本上在一个数量级上。如果考虑到嵩山山前诸河流属于季节性河流，湖泊既有调蓄作用，也有转将西部存水向东部输移的作用，考虑到史前时期的西部山丘地区植被和地下水优势条件，不计蒸发与下渗的损失，西部产水径流量至少可以达到 1.5 亿~2.0 亿立方米。其中绝大部分汇入了荥阳—广武泽，有少量可能通过前枯河（砾石溪）直接进入济水或荥泽。

这些水量最终可能都进入了济水干流，按现代降水和径流模数条件匡算，济水在郑州西部地区获得的水源量即为 1.5 亿~2.0 亿立方米每年。

郦道元时代索须河进入黄水，即后世的贾鲁河，但扣除了索须河滞留在西部的那一部分径流，则进入古荥泽地域的水量大致为 3000 万立方米，加上古管水、不家沟进入荥泽的 700 万立方米，郑州中东部汇入荥泽的径流量大约 3700 万立方米。加上近现代的魏河与东风渠流域汇入部分 600 万立方米，再考虑到荥广泽通过东西向槽型河谷下泄到东部的径流，郑州本地汇入古荥泽径流量至少可达 4300 万立方米，最多可达 9000 万~10000 万立方米。

黄河通过渗流及济水分流入荥者，以及广武山北麓汇入济水的河流、泉水暂不计。此外，原阳北部黄河通过古济隧、十字沟、阴沟等能够引入黄河的水量也暂时不计。这些水道曾都与济水相连，在早期河水水位较高季节，是可以给济水补充水量的。

按现今径流作为大数计，郑州西、中部一年平均汇入济水流域的水量，总共可以达到 2.0 亿~3.0 亿立方米以上。济水在郑州出口下泄年平均流量可以达到 7~10 立方米每秒，基本满足正常行经，按先秦的自然环境与社会发展需求，这足以维持自郑州到原阳、封丘、开封、兰考境内的济水的河流生态用水，即在非干旱季节、非连续干旱年，可维持河流的运行不断流。

诚然，济水在先秦时期得以维持一条独立入海的河流，很关键的是它在中游地区的山东鲁西南境内流经菏泽、雷夏泽、大野泽，在这些地区获得了大量的湖水调节与补充。侯仰军按文献记载估算，大野泽最大面积可达 2000 平方公里，雷夏泽可达 400 平方公里，孟渚泽约为 750 平方公里。❶ 我们参考此数值，将古湖泽平均水面面积打一对折，大致济水在其中游的菏泽地区，可以得到雷夏泽、大野泽共 1200 平方公里水面的水源调节补充，远远高于在郑州地区获得的水源量。那么，从大野泽流出的济水，加上继续在下游获得众多河流与山泉水的支持，完全可以支撑济水独立流淌到大海了。

熊儿河缘起何时，尚不可考，但现代郑州熊儿河年径流量 621 万立方米，十七里河 770 万立方米，十八里河为 1011 万立方米，潮河 1340 万立方米，魏河 840 万立方米，东风渠 1026 万立方米，大部分汇入圃田泽流域，大约有 5000 万立方米。而东部水源少量汇入荥泽，约 600 万立方米。圃田泽还需考虑黄河通过济水、浪荡渠汇入部分水量，此外沿郑汴路的沙丘入渗的郑州东南部、中牟西南、新郑东部地区来水和地下水，至少再有 1000 万立方米水量汇入，这里不做估算了。

❶ 侯仰军. 考古学所见四千年前鲁西南地形地貌及自然环境. 菏泽学院学报，2007 年第 29 期。

三、历史时期黄河的水沙变化与河道变迁史

历史上黄河水沙变化与下游河道变迁[*]

黄河的水沙变化与下游河道变迁归根结底是一个地质环境问题。本文在历史文献分析研究的基础上，结合黄河河床形态、堆积形态及黄土与环境的研究，采用历史学、地理学、水利学方法，并吸取灰色系统、耗散结构概念，分析黄河下游来水来沙变化以及河道变迁的历史事实，认为历史时期黄河流域曾经有过数个躁动期，有多次的水沙剧烈振动（西汉、东汉、宋金、明清时期），中下游河道进入躁动期。来水来沙的突出变异，下游河道河床变形的加剧，导致河道迁徙、改道事件频频发生。唐宋时期以来环境恶化及这一相关变化趋势加强，明清时期尤剧。从历史长河看，环境演变对水沙变化与下游河道变迁起到决定性作用。

一、黄河下游河道变迁及其研究

今人对于黄河下游河道变迁做过各种研究，影响较大的诸如对决口改道的各种研究。近年在本课题中，对历史时期黄河下游各阶段的具体变迁，做了进一步的探讨和考证。从这些研究中，特别是通过对决溢、变迁，河床堆积形态的探讨，认为应从黄河水沙变化与河床变形的物理意义来认识黄河的河患与河道变迁，记载中的1500多次决溢事件以及人类重大的治河活动，可以从更为深刻的含义上去理解。从而在各种历史年表和笔者自己研究的河患事件中，筛选出38次具有特殊意义的黄河下游重大河患与变迁事件（见表1）。筛选的根本原则是：这些事件正处于黄河历史变迁时间序列的转折点上，或者处于变迁的高发阶段，它们客观地又非常突出地反映出河道变迁中一系列重大的控制性变异，或反映出阶段性变异的某种后效；其中包括黄河来水来沙的变化，在下游河道的上段所显示出的沿程淤积效应，同时也考虑到河口段的变化和溯源反馈。这些事件以自然变迁为主，同时也涉及人类参与下的河床变形。这样，客观地显示出流域自然环境变迁、水沙变化的总趋势，以及在人类参与下的河床变形和河道变迁的结果。

黄河下游游荡性河道变迁的重大事件，从宏观现象上披露了黄河河床堆积与河道游荡性加强的实质。钱宁院士根据北方多沙河流的水沙资料，提出游荡性指标表达式[❶]：

$$\Theta = (\Delta Q / 0.5 T Q \pi)(Q_{max} - Q_{min} / Q_{max} + Q_{min})^{0.6}(J / D_{35})^{0.6}(B/h)^{0.45}(W/B)^{0.3}$$

其中第三因式 $[(J/D_{35})^{0.6}]$ 显示了河床物质的相对可变动性，隐含了河流来沙状况和冲淤变化的幅度，第二因式突出了径流变幅对河流游荡性的影响。总课题里其他子项目的研究，也从不同的角度揭示出水沙变化与河床变形的关联。本文的指导思想和下面筛选

---

* 左大康. 黄河流域环境演变与水沙运行规律研究文集第三集// "七五" 国家自然科学基金重大项目资助课题子项目报告之一. 北京：地质出版社，1990年。

❶ 钱宁，等. 河床演变学. 北京：科学出版社，1987年。

出的重大河患、变迁事件年表（见表1），都遵从这一数理表达的基本思路。认为河患——特别是重大河患、变迁事件，是河床变形的一个结果，实质上都反映出河流来水来沙的急剧变化，研究将这些经过特意筛选的河患事件，作为来水来沙变异、变化的某种象征点；以河床变异（而非水文）来探讨水沙变化的规律，以及与河道变迁的关联。

表1　　　　　历史时期黄河下游重大河患、变迁事件年表

时间/年	河患、变迁事件情况	备　注
前 132	东郡瓠子决口，泛淮河流域	
前 109	屯氏河支分	
前 39	屯氏支河绝	
公元 1～5	河汴决坏	
公元 11	河决魏郡，改行东郡（濮阳）东	徐福龄、邹逸麟、叶青超归纳为大改道
516～517	冀州大水，堤防糜烂	《魏书》崔楷传
700	人工分流，开马颊河	
893	河口淤阻，小改道	
954	自然分流，形成赤河	
1020	天台埽决，泛淮河流域	
1034	横陇埽决，脱离京东故道	
1048	商胡埽决，出现北流	徐福龄、邹逸麟、叶青超归纳
1060	北流支分出二股河	
1077	澶州曹村埽决，泛淮域	
1080～1081	澶州小吴埽决，北流	
1099～1100	口门上溯，迎阳苏村决，北流	
1166～1168	李固渡决，脱离滑澶河道	
1187	大溜回北，再南下	
1194	光禄村决，阳武以下脱离故道	叶青超归纳为大改道
1286	大决。中牟已有新分支	
1297	莆口决口，有北徙之势	
1313	河决数处，次年河口浅 6 尺	
1344	白茅决口	
1391	黑洋山决口	邹逸麟归纳为大改道
1448	决二处，桃花峪以下大变，始变迁到明清河道方位	
1489～1494	北决冲运，北堤形成	叶青超归纳
1534	赵皮寨决口分流	
1546	南流尽塞，分流局面自然结束	邹逸麟归纳
1558	分流阻塞，皆不足泄，大决	
1578～1591	贾鲁大河湮塞	
1606～1607	人工疏导筑堤，归德徐州河相对固定下来	
1781～1783	仪封商丘小改道	徐海亮归纳

226

时间/年	河患、变迁事件情况	备　注
1677~1749	河口急速延伸	徐海亮归纳
1803~1810	河口急速延伸	徐海亮归纳
1843	中牟大决，是年淤积严重	
1851	丰县蟠龙镇大决，改徙入微山湖	
1855	铜瓦厢决口，改道入渤海	徐福龄、邹逸麟、叶青超归纳

二、历史上黄河水沙变化的某些信息

有关地质时期（特别是全新世）气候变迁、河流沉积环境变迁的许多研究，显示出古代河流水沙与沉积环境的周期振荡，提出了不少时间序列，这也是认识历史上黄河水沙变化与河道变迁、分析水沙变化信息的总背景。

笔者在明清黄河的径流变化、中下游水情、水沙组合、水沙周期与河床堆积等方面作出探讨，进一步认为明清来水呈周期变化，在丰水阶段中，平均年径流距平为正 20 亿~100 亿立方米，增幅 4%~20%，特丰年距平可达 200 亿~245 亿立方米，增幅 50%；枯水阶段平均年径流距平为负 20 亿~115 亿立方米，减幅 4%~23.5%，特枯年距平为负 242 亿立方米，减幅 50%。

而长达 2000 年的超长序列，最基本的水沙变化信息，仍是河患决溢史料。利用《黄河水利史述要》❶ 的年表资料，分别统计每 10 年河患发生频次，进行滑动平均处理，初步划分出以下河患频繁的阶段：①公元前 132~公元 11 年；②268~302 年；③478~575 年；④692~838 年；⑤924~1028 年；⑥1040~1121 年；⑦1166~1194 年；⑧1285~1366 年；⑨1381~1462 年；⑩1552~1637 年；⑪1650~1709 年；⑫1721~1761 年；⑬1780~1820 年；⑭1841~1855 年；⑮1871~1938 年。

但是，河患的每一样本，并不简单地是反映单一的场次性洪水径流的物理量，而应当是蕴含多元灰色关联的子集合的复杂系统，记为河患集合 $B = \{W、G、D、R、H、T、\cdots\}$。

这里 W 为径流子集合，含径流过程、水量、流量、变率、水位等；G 为泥沙子集合，含来沙状况、过程、输沙率、颗粒组成等灰元素；D 为河床边界条件，如河床物质构成等；R 为河床形态，如河型、纵横剖面等；H 为人文背景因素，含社会经济，工程技术、社会组织，动乱与战乱等灰元素；T 为构造因素子集合，如中游新构造运动，华北平原地形变化、海平面变化以及地球自转率变化等等灰元素。本报告集中讨论 W 与 G 的变异，忽略 D、R、T 与 H 的复杂因素。当然，忽视任一子集合因素，都会导致系统认识的某些偏斜。不论如何，河患集合首先反映了水沙条件急剧变异的模糊信息。因而，上述历史上河患决溢频次较高且集中的阶段，也同时是下游来水来沙条件急剧变化的时段。决溢在下游，特别是河南境游荡性河段高发，反映出下游河道纵向调整的异常强化，这一调整，首先反映出来的是下游河道上段的沿程淤积。从统计角度看，明清河患的频次高于前代，

---

❶　参阅《黄河水利史述要》（水利电力出版社，1984 年）。

延续时间较长，说明来水来沙条件变异幅度甚于历代。而且附表所示的重大事件，绝大部分处于河患频发段中，说明水沙变化、河床变形，河道变迁的密切关联。

古人对黄河泥沙有定性和半定量的表述："俟河之清，人寿几何！"[1] 黄河多沙，在西周就被认识到，战国称其为"浊河"。西汉末张戎提出"河水重浊，号为一石水而六斗泥"，支流泾水也有石水"其泥数斗"之说[2]。张瑞瑾估计其含沙量可达 700 千克每立方米。北宋任伯雨云"河流混浊，泥沙相半"，[3] 沈立在《河防通议》中也说"河水一石而其泥数斗"。明代潘季驯多次引张戎言，论及河以四分之水挟载六分之沙，"若至伏秋，则水居其二矣，以二升之水，载八升之沙。"[4] 即便通常以为水患较少、侵蚀较缓的唐代，孟郊与罗隐也有"流出混沌河"与"莫把阿胶向此倾"的诗句。汉代、宋代和明清时期的黄河来沙，在量级上特受当局关注，可能当时存在明显的来沙剧增。

下游河道在堤防维持下迅猛淤积抬升和河口延伸，也是水沙变化最宝贵的信息。西汉末河南浚滑河段，入汛"河高出民屋"，"计出地上五尺所"[2]。渤海湾第三道贝壳堤以东平原的堆积主要也反映了前 2 世纪中叶以后淤泥质泥沙来源增强，直至公元 11 年河流改道，海岸线推进约 20 公里。世说"安流八百年"的汉唐河道，在王景治河后，虽有湖泽淀淤泥沙，但漯水受阻、沙沟出流、尾闾不畅，说明新道已发展为地上河。西汉末沉积颗粒明显细化，王莽河沉积物自中砂向细砂过渡，其间沉积环境急剧变化[5]。浚滑段西汉至北宋累积约 3～4 米，汉唐故道山东段，一般河床相厚 3～5 米。北宋时河床急剧抬升，1034 年形成的横陇河道，仅行水 10 年，"又自下流先淤"，遂有商胡决河。商胡北流后经 20 年，"渐淤积，则河行地上"，二股河东流，30 余年河床已"高仰出于屋之上"[1]。小吴北流，计有 22 个年头过水，从地层剖面计淤厚 3～5 米。1100 年苏村决口北流，次年已淤 1 米多。汴河引黄，有 20 年不浚，汴梁以下"河高出堤外平地一丈二尺余"[6]。典型的滑澶河段，宋金 200 余年河床堆积厚约 4.5 米。金末到明初，对来沙状况虽无过多描述，但以金故道河线演化形成的贾鲁大河，断续行水约 300 年，商丘虞城河床相厚 7～10 米。明清黄河有大量的档案、专著记载，故道也完整存在。从万历间相对固定到咸丰改道，东坝头至云梯关，淤厚 8～12 米；若从桃花峪剖面看，明初以来的淤积厚竟占西汉以来积厚的一半，而且主要发生在景泰至道光年间，西汉末下游河床颗粒呈中砂—细砂过渡，宋金呈细—极细砂转化，明清进一步向粉砂转化，说明此个阶段沉积环境急剧变化，来沙量相对增多。[7]

从以上回顾看出：前 2 世纪至公元 1 世纪、公元 2 世纪，10 世纪末至 12 世纪末，13 世纪中至 15 世纪初，15 世纪中至 19 世纪中，黄河下游来沙相对增多，河床加积，沉积物颗粒明显细化。来水来沙有过几次间歇性的波动、起伏，总趋势是变化加剧，来沙量是

---

[1] 参阅《左传》。

[2] 参阅《汉书·沟洫志》。

[3] 参阅《宋史·河渠志》。

[4] 参阅《河防一览·河议辨惑》（1936 年）。

[5] 参阅徐海亮撰写的《历史上豫北黄河的变徙和堆积形态的一些问题》，刊载于《水利史研究会论文集》（水利电力出版社，1990 年）。

[6] 参阅沈括《梦溪笔谈》卷二五，杂志二。

[7] 参阅徐海亮撰写的《黄河下游的堆积历史和发展趋势》，刊载于《水利学报》1990 年第 7 期。

增多的。

这一变化，也在中游反映出来。河出龙门，进入黄，汾、渭河谷地区，小北干流紧接河口——龙门河段，对于黄土高原环境变异反应最敏锐。粗砂来源区的水沙变化，最先在这一出口河段反映出来。小北干流在唐宋以前尚非游荡河道，唐中叶到宋元时，河道横向变化增加，不稳定性上升，明清时游荡性加剧，河道横向摆幅竟达 5～10 公里，最宽达 19 公里，滩槽冲淤变化甚剧，延及现代。从三国以来该段河道年均淤厚 1.8 厘米，沉积 0.2133 亿立方米，明代以来年均淤厚 3.69 厘米，沉积 0.417 亿立方米。❶ 明清淤积最甚的如蒲州，竟达 16 米，汇入小北干流的支流辣水，汾河，乃至汾河支津潇河，大致都在宋金时水沙开始变化，河患加多、来沙渐增，明代出现重大转折，来沙急增，变迁加剧。《水经注》时代汾河中游湖泊也在唐宋时一一淤淀消失。孟津至桃花峪河段历史上曾是稳定的，隋唐以前尚无明显游荡。但宋金时期，自铁谢至桃花峪游荡加剧，河床渐宽，流路散乱，河势变化以南侵为主，河道展宽 40%～140%。北宋中位于桃花峪冲积扇顶点处的广武山频频被冲；元末，相对稳定已达 15 个世纪的河阴滩地被大溜所冲，广武、敖山大规模地塌蚀，河势南移。可见唐宋以后，河道的躁动不安也不仅仅限于传统认识中的下游，而是全流域性的。明清两代正处于这一躁动的巅峰状态。

若将中、下游历史时期水沙变异的这些信息与下游河道变迁联系起来，黄河的躁动变化就不是偶然的了。

三、黄河流域环境——水沙振荡与河道变迁

来水来沙的振动，有宏大的环境背景。黄土与环境的研究，认为第四纪"黄土与古土壤的多次交替，与之相应的草原和森林草原、环境以及干冷和温湿气候的多次演变，是这一时期黄土高原地质事件的主要特征"。❷ 数百万年的地质背景，对于历史时期说尺度太大，但都显示了自然演化的某些规律。天体、地球的结构、演化，是宏观与微观的辩证统一。环境与黄土的变化波动，既有 20 万年、10 万年的旋回，又蕴含有数万年、数千年的次级与更次级的旋回。近 1 万年中势必存在再次级的、子属的冷暖周期变化，存在黄土堆积—侵蚀的子属周期振荡脉动。郑洪汉发现晚全新世存在三期黑垆土成土时期，❸ 研究尺度已缩微到历史时期，实际上环境与黄土的波动，可能更为复杂，即黄土与黑垆土的形成，是有渐进、拉锯。黄土是冰期干冷环境下的风成沉积，而气候旋回中的小冰期，寒冷期的大气环流，与冰期类同，小冰期显示了间冰期向冰期过渡的征象。近现代的降尘、尘暴是地质时期黄土堆积的继续、返化与重演。中游粗砂区正处于沙源区与堆积区的过渡地带，在堆积区的北缘。近现代中游的侵蚀产沙，是地质时期黄土堆积及其在全新世衍伸的反映，以及重现。对近现代尘暴与大气活动的研究说明：中高纬度冷高压活动、东亚温带气旋活动、中亚内陆干旱地带与黄土高原上空西风带活动、季风活动的强弱，直接地影响到近代的新黄土沉积。历史时期雨土频发与低发的交替出现，"这一自然现象实际上是

---

❶ 左大康. 黄河流域环境演变与水沙运行规律研究文集　第一集//叶青超，等. 黄河中游龙门至三门峡河道的冲淤特性与环境演化关系，北京：地质出版社，1991 年。

❷ 刘东生，等. 黄土与环境. 北京：科学出版社，1985 年。

❸ 郑洪汉. 黄河中游全新世黄土. 北京地球化学，1984 年第 3 期。

现代黄土堆积过程"。[1] 地质时期黄土建造，固然是侵蚀产沙的基本来源，其产沙的量级、变幅与地貌及气候波动相关，但历史时期的侵蚀产沙，也受到近代风沙活动——新黄土沉积、侵蚀、搬运和人类活动的冲击，这种冲击的后效非常活跃，在地质建造的侵蚀基础上，这种地质环境的振动最为敏感，从而最易导致来水来沙的剧烈变异。

张德二指出公元 1000 年以来雨土频发期为 1060～1090 年、1160～1270 年、1470～1560 年、1610～1700 年、1820～1890 年，[2] 也指出了降尘的气候背景。以雨土频数时间序列点绘曲线并进行处理，与黄河下游河患频次序列对比，同时作出灰色关联分析。认为张氏雨土频发期与下游河患频发有一定的关联，似雨土频发超前河患频发数十年，宋元的两次频发，与河患有较好的对应关联，元初的雨土频发，似与 13 世纪末叶后的河患有前后关联。公元前 2 世纪以来，原始记载每 10 年频次，河患决溢与雨土的灰色关联系数为 0.80，经 50 年滑动平均处理，取 10 世纪以来二者的灰色关联，在雨土序列滞延 20～30 年时取得最大值 0.816。灰色关联关系很好。

据雨土年表及雨土—河患决溢关联，公元前 2 世纪中叶后、公元 5 世纪末叶后、公元 7 世纪末叶后，还可能存在三期雨土频发。总趋势看，公元 11 世纪以来干冷趋势更强烈，寒冷期加长，程度更甚，雨土频次加大，相应地河患频次增大，频发期加长，河道糜烂化程度加大。说明风沙的近代补源性振荡、黄土高原侵蚀产沙振动与河患激化，具有一致的趋势。而沙漠的演化也透露了降尘高发时段的沙源扩展背景。黄河上中游的古城变迁与沙漠化相关联。乌兰布和沙漠北部的沙化，是近千年中形成的，伊克昭盟沙漠，曾出现秦～南北朝、宋～元、清～现代三大干旱期，其中公元前 1 世纪、2 世纪，公元 2～3 世纪，5 世纪、11 世纪、13 世纪，16 世纪以来，处于干旱峰期。5 世纪、11～12 世纪、13～14 世纪、16～18 世纪、19～20 世纪，出现大风霾的峰期。[3] 沙漠演化与风尘对中游产沙环境意义重大。总的来看，中游主要产沙区（特别是粗沙）接受现代新黄土粉尘沉积，干支河道水沙变化，在历史上有过数次强化时期，唐宋时期以来，则向着沉积—侵蚀强化的方向发展；明清时期这一趋势更为严重。从以上标志出的中游异动、躁动的时间看，与下游来水来沙的急剧变化、河床变形、河道变徙加剧，几乎完全同步。可见下游河道变迁，存在全流域全系统躁动的宏观背景。

在这样的环境背景下，生物圈的植被与人类活动子系统如何关联？、中游水沙的剧烈变化以及发展趋势，是和人类在中游的活动密切关联的。恰恰是在某些环境条件下，黄土高原天然植被的生长与恢复特别不利，人类的掠夺性破坏也愈更严重。每一次在适宜的社会、自然条件下农牧界线的北进，都引起了高原腹地（如鄂尔多斯地区）生态环境的急变，而在下一个特征性的自然条件（特别是气候条件）阶段来临时，地表干燥度加大，土地沙化，农牧界线时空变动，社会动荡，都造成了侵蚀条件的强化。在某些时段中，人类活动加速侵蚀，就与新黄土堆积——侵蚀造成的冲击一样，往往是水沙变异在量级上、变幅上被激化的关键触媒。由于封建社会经济及文化的局限，人们不可能科学地认识到这

❶ 杨怀仁. 第四纪冰川与第四纪地质论文集 第二集. 北京：地质出版社，1985 年。
❷ 张德二. 历史时期雨土现象剖析，科学通报，1984 年第 5 期。
❸ 戴英生. 黄河中游区域工程地质. 北京：地质出版社，1990 年。

些，去主动地应对万变的环境巨系统，结果自然侵蚀振荡加强，人类加速侵蚀与之共振1鉴于历史的教训，研究认为在气候适宜阶段，应充分利用较好的环境条件，处理好生态链中农林发展的一环，扩大生态型的治沙减沙效益，同时利用较有利的时机，统筹作些长效益的工程。

中华人民共和国成立以来40多年的环境条件，可能正是处于这么一种阶段。大自然曾经给了中国人一个能动地调整黄河巨系统中部分子系统的契机；而从历史来看，这可能是上百年、数百年才有一次的机会。在堆积与侵蚀的高潮时期，人类也不能在威严无情的自然力前面无所作为，而是要尽力能动地去削弱地质环境作用的侵蚀高峰，尽可减轻一些自然的惩罚，更不能顺应自然侵蚀去加速破坏。同时，也应清醒地意识到人类在自然界的位置，认识到高原侵蚀与华北平原加积与再建造的自然规律是不可违背的，人类在扼制破坏性侵蚀、加速侵蚀的同时，还应该从把倾泻到下游的巨量泥沙当作大自然赐予的资源角度，寻求新的治黄、国土开发途径。

景可、陈永宗推测出黄土高原在中全新世侵蚀量达9.75亿吨每年，隋唐时达11.6亿吨每年，19世纪达13.3亿吨每年，1949年达到16亿吨每年。认为唐以前的侵蚀仍以自然侵蚀为主，比全新世中期增加了7.9%。1494～1855年侵蚀加强了14.6%，其中自然加速侵蚀占7.9%，人类活动加速侵蚀占6.7%。唐克丽计算出自1194～1855年，年增加侵蚀量为1194年之前3000年的8.03倍，即是人为加速侵蚀与自然侵蚀速率的比值。[1] 由此可见人类活动1的巨大作用。不过严格地说来，1194年以后，考虑到自然侵蚀也有振荡，加强，它并不在隋唐时期以前的水准上。这些计算，从趋势上看与本文涉及的产沙来沙变化；是完全一致的。

在黄河下游故道河床取样颗分研究，认为粒径自两汉、宋金到明清是逐步细化的。有关研究也认为古今河流来沙中悬移质成分逐渐增加。从冲积河流的沉积韵律看，总是有一个从粗到细的总趋势，每一沉积旋回，也遵从这一规律。另外，从黄河中游人类活动与森林消减的时空关系研究看，[2] 似乎在隋唐时期以前人类活动的扰动，对陕北与鄂尔多斯——也即粗砂的主要产区，影响要大一些，宋金、元明清时期，扰动向泾洛渭及洮河等细沙主要产沙区与无定河以南扩大。特别是明清的垦殖活动，大大地加速了土壤侵蚀，也进一步增加了细颗粒侵蚀的机遇。可能在封建社会初期，细沙的侵蚀产沙所占比率确实要小一些，随着天然与次生林木的消减，细沙产地的侵蚀比重加大。而且总的来说，河流的水文要素随气候的进一步干燥化在变化，而来沙总负载不断加强，细颗粒落淤的比重也逐步加大。水沙组合也更不利于下游河床的冲淤，河流的挟沙力在一次又一次的侵蚀高潮的冲击下，不断下降。

黄河流域，是一个上联天地，下入海洋的巨型开放系统。这是构成所谓耗散结构的必要条件。在地质时期建造的黄土高原子系统里，虽有全新世早、中期气候振动导致的产水产沙变化波动，但和地质环境的大尺度相比，它显得很渺小。因为这种侵蚀涨落起伏的幅

❶ 唐克丽，等. 黄土高原土壤侵蚀过程和生态环境演变的关系，黄河流域环境演变与水沙运行规律研究文集（第一集）. 北京：地质出版社，1991年。

❷ 史念海. 历史时期黄河中游的森林，（河山集）第二集，三联书店，1981年。

度较小，同时华北平原有得以消受承纳的空间。目前，推估的全新世中期黄河下游堆积量，不过 9.75 亿吨每年，在这种通常所说的自然侵蚀的量级上，系统的侵蚀与下游的堆积，还处于一个相对的准平衡状态，即统计物理学中的平衡、近平衡，而非冲积河流狭义的冲淤平衡。这种准平衡的失稳，是宏观环境变化（气圈，水圈，岩石圈和生物圈）迫使与驱动黄河系统越出近平衡线性区，到远离平衡态区域中去的结果。诚然，全新世早中期也曾出现某种系统失衡，但是自晚期以来，整个系统出现了极为有意义的两大问题：一个是自然环境条件恶化，总趋势是气候变得干冷（其间出现过多次冷暖波动），中游环境变迁导致的水沙变化，变得越来越不利于维持系统在早、中期的某种线性平衡。这里也包括了中下游河湖水域关系的演化。另一个问题是人类活动的作用，已足以引起巨系统的某种振荡，如中游的农垦与其他活动，下游河道的整治，社会发展、变化、振动，而 2400 年来堤防的逐步系统化，使恒定态与非恒定态的系统侵蚀—堆积激化中，同时又面临了水沙承纳空间这一子系统的环境巨变，后果必然是河床迅急抬升，河患增加、河口延伸、改道加剧。宏观环境与子系统的驱动，造成了自然演变，文明进化中的突变。突变尚无明确具体的平衡失稳的临界点，但系统的倾斜化正在秦汉一统堤防工程后开始出现，人类在中游的垦殖活动，足以造成部分地理单元的侵蚀加速。唐宋以后人类活动加剧，延及整个黄土高原，更使得这一子系统出现全面的振动。而同时加强的自然环境演变的恶性冲击，使系统进一步倾斜失衡。从耗散结构的理论来看，人类活动的影响，人文、自然变化对植被的影响，北半球中纬度地带气候变迁，大陆化的加强，降水"受激"、暴雨进一步集中，洪峰、洪量受激被复制加大，侵蚀与输移动力的加大，沙漠化发展，经向环流加强——大气冷暖梯度加大，风尘，雨土—新黄土沉积的现代冲击一次次加强，这一系列的正反馈，使子系统，或者热力学系统分支失稳，即是说，它们都是向着促使中游侵蚀产沙加大、水沙变化加剧，向着促使下游河床变形、河道变迁加剧，在迅猛发展的。

诸子系统的各种物理指标，在历史时期的各个时段也是有起伏与偏离的，若从地质尺度看，这些涨落、振荡似乎微不足道，而且有时可能相互抵消，所以一些子系统的偏离并不一定就导致黄河巨系统失稳。但在历史时期的某些特征性阶段，由于阶段性的环境作用的有序化，也由于系统内部另一些子系统的正反馈作用，可能出现无法耗散、抵销的起伏、涨落。这种偏离，在历史时期——如已阐述过也可以联想的那样，它们往往被辗转复制、放大，形成了一种联锁性的群反馈，从而导致系统的宏观变化。准平衡态的无序变成了失衡的有序。这种有序就是当今说的"侵蚀加速"和"河患越演越烈"。这是 2000 年来的总趋势。而 2000 年中各个阶段的环境—水沙—河道变迁演化的振荡，则是次一级的有序化过程。系统在螺旋变化中总有序地发展。❶

这就是对水沙变化与河道变迁发展过程，可以做出的耗散结构观念的解释。

四、结语

（1）历史上黄河水沙多次剧烈变动，与其相应地，中、下游干支河道河床变形激化，河患加剧，河道迁徙改道等重大事件频频发生。

---

❶ 沈小锋，等. 耗散结构论. 上海：上海人民出版社，1987 年。

（2）筛选出 38 次重大河患及变迁事件，划分 15 个河患频发阶段。重大河患事件绝大多数发生在河患频发阶段中。中游水沙变化的某些信息，与下游河患高发的灰色关联很好。

（3）存在西汉、宋金、明清时期水沙剧烈变动、河道变迁频发的系统躁动时期。

（4）黄河系统的躁动、黄河的水沙变化是一个地质环境问题。近 1000 年来环境恶化，水沙振荡加强，明清时期处于其巅峰状态。环境演变和振动对黄河水沙变化起到决定的作用。

（5）应充分认识人类在黄河，在自然环境中的位置。在历史上某些环境的特定阶段，人类活动对黄河流域系统的冲击作用往往与其他子系统波动形成共振，激化了水沙变异，从而也促进了下游河道的演化。人类作用，是和其他自然子系统交互，共同对黄河巨系统发挥作用的。

（6）耗散结构理论可借以解释全新世中期以来，黄河中游侵蚀及系统性振荡，黄河演化灰色巨系统中各子系统的内部关系有待进一步研究。

五、后记

1989 年，笔者参加"七五"国家自然科学基金重大项目《黄河流域环境演变与水沙运行规律研究》资助子项目，撰写系列研究报告。此文是其中提交的主报告之一。该项目是笔者参加的唯一级别最高的国家级基金项目，项目集体在 1995 年获得中国科学院自然科学一等奖，也是我迄今获得的唯一最高的自然科学奖。

黄河故道滑澶河段的初步考察和分析[*]

  本文所探讨的，是自河南延津县班枣到濮阳市的一段黄河故道，全长近百公里，称为古滑澶河段（因北宋滑州澶州名之）。1984 年，应指导武汉水利电力学院硕士论文的要求，我曾经两次专赴滑澶段进行考察，不仅踏勘野外地形，收集文物考古信息，还在沿故道数县收集了数千机井和水文地质的柱状资料，并在河床中用洛阳铲采得古床沙样本若干。在豫北故道中，有关这一段的文献记载最丰富，而且战国秦汉之际，堤防日趋完善，堤距狭窄，河患与河道变迁具有一定的典型性。正如西汉贾让所言："百余里间，河再西三东，迫阨如此，不得安息"，是当时下游著名的险段。（《汉书·沟洫志》）北宋朝野，治河争议也大多与这一段河势、水患相关；时人郭谘曾指出："澶滑堤狭，无以杀大河之怒，故汉以来，河决多在澶滑"。（《宋史·郭谘传》）北宋时的几次北流改道，都发生在这里。北宋 168 年中，本河段计有 60 年发生过 67 次河患（笔者《北宋黄河滑澶段水患序列及分析》，1985 年提交中原水旱学术讨论会论文，洛阳）。金明昌五年（1194 年）阳武河徙后，黄水再未流经滑、澶，在 20 世纪 80 年代，这里的地貌还隐约保持住了宋金的河道面貌。主要是故道的浅层状况，即北宋时的状况，略及历史上的演变。

一、滑澶河段的恢复

  恢复故道平面，主要凭借的是两汉、北宋史料与地面的残堤。滑澶河段的故堤，是豫北故道上现存最完整的一段，现断断续续仍可看出当年的规模，故堤的串联复原，勾绘出了故道的范围。

  本段平均堤距在 6.5 千米上下，而班枣、滑城、九股路、濮阳市四个断面，是典型的卡口，滑台处河身狭窄，历史上素为著名。濮阳市系昔澶州所在，南北德胜寨对峙，景德元年（1004 年）宋真宗亲征，乘辇过浮桥登北门楼，就是过的这一窄口^❶。只看堤距是不足以说明河身狭隘的。濮阳市西南不远，右岸还残存一道内堤，熙宁十年（1077 年）曹村下埽决口，就发生在这段内堤之上。五代北宋河防固守的主要是这道堤，后唐同光元年（923 年），王彦章攻唐，李存勖、朱守殷守德胜口，王彦章于杨村（距德胜口 8 千米）夹河垒造浮梁^❷，杨村的河槽也是很窄的。研究河身狭窄必须看河槽槽身，本河段平均槽宽 2.8 千米，最窄处仅 0.8 千米。河槽狭窄，有一个原因是为小堤所束。贾让就反对过由于人口增殖，与水争地而形成的小堤，唐代仍"令诸侯水堤内不得造小堤"（《文苑英华》，卷 526），说明汉唐以来此情状未得改变。北宋时，983 年命赵浮再次巡视遥堤旧址，认为"治遥堤不如分水势"（《宋史·河渠志》），可见遥堤并未完善，局部堤段仍可能靠小堤。

---

  * 刊于《历史地理第四辑》（上海人民出版社，1986 年）。

  ❶ 参阅《续资治通鉴长编》卷 58。

  ❷ 参阅《资治通鉴》后唐同光元年。

左岸申店至大屯一段金堤内滩地上，有大量唐宋建筑与墓葬，至少在当时，这一段是靠小堤的。迎阳铺附近应是著名的迎阳埽，距残断的遥堤两公里多，位于滩地上，现发掘有北宋墓葬建筑，993 年梁睿的黎阳至迎阳新渠，1015 年在迎阳村北所开减水河，都是在滩地上施工的，这里也是相对固定的滩地。大伾山以东的大河心滩，黏、壤覆盖层厚达 6～15 米，滩边亦有堤防，规模小于金堤。在张庄九女台处，有汉墓群，这一滩区的固定与人类定居，当比以上地带更早。浚县白毛、临河一带，大小堤相距 3 公里，隋唐的临河县就在大堤与高滩上，地面下不深，就有汉墓汉陶。民国《滑县志》云，伍子胥庙碑就在白毛里，即《水经·河水注》所言"祠在北岸顿邱郡界，临侧长河。庙前有碑，魏青龙三年立"。《元和志》相州临河县条云："黄河，南去县五里"。这一滩地也是凭借小堤防洪的。右岸滑境滩区亦相当大。元和八年（813 年）薛平在黎阳界重开古道，"还壖田七百里于河南"，则退出数百顷滩地。大和元年（827 年）李听将濒河之地数万亩"以权力相假，以富利相赡"●，假民之地仍系退出的河滩地。北宋时王诏知滑，"州属有退滩百余顷，岁调民刈草给予河堤"（《宋史·王化基传》）。淳化五年（994 年）杜彦钧自韩村埽至铁狗庙开渠，也是在滩区开减水河。曹村以下，从花堤口到付庄、小堤村，还残存有小堤，与金堤间的新月型滩地约 50 平方公里。在元丰元年（1078 年）灵平堵口口门附近，发现大量北宋以前的陶片。以上事实说明：这些滩区都是相当稳定的。小堤稳定了滩区，河槽宽比大堤堤距小得多。滑州浮桥在 1084 年被冲坏，重建浮桥于州西时，"两岸相距四百六十一步"（《宋会要辑稿，方域十三》），合今制七百余米，此即滑台城西河槽的大致宽度，此处堤距却有三千多米。黄河下游，"唯滑与澶最为隘狭"（《宋史·河渠志》，赵浮言），不仅是堤距，也概估了河槽宽。

北宋时，滑城是河患较集中之处，除因大堤及天台、狗脊山挟持，河势险迫之外，上下"土脉疏、岸善溃"也是一因素（《宋史·河渠志》，梁睿言）。《元和志》云："昔滑民为垒，后人增以为城，甚高峻坚险。临河亦有台。"（《元和郡县图志》卷 80）北宋州西浮桥右岸，"高崖，地杂胶淤"（《宋会要辑稿》方域十三），都述及滑城历来就是濒河城池，有踞崖俯河之势，宋城系 1018 年重修；明清土城规模如旧，城西北骑狗脊山，西门外是天台，河堤凭借山势，与土城近在咫尺，城墙亦有御水作用，可作第二道防线。天台埽依山而建，残堤宽仍近百米。狗脊山东北不远，是著名的苗圃堤与渔池埽。渔池正北十余里，酸枣庙村与大伾山东西相对，即鹿鸣故城所在地。"金堤既建，故渠水断，尚谓之白马渎。故渎东径鹿鸣城南"❷，白马口即白马渎分流处。由于白马山受大河主溜冲啮，早已颓圮。北宋时滑州上下一直是很险恶的。据南宋成书的《昨梦录》所言："白马之西即底柱也。水常高柱数尺，且河怒为柱所抗，力与石斗，昼夜常有，声如雷霆，或有建议者，谓柱能少低，则河必不怒，于是募工凿之，石坚竟不能就……"，州西的礁石出露，愈使河道迫厄险艰。除明礁外，"滑台南一、二里有沙咀，横出半河……河水泛滥之际，其势横怒"。欧阳修曾通判滑州，对此颇有体会，后作《葛氏鼎》一首，云："剖然岸烈轰云矗，滑人夜惊鸟嘲啁。妇走拖儿扶白头，苍生仰叫黄屋忧。聚徒百万如蚍蜉，千金一埽

● 参阅民国《滑县志》，金石录，李听德政碑。

❷ 参阅《水经·河水注》。

随浮沤……"❶，十分形象地描绘了河决岸崩的景况。为了筹办河防物料，花费是很大的。欧阳修在至和二年议及，"往年河决滑州，曾议修塞，当时公私事力未如今日贫虚，然犹收聚物料，诱率民财，数年之间方能兴役"❷，到真宗朝"国用方乏，民力方疲"，天禧天台之决，拖了八年方予堵复。

通利军一岸，未如滑州那么险。在今道口镇北数里，昔有两座一百五十米见方的小土城，旧志称向固城，系北宋滑州州兵及河防埽兵驻地。这里到浚州十八里，经道口过河，至滑仅仅八九里，汛期救援滑、浚二州诸埽，十分便捷。

二、"晚年"时期的滑澶河段

以往黄史研究中，北宋澶州以东黄河北流（如商胡决口）的问题研讨的较详尽，而宋末金初，滑澶间百余里河段的"晚年"状况，由于史籍粗略阙失，有所疏漏。通过实地考察，结合资料的重新考证和遥感图像的解释，有一些新的认识。

（一）北宋元丰元符年间小吴泛决北流

内黄县中召、梁庄北宋左堤上，有大吴、小吴村落数个，此即著名埽工小吴埽，与曹村埽隔河相望。商胡决口前后，滑澶河患主要在滑境右堤，澶州上下，大小吴偶有决溢，险情尚不严重。元丰三年（1080年）七月，孙村陈埽及大、小吴埽决，揭开小吴北流之序幕。次年四月，小吴复大决，泛水直注御河（即今卫河），威胁恩州。王莽故渎原未设防，仓促中求助于澶州，五日，澶州即言"本州无近差拨取无梢草，乞划刷本路兵五七百人及借支河埽杨桩千条、梢二万条，本州予买草四万束以援"❸。六月，神宗诏"东流已填淤不可复，将来更不修闭小吴决口，候见大河归纳"（《宋史，河渠志》），于是修立堤防，形成新道。八九月，又议及就新道，创修东西堤与迁出堤内南乐、馆陶，宗城、魏县等邑治，1082年，人为决大吴埽，以缓灵平新埽之危势，北流的口门更宽。1084年，北流水决元城。1085年，决大名府小张口，王令图，范子奇等主张回河东流。1087～1089年，北流又分别决于南宫、宗城。1093年，北流更加危急，"西出内黄，东淤梁村……河水四出"。到1099年初，李伟还建议于澶州南，开小河，利用故道"分解大吴口下注北京一带向着之急"（《宋史河渠志》）。直到元符初年，小吴北流一直是分担了大河主溜的。这条北流的形成，在地形上相当便利，大、小吴上下的宋堤，正处于西汉大河的河身之中，千余年来黄河淤高，北决之水对于王莽故渎有高屋建瓴之势。所以范百禄等说："河出大吴，一向就下……大吴以上数百里，终无决溢之害，此乃下流归纳处河流深快之验也"，1088年，苏辙也论及北流"入地已深"，皆可以佐证大河利导之势。这一点，赵浮在983年就创议过："可立分水之制，宜于南北岸各开其一，北入王莽河以通于海"。

1081年8月，李立之估算"东西堤防，计役三百十四万四千工"❹，数月中是可完竣的。九月实施的首先是下游"分立东西两堤五十九埽"，次年正月，神宗诏："凡为小吴决

---

❶ 参阅《欧阳文忠公全集，居士集》卷6。
❷ 参阅《欧阳文忠公全集·奏议·论修河状》卷109。
❸ 参阅《宋会要辑稿》方域一五。
❹ 参阅《宋会要辑稿》方域一五。

口所立堤防……毋虚设巡河官，毋横费工料"（《宋史·河渠志》），短短数月，金堤复堤工程已抢修完毕。此后，北流堤防岁修就成了制度。滑县庄丘寺石香炉就镌刻有："元丰五年黄河北工共梢草八次，元丰六年三次梢草；五次草，元丰七年三次梢草三次草"❶，即为一证。

在大吴、小吴以北，直到内黄城东，皆是北流遗弃的砂地，苇坑坡洼星罗棋布，而硝河坡在历代航片及各颗卫星影像图上皆有显示。利用地质资料，作一系列北流之横剖面，则显示出在地表砂壤土下2～3米，有一条形中细砂、粉流砂层，厚3米左右。在这一砂层之下、系数米厚的黏土与亚黏土，其下才又是中细砂层，这一细颗粒层大致是王莽河断流后的堆积物，其上的条形砂层，就是小吴北流的沉积物。将它投影到平面上，宽三五千米，现存硝河坡即为该北流河道的中泓。

小吴北流的典型剖面见图1。

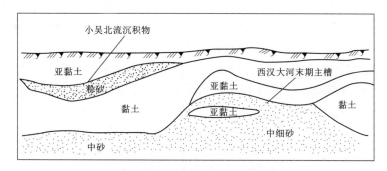

图1　小吴北流与王莽故渎剖面

（二）迎阳北流及浚滑段故道的尾声

故道里的流水地貌沙迹，从沙店至滑城，到酸枣庙，迎阳、了堤头，直冲内黄旧县。它既反映出了宋金之际河槽的相对位置，也表征了本河段在大河南徙前最后的流路。

小吴决口形成的北流，短短十余年将王莽故渎淤高数米，到11世纪末，河患已向小吴以上转移，1100年4月，河决苏村埽。苏村埽是北宋通利军河防上的两埽之一。通利军地域大约与今浚县相当，迎阳埽属滑州，临河已属澶州，苏村只可能在迎阳之上游。从元丰七年滑州齐贾下埽河水涨坏浮桥而移州西看❷，齐贾埽分管的是今道口镇以上河段，苏村埽则应管浚县上下，即后代称万年堤和与迎阳埽毗邻的一段河防。元符二年（1099年）十二月壬戌，水部员外郎曾孝广言，"大河见行滑州、通利军之间，苏村埽今年两经危急，请自苏村埽危急处，候来年水发之时，乘势开堤，导河使之北行，以顺其性……"❸，次年四月苏村之决，看来是乘"麦黄水"，按计划开堤分洪的。浚县以上万年堤段到现代仍完好，无决河之迹，故具体决口处应在大伾山以东，即与迎阳埽毗邻的一小段上。此事见诸曾孝广传"疏苏村、凿巨野，导河北流"（《宋史·曾孝广传》）。

---

❶　参阅民国《滑县志》金石录卷6。

❷　参阅《宋会要辑稿》方域十三。

❸　参阅《续资治通鉴长编》卷610。

1101 年春尚书省言："自去夏苏村涨水，后来全河漫流……宜立西堤"。1104 年 2 月工部言："乞修苏村等处运粮河堤为正堤，以支涨水"（《宋史·河渠志》）。运粮河指大伾东麓及黎阳仓下的河汊，为大河枝津，文献上称古河、故渎，薛平在元和八年（813 年）曾予疏浚。《资治通鉴》胡三省注，"大河故渎径黎阳山之东，后南徙，为滑州患，故复凿古河"。这里的西堤即为苏村北流之大堤，计划筑在原运粮河堤的基础上。确定了苏村埽的位置，1103 年的"河决内黄"就已经不是小吴北流上的黄口了。岳飞原籍汤阴县，该年："六月河决内黄，水暴至（指汤阴境），母姚氏抱子坐瓮中，冲涛及岸得免"（《宋史·岳飞传》）。当年曾发夫七千修西堤，涨水复坏之。从水情看，在内黄旧县（今内黄县西 25 里）与浚县之间是行黄了。对此，《宋会要》未述，元符二年（1099 年）和之后的河患遗漏，《宋史河渠志》在元符二年（1099 年）后辑选极粗略，使人弄不清黄水的具体动向。《续通鉴长编》恰恰在元符三年（1100 年）二月后残断，给研究宋末河势变迁留下不少空白与困难。不过曾孝广在 1099 年 7 月中旬赴河北一相度河事后，十二月奏言提到这么一个事实，即于苏村决堤导河北行"下合内黄县西见行河道，永久为便"[1]。就是说，不仅是由于 1100 年四月实施了苏村决口才有新的北流，而是在 1099 年下半午"六月末，河决内黄口"的同时（《宋史·河渠志》），在小吴北流的上游，又有了新的决口，内黄县西比小吴北流河床地势高，1099 年以后对内黄西境乃至对汤阴县境的洪水威胁，并不来自小吴北流，而是从禹河方向而来的黄水。

从实地考察，冲浚县、内黄、汤阴三县的黄水，是从迎阳铺方向来的。浚县东北的嘴头村和了堤头村之间，约有 7000 米之距全无堤迹，沿线是一片砂垄及坑洼，曾为大溜所经。口门似在迎阳埽，溜势直扫堤头，于曲河村转西北冲井固，再东北趋内黄故县城。沿途留下近二十个内涝洼地。小吴以上河段的北流，分夺大河主溜，就在 1099 年、1100年。因为 1093 年"河水四出"（《宋史·河渠志》），还指的小吴北流，1098 年澶州河溢，水情似不严重。但是 1099 年 6 月，山陕大水，冲毁了三门峡人门岛上的禹庙，"元符中大水，坏三门，一夕寺庙皆失，略无孑遗"（张舜民《画墁录》），三门峡洪峰流量虽低于1843 年，但仍属特大洪水。水出孟津，适逢京西、河北淫雨大水，六月底，河决内黄口，东流遂断。邹浩奏曰："大河水势，近日暴涨，凡在冲注，漂荡一空，如三门白波，则其害尤甚，盖数十年以来所未有也……见去年河北京东等路，大水为害甚于常时……而今年之水又非去年可比。盖自陕西京西以至河北，其间州县当水冲者，皆漂荡民人毁坏庐舍，至不可胜计"[2]。该年，哲宗与工部诸臣多次商讨治河与灾赈，下游全线决溢漂荡。《长编》《宋史》《宋会要》记载过于疏漏，迎阳埽在 1099 年被突破却失记的可能最大。次年苏村决堤，二流合一，口门扩大，形成迎阳一苏村北流。此后，1103 年自御河浸大名、馆陶之水，1108 年邢州之决、冀州之溢、1113 年束鹿上埽涨水、1115 年冀州之水、1117年瀛、沧之决，1121 年冀州之患，都主要地由这一新的北流造成。

浚滑行黄和迎阳一苏村北流，是否到 1128 年杜充决河就结束了呢？不是。

乾道五年（1169 年），楼钥出使金国，自滑至浚，"浚依山为州，子城据山上，故州

---

❶　参阅《续资治通鉴长编》卷 519。

❷　参阅《续资治通鉴长编》卷 511。

在今郡城之北，绍兴初河失故道，荡为陂泽；遗堞犹有存者，旧河却为通途"❶。遗堞即黎阳故城，北宋浚州州城，今浚县东关外一里即是，荡为陂泽处指与黎阳遗址毗邻的紫金湖。《读史方舆纪要》卷16所云"黎阳废县古县西二里又有故城，在今县东北，汉县治此"。《水经·河水注》说"令黎阳之东北故城，盖黎阳城之故城也。山在城西，城凭山为基，东阻于河"，说的都在这里。绍兴初浚州城被黄水荡为陂泽，说明杜充决河后，主溜仍可由浚滑迎阳北流。绍兴初是指的哪一年？建炎绍兴初，京西及河北处于一个持续的干旱期；绍兴十年（1140年）以前只有1134年6月、9月有久雨的记录，但黄河中游偏旱。绍兴八年（1138年）黄河中游大水，这年王竟在河内令任上，"夏秋之交沁水泛溢，岁发民筑堤"（《金史·王竟传》），孟县、沁阳县志同记有沁水溢一事。结合中游水情（南京地理所陈家其将其水旱等级定为1级）看，1138年在黄河下游出现黄沁会涨的局面。据笔者对北宋滑澶水情的分析（《北宋黄河滑波段水患序列及分析》1985年），黄沁并涨对滑澶段的影响非常直接，后果也很严重。北宋一代，滑澶段河患，常与黄沁并涨有关。本来《金史》对金初河患记述甚疏，只有《河渠志》里"数十年间，或决或塞，迁徙无定"几句含混的话，实际有四十几年没有河事的记载。绍兴初滑澶、大名为刘豫伪齐所辖，1137年刘豫下台，处于动乱之中，次年初入金境的浚州严重水灾，可能是漏记了。绍兴初的十年中，只有1138年下游有河溢的记录，楼钥在1169年所见实况，很可能就是这次洪水的后果。

楼钥自滑赴浚是陆行的，是否1169年这里已无河了，是否全河都改到李固渡东决新道了？固然，同年范成大使金，也留有"大伾山麓马徘徊，积水中间旧滑台"的诗句（《范石湖集》），在1168年河决李固渡后，浚滑之间确近于干涸。但是大定二十八年（1188年）内黄大水县漂："京大名府等处，避水逃役不能复业者，官给予津济钱，乃量亩给以耕牛"（《御批历代通鉴辑览》），同年南乐县也有"河决，诸州县并漂"之记（康熙《南乐县志》），大定二十九年（1189年）内黄"河决县漂"（光绪《内黄县志》），明昌四年（1193年）"六月河决卫州，魏、青、沧皆被害"（《金史·五行志》），卫州决河泛及河北仍旧是通过浚滑的。以上记载说明，直至1194年阳武改道的前一年，黄河大溜仍旧不断通过浚滑河段，泛及下游的。这也就是滑澶河段的尾声了。

（三）李固渡决口

1128年冬，杜充决河入泗，《中国自然地理·历史自然地理》一书分析决口大约在滑州李固渡以上。

李固渡，是滑州境黄河的一重要津渡，北宋初为全国著名的渡口之一（《宋会要辑稿》方域十三）。但其地名未传及后代。从野外考察看，延津至道口，途中经罗滩、河道、飞王，有一宽约3～4公里的河身，槽部为今柳青河所据，其上游大沙河，宣泄阳武河徙后故道内的涝水。柳青河提供了黄河在滑州境的最后踪迹。在河道村以上，地貌低洼，20世纪50年代曾规划为一个纵向的沉砂池。罗滩东五里常新庄至沙店南二里申砦一段，金堤被荡涤一空。这一堤段以西，有两个大洼地，名苗家洼老龙洼，其东北、西北方向，有一个高2米的陡坎，联系到沉砂池的走向和滑州黄河故道的相对位置，这一系列景观绝非

---

❶ 参阅《北行日录》，四部丛刊本《攻媿集》卷111。

故道原来西南—东北向流水所蚀，而是大溜直南（偏东）而下卷刷形成的。1169年楼钥使金，从胙诚至前一年决口后的河边，到渡口，"此李固渡本非通途，浮桥相去尚数里，马行三里许饭武城镇，一名沙店"❶。沙店至今地名未变，史籍所述的李固渡位置，就是野外所见的常新庄、申庄一带。沿柳青河，两岸还残存有金代的堤防，正德《大名府志》称其为"东西大堤"，规模自然比金堤小多了。

这一流路的形成，是有历史因缘的。金堤建成，河床抬升，背河洼地涝水顺地势东南而下，作为除涝河，到北宋时叫灵河，灵河废县（熙宁三年废）正在其北岸，废县距金堤仅数华里。960年的灵河县之决，可能就在此。966年再决于此，韩重赟、王廷义率卒护始新堤，《宋史》未述明决河具体流向，但《长编》卷七述及该年水入澶州境卫南县和郓州界、曹州境南华县。可见这与后来李固渡决口泛流方向是同一的。到978年，"灵河县河塞复决"，郭守文等"护塞灵河县决河"（《宋史·郭守文传》）。这一堤段，正当淇口之对岸，坐弯顶冲，骆宾王《自淇涉黄河》云"朝从北岸来，泊舡河南浒"，可能指的正是这一河曲处。这里在北宋时，一直是险工河段。所以983年赵浮提出于滑澶立分水之制时，南岸的口门正在此处："南入灵河以通于淮，节减暴流"（《宋史·河渠志》）。当时灵河与王莽故渎相似，一南一北，地势低下利于分流，一旦决口，水有所就，改道的可能也最大。这也就为后来的南决埋下了伏笔。

三、滑澶段历史演变中的两个问题

建立了故道的平面形态之后，利用延津、滑县、浚县、内黄、清丰、南乐及濮阳的水文地质和工程地质资料，确定并点绘河道横剖面（见图2），利用沉积学的概念，对滑澶段黄河的历史演变提出两个问题。

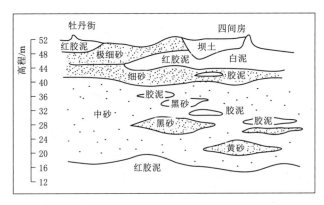

图 2 典型的河道剖面

（一）西汉河床的位置

西汉末黄河与东汉至北宋黄河河道的歧分处在浚县白毛村以东，王莽故渎自白毛东出，东北过清丰、内黄之间。王莽故渎干涸千年，只是北宋元丰年小吴决口北流，黄水才又经西汉故道下泄。用王莽河的地质剖面与附澶故道剖面作比较，可看出西汉至北宋的沉

❶ 参阅《北行日录》，四部丛刊本《攻媿集》卷111。

积关系。内黄县水文地质图的 14—14、15—15 剖面，横剖了西汉河道，从西汉的河线看，它们正好与业已复原的 C.S.10、C.S.11 剖面衔接。内黄资料显示出，中～细砂顶板高42 米，上覆数米厚的黏土、亚黏，而在地表下 3～10 米，有一粉流砂或细砂层，厚达 3～6 米，这一砂层，正是前述小吴决口时的沉积物，黏土、亚黏层系大河断流后 1000 年的堆积物，42 米以下的中、细砂层，可能就是西汉末年以前的沉积物。内黄、浚县的考古发掘，也证明了汉唐大河左堤外地面高大致与此相对应。C.S.10 剖面上的中砂顶高约为44 米，与内黄的中、细砂是相对应的，是同时代沉积物。从滑城以上诸剖面也可以清滋地析出，中～细砂的过渡正好与金堤的完善相应，从金堤的完善推断相应的河床沉积相（中砂）的堆积时代，大致在公元前四世纪到公元 100 多年，这段金堤的底高约为 52～54 米。似到后来，大致是在西汉中期之后，沉积物向细砂过渡。因而故道的中砂顶板面，可能就是西汉前期的河床床面。这一推论还有待于用其他手段验证。倘是如此，将对西汉末的河患及河道演变，给予水文、泥沙问题一定的启示。

（二）西汉河道与禹河的关系

禹河和西汉河道，历史地理学界已做了很多论证。这里不再赘述。在武陟——延津的一段故道，汉河河床当在禹河河床之上，这一点是无疑问的。但对浚滑一段，还有不同认识。

金堤既已复原，就可按贾让之说，从浚县（故黎阳）算起，找到遮害亭及宿胥口的位置。遮害亭应在浚县大屯、田堤一带的金堤上，宿胥口当地人指认地望在浚县淇门东南的地壕村附近。禹河流经时，还无金堤，从复原的横剖面看，在汉河河线左右十余千米甚至更宽的大断面下，深部的砂层是贯通为一的，说明禹河行经时期，河水并无一条固定的、单一的河线，而是顺地势漫流。我们思考禹河，最好不要与后世有堤防的黄河，甚至现今河道的外形混为一谈。它的右岸，远远超出金堤外背河洼地，滑县、濮阳县的一系列仰韶、龙山文化遗址的天然岗丘大致标志着其南界。它的左岸，受到浚县西山的阻遏，不会超出今卫河左岸太远，浚县亮马台与凤凰台的龙山、殷商文化遗址，小河集北的黏质条形天然堤防，也大致标志了大河的北界。在现今卫河两岸地面下 15～20 米深，断断续续有与滑澶故道沉积相对应或贯通的砂层。不过在左金堤以外及大伾山以西的部位，中砂顶板比汉河的低下 3～10 米，其后由细颗粒覆盖（已不是黄河的流水沉积物），到上层才是卫河与漳河沉积物。从地质剖面和沉积物质看，总趋势是河道向东南方向横向变迁推进，直至被金堤固定在西汉河的位置上。从沉积实况设想：在某特定的时代，传统认识中的禹河与汉志河都是行黄的，大伾山、浮丘山当时只是漫流中的一个石岛，是黄水中的"浮丘"，在其左右上下，有一系列大规模发育的"心滩"。但这种"心滩"与河流地貌中心滩还不尽相同。从钻孔资料看，它多系红褐或土黄色的黏、亚黏颗粒物质堆积，对比孟津以下第四系或更早的地层，它可能是某地质时代古大河的漫滩物质，后基底抬升、河流下切，河床曾大幅度下降，漫滩变为阶地，阶地被风化、侵蚀，形成大河沿岸的一系列岗丘、分割台地。而当大河重新堆积加高，到某一高程，有的岗丘与台地一度成为相当稳定的"心滩"，发育成禹河与汉河的分水岭，或大河的天然堤。大河主流从禹河向汉河方位滚动，细颗粒首先在禹河部位沉积，部分河槽演变成边滩，边滩发育，主流南移，太行山的构造抬升运动自然也是促使河道南移的重要原因。这种变迁经历了一个历史阶段，可能即"商竭周移"的实义，而且变迁中仍有局部的反复推移。最终，在某特定时间，大河主流全部转入汉志河的河槽。这可能是目前成为孤证的"周定王五年河徙"的实际情况。这次变徙，是多汉的游荡河道的演变中很正常的现象之一。它与金堤完善之后的河徙改道在概念上还很不相同。主流迁徙之后，禹河还不时通水，特别是在大水漫滩后．但是人工堤防完善后，禹河故道不再与大河相渤，就只能宣泄坡洼涝水了。按此分析与推断，谭其骧先生在《西汉以前黄河下游河道》一文中（《历史地理》第1辑，1992年），第6～8点、10～12点结论，与实际情况是比较符合的。不过汉河既是如此发展而来，大伾山东的汉志河线仅是无堤防时大河的一汉，汉河也可以认为是"禹之旧迹"。

利用地质资料，对各个深度的地层逐次投影，可以概略地看出大河变化的过程。从西汉前期河床约在故道地表下8～10米，两岸的汉、唐地面，约在今地面下6～8米，考虑到叶青超等提出的这一带3000年以来沉积厚达11～12米（《黄河下游的河道演变和黄土高原的侵蚀关系》，载于《第2次河流泥沙国际学术会议论文集》），以及河北省地理研究所在河北东南部做的工作，一般地面下20米的砂体，经碳十四鉴定，至少是一万年前形成的，馆陶县古河道在地下25米处贝壳的年代已大于36000年（《中国考古学中碳十四代数据集》），把研究地域各控制点的15～20米深的土层，作平面投影，并参考一系列新石器时代的考古发掘，绘出全新世中期的大河形势图。大河的东南岸，大致在滑县半坡、沿村、曹起营、唐古寺、辉庄、冢上、白云观及濮阳郊区故县、西高城和程庄这一系列仰韶、龙山文化遗址的西北。其西（北）岸，从淇门算起，至浚县四马湖、大碾、小河集北、任贾店、亮马台、陈庄、新寨、小滩，在内黄县豆公、楚旺一带，过内黄泽（内黄泽曾是大河的调节性湖泊，大河东徙后，与河水脱离，成为封闭水系）。这时的大溜，被大伾、浮丘山和一系列的心滩分成了两汉，由于漳河冲积扇和汤淇冲积裙加速向东南推进，浚县西山山前冲积物的前推和图示"心滩"的"溯源"发育，大河就逐渐地被挤到"心滩"以东的河槽内。其中，大伾山东及亳城集两处原生冈丘相当稳定。前者东侧有颛顼高阳氏，帝喾高辛氏遗址（《元和郡县图志》卷16），1979年探测发现有仰韶、龙山陶片、烧土灰层，后者有商中宗太戊陵遗址与亳城遗址，亳城即河亶甲由器居相时所筑，地表就有殷商陶片，1963年安阳考古所曾探眼取样。另外在濮阳郊区戚城、铁丘、马庄、蒯聩台等处，近年来都相继发掘并考定有仰韶、龙山及殷周文化层。以上四大系列的新石器时代与殷商、西周文化遗址，大致把大河分隔成三汉，与文献记载中的禹河、汉志河，漯川，地望同一。

史念海先生在浚县作过大量的工作（史念海，《浚县大伾山西部河道考》，"历史地理"第2辑，1984年），他提出在枋城—邢固—瓮城，及蒋村—东王村一线之深层，机井钻进所见之河蚌壳与淇河蚌壳是同样的，故此线是古淇水河线，而非禹河线，史先生概定的淇水线大致在我复原的古大河西岸线之外，部分地段同一，而走向完全一致。从而，史先生有意义的发现给我一个重要的启示：这些蚌类当年在大河的西岸岸边湖泽、港汉集居，"古淇水"线是否类似于海洋的贝壳堤线？因为这一线型分布，恰恰勾绘出了禹河的西岸岸界，如果进一步做工作，这条线就可显示出古代禹河西岸的微地貌特征。史先生在我勾绘的西岸线之外查看机井资料，自然看到的多是西山山前冲积物，而非黄河沉积物。至于见到的所谓黑砂，似不能说明"古淇水"线是单一的淇水所经。因为即便是淇河砂，入黄后相互混杂，裹挟而东北，若取样孔位处于某时段主流所经位置，颗粒较粗的淇河砂沉积就多一些。以黑砂在左金堤之外部位沉积来证明淇水未汇入黄河，理由似不充分，因为浚、滑群众把水泥浆色的河砂称黑砂，它确系太行山山前冲积物，但它并不是只在淇河或禹河部位出现，而是在西汉故道的深层，滑台上下都有多处沉积。说明淇河砂与黄河砂业已混合，只是由于不同的洪水构成机遇和河道变异，来砂在研究段分选、集聚，以层理出现。从剖面上看，无论是禹河还是汉河，沉积厚都超过 20 米，相应说明汉河河线的生命比文献记载的要早得多。当然，禹河之谜，禹河到汉河的演变过程，乃至于素有争议的"禹酾二渠"的真实含义，还有待于深入作工作来科学地揭示的。

四、结语

（1）贾让论述本河段，首次用了"游荡"二字来概括河性，那是就战国的宽河而言的。至少在西汉以来，研究河段并非游荡性的，宏观地看，河槽相对稳定。

（2）在黄河下游中，本河段无论是在两汉还是北宋，突出的特点是狭窄。人工营造的大堤、部分小堤及一些险工石堤护岸以及几处卡口，起到了钳制河势的作用。

（3）浚滑间的"汉志"河河线位置，在全新世中期以来，仅是多股道的漫流中的一股，传统认识中的禹河河线是另一股，浚县大伾山两侧的大河河线是客观存在的，从禹河向汉河转化的过程，就是从自然漫流到人工控制，使河道稳定化的过程，是从宽河向窄河演变的过程。这一演变中，自然作用和人类改造是相互促进和影响的。

（4）西汉大河的河床，大致埋藏在故道地表下 8～10 米。

（5）北宋一代，本河段改道变徙的决口口门，自下而上渐次迁移，除人们熟知的横陇决河、商胡决河、小吴北流之外，还有 1099～1100 年的迎阳—苏村北流。

（6）浚滑之间的汉—宋河道，在 1128 年杜充决河之后，还长期行黄，它的终年，应该在金明昌五年（1194 年）。

五、后记

1984 年，黄河水利委员会《黄河志》总编室组织河南豫北故道考察，邀我参加；恰好，武汉水利电力学院的水利史老师，请我参与他们的硕士研究生论文的指导，对象也是西汉黄河下游的问题，我便带着问题查阅了有关典籍、文献，以及 1930 年、20 世纪 50 年代的豫北地形图、航测图，于 1984 年春和黄委同志一道驱车考察，当年暑假，又带自行车到延津、滑县、浚县、濮阳实地考察，得到当地水利、文物同志的帮助。这两次考察的成果，除撰写了报告之外，还就历史的河流泥沙、河流地貌写了一些论文，在《人民黄河》和《历史地理》刊出。当我自己初步弄清楚从西汉到宋金此段黄河大要之后，指导研究生论文的任务也就迎刃而解了。这两年的学习，与其说是水利的，不如说是地理的，认识到水利历史研究的一个前提，是历史地理的基础。

历史黄河在河南豫北的变徙和堆积[*]

近几年来，通过对豫北黄河故道的一系列查勘及历史资料的发掘整理❶，特别是通过对其中典型河段——滑澶段的探讨，对西汉以来豫北故道的河患与河床的纵向调整、故道的堆积形态及其他一些历史河流泥沙问题，有了进一步的认识。笔者发现，古今黄河下游纵剖面是大致相似的，但西汉的下游纵坡降较后代要陡；河床沉积物有过数次颗粒粒级的细化变异，与之相应的是河床沉积的加积时段，是河床纵向调整的显著时段，也是河患及变迁频繁的时段。

一、豫北黄河的迁徙和纵向调整的特征

众所周知，自西汉初到明初的豫北黄河，有着漫长的演变、迁徙过程：西汉时，河出孟津，流经今河南省新乡（市）、濮阳（市）、安阳（市）境入河北省；到东汉，自濮阳市东入山东省境，行历史上所谓的"汉唐故道"数百年之久。在北宋灭亡之前，历史上的大决口导致的改道或局部的迁徙，多发生在濮阳市附近和濮阳以下，浚滑这一著名的卡口，控制着河道的变迁。北宋前期，局部的改道多在澶州（治今濮阳市）之下，但后来决口口门明显上溯，出现小吴北流、迎阳苏村北流，具体在滑澶河段上，河患、决口与河床的纵向调整，有着极密切的关系。1128 年和 1168 年李固渡决口，黄河主流自泗水水道入淮，形成了摆脱浚滑节点控制、南下夺淮的新格局，同时干流决徙口门继续上溯，1194 年，河徙阳武光禄村；1387 年、1391 年河决上提到原武黑羊山；1448 年河决荥泽孙家渡，决口口门终于上溯到了桃花峪冲积扇的顶点附近，黄河在沁河口以下的流路，也逐渐从豫北故道位置，摆动变徙到明清时期黄河——现行黄河的位置上。诚然，在决徙点逐渐上溯的总趋势下，在局部的河段上出现过漫溢和决徙口门上下飘移、徘徊不定的时段，但这并不妨碍认识变徙的总规律。

1. 北宋河患序列的重建

在西汉金堤系统完善后，豫河的 1500 年、1600 年历史中，北宋时期河患与决溢的记载是最详尽的，而滑澶河段又特别具有典型性。故以北宋河患序列为例剖析豫北黄河"晚年"的河患与河床调整。

基本方法之一是尽可能探寻、补全北宋时期中、下游水情和旱情，水患，险情、决溢，以及人类治理活动年表，加以考证，重建水患序列。若将黄河中、下游水患分为五个组合单元，以英文字母 A 表示山陕来水事件年；B 表示伊洛河来水事件年；C 表示孟、怀、郑、卫四州河段发生水患年；D 表示滑澶河段发生水患年；E 表示滑澶以下河段发生

＊ 本文系水利史研究会 1985 年全国会议论文，内容有修改。

❶ 该工作开始于黄河水利委员会《黄河志》总编辑室主持的黄河故道查勘，见《河南武陟至河北馆陶黄河故道考察报告》，载于《黄河史志资料》（1984 年第 3 期）。

水患年，重建的水患组合序列统计分类如下：

A——5 年次，ABCD——2 年次，BC——2 年次，C——13 年次，CD——12 年次，CDE——12 年次，CE——3 年次，D——20 年次，ABDE、DE、BCDE 各 1 年次，E——25 年次，平水年——45 年次，干旱年——27 年次（统计样品共 169 年次，附分类结果表于正文后）。

剖析这一序列，发现下游滑澶段河患尤为突出，样品年次占下游有河患年次的 57％，而且滑澶水患与山陕中游水情似无明显的一一对应关系，甚至其中有 75％的河患样品年次，中游地区却属于正常乃至偏枯；以至三门峡以下孟、怀、郑、卫河段年并无水情时，滑澶及其以下河段的决溢，占到 42.8％之多。这些现象，从一定的意义上说明了：在特定的水沙条件下，该河床自身特性所决定的河床演变，是河患发生及变化的主要原因，问题的探讨必须从单纯的历史水情，延伸到河流泥沙的领域。这也是像黄河这样的多沙河流历史演变研究的一个关键。

利用重建序列样本，点绘河患时空分布图像（图略），发现河患的变化具有较明显的规律性，结合社会、人文背景及河床地质地貌特征分析，本文认为某一河段的上游来水来沙变化以及该河床自身的演变与调整，是影响该段河患、决溢时空变化的根本原因。

（1）960～1003 年。自孟州到澶州以及澶州以下河段，河道决溢情况比较均匀，以孟州、澶州为重，显示出北宋建国初，承继了唐中叶至五代河患发展的趋势❶，全河水患普遍抬升，五代以来残破的旧堤防系统尚未完善，下游全线皆险，澶州以下汉唐故道业已壅阻的局面。不过在宋初堤防修缮后，也出现过 986～1003 年短暂的小康局面。

（2）1004～1062 年。这一阶段孟、怀、郑、卫四州河段基本稳定，河患剧减，河道变化与河床堆积减缓。但河患过渡到以滑澶为主，并且于澶州州治以下出现横陇决口、商胡决口及二股河分流，各局部改徙的河道生命极短促，严重加速淤积；滑澶段出现河患自澶州向上发展，又自滑州下移澶州，说明堤防完善后，河道纵向调整，孟怀郑卫段输沙力已在堆积中提高。而澶州以下，调整正在进行，河床淤积加大，加上滑澶的天然因素（形势与土质），它仍不失为险恶段。也显示出通过澶州以下的局部改徙，泥沙基本上还能输送到澶州以下，而下游却无法容受。

欧阳修至和二年（1055 年）之议，正是针对这一阶段的淤积趋势而言："河本泥沙，无不淤之理，淤淀之势，常先下流；下流淤高，水行不快，乃自上流低下处决，此其常势也。然避高就下，水之本性，故河流已弃之道，自是难复……初，天禧中，河出京东，水行于今所谓故道者，水既淤涩，乃于滑州天台埽决，寻而修塞，水复故道。未几又于滑州南铁狗庙决（今所谓龙门埽者也）；其后数年，又议修塞。今水复故道，已而又于王楚埽决，所决差小，与故道分流；然而故道之水，终以壅淤，故又于横陇大决……及横陇既决，水流就下，所以十余年间，河未为患。至庆历三、四年，横陇之水又自下流先淤。是时臣为河北转运使，海口已淤一百四十余里。其后游，金，赤三河相继又淤。下流既梗，乃又于上流商胡口

❶　参阅周魁一撰写的《隋唐五代时期黄河的一些情况》，刊载于《水利水电科学研究院科学研究论文集　第 12 集》（水利电力出版社，1982 年）。

决……"❶。显然，滑州以下直至海口，是先自上而下纵向调整，而后海口的淤积与河口延伸，侵蚀基准的抬高，又反射回来，逐段回溯淤积，矛盾就重新交集于澶州上下。

（3）1063～1082年，河患以郑怀、澶州为主，滑州得到缓解，但澶州以下糜烂不堪，第二次回河之争也就发生在这一阶段，决口重点回溯到郑怀，说明宋初到庆历前的纵向调整已告一段落，澶州以下的堆积可能已越过浚滑卡口，发展到河口以上200多公里的河段，同时澶州大名一带的改徙与调整，也并未解决输沙的矛盾。

（4）1082年以后，河患以滑澶段为主，局部改道的决徙口门，从澶州州治以下发展到州治以上，而且逐步上溯，1080～1082年在州西三十余里的小吴埽决口北流，1099～1100年在浚州（治今浚县）东十约至二十里的苏村埽决口北流，扩及迎阳埽险工段，而每次北流在下游所改新道，往往还来不及适应迁徙变化，就急速淤浅，水患频甚。面对滑澶以下的混乱局面，河床也进一步作纵向调整，通过自澶州向滑州的溯源淤积抬升，力图加大纵比降，以求提高滑澶段的输沙能力。可以说，北宋之后直到明初，整个下游的这一调整趋势仍在发展中。所不同的是，从北宋的北决为主，一转为以南决泛流为常，下游横扫在豫东、鲁西南平原上，无一稳定河线。豫北原干流上的决徙口门也不断变化，来水来沙和泛流输沙的关系从而就不断地变化，河床已在进行小的纵向调整，更不断地被打乱。

2. 滑澶河段故道床沙分析

从郑州市西北广武岭的刘沟村至黄河北岸沁河口作一剖面，以该剖面起始，沿豫北故道确定上述一系列位置的纵向起点距，则大致复原如下：刘沟0公里，桃花峪15公里，黑羊山50～60公里，光禄村60～70公里，李固渡120～130公里，迎阳苏村150～160公里，小吴170～180公里，濮阳市190～200公里。为了探求豫北故道的河床堆积形势，笔者收集了沿河地区大量的水文地质与工程地质资料，进行筛选比较；1984年夏季，在典型的滑澶河段上，建立了15个横向剖面控制，择要实地钻孔取样分析。

故道范围内数千口机井的资料，定性地描述了河床堆积物颗粒自上而下逐步粗化。一般表层系亚黏土和风积物，地表以下2米是细砂及极细砂层，10米左右以下是中砂层，在地表下30～20米出现粗砂颗粒，反映出一个大的沉积旋回。这符合冲积平原上Q_4冲积层的总体沉积规律，并与现行黄河的沉积规律一致（见图1、图2）❷。笔者在故道横剖面中选取四个控制断面，用探铲采取了几十个砂样，经颗分整理，其成果见表1。

表1　　　　　　　黄河故道滑澶河段床沙取样颗分成果统计表

断面	位　置	孔数	砂样数	砂样埋深		D_{50max}	D_{50min}	D_{50} 平均值
				最大值	最小值			
C. S. 3	王庄—龙村	3	9	5.5	2.0	0.250	0.200	0.124
C. S. 5	道口—滑州	4	14	6.5	1.5	0.230	0.096	0.159
C. S. 7	小高—九股路	3	7	3.5	0.7	0.180	0.062	0.095
C. S. 11	牡丹街—北呼	3	10	5.6	1.0	0.120	0.010	0.072

---

❶ 《欧阳文忠公全集·奏议》卷一百九。

❷ 黄河水利委员会设计院，《黄河下游沿岸地带综合性地质—水文地质普查报告》，1962年10月；铁路设计院，《京广线郑州黄河桥址工程地质剖面图》，1958年4月。

246

在田野工作和室内颗分过程中，大致可见由地表浅层入深，床沙中径由细变粗的总趋势（诚然也有局部的波动和次级的旋回层）。以王庄附近位于故道河槽部位的滑5号位的孔为例，定量分析结果是符合客观定性总趋势的。从所取四个断面的 D_{50max} 和 D_{50} 看，纵向自上（游）而下呈逐渐细化的变化（见图1）。

此外，在主槽大多数剖面上，砂层中有两个细颗粒透镜体结构，在主槽中存在两次大规模的细颗粒沉积（见图2），说明在该河道历史上，曾经有过两次河流动力低能时段，相应的沉积物以细颗粒为主，当时可能心滩大规模发育，河槽发生横向移动。从河南省地质局水文地质十八队编制的《河南省水文地质图》（1978年12月出版）Ⅰ—Ⅰ剖面上看到，在滑县上游75公里的主槽部位，于35～37号孔位，对应的也存在两个细颗粒透镜结构，表明低能时段是下游整个沉积环境发生重大变化，而不是局部河段。

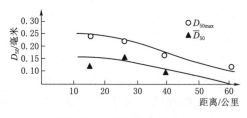

图1　D_{50} 纵向变化曲线图

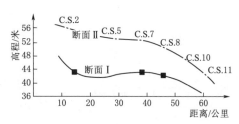

图2　细颗粒沉积纵向分布变化曲线图

二、2000年来下游堆积的趋势和说明的问题

能概略地表征下游堆积趋势的典型剖面有A—A剖面与B—B剖面。A—A剖面位于桃花峪冲积扇的顶点处，现今沁河口附近，自武陟县的草亭—荥阳县的刘沟，横剖了黄河，它概括了西汉以来黄河下游在冲积扇顶点的沉积历史。虽然该剖面本身目前尚缺沉积层的绝对年龄的判定，但考虑到沁河木栾店至沁河口河段，实测堆积速率与沁河口至秦厂河段的黄河堆积同步。忽略沁河口在明清变迁的因素，可以用沁河河口附近的地层资料做比较参考。武陟老城西关，西汉时地面高近91米，从西汉到1385年沁堤完善，武陟一带地面堆积4米左右；以老城城墙、城楼与堤防比较，自明景泰至清道光年间，堤防上升了5米；另老城护城堤筑于1763年，现滩背差2米[1]。此外，参考钱宁利用沁河口到东坝头北岸1493～1855年淤积统计，估算河床淤高6米[2]。再考虑到道光以后，1855年河决铜瓦厢，东坝头以上河槽相对刷深，水上滩机会大大减少；孟津到东坝头段的堆积实况，加上1938年花园口决口影响、中华人民共和国成立以后三门峡工程的实际影响，道光至今，桃花峪上下河床淤积并不显著[3]。洪武年间沁堤初建，景泰年间黄河已弃之豫北故道。从洪武到道光，黄河河床相应抬高5米左右。武陟县二铺营处明景泰后基本无主流通过，地面高程90.70米大致反映了相应的河床高程。元至正十五年（1355年）被河水淹没的广武山北麓河阳县的滩地，也大致是A—A上高程92.00米以下残存的二元结构的黏土层。

❶　杨国顺. 沁河下游的淤积与河道演变历史初探. 人民黄河，1984年第5期。

❷　钱宁，周文浩. 黄河下游河床演变. 北京：科学出版社，1965年。

❸　徐福龄. 黄河下游明清时代河道和现行河道演变的对比研究. 人民黄河，1979年第1期。

西汉至明洪武景泰期间，黄河河床抬高 5 米左右。以 A—A 剖面的 7 号钻孔为例，初估各时期河床高程可以标志出来。这一概估划分，同时得到了复原后的东京汴河，和明清黄河下游堆积层次关系的衔接与印证。

　　滑澶河段，取自延津县班枣村至濮阳市区，沿河有大量的考古资料可供借鉴。从金堤内外大量的汉唐墓葬高程，概定汉代地面大致在现今地表下 8 米左右。利用内黄县水文地质资料，复原了王莽河的横剖面系列，判定西汉末黄河改道前夕，濮阳津上下的河床高程在 46.00 米左右；接近该处的濮阳县旺宾，即为东汉黄河分流处所。利用位于瓠子口的工程地质资料，判估瓠子口以下黄亚黏、黑灰色重亚黏土层和邻近的濮阳故县汉代地面上，所覆盖的 2 米左右淡黄色亚砂可能系瓠子口决河 22 年的沉积物（此层亚砂之上是厚 3～4 米的金堤内背河洼地的细颗粒沉积物），初估瓠子口决河时大河河床亦不低于 46.00 米。

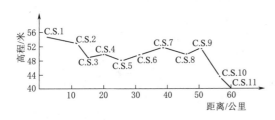

图 3　中砂顶板剖面曲线图

　　则在滑澶河段的下游部，西汉河床在现今地表下 8～10 米。由王莽河沉积物屑中～细砂过渡，同时参考金堤完善时的中砂层位，推估滑澶段中砂顶板的纵向曲线，大致是西汉初期（或者再早一些时）的大河河床纵剖面线（见图 3）。其中，C.S.11 处于西汉黄河与汉唐黄河的歧分处。

　　黄河主流自李固渡河决后已离开滑澶，但漫流、泛流仍不时流经故道，直至 1194 年阳武河徙（甚至该年之后仍偶有发生）。这是黄河改徙后常常存在的一种现象。故滑澶段浅层沉积物系宋代堆积，表层 1～2 米的壤土，是 1128～1194 年的漫流沉积及宋金之后，内水搬运、风力沉积和人类活动营造。另从旧滑州州城西横断面的野外工作和试验室分析看，在该断面左侧几个钻孔，都发现大量的煤粒，特别是烧煤的灰烬颗粒。苏轼知徐州赋《石炭行》曾颂及熙宁年间煤炭始在徐州使用，据河南煤炭利用史料，豫北采煤大兴于北宋中期，至此官民才大规模地普及用煤。因此，滑州州西地表下 5～6 米，很可能都是宋金的沉积物。唐末之际河床而在地表下 5～6 米，宋金的 200 多年里河床堆积加高 4～5 米；西汉初至唐末之际，河床堆积高约 3 米。

　　将 20 世纪 50 年代黄河水利委员会勘测的桃花峪水库中坝址方案的地质剖面（见图 4），与笔者在滑澶河段恢复的河床剖面（见图 5）进行分析比较。

　　将图 4 与图 5 进行对比，发现下游的堆积，是有明显规律的：①研究河段的河床剖面呈现出自深而浅，历史时期的沉积物自中砂向细砂—极细砂—粉砂转化。②西汉初期，上下游河床都不同程度地接近中砂层顶板。③图 4 剖面，新乡、延津剖面，以及滑澶河段，主槽砂层中普遍存在两次大的细颗粒沉积，反映出下游两个大的低能沉积环境时段。④汉代与北宋，沉积物都出现了明显的细化，西汉后期河患增加，北宋滑澶段淤积显著，淤积厚度可能占该段西汉以来行黄淤积总厚的一半；而桃花峪附近，明初以来，淤积厚度也占到该处西汉以来行黄史的一半以上，况且主要是在景泰——道光年间淤积的，沉积物颗粒适值细砂向粉砂转化，尽管下游河道后来出现一系列改道、变迁，黄河选择了新的泄水排沙的途径，但桃花峪冲积扇顶点处的堆积，不可避免地在近几百年大大加速发展．诚然，这是要从明清黄河的纵向调整来分析的另一个问题了。

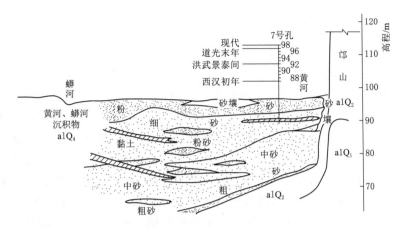

图 4　黄河水利委员会勘测的桃花峪水库中坝址方案的地质剖面图

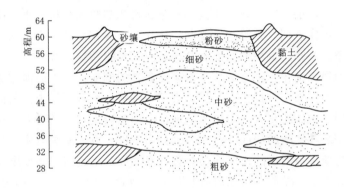

图 5　滑澶段典型横剖面图

京广铁路桥与花园口公路桥的工程地质资料，相应地作了旁证。这一段河道虽然不能反映出黄河主流的全部沉积史，但它却是古济水行经和浪荡渠、汴水行经的路线，其沉积还是可以与图 4 剖面，与滑澶段相比较的。在现行河道数千米宽的广阔地带，沉积物水平层次分明，贯通南北，确如姚汉源所解释：浪荡，"游荡、变迁没有一定轨道"❶。黄河在郑州西北溢出之水，后来人工控制引黄之水，在桃花峪以下条状洼地中广泛沉积，花园口剖面还显示了叠压在黄河冲积层下的湖相沉积，大致是古湖泽的沉积物，荥泽地区自更新世以来都是相对低洼的。在北宋时，汴渠在花园口一带比降约为 1/3000～1/4000，河床高程约为 86.50～85.50 米。

从以上分析看，历史上黄河下游有过数次堆积加速的显著时期，河患的加剧和河床的加积几乎同步。譬如，北宋滑澶段的河道严重灾难化，而同期淤积的加速现象，古人已有记载：1034 年形成的横陇河，到 1043 年、1044 年，"又自下流先淤"，从海口淤到游、金，亦三河，遂有商胡之决。商胡河道，到 1080 年 3 月陈祜甫言"填淤渐高，堤防岁

---

❶　姚汉源.《水经注》中的鸿沟水道//中国水利学会水利史研究会. 水利史研究会成立大会论文集. 北京：水利电力出版社，1984 年。

增"，❶而崇宁元年（1102 年）更有人指出，其实商胡河经"二十年河渐淤积，则河行地上"❷。1060 年分出之二股河东流，30 余年后，河床"高仰出于屋之上"。小吴决口，大致有 1056 年、1078 年、1080 年、1081～1099 年，1100 年共 22 个年头过水，从地层剖面算得淤高 3～5 米。1099 年，苏村决口后，次年尚书省言："后来全河漫流，今已淤高三四尺"❷，一年就淤高 1 米多！另从沈括论及汴河有 20 年不浚，汴京以下二段，"河高出于堤外一丈二尺"，城东白渠穿井，"三丈方见旧底"❸ 看，虽然汴河的河相关系与大河不同，但它引自黄河，北宋时黄河来砂的淤积率很高，也可见一斑！从这些实例，对北宋时堆积厚度的估算，是符合实际的。滑澶河段在宋金时的确有一次淤积高潮。冲积扇顶点的加积时间，从沁河口资料看是在（明）景泰——（清）道光之际，实际上出现在康乾之世。沁口至詹店原无堤防，利用故道高昂河身，高水位时故道又可以分洪。但 1723 年不得不将此段也筑成遥堤，说明明清时期河道的全线调整，溯源淤积，在康熙末叶已从河口附近上溯到冲积扇顶点，康熙末年至乾隆初年在此处出现了加积的局面。这和明清 500 余年里下游决口重点上溯的时间，及对明清黄河下游堆积趋势的分析，也是统一的。

从图 4 和图 5 中注意到北宋滑澶河段和清代初年在桃花峪的加积，同沉积颗粒粒径变化相对应这一现象。本来，沉积的层面就意味着无（某级颗粒）沉积或某一沉积条件突变的一个面界面。而颗粒细化，也意味着来水来砂条件的剧变，原来的河相关系被破坏，新的调整正在进行。河床细化是挟砂力下降，淤积显著的一个重要征象。因而西汉末期到东汉初，下淤沉积物从中砂转化到细砂，相应地也是河患频繁，变迁增多，泥沙加积的一个时期。西汉到唐宋之际堆积的泥沙，有相当部分实系这一淤积高潮时所沉积。

以图 4 剖面与新乡市附近故道床面高估算，豫北故道绝流前，此段纵比降约为万分之 2.66（宋代可达 2.95），新乡小冀至滑县沙店，以故道地面比降计，约为万分之 1.846。沙店至濮阳，以地面纵比计约为万分之 1.46；用浅段床砂取样颗分经验估算，约为万分之 1.43，大致是同一量级的。若与现行黄河下游作比较，从纵向看，濮阳上下位置大致与今天的高村相当，故道河床纵剖面与沁河口至高村的现行河段较为相似，只是古河道纵比降要陡一些。对豫北故道的深入研究，必将有助于认识黄河下游的全部历史。当然，由于河道及河相关系不尽然相同，具体看，在昔日滑州上游 10 公里左右的计算断面上，估计平滩流量可达 5700～3500 立方米每秒；坡降比现今黄河的高村、孙口段大得多，而流量较现今要小。滑州以下古堤残高最大可达 69.00 米，考虑到北宋时最高水位可近于堤高（如毗邻的卫州王供埽），自 1048 年后"大水七至，方其盛时，游波有平堤者"❹。粗略估算，在不发生决口决溢的情况下，滑州州西河道允许宣泄的最大流量逾万，乃至近 2 万立方米每秒。应当考虑的是，西汉初河床床砂为中砂，河道纵坡比北宋和后代要陡得多。若用滑澶段中砂顶板的沿程比降估算，当时该段纵比可达万分之 2.0～2.3。所以说在历史上，河床的边界条件是发生了较大的变化的，历史上的水力因子亦不同于今❺，联

❶ 参阅《宋史·河渠志》。
❷ 参阅《宋会要辑稿》方域十五之二零。
❸ 参阅《梦溪笔谈》卷二五·杂志二。
❹ 参阅《宋史·河渠志》。
❺ 参阅徐海亮撰写的《黄河故道滑澶段历史河流泥沙的几个问题》，刊载于《人民黄河》，1986 年第 4 期。

系到历史上的几次淤积高潮，从历史的长河看，来水来沙条件也不可能是一成不变的，而是发生过多次振荡。诚然，我们为了问题简化，回避了诸如构造运动这样尺度更大，影响更为深刻宏大的背景。

附带说明一个问题，就是黄河离弃豫北故道南流，原来起到控制阻遏作用的南岸广武山，究竟被河水侧蚀掉多少？从图 4 看，南岸 Q_2 的黄土层，在相当于汉初河床的层位上，大致在现今山麓外 200 米左右。西汉时大河的主槽在山脚下。Q_2 黄土层深入河身最远也只有 1.5 公里左右，但此处河床覆盖层厚达 25 米，估计沉积年龄已超过了全新世晚期；现今河床下 20 米深处，山麓亦只在今山脚外 250 米。另从桃花峪剖面与京广铁路桥的地质剖面也可以看到，山底的 Q_2 黄土层深入到现行黄河中也不过 0.3～1.0 公里。据此可认为黄河在西汉以来，并未对广武山形成太大的侧蚀。《水经·河水注》上描述的东西广武城乃至汜水西北的小城，汉代都是"北面列观临河，岩岩孤上"的山头城寨，广武山北部塌入河中，而故城尚有残垣存在。广武山北麓原有较广阔的滩地，汴渠与唐宋河阴县城皆在于此，元丰初利用熙宁十年（1077 年）退滩开凿清汴引渠也在于此。黄河南蚀在北宋末加剧，到 1355 年，元代河阴城（在山麓下一里多外）被水冲毁，滩地"遂成中流"[1]，前述高程 92.00 米以下残存的黏土层回叙即该滩地残余部分。随后，黄水才得以不断啮蚀山根。

附北宋时期的水文状况：

平水年：976 年、986 年、991 年、995 年、997 年、999 年、1015 年、1021 年、1027 年、1032 年、1033 年、1035 年、1036 年、1037 年、1038 年、1039 年、1050 年、1052 年、1053 年、1054 年、1057 年、1059 年、1061 年、1083 年、1091 年、1092 年、1095 年、1097 年、1101 年、1102 年、1104 年、1105 年、1106 年、1109 年、1110 年、1111 年、1112 年、1113 年、1114 年、1116 年、1120 年、1122 年、1123 年、1125 年、1127 年。

枯水年：962 年、987 年、988 年、989 年、1001 年、1002 年、1003 年、1006 年、1008 年、1009 年、1010 年、1024 年、1025 年、1042 年、1043 年、1045 年、1046 年、1047 年、1065 年、1966 年，1067 年、1072 年、1075 年、1076 年、1079 年。

---

[1] 参阅《元史·五行志》。

黄河下游的堆积历史和发展趋势[*]

本文将历史学及地理学的研究方法和水利科学相结合，着重探索黄河下游的堆积历史过程，并借助于"灰色系统"理论分析下游超长期河川径流与堆积历史的关系，给出河床堆积的发展趋势的预估。通过与相关科学的关联，认识到揭示下游堆积的自然机理，联系到大环境变迁背景的必要性。

一、历史和现代的黄河下游河床堆积形态

本文所指的堆积状况，是指在较长的历史时段中河道冲淤累积的宏观结果，探索首先通过大量的水文地质钻孔，结合文物考古工作，对华北大平原的堆积作出概估，为估算干流河床堆积，提供了宏观的基面。

西汉时豫北浚滑、濮阳一带河床埋深8～10米，当时床砂由中砂向细砂转化，表明曾有剧烈加积。从西汉初到北宋初，黄河河床积厚3～4米，宋金时期积厚4.5米，床砂向极细砂、粉砂转化[❶]。豫东的明清黄河，15世纪初在开封黄河上下，尚无系统堤防；明代天顺年河决，"城中水丈余"，河漫滩至少已高于地面2～3米；崇祯年河决没城，泥沙淀积，滩地竟高于城市地面5～6米，明末至清道光年，市区淤厚达7～8米。累计15世纪中至19世纪中，开封河漫滩累积淤厚达11.5～13.5米。兰考以下，北股河道利用临背差判断堆积厚，1495～1781年淤厚7.0～10.0米；南股河道新筑南堤高6～8米，到1855年黄河改道前，新河积厚6～9米。利用文物资料及太行堤内外地层资料，曹（州）考（城）河段1494～1781年积厚7.0～10.0米，1534年刘天和比较北流与南枝河段，北流高出1.5丈，概估在1494～1546年的分流期内，堆积约占总积厚的一半。兰（封）睢（州）河段的临背差显示了堆积厚，1783～1855年积厚4.0～8.1米。商（丘）虞（城）河段临背差已不反映实际积厚，利用始建南堤时原地面高，得1572～1855年积厚8.8～12.0米。对苏皖两省明清故道的研究，参考南京师范大学所作地貌考查成果。[❷]

上述工作皆忽略了地壳垂直升降的影响，综合以上工作，参照复原后的黄河故道平面形态[❸]，分析、统计黄河下游各河段、各时期的堆积状况（见表1）。

可见：①黄河下游的堆积，在西汉初到金元，明清、现行河道三个时期不同河道中，河床形态具有相对可比性，各期堆积速率呈一定规律变化。从豫河看，北宋前堆积小于0.30～0.35厘米每年，宋金时期存在一加积时段，典型的滑（州）澶（州）段已与明清

[*] 刊于《水利学报》，1990年第7期。

[❶] 徐海亮. 历史豫北黄河的变徙和堆积形态的一些问题//水利史研究会第二次会员代表大会暨学术讨论会论文集. 水利电力出版社，1989年。

[❷] 参阅南京师范大学地理系撰写的《江苏省黄河故道综合考察报告》，1984年。

[❸] 徐海亮. 历史上河南黄河河道形态及堆积形态的初步探讨//第四次河流泥沙国际学术讨论会文集（英文版）. 北京：海洋出版社，1989年。

豫河接近；元明时贾鲁大河堆积率又高于滑澶河段。明清堆积率最高部位在豫河，似以沿程淤积为主，宏观堆积速率也高于历代。1855 年改道后，山东境内堤防在 19 世纪末逐渐完善，至 20 世纪 70 年代，平均堆积率未超过 5 厘米每年，高村以下不少地方，20 世纪 30～60 年代堆积率超过 10 厘米每年。从历史过程的纵向看，黄河下游的堆积率正在增长中。②利用复原的河道平面形态粗估明清下游的堆积量，自有系统堤防控制到清末铜瓦厢改道，下游河道淤积 2.39 亿～2.84 亿立方米每年，略等于 1950～1985 年的平均淤积 2.73 亿立方米每年（已扣除工程环境因素）。表明古今下游的堆积是具有可比性的。③以云梯关以下河段作为明清的河口段处理，参考南京师范大学成果与河口段实测资料，假定堆积与河口延伸呈线性关系，则明清黄河河口延伸及堆积估算见表 2。

表 1　　　　　　　　　历史时期黄河下游河道堆积状况表

河道	河段	研究时段/年	河道部位	河床堆积/m
黄河干道	郑州桃花峪附近	西汉初期～1450	全河床	5.0
		1450～1850	全河床	5.0
豫北故道	滑县—濮阳	西汉初～北宋初	全河床	3.0～4.0
		北宋初期～1194	全河床	4.5
贾鲁大河	虞城—夏邑	元代～1558	全河床	7.0～10.0
明清黄河	沁河口—东坝头	1493～1855	全河床	6.0
	开封	1450～1642	河漫滩	3.0
		1642～1855	河漫滩	8.5～10.5
	兰考	1495～1781	河漫滩	7.0～10.0
		1783～1855	河漫滩	6.0～9.0
	民权	1495～1781	河漫滩	7.0～10.0
		1783～1855	河漫滩	4.0～8.1
	商丘—虞城	1572～1855	河漫滩	8.0～12.0
	丰县	1572～1855	河漫滩	8.79
	徐州	1572～1855	河漫滩	5.0～10.0
	睢宁	1572～1855	河漫滩	5.5
	泗阳	1578～1855	河漫滩	8.4
	云梯关	1590～1855	河漫滩	6.05
	大淤尖	1677～1855	河漫滩	7.55

表 2　　　　　　　　　明清黄河河口延伸及堆积估算表

时间/年	河口延伸范围	延伸距离/km	延伸率/(m/a)	堆积速率/(cm/a)
1194～1578	云梯关—四套	15.0	39	0.4
1578～1591	四套—十套	20.0	1540	16.6
1591～1677	十套—十巨	7.5	87	0.9
1677～1700	十巨—八滩东	5.5	230	2.6
1700～1747	八滩东—七巨港	15.0	320	3.4

时间/年	河口延伸范围	延伸距离/km	延伸率/(m/a)	堆积速率/(cm/a)
1747～1776	七巨港—新淤尖	5.5	190	2.0
1776～1803	新淤尖—南北尖	3.0	111	1.2
1803～1810	南北尖—六洪子	3.5	500	5.4
1810～1855	六洪子—望海墩—河口	13.0	280	3.1

可见，除了潘季驯大治堤防，全流出海时河口段堆积较大外，在河床充分调整的长历时中，河口段与苏豫皖各河段抬升趋势大致相当。

二、下游的来水、河患与堆积的关联，对未来的预测

黄河下游的来水量，在超长系列里呈现出丰枯交替的周期变化；下游的来沙以三门峡以上河流为主，故粗略地利用三门峡站多年径流来评估下游来水来沙的量级。黄河水利委员会的白焰西等人以三门峡以上11站在《中国近500年旱涝分布图集》里的丰枯水定级，对三门峡站天然径流加以分析，复原了近500年（1470～1978年）的径流量系列。本研究对该序列进行各级平滑处理，认为50年平滑成果具有清晰的周期变化的意义，有助于定性概估下游来水变化，将明清加积时期的史料记载与周期分析相结合，其周期变化分析见表3。

表3   **三门峡站天然年径流丰枯变化周期分析表**

周期	丰枯时期	曲线所示丰枯时段/年	复原径流丰枯时段/年	所含连续丰水时段/年	典型丰水年/年	所含连续枯水时段/年	年数
I期 116年	偏枯	?～1546	1479～1533		1508、1515、1523、1530	1481～1491 1521～1533	54
	偏丰 A	1546～1583	1533～1595	1546～1558 1566～1575 1589～1595	1557、1567、1570、1575	1581～1588	62
II期 187年	偏枯	1583～1655	1595～1642		1598、1599、1604、1605、1613、1621	1627～1641	47
	偏丰 B	1655～1778	1642～1782	1644～1654 1658～1666 1678～1681 1693～1698 1723～1761	1653、1659、1662、1664、1679、1751、1761、1781	1713～1722	140
III期 126年	偏枯	1778～1796	1782～1797		1785、1793	1784～1797	15
	偏丰 C	1796～1903	1797～1908	1798～1806 1815～1830 1841～1844 1848～1856 1866～1873	1800、1802、1806、1820、1822、1839、1841、1842、1843、1844、1849、1850、1851	1857～1866 1872～1881	111

周期	丰枯时期	曲线所示丰枯时段/年	复原径流丰枯时段/年	所含连续丰水时段/年	典型丰水年/年	所含连续枯水时段/年	年数
IV期 147年?	偏枯	1903~1943	1908~1932		1903、1914、1935、1937、1940	1922~1932	24
	偏丰 D	1943~2065 ?	1932~2055 ?	1943~1955 1958~1968 ……?			123 ?

利用上述图、表和档案资料，将明清时期黄河下游的堆积状况分为三个阶段：

(1) 1495~1546 年，北堤已建，但有南北多股分流，在表 3 所示的 I 期的偏枯时段，豫河出现剧烈堆积。1546 年后，南流诸道先后淤塞，而来水进入 A 丰水时段，来沙剧增，贾鲁大河河道淤阻已久，难以适应，河床急剧淤高，遂发生 1558 年改道，大溜沿古汴河水道经单、丰、砀、肖至徐州；虞城一带古代湖泊淀洼旋被淤淀，河床高出两岸地面，1572 年创筑南堤。16 世纪末，潘季驯大规模修治堤防，下游河防逐步完善，大量泥沙被挟带到河口，河口延伸率达 1.5 公里每年，河床堆积也高达 16.6 厘米每年；1591~1700 年河口延伸降到 87~239 米每年，因统计时段过长，内含 1595~1642 年的枯水段，来沙较少，河口段也长期处于漫溢状（直至清初），泥沙被带到堤外，河床堆积偏低。1591~1677 年低堆积时期，又恰恰与 II 期偏枯时段大致吻合。

(2) 清初，相应地是 II 期丰水段，从 1649 年起堤防建设集中在豫河，河床纵向调整也使堆积回溯到河南。20 世纪 70 年代靳辅治河，堤防工程向云梯关外延伸，短期内河口延伸达 1720 米每年[1]。河口段的延伸与加积反馈上溯，溯源淤积加剧；巧合的是正值下游 II 期 B 丰水段，丰水多沙，河道的沿程淤积加剧，与河口延伸造成的溯源淤积叠加，下游河床出现全面加积的局面，从河患与堤防修筑的时空分布看，抬升具有逐步上溯趋势。

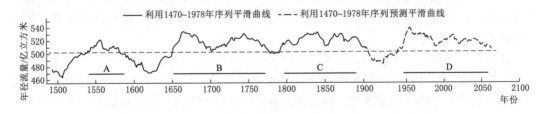

图 1 三门峡站天然年径流（历史、预测）序列 50 年平滑曲线图

明清河道与原豫北故道在桃花峪附近分野，两个多世纪以来明清河道仍低于后者，沁河口至詹店未立河防，利用故道高滩御水，大水时还可分洪，"故留此无堤之十八里，以资宣泄"（《续行水金鉴》）。但是 17 世纪 90 年代，堆积发展到冲积扇顶点，甚

---

❶ 张仁，谢树楠. 废黄河的淤积形态和黄河下游持续淤积的主要原因，泥沙研究，1985 年第 3 期。

而到桃花峪以上，无堤处才补筑遥堤。这一次加积至少持续到18世纪60年代；加积与表3的B丰水时段又恰好同步．在B丰水段后，纵向调整似乎主要在开封以下进行。明清时期的400年里，桃花峪堆积厚达5米，很可能主要的是这一丰水阶段所形成的。18世纪上半叶，豫河工程全竣，决溢和加积又向苏皖转移，河口延伸为320米每年；但这一局面维持甚短，溯源加积很快又上达到河南，在清初的基础上，兰考以下河道堆积尤甚，1781年仪封大决造成局部改道。

（3）乾隆仪封改河工成，下游两岸都加强了堤防，决溢与筑堤的重点，又向苏皖转移。但恰处于第Ⅲ期的1782～1797枯水时段，来沙相应较少，冲淤相对稳定；1776～1803年河口堆积降到1.2厘米每年，不过这一机遇也不太长，1794年以后，决溢重心又从丰砀以下河段发展到以上，1819～1822年、1841～1844年大水，中牟、开封河段大决，1851年丰县改徙夺溜、河督严烺认为当时河病之根本在豫河，"尚非海口淤垫，下游顶阻之故"，豫河的加积又成了主导方面，终于促成了1855年改道。

明清时期的三次加积高潮、河口延伸，与所分析的A、B、C三次丰水多沙时段一一对应，而堆积的低谷和枯水时段同步；定性地认识到下游丰水状况与河道来沙、堆积具有正相关特性。尽管存在其他多种现象，但大水多沙，淤积为主的趋势仍是居多的。为使问题简化，以上忽略了河势横向变化、调整和河患、堤防自身问题的复杂关系，而且在突出河道纵向调整时，概化了整个下游河床演变，忽略局部。

据此，将水沙丰枯变化与河床堆积联系起来，以未来下游来水量的丰枯，做堆积的宏观趋势的关联性预测，是很有意义的。

从而，采用三门峡站历史天然年径流序列，借助于"灰色系统"理论进行预测计算[1]，将预测段衔接在天然年径流序列段之后进行平滑处理，发现50年平滑结果最具有丰枯变化周期的性质（见图1），历史与预测分析结果，变化趋势基本一致，B、C丰水时段在平滑曲线上长达110～140年左右；D丰水时段长123年左右，前后对应。从预测出的数据看，第Ⅳ周期长约147年，这与陈家其对482～1981年黄河中游水旱等级序列拟合，满足信度要求后的趋势分析结果基本一致[2]。

这样，初步地把第Ⅳ期丰水长时段的下限，定在21世纪50年代，沿用上述水、沙堆积分析概念，预测在下个世纪50年代之前，黄河下游将处于清初清末那样的丰水、多沙和强烈的堆积阶段中。

在现状工程条件下，黄河下游堆积仍将大体上遵循历史的大趋势，近500年来的堆积状况是最直接的参考．黄河水利委员会对今后50年平均淤积估算为3.79亿吨每年，是历史年淤积量的1.5倍。直观地看，河床抬升率将明显地加大，在现状前提下，有关单位估算下游各站50年防洪水位和平滩流量5000立方米每秒下的相应水位；现按同一速率预估70年，其预估结果见表4。

---

❶ 邓聚龙．灰色系统　社会·经济．北京：国防工业出版社，1985年。

❷ 陈家其．黄河中游地区近1500年水旱变化规律及其趋势分析//《人民黄河》编辑部．黄河的研究与实践．北京：水利电力出版社，1986年。

表 4

黄河下游河道到 21 世纪 50 年代淤积水平的预估结果表

站名	平滩流量 5000m³/s 的水位		2054 年的淤积水平高程/m	目前大堤高程/m	
	1984 年淤积水平/m	50 年平均淤积速率/(cm/a)		左岸	右岸
花园口	93.88	3.92	96.62	99.80	100.12
夹河滩	74.44	7.88	79.96	80.92	81.88
高村	62.87	9.82	69.74	67.90	68.46
孙口	48.34	9.66	55.10	54.86	54.96
艾山	41.20	8.30	47.01	47.71	
利津	13.30	5.10	16.87	19.49	19.49

这一淤积速率与历代状况基本一致，从东坝头以下河段，近百年堤防加高每 10 年 0.81 米看，与按 1950~1975 年水沙条件下估算的下游堤防加高数值近似。但预测数值比某些实测数值偏低。在现状工程条件下，实际到 2054 年的淤积水平，在某些和段河床将超过堤顶高程；倘遭遇如若 1958 年型的洪水，淤积将进一步提高。夹河滩到艾山的豫鲁河防，危机将进一步加剧。如果在未来的 70 年中，目下所研讨的种种工程减淤措施未付诸实施，或者尚未达到预期作用，单纯依靠加高堤防的办法，对付未来的丰水多沙时段的持续加积，下游河道的修防工作，将面临更为险峻的形势。

三、影响河床演变的一些广义的环境背景

以上探讨局限于考虑上游来水来沙及纵剖面发育的外观形态，但要深入预测，还应弄清影响侵蚀及堆积的大环境机制，其中，气候变迁无疑是一个重要因素，且已引起人们注目；而新构造运动是另一个重要因素。诚如《河床演变学》[1] 所言：河床的形态变化，"是地表在内营力和外营力作用下长期发展的产物，既要考虑流水的动力作用，也要考虑地质构造运动的深刻影响；既要研究现代过程，也要了解历史演变"。这里就它与其他学科的联系，提出一些联想。

（1）钱宁提出："一般当气候变得干寒时，河流的中上游表现为水沙条件的变化所引起的堆积抬高，中下游则表现为海平面下降所带来的溯源侵蚀。当气候向湿热方向波动时，则河流作出的反应正好相反"[1]。刘东生等长期对黄河中游黄土的研究，恢复了黄土和古土壤的时间序列，指出这一序列与气候变迁、华北平原土壤发育、细粒沉积、平原河湖侵蚀—沉积的关系[2]，启示我们在全新世气候与地层的划分中，找出子属的寒冷—温暖周期变化和子属的黄土侵蚀振荡来。

（2）联系赵松龄、高善明与周志德对海面变化及其对河道影响的研究[3]，认为西汉末期下游河患加剧、变徙频繁，可能受两汉之际渤海海面波动影响。侵蚀基面因海进造成抬

---

❶ 钱宁，张仁，周志德. 河床演变学. 北京：科学出版社，1987 年。

❷ 刘东生，等. 黄土与环境. 北京：科学出版社，1985 年。

❸ 赵松龄，等. 关于渤海湾西岸海相地层与海岸线问题. 海洋与湖沼，1978 年第 1 期；高善明，等. 渤海湾北岸距今 2000 年的海面波动. 海洋学报，1984 年第 1 期；周志德. 黄河河口三角洲海岸的发育及其对上游河道的影响. 海洋与湖沼，1980 年第 3 期。

升，河口段流速减小，削弱了宣泄洪水和挟送泥沙的能力，导致河床溯源抬升，触发一系列决溢。

（3）陆中臣提出了传统的河相关系研究缺乏对内营力的考虑，从而引入广义边界条件地壳垂直形变率 T [1]：洪笑天等对地壳沉降抬升影响河型转化进行模拟研究 [2]，指出地壳沉降造成水流扩散，挟沙力降低、堆积加剧、河床比降增大；在地壳间歇上升中，河型由分汊型向单一顺直型转化，原沉降段的上游，相对地加积，发育江心洲。从而从实验角度证实了构造运动对于河床演变的理论意义。

总之，广义边界条件的引入，使人联想到黄河下游在历史上各河段的加积与相对稳定的交替存在，除了河床自身调整的因素外，还有更为宏大的环境背景。加强河床演变和关联学科的相关性研讨，将有助于加强对历史、现代、未来黄河下游河床堆积、河床变徙内在机理的认识。

四、结语

（1）黄河下游存在西汉末东汉初，宋金、明清三个强加积时期，现行黄河正处于一新的强加积时期中。自古至今堆积速率逐渐加大。

（2）对近 500 年来下游来水与堆积的相关分析，说明丰水多沙与堆积加强的正相关性的存在，划分出 1533～1595 年、1642～1782 年、1797～1908 年三个丰水时段。丰枯周期变化大致遵从于我国气候变化的 110～150 年周期规律。

（3）对未来一个多世纪下游来水预测，认为在 21 世纪 50 年代之前，下游将处于丰水多沙的丰水阶段，相应会出现比历史状况更为严重的加积局面。

（4）利用文史记载和地貌学、沉积学的方法，对黄河历史做出科学的认识，是一切实可行的方法，并有待于深入与展开，同时，应当结合气候变迁、新构造运动等这些更为深刻、广阔得多的大环境背景因素，进行综合考虑。

---

[1] 陆中臣，等. 华北平原河流纵剖面. 地理研究，1986 年第 1 期。
[2] 沈玉昌，龚国元. 河流地貌学概论. 北京：科学出版社，1986 年。

明清黄河下游河道变迁*

笔者在 1987 年，承担中国社会科学院社会科学基金重大项目"中国历史大地图集"中明清、民国时期黄河下游变迁和决溢图幅编稿、绘制任务（复旦大学历史地理研究所主持）；1989 年，又参加"七五"国家自然科学基金重大项目"黄河流域环境演变与水沙运行规律研究"中黄河下游变徙的研究，以及相关图幅绘制任务（中国科学院地理研究所主持）。遂较为系统地考证和考察了元代至明清、民国时期黄河下游变徙流路、泛道，以及大多数决溢的口门、泛滥流向。本文属于绘制图幅前的一些考证资料和绘图的说明文字。

一、明清时期黄河下游河道变迁概说[1]

元代虽然南北大运河已开通，但终元之世以海运为主，故黄运之间的矛盾尚不突出。明代以漕运为主，黄运交会，徐州北到临清一段运河往往遭受黄河泛滥冲决，而徐州南至清口（在今淮阴西）一段黄河则为运道，漕运常受黄河的干扰，时通时塞，因此，治黄首先考虑到保运；明朝后期，治黄还涉及保护祖陵，矛盾交织，增添了治河的困难，故明代虽在河工上使用了大量的人力、物力，但仍决溢频繁，河患严重。

从明代初至明代中叶黄河河道变迁的特点是作频繁的南北摆动，同时多股并存，迭为干流，变迁极为紊乱[2]。明代初年，黄河基本上仍走贾鲁河故道，是为黄河主流．此外，元末，黄河曾北徙，"上自东明、曹、濮，下及济宁，皆被其害"[3]。这条北徙的河道至明初仍然存在。洪武元年（1368 年），黄河"决曹州双河口，入鱼台"，当时，徐达方北征，乃开塌场口（在今鱼台县北），引河入泗以济运[4]，就反映了这种情况。洪武二十四年（1391 年），黄河在原武黑羊山（在今原阳西北）大决，分为三支，一支东流经开封，折向东南流，经通许，太康、淮阳，于沈丘入颍，循颍入淮，称为"大黄河"；一支仍走贾鲁河，因水流微弱，称为"小黄河"；一支经阳武、封丘、菏泽、郓城，东北漫流入安山（今梁山县北）地区，淤塞了会通河。永乐九年（1411 年），用人工恢复了洪武元年故道，由菏泽至鱼台入运。永乐十四年（1416 年），黄河于开封决口，东南流经杞县、睢县、柘城入涡。正统十三年（1448 年），黄河下游分为南北二股：南股决自孙家渡口（在今郑州市西北），南夺颍入淮，北股决自新乡八柳树，经原阳、延津、封丘、长垣、东明、鄄城、范县等地，冲沙湾入运。景泰四年（1453 年）。徐有贞开了一条起自张秋运河西南经范县、濮阳、滑县等地，西接河沁交会处的广济渠，引黄河的水接济运河。徐有贞开河的目

* 刊于《黄河史志资料》，1992 年第 1 期。

❶ 本段选引自国家自然科学基金委员会资助项目《历史时期黄河下游河道变迁图说——明清时期》，钮仲勋主持，测绘出版社于 1994 年出版；在此，感谢钮仲勋先生统稿修改和文字润色。

❷ 参阅《中国自然地理 历史自然地理》（科学出版社，1982 年）。

❸ 参阅《元史》卷五十《五行志》（中华书局，1976 年）。

❹ 参阅《明史》卷六十六《河渠志》（中华书局，1971 年）。

的是引黄济运，漕运虽复，但河决仍旧。弘治二年（1489年），黄河在河南境内大决，分为南北数股，北决占全河流量的十分之七，南决占十分之三。南决自中牟至开封县界分成二股：一股由颍水入淮，一股由涡水入淮，另外一支东出今商丘县南流至亳州也注入涡河。北决正流东经今原阳、封丘、开封、兰考、商丘等地，东趋徐州入运，大体即贾鲁故河的流向，也即汴道。又有在金龙口、黄陵冈等处决出，冲入张秋运河的一支。同年冬决向张秋的一支因金龙口水消沙积而淤塞，从次年开始黄河下游形成了比较固定的汴、涡、颍三道，以汴道为干流，弘治三年（1490年），白昂治河，在黄河北岸从阳武经封丘、祥符（在今开封）、兰阳（今兰考）、仪封（在今兰考东）至曹县筑一长堤，以防河水北决入张秋运河。此外，还堵塞决口，并疏浚入濉、入颍、入运诸道以分洪，这次治河后，不过二年，黄河又自祥符孙家口、杨家口、车船口和兰阳铜瓦厢决为数道，俱入运河，弘治六年（1493年），刘大夏受命治河，他的治河方针基本上同于白昂而更加完备，采取北堤南分，疏浚汴道和入涡、入颍、入濉各分流，分减黄河水势，并在黄河北岸筑起长堤，从胙城（今延津北）历滑县、长垣、东明、曹州（今菏泽）、曹县，抵虞城县界，"凡三百六十里，称为太行堤"，在太行堤之南还筑一道内堤，从于家店（今封丘荆隆宫西于店）经荆隆口（即荆隆宫）、铜瓦厢、陈桥抵小宋集（今兰考东北宋集），凡一百六十里。这两条长堤筑起后，防止了黄河的北决，尔后，在正德至嘉靖前期黄河主要是多支分道南流和东流。

黄河泛道主要有五支：南路二支，一是由涡河入淮；一是由濉水入泗入淮。东路三支，一是由贾鲁故道经徐州小浮桥入泗入淮；二是由曹县向东经沛县飞云桥入运；三是从上一支再分出一支由谷亭（今鱼台）入运[1]。黄河多沙，多支分流，"水分则势缓，势缓则沙停，沙停则河饱"[2]，结果造成分流诸道纷纷淤塞，并因"南行故道淤塞，惟北趋渐不可遏"[3]，具体表现为入运口的不断北移，嘉靖后期，河患频仍，尤其是徐州、沛县、砀山县、丰县之间的一带地区，更是洪水横流，沙淤崇积，运道、民生都处于黄河的严重危害之下，面临这种局势，"束水攻沙"的办法遂应运而生[1]。万历年间，潘季驯采用"束水攻沙"的办法治河，当时是取得一定的成效，对后世的治河也有很大的影响，但他的治河只局限于河南以下的黄河下游，未治理中游，单靠"束水攻沙"，亦绝不可能将泥沙全部输送到下游河段，输送入海，时日稍久，河床依然淤高，决溢仍不能避免[4]，而且将黄河之患转移到洪泽湖和淮河。但河道却从此基本上固定下来，这条河道大致即现在地图上的淤黄河。

清代仍和明代一样，漕粮仰给于江南，因此治河仍以保运为主。清朝前期对治河相当重视，大修黄河两岸堤防险工，遇决必堵，虽然决溢仍相当频繁，但未发生过大的变迁，只有局部的改道，如乾隆四十八年（1783年），曾引河，由兰考北至商丘潘口。清朝后期，经济衰退，河政腐败，黄河失于治理，河道淤积越来越严重，状况恶化。咸丰五年（1855年）六月，黄河在兰阳（今兰考）铜瓦厢大决，当时正值清朝政府忙于对付太平军

❶ 参阅《中国水利史稿》（水利电力出版社，1989年）。
❷ 参阅潘季驯撰写的《河防一览》卷二《河泥辨惑》（乾隆十三年刻本）。
❸ 参阅《明实录·武宗实录》卷五十五（江苏国学图书馆本影印本，1940年）。
❹ 参阅《黄河水利史概要》（水利电力出版社，1982年）。

起义，无力堵塞，遂造成黄河北徙改道夺大清河入海。咸丰改道到同治末年（1874年），黄河呈漫流状况，黄水西北泛封丘，开封、东北淹兰考、长垣，自长垣兰通集下分为二股：一股出菏泽，淹曹县、成武，单县、金乡，一股自长垣、东明又分为二支：一支偏南与前股合；另一支出东明，经濮城，范县，至张秋入大清河，即为后来黄河正流。从光绪元年（1875年）开始筑堤，至光绪十年（1884年），两岸大堤建立，新的河道初步形成❶。这条河道大体上就是现在黄河的河道。

二、隆庆，万历前黄河下游的变迁

研究明清黄河的变迁状况，主要放在明隆庆、万历之前的二百多年，地域上着重于徐州以上。徐州以下泗水故道，原来是地下河，黄河夺泗夺淮后，尚未造成重大的局部改徙，分流状况也远不如徐州以上突出。

清代承袭明末河道状况，未有太大改徙。只是乾隆年间在兰阳、商丘间有百余里河道南徙，摆脱了明弘治年间治河相对固定下来的河线，迁徙到现存废黄河一线上，属局部改徙。

本文根据史料、野外查勘和现代研究成果，主要叙述明隆庆、万历前下游河道的时空变化，主要河段的某些河床特性、沉积形态，以及废黄河固定下来的时间，河床纵向调整得到充分展开后的状态。明清黄河变迁的下限，在1855年铜瓦厢改道。

万历二十五年（1597年）总河杨一魁概括了明代前期下游变迁：洪武二十四年决原武黑洋山，经开封城北，又东南绕项城、太和、颍州、颍上至寿州正阳镇入淮，行之二十余年。至永乐九年河稍北入鱼台塌场口。未几复南决，由涡河经怀远县入淮……嗣后又行之二十余年，元弘治二年河复北决冲张秋。经白昂、刘大夏相继塞之，复导河流，一由中牟至颍、寿，一由亳州涡河入淮，一由宿迁小河口会泗。时则全河大势纵横于颍、亳、凤、泗间，下溢符离、睢宿。……正德三年后，河渐北徙，由小浮桥、飞云桥、谷亭三道入漕，尽趋徐、邳，出二洪。……至嘉靖十一年，而河臣建议分导者，始有涡河一支……然当时，犹时浚祥符之董盆口，宁陵之五里铺，荥泽之孙家渡、兰阳之赵皮寨，又或决睢州之地丘店、界牌口、野鸡冈，宁陵之杨村铺，俱入旧河，从亳、凤入淮，……嘉靖二十五年后，南流故道始皆尽塞，或由秦沟入漕，或由浊河入漕。五十年来全河尽出徐，邳，夺泗入淮。（《明史·河渠志》）

这一概括，提供了明代前期河道变迁的主要线索。

（一）豫北、鲁西主要黄泛水道

元代，黄河南徙的口门已上溯到阳武与原武之间，明初、河线经阳武南入封丘境，大抵经古济水方向（在今黄河大堤之北），封丘南、曹州南，至两河口（今菏泽东5公里）分为二，一支东北经巨野、嘉祥北至济宁入运；一支东南经金乡南，由鱼台塌场口入运。这一状态一直维持到1375年以前。封丘，长垣上下河线大致走向是封丘中滦，在今荆隆宫西3公里钟滦城，永乐八年（1410年）张信言："祥符鱼王口至中滦下二十余里，有旧

---

❶　参阅颜元亮、姚汉源撰写的《清代黄河铜瓦厢决口》，刊载于《水利水电科学研究院论文集　第25集》（水利电力出版社，1986年）。

黄河岸，与今河岸面平"（《明史·河渠志》）。下封丘县治南，陈桥北，长垣县南三十余里（今黄陵集南），东明县东明集南三十余里（今马头集南），一路冲两河口；一路下接贾鲁治河之黄陵冈。

1375年开封大黄寺河决，河南徙经开封东、兰阳南、睢州北、宁陵南至归德府，下接贾鲁大河。大致走的巴河水道（巴河另行考证）。这一状况一直维持到1391年。

1391年河决原武黑洋山，其决水北股，又北行阳武北、封丘北，至曹州南、郓城西，于东平入运（《明史·河渠志》）。不过这一流路行黄时间不一定太长。

1411～1415年，仍由两河口至塌场口入运。

1448年新乡八柳树河决，大溜经阳武北、延津南、长垣南、濮州南、范县南，冲沙湾穿运入海。这一情状大致维持到1456年。这一河线，在1453年徐有贞引沁济运，开广济渠时一度利用过。另决于孙家渡，冲中牟、尉氏行颍河泛道，故该年有两处决口走两条泛道。1460年后，获嘉、新乡大河南徙到今北堤以南。

1489年封丘金龙口河决，仍行洪武初封丘、长垣一段河线，自曹州西、东明南，径直东北，冲沙湾穿运入海。这一局面一直到白昂治河后的1493年。白昂、刘大夏整治堵决后，北流大致约束在原贾鲁大河一线。

1508年，河决贾鲁大河线上的黄陵冈、梁靖口，经曹县南、城武南，或鱼台南、单县南，多股入运，其中影响较大的是冲沛县飞云桥的一支。这一局面大致延续到1532年。

以上豫北、鲁西泛道，大多已被后世黄泛淤沙堙没，地表流路痕迹不详。

此外，黄河干流自天顺前行武陟—新乡河线，逐步转变到现今铁桥下郑州—中牟—开封河线。1448年孙家渡决口是一大变，不过究其根本，元代以后广武山、敖山失控，黄河南滚侧蚀加剧，明初郑州以下的一系列变迁，加强了这一趋势。15世纪60年代，这一段干流终于演变到现今黄河的方位上。

应当强调的是，明初下游虽以南泛分流为主，但作为河道的自然变迁，北决，北泛趋势仍是顽强而且突出，几次重大的北决都对当时的治河决策起到促进作用。如果不是人为堵塞北决，开浚南流，黄河下游存在自封丘、长垣、曹县北流或东流的显著趋势。这里面有无河道变迁的更深刻的自然背景，有待深入探讨。

（二）豫东主要黄泛水道

明代前期，黄河南泛主要有四条大泛道：元末遗留下来的贾鲁大河、颍河泛道、涡河泛道，濉水泛道。下面逐条予以叙述。

过去有人笼统地说汳水泛道与汴水泛道还是不够确切的。不过，黄河在豫东的变迁，最后的固定，也多少与汳水、汴水等水系相关，故先根据涂相乾的考证将汳、汴河线走向陈述如下，以作参考。汳水引黄，始于荥阳北刘沟村，大致沿今黄河线，经桃花峪北、武陟县前城南、中牟杨桥北、开封城北，经土柏岗东南、杞县平城北、阳堌南，睢县白云寺、寄岗北，东北经今民权睢州坝东入废黄河，至砀山东北，东南而下肖县赵家圈、东镇、曲里，再东北于废黄河南入徐州。宁陵至砀山的一段河又称获水。唐、宋汴河大致在杨桥附近与汳水分离，经中牟万城、开封汴河堤东入汴京，自禹王台出京，经陈留南、杞县北，睢县北、宁陵北、商丘县南、虞城谷熟集南，夏邑济阳、会亭南，永城县赞阳南，永城南、宿县柳孜，四铺至宿县，下至灵璧、泗洪县，南流至古泗州城入淮（《宋代汴河行经试考》《汳水行经今地图考》）。此外，古代的睢水，支出沙蔡，经陈留北，经杞县北，睢州地丘店，宁陵南、商丘南、永城南，睢宁北，于宿迁小河口入泗。元明时上段早已淤废，并行的是巴河。

1. 贾鲁大河

欧阳玄撰《至正河防记》，概略地点了一下贾鲁治河后大河的走向，后世一些文献中也多处提及，综合起来其走向如下：

元末明初封丘、长垣、东明一段河道，以上豫北部分已作介绍，据姚汉源《十四世纪的黄河入淮》考证，在今封丘荆隆宫北，黄陵集、马头集南，下接黄陵冈、白茅南河道。黄陵冈在兰考县南彰乡宋庄东北，白茅在今曹县庄寨乡白茅村。《读史方舆纪要》曹县条："贾鲁河在县西四十里，元至正中贾鲁所开也……弘治以前犹为运道，自塞黄陵冈，而此河遂淤，稍南即大河决流矣"。另《行水金鉴》卷五十六行"小谷口荟蕞"，云"贾鲁河在黄陵冈南三里"。所以今兰考、曹县边界的红卫河南支，在这里不是贾鲁大河河身，而是大堤与太行堤之间的一段洼地，自南彰北刘桥、胡桥、黄陵冈，到武新庄，曹县大寨集乡大杨口、四座楼，前赵沟一段残堤，应当是贾鲁大河的一段北堤。下接民权县新李馆、崔坝、老刘通，到曹县郑庄乡谢道口、李堤头，刘集乡小寨，梁堤头乡梁堤头村北，都是贾鲁大河的北堤，不过在明弘治后这段河道断断续续行黄，明代又多次加修曹，考边界的堤防。

贾鲁大河沿程有梁靖口。《行水金鉴》卷二十二，嘉靖五年刘栾奏"曹县梁靖口南岸旧有贾鲁河，南至武家口十三里……"，此即民权县褚庙乡东南4公里的梁晋口。今梁晋口南北的杨河、小堤河，都是贾鲁大河，特别是弘治、嘉靖以后黄河河道横向变徙及乾隆年间改道后的遗存。嘉靖前后，梁靖口多次北决冲曹县、单县、鱼台。《行水金鉴》卷二十六，隆庆五年潘季驯言，"自潘家口历丁家道口、马牧集、韩家道口、司家道口、牛黄堌、赵家圈至肖县一带，皆有河形。"这里指的是明嘉靖间走贾鲁故道的一段旧河。潘家口，今商丘市西北12公里的潘口乡，在大河南岸。丁家道口，商丘县道口集乡，有的图上名为双八乡（纪念毛泽东1958年8月8日视察）。马牧集，今虞城县治，在大河北岸。牛黄堌，今夏邑火车站西南3.5公里牛王堌集。《方舆纪要》单县条，"县南境黄堌口即贾鲁旧河也，万历中河屡决溢……黄堌口亦曰牛黄堌"，当时属单县，在单、虞界上。司家道口，今夏邑县东北9公里司道口。韩家道口，今夏邑县韩镇（又称道口），此几地名皆位于大河北岸。另据乾隆《砀山县志》，"黄河故道，在城南三十里，即元贾鲁所开，由虞城入境，经狐父达杼秋九十余里下，出徐州小浮桥入漕"。下经赵家圈、东镇，曲里铺、石将军庙至两河口（《行水金鉴》卷四十），以上皆肖县地名，位于大河北岸。时贾鲁大河及嘉靖万历间泛道皆在明清废黄河河道以南。两河口，地名今佚，疑在徐州西夹河处。

贾鲁大河自形成之日起行黄断续，至1390年，在商丘以下约有60甲。1391年后百年间，河水经颍、涡泛道入淮，夺溜占90%，贾鲁大河反而被称为"小黄河"，水沙极其细微。1495年后，上述河线一直行黄，但因南有数支分流，北有岔河口分流，故贾鲁大河未承担全部黄河水宣泄。1546年后，南流尽塞，全河经贾鲁大河至徐州。1558年后，全河逐渐脱离这一河线，在丰县、沛县、永城、夏邑县、砀山县、肖县间泛滥。约在隆庆、万历初完全脱离该河线。

贾鲁大河泛道，基本是 1234 年形成的金故道在肖县的一段，与古代汳水行经一致。

2. 颍河泛道

颍河泛道，指的是河南周家口以下的原颍水干道以及黄河与颍河之间的几条联系支河河线。

元代、明初，黄河水已有进入颍河之例，但大规模地夺颍，是在 1391 年及其之后的一个半世纪。联系黄河与颍河的通道有如下几条：其一是北宋的东蔡河线，从开封百亩岗、赤仓、小城，到通许城耳岗、百里池，扶沟老白潭，西华东夏亭，太康五里口之间，南下从颍歧口入颍，或从牛口入颍。颍歧口地名今佚，在周口市东 9 公里。另一分支绕淮阳南下，在古项城处入颍。《河南通志》所述及太康"旧黄河"，"淮宁古黄河"谈到这一泛道。太康段自高贤集到五里口，淮阳段自五里口至牛沟口。原宽十余米，深 1.0～1.4 米（指深泓）。1391 年至 1410 年间，黄水多经此入颍。永乐间曾议及由此通漕（参见拙稿《探讨沙颍河历史沿革的一些线索》《明清淮河上游黄泛南界》）。其二是孙家渡分流，下中牟、尉氏、扶沟，于颍歧口入颍。孙家渡在何处？有的说在郑州北河滨的孙庄，有的说在中牟杨桥附近，1984 年黄河水利委员会黄河志总编室组织的豫北黄河故道考察，认为在原武西姚村附近，《原武县志》云 1448 年"河决荥泽姚村口"，孙家渡当在广武山岭与磁固堤之间，决水东南而下，斜穿今黄河河道，散流于中牟、开封之间。孙家渡分流之河，指在这次决流的基础上经人工规划开凿形成的新道。笔者在《贾鲁河史话》中考证，元代只疏浚过郑州至中牟、朱仙镇一段河道，明初叫郑水；但中牟、尉氏间在宋、元无通道。1470 年，扶沟自吕潭南张单口开河，至扶沟东北张会与双洎河合流入颍。1493 年，白昂、陈政提出疏治朱仙镇以上一段，目的即在于分导孙家渡来水。在刘大夏疏治贾鲁大河时，自中牟另开新河导水南行，河长 70 里。这样，郑州之水自双桥到中牟李胡桥—中牟—板桥—朱仙镇—尉氏闹店—金针—永兴、白潭，下接成化间疏治的下段河道。所以孙家渡分流的河线，大致相当于明末清初的贾鲁河。这一流路，分流行泛时间较长，大致在 1448～1454 年，1490～1492 年、1494～1546 年，都起到分黄行泛的作用。以上两路入颍的黄水，对颍河河道的塑造起到不小的作用。

3. 涡河泛道

进入太康、柘城以下涡河河道的泛水，大致走几条支道。其一，走清代后期人工治理的惠济河线，由开封东，陈留、杞县、睢州南，至柘城入涡（如 1416 年 1447 年之际）。但后来时流时断。其二，巴河泛道。巴河泛道是明代黄泛中一重要的流路。它的走向大致是陈留东北、兰阳南、杞县北、睢州北、宁陵南、商丘南，南下入涡。它在商丘至开封的流经，与唐宋汴河大势相近，可能是一条与汴河大致平行且偏北数里至数十里的排涝河道。因而也与古代睢水的上段平行，大势一致。《明史·河渠志》言及正统年间，"太黄寺巴河分水处，水脉微细"，巴河在开封城北。《读史方舆纪要》陈留县记，"巴河在县东北三十五里"，兰阳县"巴河在县南六里"，仪封县"巴河在县南八里"，下流经睢州北十五里，下至宁陵县北，光绪《虞城县志》云巴河在旧县南十里，嘉靖《夏邑志》云巴河在县北二十里。所以商丘以下，又东行，也大致沿古睢水方向（绕夏邑，经太丘、顺河、去刘河）。虞城、夏邑县一段，巴河又似是贾鲁大黄河的堤外排涝河道。巴河泛流之水，一路自商丘南下入涡，一路东下永城、砀山、肖县，还有的南下灈水。以上两泛道的上流，除直接与黄河干流联系外，也通过祥符四府营、兰阳赵皮寨、李景高口等分流联系。赵皮寨在兰阳北8公里，已沦入废黄河中，李景高口在兰阳、仪封之间。巴河泛道，在15世纪、16世纪起到了主要作用。有时宣泄黄河主流，有时与颍河泛道交替行黄。此外，涡河泛道另有一上流，同为颍河泛道的上源，即北宋东蔡河线。此线现今地图上标为"涡河故道"，在通许小城与东蔡河分水，东南下，在太康西入老涡河。老涡河经白潭处分沙蔡水，经扶东城，经太康，是《水经注》著作时代的老道。有的黄河水，冲决老涡河后直下五里口，即上述颍河泛道的一支了。

4. 濉水泛道

符离河泛道，由巴河、贾鲁大河南下之水，一部分在睢州、宁陵南下入濉，一部分在商丘南下，一部分在虞、夏间南下，如万历三十二年（1604年）工部覆云："由潘家口过司家道口，至何家堤，经符离，道睢宁，入宿迁，出小河口入运，是名符离河"，成为颍、涡泛道阻塞后的南路泛道。

（三）徐沛间水道

嘉靖后期，开、归间河道混乱局面逐步结束，一时徐州、沛县、砀山县、肖县间水道十分混乱，这一局面一直延续到隆庆、万历年间，徐沛间才最后固定到废黄河这一单一的河线上。

（1）曹县、成武、鱼台南和丰沛入运，此即前述黄陵冈、梁靖口决口泛流，杨一魁述及的正德三年后的冲飞云桥、谷亭的水流。这段时间集中在1508～1532年间。但在1558年新集决口之后，商丘、虞城以下河势极乱，北决泛水也多次冲丰、沛入运。新集决口，单县段家口以下分为六股，砀山坚城集下郭贯楼五股，这一局面到1565年大流走秦沟后才告一段落。

（2）秦沟大河。《读史方舆纪要》"丰县西南有秦沟口"，即邵口，后来潘季驯筑邵坝于此。秦沟于此与废黄河线分，大流"南流之绕沛县戚山、杨家集，入秦沟至徐"。秦沟的走向，大致冲今丰、沛间的大沙河，至华山东流，经栖山、崔寨、前五段南南下至徐州。栖山以下，河北岸一系列地名：魏堤口、田堤口、崔堤口、孔堤口、刘堤口、大夹河、桥口、田堤口、夹堤等，大致标志了河道北岸。而河右岸的秦庄、秦水口、秦坑、秦楼（茶城北3公里），似与秦沟之名相关。

（3）浊沟。1569年自华山附近秦沟大河南决东南经肖县的古汴水道至徐州。此即万历三十二年工部所述之中路：过坚城集，入六座楼，出茶城而向徐邳。六座楼在大沙河东岸，下至栖山、河口之间，河势东南而下，直插肖县雁门集（郝集），入汴水道至徐州（《江苏黄河故道历史地理》）。主流大致行经至1577年。

（4）符离河。以上豫东部分已述及。

（5）肖县北河道。其一为贾鲁大河下段，时流时断。其二为1577年崔道口河溢，东下一支，《明会典》云"自崔家口历北陈、雁门集等处，至九里山出小浮桥"，即指这一泛道。它在废黄河南堤以南。1607年，朱旺口挑河工成后，砀山县至肖县之间的河道在此基础上北徙到废黄河一线，直至康熙年间补筑此段南堤，徐州、沛县间黄河河道才最后固定下来。

三、乾隆年间兰阳、商丘河段的局部改徙和咸丰丰县决徙

乾隆四十六年（1781年）七月，仪封漫口二十多处，北岸水势全注青龙岗。青龙岗，旧址在兰考县红庙乡北的废黄河北岸，屡塞不止，遂在次年春议自兰阳三堡一带大堤外，另筑南堤，开挑引渠，以减轻青龙岗大工的压力。后来，又议利用原河道南岸高滩，在滩南旧河身内"挑挖引河，深至一丈五六尺"，待青龙岗口门收窄至七八丈，引河进水，设法变通之计，惟南堤外尚可更改迁移，于青龙岗迤上南岸堤内，履勘测量，自兰阳三堡至商丘七堡，地势就下，较堤外大河水而低三四尺不等，槽比河唇滩面，则低一丈五六尺至二丈不等……现拟相距南堤千丈外，建筑大堤一道，又前次南岸漫水所过，本有沿堤旧河形，再间段挑深数尺引渠一道，实有就下之势（《续行水全鉴》卷二十一引《南河成案》）。这里讲的旧河，是在原河道南堤之南，明代分流时部分黄水通道，考城县在明末清初称之"沙河"。于是利用万历年间沈鲤主持兴筑的兰阳至商丘旧堤，加筑培厚，仪封至商丘十一堡，另行盘筑根基。新堤自兰阳汛李六口至商丘七堡东老河崖，长24500丈。1783年，青龙岗工成，新堤工成，于是仪封北的河水沿新渠入沙河河道东南而下，至今商丘郑阁与原河道合，原河道的南堤，遂变为北堤。到四月，李奉翰查勘新河，奏云"河水面宽九十余丈至一百三四十丈不等，水深一丈一二尺泵一丈四五尺不等，一律深通"（《续行水金鉴》卷二十一引《南河成案》）。

这一段即今存兰考至民权、商丘间的废黄河，原来的北股黄河，成了高滩地区的除涝河段，在郑阁汇入黄河，后世又名杨河。

此后，下游干道未出现重大变徙。只是到咸丰二年（1852年），于丰县蟠龙集决口，大溜入昭阳湖，丰县、沛县、砀山县、肖县间大河断流。所行河道观今遗存，称大沙河。不过这一局部改徙维持时间不太长，1855年即于铜瓦厢决徙改道了。

四、明清黄河流路的确定与河口延伸

明清黄河下游，自沁河口至商丘北一段，在弘治年间白昂、刘大夏兴筑北堤之后，其流路基本上确定下来。今沁河口至东坝头一段河道与明清黄河大致同一（只是局部有横向变化）。兰封至商丘一段河道，前述分为两股，北股是在贾鲁大河基础上演变而来，弘治年间固定下来的，南股是乾隆年间改徙的现存废黄河。

商丘至徐州一段较为复杂，直至砀山东北，明清废黄河河线与古获水线大致同一（获水在砀山县治以下从毛城铺上下的洪沟河南下，接赵家圈下肖县北贾鲁大河线），但是1558年新集决口后，商丘以下河道十分散漫，获水泛道大致是浊河泛道的上段，但嘉靖至隆庆间，它并非主要泛道。特别是废黄河砀山至徐州一段，形成的更晚一些。1577年砀山县崔家口之决，使砀山县以下河道变迁到贾鲁大河与废黄河之间。决定性的变迁发生在万历三十二年（1604年）河决朱旺口后，这段河线溜势又北徙。1606年6月，河决郭贯楼，大致在丰县李寨乡北5公里郭楼附近，决水北支仍入秦沟旧道，南支从工部侍郎沈应文言，行水占70％，而且"全河既已东注"，主张乘势冲宽新开的渠道，加修堤防。这南支河道即今砀山县唐寨至肖县郝集寨一段废黄河。1606年、1607年曹时聘李化龙挑朱旺口工程，对此段黄河的稳定起到重要作用，东下之水塑造了这段废黄河河道。1607年

的杨村集以下、陈家楼以上（今丰县末楼乡南 3 公里、沛县范楼乡西南 2 公里）的堤防多处决口，即上年新道新堤所决。其后，水患大多转移到徐州以下，砀、肖段在明末再未出险，河道已相对固定下来。只是南岸大致凭借先前行河的高滩，到了康熙年间，才补筑了砀、肖段南堤，而且创筑了毛城铺分水枢纽工程。

徐州以下，黄河走泗水与淮河故道，横向变迁不大，河道变迁主要反映在它的纵向，变化，即河口延伸之上。明末，经万历年间的整治堤防，河口延伸发展较快。从潘季驯《两河经略疏》看，1578 年河口在四套附近，到 1591 年潘季驯上疏，称 1591 年查勘，河口发展到十套附近。据《治河方略》卷 6 称，1677 年已发展到十巨。1700 年，据《张文瑞治河书》，河口已发展到八滩东。1747 年，据周学健调查，发展到七巨以下。1776 年，萨勒调查，发展到新淤尖。1803 年，到南北尖。1810 年，百龄调查，河口到六洪子。1855 年前，河口移到望海墩、黄河口，在今废黄河口东 20 公里左右。

淮安以下河道在横向上有一次较大的变化。原河道循泗水入淮老道，在清口之东自草湾折而南流，经淮安，东北经柳浦湾折向西北，再折而东，经安东赤晏庙，东北于云梯关入海。从而形成一个马蹄形大湾，古称山阳湾。万历四年吴桂芳曾开草湾新河，1589 年黄水暴涨，大溜直入草湾新河，夺正河十分之七，造成一次自然裁弯取直，直河段长 15 公里，亦即今草湾至涟水一段废黄河，清口亦取代了末口的运道咽喉地位。

五、小结

明初，黄河下游沿袭金、元夺淮的趋势，主流在原武、阳武一段南徙。时而冲开封、兰阳、仪封，入涡河、濉河或颍河泛道，时而冲郑州、中牟入颍河或涡河泛道，时而又北决封丘，曹县冲张秋入运。明隆庆，万历前，郑州至徐州一段黄河，冲突南北，处于极其混乱的泛流状态。隆庆，万历后这段河道才完全固定于现存废黄河一线。徐州以下河道，靠袭夺泗水、淮水故道行黄，万历以前，宣泄大部分黄水。其后，南河，东河两岸堤防相继完善，该河道宣泄了绝大部分黄水。

明清时期淮河上游黄泛南界[*]

明清时期黄泛夺淮，泛水的南界在何处？传统的认识是在河南沙颍河—淮河一线。元代之后，颍涡泛道是黄泛夺淮的主泛道之一，其位置处于整个黄泛区的西南地带，而颍河泛区又处于它的最南端。许多场合下，在颍河泛区中，泛水确实通过颍河干道挟颍入淮；但也有相当一些时期，泛流的部分乃至是主溜超越了颍河，泛滥于颍南而入淮。治淮初期，罗来兴、徐近之先生对 1938 年黄泛和淮北地区的地文考察研究，是当代分析研究黄河南泛的开山之作，业已涉及明清时期黄泛问题。20 世纪 70 年代，笔者在颍河的沈丘县从事水利工程，在基础开挖中，第一次看到地表土层的二元结构，本地人告诉我新（黄泛）土与老（黄泛）土的性状差别，第一次知晓，什么是黄泛。本文提供一些资料，来补证淮河上游的颍河泛区中，黄泛南界的大致位置，为黄河下游历史洪水与黄淮关系的研究提供一些参考。

一、明代黄河南泛冲颍的记载

我们先从明代黄泛看：明初，黄河多在开封、归德（今商邱县）一线决口。1373 年、1374 年，泛水沿宋代蔡河方向南下，危及陈州府治（今淮阳县）；1375 年进而挟颍入淮，陈州以下，泛水经由沙水于故项县（今沈丘县槐店颍河南岸）入颍。至此，泛水尚未越过颍河。洪武二十四年（1391 年）四月，河决原武（今原阳）黑洋山，至项县，县城倾圮。1398 年泛水又至，县城再圮于水，"民庐冲没殆尽"^❶，遂迁建城东。这些年黄河南岸决口未堵，颍涡泛道处于一种漫流状态，黄河决溢年表上，该年以至以后多年无记。1408 年，泛水"啮城趾，亟患于民"^❷，项县知县彭仲恭"悯民罹河患，乞分邻境汝阳地居之"^❶；1410 年"黄河水溢，荡析官宇民庐"，彭仲恭集舟百余"载公廪之储及民老稚不能自移者，请蠲粮税以苏民艰"，又"请徙县治于新蔡、上蔡，汝阳空地"^❸。由是观之，在旧项县一带，即今沈丘县颍南，已无安全之地，只有迁到汝宁府地区（今驻马店地区），但未实现。宣德三年（1428 年）八月，河决郑州，故项县城廓被淹没，典史刘镛奏请迁县，终于把项县搬到故县治西南六十余里之殄寇镇（今项城县老城）^❹，而旧址则被黄水吞没。从这些记载看，洪武二十四年（1391 年）以来的六十余年中，汾、泉河以南是较为安全的。但是，迁治后不几年（仍在宣德年间，1426～1435 年），又议再将县治迁到西南距殄

　＊ 本文系黄河水利史研讨会交流论文（郑州 1982），载入陕西科技出版社 1987 年出版的该会议论文集《黄河史论丛》。

　❶ 参阅《宣统项城县志》卷三《祥异》。

　❷ 参阅《万历项城县志》卷九《名宦》，胶卷本。

　❸ 参阅《同治龙泉县志》卷十一《人物》（龙泉即今江西省遂川县）。

　❹ 参阅《万历项城县志》卷七《工作》。

寇镇二十五里的项城营❶。可见汾河以南也不是非常安全的。

黄河水不仅是在项县故县颍河南岸泛滥；从《正德颍州府志》与《乾隆沈丘县志》看，颍南纵深的范家湖、白杨湖、界沟湖，皆为明初黄泛水道淤隔成湖洼的。而在颍州州治（今阜阳市），宋儒苏轼知颍时曾主持疏浚的西湖，则因金元时期以来"黄河冲荡，湮湖之半"❷（也可能在明代以前，就有泛水到了颍南的）。从以上述及看，泛水主要是从沙蔡泛道来，在故项县冲决并波及颍南的。值得提一句的：从秦代始置的项县，县治位于颍河南岸（今沈丘县槐店镇的颍南部分），是春秋以来的一个古城旧地，作过楚国别都。可是有的文章或地图误将故项县置于颍河北岸。实际上从《水经·颍水注》的文字看，从《宣统项城县志》所附"旧县集图"来看，也从笔者在当地工程施工中目睹的故项县廓外墓葬的发掘来看，故项县都确实是在颍河以南。因而故项城的废圮正说明了黄泛是突破了颍河一线的。

颍南还有另一条泛道，口门位于周口东二十里的颍歧口。它是颍水南岸原来就有的一个支津口，郦注上未见，但《太平寰宇记》说785年于此处已建夹河月城，可见颍水在此已一分为二，干流沿郦注河线，即今存颍河线，而南支则沿今商水县运粮河，经南顿（在颍河南二十余里）入谷河，再南下汾河，北宋时已利用颍水的这条枝津作过减水河分洪。所以明代黄泛只要在颍歧口以上入颍，就可顺畅地通过该口进入谷河与汾河，再进入泉河。"洪武初，黄河自通许之西支分陈州商水入南顿，混颍东流"❸，这里的"颍"，就是从颍歧口南流之颍。而1430年，北河道被黄水淤塞，相对于北线的颍河本干（当时称"黄河道"）而言，在沈丘县它被"呼为小河"。正统十三年（1448年）夏，河决荥泽（今郑州市北），百分之七十的河水东南而下，泛及西华、郾城、商水，且经由这一条泛道患及已迁治的项县县境。由此形成的颍涡泛道并行的局面，到1489年才改变。在这四十余年里，商水、项城、沈丘（今沈丘县老城）的灾情是较重的，而且泛水多经这一泛道经行。如1478年冬，巡抚河南右副都御史李衍奏："河南地方屡有河患……又自八角河口口直抵南顿分道散漫"，以致诸州县淹没❹。到1494年，徐恪提出黄水"自荥泽孙家渡口旧河，东经朱仙镇，下至项城南顿，犹有涓涓之流"❺，颍南、颍北泛道都已淤浅了。直到1605年冬，胡世宁上疏，议利用沁、卫河济运时，还提到这条"经郑州、中牟之北……由朱仙镇而南，经尉氏、扶沟、西华之东，沈丘之南"的贾鲁河—运粮河—汾泉河航道可资利用❻。可见至少到明末，这一泛道仍是通达的，颍歧口运粮河这一泛道，行黄时间是很长的。

明代黄泛危及颍南诸县，还可从灾赈记载来佐证。在隆庆朝以前，因黄河灾害，颍河泛道地区受赈县次达七十次，为黄河下游泛区（干、支泛道）之冠，可见颍域灾情最重。其中，颍南的项县有六次受赈，沈丘县有四次，商水县有四次，在颍域诸县中，占有相当

❶ 参阅《嘉庆大清一统志·陈州府》。
❷ 参阅《正德颍州府志》胶卷本，卷一《山川》。
❸ 参阅《乾隆沈丘县志》卷二《地理志》。
❹ 参阅《明宪宗实录》卷一百八十四。
❺ 参阅《明史纪事本末》卷三十四《河决之患》。
❻ 参阅《明神宗实录》卷四百一十六。

的地位。特别是项县的灾赈次，与本泛道主溜流经的颍北尉氏、扶沟、西华相当，而当时的沈丘县境不在颍滨，远在颍南的纵深地带。

颍南这两个主要泛流口门，行洪的时间有些不同。明初，黄泛在颍北多沿宋代沙蔡河南下，主溜多在故项县处突破南岸。后来蔡河屡遭湮淤，扶沟自吕潭南张单口另疏新河，颍北泛水主要就流经太康五里口——淮阳牛口的"古黄河"道与扶沟西华的贾鲁河道入颍。刘大夏于1492～1494年自中牟开河导水南下后，泛水又多沿贾鲁河道南下了。因而后来颍南口门以颍歧口为主。至今，槐店、苑寨、李埠口（接近颍歧口）等处沙颍河河床中，还有比邻近河段深2～6米的深潭，有可能是黄水南下，入汇的急流冲淘之迹。

明初黄泛对颍南地貌的影响是很大的。以今沈丘县为例，颍南的故项县城，深深地埋在2～4米，甚至是6米深的黄土之下。1959年和1969年两次在其旧址旁兴建沙颍河枢纽工程，在闸基开挖中，都发掘出大量的券顶、穹隆顶砖室汉墓，以及少量的战国椁外积蚌墓，这些墓葬，大多位于34.00～35.00米以下的高程，而现今地面高在41.00米左右。从工程地质资料看，自41.00～38.00米，大致为黄褐色轻粉壤土层；38.00～36.00米以下，大致为红褐色的重粉壤土层，当地人称为"老土"。两土层的物理指标相差很大，前者疏松，后者致密；两土层的界面，成片出土大量的碎砖瓦砾、青花瓷片，大致可判定此界面就是故项县废圮时的老地面，而上层2～4米土层则系黄泛淤积。同时，从沈丘、项城大量的机井卡片资料披露的土层分布来看，从泉河上的工程地质资料来看，故项县的决口冲积扇堆积较大，并非颍滨的局部淤积。县治东南为主泛道，隆起而成沙脊，直插沈丘老城，穿越了泉河，《水经注》记载的历史上著名的丘冢，如寝丘（在泉河南）、武丘（在颍滨）皆被淤平。古代谷河东南而下，穿项城入颍，在明初黄泛中就被巨量的黄沙淤死，改向南入汾泉河，所以自运粮河来的泛水可从谷河入汾河，到沈丘老城入泉河。1955年谷河治理工程中，还在故项县城外挖出了它的古河道遗迹。在这个决口泛道的两侧，表土沙层随横向距离的增大而渐薄，泛道之外一些未被淹没的原状高地，反而成了低洼的湖区，如现今的马湖、王湖。

二、清代的黄河南泛

清代，南泛记载更为详尽一些。特别是有几次典型的大水年，南泛淹没的面积较为广阔，对核实南泛的边界是很有意义的。

康熙元年（1662年）八月，黄河决于中牟，顺贾鲁河南下，泛水至西华境与沙河北堤相齐，适逢沙颍河流域大水，沙河洪峰到达，遂决西华葫芦湾、商水杨湾，"二水横流"，合为一片汪洋，直抵沙河南十余里的商水城关，"城不浸者三版，河水之决，无大于此者"[1]。泛水越过汾河，至项县境，项县"平地水深丈余，舟航直抵城郭外，民间庐舍漂没几尽，无麦无禾"[2]。这次泛水患及项城县县治，最后是退入泉河入颍的，其灾情也是明代宣德年间迁治以来最大的一次。

乾隆二十六年（1761年）七月，黄河大水，花园口洪峰流量达32000立方米每秒，

---

❶ 参阅《乾隆商水县志》卷十《纪事志·灾变》。

❷ 参阅《乾隆项城县志》卷四《灾祥》。

遂决于中牟杨桥，主流直趋贾鲁河，冲激颍河南岸，"（颍河）南岸崩，由颍歧口直入谷河，澎湃而南"，❶ 沈丘老城、太和、颍州州治皆被灾，颍上大水。但这次泛水由于未与沙颍河自身的洪峰遭遇，加上颍南口门较 1662 年那次靠上游，故河南省境内被患范围较前次为小。

道光二十一年（1841 年）七月，河决开封，又沿贾鲁河入颍，适逢沙河洪峰，遂"自张湾漫溢，城东北被水灾，逃亡者众"❶，泛水又越过了汾河，抵达项城老城。是年颍河下游灾情较重，太和、颍上、颍河南堤尽皆决口，这点从当时的奏报与道光皇帝谕旨可见：六月三十，"安徽与豫省接界河水既已漫溢，该省难保无横溢淤垫之处"❷。水退之后，东、南两河与两省联合勘察灾情，九月二十四日麟庆奏："安徽以太和最重、阜阳、颍上次之，霍邱较轻"❸，颍南诸州县不仅被水，而且泛水还患及淮河以南。

道光二十三年（1843 年）六月，黄河出现特大洪水，河决中牟入颍。据当年河总潘锡恩奏报：贾鲁河泛道为黄泛正溜，其"径沙（颍）河入淮，川道宽辟，故溜势湍涌，夺全黄之七"❹，并云颍南重灾者有太和，次重有阜阳、颍上，较轻者有沈丘、霍邱，勘不成灾省商水、项城。这里商水、项城灾情恐有出入，按项城志云：泛水自有"苑寨冲口，南至谷河，阔十五里，深至五六尺"❶，从上引述，十分之七黄水之入贾鲁河（该年花园口最大流量估算为 33000 立方米每秒），可想见冲苑寨南泛的流量是很可观的，商水、项城两县被灾范围势必不小。自然，沿沙颍河而下的泛水洪峰流量仍然很大，太和、颍上河溢。关于太和的洪水过程，徽抚程楙采奏言叙述的较详："七月二十三日以后水势渐消，闰七月十五日卯刻黄水复涨，计续长水二尺有余。……由于黄水来源未断，而沿淮一带州县又复连日大雨，以致黄淮并涨宣泄不及"❹。太和县颍南地势本就低平，"一遇决溢……则兹邑辄为横流所趋"，当年"滥泛成巨灾……凡决口之塞历二年而后合"❺，可见太和颍南口门比较大，而南决之水也是很可观的。

除了以上四个典型之外，乾隆四十七年（1782 年）的情况也是很值得研究的。1781年，黄河在睢宁、仪封大决，当年未能堵塞住决口，直至次年春，清廷集力于青龙岗漫口坝工，以及兰阳、仪封、考城（今兰考县境）河段南岸新河工程。从清故宫档案有关河决的文件看：当年并无在其它处另有决口。但是项城志云，这一年黄河决于中牟杨桥，"水至周口穿颍直趋谷河，平地水深数尺"❶。然而，不仅黄河决溢年表上是年无记，就是中牟县志 1782 年也无河决之说。不过，民国商水县志所记同上；道光淮宁县志（今淮阳县）说，是年"河决杨桥龙家湾，牛家口水决（指淮阳牛口处颍河或黄泛道水决）"；民国封丘县续志称："黄河溢"，似泛水不至于来到贾鲁河和周口。由此看来，黄河决口处所还不可定，陈州府诸县志是否有人云亦云与讹传转抄之误？如若大水是沙颍河水系内水，是年也仅是郾城大水，豫中豫西另无大水记载。而从中央气象科学研究院等单位辑成之近 500年旱涝史料与近 500 年中国旱涝图来看，黄河中游山西太原地区，文水大雨水溢，长治地

❶ 参阅《万历项城县志》卷九《名宦》，胶卷本。
❷ 参阅《再续行水金鉴》卷八十《清宣宗实录》。
❸ 参阅《再续行水金鉴》卷八十二《云荫堂奏稿》。
❹ 参阅《再续行水金鉴》卷八十六《中牟大工奏稿》。
❺ 参阅《民国太和县志》卷一《舆地》。

区沁水大水，是年太行山以西的汾河流域与太行山以南沁水流域都处于一级大涝的范围。因此，如果1782年的确在中牟出现黄河决口，雨洪主要来自于汾河、沁河地区，这是有可能的。很有意思的是，这一年除了颍河下游太和县被患之外，汝宁府的上蔡县与汝阳县（今汝南县）当年也遭致波及："河决中牟，河水流至上蔡东境，居民登高阜避之"❶，"河决中牟，河水流至汝阳东境，居民登高避之"❷。当时的上蔡、汝阳东境，包括今天洪河以东的上蔡、平舆县的部分土地，与项城县毗邻。从现今地势考证，泛水若从项城老城关上下突破泥河，就可能淹及这一地区。但这从记载上看也是唯一的一次。因此，1782年可能是明清南泛最远的一次，泛水从谷河入汾，一举冲决汾河进入泥河。漫及上蔡东境；或者沿泥河而上（当时称蔡沟），顶托泥河之水，使上蔡东境的沟河进入了黄水。泛水再往南，就是洪河，洪河附近已无泛水淤积之痕迹，洪河河槽也比较深，一旦水从泥河以南退入洪河，就会顺流而下，不可能再越过洪河，而且洪河以南更找不到黄泛的踪迹了。这一年的水情，黄河年表上无记载，有可能是仪封决口未能堵好，上游又开，连续处于泛流状态，当局集力在仪封、睢宁，反而未引起注意；或记载上有缺漏。不过决口处是否在杨桥，仍是一个疑点。

清代时期颍河泛区的来水，多是顺贾鲁河南下，其中有一个很重要的原因就是人为地利用贾鲁河作为分洪的减水河和通航。康熙末年，曾自荥阳起疏浚贾鲁河，以至航运越过颍河，顺运粮河——汾河直达沈丘老城，颍歧口似未堵塞。但从以上几次典型南泛看，乾隆以后颍南分流口门已堵死，沙颍河堤防开始形成，所以后来的越颍南泛，都是在南岸形成决口而下。可见虽然南泛不如明代与清初那样顺畅，但也恰恰说明从贾鲁河进入沙颍河道的黄水，溜势很急，流量是很大的。从贾鲁河南下之黄水，对颍河以至颍南造成巨大危害，但这一点清廷上下有所忽视，史载不多，因此在后代的黄史研究上也有所偏忽。清廷的忽视，也是不得已的。1779年乾隆皇帝弘历就指出："昨岁豫省漫下之水，赖有贾鲁河容纳，黄流不致旁溢，是贾鲁河未尝不可留以有备。"从清故宫档案文书看，1782年初他又指出，以前漫决入贾、涡，"水势尚可消纳，归海亦属便利，此次北上（指1781年之决），挽运维艰，民田庐舍多被淹浸，所关更为紧要"。虽然分洪后有一个疏浚的问题，但为了保运保黄，"与其次在北岸受害大，毋宁浚在南岸受患小"❸，这样实际上决定了颍涡泛道的厄运。同年五月，他再次指出从前降旨询问从贾、涡分流，是"万不得已之计"，甚至自嘲"此实无聊之极"。不过1782年，贾鲁河又过黄水，即饬阿桂查勘。阿桂以"需费浩繁"为理由搁下。可见这些年，只是考虑到保黄保运，和分洪后疏浚用款问题，黄水南下后对颍河流域影响有多大，已谈不上去顾及了。到乾隆朝时，长期行黄的汾河，由于"淤塞日久，不辨河形，每遇淫潦，遍地行舟……经年汪洋无涯，俨若江湖"（《乾隆商水县志》卷一·山川），因而泛水到来，并不是顺畅退入汾、泉河而下，而是很容易就漫决汾南，以至于漫决泥河，这也是颍南泛滥的一个主要因素。从清代的颍南泛滥看，口门多在周口上下。若泛水从西华冲决沙河北堤，又碰上黄淮并涨的机会，则易在沙河南岸原来

❶ 参阅《民国上蔡县志》卷一《大事记》。
❷ 参阅《民国汝南县志》卷一《大事记》。
❸ 参阅《续行水金鉴》卷十九《清高宗实录》。

的险工口门杨湾、张湾、葫芦湾等处溃决，进入沙南。由于口门偏上游，泛及地域一般较大，可抵商水城关，泛水也经汾河退走或越汾南下；多数的机会是在颍歧口、苑寨一带决口，泛水多循运粮河——谷河南下，或越过汾河、泥河南下。

在清代黄河洪水研究上被忽视了的1782年与1841年，雨情与1843年相近似，灾情就颍河泛区而言，可与典型的1662年、1761年、1843年相比，1843年则是清代以来，黄河下游洪峰流量最大的一年。这两次洪水也造成了淮河上游地区的特大灾情，对划定黄泛南界及黄泛洪水的研究，都是很有意义的。

三、淮北平原土壤分布与黄河南泛

以上方志记载是否属实？黄泛南界能否可利用其叙述来概略地划定？我们可借助于土壤的分布来参考、验证。

明清时期黄泛早已成为历史，但泛水都在华北平原上留下了不可磨灭的踪迹。古代豫州东部、徐州南部、即现今豫东平原，豫、皖、苏的淮北平原。按《尚书·禹贡》所述："厥土惟壤，下土坟垆"；若用现代土壤区划的概念来说，坟垆属于潮土亚类砂礓黑土，母质多系黄土性古河湖相沉积物。但从中国科学院南京土壤研究所编著的《中国土壤》（科学出版社，1978年），所附《中国土壤图》来看，除淮北平原此类土壤保存较好之外，豫东平原以及颍河以南部分淮北平原、大运河以东（洪泽湖至陇海铁路）地区，原来地表的砂礓黑土皆为黄潮土取代。黄潮土系黄土性冲积物沉积后，进行耕作熟化的旱作土壤，主要发育于黄河沉积物，产生这种变化的原因，在于黄泛夺淮的六百余年里，砂礓黑土遭到黄泛水沙的侵蚀与大面积覆盖，地表土壤的类型和性状发生了很大的变化。从这个基本的概念出发，进而分析《河南省土壤图》（河南地理研究所，1981年）与《安徽省淮北平原土壤图》（安徽省水利科学研究所，南京土壤研究所，1977年），并参照安徽省淮北平原《黄泛淤积图》❶，及有关县的土壤图，我们在《明清颍南黄泛示意图》上勾绘了土类与土属的区划线，图中，凡用细实线勾绘并着阴影的部分，即黄泛沉积的黄潮土；而沙颍河以南其他未标明部分的表层土壤（即黄潮土以外），为原来的砂礓黑土与褐土、黄棕壤相间，以砂礓黑土为主。这样，我们至少可以保守地认为：黄潮土覆盖的区域属于颍南黄泛区。

现进一步从土属上来划分（当然，这是从较大面积的地表土壤的属性来区划的，局部变化，犬牙交错和不同土属相互叠压，情况很复杂，现不予考虑）。我们将黄潮土中由砂土覆盖的部分用横线标志，此处即两合土与淤土。一般砂土分布在泛滥的主溜经由之处，以及河道天然堤地貌和决口冲积扇地貌部位。《黄泛淤积图》图中故项县东南，颍歧口苑寨以南，应视为泛滥冲积扇，颍河北岸的砂土分布，大多是由于颍河漫决与沿河洼地行洪所致；至于两合土与淤土，则是缓流、漫流泛滥之所淤。这样，从南泛越颍的主溜来看，沉积的趋向与范围，与前述文史记载是同一的。可以看到，方志记载的遭致淹没、淤积的地区，都在黄潮土覆盖的范围以内，淤积不仅越过了汾河，也局部地越过了泥河、泉河，甚至接近洪河（年代所注之处是该年泛水所至最南位置）。

从河南省与安徽省的土壤图还可以看出，上述的两处砂土冲积扇门地位，恰与颍北的

---

❶ 参阅《安徽省淮北平原土壤》（上海人民出版社，1977年）。

泛道相位是完全对应的,颍河南北泛道的对应,说明了泛决与沉积的因果联系。考虑到颍河在周口以下完全是地下河,河槽深达十米,也可想见当初泛水来势之汹涌。安徽省颍北未形成主泛道,颍南也未形成较大的决口冲积扇,因为从客观上看,这一地区恰处于涡河与沙蔡贾鲁——颍河两条大泛道的"死角"地位,除了像茨河这样一些沟河串引来泛水之外,颍北未遭到黄泛主溜的冲决,从而非黄潮土覆盖也保留较多。这一段颍河南岸,未遭到黄泛主流自北向南的直接冲击,沿河尚未形成较大的(与历时较长的)口门,因而颍南以漫流缓流的淤积为主。但《正德颍州府志》也述及了该州土壤的变化:"垆疏,古赋在第二等间出一等,近代稍轻。意者河患土确,制赋以贞,今河徙而土益垆"❶,因为明初黄泛时,"州境之沦河者十四五也"❷。因此,安徽颍南的泛滥同样是不可忽视的。此外,方志上虽未直接叙述到周口决溢南泛的问题,但周口正当贾鲁河泛道之冲口,周口完全可能被泛水冲决。从《周口市供水水文地质初步勘察报告》的资料看(省水文地质三队1981年),有一条"近期黄泛古道",自西北向东南跨越颍河,宽约 1.2~4.8 公里;岩性为浅黄色泥质粉砂,多孔隙,具微薄层理。很可能也是明清时泛水自贾鲁河而来,于周口南堤多次冲啮漫溢乃至决口而形成的泛道。因此本文所述仅仅是一些典型的口门与颍南泛道,实际上决溢情况是很复杂的。

这样,也相应地产生了一个问题:故项县与颍歧口处的土冲积扇,是否一定是黄泛所淤?沙河决溢也有可能造成同类沉积的。对于这一问题,在可能对上述地区表土及浅层沉积,作出全面而深入的断代和成因考证之前,可以作这样的估计:①从文史记载,无论是在明清的黄泛"高潮"前,还是之后,沙、颍河本身从未在故项县与颍歧口处,形成灾难性的、大规模的、长期的泛滥。相反地,如前所述,故项县恰恰是倾圮于黄泛。②即使沙、颍河本身在这些地方的决溢情况记载阙失,或者运粮河受颍水南枝的影响而泛滥,那么它也是局部的、个别年份的。现代的沙颍河,在周口水文断面处,多年平均输沙量达800 万吨左右,年均含沙显达 2.4 千克每立方米,汛期最高含沙可达 26 千克每立方米。若是单纯的沙、颍河泛滥,不可能在零星的时间,在这么广大的地区,造成厚达 2~4 米的黄土沉积。能够实现这个沉积的只能是黄水,而且也不是一两次黄泛之所积,必是长期的泛滥之所为。

本文叙述的几次,只不过是最典型的与有过记载的而已,其间,必有多年行黄。至于周口以上与阜阳以下的淤积,包含有较多的沙河、颍河自身泛积的因素,明清时期这些地方在沙、颍河内水条件下决口次数较多,然而由于这些河段也皆有黄泛决口的记载,理应把它们看成是黄泛区。在 1938 年后黄泛漫流的多年中,也有个别年份漫及沙河、颍河以南(比如 1944 年,周口南堤决口,泛水淹及商水、项城县一部),或者沿支河上溯者(如从阜阳沿泉河上溯淤积)。但是这种泛滥毕竟是局部的,并未超出明清时期南泛的范围,加上民国年间的黄泛,泛水挟带的泥沙大多在颍河以北沉积,进入颍河的泛水,含沙已经较少,即便有淤积,影响也不很大:所以我们可以把现存表土的黄潮土,看成是明清时期黄泛沉积;并以此为参照圈定南泛区域。

---

❶ 参阅《正德颍州府志》胶卷本,卷三《贡赋》。
❷ 参阅《正德颍州府志》胶卷本,卷一《山川》。

黄泛淀淤地区，尚不是整个的泛滥区。泛水漫流于颍河南，所含粉、细沙粒、黏粒多在缓流中沉积，泛水并不是在沉积区就止步不前，而是顺地势东南而下，退入汾泉河乃至是洪河和淮河，因而泛水的实际范围应在沉积区之外。但泛水到此已是强弩之末，波及区域不是很广，对原来土壤的侵蚀不很明显，只是部分地区有泛碱现象。所以，我们可以将明清时期黄河南泛时，其颍河泛区的南界，大致定在汾河、泥河—洪河—泉河—淮河一线，它与沙河、颍河包络的颍南泛区域，偏保守地估计，面积也在 5000 平方公里左右。

四、后记

1976 年，笔者参加颍河边新建电力抽水站施工，第一次在基础开挖的大剖面上看到了性状差异较大的两层类黄土。本地技术干部和农民告诉我"新土"和"老土"的概念。才知道历史上的黄泛。在搜寻和阅读了颍河流域的地方志书后，多少知晓了豫东地区在历史上遭遇的多次黄泛。1980 年清明时分，笔者带着查阅方志里的各种认识问题，到复旦大学拜访了历史地理大家谭其骧，请教他有关问题。谭先生借给笔者一本他私人收藏的武同举编撰的《淮系年表》，要我从这里读起。从此，我开始了正规学习黄河史的活动。

明清时期黄河下游河床形态中的一些问题 [*]

　　在黄河下游河道的变迁历史的研究中，主要对现存最为完整的明清时期黄河故道河南、山东段河道（东河河道总督管辖范围）的河床形态进行复原和分析。从河床形态看，明清时期黄河与西汉—北宋黄河及现行下游河道有着类同的特征，其平面形态，也是上宽下窄，宽窄相间，人类工程与天然形势束窄了河道，河型从游荡型向半控制的弯曲型转化。徐州以下，河道平面受到自然地形地物和原泗水河道边界的一定制约与影响。

　　历史的黄河下游纵剖面与现今一样，同属于向上凸的形式。明清时期黄河下游河道纵向调整中，沿程淤积首先反映出来，进入下游河道的来水来沙是下游纵向调整首要的、决定性的因素；河口延伸造成的出口侵蚀基准变化，导致溯源堆积，则是纵向调整的另一重大因素。明清时期黄河下游河道纵剖面比降较缓。注意到纵剖面调整中，乃至在整个河床形态变化中，人类活动的影响很深刻，从而提出明清时期在"束水攻沙"思想指导下河床形态变化的一些客观成效及其历史的局限性。明清时期下游河床形态研讨的深入，有助于从更长的历史尺度来认识现今黄河下游河床演变的问题。

一、明清时期黄河下游河道平面形态的重建

　　明清时期废黄河在地表保存最为完整，也是现今研究较具体和深入的一条黄河故道。在黄河下游河道变迁的研究中，借助于历史地理工作，以及有关地形、地貌图件，结合野外考察，复原明清时期黄河下游河道的平面形势，其中某些典型河段平面形态见图1。

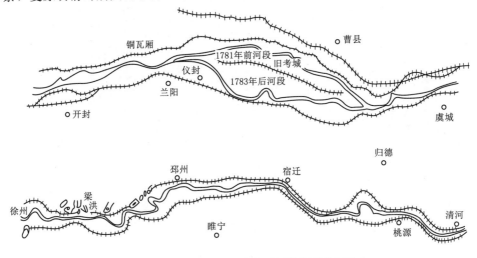

图 1　明清时期黄河下游典型河段平面形态图

　　* 本文刊于地质出版社 1993 年出版的《黄河流域环境演变与水沙运行规律研究文集　第四集》，内容有修改。

明清时期下游河道，从大势看与现行黄河下游十分相似，也是上宽下窄，由游荡型与过渡型、半控制弯曲型多种形式所组成。近年来有关的一些研究以及南京师范大学地理系的《江苏省黄河故道综合考察报告》（1985 年），一般将它分成以下四段：①沁河口至东坝头；②东坝头至徐州；③徐州至清口；④清口至河口。[1-2]

自沁河口至东坝头，现今黄河大势已在明清造就。该段是典型的游荡型河段，两岸大堤堤距 7～15 公里。清代有人形容这一段黄河：滩面宽广，土地沙积，溜势趋向靡常，工程平险莫定。荥泽、原武以下，正河主槽宽达 1500 米以上，深 2.0～2.5 米，河道稳定系数 $\sqrt{B/H}$ 为 20～16。明清时期该河段平面尚无太大的收缩，不过在中牟九堡、开封柳园口处（清道光朝以后大堤），堤距一度缩至 6～7 公里，铜瓦厢处也最为束窄。这几处典型的收缩点，两两相距约 30 公里。东坝头以下，堤距较为束窄，从时间先后与平面关系上看，可分为南北两小段。在商丘潘口以上，北股是明初至 1781 年行经的河线，本文称其为弘治故道，其堤距束窄为 7～9 公里，这一态势基本上是在曹县、考城（明代）一带密布的治河工程钳制造成的。

由于治河工程的作用，河道的主流带被相对地约束在微弯的形态下发展。从野外工作或从卫星影像图、地形图上，都还可以找到该段主槽的残迹，今民权县境内一段名杨河，杨河在旧考城（民权县北关镇）至梁靖口一带，河道曲折率高达 1.73。清乾隆年间河道改徙后，黄河大溜未能再从此经由，故道只能走堤内坡水、涝水，缺乏塑造河床的水沙条件，所以这一曲折率可视为改徙前黄河主槽的印迹。据 1597 年河总杨一魁的奏报，该段河槽大致宽 300～700 米，深 6～10 米，算得河道稳定系数 $\sqrt{B/H}$ 为 1.7～4.4，这一比值，可能因古人并未在河水平滩的条件下去测量而有所偏小，但可以现今河道陶城埠以下作类比。南股河道是 1783 年后固定下来的，本文称其为乾隆河，与北股比较，堤距略有舒张，为 7.0～14.0 公里，主槽有几处局部的曲折率为 1.3～1.4；据 1841 年查勘，该段主槽宽约 300～500 米，深 4.0～5.0 米。参考光绪年间勘查时的平滩值，河道稳定系数 $\sqrt{B/H}$ 约为 5.0～22.0。1950 年也对这段故道作过查勘，当时中泓槽宽 500～1500 米；这一数值，应考虑到 1933 年故道过水后的河床变化。[3]

潘口以下，堤距有进一步束窄之势，虞城处为 6～7 公里，江苏丰县二坝处由于工程作用，束至 4 公里，是一典型的藕节形卡口。到砀山、肖县间河势放宽，在肖县石将军庙、铜山县郝集处可扩至 12～13 公里，随即又束窄；徐州市西夹河寨束至 8 公里，丁楼 5 公里，徐州市区则从 2 公里束至 800 米。

从东坝头到徐州，清故道河长 293 公里，全河床纵比降为万分之一。这一河段，犹以明清开归河段为典型；研究段弘治河长 246 公里，乾隆河长 238 公里。两河段首部较顺直，中部曲折率比现在东坝头至高村段要大，弘治河的曹考段为典型的弯曲段，两岸工程密集。主要各河段纵比降大于万分之一，两段的全程纵比降皆为万分之 0.995，从这一段看，明清时期河床经过充分发育和调整，长历时看是平行抬升的。[3]

徐州至清口河段，进入泗水——黄河冲积平原，堤距宽窄相间，一般在 1400 米到 5000～6000 米间变化，徐州以下因两岸丘陵钳制，铜山县张集东北最窄处为 1.2 公里，泗阳县李庄、梁码头，最宽达 9～10 公里。道光间经徐州、历邳州、宿迁，"河身皆广百余丈，深二丈有奇"，概括了主槽断面形态。民国初年查勘，一般槽宽 500～1000 米，个别处在 500 米以下。槽深 6 米左右，个别河弯凹岸处要深一些。据此计算，河道稳定系数 $\sqrt{B}/H$ 在 3.7～5.2 左右，与今黄河陶城埠以下有类似之处。民初导淮查勘，徐州至清口河段全河床纵比降也在万分之一左右，只是上段略大于万分之一。该段纵剖面相对均衡，但徐州以上局部河段的变化很大，从现存故道的地面比降看，开封、商丘一带多处纵比超过 1/7000～1/8000，民权一段清故道主槽比降达万分之 1.2～1.7，最高竟然达到万分之 2.5；但在虞城张集至丰县二坝又低至万分之 0.13，乃至小于 0，呈负比降，可能由于局部沉降显著所致。

清口以下至河口，河长 176 公里。云梯关以上堤距一般为 1.0～3.0 公里，是典型的窄河段，云梯关以下，河口迅速外延，河口三角洲发育，堤距大致为 2.5～7.0 公里，河槽大致宽 300～1000 米，深 3～6 米，全河床纵比降万分之 0.7 左右，局部（如阜宁县芦蒲至云梯关）低达万分之 0.34，云梯关以下又高于万分之一。

从平面形态看，东坝头以上，曲折率 1.1，可视为顺直型，东坝头至丰县二坝，多在 1.1～1.3 之际，为顺直微弯型。豫河段土性疏松，横向变化发展。一些河段工程控扼显著。已有曲流发育。二坝至徐州，依为微弯型，一系列横剖面显示出二滩与嫩滩发育对称。但徐州至清口段。河行泗水河床，上段有基岩出露的山丘，矶石钳制，河势自然弯曲。原泗水系地下河，苏北平原"土脉坚硬，河涯尽属胶泥"，已形成较为弯曲的流路，成为夺泗后黄河的主槽，黄河水沙在数百年内对它已重新塑造，刷宽垫浅，不过原来泗水的平面形态未发生太大的变化，一系列古城镇的地望充分说明了这一点。所以说，黄河夺泗之后，仍受到原泗水河道边界条件的相对制约和影响。徐州以下是一长段较显著的弯曲型河段，曲折率在 1.5 以上，个别处如睢宁县魏集以上可达到 1.9，清口上下百余公里河道，曲折率超过 1.3。

因而从平面形态的整体看，明清黄河也是上宽下窄，宽窄相间的，沿程堤防险工及自然节点的控制将河道逐步束窄，河势由游荡型向相对稳定转化。这些特征与现行黄河下游颇为相似，只是具体河道条件与历史条件不同。

明清黄河下游河型的形成，与现行河道也有可比之处。如游荡段（尤以东坝头以上为显著），从河床边界条件看，两岸位于近期黄泛平原内，由十分松散的颗粒堆积而成，抗冲性很差。它又处于整个下游河道的入口处，河道相对宽阔，上游来沙量相对较大。这都是游荡性河道形成的客观条件。徐州以下一段，河床位于原泗水冲积平原之上，从大量的钻孔资料与古代土壤性状描述记载可知，泗水冲积平原以黏性土为主，黄河夺泗后，两岸物质抗冲性相对较强；从来沙条件看，由于宽河段滩槽落淤，豫河又频频决口，将大量泥沙带出堤外，到徐州以下，河床沙质的来沙系数相对减小，河槽相对窄深。而且由于徐州以上的河道调蓄作用，以及河床比降略减，徐州上下有一系列分洪闸调控，天然径流得到调节，所以徐州以下的流量变幅、汛期洪峰变差相对减小。这些都是有利于微弯河型得以形成与维持的。

二、河道纵横剖面调整中的几个问题

在平面形态重建的基础上，利用地形资料，点绘黄河下游故道与现行黄河滩地纵剖面

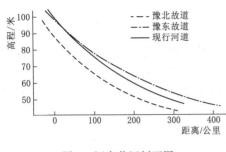

图 2　河南黄河剖面图

曲线（见图2），加以比较；认为明清下游纵剖面与历史上西汉—北宋故道与现行黄河一样，曲线都属于向上凸的同一型式。由于汉代至北宋故道在河北平原间断地被太行山山前冲积扇叠压，这里只取出沁河口以下 400 公里进行比较。明清下游纵剖面似较古代要缓一些（见表1）。与现代黄河比，比降也要平缓一些。究其原因，一个是明清黄河河口迅速延伸，河口段比降有减缓趋势；另一个是淮河来水自清口汇入黄河，大大地改善了清口以下河道的水沙关系，河床纵比降随之作出某种调整所致。可以看到由潘季驯确定的"束水攻沙、蓄清刷黄"策略，在明清黄河纵剖面调整中的作用。[3]

表 1　　　　　　　　　　　　明清时期黄河开归段河床形态表

断　　面		位置	堤距/m	断面距/km	曲折率	纵比降/‰	临背差/m		槽宽/m	槽深/m
弘治河		柳园口—李庄	8000～10000		1.050～1.100	全河1.00	（左岸）7.0			
	C. S. 1	蔡楼	7800	43.0	1.086	2.08滩地			300	6.0
	C. S. 5	李堂	8000	44.0	1.732	1.25滩地	10.0		—	
1495 年	C. S. 8	老颜集	9000				7.8		700	10
1781 年	C. S. 12	潘口	7000	26.5	1.320	1.72滩地	9.1			
乾隆河	C. S. 1	蔡楼	4400	36.2	1.206	河槽0.6～1.88	5.0		220	1.6
	C. S. 4	野冈	14000	45.0	1.406	2.50～1.20	3.4		350	4.2
	C. S. 8	老颜集	12000							
	C. S. 10	郑阁	11000	21.0	1.513	1.72	7.8～8.9		290	4.5
1783 年	C. S. 16	张集	8400	75.5	1.398	1.19	6.7	9.7	—	
1855 年	C. S. 20	二坝	4000	59.9	1.428	−0.6～0.138	4.0	3.6	420	5.1

注　1. 弘治河河槽宽、深系杨一魁 1597 年奏报值；潘口以下河段的乾隆河道叠压。
　　2. 乾隆河郑阁以上系 1783 年改河新道，以下系 1495 年后河道；河槽宽深系道光二十一年查勘值。

　　关于黄河下游纵剖面的调整，谢鉴衡认为影响其变化的 3 个主要因素是："进口来水来沙条件，出口侵蚀基点条件及河床周界条件"[5]。这一分析建立在长历时的、稳定的平均来水来沙条件的基础上。这一思路也正是分析历史上河床演变的思想基础。从明清时期河道变迁、河床演变及来水来沙变化、河口延伸的关联的研究[4] 来看，无疑地，沁河口以上的来水来沙条件，对每一次的乃至全时段的河南河段的加积，纵向调起到了至关重要的作用，在分析中的每个加积阶段，下游河道首先反映出来的调整是沿程淤积，而且黄河中游的水沙变化，特别是来沙增丰与致淤可能的相关联，显示了这点。所以认为黄河中游侵蚀条件的变化，直接地乃至是首要地影响到下游河道的堆积及变徙，来水来沙条件是决定下游淤积——调整的首要原因。谢鉴衡从现行黄河分析中，认为影响纵剖面调整的 3 个因素中，进口来水来沙条件是起决定作用的[5]，这一势态是古今共同存在的。

不过，这丝毫不贬低河口侵蚀基准条件的作用。张仁的研究早已强调了这一点，而且认为明清黄河河口的延伸，是造成河道持续淤积的根本原因。本研究发现随着明清黄河下游来水来沙峰期的到来，加上人类工程的作用，水沙得到相对的约束，纵向调整在这一前提下进行，丰沛的来沙得以大量地被挟带到河口，河口的延伸率也几度达到峰值。但河口的延伸，很快就导致了溯源淤积的发生，从而造成了下游河床自下而上做出的纵向调整。沿程淤积与溯源作用的叠加使全河床平行抬升，所以明清的河床剧烈堆积直至发展到桃花峪冲积扇的点附近[4]。1495～1855 年，河道的纵向调整在堤防约束下进行，分析看到在明清时期，堆积的重点河段、决口频繁点与堤防工程的重点上下游移，都是如文献 [6] 分析的那样有明显的规律。

人类工程措施对纵向调整起到深刻的也是微妙的作用。潘季驯、靳辅的堤防治河措施，保证了纵向调整在双重堤防控制下进行，也保证了河口延伸的泥沙补给来源。人类工程也是一种边界条件。此外，江苏河道的系列裁弯事件，从本质上说也是一种河道的纵向调整。只不过这种调整是人类主观活动的结果。徐州以下的泗水故道与淮河故道，河线弯曲。一如历史上著名的山阳湾，位于淮安城下。黄河主溜自 16 世纪六七十年代沿泗、淮入海，草湾一带迎流顶冲，常患洪水决口；1576 年曾人为地企图改河，但河线未动，1589 年汛期，大溜直入草湾新河，自然地突出了裁弯，缩短了河线 30 余里。清代康熙朝曾在徐州、邳州、桃源、安东 6 处裁弯，以顺应河势；嘉庆、道光年间，也在宿迁、淮安、安东一带裁弯 10 余处，工程大小不等。因而，泗淮昔有的平面形态及纵向形态都得到了人为的改造。治河的目的，直接在于防洪，但在这一系列活动的背后，也有着深刻的背景：泗水行黄后，有着缩短河线，加大纵剖面比降，以顺应泄水挟沙的客观要求。

明清时期下游河道的纵向调整很强烈，从黄河水沙对原泗水河道的作用、1783 年豫河的小改道都能说明问题。在 16 世纪六七十年代以前，黄河水沙大都散漫于涡、颍、濉入淮，或东北冲运、泛滥运西，自徐邳沿古泗东下极少。在此之前，泗水旧道也还是地下河。其后，丰、沛、砀、萧间河线最终固定在废黄河位置上，水沙得以单一地自徐、邳而下，徐州以下河道纵向调整十分剧烈。明隆庆、万历年间，泗水堤防逐步完善，且在宿迁以下创筑数座减水堤，这一方面是潘氏治河方略、措施的实现，同时也说明了短短数年，泗水原河道已迅速调整，淤积抬高。1783 年局部小改道也一样。兰封至商丘的清故道，在 1781 年前仅仅是弘治河道南堤外背河坡水的行经河道，明末清初时期又称沙河。1782 年、1783 年新筑南大堤，据阿桂奏报，堤高 8～9 米。1783 年河走新道，以建瓴之势直下商丘，一度商虞间旧堤连连冲决。几年后，开归段堤防完善，决溢便转移到苏皖河段。但是，在 1794 年后，决口频发点重新回复到河南省境。19 世纪 20～40 年代，东坝头上下河段都出现了严重的决溢。从河道纵向调整的意义上看，兰村—商丘小改道之后的淤积，大致在短短 10 年之内就已基本完成，新道与原上下河段纵剖面曲线协调一致。该段废黄河 8～10 米的堆积，绝大部分是在这 10 年中淤垫的。说明局部河段的小改徙，虽能在一定时间内暂时维系河道冲淤，新河道相对低洼，也能充容部分来沙，但为时很短，对下游整体的纵向调整，起不到决定性的改观作用。粗略统计，兰封至商丘改徙的一段，大致收纳了 3000 万立方米泥沙，当时下游全河道每年平均淤积 2.4 亿～2.8 亿立方米，小改道所能收纳的泥沙，只是一个零头而已。

最后来看看"束水攻沙"在明清河床形态变化与河道整治中的作用。潘季驯针对明初分流阶段的黄河问题，认为分流诚能消杀溜势，但黄河含沙极高，若无急速水流，必然势缓沙落，迅急淤积，小流量也会出现高水位，冲突堤防。他指出："水分则势缓，势缓则沙停，沙停则河饱，尺寸之水皆由沙面，止见其高，水合则势猛，势猛则沙刷，沙刷则河深，寻丈之水皆由河底，止见其卑"。从而提出"筑堤束水，以水攻沙，水不奔溢于两旁，则必刷平河底，一定之理，必然之势"[7]。应当注意，该"束水攻沙"论，首先是针对明初黄河分流，大河无堤防约束的具体情况提出来的。潘季驯看到了水的流速对河流挟沙力的影响，这是十分可贵的。但古人所持有的束水论——即通过减小河宽、加大流速的办法来提高挟沙力，并未包罗、综合影响挟沙力的全部因素。钱宁推荐的挟沙能力关系式之一是：$S_m = f(U^2/gh，\gamma_s - R/\gamma，Uh/\gamma，U/\omega，D/n，B/n)$ 归纳了影响挟沙力的四因素：水流条件、水的物理性质、泥沙物理性质、河流边界条件[5]。在这些综合影响因素中，古人只看到了流速与河宽两个颇为宏观的因子。所以从理论上看，筑堤束水以攻沙，对河床形态的影响还是有限的。潘氏以为筑堤束水刷沙，河床"自难垫复"，即河床纵剖面能在冲淤平衡下维持稳定，在实践中与客观效果上都存在不少问题。

首先，明清时期大筑堤防，并未真正解决，也不可能解决下游河床的淤积抬升问题。其次，堤防工程相对地减少了泥沙旁泄的机会与数量，大量泥沙淤在滩槽，还有相当数量的泥沙沉积入海。在 1494～1855 年期间，平均每年泥沙堆积量在水下三角洲为 2.96 亿吨，外海 2.96 亿吨。入海泥沙加强了河口延伸速度，文献［4］估算出，在河口延伸加剧的时段，相应河口堆积速率也很高，1578～1591 年，达 16.6 厘米每年；1700～1747 年，高达 3.1 厘米每年；1803～1810 年，高达 5.4 厘米每年；1810～1855 年，高达 3.1 厘米每年。相应地，溯源淤积加剧，从徐州以下废黄河的河床堆积历史看，与河口段堆积趋势是衔接的。在溯源堆积持续进行的条件下，全下游河道呈现了平行抬升的局面，这是潘季驯当初未曾预料到的。从纵向调整的意义上看，人们都过高地估计了"束水攻沙"的作用。不过潘氏的工程措施，于河床平面形态有较大影响。明末清初曹考段微弯主槽局面的出现，研究认为主要来自人类工程作用。该段北堤原系 1493 年成就的太行堤，河线大致位于原贾鲁大河之上，但在万恭、潘季驯等人的努力之下，缕堤发展、完善，取代了太行堤而成为第二道大堤，北岸形成名副其实的双重堤防，河势整个南滚。南岸堤防于 16 世纪 70 年代开始形成，两岸险工、防洪工事日渐进逼，将原来一大段宽河，人为地加以束窄。从平面上看窄束了 30％，乃至 50％。实际上将顺直的宽河段，作为一弯套一弯的河段束窄整治，人为地改造了河型。这一变化从大断面上看得很清楚，明显地具有二级悬河的特征：太行堤外曹县最低洼，太行堤与北堤间，一度是贾鲁大河河身，高于堤外背河洼地。而弘治河道则处于二级悬河地位。这一断面形势，完全可能是堤防逐步进逼、收缩而形成的。

三、结语

（1）明清黄河下游河道的平面形态与纵剖面形态，与古、今黄河下游有类同、可比的性质。明清废黄河是研究黄河下游河床形态与堆积形态的最好历史模型。

（2）明清黄河下游河道的纵向调整，与现行黄河的纵剖面调整遵从同样的规律，而且明显地受到人类工程的作用影响。但不要过高地估计明清"束水攻沙"在河床形态变化中的作用。

四、后记

在当代黄河下游河道治理中，也有不少人提出了"束水攻沙"的方略。在现实工程技术条件下，可不可能实现"束水攻沙"呢？水利大师钱宁先生曾经利用爱因斯坦床砂质函数式估算过黄河下游平衡断面尺寸，花园口河段的中水河槽，必须人为地约束到：底宽70米，顶宽500米，平滩流量下，断面平均流速达到 4.3 米每秒，这样才能保证各级流量下挟带的泥沙全部下泄，保持冲淤平衡。

按照目前黄河下游河道的实际状况，要使河南境内的宽河道，在工程约制下达到这一理论要求，整治经费将达到天文数字，工程将空前浩大，技术上即使有可能作到，经济上则未必允许。这也可想而知，明清两代的国力与技术条件，是不可能真正实现理想化的"束水攻沙"的。明代双重堤防体系，在曹县考城一段宽河道，由元末的贾鲁大河人为地塑造成明故道，两岸险工、整治工程林立密布，防洪工事进逼。根据调查、估算，此段河道束窄 30%～50%，将顺直的宽河，束窄为一湾套一湾的河道。该河槽宽仍在 700 米左右，徐州以下明清河道，行走原泗水河道，原河槽较为窄深，行黄以后迅速宽浅，潘季驯的大筑堤防，实际上只是起到防止河型进一步变化，未能再予束窄。

20 世纪 50 年代以来，黄河下游山东河段的河道整治得到巨大的投资，整治工程首尾相接，天然河道得以渠化，但也未能达到理论计算的要求。而且山东段的窄河道的微淤平衡局面，是立足于上游宽河段滞洪淤沙的后效，一旦河南河段按理论计算束窄攻沙，在当前工程条件下是不可行的。在当代河道整治的实践中，曾于 50 年代错误地提出了"纵向控制与束水攻沙并举，纵横结合，堤坝并举，泥柳并用，泥坝为主，柳工为辅，控制主溜，淤滩刷槽"的方针，两年中在郑州——高村河段建控导、护滩工程 22 处，坝岸 264 道。但在 1961 年三门峡水利枢纽工程下泄清水后，这些工程很快被冲垮。1958 年在滩区盲目建造的生产堤，在三门峡水利枢纽工程改为滞洪排沙运用以后，也影响了滞洪淤沙，反使一些河槽加重淤积，形成悬河中的悬河。所以理想中的"束水攻沙"，在当代实践中遭受到重大的挫折。这是许多未在黄河工作的学者或水利工作者津津乐道"束水攻沙"而又不知其然的。

在一次河道整治研讨班上，一些专家在这个问题上，坚持钱宁"宽河固堤，为泥沙淤积留下足够位置"的观点。他们认为游荡段河道的整治，仍应有意识地保持河道的滞洪淤沙特性，以不增加下游河段的泥沙淤积为前提；明确地提出不应该采用"束水攻沙"的办法，去破坏中华人民共和国成立以来较为有利的全下游纵向输水输沙关系。过度地束窄河道断面，加大了局部河段的输沙能力，但不利于防洪，相应加大了局部乃至全局的防洪负担，在黄河泥沙的许多问题还未解决之前，是不能搞理想化的"束水攻沙"的；在当前情况下，河道整治的中心任务仍然是防洪，主要是防止冲决。中游侵蚀产沙的治理有一个过程，目前下游的淤积仍是不可避免的，那么，应当从系统角度认识整治；下游束水攻沙，应当淤滩，不能淤槽，宁可淤积在宽河段，不要淤在窄河段。

有人也寄希望于南水北调中线的引江刷黄，这不失为一个方案，这类似于"束水攻沙"，是其衍伸，是引清来刷黄；南水北调来刷黄，不会产生蓄清刷黄那样的两难问题；不过据 20 世纪 80 年代黄河水资源供需分析，上下计划需水 740 亿立方米，在保证下游输沙前提下，可分水量仅为 370 亿立方米。黄河利津段，1972～1993 年，平均每年断流 15 天。水资源短缺的问题将越来越严峻。南水北调的前提，首先是面临华北地区的水资源调配，在今后的条件下，跨流域调配水资源的造价，以及实际入黄的水量，必将使人们在用一种资源去清刷另一种资源的决策中，再次出现两难的困境。因为要维持黄河下游河道的冲淤平衡，中线引水方案每年需以 150 亿～200 亿立方米的水量用来冲沙！我们正面临黄河变害为利的历史性转变。能否不再因循用大量的水资源来稀释高含沙的思路来处理黄河下游泥沙淤积问题？高含沙水流输移也许是一条出路，窄深河槽加上水库调水调沙也是一种办法。这样我们才能超出历史，使历史上未能真正实现，当代也没有实现的所谓"束水攻沙"，成为可能。

参 考 文 献

[1] 徐福龄. 黄河下游明清时代河道和现行河道演变的对比研究. 人民黄河，1979 (1)：68 - 78.

[2] 孙仲明. 黄河下游 1855 年铜瓦厢决口以前的河势特征及决口原因//黄河水利史论丛. 西安：陕西科学技术出版社，1987.

[3] 徐海亮. 历史上河南黄河河床形态及堆积形态的初步研究//第 4 次河流泥沙国际学术讨论会文集（英文）. 北京：海洋出版社，1989.

[4] 徐海亮. 黄河下游的堆积历史和发展趋势. 水利学报，1990 (7)：42 - 48，19.

[5] 谢鉴衡. 黄河下游纵剖面变化规律及河道治理//当代治黄论坛. 北京：科学出版社，1990.

[6] 张仁，谢树楠. 废黄河的淤积形态和黄河下游持续淤积的主要原因. 泥沙研究，1985 (3)：1 - 10.

[7] 潘季驯. 河防一览·卷二.

明清时期黄河下游来水来沙与河床演变[*]

本文利用近 500 年历史水旱资料，分析明清时期黄河下游来水变化、水沙组合序列，分析可能导致下游河床淤积的水沙组合样本。认为径流偏丰时，来沙相对增丰，与来水来沙周期变化相应，存在三个加积阶段，下游河床急速加积，河床演变剧烈。

一、明清黄河下游的来水来沙变化

黄河下游来水、在超长系列里呈现出丰枯交替的周期变化。下游的来沙，以三门峡站以上流域为主，河口至龙门区间、泾洛渭汾流域产沙量，占全河的 90％以上。故利用三门峡水文站的多年天然径流❶，粗估来水来沙的变化趋势和量级。以三门峡水文以上 41 水文站在《中国近五百年旱涝图集》中逐年的旱涝等级，对三门峡水文站天然年径流计算分析，重建了近 500 年径流序列。采用该序列作低通滤波处理，认为 50 年滑动平均成果具有清晰的周期变化特征：分析来水变化趋势，认为明清时期黄河下游具有三个长周期（1479～1595 年、1596～1782 年、1783～1908 年）（见图1）。

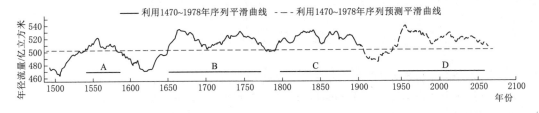

图 1　三门峡水文站天然年径流（历史、预测）序列 50 年平滑曲线图

从图 1 中可以看出，B、C 丰水时段图像，似可进一步划分为四个准丰水段，其间还有两次短暂相对偏枯振动。对复原的历史天然径流序列采用最大熵谱分析，成果显示存在 23 年的主周期、73 年的次主周期，可能与天文——大气变化周期有关联。

研究认为明清时期的三次加积高潮，与 A、B、C 三个丰水时段大致同步（1534～1595 年、1643～1782 年、1798～1908 年），下游河道的堆积低谷又与枯水时段大致同步，定性地认识到丰水时期的来水，与挟带而来较多的泥沙及下游河床的堆积存在密切关联的特性。造成下游河道堆积的泥沙，主要由大于 0.05 毫米的粗颗粒所组成，主要来源于陕北黄土丘陵沟壑地区，来自河口镇至清涧河口之间两岸支流与无定河河口以下白宇山区的支流河源区。

利用 500 年水旱资料，以主要产沙区的榆林、延安两个水文站资料，适当参考中游其他水文站区，认为榆林水文站、延安水文站的水旱等级，相应也显示了水力侵蚀产沙程

　＊　左大康. 黄河流域环境演变与水沙运行规律研究文集　第四集. 北京：地质出版社，1993 年。

　❶　水利部黄河水利委员会勘测规划设计院. 黄河河川径流水资源计算和分析，1992 年。

度，定性地判别主要产沙区在中游地的相对侵蚀（粗沙）产沙程度，粗分为丰沙、中沙、少沙三种来沙情况。三门峡水文站以上来水，以已复原的径流序列，划分为偏丰、平水、偏枯三种情况，与产沙情况组合，获得九种组合形式，从而逐一确定各组合的下列大水年。又以三花间径流序列（王云璋，1989 年）作为下游水情的一维，进一步用三门峡水文站以上的水沙组合与三花间水情（大水、平水、枯水）作为另一维，构成二次组合。将原中游来水来沙组合序列酌情置入；取得系列一：中游大水、大沙，下游大水，有样本 57 年；中游大水大、中沙，下游平水，有 51 年。系列二：中游大水大、中沙，下游小水，有 46 年。系列三：中游中水大中沙，下游平水、小水，有 54 年。系列四：中游小水，大、中沙，下游小水；有 13 年。三门峡水文站以上来水一般与三花间洪水错峰，这里的估算从年径流总体来看；考虑到三花间来水含沙极少，致淤效果小，认为上述的系列二～四的水沙组合，产生淤积的可能较大，探讨称为可能致淤组合。以上四系列包含样本年数 217 年，占研究段 1470～1855 年样本总数的 56.2%。将样本年按原序置入丰枯周期之中，其比率见表 1。

表 1　　　　　三门峡水文站天然径流丰枯时段与可能致淤年数的比率表

周期	丰枯	时段/年	(1) 年数	(2) 可能致淤年数	(2)/(1) /%
A	偏　枯	1470～1533	64	23	35.9
	偏　丰	1534～1595	62	36	58.0
B	偏　枯	1596～1642	47	23	48.9
	偏　丰	1643～1782	140	91	65.0
C	偏　枯	1783～1797	15	4	25.0
	偏　丰	1798～1855	58	40	68.9

可见，在来水偏丰时段，中游来水来沙与三花间来水再组合，可能导致淤积的比率为 58.0%～68.9%；而偏枯时段，这一可能致淤年数的比重在 50% 以下。1534～1595 年丰水段，常出现连续 2～3 年，多达 6 年的连续可能致淤年，连续年区段间隔多为 1～2 年；1643～1595 年丰水段，可能致淤年多为 2～3 年，也有长到 7～8 年的。1798～1855 年，这种情况的连续段多为 2～3 年，多到 6 年，也有 10 余年的。分析认为正是处于丰水时段中的这些连续可能致淤年，下游河道产生严重淤积的概率较大。连续的淤积—决溢—淤积，加重了整个下游河道以及决口口门以下河段的糜烂、壅阻——淤积的恶性循环，使河道状况进一步恶化。

进一步看，在研究时期的 386 年之中，有 72 年暴雨中心在榆林、延安地区，洪水通过各支河汇入黄河北干流后，河谷开阔，由于河槽的巨大调蓄作用，黄河中游出现的洪峰量级大减；而同时洪峰来沙系数大，就可能产生高含沙量洪水，这种年次占了可能致淤年的 1/3 以上，在可能致淤的年次里，对下游河道的塑造起到重要作用。高含沙水流在宽浅的游荡型河段，很难维持平衡输沙，粗沙排沙比很低，对下游河道的冲淤极为不利。

钱宁先生等将黄河水沙组合分为 6 种类型，将本文的分析与其对比（见表 2）。

表 2

黄河水沙组合类型对比统计表

钱宁先生概括的水沙组合类型	来沙系数/(kg·s/m⁶)	淤积强度/(万 t/d)	下游淤积量占全部洪峰淤积量/%	类似典型/年	三门峡站输沙距平/%	全下游淤积/亿 t	水情类型	本文的类似系列
(2)	0.0516	3100	59.8	1954	+92.0	5.99	上大下中	系列一
(2)	0.0516	3100	59.8	1966	+53.6	4.29	上大下小	系列二
(3)	0.0360	545	13.6	1951	−2.0	1.11	上中下中	系列三
(3)	0.0360	545	13.6	1975	+ 9.0	−0.36	上中下小	系列三
(4)	0.0131	1898	28.2	1958	+124.0	6.85	上大下大	系列一
(6)		632	3.4	1956	+15.1	3.85	上小下大	
(6)		632	3.4	1959	+105.0	7.03	上小下小	系列四

以上工作验证了在明清时期天然径流分析中获得的印象，即从黄河的长历时看，从统计的角度看，导致黄河下游全河床淤积的来沙（特别是淤积滩地）状况，在丰水时段中大量地出现。说明在偏丰时段，中游的主要产沙区以侵蚀产沙为主；相应地，下游河道出现较为严重的淤积，一些重大的河床变形、河道改徙的历史事件，多发生在这些丰水多沙与河道加积的时段里（见表3、表4）。

表 3 　　**明清时期黄河丰水时段可能致淤年序列表**

时　段	时间/年					
1534～1595 年（丰水时段）	1534～1536	1540～1544	1546～1549	1551～1554	1562～1567	1569～1572
	1578～1580	1588～1591	1594～1599			
1643～1782 年（丰水时段）	1642～1649	1651～1654	1658～1660	1662～1664	1666～1679	1686～1689
	1691～1695	1704～1710	1715～1718	1723～1737	1743～1746	1751～1757
	1766～1768	1772～1776				
1798～1855 年（丰水时段）	1798～1800	1802～1804	1815～1830	1840～1845	1848～1853	

表 4 　　**明清时期可能高含沙洪水年表**

时段	时间/年
15 世纪	1475, 1476
16 世纪	1503, 1508, 1515, 1534, 1535, 1540, 1542, 1553, 1557, 1562, 1564, 1567, 1569, 1570, 1575, 1593, 1594, 1595, 1598
17 世纪	1604, 1621, 1626, 1641, 1644, 1653, 1659, 1662, 1664, 1666, 1671, 1677, 1678, 1679, 1686, 1694, 1695, 1698
18 世纪	1701, 1707, 1723, 1725, 1728, 1730, 1731, 1736, 1744, 1745, 1749, 1751, 1752, 1753, 1756, 1757, 1761, 1767, 1774, 1775, 1781, 1785, 1789
19 世纪	1800, 1819, 1820, 1822, 1823, 1838, 1843, 1844, 1855

二、明清时期黄河下游的堆积、变徙与水沙变化

在明清时期，黄河下游的堆积、河床演变与来水来沙的变化，存在着密切的关系。

1495～1546年，下游人为地北堵南分，时有决徙，挟沙水流极不稳定，在偏枯时段，仍出现严重堆积。进入A丰水时段后，出现一系列的连续丰沙可能致淤年，分析可能致淤样本占该时段的58％。分流状态不利于输送泥沙，经过1534～1536年、1540～1544年两次连续丰水丰沙过程，1546年南分诸道自然淤塞，全河水沙尽入贾鲁大河。前阶段被称之为"小黄河"的贾鲁大河，淤阻已久，难以适应剧增的水沙，河床急剧淤高，1558年商丘新集改道，摆脱故道河线，重新出现自然改徙、分流泛滥局面。

从16世纪70年代起，河南境内南堤创筑，1578年、1588年，潘季驯三任、四任河道总督，大规模修治堤防，水沙得到相对约束；1578～1580年、1588～1591年、1594～1599年水沙组合可能致淤，90年代又出现一系列可能高含沙年，丰沛的来沙被挟带到河口，河口延伸率一度高达1540米每年，其堆积速率也相应达到16.6厘米每年左右。

进入周期Ⅱ偏枯时段（1596～1642年），可能致淤的不利水沙组合比例减小，虽有6次也可能出现了高含沙，但总的来沙量偏少，河口延伸率曾降到87米每年。诚然，明末清初在淮安以下一度处于漫溢状态，相对延缓了河口单流直进的速度。

清代前期，恰好进入了B丰水阶段（1643～1782年），修防工程从1649年起集中于豫河进行，丰水又挟带来了超过前阶段的泥沙；如1642～1649年、1651～1654年；1658～1660年，其中还包含着1644年、1653年、1659年等一些可能高含沙年，陕北在遭遇了长期大旱后，侵蚀产沙加剧。清初首先反映出来的是沿程淤积。到17世纪70年代，靳辅主持了大规模的堤防治理，工程向云梯关外延伸，沿程的纵向调整得以发展到海口，河口延伸又增加到239米每年，张仁估计可高达1700米每年。这一方面显示了堤防约束的功能，也显示了中游的来沙有一个非常显著的增加。

这一变化无疑地加剧了溯源淤积的作用，河口延伸首先在江苏河段决溢发展上反馈显示出来。同时，中游来沙仍较丰沛，在周期Ⅱ的丰水时段中，可能致淤年占了65％的比重。河南河段的沿程淤积之势始终很强盛。两种淤积趋势叠加，使下游河道出现全面抬升的局面。从河患与堤防工程补筑的时空分布看，在遭遇了1686～1689年、1691～1695年、1704～1710年、1715～1718年这一系列的可能致淤水沙状况后，河道的堆积趋势一直发展到桃花峪附近。明初，河道从广武山头东北而去，改徙到东下开封的明清黄河位置之后，由于新道的溯源冲刷作用，长期低于故道河床。沁河口至詹店一段尚未建立堤防，以故道高滩御水，大水时也可能利用故道"以资宣泄"。但到18世纪末，这一势态被打破。1696年河决荥泽，1721年、1722年、1723年武陟连续河决，1723年补筑了该段堤防（俗称"御坝"）。1671年、1677年、1678年、1679年、1686年、1694年、1695年、1698年，1701年、1707年、1723年可能出现的高含沙，无疑的也促进了这一次强加积。

从河南河段看，这次加积至少持续到18世纪60年代。而沿程淤积尚未缓解。1761年大水大沙，榆林、西安出现1级大水，延安、平凉出现2级水；在下游干流的基流较大

287

情况下，又遭遇了三花间特大水，花园口洪峰流量高达 32000 立方米每年。这次大水并未如理想的那样挟带走大量床沙，反而滞积在滩地上大量泥沙。到 1766～1768 年，1772～1776 年又逢丰沛来沙，而 1777～1779 年甚至连年出现高含沙洪水，严重的淤积发生在开封以下河段，1781 年的仪封青龙岗大决似成定局。这次决口未能堵复，决定了 1783 年仪封至商丘河段的局部改徙。

同时，也不能忽视溯源淤积，18 世纪上半叶，随武陟堤工的完成，豫河全线的工程逐步完竣，决溢与加积推向苏皖，河口延伸发展到 320 米每年，河口的堆积很快又溯源向上。仪封改河完成后，决溢与工程的重心，也向苏皖转移，不过进入周期Ⅲ的 1783～1797 年枯水时段，来沙相对较少，可能致淤年仅占 25％，冲淤相对稳定；在 1776～1803 年间，河口的延伸一度降低到 111 米每年，堆积速率也相应降到 1.2 厘米每年。历史地理学者王守春归纳了清代下游决口的时空变化：1646～1680 年自上向下移动，1680～1725 年自下向上移动，1726～1800 年规律性不太明显，但是 1800 年以后，明显表现出由下向上游移动的趋势。（王守春《黄河下游 1566 年后和 1875 年后决溢时空变化研究》，《人民黄河》1984 年第 8 期）大致反映了沿程淤积和溯源淤积的交替变化。

但这一枯水段历时甚短，旋即进入 C 丰水时段，遭遇到诸如 1798～1800 年、1802～1804 年、1815～1830 年、1840～1845 年、1848～1853 年等一系列可能致淤的水沙组合年，来水来沙对下游河道冲淤十分不利。值得注意的是，出现了 1819～1823 年的连续可能高含沙。本来在 1794 年之后，由于沿程加积，决溢重心已从丰县砀山以下河段发展到河南省境河段，而连续的大水、多沙、致淤又接踵而至。1819 年极为典型，雨洪类型同于 1843 年，洪水之后，滩面淤与堤顶乃至子堰齐平，兰睢段堵口，开挖引河长达 50 里，开挖深达 0.8～2.7 丈。1843 年特大洪水，花园口洪峰流量高达 33000 立方米每年。暴雨中心在皇甫川、窟野河及洛河、马连河上游，是中游的主要产沙区，也正是造成下游河床淤积的粗泥沙来源区。从 1843 年淤沙取样颗分看，大于 0.05 毫米的颗粒可占 90％左右，颗分曲线与皇甫川含沙量 1000 千克每立方米以上的颗分曲线十分接近，说明这次洪水含沙量是很大的。从小浪底上下沿河淤沙看，各处淤沙厚均在 2 米。19 世纪 40 年代中牟、开封的一系列决徙、1851 年丰县的改徙夺溜，无疑也加剧了河道的糜烂程度。这一切，也加速促成了 1855 年铜瓦厢改道的自然形势。

研究认识到：黄河中游粗砂颗粒来源地区的侵蚀条件变化，直接地影响到下游河道的堆积和变徙。来水来沙条件是决定下游河道淤积和变徙的首要因素。本分析中的每个加积阶段，下游河道纵向调整首先反映出来的是沿程淤积，中游的水沙变化，特别是暴雨集中、侵蚀力强，挟沙丰沛与下游河道可能致淤相关联。随着两岸堤防、工程的完善，大量泥沙被挟送到苏皖河段，被输送到河口，河口的延伸及河口段河床抬升，侵蚀基点的变化，加重了溯源淤积。两种形式的淤积，加速了河床的抬升，两种淤积效应的叠加，导致了明清下游河道的全面、迅速抬升。从堤防控制的意义上来看，明清黄河下游在长时期中的堆积，已达到 2.4 亿～2.8 亿立方米每年的淤积水平，和现行黄河下游河道的淤积水平相当（1950～1985 年值，已扣除三门峡工程影响因素）。

明清时期黄河下游河床的堆积状况见表 5。

河道	河段	研究时段/年	河道部位	河床堆积/m
黄河干道	郑州桃花峪	1450～1850	全河床	5.0
贾鲁大河	虞城—夏邑	元代～1558	全河床	7.0～10.0
明清黄河	沁河口—东坝头	1493～1855	全河床	6.0
	开封	1450～1642	河漫滩	3.0
		1642～1855	河漫滩	8.5～10.5
	兰考	1495～1781	河漫滩	7.0～10.0
		1783～1855	河漫滩	6.0～9.0
	民权	1495～1781	河漫滩	7.0～10.0
		1783～1855	河漫滩	4.0～8.1
	商丘—虞城	1572～1855	河漫滩	8.0～12.0
	丰县	1572～1855	河漫滩	8.79
	徐州	1572～1855	河漫滩	5.0～10.0
	睢宁	1572～1855	河漫滩	5.5
	泗阳	1578～1855	河漫滩	8.4
	云梯关	1590～1855	河漫滩	6.05
	大淤尖	1677～1855	河漫滩	7.55

表5　　　　　　　　明清时期黄河下游的堆积状况表

三、结论

（1）明清时期强堆积时期，黄河下游的来水来沙曾出现过丰枯交替的振动变化，存在三个丰水丰沙的加积阶段。分析水沙组合状况，可能至淤年的组合年占这些时段总年数的58%～68%。

（2）来水来沙条件的变化，以河南段为主的沿程淤积首先被反映出来，随工程的完善，大量泥沙被输移到河口，河口迅速延伸，河口段溯源淤积加剧，整个下游河床呈现全面抬升。

（3）在历史的天然径流量序列复原的基础上，对水沙振动的趋势、样本年的状况做出定性判估；依靠历史旱涝资料以及业已建立的一些黄河中游区间、流域水沙关系模式，可能从量级上去深入与逼近，作为一种背景性的分析，进一步与下游河道的河床演变结合。

参 考 文 献

[1] 徐海亮. 黄河下游的堆积历史和发展趋势. 水利学报, 1990 (7): 42-48, 19.
[2] 钱宁, 等. 黄河中游粗泥沙来源区对黄河下游冲淤的影响//《人民黄河》编辑部. 黄河的研究与实践. 北京: 水利电力出版社, 1986.
[3] 龚时旸, 等. 黄河泥沙的来源和输移//《人民黄河》编辑部. 黄河的研究与实践. 北京: 水利电力出版社, 1986.
[4] 韩曼华, 史辅成. 利用河流淤积物的特征确定1843年洪水来源区. 人民黄河, 1986 (6): 33-38.
[5] 钱宁, 等. 河床演变学. 北京: 科学出版社, 1987.

历史上黄河水沙变化与下游河道变徙的再认识

　　当代黄河水沙出现的新变化，促使重新思考与探究过去历史地理和地学、水利界对于黄河环境演化的研究，本文回顾 20 世纪 80 年代以来学界对于黄河来水来沙变化问题探讨的过程，比较 90 年代国家自然科学基金"黄河流域环境演变与水沙运行规律"项目的各种探讨，对于历史上黄河上中游自然环境变化与下游来水来沙振荡关联，提出更明晰的分析和评说，补充一些认识，修正一些不确切的概念。

　　所有探索，基于黄河流域环境和黄河的灾害历史的再认识。

　　借此机会，纪念探索黄土高原环境灾害与历史黄河水沙振荡的诸位先贤、各位同仁。

引言

　　20 世纪 60～80 年代，历史地理学者率先研讨黄河的环境与侵蚀产沙关系问题。其代表人物是谭其骧、史念海、侯仁之先生。接着响应的则有一个不小的联合的学术群体，涉及地学、水利和历史界，方法呈多学科状。笔者当时为回答"黄河流域环境演变与水沙运行规律"国家自然科学基金重大项目提出的问题，1990 年写的《历史上黄河水沙变化与下游河道变迁》文稿❶，经邹逸麟先生审阅，在《历史地理第十二辑》刊出❷。试图定性和半定量解读历史黄河水沙变化和下游河道变迁的关联。现在，我仍认为："黄河的水沙变化与河道变迁归根结底是一个地质环境问题。在历史文献分析研究的基础上，结合黄河河床形态、堆积形态及黄土与环境的研究，采用历史学、地理学、水利学方法，并吸取灰色系统、耗散结构概念，分析黄河下游来水来沙变化以及河道变迁的历史事实，认为历史时期黄河流域曾经有过数个躁动期，有多次的水沙剧烈振动（两汉、宋金、明清时期），相应地，中下游河道进入躁动期。来水来沙的突出变异，下游河道河床变形的加剧，导致河道迁徙、改道事件频频发生。唐宋时期以来环境恶化及这一相关变化趋势加强，明清时期尤剧。"认为：应从黄河水沙变化与河床变形的意义来认识黄河变迁，记载中的 1500 多次决溢事件以及人类重大的治河活动，可以从更为深刻的含义（即"数理意义"，而非"价值判断"意义）上去理解。从而在各种历史年表和笔者研究的河患事件中，筛选出 38 次具有特殊意义的黄河下游重大河患与变迁事件（表略）。筛选的根本原则是：这些事件正处于黄河历史变迁序列的转折节点上，或者处于变迁的高发阶段，它们客观又非常突出地反映出河道变迁中一系列重大的控制性变异，或反映出阶段性变异的某种突出后效；其中特别是黄河来水来沙的变化，在下游河道的上段所显示出的沿程淤积效应，同时也考虑到河口段的变化和溯源反馈，所带来溯源效应。这些事件以黄河自然变迁为主，同时也涉

❶ 左大康. 黄河流域环境演变与水沙运行规律研究文集　第四集. 北京：地质出版社，1992 年。
❷ 中国地理学会历史地理专业委员会《历史地理》编委会. 历史地理　第十二辑. 上海：上海人民出版社，1995 年。

及自然演化基础上——在人类参与下的河床变形。这样，客观地显示出流域自然环境变迁、水沙变化的总趋势，以及在人类参与下的河床变形和河道变迁的结果。"本文即从宏观环境与微观河流泥沙两方面来认识问题。

黄河下游游荡性河道变迁的重大事件，从宏观现象上披露了黄河河床堆积与河道游荡性加强的实质。钱宁先生根据北方多沙河流的水沙资料，提出游荡性指标表达式[1]：

$$\Theta = (\Delta Q / 0.5 T Q \pi)(Q_{\max} - Q_{\min} / Q_{\max} + Q_{\min})^{0.6}(J/D_{35})^{0.6}(B/h)^{0.45}(W/B)^{0.3}$$

其中第三因式显示了河床物质的相对可变动性，隐含了河流来沙状况和冲淤变化的幅度，第二因式突出了径流变幅对河流游荡性的影响。总课题里其他子项目的研究，也从不同的角度揭示出水沙变化与河床变形的关联[2]。本文的指导思路和筛选出的重大河患年表，都遵从这一数理表达的基本原则。认为河患——特别是重大河患、变迁、改道事件，是河床变形的一个趋势性结果，实质上都反映出河流来水来沙的急剧变化，研究将这些经过特意筛选的河患事件，作为来水来沙变异、河道变化的某种象征和指示。以下游河道河床变异（而非简单水文数据）来探讨水沙变化的规律，以及与河道变迁的关联。

以上引文系 1990 年提交的课题报告，现在稍做了个别文字修正。所说的黄河流域系统躁动期，在相当意义上，就是对应于以上钱氏公式下游游荡性指标增强的时期（阶段），即下游来水来沙与河相关系极不稳定，河床堆积、变徙加剧，河道决溢、改道加剧的时期（或阶段）。而历史上黄河下游河道曾经呈现过相对稳定期和相对活跃的河流发育期、水沙灾害期，两相情势交替出现。这里，依据当时课题组的研究成果，突出来水来沙急剧变化，河患频出、河床急遽变动问题，以及一些天文、气候环境背景探讨（当年气候项目组其他青年朋友探讨）。本文中各重大决口改道事件之间的某一泛道来水来沙过程，则严格按照笔者（1987 年、1988 年）参加的（邹逸麟主持）社科基金重大项目国家历史大地图——黄河泛决图稿的要求划分，按钮仲勋先生主持的基金课题编绘历史时期黄河下游变迁图（1991 年、1992 年）的分时段分泛道原则，进行处理。下面，为简化文字起见，不再进行烦琐的考证和罗列资料，所应用的重大河患样本年均见黄河水利委员会编写组，《黄河水利史述要》（北京，水利出版社，1982 年），"七五"国家自然科学基金重大项目资助课题子项目报告，左大康，《黄河流域环境演变与水沙运行规律研究文集》（三），北京：地质出版社，1992 年；钮仲勋，《黄河流域环境演变与水沙运行规律研究文集》（四），北京：地质出版社，1992 年，同时见邹逸麟"黄河下游河道变化及其影响概述"[3]，参见文集（四）中徐海亮整理提出河患重大事件的年表，以及中科院地理研究所王英杰有关论文的黄河重大历史事件年表。

一、春秋战国时期的黄河水沙

传统说法，公元前 602 年，河决宿胥口，是有文献记载的第一次。大河从禹河河道改徙到汉志河水道位置。其实，从豫北岩相古地理图看，所谓禹河和汉志河位置（谭其骧），

❶ 钱宁，等. 河床演变学. 北京：科学出版社，1987 年。
❷ 左大康. 黄河流域环境演变与水沙运行规律研究文集 第一集. 北京，地质出版社，1991 年。
❸ 历史地理专辑. 复旦大学学报，1980 年；辑录于邹逸麟. 椿庐史地论稿. 天津：天津古籍出版社，2005 年。

至少全新世中晚期都走过黄河，大致是黄河冲积扇豫北泛道带所分出的两大"束"水道，在今新乡到卫辉一带本为一泛道带，到浚县新镇，延津的丰庄，滑县的王庄镇之间，分为二道，北东而上的是"禹河"泛道带，北偏东东而上的，大致是"汉志河"的泛道带。当时没有黄河大堤，谈不到堤防控制下的决溢改道，可能算豫北冲积扇上两泛道带之间的水沙盈亏消长、发生主河道平面位移的自然演化。发生突变之前，有上游河段系列的水沙变化，但无文献述说和其他手段代用指标可以说明，中国科学院地理研究所的王英杰认为当时处于气候暖期、干湿分期属于干旱期。[1] 我认为这一次河变的主要驱动因素很可能是春秋战国前期，太行山发生剧烈的构造抬升，太行东南的淇水、清水、汤水强烈冲击黄河冲积扇北翼，太行山水沙形成的洪积扇向东南发育，强迫黄河大冲积扇北翼与黄河主流向偏东南位置移动。构造驱动力大于黄河自身泥沙的动力和冲淤影响。

其驱动机制，和北宋末年黄河南下夺淮、龙山时期黄河南滚迁移，大致是类同的。

《竹书纪年》说贞定王时期，"晋河绝于扈"（大约公元前450～前447年），此"扈"就在今原阳境。有人考证[2]，说黄河曾因地震断绝。可能属于改道入郑南下了。可能那一个时期有特定的构造活动作用导致了黄河河道迁移的河患事件。

战国时，"壅防百川，各以自利"，是否黄河已有局地堤防，尚不可知。但是，谭其骧先生在他著名的《西汉以前的黄河下游河道》一文里，概括道："约在前四世纪四十年代，齐与赵魏各在当时的河道即，'汉志'河的东西两岸修筑了绵亘数百里的堤防……"[3] 根据《水经注》考证的最早记录，在公元前358年左右就有了尚未统一的黄河战国堤防。

至少在此时，黄河下游已经淀淤成为地上河，春秋战国时下游来沙已经增多。

古人对黄河泥沙有恰当的表述："俟河之清，人寿几何！"[4] 黄河多沙，春秋时就被认识到，战国称其为"浊河"。秦汉前来沙量和含沙量已经不少。

不过这时来沙量级大致与20世纪初实测的水平相近，属于侵蚀较低水平，高值年大约可达6亿吨每年，或者更小一些？希望今后对此，用地学手段得到更确切的或代用序列数据。来沙量可能就是黄土高原环境及灾害振荡的某种"黑箱产出"的综合指示。

二、西汉至东汉初期——来水来沙的第一高峰期

现在记载的公元前168年酸枣河决，系秦汉金堤完竣之后，下游第一次河患。到公元前132年瓠子决口前，今延津到濮阳这一段，河床自然淤积已经很重，遂有公元前138年河徙，自顿丘东南入海，进而瓠子决口。河决处所大致在滑县县治东北，瓠子河，从滑至濮，进入山东鄄城，到大野泽，它是从继承性泛道遗留下来的黄河减水河。公元前109年武帝组织动员堵口后，河患仍然不止，如公元前39年、公元29年、公元27年、公元17年、公元14年、公元13年、公元12年，河患、决溢频繁。如果说卫青、霍去病驱逐匈奴，军屯于塞外，黄土高原垦殖加剧，触发侵蚀产沙，西汉这一侵蚀高潮，在对匈战事开

　❶　左大康. 黄河流域环境演变与水沙运行规律研究文集　第三集//论历史时期气候变化对黄河下游河道变迁的影响. 北京：地质出版社，1992年。

　❷　钱林书，王仁康. 历史上的空桐大地震发生在哪里. 地震战线，1978年第4期。

　❸　中国地理学会历史地理专业委员会《历史地理》编委会. 历史地理　第1辑. 上海：上海人民出版社，1981年。

　❹　参阅《左传》襄公八年。

始之前已经发生，在西汉金堤完善后，河床加积增大，灾害的能量积累加速。王英杰当时分析，这一时段，太阳活动多出现 m 极小年和 M 极大年，而且中国气候分期处于由暖向冷的过渡期，干湿分期处于湿润期，丰水。从太阳活动、气候变化看，相应是一个自然灾害增强时期。

公元 1～公元 5 年，河汴决坏，实际是黄河水沙败坏了在今武陟、原阳、郑州之间的引黄汴口区。从侧面反映出河患问题。公元 11 年，河决魏郡，大名、馆陶一带，改行东郡（濮阳）东，这一次是环境恶化前提下的黄河大变，黄河水利委员会徐福龄、复旦大学邹逸麟、中国科学院地理研究所叶青超都归纳为大改道。

若不看人类活动因素影响，公元初前后，还处在偏暖期向冷期的过渡期，也是来水来沙剧烈增加时期。西汉末朝野激辩黄河水患和水沙处置方略，有十分精彩的记载，张戎提出"河水重浊，号为一石水而六斗泥"，支流泾水也有石水"其泥数斗"之说 ❶。武汉水利电力大学张瑞瑾估计其含沙量可达 700 公斤每立方米。已与近现代实测记录的高含沙量一致。

两汉之际，这也就是笔者强调的有史记载的黄河流域第一躁动期（有人称两汉"宇宙期"），为下游河道来沙剧增的第一高峰期。公元 11 年大决后，下游如脱缰的野马，在冀鲁豫平原放肆泛滥，河堤尽坏、管理废弛，万户萧疏、生灵涂炭。期间年均径流量远大于20 世纪 50～80 年代，高值年的来沙量级可能也曾达到了 60～70 年代的实测记录，大约为 18 亿～20 亿吨每年。下游的剧烈河患，恰恰反映出黄土高原生态的情势。希望今后有学者能以新的方法和新的代用指标序列探索修正之。

公元 69 年王景治河前后，尚无太多确切的河患记载，而且一直到公元 8 世纪。

项目研究这段的天文、气候灾害背景，也没有太明显的归纳。仅仅 516～517 年之前，有冀州大水，堤防糜烂记录，507～522 年间，王英杰有太阳活动异常的归纳分析。必须强调的是，王景本人仅仅是治理了河汴决坏——今天武陟、原阳、郑州之间的引黄汴口口门区域，使得这一带河患干扰引水问题得到相对处理，从而两汉龙兴之地的济阴郡济水流域稳定下来。同时，黄河下游在改道后（改道处长寿津，濮阳县旺宾）的东汉河道，经多年的治理，在当地原民堤基础上，大河堤防逐渐完善，西汉管理制度一一恢复，又因新河道经行原来相对低洼地区，有大量湖泊沼泽低洼空间可以充容水沙，过多的来水来沙得以消减。所以历史记载的河患次数不多（项目组杨国顺），此后只有 106 年、107 年、121年、122 年、153 年的河患（可能还有漏记的，见中国水科院姚汉源和周魁一的研究）。此情势一直发展到七世纪。所以世称王景治河，"安流八百年"！其中最"相对平安"的 600多年，应该是黄河上中游侵蚀产沙和下游来沙相对最少的时期。很可能与我们最近 20 余年的实测记录平均水平可比较，大约为 3 亿～5 亿吨每年。影响下游河道的水沙指标下降的是，黄土高原生态环境的相对改善。这即为谭其骧论证过——今后需要认真探讨，再进一步确定的。

---

❶ 参阅《汉书·沟洫志》。

三、唐、五代到宋金时期的水沙

到北宋时期，河患的记载已经很多了。北宋任伯雨云"河流混浊，泥沙相半"，[1] 沈立在《河防通议》（四库全书本）中也说"河水一石而其泥数斗"。这里都有北宋时期含沙比例的大致估算。北宋时下游河床急剧抬升，1034年形成的横陇河道，仅行水10年，"又自下流先淤"，[2] 遂有1048年商胡决河。商胡北流后经20年，"渐淤积，则河行地上"，[3] 二股河东流，30余年河床已"高仰出于屋之上"。[3] 小吴北流，计有22个年头过水，从地层剖面计淤厚3～5米。1100年苏村决口北流，次年已淤1米多。[3] 汴河引黄，有20年不浚，汴梁以下"河高出堤外平地一丈二尺余"。[2] 应该是一个强堆积时期。

我们探讨典型的豫北滑（州）澶（州）河段，宋金200余年河床堆积厚平均约4.5米。

下游河道水患振荡开始出现在唐～五代。典型的如700年、786年、893年、946年、954年。先有人工分杀溜势，开挖马颊河，后出现河口段淤阻，有小改道。954年自然分流，形成赤河。北宋开国不久，1020年滑州天台埽决泛滥淮河流域，1034年横陇埽决，大河开始脱离了东汉以来相对稳定的京东故道，接着1048年商胡埽决，大溜北流。这一次，属有共识的大改道，徐福龄、邹逸麟、叶青超皆确认。王英杰当时点出这一阶段典型年多在太阳活动极大、极小年，中国东部气候在暖向冷过渡期，典型年均在湿润阶段（出处同前）。笔者认为，北宋前期的河患，至1048年，都还处在自然酝酿阶段。1048年才是重大转折。

之后，笔者与王英杰概括，1060年支分二股河，1060年河徙东行，1071年澶州河决贯御河，1077年澶州河决大肆泛淮，1081年小吴决，入御河，1099年河决内黄北流；其中有数次河患发生在太阳活动的极值年。气候条件均在暖期向冷期的过渡期，偏湿润。虽然近20年河势整个转向北上，不过也北突南进，两下扫荡。1128年杜充人为决河于李固渡，南泛，恰处于寒冷期，是年干旱，也为太阳活动极大年。笔者认为，这一年确实处于天气转折年，从此黄河也开始大举冲击淮河流域。不过，气候因素不一定成为必然原因。李固渡位于浚、延、滑之际，1984年黄河水利委员会组织查勘，由滑县沙店至罗滩长约十公里无堤防，并有一道明显的故河道，是由沙店转而东南方向。故道两侧均有金残堤存在，可能是冬天李固渡决口后故道之遗迹。现在沙店西有个村庄叫河道村。决口后，实际只是部分河水东南而下，尚未全河改徙，泛决路线大致是经滑至濮，由鄄城、巨野、金乡、鱼台，入泗水水道至徐州，经行时间长达66年。至少到1168年再决李固渡之前，河水仍沿旧河道直扑滑、澶。前述徐福龄、邹逸麟、叶青超诸位大家，将1128年列入具有河流泥沙特别意义的大改道。1168年后，河之大溜确实脱离了浚滑旧道，但以下仍走濮阳—菏泽—徐州一线。期间没有太大的改动，有可能当时处于刘豫政权统治下，豫北地区政权更迭不稳，河患恐有漏记。

---

[1] 参阅《宋史·河渠志》。
[2] 参阅《梦溪笔谈》卷二五，杂志二。
[3] 参阅《左传》襄公八年。

金明昌五年（1194年），黄河决于原阳光禄村，叶青超归结为大改道，但泛水流路不甚明，叶先生为何认定它为大改道？岑仲勉和当代的姚汉源、徐福龄、邹逸麟，都没有这么看。今询问景可，他坚持1194年南泛是决定性的一次。[1] 1194年前后处于寒冷干燥期。1984年黄委会组织的考察，调查原阳福宁集上下，还有老堤存在，福宁集向东约六里处，东南方向有一大片洼地，当地俗称"老龙洼"，有沙岗连绵，有决口的迹象，洼地以南有张大夫寨。当时认为该村为1194年的决口处。但领队的徐福龄没有认为这是一次大改道。此年大决的河道，改到什么地方？我们在整理编绘的变迁图上，并未明确绘出，而且"图说"没有讲到是年的河决，看来1168年李固渡决口形成的河道，直到1234年都走东明、曹县、砀山到徐州一线，好像1194年原阳决口并未改变这一走向，并不那么重要，是1168～1234年河道演化决定性地确定了南泛。课题负责人钮仲勋（谭门弟子）从来没有给我谈到过1194年，他曾专门研究过金代的河患。笔者在1990年归纳的大事年表也按叶青超说列入了1194年，作为泛淮的标志性事件，还需要反复斟酌，留待今后进一步辩证；而1128年决口，尽管原滑澶河道事后依然行水多年，实际上已经开启了黄河南泛的局面。这里叶青超先生赞成了淮河水利委员会的倾向，他们从是否黄河携淮入海来看大改道，而1128年尚未做到。而黄河水利委员会从黄河干流是否改徙来看，二者着重点不一样。

这一长段时间可分为两个阶段：983～1128年和1128～1194年，前段，下游河道已发生躁动，河患频出，来水来沙处于历史上第二高峰期。而后一段金代，气候已经转寒冷，河道纷乱不一，河患记载不少，但实际来沙不一定比前段要高。前一段的10世纪末到12世纪初叶，年均来沙量可能已接近两汉高峰，高值可近似20世纪六七十年代的实测记录16亿～18亿吨每年。到金末则来沙量可能低于这个水平，甚至远低于10亿～12亿吨每年水平，但尚缺新的探讨研究。1234年蒙军决开封北的寸金淀，河自封丘、开封、杞县、太康、淮阳东南而下，至沈丘入颍，直到1297年杞县蒲口改道，为时63年。是一次重要的改道，前后皆在冷向暖过渡期，气候湿润，也处于太阳活动M极大年附近。

这一变化，也在中游反映出来。河出龙门，进入黄，汾，渭河谷地区，小北干流紧接河口——龙门河段，对于黄土高原环境变异反应最敏锐。中游粗砂来源区的水沙变化，最先在这一出口河段反映出来。小北干流在唐宋以前尚非游荡河道，唐中叶到宋元时，河道横向变化增加，不稳定性上升，明清时期游荡性加剧，河道横向摆幅竟达5～10公里，最宽达19公里，滩槽冲淤变化甚剧，延及现代。从三国以来该段河道年均淤厚1.8厘米，沉积0.2133亿立方米，明代以来年均淤厚3.69厘米，沉积0.417亿立方米。明清淤积最甚的如蒲州，竟达16米，汇入小北干流的支流涑水，汾河，甚至汾河支津潇河，大致都在宋金时水沙开始变化，河患加多、来沙渐增，明代出现重大转折，来沙急增，变迁加剧。《水经注》时代汾河中游湖泊也在唐宋时——淤淀消失。孟津至桃花峪河段历史上曾

---

❶ 叶青超和景可坚持1194是关键一年，而并不看重1128年，是有其确认原因的，参见叶的《试论苏北废黄河三角洲的发育》一文（地理学报，1986年第2期）。另参考刘大卫，《就一节史料谈黄河夺淮与河口东移问题》（盐城师专学报，1996年第4期）云，1128年决口："多年没有达到既是'主流'又属'长期'的条件。所以南宋建炎二年（1128年）不能作为黄河夺淮之年，神宗十年，就更不用说了。直到南宋光宗绍熙五年（1194年）河徙，循熙宁故道，分二派入南北清河，是皆先合泗后合淮也"。

是稳定的，隋唐以前尚无明显游荡。但宋金时期，自铁谢至桃花峪游荡加剧，河床渐宽，流路散乱，河势变化以南侵为主，河道展宽 $40\%\sim140\%$。北宋中位于桃花峪冲积扇顶点处的广武山频频被冲；元末，相对稳定已达 15 个世纪的河阴滩地被大溜所冲啮，广武山、敖山大规模地塌蚀，河势南移。可见唐宋以后，河道的躁动不安也不仅仅限于传统认识中的下游，而是全流域性的。

（以上各种具体认识，出自当时有关论文，见文集四，另见笔者《显学中的显学》一文详尽陈述。）

四、元代的重大河患与变迁

1286 年原武和开封决，发生在 1234 年河决改道形成的河道上。1297 年杞县决口蒲口，河道改向东行，经宁陵、商丘、夏邑到徐州，与后来的明清河道大致平行。气候仍处于冷向暖的过渡期，偏湿润。此局面维持到 1344 年河大决曹县白茅堤，为元末至正河道（1351～1375 年）阶段。期间，出现多次局部的河患，流路混乱，但 1351 年贾鲁治河相对稳定了元末河道，笔者认为杞县决口和贾鲁治河，大河走出周口凹陷区，为明清时期河道在明初的实现奠定了基础。元代出现了郭守敬曾主管水利与河运，都水监贾鲁具体董役曹州，治黄科学、科技向前发展，灌溉水利得到恢复，是难得的近几十年回光返照时期。

宋元时期，发生的重大人工决河改道事件是 1128 年和 1234 年。但这两个人为决河事件本身，并不一定必然反映出河流来水来沙的剧烈变化和来沙量的激增。

以下是笔者当年在项目报告和《历史地理》文论里提交的历史时期环境—河患关系曲线（见图 1）。

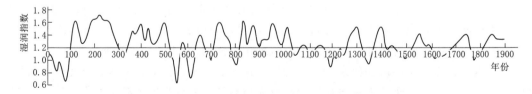

（a）中国东南地区湿润指数滑动平均曲线

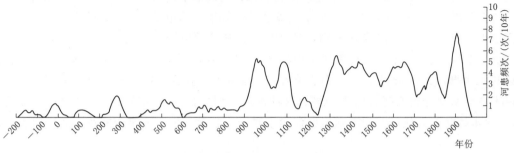

（b）黄河下游河患频次滑动平均曲线

图 1　历史时期黄河下游河患及相关环境示意图

以上秦汉到宋金的文字分析，与笔者当时简单概括的河患与环境变化趋势是一致的。

当年左大康为首席科学家的大项目中，北师大方修琦和地理所郑景云是在张丕远（老气候科学家）郑斯中和吴祥定气候变化团队中的青年研究生，现在他们继续在研究历史气候和黄河中游土地利用，认为：元代黄河中游大部改为牧区，下游也有大量耕地改作牧用；"黄河中游地区的自然植被再度得到了一定程度的恢复"。[1] 当年其他探讨生产结构、植被变化者（如历史地理分组的王守春、杨国顺等）也有类似看法。估计那个时期人类活动、植被状态、区域侵蚀产沙大致得到过一定改善。这一时期，上接金元、下连明初，尽管河道非常混乱，改徙甚多，但来沙数量可能远没有超过 1128～1194 年的宋金阶段。尽管还不至于和"安流八百年"相比，但也是宋金河患高峰期后，元代来沙量的一个不大不小的小回落阶段，是否会减少——以至于接近 8 亿～6 亿吨每年的量级水平？值得今后深入探讨。

五、明清时期的来水来沙变化

明代潘季驯多次引西汉张戎言，论及河以四分之水挟载六分之沙，"若至伏秋，则水居其二矣，以二升之水，载八升之沙。"[2] 历史上黄河来沙的第三个高潮期到来了。

笔者在 1991 年提交项目的专题报告，利用近 500 年历史水旱资料，分析明清时期黄河下游来水变化、水沙不同时空的组合序列，分析可能导致下游河床淤积的水沙组合样本。认为总的看年径流量偏丰时，来沙相对增丰，与来水来沙周期变化相应，存在三个床沙加积阶段，下游河床急速堆积，河床演变剧烈。

该报告称：[3] 下游的来沙，以三门峡水文站以上流域为主，河口至龙门区间、泾洛渭汾流域产沙量，占全河的 90% 以上；故利用三门峡水文站的多年天然径流[4]粗估来水来沙的变化趋势和量级。以三门峡水文站以上 41 个水文站在《中国近五百年旱涝图集》中逐年的旱涝等级，对三门峡水文站天然年径流计算分析，重建了近 500 年径流序列。笔者采用该序列作低通滤波处理，认为 50 年滑动平均成果（见图 2）具有清晰的周期变化特征；分析来水变化趋势，认为明清时期黄河下游天然年径流量序列具有三个长周期[5]：

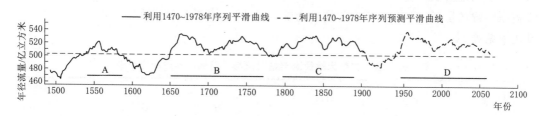

图 2　三门峡水文站天然年径流序列 50 年平滑曲线图

从 B、C 丰水时段图像看，似可进一步划分为四个准丰水段，其间还有两次短暂相对偏枯振动。对复原的历史天然径流序列采用最大熵谱分析，成果显示存在 23 年的主周期、

❶ 郑景云，方修琪，等. 过去 2000 年黄河中下游气候与土地覆被变化的若干特征. 资源科学，2020 年第 42 期。
❷ 《河防一览·河议辨惑》，1936 年，水利珍本丛书。
❸ 徐海亮. 明清黄河下游来水来沙与河床演变//左大康. 黄河流域环境演变与水沙运行规律研究文集　第四集. 北京：地质出版社，1993 年。
❹ 水利部黄河水利委员会勘测规划设计院. 黄河河川径流水资源计算和分析，1992 年。
❺ 徐海亮. 黄河下游的堆积历史和发展趋势. 水利学报，1990 年第 7 期。

73 年的次主周期，可能与天文和大气系统的周期变化振荡有关联。

认为明清时期的 3 次加积高潮，与这里的 A、B、C 三个丰水时段大致同步（1534～1595 年、1643～1782 年、1798～1908 年），下游河道的堆积低谷又与枯水时段大致同步，定性地认识到丰水时期的来水，与挟带而来较多的泥沙及下游河床的堆积存在密切关联的特性。造成下游河道堆积的泥沙，主要由大于 0.05 毫米的粗颗粒所组成，主要来源于陕北黄土丘陵沟壑地区，来自河口镇至清涧河口之间两岸支流与无定河河口以下白于山区的支流河源区。

项目组姚鲁峰等曾提交《黄河中游历史洪涝数据库的建立与分析》的论文❶，气候组王云璋、李兆元、史培军等提交有系列降水、沙量系列的重建尝试。笔者利用中国气象科学院编印的 500 年水旱资料图集成果，以主要产沙区的榆林、延安二站资料，适当参考中游其他站区，认为榆林、延安的水旱等级，相应也显示了水力侵蚀产沙程度，定性地判别主要产沙区在中游的相对侵蚀（粗沙）产沙程度，粗分为丰沙、中沙、少沙三种来沙情况。三门峡站以上流域来水，以已复原的径流序列，划分为偏丰、平水、偏枯三种情况，与产沙情况组合，获得九种组合形式，从而逐一确定各组合中的下列大水年。又以三花间径流序列（项目组王云璋，1989 年）作为下游水情的一维，进一步用三门峡以上的水沙组合与三花间水情（大水、平水、枯水）作为另一维，构成第二次组合。将原中游来水来沙组合序列酌情置入；取得系列一：中游大水、大沙，下游大水组合，有样本 57 年；中游大水大、中沙，下游平水组合，有 51 年；系列二：中游大水大、中沙，下游小水组合，有 46 年；系列三：中游中水大、中沙，下游平水、小水组合，有 54 年；系列四：中游小水，大、中沙组合，下游小水；有 13 年。三门峡以上来水一般与三花间洪水错峰，这里的估算从年径流总体来看，不计次洪水径流量；考虑到三花间来水含沙量极少，致淤效果小，认为上述的系列二～系列四的水沙组合，产生下游淤积的可能较大，称为可能致淤组合。以上四系列包含样本年数 217 年，占研究段 1470～1855 年样本总数的 56.2%（研究文稿当年曾送呈武汉水利电力大学谢鉴衡院士审阅）。将样本年按原序置入丰枯周期之中，其比率见表 1。

表 1　　　　　　黄河三门峡水文站天然径流丰枯时段与可能致淤年数的比率表

周　期	丰枯	时段/年	(1) 年数	(2) 可能致淤年数	(2)/(1) /%
A	偏　枯	1470～1533	64	23	35.9
A	偏　丰	1534～1595	62	36	58.0
B	偏　枯	1596～1642	47	23	48.9
B	偏　丰	1643～1782	140	91	65.0
C	偏　枯	1783～1797	15	4	25.0
C	偏　丰	1798～1855	58	40	68.9

❶ 左大康. 黄河流域环境演变与水沙运行规律研究文集　第二集. 北京：地质出版社，1991 年.

可见，在来水偏丰时段，中游来水来沙与三花间来水再组合，可能导致淤积的比率为58.0%～68.9%；而偏枯时段，这一可能致淤年数的比重在50%以下。1534～1595年丰水段，常出现连续2～3年，多达6年的连续可能致淤年，连续年区段间隔多为1～2年；1643～1595年丰水段，可能致淤年多为2～3年，也有长到7～8年；1798～1855年间，这种连续段多为2～3年，长到6年——也有10余年的。分析认为正是处于丰水时段中的这些连续可能致淤年，来沙量特别大，下游河道产生严重淤积的概率大。连续的淤积—决溢—淤积，加重了整个下游河床变形，从而河道以及决口口门上下下河段的糜烂、壅阻——淤积的恶性循环，使河道状况进一步恶化。

黄河水沙组合类型对比统计见表2。

表2　　　　　　　　　　　　　　黄河水沙组合类型对比统计表

钱宁概括的水沙组合类型	来沙系数/(kg·s/m⁶)	淤积强度/(万 t/d)	下游淤积量占全部洪峰淤积量的比例/%	类似典型年/年	三门峡水文站输沙距平/%	全下游淤积/亿 t	水情类型	类似本文的系列
(2)	0.0516	3100	59.8	1954	+92.0	5.99	上大下中	系列一
(2)	0.0516	3100	59.8	1966	+53.6	4.29	上大下小	系列二
(3)	0.0360	545	13.6	1951	−2.0	1.11	上中下中	系列三
(3)	0.0360	545	13.6	1975	+9.0	−0.36	上中下小	系列三
(4)	0.0131	1898	28.2	1958	+124.0	6.85	上大下大	系列一
(6)		632	3.4	1956	+15.1	3.85	上小下大	
(6)		632	3.4	1959	+105.0	7.03	上小下小	系列四

钱宁先生及他的团队（清华大学水利系张仁、谢树楠、宋根培等教授参加项目研究）将黄河水沙组合分为6种形式，兹将本文的分析与其对比统计见表3，笔者分析的明清时期可能存在的高含沙洪水年表见表4。

表3　　　　　　　　　　明清时期可能存在的高含沙洪水年表

时　段	时　　间/年
1534～1595年丰水时段	1534～1536，**1540～1544**，**1546～1549**，**1551～1554**，1562～1567，**1569～1572**，**1578～1580**，**1588～1591**，**1594～1599**
1643～1782年丰水时段	1642～1649，**1651～1654**，**1658～1660**，**1662～1664**，**1666～1679**，1686～1689，1691～1695，1704～1710，**1715～1718**，**1723～1737**，**1743～1746**，**1751～1757**，**1761～1768**，**1772～1776**
1798～1855年丰水时段	1798～1800，**1802～1804**，**1815～1830**，**1840～1845**，**1848～1853**

表 4

世　纪	时　间/年
15 世纪	1475，**1476**
16 世纪	**1503**，**1508**，**1515**，**1534**，1535，1540，1542，**1553**，**1557**，1562，1564，1567，1569，1570，**1575**，1593，**1594**，**1595**，1598
17 世纪	**1604**，**1621**，**1626**，1641，1644，**1653**，**1659**，**1662**，**1664**，**1666**，**1671**，**1677**，**1678**，**1679**，**1686**，**1694**，**1695**，1698
18 世纪	1701，1707，**1723**，**1725**，1728，1730，1731，**1736**，1744，**1745**，1749，1751，1752，1753，**1756**，**1757**，**1761**，1767，**1774**，**1775**，1781，**1785**，1789
19 世纪	**1800**，1819，1820，**1822**，**1823**，**1838**，**1843**，**1844**，1855

表 4　　　　　　　　　　　明清时期可能存在的高含沙洪水年表

以上逐年逐时段的降水（当时项目组已有气候分组的先生们复原了不同地区不同时段的降水序列和径流量序列，这里不再引用）与径流分析工作，验证了在明清天然径流分析中获得的印象，即从黄河的长历时看，从统计的角度看，导致黄河下游全河床淤积的来沙（特别是淤积滩地）状况，在丰水时段中大量地出现。说明在来水偏丰时段，中游的主要产沙区以侵蚀产沙为主；相应地，下游河道出现较为严重的淤积，一一对照文献资料，一些重大的河床变形、河道改徙的历史事件，多发生在这些丰水多沙与河道加积的时段里。

以上我们转引的吴祥定确认的旱涝阶段是：旱期 1480~1530 年、1570~1640 年、1690~1700 年、1770~1790 年、1910~1930s；典型涝期 1549~1560 年、1650~1680 年、1710~1760 年、1800~1850 年、1870~1900 年。将我们筛选的结果与吴祥定划出的旱涝典型阶段作比较，加粗体的很可能是下游河道来沙量比较大和特别大的时间段。这些甚至较为连续的时间段的来沙量，可以达到甚至超过 18 亿~24 亿吨每年的量级了。来沙量较大的时段，分布在 1534~1595 年、1643~1782 年、1798~1855 年的丰水时期，形成多个来沙起伏变化的峰值。而明清时期黄河典型大水的 1661 年、1761 年、1843 年，自然应该列入可能致淤积和可能高含沙年。而在枯水时段，自然也含有来沙较多、含沙量较高、河床淤积的典型年，只是我们尚未专门去研究分析而已。显然，吴祥定确认的典型旱/涝阶段，黄河下游的来水来沙量级较大和特别大，上面两个表中，记录了丰沙和河床高堆积的样品年次，占了统计时段总年数的 70%~80% 以上。说明明清小冰期在极端的旱涝期和旱涝、冷暖急转阶段，由于气候环境的剧变，黄河侵蚀产沙的概率和量级非常大，恶劣的水沙组合集中出现。

明清时期大堤完善之后的长时期、大幅度的来水来沙剧增，富余的泥沙宣泄堤外的机会减小，导致下游来沙数量增大，河床变形自然加大，笔者归纳南河与东河河道堆积数量相继加大（见表 5）。

表 5

河　道	河　段	研究时段/年	河道部位	河床堆积/m
黄河干道	郑州桃花峪	1450～1850	全河床	5.0
	开封—兰考	1450～1850	全河床	6.0
贾鲁大河	虞城—夏邑	元代～1558	全河床	7.0～10.0
	沁河口—东坝头	1493～1855	全河床	6.0
明清时期黄河	开封	1450～1642	河漫滩	3.0
		1642～1855		8.5～10.5
	兰考	1495～1781	河漫滩	7.0～10.0
		1783～1855		6.0～9.0
	民权	1495～1781	河漫滩	7.0～10.0
		1783～1855		4.0～8.1
	商丘—虞城	1572～1855	河漫滩	8.0～12.0
	丰县	1572～1855	河漫滩	8.79
	徐州	1572～1855	河漫滩	5.0～10.0
	睢宁	1572～1855	河漫滩	5.5
	泗阳	1578～1855	河漫滩	8.4
	云梯关	1590～1855	河漫滩	6.05
	大淤尖	1677～1855	河漫滩	7.55

* 　左大康. 黄河流域环境演变与水沙运行规律研究文集　第三集. 北京：地质出版社，1991 年。

　　笔者在《历史上黄河水沙变化与下游河道变迁》一文的大事件年表中归纳学界长期研究成果，文章引用了系列事件：邹逸麟分析的 1391 年黑羊山决口、1448 年桃花峪以下河势变迁到明清黄河处所，1489 年叶青超归结的北堤形成的重大河势变化，1546 年邹逸麟归结的分流局面结束；以及 1781 年仪封至商丘的小改道，1677～1749 年和 1803～1810 年间河口急速延伸，河口段河床急剧堆积加高，并溯源淤积到徐州，乃至越过徐州卡口上溯到上游的河段。1761 年的大水大沙，榆林、西安出现 1 级大水，延安、平凉出现 2 级水；下游干流的基流较大，出潼关又遭遇三花间特大水，花园口洪峰流量高达 32000 立方米每年。这次大水并未如理想的那样挟带走大量床沙，反而滞积在滩地上大量泥沙。到 1766～1768 年，1772～1776 年又逢丰沛来沙，而 1777～1779 年甚至连年出现高含沙洪水，严重的淤积发生在开封以下河段，1781 年的仪封青龙岗大决已成定局。这次决口未能堵复，决定了 1783 年仪封至商丘河段的局部改徙。1843 年特大洪水，花园口洪峰流量高达 33000 立方米每年。暴雨中心在皇甫川、窟野河及洛河、马连河上游，是中游的主要产沙区，也正是造成下游河床淤积的粗泥沙来源区。从小浪底上下沿河淤沙看，各处淤沙厚均在 2 米左右。下游中牟河堤大决，以下游河道淤积加重，19 世纪 40 年代中牟、开封的一系列决徙、1851 年丰县蟠龙镇的改徙夺溜，无疑加剧了河道的糜烂程度。这一切，也加速促成了 1855 年铜瓦厢改道的自然形势，决定性改变和结束了明清时期故道的行河历史。

这些重大河患和河道变迁事件，都直接或间接与事变前后的来水来沙量级巨大，以及人类应对活动有关系，应当特别作出分析的。这里我们没有专门分析下游枯水期的样品年，实际上，枯水状态仍然可能出现丰沙、淤积的较高概率。

从历史全过程看，黄河来沙不是简单直线式上升变化的，而是阶段性、间歇性波动、起伏、螺旋式上升的；总趋势是来沙渐次增多，明清时期来沙达到历史上的最高时期，形成侵蚀产沙的第三高峰。以上基本原则，都是从下游河流发生重大的河患事件、重大的改道事件来考察黄河上中游环境振动状态，导致侵蚀波动和来水来沙的异变。所谓重大的转折性的改道，需要看从黄河下游主流河道改徙后是否形成了稳定的较长时间行径的河道，是否在改徙的口子附近形成新的决口冲积扇？特别是，是否处于河流泥沙来水来沙的一个转变的节点？其中，人为与自然演变需要结合看，不能仅仅偏于一面。

这些黄河下游河道来水来沙变化的重点时期和阶段，恰好密切地对应了黄土高原地区环境振荡在气候和人类社会活动激化下侵蚀产沙的变动。两者存在某种因果效应。

六、关于冷暖干湿与黄河系统的振荡分析

新的世纪，该项目组的郑景云和方修琪，以及其他研究对于黄河中游冷暖气候变化与下游改道，土壤侵蚀与下游河道来沙及沉积速率变化做过复原，成果比 20 世纪 90 年代的更为丰富。这一时期，河患事件与气候变化有相当的对应性。似乎，北宋、金元时期多数河患、改道事件发生在偏温暖、偏湿润的时期（或阶段）这个问题当年做左大康领衔的大项目时，曾结合两汉之际的"宇宙期"问题讨论过，但工作粗疏，尚无定论。

郑景云、方修琪说："对过去 2000 年黄河中上游［图 3（c）］和下游［图 3（f）］地区的干湿指数序列功率谱分析表明：在年代际以上尺度，黄河中上游地区干湿存在准 25 年、70～80 年和准 100 年等多个尺度的周期波动，下游地区干湿也存在 21～22 年、70～80 年和准 400 年等多个尺度周期。"对比也发现："在百年以上尺度，黄河中上游和下游地区的干湿也存在数个变化特征不一致的时段：一是约在 500～830 年间，黄河中上游地区气候总体偏干，而下游的黄淮海地区则总体偏湿。二是 880～1000 年间，黄河中上游地区气候在总体偏湿的同时，年代尺度变率加大；而下游地区气候虽也总体偏湿，但却无年代变率加大特征。三是 1570～1690 年间，黄河中上游地区气候在其前期（约 1570～1645年）随多年代波动急剧转干，然后又急剧转湿；但下游地区其间则呈频繁的年代际大幅波动。此外，黄河下游地区较中上游地区具有更为显著的准 400 年波动。这些中游、下游地区间的干湿变化差异可能与主控中国北方降水异常模态的大气环流特征及气候系统长期变化有关，但目前对此尚缺乏研究。"

从图 4 中可以看出，郑和方的成果之一，即历史上黄河侵蚀与来沙、沉积率的变化。

而黄河中游侵蚀率与产沙量在持续增大。郑和方，对于北宋、金元时期的来沙量估计，比过去主流学者估计的要低不少，这是必须注意的，可能对我们认识历史和应对未来会有非常重要的、突破性的启示。但其理由和推导，笔者尚未从论文里直接看出来。

回到图 3 和图 4 显示的意义，总的看来，公元零年到 200 年前夕，黄河中下游气温的

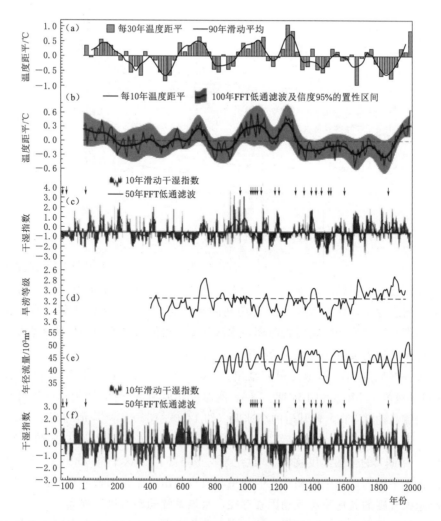

图3 过去2000年黄河中下游气候变化序列及改道事件发生年份（箭头）

（a）黄河与长江中下游地区冬半年温度；（b）全国年均温度；（c）黄河中上游地区干湿指数；（d）西安年旱涝等级
序列的50年滑动平均；（e）黄河中游年径流量的31年低通滤波；（f）黄河下游地区干湿指数。
（e）和（f）的上方箭头指公元前2世纪中期以来主要改道事件及其发生年

每10年距平值，处于下降中。其间发生过公元11年的改道事件。而公元200～600年，整个流域处于低温时期，期间黄河下游处于相对安流时期，河患相对较少，来水来沙波动幅度较小。公元700年前后温度显著上升，900～1200年，中下游处于温度上升时期，1200年左右处于一个温度的距平的峰值。也就是这个时期，下游河道处于五代、宋金时期的河患剧增，决溢频甚，发生1048年、1128年、1194年三次大改道，其间还出现多次重要河患事件。1300年后，温度每10年距平处于持续下降中，发生系列河道迁徙事件，和1391年大改道事件。1400～1840年，出现持续的温度距平下降到谷底，下游河道出现最大的变动，在人类工程的作用下，1448年、1494年、1546年、1782年数次大变动形成，河口段也急速延伸。发生1761年、1843年大洪水后，最后促使1855年铜瓦厢大改

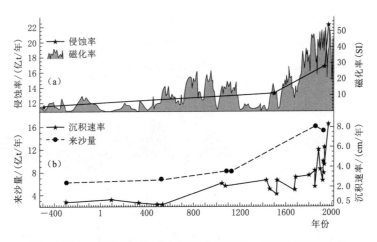

图 4　历史上黄河中游侵蚀率和下游来沙量、沉积速率的估算图

道事件发生。1840 年到 20 世纪上半叶，温度每 10 年距平呈现上升状态，河患不已，但尚未发生纯粹自然原因的改道事件。总的看，这 2000 年，以温度每 10 年距平下降期间的水沙变异、河患为主，而温度距平上升期间的水沙变异、河患事件为辅。自然也非绝对的。区域温度升降转换的变化转折时期，水沙的变异可能特别剧烈，促使河患的剧增。其中的物理机制，还需要进一步做研究分析。

郑景云等在同期另一篇论文里归结出："以 900～1900 年（即 20 世纪之前的 1000 年），且同时涵盖了 MCA 和小冰期（LIA）的温度均值为基准计，950～1250 年间全国温度的时段均值高约 0.3℃，较其后的小冰期（约 1450～1850 年）均值约高 0.5℃，且这一温暖气候大致持续至 1300 年前后；其间 2 个最暖百年（分别出现在 1020～1120 年和 1190～1290 年间）的全国温度均较 20 世纪平均值略高。"[1] 这个自 950～1250 年期间温度变化突出正距平期间，宋金时期重大的河患与改道频出，非常值得注意，也可能在那一时期存在超越大气圈的其他系统驱动因素存在，且该系统的动力机制强大。

另外，复旦大学韩健夫、杨煜达等认为：黄土高原千年尺度上干湿变化总体上与东亚夏季风呈较好的正相关关系。但在升温时这种关系并不稳定。而极端事件则在暖时段与冷谷时发生概率偏高。与 PDO 对比结果显示，千年尺度上黄土高原干湿变化同 PDO 存在显著的正相关关系，极端干旱事件在 PDO 处于暖相位时发生概率显著上升。郝志新与郑景云等也提出过关中平原干湿变化与太平洋年代际涛动在准 70 年尺度上的位相变化问题，历史时期的太平洋年代际振荡无疑是影响东亚季风气候冷暖、干湿变化和黄河流域系统振动及河流来水来沙变异的一个代用指标序列。

笔者在 1990 年提交给华北水利水电学院学报刊载的第四次河流泥沙国际会议论文的中文版文稿时，配合当时进行的黄河环境演化与水沙运行规律研究的重大自然科学基金项目，还提交了明清时期黄河开封—归德段河床形态表、不同河段各种粒径床沙占床沙总量的比率统计表、经验估算典型断面水文要素表（见表 6）。

---

❶　郑景云，等. 中国中世纪气候异常期温度的多尺度变化特征及区域差异. 地理学报，2019 年第 74 期。

表6 经验估算典型断面水文要素表

水文要素	道口上游	大名	林七	秦厂	高村
时期	北宋	北宋	清代	现代	现代
$Q_0/(m^3/s)$	5700～3500	3000	3700	4000	5100
B_0/m	2000	480	1000	1380	870
$J/$万分率	1.88	1.30	1.20	2.00	1.44
D_{50}/mm	0.1125	0.070	0.087	0.0915	0.057
H_0/m	1.5	2.8	4.0	1.56	2.38
$\Phi(d_{50}/H)$	0.598	0.580	0.725	0.470	0.396
A $(A=BJ^{0.2}/Q_0^{0.5})$	4.76～6.70	1.46	1.67	4.02	1.31
$\sqrt{B}/H$	29.8	7.8	7.9	23.8	12.4
河型	游荡性	顺直—弯曲	半控制不稳定的弯曲型	游荡性	半控制不稳定的弯曲型
判断依据	笔者确定	据吴忱	笔者确定	据沈玉昌	据丁联臻

现在，让我们仍旧回到 1990 年前后，当时黄河环境项目组做过的气候复原工作。

该项目气候组组长吴祥定大致在 1990 年提交的"黄河流域小冰期气候"，是一篇全面概括明清时期的气候振动过程的论文。[1] 在 16～19 世纪里，回顾了几个研究成果，指出"包括黄河流域在内的我国北方地区以寒冷气候为主，其中有两个时段尤为寒冷，一个是 1620～1690 年；另一个是 1830～1860 年。就世纪而言，17 世纪与 19 世纪又是最近数百年中较为寒冷的两个世纪。"对资料经过低通滤波处理和 30 年滑动平均处理后，可以从处理后的黄河旱涝指数曲线得出："较为明显的旱期有五个，它们是 1480～1530 年、1570～1640 年、1690～1700 年、1770～1790 年、1910～1930 年；较为典型的 5 个涝期则为 1549～1560 年、1650～1680 年、1710～1760 年、1800～1850 年、1870～1900 年。"下面我们回顾的明清时期黄河来水来沙突出变化，大致就发生在这些气候冷暖、干湿变化的突出时段中。

当然，新世纪的后续研究，其方法手段和认识结论水平已经超出了当年项目。

这个原理，也应该体现在我们已经陈述的秦汉到宋金时期的各个历史时期和阶段中。

项目组长吴祥定当时说："为查明数百年来在黄河流域是否存在着气候突变，作者曾采用'Mann_Kendall 方法'和最优分割等途径，对黄河中游旱涝场资料和若干地点的树木年轮年表（邵雪梅、湛绪志提供相关研究）进行了检验，发现确有一些明显的突变点存在……"（该具体研究内容见文集之二的"历史时期黄河中游地区旱涝的气候突变"一文，1991 年。这是吴祥定在本项目研究中的重大贡献，他本人在赴美访问中不幸英年早逝，

❶ 吴祥定，尹训钢. 黄河流域小冰期气候//左大康. 黄河流域环境演变与水沙运行规律研究文集　第三集. 北京：地质出版社，1992 年。

没有主持气候组研究到结束。除直接领导气候演变组外，吴也是历史地貌、水系演化、植被变化等历史地理问题的总协调）。吴祥定以 1520 年突变点为例，做出大旱大涝的大致统计（见表 7）。

表 7　　　　　研究时期不同时段旱涝场出现大旱、大涝统计表

项目	时间/年	年数	次数	百分率/%	变化趋势
突变前	1470~1519	50	128	17.07	
突变后	1520~1569	50	149	19.87	增大
	1520~1619	100	324	21.60	增大
	1520~1669	150	448	23.69	增大

探讨说明还有类似吴祥定指出的这些突变点，是我们研究环境发生振荡，中游侵蚀机制变化，下游来水来沙的关键节点。下面，我们接着看明清较为寒冷的小冰期的黄河来沙振荡状况。笔者在 1990 年根据研究认为："气候旋回中的小冰期，寒冷期的大气环流，与冰期振荡类同，小冰期显示了间冰期向冰期过渡的征象。近现代的降尘、尘暴是地质时期黄土堆积的继续、返化与重演。中游粗砂区正处于沙源区与堆积区的过渡地带，在堆积区的北缘。近现代中游的新黄土事件和侵蚀产沙，是地质时期黄土堆积及其在全新世衍伸的反映。对近现代尘暴与大气活动的研究说明：中高纬度冷高压活动、东亚温带气旋活动、中亚内陆干旱地带与黄土高原上空西风带活动、季风活动的强弱，直接地影响到近代的新黄土沉积。历史时期雨土频发与低发的交替出现，……这一自然现象实际上是现代黄土堆积过程"。"总的来看，中游主要产沙区（特别是粗砂）接受现代新黄土粉尘沉积，干支河道水沙变化，在历史上有过数次强化时期，唐宋以来，则向着沉积~侵蚀强化的方向发展；明清时期这一趋势更为严重。从以上标志出的中游异动、躁动的时间看，与下游来水来沙的急剧变化、河床变形、河道变徙加剧，几乎完全同步。可见下游河道变迁，存在全流域全系统躁动的宏观背景。"

钱宁院士团队曾经指出："一般当气候变得干寒时，河流的中上游表现为水沙条件的变化所引起的堆积抬高，中下游则表现为海平面下降所带来的溯源侵蚀，当气候向湿热方向波动时，则河流做出的反应正好相反。"❶ 从以上各种实际情况罗列，干寒时期，下游的来沙有增大趋势，河床变形增强。需要补充说明的是，明清重大河患与改道事件，30年前，项目组王英杰统计在太阳活动大多的极值年，基本处于冷向暖的过渡期（除 1855年外）。气候期的冷暖变化，确实是影响来水来沙变化的一个重要背景因素。为现在研讨本问题，最近王英杰将他后来发表的有关继续研究成果专门发给笔者（见图 5~图 7），即历史时期的黄河下游河道变迁与太阳活动强度的关系❷，系统地分析了 2000 年来的黄河流域的日地关系：

显然 920~1040 年有个连续的太阳活动波动，上升与下降阶段强度高达 4.5~3.0，

❶　钱宁，等. 河床演变学. 北京：科学出版社，1987 年。

❷　王英杰，等. Influence of solar activity on breaching, overflowing and course-shifting events of the Lower Yellow River in the late Holocene（《历史时期黄河变迁与太阳活动的关系》），The Holocene23（5）656-666 ©，2012 年。

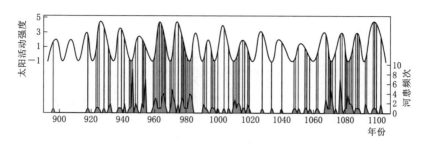

图 5　五代到北宋后期太阳活动强度与下游河患的关系图

1048～1120 年有一个新的波动时期，太阳活动强度也达到 4.5～3.0 的高强水平。这些时间段，恰好与北宋时期黄河下游的河患加剧对应，河患存在宏观的天文—气象背景。

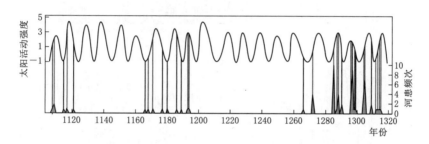

图 6　北宋末到金、元末时期太阳活动强度与下游河患的关系图

　　图 6 显示出北宋末年、金代、1270 年前到 1320 年前，各有一个太阳活动强度 3.0 以上的阶段，相应地黄河河患较为集中爆发。特别是 1285～1315 年阶段。

　　根据图 7 和年表，1320～1392 年、1410～1462 年、1478～1530 年、1540～1682 年、1721～1736 年、1751～1820 年、1832～1871 年、1873～1939 年期间，太阳活动存在多个长、短强烈时段，与河患频出记录，以及我们根据气候变化旱涝分析得出的中下游丰水、多沙时段对应的。

　　总的看，来水来沙条件是决定下游河道淤积和变徙的首要因素。本分析中的各个加积阶段，下游河道纵向调整首先反映出来的是河流的沿程淤积，中游的暴雨集中事件，侵蚀力强，特别是水流挟沙丰沛，易产生高含沙水流，可能导致下游河道淤积。随着明清时期堤防、工程的完善，大量泥沙被挟送到豫东、苏皖河道，被输送到河口，河口的延伸及河口段河床抬升，侵蚀基点的变化，加重了溯源淤积。溯源与沿程形式的淤积，加速了河床的抬升，两种淤积效应的叠加，互为反馈，导致了明清下游河道全面、迅速抬升。

　　从堤防控制的意义上来看，明清黄河下游在长时期中的堆积，达到长时期平均的 2.4 亿～2.8 亿立方米每年的淤积水平，已经和现行黄河下游河道的淤积水平相当（1950～1985 年统计值，已扣除三门峡工程影响因素）。

　　此外需要说明，河南、河北、山东三省的元明清时期历史地震记录，似乎也说明了期间构造活动的剧烈和频繁，但这主要与下游河道、堤防的稳定有关，大概与上游来水来沙的量级变化只有间接的联系了。本文基本不再探求这一方面的因素。

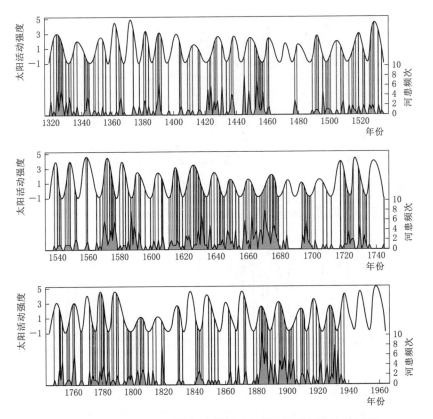

图 7　元末到明清、民国期间太阳活动强度与下游河患的关系图

七、结语

（1）笔者 20 世纪 90 年代参加黄河环境演化与水沙变化重大自然科学基金项目的初步探讨，当时历史地理界，地学界和水利界的总体认识论述，参加基金项目各位专家的有关认识和结论，方向是正确的。一些青年参与者，应用新手段，今天继续探讨承续了研究方向，得到更完善和科学的成果。

（2）黄河中游地区原来生态环境就非常脆弱，在东亚气候大尺度振荡的背景下，在人类经济社会活动剧烈冲击下，黄河流域冷暖、干湿变化振荡，从而加大了高原地区的侵蚀产沙，从而促进了下游来水来沙的异变，加速了下游河床的堆积和变徙，促进重大的河患事件与河流改道发生。

（3）归纳以上分析，在当年地理界对黄土高原侵蚀产沙估算和本文实际分析基础上，调整其数值，历史各时期概估的下游河道年来沙量可能发生的最高值：

春秋战国时期——6 亿吨每年左右；西汉至东汉初，第一来沙峰值期——18 亿～20 亿吨每年。

后汉、两晋南北朝安流期——3 亿～5 亿吨每年；五代到北宋末，第二来沙峰值期——16 亿～18 亿吨每年；金代，约 1128～1194 年，低于 10 亿～12 亿吨每年；元代——6 亿～8 亿吨每年。

明清时期，第三来沙峰值期——超过 18 亿～24 亿吨每年，期间包含多个丰枯水、丰沙少沙波动阶段。

总的变化趋势和来沙量级，与当年学界的估算是一致的，但有明显起伏。

这些估算，需要今后学者更多的研究手段改善和进一步验证。

（4）黄河流域的环境及灾害、黄土高原的侵蚀和产沙，是人类的永恒的话题。人类对黄河泥沙与河床变形、河道变迁的认识，可能还将继续下去，没有终结。

八、后记

1989 年，笔者参加"七五"国家自然科学基金重大项目《黄河流域环境演变与水沙运行规律研究》组织和资助子项目探讨，学习历史地理界、地学界和水利界的科学研究，撰写系列研究报告。此文的前身是其中的主要分报告之一。30 多年来，所探讨的问题仍在不断反思斟酌中，细化与辩证，在多学科交叉前提下，重新思考、归结，取得新认识。本文提到和引用大批参加项目的朋友当时及后来的研究成果，笔者十分感谢项目集体的劳动，十分感谢该项目的组织者中国科学院地理研究所左大康、钮仲勋、叶青超、吴祥定先生等。其中，谭其骧先生的首位弟子——年纪最大、给我多年黄河史探索直接指导的钮先生在今年春夏之交去世。

笔者深切怀念谭其骧、钱宁院士的指导，深切怀念黄委会徐福龄、中国科学院地理所钮仲勋、复旦大学邹逸麟先生的长期亲自指教！

本文初稿请当年参加该项目、同项目组的王英杰、师长兴、方修琪三位中年朋友讨论，提出补充意见并修改，感谢参加本项目的中国科学院地理研究所地貌室的景可、历史地理室的王守春先生回顾过去并交流意见，特此一并致谢！

显学中的"显学"

——20世纪末黄河泥沙问题研讨的一些回顾*

黄河对中华民族生存、发展极重要，因其历史上灾难深重，而闻名于世。在国学的各文献档案中，黄河占有举足轻重地位，从古至今，黄河学都是一门显学。黄河泥沙，以至于黄土高原环境、侵蚀产沙、下游河道堆积、河床演变诸问题，则是这一显学中的显学。20世纪八九十年代笔者参加了国内部分黄河泥沙问题的研讨活动，且与中国水利史、黄河史的探讨齐头并进，从而兴趣浓郁，至今未辍。21世纪，黄河水沙惊人变化发生，灾害形势发生大变，再次引发朝野和学界关注，兹将当年学界和社会研讨、人们从事黄河泥沙活动，回忆备考如下：

（1）历史地理学界对于黄土高原生境和侵蚀、产沙的认识。

（2）水利泥沙界与地学界对黄河侵蚀与产沙的探讨。

（3）20世纪50年代以来黄河流域水土治理的行政号召与社会运动。

（4）徐海亮有关历史黄河水沙变化与下游河道变迁的探索（略）。

一、历史地理学界对黄土高原生境和侵蚀与产沙的认识

"黄河百害，唯富一套。"这是古今人们对于黄河灾害与生态环境的典型解读。黄河多沙、善淤，下游河道淤积抬升，洪水灾害频繁，善淤、善决、善徙，灾难深重，这是最常见的认识了。

不过，古人也很早就意识到淤积的根本在于泥沙问题。古人对黄河泥沙早就有定性和半定量的表述："俟河之清，人寿几何！"[1] 黄河多沙，至少在西周就被认识，战国称其为"浊河"。西汉末张戎提出"河水重浊，号为一石水而六斗泥"，支流泾水也有石水"其泥数斗"之说[2]。张瑞瑾估计其含沙量可达700公斤每立方米。北宋任伯雨云"河流混浊，泥沙相半"，[3] 沈立在《河防通议》中也说"河水一石而其泥数斗"。明代潘季驯多次引西汉张戎言，论及河以四分之水挟载六分之沙，"若至伏秋，则水居其二矣，以二升之水，载八升之沙。"[4]

北宋的沈括，认为黄河泥沙，系高原"水凿"——水力侵蚀造成。潘季驯治黄，主张束水以攻沙，但时人已意识到须关注中上游，以"正本清源"。徐贞明提出"源则流微易御，田渐成则水渐杀，水无汛溢之虞，田无冲激之患"（《潞水客谈》）。乾隆年间，胡定奏

---

* 本文系提交中国灾害防御协会灾害史专业委员会第19届学术会议论文（山东师范大学，2022年）。

[1] 《左传》襄公八年。

[2] 《汉书·沟洫志》。

[3] 《宋史·河渠志》。

[4] 《河防一览·河议辨惑》，1936年，水利珍本丛书。

310

《河防事宜十条》，提出"沟洫筑坝，汰沙澄源""请令地方官于洫口筑坝堰，水发沙滞洫中，渐为平壤，可种秋麦"。徐光启《农政全书》云"此山田不等，自下登陟，俱若梯磴，故总曰梯田"，提到梯田的功能。清末魏源等谈黄河，也意识到中上游侵蚀对下游河道的危害。

1. 近现代学者的认识

到20世纪初，陕西出身、留学德国的李仪祉，终于把近现代科学知识引入治黄，将黄河的病害、下游与中上游有机联系起来，突出了泥沙控制，认为："去河之患在防洪，更须防沙"。"汾、洛、泾、渭带入河中的沙较细，而龙门以上山陕两岸的水带入河中的沙较粗"。他指出："中国治河历史虽有数千年，而后汉王景外，俱未可以言治。潘靳者流，亦只可言半治，此外则但知防河而已"。[1] 对于古今多着眼下游河道治理，他指出："今后之言河者，不仅当注意于孟津—天津—淮阴三角形之内，而当移其目光于上游"[2]。"总之，治河之要在上、中游……在下游应认真堤防治导"[3] 他强调"治河不外治沙"，"河之患在鲁，而挟沙之源则在陇、秦、晋、豫四省之黄壤田原"[4]。

总之，认识中国的黄河问题，到了20世纪李仪祉的时代，进入近代科学的领域，真正将全河融一，认识到治下游淤积须治上游，控制黄土高原与田原侵蚀。遂指出"故夫河流不欲治则也，欲治之，则需上下兼等，呼吸相应"[5]。

1962年，历史地理学家谭其骧为黄河灾害环境历史，提出一个世纪性的论题：

何以东汉以后黄河会出现一个长期安流的局面？

他指出：

"稍有近代科学知识的人都知道，黄河的水灾虽然集中于下游，要彻底解除下游的灾害，却非在整个流域范围内采取全面措施不可，并且重点应在中上游而不在下游；单靠下游的修防工程，只能治标，谈不上治本。王景的工程正是一种治标工作，怎么可能收长治久安之效呢？

"……决溢改道虽然主要发生在下游，其洪水泥沙则主要来自中游。因此，问题的关键应该在中游，我们应该把注意力转移到中游去，看看中游地区在各个历史时期的地理条件是否有所不同……？

"……最关紧要的又在于山陕峡谷流域和泾渭北洛上游二地区；这两个地区在历史时期的土地利用情况的改变，是决定黄河下游安危的关键因素。

"战国以前黄河下游的决徙很少，我以为根本原因就在这里。那时的山陕峡谷流域和泾渭北洛上游二区还处于以畜牧射猎为主要生产活动方式的时代，所以原始植被还未经大量破坏，水土流失还很轻微。

"以务农为本的汉族人口的急剧衰退和以畜牧为生的羌胡人口的迅速滋长，反映在土地利用上，当然是耕地的相应减缩，牧场的相应扩展。黄河中游土地利用情况的这一改

---

[1] 参阅李仪祉，《纵论治河》。

[2] 参阅李仪祉，《黄河之根本治法商榷》。

[3] 参阅李仪祉，《治黄意见》。

[4] 参阅李仪祉，《陕西省之水利行政大纲》。

[5] 参阅李仪祉，《顺直水利委员会改组华北水利委员会之旨趣》。

变，结果就使下游的洪水量和泥沙量也相应地大为减少，我以为这就是东汉一代黄河之所以能够安流无事的真正原因所在。"

60 年前笔者参加高考后，在《光明日报》学术版无意浏览到此文，自然读不懂巨细考证和深刻文意，但朴素浅显的理解始终萦回脑际：高原游牧扩展，泥沙与河患少了。时因盛夏酷旱、长江干涸、城市缺电、停水，农村无水灌田，我决心报考水利工程，想不到黄河泥沙问题是什么。但没有料到这次偶读，居然在此 18 年后发出回响：因我在河南水利建设中初涉工程泥沙，困惑于黄泛淮域历史，1980 年贸然乞教于谭先生，聆听先生教诲，先生赐借《淮系年表》，笔者初知"历史地理"概念和黄河学、黄淮关系端倪，从此结识先生复旦大学史地研究团队，起步学习黄河变迁和黄河泥沙问题，延绵至今。次年，也就此问题拜访泥沙大师钱宁先生，请教黄河下游来水来沙与河床变形及华北构造的影响。没想到，到今天，水利界、经济界，以黄河泥沙的多寡变化，重新热议、讨论这老话题，品味辩证先辈的论断，探讨黄河永恒的老论题！回想起来，自己涉足了黄河与泥沙学科问题，真是毕生的幸运。

2. 历史地理学界对于环境历史的论述

正值黄河事业的高潮兴起，1962 年来谭先生之问一直是史地界的乐此不疲的热门议题。

史念海先生在 20 世纪 70 年代走出书房，作西北与中原的野外考察，并结合了高原水土保持的实际。在《河山集》第三集，集中涉及黄土高原历史环境演变论文五篇，更细微地陈述了区域植被、地貌和生产结构形态。他指出："黄土高原的农业地区河畜牧地区曾经有过几次交替的演变。有的时期黄土高原绝大部分都是畜牧地区，有的时期黄土高原绝大部分却又成为农业地区。在这样交替演变的过程中，森林地区也难以保持它的本来面貌，而不断遭到破坏……每次改变时，从事改变的人都觉得是合乎情理，并不违背自然。当时都不会考虑到后果。但后果毕竟是难于避免的……""所谓后果就是原的破碎消泯和沟壑的增加延长，则是侵蚀。"❶ "黄土高原本是一个原面广大，沟壑稀少，适于劳动生产的地区。而现在由于原面破碎，沟壑纵横，劳动生产已经倍感困难，成为举国上下瞩目的所在。改弦更张，势已不可再缓。"❶ 史先生涉及黄土高原的文论，也见于他发表在《历史地理》创刊号（1981 年）的"黄土高原及其农林牧分布地区的变迁"一文里，他和谭先生一样，科学的梳理了历史时期高原产业结构变化与侵蚀产沙的关系。他认为历史上黄河曾有过两次安流的时期，一次系商周至秦代，一次是东汉初到唐后期。"正是由于这两个长期相对安流时期黄河中游植被相当良好，侵蚀不致因泥沙堆积而迅速抬高，所以能够长期相对安流。而黄河频繁泛滥时期，正是黄河中游到处开垦，破坏草原，农业地区代替了畜牧地区，而森林又相继受到严重摧毁，林区相应地大幅度缩小。植被既已破坏，侵蚀就趋于严重，泥沙也随水流下。"

王乃昂在其论文里沿用谭、史的学术思路，从甘南地区土地利用方式和历代水旱灾害来谈这个问题。他引用史念海论述与文献记载，具体概括了"甘肃黄土高原有悠久的开发

---

❶　史念海. 河山集　第三集. 北京：人民出版社，1988 年。

历史，泾渭河谷 5000 多年以前就开始了'刀耕火种'的原始农业。西周时农业已发展成为社会经济中最重要的生产部门。当时，六盘山和子午岭之间泾河以北属于游牧草原区，中下游河谷则是农业区……春秋时期，秦灭掉渭河中上游的十二国，开垦草原，砍伐林木，发展农业，加剧了水土流失，渭河水流初变浑浊。"但是"秦汉时期，又大举向泾河中上游移民屯垦，大面积草原相继被辟为农田……土壤侵蚀加强，河水泥沙含量随之剧增。……这段时期的渭河上游，农田面积并没有再扩大多少，自然植被被破坏较轻，土壤侵蚀也没有再加剧。因之，渭河泥沙含量低于泾河，显得泾浊渭清"。从而有秦汉时期对于泾河含沙量的著名量化描述记载。引述秦汉以后逐代的变化，结论："我们注意到本区历史上由于人口增长过度，人口密度超过土地人口承载量（或合理人口容量），造成垦殖面积增大，植被覆盖减少，水土流失加剧，生态环境失调。但在气候干冷期，北方游牧民族一再南迁。由于民族战乱和自然灾害，本区人口外迁或很少增长，土地利用以牧业为主，自然环境因此有所改观。在气候温湿期和明清以来的农业持续发展期，往往从东部移民于本区。人口数量迅速增加，是形成现代环境状况的主要原因之一。"他在最后的而结论中指出："随着水土保持科学技术的而发展和应用，通过大面积种草植树，就地拦蓄雨水，甘肃黄土高原自然环境的改善指日可待。"❶

邹逸麟作为谭先生的杰出副手，十分恰当地概括了谭其骧学说的意义："《何以黄河在东汉以后会出现一个长期安流的局面》，是黄河史研究上第一篇用现代地理学观点将黄河流域作为整体来研究的学术论文。黄河下游的问题主要在中游的水土流失，这一点 20 世纪初地理学家和水利学家度已经认识到了。……该文主要说明两点：一是历史上黄河曾经出现过自东汉至唐后期大约 800 年的相对安流时期；二是这种安流局面的出现，其根本原因是因为游牧民族入居黄土高原，土地利用方式由农转牧，减轻了水土流失的缘故。这就从历史地理角度科学地证实了黄河下游变迁于中游水土流失的直接关系，从而为今天中下游全面综合治理黄河提供了历史根据。"❷ 而人类生产方式对于环境的巨大作用，从此被人们普遍认识。

王尚义也以谭、史的研究思路，细致回顾了历史各时期鄂尔多斯高原农牧业兴衰变化过程和自然环境生态的变化，同时也强调不能把生境的恶化都归结于农垦，民族战争与地理环境也与环境恶化有关。（见发表于《历史地理》第五辑的"历史时期鄂尔多斯高原农牧业的交替及其对自然环境的影响"，1987 年）。辛德勇回顾了史念海先生的贡献："关于黄土高原自然环境变迁研究的主要论文，1981 年 5 月结集出版为《河山集》二集。这可以说是我国的第一部历史自然地理论文集（《河山集》二集出版后，筱苏师又有一批有关黄土高原历史变迁和历史时期森林分布变迁的论文发表，已收入《河山集》三集和即将出版的《河山集》五集）。在此之后，先生又与曹尔琴、朱士光两位先生合作，撰写了《黄土高原森林与草原的变迁》一书，系统地论述了黄土高原的植被演化与人类生产活动的关系。……筱苏师通过大量实地考察结果，结合确凿的历史记载，揭示了黄土高原在各个不

---

❶ 王乃昂. 历史时期甘肃黄土高原的环境变迁//谭其骧. 历史地理 第八辑. 上海：上海人民出版社，1990 年。

❷ 邹逸麟. 一丝不苟 精益求精——学习季龙师的工作态度和治学精神//谭其骧. 历史地理 第九辑. 上海：上海人民出版社，1990 年。

同时期的历史面貌以及人地关系在其间的相互作用，既为历史自然地理学研究树立了典范，也为现代地理学研究提供了有益的借鉴。"❶

尹钧科、韩光辉 则从沙漠环境变化介绍了侯仁之的成果："关于沙漠何时形成，侯仁之认为 1000 年前乌兰布和沙漠还在形成中，其原因在于三个方面：①下覆古老沙碛，乃是形成这一地表流沙的主要来源；②历史进程中整个地区的气候逐渐变得干旱起来，但变化速度缓慢；③经济开发与农业经营抛荒之后，植物盖度减弱，大大助长了强烈的风蚀作用，逐渐导致沙漠的形成。综述历史事实，侯仁之的结论是：北部乌兰布和沙漠，主要是近两千年来所逐渐形成的，而且近几十年来其发展还有加速进行的趋势。在这一变化过程中，人类活动的影响是十分显著的，这一点必须引起重视"。❷

几十年前，"环境史"一词还没有今日那么时尚光大，历史地理学者就是这样谈论中国的老问题——黄河上中游生态环境和人类活动的影响——人地关系的。

笔者参加中国水利史研究会与历史地理学会活动，认识了新中国首入谭门的钮仲勋先生（他是水利史研究会最初的七干事之一），但 20 世纪 80 年代初我主要与复旦的史地师生团队来往多，邹先生给予编绘国家历史大地图中明清、民国黄河泛决历史地图任务，直到 20 世纪 80 年代末，钮先生直接引荐——将笔者带入了黄河流域环境演变的国家大项目团队，钮作为其"历史"子课题的负责人之一，带领课题组的历史地理与河流学科人联合探讨历史上黄河流域的环境演变、来水来沙、下游河道变迁，组织编绘新一代的历史时期黄河变迁图。之后钮先生仍一直启迪着笔者的黄河研究及水利史探讨，将笔者的黄河史探讨提升到了一个全新境界。

笔者在《历史地理》第十二辑刊载了《历史上黄河水沙变化的一些问题》（1995 年），作为参加国家自然科学基金项目"黄河流域环境演变与水沙运行规律"的子课题分报告的小结。该文首先谈到该基金项目的缘起："一个时期以来，黄河的来水来沙状况出现减少的趋势，引起了工程界、学术界和社会经济界的关注，一些大型的攻关科研题目应运而生，诸如：黄河水沙变化、黄河流域环境演变与水沙运行规律等。要弄清黄河水沙、河道在人类活动干预下的变化，应当弄清黄河在自然条件下的某些变化规律。历史时期黄河的水沙变化与河道演变，是研究历史的与现今的黄河的一个前提，是研究水沙变化规律一个不可缺少的部分。"笔者遂将中游环境、下游堆积与变迁结合起来研讨。此文认为黄河下游河床在堤防工程的控制下持续、迅猛抬升，以及河口的延伸与河道效应，留下了水沙变化的大量信息。并对谭说作了一些史地实例的补充，认为"世说'安流八百年'的汉唐河道，在王景治河后，虽有天然湖泽承纳泥沙，但从《水经》叙漯水入河受阻，尾闾段的淀淤，沙沟水出现，说明仅在百余年间新河道已发展为地上河❸。东汉末，南运河以西洼地因黄河泛淤淀高，运西诸河迁至天津入海，也说明东汉下游来沙仍是可观的……浚滑段西汉至北宋河床累积 3～4 米。"山东境汉唐故道。为现今马颊河与徒骇河的分水岭，一般

❶ 辛德勇. 开拓创新　用世益民——学习筱苏师治学业绩的体会//历史地理　第十辑. 上海：上海人民出版社，1992 年。

❷ 尹钧科、韩光辉. 锲而不舍　锐意进取——记侯仁之教授的治学精神//历史地理　第十辑. 上海：上海人民出版社，1992 年。

❸ 左大康. 黄河流域演变与水沙运行规律研究文集　第一集. 北京：地质出版社，1991 年。

河床相沙层厚 3～5 米，河道带高出堤外地面 1～3 米，利津河口段的三角洲前缘，堆积厚约 5 米。……从渤海湾西、北海岸线变迁研究（李元芳），1048 年北流后有 60 多年行黄，河口三角洲每年淤进速率为 333 米，与明清时期黄河河口段高速延伸一致"。"近代到明代初，河势未能控制，水沙得以泛漫，人们对来沙状况也无过多描述。从金故道演化成为的贾鲁大河，断续行水 300 余年，从商丘、虞城一带河床相沉积看，淤厚也有 7～10 米，说明一方面来沙量大，另方面分流状态下淤积很严重。"

在大量下游堆积的史实支持下，笔者感觉到——并强调河患灾难，认为："要认识黄河的水沙变化，2000 多年来一个最基本的信息记录，就是河患决溢史料了。"遂"利用《黄河水利史述要》❶ 年表，分别统计每 10 年河患决溢发生的频次，进行滑动平均处理……初步划分初以下河患频繁的阶段：①公元前 132～公元 11 年；②268～302 年；③478～575 年；④692～838 年；⑤924～1028 年；⑥1040～1121 年；⑦1166～1194 年；⑧1285～1366 年；⑨1381～1462 年；⑩1552～1637 年；⑪1650～1709 年；⑫1721～1761 年；⑬1780～1820 年；⑭1841～1855 年；⑮1871～1938 年。经研究可以认为，这些决溢频次较高且集中的阶段，也同时是下游来水来沙急剧变化的时段。决溢在下游——特别是河南境游荡性河段高发，反映出下游河段的上段纵向调整的异常加强……谢鉴衡（泥沙专业委员会主任，1990 年应邀到华北水利水电学院泥沙班讲学，当时笔者主持黄河水利委员会和华北水水电学院共同举办的黄河泥沙研究班）认为影响现行黄河纵剖面调整的三个因素中，进口的来水来沙条件是起决定作用的"❷。

徐海亮强调宏观环境："黄河在历史时期的水沙变异，存在着宏观的环境背景。黄河的水沙变化，归根结底是一个地质环境问题。"因为它"涉及一些相关的边缘学科研究。譬如对太阳活动——大气活动——黄河水沙变化的关联性研究……陈家其认为黄河中游自公元 6 世纪以来的水旱变化是一种复合振动，其主要周期为 130～140 年、60～70 年、10～11 年（低频部分还有 700 多年及 300 多年的周期）。洪业汤提出太阳黑子活动对黄河输沙量的影响，存在双振动现象。认为黄土侵蚀过程中存在着强大的宇宙作用背景，从根本上制约着黄土侵蚀的强度与周期。"❸ 毕竟，在影响黄土侵蚀的外营力中，太阳活动的动力是最根本的。

由陕西师大历史地理研究所编辑的中国历史地理论丛，是 20 世纪 80 年代历史地理另一个很重要的学术阵地。史念海先生发表的"论两周时期农牧业地区的分界线"（1987 年第一辑），进一步细化了黄土高原两周的农牧地理区划和结构，同时也指出"农耕地区和畜牧地区的形成和文化，都各有其自然的因素和认为的作用。一般说来，自然的因素往往超过人为的作用……如果在可农可牧的地区，则人为的作用就显得特为重要"。史先生在 1987 年第 2 期发表的"历史时期黄土高原沟壑的演变"，则细致地考察和叙述了高原各典

---

❶ 水利部黄河水利委员会编写组，《黄河水利史述要》编写组. 黄河水利史述要. 北京：水利电力出版社，1984 年。

❷ 当代治黄论坛编辑组. 当代治黄论坛//谢鉴衡. 黄河下游纵剖面变化规律及河道治理. 北京：科学出版社，1990 年。

❸ 徐海亮. 历史上黄河水沙变化的一些问题//中国地理学会历史地理专业委员会《历史地理》编委会. 历史地理 第十二辑. 上海：上海人民出版社，1995 年。

型沟壑的形成和演变过程，为侵蚀和产沙奠定了地貌学基础。韩茂莉发表的"历史时期无定河流域的土地开发"（1990年第二辑），则从历朝历代无定河流域的人口、土地、垦殖，追述了该地区的土地开发过程，这也是典型的土地侵蚀与耕作模式的关系史。1991年第三辑，朱士光发表的"我国黄土高原历史地理研究的最新进展"，综述了20世纪80年代中期以来，黄土高原国土整治与综合考察进展，以及黄土高原系列历史地理与环境历史研究专著，关于区域气候演变、天然植被分布和沟壑侵蚀速率历史研究。陕西师大一系列探讨，无疑都细化了从历史地理学科开始的黄河中游环境历史和人地关系的探索，为细化西北生产结构—侵蚀—泥沙奠定了学术的缜密的科学基础。

历史地理学界的认识，相对于水利科学范畴传统的泥沙研究，给予我们一个追溯时空、宏观、缜密的思维方法。而水利泥沙学科的研究者则擅长思考较为微观的泥沙运动力学问题。

二、水利泥沙界与地学界对侵蚀产沙及变化的探讨

人们在黄河学中突出探讨古今"水沙变化"，为黄河显学之中的"显学"。

水沙变化与下游河床演变是密切相关的。在20世纪80年代，河流地貌学（中国科学院北京地理研究所沈玉昌等）与河流泥沙学（清华大学钱宁等）最佳的合作联袂，集中在泥沙问题探讨上。

对于此，泥沙大师钱宁说过：研究河床演变，水利界和地理界应该密切结合，通力合作。

1. 水利工程、河流泥沙界的研究

早在20世纪初水利工程界一批学者和工程家，将泥沙问题提到实际议程上，20世纪30年代一批理工人才进入水利界，关注工程、泥沙与侵蚀。其中如自幼崇尚国学，拜师钱穆的姚汉源，从大学生时代就关注历史，将水利工程与历史人文联系起来。一个甲子以来，姚老从事工程、教学、科研和管理，在中国水科院内、外培养了一批水利史研究者，建立研究团队，奠定中国水利史基础，他关注到黄河变迁、治理，水运、泥沙问题，通常人们仅认为泥沙是灾害，但他认为黄河泥沙具有利弊的双重特性。[1] 水利史的研究，与历史地理的黄河研究，具有相得弥彰的效果。20世纪40～60年代，中国水利界面临探讨工程泥沙、河道冲淤、河床演变、河道整治、河口海岸等多种实际与理论问题。中国水利学会早已设置有泥沙专业委员会。

20世纪80～90年代，中国水利学会编辑过三册专业学术综述，1984年付印第一册，对泥沙专业有粗疏的概括，讲了30年来在泥沙研究的基础学科方面，泥沙运动力学、河床演变与河床整治、水电工程泥沙问题、河口海岸泥沙，及河工模型试验的发展，这都是泥沙专业当年最时髦的问题。第二本综述1989年付印，笔者注意到其中由专委会主任谢鉴衡亲手整理的概述"泥沙研究的新进展"，重点突出了70年代以来学科的新走向：数学模型、河工模型，在通常关注的问题上，第一个就是"流域产沙和水保"，谢鉴衡院士专

---

[1] 姚汉源. 中国水利史纲要. 北京：水利电力出版社，1987年；姚汉源. 黄河水利史研究. 郑州：黄河水利出版社，2003年。

门提到"近年来黄河来沙量有减小趋势",因此在泥沙专业委员会、国际河流泥沙培训中心的关注下、钱宁生前的强调下,20世纪80年代有关专家已在专委会范畴开展了"黄河来水来沙变化"的攻关项目,"水沙变化"成为当时业内热门话题。谢鉴衡老师偏重于泥沙运动与河床整治方面,他指出当时"在流域产沙及水土保持的宏观研究方面取得了一些新进展。一方面通过分析水文站长系列水沙变化资料,了解其一般变化趋势;另一方面结合降雨量大小、强度及其在不同类型产沙区的分布,河道输移比等来探讨自然因素影响。"[1] 1993年正式出版的第三本"中国水利学会专业学术综述",在泥沙专业方面,则集中记载了非常理论化与精细化的学术成就,记录了在1991年建立的全国泥沙基本理论研究指导委员会领导下,两次全体会议研讨关键的八大问题:①挟沙水流的紊动结构问题;②非均匀沙的运动规律问题;③高含沙水流及泥石流的基本规律问题;④波浪作用下泥沙运动问题;⑤不同河型的水流结构和泥沙运动问题及冲积平原河流河型成因、河床演变及河型转化问题;⑥土壤侵蚀与流域产沙的物理过程及预报问题;⑦环境泥沙;⑧二维及三维泥沙数学模型,以及物理模型的研究与开发。第6个问题就是我们本文关注的黄河宏观水沙变化,已转向理论化与微观化。[2]

整个20世纪80年代到90年代初,在中国水利学会泥沙专业委员会和联合国教科文组织国际泥沙中心指导下,研讨"水沙变化"的十来年——特别是,到了80年代后期,从专委会的层面,和地理界合作立项,全国水利泥沙界、地理界和部分高校、科研院所联合参与的国家重大自然科学基金研究项目"黄河流域环境演变和水沙运行规律",由中国科学院、国家计划委员会地理研究所领衔开展,全国200多位专家学者参加,而一批当年参与探索的硕士研究生,今天已是许多重点地学研究单位的栋梁之材。

1986年,水利电力出版社出版《黄河的研究与实践》一书,汇集了20世纪80年代刊物《人民黄河》刊载的一些重头文章,记录了80年代黄河水沙问题的重大探讨。

其中,时任黄委会主任的龚时旸1983年在小浪底水利枢纽论证会上的发言提纲(载《人民黄河》1983年第3期)对《开发黄河水资源为实现四化作出贡献》一文的说明,强调了:"30年治黄实践还使我们认识到,黄河的泥沙问题,除了泥沙数量多以外,来水来沙的不平衡性是一个重要因素……实测表明,汛期来水量占全年的60%来沙量则占全年的85%以上。由于来沙的集中性更甚于来水的集中性,汛期水少沙多的矛盾更为突出,往往形成含沙量很高的洪水,是造成下游河道淤积的主要原因。例如,1950~1977年的28年中,黄河下游出现过10次高含沙量的洪水(平均含沙量达218公斤每立方米)。这10次洪水的水量不到28年来水总量的2.3%,沙量却占28年总来沙量的15.5%,而淤积量则占28年淤积量的57%。"

龚认为:"总之,解决黄河泥沙问题是一个长期而复杂的任务,需要采取多种途径综合解决。其中水土保持是一个主要方面必须加强,但不是唯一的。各种途径或措施有各自的特点和作用,彼此是互为补充而不是互相矛盾的"。黄河水利委员会整体的研究向前进了一步,不仅关注泥沙量的大小,而且突出了高含沙量在输移与河道淤积中的关键意义,

[1] 中国水利学会秘书处. 中国水利学会专业学术综述汇编(第二集),1989年。
[2] 中国水利学会. 中国水利学会专业学术综述 第三集. 北京:水利电力出版社,1993年。

从而，强调着治黄措施的多元性。

毋庸置疑，钱宁院士擅长泥沙运动和河床变形研究，他在参加 1980 年第一次国际河流泥沙学术会议提交宏观论述的《黄河中游粗泥沙来源区对黄河下游冲淤的影响》中，根据黄委会多年实测和科学分析，得出重大的科学结论："黄河的泥沙主要来源于中游黄土地区。这里新黄土分布十分广泛，其粒径组成具有明显的分带性，从西北向东南中值粒径从大于 0.045 毫米逐步减小到小于 0.015 毫米。在皇甫川、窟野河以及无定河、北洛河、马莲河的河源区，新黄土中值粒径为 0.045 毫米，而在渭河上游则中值粒径减细到 0.015 毫米左右。"（载《黄河的研究与实践》第 27 页）无疑，这个结论对于侵蚀治理的对象和区域，给予了方向性的指示。文章就粗泥沙来源区，分析与强调了它是下游河道淤积的主要物质的来源。

当时的黄委会水科所泥沙室已具有一个强大的研究团队，赵业安、潘贤弟等多年统计下游河道的淤积状态，撰写"黄河下游河道淤积情况及近期发展趋势估计"（刊于"人民黄河"1985 年第 3 期、4 期）。在积累和计算了大量的水沙实测数据和计算之后，得出几点认识："①黄河下游河道的淤积状况主要取决于来水来沙条件，从长期看年淤积量时多时少呈周期性的变化。如遇多沙水文系列年组，下游的年淤积量多达 4 亿～6 亿吨，如遇少沙水文系列年组，则为 2 亿吨左右。1974～1983 年平均淤积量小于 2 亿吨，主要是来水来沙条件有利。②1984～1995 年黄河来水可能转丰，来沙量减少不多，又受龙羊峡水库初期蓄水及调节径流的影响，下游河道的年淤积量将达 4 亿吨左右。③1984～1995 年下游河道泥沙的淤积仍将集中在夹河滩至艾山河段。"（《黄河的研究与实践》第 69 页）赵业安本人则在 1981 年在"人类活动对黄河环境的改变及河床演变的影响"（1989 年黄委会科研所自印本）提出，黄河中游的产沙量 30 年来增加 38.5%。以上各技术文献都陈述了下游淤积量的变化过程。

黄河水利委员会水文水资源局的熊贵枢等，撰"黄河中上游水利、水土保持措施对减少入黄泥沙的作用"，给出中游控制站陕县水文站的各年代实测平均输沙量的统计（见表 1）。

表 1　　　　　　　　　　　　陕县水文站的各年代实测平均输沙量表

时间/年	输沙量/亿吨	时间/年	输沙量/亿吨
1920～1929	11.9	1960～1969	17.0
1930～1939	17.6	1970～1979	13.4
1940～1949	17.1	1980～1984	7.65
1950～1959	17.6		

统计时期，1930～1970 年黄河下游恰好处于一个丰沙时段，尽管已经开始出现来沙量减小的趋势，但看起来未来的来沙量和减淤作用并不乐观。所以结论是："考虑 1970～1984 年的水利、水土保持效益为 2.97 亿吨，20 世纪 70 年代的还原沙量应为 16.37 亿吨，1980～1984 年还原输沙量为 15.8 亿吨。同时，考虑到 1919～1984 年黄河的水量、沙量跨越两个枯水段，陕县多年平均输沙量仍然以沿用 16 亿吨为妥。"熊的基本估计，和他在 1980 年黄土高原水土流失综合治理科学讨论会的发言是一致的，预估前景并不乐观。

被黄河人称为黄河"活字典"的徐福龄（黄河史研究的前辈，水利史研究会首任副主任,《黄河志》总编室主任,1984 年亲率队考察豫河故道),在 20 世纪 80 年代不断回应下游堆积是否永无止境,是否非改道不可问题,也发表了不少关于黄河历史、治黄策略的文章,其中很重要的一篇是"黄河下游堤防不致'隆之于天'",不过《黄河的研究与实践》没有收入。他认为上中游水库建成,特别小浪底水利枢纽建成后,"50 年内的减淤作用为 96 亿吨左右,相当下游河道 25 年左右不淤,可使下游大堤少加高 2～3 次。上中游水土保持工作,将由计划地加速梯田、林草建设及继续修建沟壑骨干工程,以增加减沙效益。……通过上、中、下游的综合治理,今后 100 年的下游河床的淤积必将继续减少。这样,则堤防更不致'隆之于天',而下游河道的生命力亦将继续延长,为两岸人们兴利。"❶

这位黄河史大师——"老黄河通"当时较乐观的预计,在今天被治黄实践不断得到证实。

不能不回顾到,笔者在赴郑州工作前,经黄河水利委员会水科所同学介绍,拜识了徐老前辈。后来在他率领下参加黄河故道的考察,学习黄河史志资料,密切接触了黄河水利委员会《黄河志》的诸同仁,结识徐老,是笔者接近黄河、走入黄河,结识众多黄河人,了解黄河泥沙问题的开始。

2. 地理界的研究认识

在 20 世纪 80、90 年代,在谭其骧先生著名论断启迪下,水利界、地学界较为热门的主要话题显然是黄河中游人类活动加剧、垦殖增加、生态破坏以及侵蚀加大、中下游河道变坏。

而地理界颇具代表性的论述,是中国科学院北京地理研究所叶青超、景可等在第二次国际河流泥沙学术会提交的论文"黄河下游河道演变和黄土高原侵蚀的关系"❷。该文概算了全新世黄土高原侵蚀率,在 20 世纪 80、90 年代引用率很高的数据:"全新世早期(距今 11000～6000 年),冲积扇的堆积量较小,这可能是当时河床比降(万分之 4.42)比现代河床比降(万分之 2.13)大 1 倍以上,大量泥沙多被输送入海,也可能是当时的侵蚀量河下游泥沙传输量本来就不大。

"全新世中期(距今 6000～3000 年),黄土高原年侵蚀量约为 10.75 亿吨。这个时期处于原始社会,人类活动规模和范围都极其有限,不足以影响到水土流失的增加,因而这个时期基本上居于自然侵蚀过程。全新世晚期(公元前 1020 年至 1194 年),推算高原的年平均侵蚀率为 11.6 亿吨。……唐以前的侵蚀仍是自然侵蚀为主,比全新世中期增加了 7.9%。

"1494～1855 年这个时期,人类活动频繁,黄土高原的植被受到破坏,水土流失加重……这个时期的侵蚀量包括自然加速和人类加速侵蚀的总和,平均侵蚀量达 13.3 亿吨,比前期增加了 14.6%,其中,自然加速侵蚀占 7.9%,人类活动加速占 6.7%。

"1919～1949 年之间,黄土高原的人口不断增加,随着垦荒范围的不断扩大,植被破坏

❶ 徐福龄. 河防笔谈. 郑州:河南人民出版社,1993 年。
❷ 第二次河流泥沙国际学术讨论会组织委员会. 第二次河流泥沙国际学术讨论会论文集. 北京:水利电力出版社,1983 年。

更加严重，土壤侵蚀量增加到接近现在的水平，每年约 16.8 亿吨（1934～1949 年水文记录资料），比前一时段增加 26.3％，如扣除自然加速侵蚀 7.9％约 1.05 亿吨，那么人类加速侵蚀为 18.4％约 2.44 亿吨。1949 年以来，30 多年间黄土高原的土壤侵蚀进入新的发展阶段。据统计，陕县水文站的年平均输沙量 16.3 亿吨，高原地区水库、淤地坝等拦沙量 6.03 亿吨，两项相加，黄土高原的实际产沙量达到 22.33 亿吨，比前一时段增加 32.9％。其中，自然加速侵蚀占 7.9％的 1.327 亿吨，人类加速侵蚀则占 25％约 4.2 亿吨……"

不过，笔者看到叶青超似在 1989 年第四次国际河流泥沙学术会没有再论述这个问题，中国科学院北京地理所地貌室由另外朋友参加大会提交其他内容的论文，叶青超先生的论述则在这一期间通过地理所领衔的"环境演变与水沙变化"大项目在各阶段报告和交流得到充分发挥。

景可、陈永宗（1983 年）推测出黄土高原在中全新世侵蚀量达 9.75 亿吨每年，隋唐时期达 11.6 亿吨每年，19 世纪达 13.3 亿吨每年，1949 年达到 16 亿吨每年。认为唐代以前的侵蚀仍以自然侵蚀为主，比全新世中期增加了 7.9％。1494～1855 年侵蚀加强了 14.6％，其中自然加速侵蚀占 7.9％，人类活动加速侵蚀占 6.7％。唐克丽据此并概括了自然侵蚀的地质学、地理学和土壤学研究，评价了自然侵蚀与人为加速侵蚀率，计算出历史不同时期自然侵蚀和人为加速侵蚀的量级，自 1194～1855 年，年增加侵蚀量为 1194 年之前 3000 年的 8.03 倍。❶

唐克丽女士的论文依据叶青超、景可等阐述的黄土高原历史侵蚀量，就是援引景可等 1983 年发表的"黄土高原侵蚀环境与侵蚀速率的初步研究"的观点和数据❷。不再重复。

不过现在也有业务部门学者对历史时期的侵蚀产沙量估算复原量级有所疑虑。这涉及对地理和历史地理过去研究的再评估，也是一个很有趣的问题。

该项目历史气候分组前期成果，见诸除唐克丽论文外的——有李元芳、杨国顺、王守春、陈永宗等人的阶段报告，如："历史时期（春秋战国—北宋末年）的黄河口及海岸线变迁""东汉黄河下游河道研究""古代黄土高原'林'的辨析兼论历史植被研究途径""人类活动在黄土高原土壤侵蚀中的地位和作用"，均辑于项目成果第一集❸。分别论证了秦汉、宋代的黄河口变迁及海岸线进退，东汉相对稳定的河道形态秘籍，高原"林"实为灌木林和疏林，定量了典型地区人为侵蚀的数值。这些均与水沙的变化和下游河道的响应有关。

"六五""七五"期间的黄河流域环境与水沙运行规律项目的分组"历史气候组"，由中科院地理所的吴祥定、钮仲勋、王守春主编，于 1994 年在气象出版社出版《历史时期黄河流域环境演变与水沙变化》，概括了项目组所有参加者（包括参加该组活动的笔者）的多年综合成果。包括了历史时期黄土高原的气候振动、高原植被变迁和人类活动、黄河下游的河道变迁与水沙变化、历史时期黄河中游的土壤侵蚀的自然背景几大方面。从历史自然与人文地理学术角度回答了总课题提出的问题。水沙变化是其基本的一个部分。课题

---

❶ 唐克丽，等. 黄土高原土壤侵蚀过程和生态环境演变的关系//左大康. 黄河流域环境演变与水沙运行规律研究文集　第一集. 北京：地质出版社，1991 年。

❷ 景可，陈永宗. 黄土高原侵蚀环境与侵蚀速率的初步研究. 地理研究，1983 年第 2 期。

❸ 左大康. 黄河流域环境演变与水沙运行规律研究文集　第一集. 北京：地质出版社，1991 年。

组探讨和编绘了历史时期黄河下游河道变迁图。以下是后来涉及环境与水沙问题的专题部分分报告内容：

在项目研究文集二里，课题组长吴祥定在"历史时期黄河流域环境变迁研究进展"中，介绍了历史气候序列的建立与分析，分析了气候变化与水沙振动的关系，引用了王守春分析成果，认为古代黄土高原的原始植被，在高原的塬面上和丘陵地区，为稀树灌丛草原，其中灌丛和草地构成了植被的主要部分，对历史上黄河中上游人口的变化进行了分析。❶ 王英杰在"东汉以后黄河下游相对安流时期流域环境与水沙关系的初步研究"中，综述了诸家的观点，陈述了上中游环境变化与水沙关系，认为影响东汉以后"黄河相对安流的原因是多方面的，既有受上中游环境变迁的影响，也与河道本身的变迁特点有关，还受入海处海平面变化的影响。""这些变化归纳起来则可分为两大因素：一是气候变化；一是人类活动影响……东汉以后，历魏晋南北朝至唐初，基本上处于一个相对冷期，受我国气候特点的影响，湿热与干寒同期，在流域西部，属于少雨的寒冷气候，在东部地区，海平面在冷期中相对下降，河流侵蚀基准面降低。因此，从河流来水，来沙和输沙，泄沙的系列中看，气候是有利于河道稳定的，人类活动的影响，则表现在对中游土地利用方式的改变和下游河道的疏导和堤防加固等方面。亦使得河道的稳定度加大。"❶ 王守春的"历史时期渭河流域环境变迁与河流水沙变化"，则援用了历史地理的思路系统分析了渭河流域的植被、人口城镇等变化与渭河水沙的变化。研究继承了谭先生的思路，但扩展了环境科学的分析。

在该研究文集（第三集）里，王守春提交了"古代黄土高原植被的地域分异及其变迁"，利用了文献和孢粉分析，将植被区域与时空变化进一步分划。在结论里，王归纳了植被变迁的特点，强调指出"植被的变化主要应当归于自然原因，即反映了区域环境的逐渐干旱化过程。而区域环境逐渐干旱化的过程主要应归于气候的变化……从西周至唐宋时期，植被的变化虽然在一定程度上也受人类活动的影响，但与自然因素对植被的影响相比，相对要小得多，因为植被地带的而普遍移动以及植被的普遍表现出的草原化过程，只能归于自然原因。但也不应忽视在个别时期和局部地区，人类活动对植被的影响远远超过自然因素的影响。然而，唐代以后，特别是明清时期，人口的大量增加，人类活动对植被的破坏是黄土高原植被变迁的主要原因。"❷ 中国科学院西北水土保持研究所的张科利等，以子午岭为例，提交的"子午岭林区植被恢复前后的土壤侵蚀特征及其演变"，分析了植被与侵蚀的关系，结论认为"①植被是影响土壤侵蚀强弱的根本因素，在分析黄土高原地区的自然侵蚀和加速侵蚀时，首先应弄清历史时期这一地区的天然植被分布及其自然演替特征。②……人为不合理的开垦活动是造成黄土高原土壤侵蚀剧烈的主要原因，没有人类的乱砍乱垦，即便是千沟万壑，土壤侵蚀也很微弱。……④人类破坏了的自然环境可以恢复，而且只要按照自然规律办事，三五十年内就可以见效，至少在森林草原地带是这样。"

王英杰提交了"论历史时期气候变化对黄河下游河道变迁的影响"，他认为"从河道变迁与气候变化的对应关系看，河道变迁发生的高频率主要集中在气候的冷暖和干湿转折

❶ 吴祥定. 黄河流域环境演变于水沙运行规律研究文集 第二集. 北京：地质出版社，1991年。
❷ 左大康. 黄河流域环境演变与水沙运行规律研究文集 第三集. 北京：地质出版社，1992年。

时期。一般来说，对应于旱涝变化，在干寒年份河道变迁次数少一些，湿润时期多一些，这些都基本上反映了河流改道与水沙的关系。……气候变化和河道变化是很复杂的过程，二者之间的关系是粗线条的，许多虚拟的内容如气候的冷暖与干湿变化的对应关系、降水变化过程、受气候影响的海平面变化过程、植被变化过程等对黄河水沙的影响都尚待进一步研究。而如何区分人类活动、河道发育特征和气候变化对河道变迁的影响，是有待探讨的另一面。"

黄河水利委员会、清华大学水利系、中国水科水电科学研究所院泥沙所、其他高校与科研院所，及中国科学院黄土高原综合科学考察队一些专家也参与了课题研究。须提及的是中考队（会）承担了宏观的"七五"期间重点项目"黄土高原综合治理"，其中主要是"黄土高原地区自然环境的特征、形成及其演变"，其"黄土高原形成的地质背景及演变""人类活动与黄土高原环境演变""黄土高原自然环境与开发治理若干问题"，都与土壤侵蚀和水沙变化关联。先后参加该专题的单位有中国科学院北京地理研究所、地质所、黄土所和陕师大地所、北师大地理系、北大地理系等。❶

因肇始于研究黄河河道变迁和下游泥沙堆积历史，笔者有幸参加了"六五""七五"期间该"环境演变与水沙运行"大项目研究。

中国科学院地球化学研究所洪业汤从另一角度研究了黄河来沙变化及其机理（见表2）。他的结论是："龙门黄河沙量记录研究揭示，黄土高原黄土侵蚀现象，是我国脆弱的黄土环境中出现的一种天然环境地质过程。远在中华民族出现前它已经存在并一直作用到今天。在年际时间尺度上，它表现出明显的脉动特征，且与太阳黑子活动周期有密切关系。迄今黄土高原上的人为经济活动并未明显加速这一侵蚀过程或改变它的脉动特征，因而它不是人为破坏黄土高原生态环境所致。黄土高原的治理应立足于对侵蚀过程的脉动性不均匀性和天然性的基础上。黄土高原侵蚀规律对全球土壤侵蚀现象可能具有的特殊性和一般性意义，有待进一步研究。"❷ 这里强调的泥沙振动本质是环境地质作用，无疑深深影响了笔者，当时的报告均在历史地理的范畴里撰写，笔者也极大地受到中国科学院地理研究所地貌室、历史地理室和气候室学者学术观念的启发。

表2 不同时段黄河龙门来沙量的变化表

时段	含沙量/(kg/m³)			输沙量/亿t		
	总的年平均值	高峰年平均值	平常年平均值	总的年平均值	高峰年平均值	平常年平均值
1934~1948年	30.7	50.4	25.8	10.8	15.6	9.6
水利水保措施发挥明显作用前的21年（1949~1969年）	34.5	53.7	24.9	11.6	18.1	7.1

❶ 中国科学院黄土高原综合科学考察队. 黄土高原地区自然环境及其演变. 北京：科学出版社，1991年。

❷ 洪业汤，等. 黄河沙量记录与黄土高原侵蚀. 第四纪研究，1990年第1期。

时段 \ 沙量均值	含沙量/(kg/m³)			输沙量/亿 t		
	总的年平均值	高峰年平均值	平常年平均值	总的年平均值	高峰年平均值	平常年平均值
水利水保措施发挥明显作用后的 19 年（1970~1988 年）	25.2	50.6	18.4	7.6	14.5	5.8

到了 21 世纪初，叶青超在地貌室的弟子师长兴（也参加了国家基金项目组的活动并发表报告），后来进一步探讨了当年侵蚀产沙的热门问题，他撰写了论文称"基于华北平原上 93 个钻孔中沉积物详细观测和分析数据，结合 182 组 ^{14}C 测年和埋深数据、参考前人黄河下游河道历史变迁及其他相关研究成果，估算出 2600 年以来黄河下游在 602BC~11AD、11~1033AD、1034~1127AD、1128~1854AD 和 1855~1997AD 等 5 个历史时期的年平均沉积量分别是 3.89 亿吨每年、2.24 亿吨每年、6.63 亿吨每年、6.78 亿吨每年和 8.47 亿吨每年。通过建立黄河下游有无堤防和决溢频率与泥沙输移比的关系，计算出 5 个时期黄河上中游的平均年输沙量分别是 6.20 亿吨每年、6.80 亿吨每年、8.30 亿吨每年、11.50 亿吨每年和 15.3 亿吨每年"。

他参考和采用了历史气候组的成果佐证其定量估算，"根据吴祥定等对历史上黄土高原地区植被的分布及其变化研究结果，战国时期黄土高原草原带南界位于岱海—榆林—靖边—环县一线，此后一直没有大的变化；但是到公元 7~10 世纪，主要由于气候恶化，水旱灾害频发，加以人类对自然植被的破坏，草原带南界到唐宋已达岢岚—米脂—庆阳—平凉一线，向东南推进大约 150 公里，西部推进少，东部推进多，基本上跨越了黄土高原的丘陵沟壑区这一黄土高原的多沙粗沙区。这之后也正好是黄河下游来沙明显增加的时期。明清时期草原带南界位置虽然没大的变动，但黄土丘陵坡地开垦，人类对植被的破坏加剧，使得土壤侵蚀逐渐增大。"❶ 师长兴结合了历史地理与地貌学方法，得出与谭其骧、史先生和上述"环境演变与水沙变化"项目类似的结论。

根据师长兴的估算（见表 3），从不同时期的下游堆积量级看，显示出近 3000 年来下游来沙存在加速增加的过程，与叶青超基本一致，时段节分更为细致。

表 3　　　　近 2600 多年来黄河下游冲积扇和冲积平原分期沉积量及黄河下游历史时期来沙量表

项　　目	时　段				
	602BC~11AD	11~1033AD	1034~1127AD	1128~1854AD	1855~1997AD
总沉积量/亿吨每年	2380	2290	623	4930	1280
平均沉积量/亿吨每年	3.89	2.24	6.63	6.78	8.47
平均来沙量/亿吨每年	6.20	6.80	8.30	11.50	15.30

❶　师长兴，等. 近 2600 年来黄河下游沉积量和上中游产沙量变化过程. 第四纪研究，2009 年第 29 卷第 1 期。

这个阶段另一由地理学会牵头、非常重要的"全国黄河流域重大灾害及其综合学术讨论会",于1989年10月召开(宝鸡),同时称为第二届全国地球表层学(钱学森提倡)学术讨论会,集中研讨了黄河流域重大灾害问题,其中直接涉及20世纪80年代热门的黄河泥沙问题。

著名的泥沙老专家方宗岱(水科院),概括了黄河泥沙的利害(弊)方面。将民族农业文化的兴起、华北平原的造陆、大禹治水、王景治河、熙宁放淤治碱、小浪底水库调水调沙、水土保持河放淤归结为泥沙兴利,将堤防治河河床抬升、潘季驯束水攻沙、水库蓄清排浑归纳为害、弊方面。显然在谈黄河泥沙灾害一面时,也高度肯定了利用泥沙兴利的一方面。

侯国本(青岛海洋大学)报告了山东省考察山东黄河的结论,高度肯定了水沙资源对于山东的贡献,肯定了引黄灌溉、淤背,放淤改土治理洼地的作用,肯定了黄河泥沙对于河口国土开发与海洋石油开发的作用,而且提出不赞成下游大改道方案。显然,侯的认识强调了洪水与泥沙资源化的利益,这也是后来谈双刃剑论的一个表现。

熊贵枢等(黄河水利委员会)评价了黄河上中游水利、水土保持工程减沙作用,认为兴修梯田、造林种草"只能起到遏制水土流失的作用,并不能完全遏止水土流失""库坝只能起到延缓侵蚀的作用,不能一劳永逸地控制水土流失""过去30多年的水利、水土保持工程已收到减少入黄泥沙的效果,但此种效果主要是淤地坝和水库的作用。如果今后不再修建新的淤地坝和水库,目前的减少作用将随着坝库库容的丧失而逐步减小⋯⋯""若今后不再兴修工程,2000年的拦沙量将减少到1.548亿吨,2030年减少到1.005亿吨"。若今后按过去30年的速度修工程,即每10年修建530万亩梯田,每10年修建20亿立方米库容的淤地坝,每10年修建21亿立方米库容的水库,2000年的拦沙量将达到3.5亿吨,2030年的拦沙量将达到4.84亿吨。显然,该汇报在肯定水保效果的前提下,对于未来的水利、水保工程的减淤效益和时间,并不太乐观。可能是当时黄委会的主流认识。

叶青超(中国科学院地理研究所)列举了黄河泥沙对塑造华北平原影响地貌环境的作用,提出泥沙是下游悬河"不断淤积抬高的症结,洪水经常泛滥和决口改道的祸根。另外,还引起旱、涝、盐碱、风沙等灾害环境频繁的肆虐",每年输入河口10亿吨泥沙量,对中上游的水土保持不持乐观。这次会议,叶先生未有评估历史上黄河中游地区的侵蚀产沙问题,而是交给景可发言。

景可等(中国科学院地理研究所)在评估历史上黄河中游侵蚀产沙和下游输沙能力工作的基础上,认为"黄河下游河道冲淤平衡(无论是动态或是静态)都是暂时的,河道的淤积则是绝对的。现在有些研究河床演变的同志认为黄河中游来沙减少一半,黄河下游河道冲淤就可以达到平衡,甚至也有认为只要来沙减6.1亿吨,下游河道就可以达到准平衡。但事实并非如此"。从而再次提出了在当时地理地貌界较热门的话题,现行黄河的寿命是多少年?黄河一旦决口,它的淹没范围究竟有多大。实际在20世纪80年代初,地理所部分研究者一直在做现行河道的可维持性和人为大改道问题探讨,1985年,叶青超曾据此提出"黄河下游减沙途径和治理研究"报告,提出河道变迁、沉积速率、可能决口处所、改行河道,及应对方案。

中国科学院地球化学所洪业汤的报告,强调了决定黄河含沙量的主要因素是自然环境地质过程，重力侵蚀是高峰年产沙的主要方式。认为在认识工程与林草措施在过去的显著成绩同时，"还不宜过高估计它们在近10来年对黄河泥沙含量减少方面所起的作用"。显然，其认识强调的仍是——泥沙产生的自然宏观规律方面。

针对20世纪80年代各种建议黄河下游大改道的方案，黄委会勘测规划设计院进行比较分析，从方案新河道工程量和新河道的淤积年限，认为大改道对稳固新河道不利，对经济社会不利，认为"近期黄河不宜采取改道方案，远期确认泥沙问题无法处理时，再作研究"。从而委婉地否定了种种大改道意见。

鉴于1989年地理学会宝鸡会议主要从黄河灾害的一面来谈灾害的中心——泥沙问题，总的看来，报告均显示了20世纪80年代学界对黄河泥沙负面问题的某种倾向性的担忧。❶

当时主持黄河流域环境演变与水沙变化国家基金项目的左大康（中科院地理所所长），没有提供最后汇入文集的文字报告，但他做了"治黄研究中的几个问题"发言（据本人笔记），集中谈了叶青超提供的黄河河床加积严重性，如1982年与1958年黄河下游大水相比，洪水最高水位增加了1～2米，未来洪水和河防危机性，一旦下游堤防决溢，将对社会经济造成严重影响。左大康强调应该进一步研究的具体问题。他肯定了当年水利、水保工作的减沙效益，大约减少了对下游河道产生威胁的泥沙量17.3%。对于侵蚀机理的研究，如暴雨、径流、植被，高含沙机理的研究。特别需要弄清楚自然侵蚀的量很关键。这也是当时工作的一个薄弱点，大家认识尚有歧义。他谈到水保工作减沙的作用是缓慢的，需要弄清下游淤积的规律，研究来水来沙的时空变化及其原因，不同水沙条件的输沙特点，滩堤边界及河道剖面的影响。需要研究河口堆积变化的模式，研究减淤措施。

以上，没有罗列当时黄委会各部门探讨黄河径流与来沙变化的历年监测、大量的分析论文材料。也没有列举中国水科院泥沙研究所的泥沙运动的论文。尽管许多论文和材料详尽地分析了黄河泥沙的诸多方面问题。今天，在黄河水沙问题重新引起朝野关注时，回顾地学界与泥沙、水利史学界的有关探讨过程是必要的。

通过20世纪80～90年代的系列学术活动，笔者继拜师复旦大学历史地理和中国水科院水利史之后，与中国科学院地理所（北京、南京）研究者密切接触，学习他们对黄河及华北地理、河流地貌、历史气候、地理研究所灾害历史、人地关系的理科思维和研究方法。

三、20世纪50年代以来水土治理的行政号召与社会运动

和其他研究很不相同的是，泥沙问题和侵蚀关联，除理论分析外，特别需从认知到践行，需要社会生产的实际操作，与自然环境关联，也与广义的生产、生活方式和社会经济关联，需要在历史过程中反复实践，反复认识。环境里水文、泥沙的起伏变化，需要一个较长的历史过程才能观察、分析出来。70年来泥沙与土壤侵蚀关注，是学术认知与国家行政动员、社会响应与实践三位一体结合的。科学探讨、认识的产生，密切结合社会经济和社会行为。

---

❶ 瞿宁淑，等. 黄河 黄河——黄河流域重大灾害及其综合研究. 北京：中国人民公安大学出版社，1989年。

中华人民共和国成立，先后建立统一的治黄与水土保持机构，即黄河水利委员会和国务院水土保持委员会。1950年毛泽东视察黄河，发出"要把黄河的事情办好"号召，继而指出"必须注意水土保持工作"。在关于全国农业发展纲要问题给周恩来的信中（1956年1月9日），他指出："兴修水利，保持水土。一切大型水利工程，由国家负责兴修，治理为害严重的河流。一切小型水利工程，例如打井、开渠、挖塘、筑坝和各种水土保持工作，均由农业生产合作社有计划地大量地负责兴修，必要的时候由国家予以协助。"

周恩来多次主持和参加有关水土保持工作的会议并讲话，做出系列指示、部署。

针对侵蚀与产沙，1950年在黄河中游扩建和新建天水、绥德、西峰水保推广站，1954年建立延安、平凉、定西、离山水土保持推广站，1956年将天水、绥德、西峰、离山四站改为水土保持科学试验站。黄河水利委员会在20世纪50年代初组织了三次对黄河中游严重水土流失地区37万平方公里的查勘规划。1955年中国科学院组织了中国科学院地球物理所、地质所、地理所、土壤所、植物所、农业生物所（后名西北水土保持所），和黄河水利委员会、林业科学研究所、北京水利勘测设计院及北京农业大学、北京大学、西北大学、南京大学、南京农业大学、西北农学院、山西农学院、东北农学院、兰州大学、长春地质学院、华东水利学院参加的黄河中游水土保持综合考察队，开展黄河中游联合考察、规划工作。

1955年农、林、水三部和中国科学院联合召开了全国第一次水土保持会议，后在有水土保持任务的各省成立水土保持委员会，山西、陕西、甘肃三省则成立了水土保持局；1957年召开全国第二次水土保持会议，1958年、1959年，国务院水土保持委员会先后召开第三次全国水土保持会议和黄河流域水土保持工作会议。中央政府领导人参加各次重要会议并讲话。1973年召开黄河中游水土保持会议，1977年召开第二次中游水土保持工作会议。1979年国家科学技术委员会、农林部、水电部召开了黄土高原水土保持、农林牧综合发展科研工作讨论会，黄河水利委员会主持召开了黄河中游地区水土保持科研工作座谈会，研究制定了黄河流域1980～1985年水土保持科研规划。1980年由国家科学技术委员会、国家农业委员会、中国科学院牵头和主持召开了黄土高原水土流失综合治理科学讨论会，全面回顾了水土保持工作、试验和治理方针、理念等重要问题。

1950～1980年，一个由国家牵头、组织、号召，部门、高校、科技界跟进，勘测规划与科学实验紧跟、群众性试点的水保基础性工作迅速有序地开展起来。

不过，在这一历史阶段，水土保持和农业生产的关系，粮食增产与自然生态改造的关系，农林牧相互的关系，水土流失、自然灾害、生产低落三者的关系如何处理，生物措施和工程措施的关系如何，在基层实践中经历了较长的探讨和曲折的过程，各界与部门认识尚不统一。而且这一阶段，输入黄河的泥沙量，从每年的13亿吨猛增至16亿吨（还未计库坝拦住的6亿吨），治理速度怎样，效益究竟如何？在生产部门、业务管理部门和科研部门，都有不同看法，实际上，当时对此并不乐观。农业部长何康的会议发言就集中谈到许多方面问题。❶

1980年的综合治理讨论会，集中反映了成就与问题。代表黄河水利委员会官方认识

---

❶ 中国科学院西北水土保持研究所. 黄土高原水土流失综合治理科学讨论会资料汇编，1980年。

的龚时旸和熊贵枢概括了黄河干支流各个年代的水沙变化,小结为:"可以看到,北洛河、延河、清涧河等支流,20 世纪 70 年代的平均输沙量比往年都有减少,除气候因素外,这些河流上的治理工作(北洛河自 1970 年起坚持引洪淤灌,每年平均引沙 1000 万吨),对减少入黄泥沙也起了作用。"不过该文在最后列举水保措施,谈到工程损坏的问题。主事部门黄河水利委员会水土保持处则提交了"黄河中上游地区建设方针和治理问题的意见",总结了水土保持工作的成绩大致是广泛进行了综合考察、设立研究机构、开展试验与示范推广,总结推广了群众中的先进经验,存在着速度不快、群众生活水平低、片面追求粮食陡坡开荒,以及破坏大于建设现象。

参加会议的地质学者戴英生提交的"从黄河中游的古气候环境探讨黄土高原的水土流失问题",异军突起,绕过社会经济、生产、工程范畴问题,特别强调侵蚀的地质环境背景。

而中科院自然资源综考队的张天曾提交的"从黄土高原水资源特点和毛乌素沙漠的南侵看发展林牧业的重要性",列举了大量考察数据,从现实状况指出毛乌素沙漠南侵的威胁,提倡发展林牧业。在生产方式改变的要害问题上,肯定了历史地理学者的分析结论。

会议最后提交大会的讨论稿"关于彻底治理黄土高原水土流失严重地区的建议"。提出"国家对这个地区应该确定明确的生产方针"和"要给予一个调整时间要在政策上给予保证,在粮食、资金、科技力量等方面给予大力支持"[1] 等。在当年来说,针对水土治理直接提出关乎生产方式的生产方针和粮食问题,是相当准确的了。

到 20 世纪 80 年代,与学界探索并行的政府行政号召与社会基层的行动措施,终于促进与掀起了一场颇具规模的水土保持的社会化运动。笔者据水利、农业、环境部门媒体报道,也采访黄河中游局、陕西水土保持局,在 1990 年编写过一则全国水土保持形势笔记:

20 世纪 80 年代以来,国家投入 26 亿元,地方筹集 25 亿元,每年治理达 3 万平方公里。据称,水土保持治理成果每年可增产 900 亿元,其中经济果木产值占了一半。治理地区已有 1000 万人脱贫。已竣工的重点治理小流域,减沙率在 70% 以上。另据统计,全国已有 825 万农户承包治理 1.56 亿亩,306 万户购买荒山荒坡的使用权 5.67 千万亩,已治理面积达待治面积的 2/3!出现了水土保持、植树造林专业大户。农民累计投入 36 亿元,投工 51 亿个。

当年经专家用水文方法和水土保持方法计算,每年减少黄河泥沙达 3 亿吨左右(当时黄河龙门以上多年实测平均沙量 10.8 亿吨)。宏观上,《中华人民共和国水土保持法》的实施和基层的行动显然是有成效的。

特别指出的是,20 世纪 80 年代市场机制引进,水土保持跳出了单纯保土保水的传统,经营方式也开始产业化。利用陡坡发展林果,据悉陕北白于山建百万亩仁用杏基地,黄河沿岸有了百万亩红枣基地,无定河畔创万亩酥梨基地,渭河出现了万亩苹果花椒基地……

黄河流域 20 世纪 50～80 年代共投入 93.9 亿元,其中 50 年代投入 2.3 亿元,60 年代

---

[1] 中国科学院西北水土保持研究所. 黄土高原水土流失综合治理科学讨论会资料汇编,1980 年。

投入 10.1 亿元，70 年代投入 23.6 亿元，80 年代投入 57.9 亿元；有 70.5 亿元用于基本农田建设，23.4 亿元用于造林种草。这 40 年，群众自筹 75.9 亿元，以劳动日与材料形式付出。国家投资主要是水土保持业务部门事业费 12.17 亿元，包含治理经费和科研费。其他专项经费有如"三北"防护林经费 3.27 亿元，"三西"农业建设经费 2.4 亿元，陕北建委支农经费 5.6 亿元，黄土高原综合治理科技 1284 万元等。黄河水利委员会掌握的水土保持投资每年 0.2 亿元，而黄河中游治理，不包括控制骨干工程，每平方公里需投入 20 万～30 万元，其中由群众负担了 70%。

水土保持经历了由国家组织农民的曲折发展阶段，始料未及的是，到 20 世纪 80 年代，农村土地承包制度出现，市场机制下的水土保持专业户崛起，情况开始发生改变。农民开始以自为的身份投入开发性整治。农村山林坡地所有制的惊人变化，特别是广大农村劳动力脱离家乡土地进入沿海与中西部城市，成为黄土高原生产结构与生产方式变革的基础。

专业户的出现与承包制、"四荒"拍卖相关联。"四荒"泛指荒山、荒坡、荒沟、荒滩（乃至荒沙、荒水）。农民从 20 世纪 70 年代末的耕地承包得到启示，对四荒治理提出更明确、更稳定的权属要求。据媒体介绍，1983 年，山西柳林县龙门垣村农民李马才，用 1750 元买下 15.7 亩荒地使用权，吕梁地区率先推出了拍卖四荒使用权的政策。拍卖与"承包""租佃""股份合作"形式汇合，山区里出现了以市场机制维系的治山治水专业户。黄河中游转让使用权 3.8 万平方公里，参与农户 137 万户，治理投入 9 亿元。全国四荒拍卖资金达 7.9 亿元，山西拍卖 1485 万亩，陕西也达到 747 万亩。土地权属的变化，迅速吸引了资金。这一切都是官员报告和学者论文估计不足的。

笔者因为黄河泥沙问题，也连带关注水保事业形势，开始对此确实也不太乐观。

据悉，陕西自 1992 年以来，拍卖四荒 480 万亩，回收资金 0.6 亿元，农民再投入 1 亿元，已治理 300 万亩，参与购买四荒的农户 20 多万，波及全省 70 多个县（市），2000 多个村。仅延安地区就吸引资金 5000 万元，相当于每年国家扶持延安、榆林两地区的总和。陕西靖边东坑乡巾帼英雄牛玉琴，一家承包荒沙 2 万多亩，丈夫去世后，依然坚持治沙造林十年，茫茫荒漠中，她组织营造出了万亩绿洲。1995 年牛玉琴获联合国拉奥博士奖，1996 年被评为全国十大女杰之一。

以小流域为基本单元综合治理，是 20 世纪 70 年代起国家与地方组织的水保工程的重点，也是 70 年代以来主要的水保治理内容，是组织农民的政府行为。黄河流域的无定河、三川河、皇甫川和定西县，1982 年列入重点治理，总面积 41296 平方公里，其中水土流失面积就有 36094 平方公里，过去区域年均产沙量 3.3 亿吨，占入黄河泥沙的 21%。严重的水土流失是当地农业生产、农民生活水平极其低下的主要原因。80 年代初，区域内人均收入 110 元，人均产粮 266 公斤。所有 240 万人都是重点扶贫对象。1997 年二期工程结束，累计治理小流域 801 条，总面积达 23421 平方公里，共建基本农田 17.87 万公顷，营造水土保持林 55.62 万公顷，经济林果 12.67 万公顷，种草 13.45 万公顷，水土流失得到一定程度的控制，减沙率 1/2～2/3，粮食产量大增，人均产出达到 400 公斤，人均收入超过 780 元。无定河的支流芹河建成灌、草、乔木结合防护体系和坝地、井渠结合的灌排网络，形成沙地绿洲，人均收入突破 1350 元。皇甫川流域的砒沙岩区，农民戏称为"地球上的月球",也以沙棘种植探索出治理的道路。定西县推广雨水集流,解决了全县 21 万民众,28 万头家畜饮水。定西通渭县的什川乡井湾流域,工程治理面积达 75%,林草覆盖率提高到 36%,径流模数从 9000 吨每平方公里降到 747 吨每平方公里,生态环境开始转向良性循环。

原来沙进人退、每年入黄泥沙 3.5 亿吨的榆林地区,沙丘高度平均降低 30%~50%,沙丘每年移动距离从 5~7.7 米降为 1.68 米,入黄沙量也降到 1.9 亿吨,开始实现了人进沙退的历史性转变。

在治理与生态恶化、破坏同时存在的严酷现实中,我们还是看到了希望之光。

户包、租赁、股份合作、拍卖使用权四种责任制,明确"谁治理,谁受益",确立了农民群众在水土治理中主体地位。几十年水土治理的过程,几经求索徘徊,到 20 世纪 80~90 年代发生了根本的变化,从"要我治"变成了"我要治",真正要做黄土地主人的农民,用自己的开发性整治,让世人明白:希望就在这里。

几个让人深思的实例:

延安全市水保措施每年可拦蓄径流 2.5 亿立方米,拦截泥沙 0.9 亿吨,入黄泥沙由 2.85 亿吨减少到 2.2 亿吨,1/3 以上的农户靠水保产业开发脱贫。1996 年农民人均收入达到 1450 元,贫困人口也由 1985 年的 67 万人下降到 23.6 万人。历史上三次南迁的榆林,至 1996 年底治理水土流失面积 2 万平方公里保存造林面积 1996 万亩,修建治沟骨干坝 2 万多座,重点治理区基本做到水不出沟,泥沙不下山。全区林木覆盖率提高到 30.5%,已有 10 万农户 60 多万人,在往日流沙中重建了家园。1996 年全区农民人均收入达到 1041 元。延安与榆林,是原来黄土高原水土流失最严重的地区。上述实例说明,控制水土流失是完全可能的。

这个阶段的黄土高原整治,利用世界银行贷款 1.5 亿美元(国内配套资金 8.6 亿元),世界银行行长沃尔芬森视察整治成果,他站在黄土高原之巅,曾由衷地赞叹"不可思议的世界奇迹"!后来他还说"在许多国家都有过同类项目,能取得这样成就的只有中国"。"20 年后,相信你们会把钱存到世界银行来"。

笔者 1997 年曾到延安、铜川一行,2012 年到宁夏、甘肃、陕西,2013 年到山陕、内蒙古、甘肃一行,亲眼看到黄土高原绿化的风貌和生境的变化,不得不佩服短短 40 年的惊人变革。自己开始存疑的陕西省长程安东"山川秀美"的号召,正在变成现实,不过仍怀疑这一良性趋势能否继续下去。

黄河水利委员会著名的主任王化云,在《我的治河实践》里,概括了 40 年高原整治的典型,且说"从典型中看到了希望"——绥德王茂沟治沟、庆阳南校河沟沟壑治理、安塞王家沟、定西官兴岔、右玉的造林、榆林的治沙等。王化云在肯定典型治理成绩同时,也指出"水土保持是有效的也是长期的——这里自然条件差,生产水平低,群众底子薄。也必然影响治理的速度;由于是群众性的水土保持工作,工程标准不可能很高,质量也不一致,在暴雨情况下难免破坏一些;从治理到显著生效,还需要一个较长的过程。另一方面,造成水土流失的自然因素也十分复杂。据最近一些专家的研究,由于自然力破坏的因素,如滑坡、崩塌等重力侵蚀而造成的入黄泥沙每年约 10 亿吨,这是人力难以完全治理的。因此,我们说黄土高原的治理必然是长期的,没有几代人坚持不懈的努力是不可能取得显著效益的。"❶ 这位优秀的老主任，对于工程与生物措施的作用，对于人力制止土壤侵蚀的效果，说话还是很谨慎的。

1999 年开始大规模退耕封禁，陕西省延安市退耕封禁、内蒙古鄂尔多斯市禁牧行政执行力度大，植被自然修复效果显著。2001 年以后，中国工业化、城镇化提速，西北地区农村劳动力向城镇显著转移，社会经济结构改变，可能是水土流失减少持续稳定的重要原因。过去是越垦越穷，越穷越垦，恶性循环，现在应该说山陕峡谷河口镇至龙门区间和北洛河上中游植被是"整体良好，局部好转"。有关专家称"人、羊不上山"是恢复植被最好的措施。从这个意义来说，谭其骧早年论断的环境史现象与问题，当代以产业结构变化再现，几乎成为最新最广泛，和最有效的水土保持措施。社会化实践在某种意义上实证了学界深邃远见。

而这个社会化的治理活动还在持续下去，到 21 世纪，大量的业务部门的统计公诸于世：

黄河潼关站年平均输沙量变化：1977～1999 年，年均 8.06 亿吨。其中，最大 1977 年为 22.1 亿吨，最小 1987 年为 3.34 亿吨。2000～2019 年，年均 2.45 亿吨，其间 2000～2007 年，年均 3.6 亿吨，其最大 2003 年为 6.18 亿吨、最小 2007 年为 2.46 亿吨；2008～2019 年，年均 1.68 亿吨。其最大 2018 年为 3.73 亿吨，最小 2015 年为 0.55 亿吨。1960 年以前黄河输沙大体上可以看作是侵蚀的产沙量。黄河侵蚀来沙的剧减，人们不得不问——是多年水土保持工作的成效吗？

撇开自然界大环境变化，黄河泥沙锐减是中国经济社会转型中的一个始料不足的结果。

黄土高原 64 万平方公里，其中水土流失面积 45 万平方公里。主要来沙区约 25 万平方公里，其中多沙粗沙区 7.86 万平方公里。陕西农业大学校长吴普特说，1999 年黄土高原植被覆盖度 31.6%，2019 年，达到 63.6%。陕西人说绿色在黄土地上向北推进了 400 平方公里。

山西陕西峡谷河龙区间，这里产生黄河输沙量近三分之二，也是多沙粗沙区的主体部分。根据有关分析，河龙区间约 11 万平方公里中的易侵蚀面积（坡度大于 7°且不包括石山区 78326 平方公里）林草植被盖度（植被垂直投影百分比）在黄土丘陵区 1978 年、1998 年、2013 年分别是 34.5%、38.7%、67.7%，在西北部风沙区 1978 年、1998 年、2013 年分别是 17.3%、27.5%、41.6%。年降雨 500 毫米以下地区植被盖度相当于灌草盖度（大体相当于延安市安塞以北的地方）。植被盖度最好的是河龙区间南部如延河 2013 年为 71.5%，还有晋西北偏关河 85%。河龙区间中部的黄土丘陵区相对差一些，如佳芦河为 56.4% 和无定河支流大理河为 59.3%。其他区域植被盖度好的地方是北洛河上游吴起县 1978 年、1998 年、2013 年分别是 28.6%、36.1%、64.9%。

世纪转折的 2000 年前后，似乎是高原的生态拐点，2000 年以来，初步实现了黄土高原退耕封禁和坡地改梯田，随着劳动方式、产业结构的大幅度变化，坡面植被面积和坡改梯面积大幅度增加。1985 年黄河流域坡耕地大约 1.1 亿亩。2012 年第二次土地补充调查

---

❶ 王化云. 我的治河实践. 郑州：河南科学技术出版社，1989 年。

黄河流域坡耕地 0.68 亿亩。与 20 世纪 60 年代以前的下垫面年均输沙量 16 亿吨相比，2008～2019 年年均林草植被减沙量约 8 亿吨，梯田减沙量约 4 亿吨，坝库拦沙量可能不足 2 亿吨，这个统计大数决定了近期黄河侵蚀来沙的趋势。

黄河流域大规模的水土整治，获得了巨大成果。

这些说明了前述的历史地理与水利学科过去对于黄河中游侵蚀产沙问题、治理的科学探索，是符合客观实际的，遵循科学治理的方向，黄河中下游面貌正在发生历史巨变。也说明了事在人为，人类破坏与重构人地生态环境的冲击力度，都是不可低估的，生产方式与生物干预的效果，并非如一些片面强调工程治理观点认为的那么软弱无力。多年来水利界不少人不承认凭借生物手段治理水土的效能，只是崇尚水利工程的作用。

在 20 世纪 80 年代，徐海亮参加中国水利水电科学研究院姚汉源、黄河水利委员会徐福龄奠定的水利史、黄河史探索研究，参加了黄河水利委员会组织的豫北黄河故道考察和武汉水利电力学院硕士研究生西汉黄河研究的硕士论文指导，参加了 80～90 年代中国水利学会水利史研究会组织的系列学术活动，接触到了全国水利业务和史志部门同人，在众多老师的指教和帮助下，科技、人文历史与现实理工学科的知识面及分析思路渐渐拓宽。从起步黄河历史、黄河水沙、下游河道堆积与迁徙演变的探讨，特别是参加了复旦大学历史地理所与中科院地理研究所领衔组织的国家社会科学基金与自然科学基金的黄河研究重大项目活动，笔者对黄河、泥沙问题的认识联系实际治河工程，得到梳理、提升、归纳的"以今鉴古"机会。

笔者身在水利界，开始从现代科学的视角反观历史，用现代河流泥沙科学概念，去思量、理解古文献叙述的黄河历史水沙问题究竟是说什么。技术科学史需要读懂古文献，受老先生们影响，从工程水利实际需要去读懂古文献，学习古汉语、古河工术语，发展到用近现代理工思维，意会古文献揭示的黄河真谛，这是有一个过程，也有相当难度的，要进入文理思维融合的自由境界。这个过程，可能是笔者投身历史地理学科、河流泥沙学科，以及基础性的水利史、环境史、灾害史学科实际问题（非形式的学科名称概念游戏）的极好机会，通过学校生活（及与高校的合作），进一步从理论层面认识黄河变迁史，而非泛泛记住一些河溢河决的案例，罗列一些灾害数量，进入计量的史学和思辨的史学。在 20 年治学实践中，笔者聆听了国内有关学科学术泰斗、大师的教诲，接触了当时水利界、地理界、黄河治理战线和有关科研院所、高校、管理部门中涉及黄河问题的杰出群体，这不能不是个人学术人生中最有意义的一段了。同时，在浩瀚黄河的历史领域，寻觅能与现实黄河问题真正对接的东西，解释现实的黄河来沙和堆积，也不能不是人生的一种乐趣了。

20 世纪 90 年代以来新的观测数据和统计分析，突破了人们固有的黄河历史的认识，突破了 80～90 年代的分析和讨论认识，似乎"黄河清、圣人出"啦?! 使我们不得不重新思考过去对黄河环境、泥沙与下游河患的探索与认识。黄河水沙的新变化，特别是年泥沙量下降和影响它的综合因素，再次引发了学界对于古今泥沙变化的回顾与讨论。

四、区域灾害环境与水利

与社会环节关联的结构性干旱[*]

——近 10 年来我国干旱灾害趋势及其灾害链

摘　要： 进入 21 世纪，农业干旱趋势依然严峻，北方干旱持续，南方干旱发展。

我们研究灾害关联，往往只谈自然的"天时、地利"，忽视人文大系统，即"天时、地利、人和"中的"人和"。本文提出科学分析自然灾害的双重属性，强调研究社会系统及社会/自然因素两者的深层关系，正确评估自然/社会因子的权重和联系，科学处理自然——自然与人文交叉的灾害链关系。从中国农田水利滑坡危机，对投入机制、农业税费改革、劳力流失、管理废弛、土地制度变更、农田基本技术诸多环节的单向—联锁变化对农水事业系列不利冲击，简析其引发的结构性干旱特征。针对近 30 年出现的新情况新问题，要求加强研究，完善政策补偿机制，建立中国式的干旱防御安全保障体系。

关键词： 社会系统　结构性干旱　灾害链　安全保障体系

一、农业干旱趋势加剧

1950~1990 年的 41 年间，中国有 11 年发生了特大干旱，发生频次为 27％。1991~2010 年，中国有 9 年发生了重大干旱，发生频次为 45％。2005 年至今，虽然成灾面积有所下降，但区域性跨年跨季的干旱，特别是南方连年的大旱，在经济超前发展的大环境下，对人们日常生活、生产，对国民经济、社会心理、社会稳定都造成巨大冲击。值得注意的是：20 世纪以来，干旱灾害的成灾率，除 2004 年、2009 年之外，均在 50％~67％间徘徊，高于 1950~2010 年平均水平的 44％（见表 1）。

2011 年中央水利工作会议对水利形势作出了"四个仍然是""三个越来越"的深刻分析，指出：洪涝灾害频繁仍然是中华民族的心腹大患，水资源供需矛盾突出仍然是可持续发展的主要瓶颈，农田水利建设滞后仍然是影响农业稳定发展和国家粮食安全的重大制约，水利设施薄弱仍然是国家基础设施的明显短板。随着气候变化和工业化、城镇化发展，我国水利形势更趋严峻，增强防灾减灾能力要求越来越迫切，强化水资源节约保护工作越来越繁重，加快扭转农业主要"靠天吃饭"局面任务越来越艰巨。

表 1　　　　　　　　　　　　21 世纪来全国干旱灾害情况简表

年份	受灾面积/千公顷	成灾面积/千公顷	成灾率/％	灾害范围及情况
2000	40540.67	26783.33	60.00	东北西部、华北大部、西北东部、黄淮及长江中下游地区旱情特别严重
2001	38480.00	23702.00	61.58	华北、东北、西北、黄淮春夏旱，长江上游冬春旱，中下游晴热高温、夏旱，东部秋旱

* 本文系提交中国地球物理学会天灾预测专业委员会 2011 年灾害链专题研讨会论文。

年份	受灾面积/千公顷	成灾面积/千公顷	成灾率/%	灾害范围及情况
2002	22207.30	13247.33	59.60	华北、黄淮、东北西、南部、华北、西北东南部及四川、广东东部、福建南部连续4年重旱
2003	24852.00	14470.00	58.20	江南、华南、西南伏秋连旱,湘赣浙闽粤秋冬旱
2004	17255.33	7950.67	46.00	华南和长江中下游大范围秋旱,广东、广西、湖南、江西西部、海南、江苏、安徽降雨量为中华人民共和国成立以来同期最小值,华南部分地区秋冬春连旱
2005	16028.00	8479.33	52.90	宁夏、内蒙古、山西、陕西春夏秋连旱,广东、广西、海南发生严重秋旱,云南初春旱
2006	20738.00	13411.33	64.60	四川、重庆伏旱,重庆极端高温,长江中下游夏旱,广东、广西秋冬旱
2007	29386.00	16170.00	55.00	内蒙古东部、华北、江南大部、华南西部、西南的东南部夏旱,华南湖南、江西、福建、广东、广西秋冬旱
2008	12136.80	6797.52	56.00	江南、华南北部、东北旱,云南连旱
2009	29258.80	13197.10	45.10	华北、黄淮、西北东部、江淮春旱
2010	13258.61	8986.47	67.77	云南、广西、贵州、重庆秋冬春大旱,华北、东北秋旱

从表1中可以看出,干旱发生的频率和影响范围扩大。据1950~2010年的资料,我国旱灾发生的频率和强度,以及受灾人数和财产损失程度均有增长的趋势。近30年来,尤其是2000年以来,中国北方地区旱灾持续,南方多雨地区季节性干旱也日趋严重,干旱呈现从北向南、从西向东扩展的趋势。因区域降水变率加大,气温和地温升高,社会经济迅猛发展,水资源供需处于紧平衡状态,全国水资源总量下降,北方地下水浅层水位与储存量持续下降,加剧了农业干旱。尽管10多年来农业用水量略有下降,但工业和生活用水量持续上升,况且农业用水下降并不意味着农业干旱减轻。水安全问题始终存在,也是当头的安全危机的大问题。

2011年春夏长江中下游再发生大旱。显然,在华北干旱基本趋势尚未缓解的前提下,中国南方干旱趋势加重,东北粮仓也屡受威胁。这是研究灾害背景和国家粮食安全,都不得不认真对待的严峻事实。不过,这些年发生的异常干旱,多是发生在冬半年,或者前后两季连及伏旱,与夏季旱涝区域并非同一,各自的灾害天气物理场有所关联,但又有所区别。冬半年的异常干旱,也影响了夏粮作物越冬,甚至影响初夏底墒与旱涝发展趋势。

最近10年旱情说明,最重要的基础设施——农田水利,尚未起到确切保证粮食安全的作用。水利部在21世纪初调查:13个粮食主产省的350处大中型灌区,有80%的支渠、85%的斗渠和94.6%的农渠仍旧为土渠,有效灌溉率很低;许多灌区部分农田因多种因素制约不能及时灌溉，或差"最后一公里"无法灌到田间，有的灌区灌一次水需要近1个月。我国有三分之一的灌区水的利用率不足 35％，有三分之一的灌溉面积为中低产田。原因之一就是农田水利工程状况不好，原有灌溉体制适应不了农村生产关系、土地使用模式的急遽变化，土地分管，灌溉也就难办。历年欠账较多，主灌区骨干建筑物完好率不足 40％，配套率不足 70％，全国有效灌溉面积仅占耕地总面积的 43％。但是，仅仅"十五"期间年均减少有效灌溉面积 311 万亩，相当于每年报销 10 个 30 万亩的大型灌区。部分学者总是试图诱导政府，违反社会经济发展的规律，盲目推动所谓的"城市化"，扭曲"现代化"，也使排涝与防旱的设施，一直在付出昂贵的代价。原有的中小型灌溉工程，处于老化、失修、损毁、废滞的危险状态，效益低下。近 10 年旱涝灾害凸显的问题，不仅是自然系统发生振荡，关键是面上抗旱除涝能力急剧下降，媒体一再披露许多灌渠、排水渠道：30 年没有使用，30 年没有人来疏浚、修治；这是最基本的事实。盲目的非理性的投资及其反馈——所谓 GDP 无序无度高涨，另外，农业水旱灾害急剧高发，水利防灾减灾事业的窘迫情况与飞跃的 GDP 经济、城市化极不相应。

二、与水旱关联的社会某些环节的变化

从 20 世纪 80 年代起，农田水利投入机制、基本建设形势、管理制度和土地利用结构、水土关系和农村劳动模式发生一系列重大变化，大致表现在[1]：

（1）财经政策因素。国家基本建设中农业水利的投入比例，"六五"以前时期为 6％～7％，"六五"以来急剧下降，"七五"期间下降到 1.8％，"八五""九五"期间甚至下降到 1％；财政水利投入占财政总支出由 5.7％下降到 2.7％。农田水利的建设高潮已成为过去，维护、配套与更新发展资金极其短缺。中央水利投入，多用在大江大河枢纽工程和防洪工程上，地方财政在"分灶吃饭"和"转移支付"后，很难去投入公益性的水利事业，即便投入，也不投在农田水利而多在城市供水和景观水利上。

财政分灶吃饭、转移支付，但地方几乎难与中央政策性号召配合，来发挥对公益事业（而非政绩工程）的积极性。地方配套水利资金即使到位，也要挤占其他水利资金。建国初期发动农民群众建设水利，近 30 年弃却了水利建设的群众路线，国家投入农田水利，缺失了地方和农民群众占大头的劳力、物质投入。巨额缺口如何填补？最近几个五年计划，财政农业支出用于支持水利比重不高；"八五""九五"期间，农业基本建设投资中用于水利的比重为 63％，但绝大部分直接用于防洪、抗旱应急，农田基础建设甚微。尽管 1998～2001 年中央国债资金投入 5100 亿元，但用于农业基础设施建设仅占 1.1％。

财政税务改革，财政上移同时却没有对农田水利投入责任相应调整，农水、建管经费都由各级地方承担，中央与地方事权和财权显然错位，出现"国家靠地方，地方靠农民，农民靠国家"三靠——三靠不住的奇怪景象。尽管在 2000 年以后，意识到"两工"取消

---

[1] 这里第（1）条参阅财政部农业司、水利部财经司、水利部发展研究中心报告《财政支持农业综合生产能力建设问题研究》，载《水利政策研究论文选编（2000～2010 年）》. 北京：中国水利水电出版社，2010 年。第（2）～第（4）条参阅敬正书主编的《2005 中国水利发展报告》，中国水利水电出版社，2005 年。

的后遗症，中央财政开始有意倾斜，设立小农水补助资金，但与实际需要差距太大，如2005年安排3亿元，不足当年财政支出的万分之一，2009年安排45亿元，仅占当年预算支出的0.59%。目前中央、地方财政和其他各种渠道每年投入小农水资金总额不足100亿元，农水基本建设资金不足900亿元，而每年仅常规性农田水利劳动工日一项的投入（按"六五"前的需要，目前的工价计），则减少了3000亿～5000亿元，我们的投入还弥补不了劳动工日的缺欠。改革至今，小型农水资金究竟该谁出的问题，始终没有解决。

（2）农民利益和农民心理因素。农业的比较效益越来越低，农业收入占农民总收入的比重越来越小，间接甚至直接影响到群众对农业水利的积极性和农田水利的投入。

30年来，我国粮食生产税后净收益发生变化，1980～1995年为增长阶段，全国主要粮食每亩平均税后净收益分别为154元到374元不等，到2000年，早稻、小麦的净收益为负值，农民种植粮食基本无利可图。1995～2001年，农户的农业收入从占66.3%，下降到38.9%，其中现金收入从占纯收入的30%下降到15.8%。21世纪初，我国粮食产量连续下滑，2005年缺口275亿斤，2006年缺口211亿斤。农田水利的退坡，农民利益驱动和心理大退坡。

据农业部门调查，20世纪80年代初，农业收入占农民家庭总收入的50%以上，2007年已经降到22%左右，而种植业收入仅占农业收入的30%，农民实际上从种植业得到的收入不足家庭总收入的10%，农民凭什么种植粮食、干水利呢？目前，调查统计说明灌溉亩均增益300元左右，却抵不上农民工一周的收入，无奈之下，广大的农民还是选择了"靠天吃饭"，选择了外出打工，田间工程竞相废弃。在某种意义上，近年干旱情势发展，与其说是气象干旱激增了，不如说是30年"靠天吃饭"心理的激化与物化，是传统防灾理念的整体倒退。

我们以农立国数千年，政府导向和农民的真诚付出，是农业生产和传统农业水利最根本的保证。倘若政府政策导向、政策补偿机制和农民群众的利益、信心，都在急功近利的"城市化"大潮中被动摇和丧失掉，那么水旱频仍将是必然的。如果说我们决心彻底抛弃传统国情与传统农业模式，仿效后工业时代的水利模式，也得看看西方成熟的市场经济水利模式——是否能够被东方国度全盘引进消化，是否能完全做到第二产业、第三产业反哺农业和水利？东方的减灾传统和灾害防御模式，能否适应这根本变化？

（3）农业税费改革在21世纪初全面推开，取消劳动积累工和义务工的政策早已到位。

针对20世纪80年代分田到户后农田水利滑坡情况，国务院1989年出台《关于加强农田水利基本建设的决定》，自1991～2000年开始农村税费改革，全国平均每年投入农田水利基本建设的"两工"工日达70多亿个，是农田水利基本建设投入的主要来源。2000年以后开始税费改革试点，到2004年，部分省市"两工"已经取消，最晚到2006年也已全部取消。

所以，中国灾害防御协会专家高建国，最近说出了不少人不一定算清楚和便于公开说的话 ❶："一个义务工10块钱，这是最起码的。100亿个劳动日，一年就等于少投入1000亿个劳动日。如果按照一个义务工20块钱（也是很少的，引者按：大约应为30～70元，

---

❶ 参阅高建国撰写的《四万亿投入不多》，刊载于网络电子刊物《中国灾害史简讯》，2011年第69期。

本文计为 50 元），一年就等于少投入 2000 亿个劳动日。持续 10 年左右，就少投入 20000 亿个劳动日。……实际情况是，1989 年民政部公布全国灾害损失数字是 525 亿元，而 2010 年全国因灾直接经济损失 5339.9 亿元，扣除物价因素，也是 1989 年损失的 5.06 倍。这不显示出取消农村义务工的害处了吗？"

"4 万亿为什么不多呢？2 万亿是还债，欠 10 年的农村义务工的账。2 万亿是修复当年应水旱灾害对农村基础设施的破坏。"

（4）农业机械化程度日益提高，农村劳力大量外出，水利建设从劳动力需求转变成资金需求，除仅有的一些十分尴尬的"一事一议"外，基层农田基本建设居然出现"不可议""不可为"局面。另方面，水利建设与管理的脱节，重建轻管，管理资金不足，基层管理部门举步维艰，导致防洪、灌溉工程管理窘迫，工程失修。

过去，农村劳动力资源相对丰富，水利建设资金缺乏，传统的水利建设很好地利用了这个特点。但是随着经济与技术的进步、农村劳动力向城市转移的重大变化，过去用投劳可以解决的问题，必须用现金才能解决，无疑增加了建设的成本，也影响了决策者的投资决心。农田水利的公益性特征与市场经济形势难以和谐，在农村倡导推行的所谓"一事一议"，在农水问题上难以进行，听说，甚至因避免人为冲突、维护社会稳定，个别地方政府禁止了"一事一议"！历来农村就存在的村民水利合作，竟成为一种难能的举动，最擅长组织动员农民的共产党干部，今天组织基层水利合作困难重重，这些，自然削减了抗灾减灾的成效。农村劳力进城是社会进步的必然趋势，那今后水利怎么办？

这些基本变化，确实给今后农田水利制度变革深化和农水基础建设，增加了难度。

（5）农业水利兴旺衰败，它的抗灾能力起伏变化，必然地与土地制度、利用模式相关联，土地关系振荡、个体经营和青壮劳力离乡，大大减弱了应对自然灾害能力。❶

除了政治军事因素和直接受自然环境的毁灭性震荡威胁，综观与回顾秦汉以来历朝历代的水利历史、水事兴废，几乎无一不是和土地资源所有形式、利用模式、制度规模相关。世界现代化过程中的水困惑及问题，许多也来自水——土关系的资源协调。马克思在《资本论》里曾经谈到，我们讲到水的时候，往往是与土地联系在一起的。他这里或许仅从市场和生产资料所有权角度在说事。实际上，从社会/自然系统来看，人与水，水与土地，人与土地三者关系处置，往往是灾害链接与化解灾害链的关键。马克思在表述他研究中世纪以来的欧洲历史时，曾经多次说过土地制度是解读这个阶级斗争社会发展的钥匙。从水利史角度看，历朝历代土地制度的变动震荡，也许是解读中国水利兴衰的一把钥匙。中国历史上和近 60 年来，土地制度、政策的每次变动，都关联或间接影响、促进（或促退）过中国人与水的关系、人与水旱灾害的关系，间接影响水圈不同程度振荡。

通观中国水利的 4000 年历史，笔者认为绝大多数水事兴衰，都与水土资源的开发模式相关，与特定的土地制度的变革、停滞、崩溃相连，"水"与"土地"的消长、结构性振荡，农业劳力的取向，都导致水利、洪涝关系的震荡。仅从劳力投入看，20 世纪 80 年

---

❶　部分数据与分析文字参阅财政部农业司、水利部财经司、水利部发展研究中心撰写的《财政支持农业综合生产能力建设问题研究》，王冠军等撰写的《新时期我国农田水利存在的问题及发展对策》，均刊载于《水利政策研究论文选编（2000～2010 年）》（中国水利水电出版社，2010 年）；部分数据参阅徐海亮撰写的《"三五"至"五五"期间水利建设效益》，辑入《从黄河到珠江》（中国水利水电出版社，2007 年）。

代初直接从事农业生产的农村劳动力比例在 90％ 以上，到 2008 年，这个比例下降到 55％，还以所谓 "38-61-99 部队" 为主。他们多为妇孺老弱，大概已经没有多大体力从事农田水利建设了。

由于自然灾害自身规律、社会减灾抗灾组织机能和水利体系减灾抗灾能力的提高和衰减，全国水旱灾害的成灾率变化呈现一定规律，这是社会综合抗灾能力的重要标志。

从灾害与减灾史角度看，出现这种情况不是偶然的。原水利部长钱正英曾回忆过这一过程。在 20 世纪 70 年代，我国防止水旱灾害的能力大大加强，也结束了南粮北运的局面——隋唐以来所谓粮赋仰给江南的局面。这对于调整南北经济结构，提高人民生活，提高整体国力，促进南北产业结构调整和工业现代化，都有深远的意义。但到 20 世纪 80 年代初期，水利落入低潮，有人认为前一期间的水利建设是 "极左" 的产物。在国民经济调整时，水利再次被迫下马，资金再次被大大削减，中央下拨地方的农田水利资金很多被挪用。过去水利基建大幅度投入好景不再。

调查认为，家庭联产承包责任制的 "土地经营模式与农田水利工程集体受益的特性形成矛盾"，"因此导致了建国后农田水利第一次大滑坡"。21 世纪税费改革，"'两工'取消后，这一矛盾再次显现出来"；● 农田水利再滑坡。改革和发展忽略了政策配套，也忽略了体改有其双刃性，在推进经济改革之时，往往轻视了传统，甚至砍掉了合理的传统。

（6）其他技术层面的新问题。近 30 年，交通网络发展，城市迅猛扩展，高档消费用地无度增长，新兴产业用地激增，使得农用土地大量流失，1978～1996 年，全国耕地年均减少 420 万亩；1996～2003 年，年均减少 1200 万亩，随城镇化的增幅加快，这一耕地剧减势头不止，尽管力保 18 亿亩耕地红线，也予耕地总额补偿性维持，但总的来说，新开发的土地，灌溉、排水环境与条件比传统耕地和占用的有效灌溉农地要差，甚至要差得多；耕地质量下降很快，目前低产农田面积占农田总面积的 40％ 左右；而补偿、替补的土地（特别丘陵、荒地），谁去配套水利设施？水利系统与设施来不及得到应有的补偿，抗御水旱灾害能力总体下降。农村灌溉废弛的同时，还有个耕作方式问题。

民间学者孟凡贵写过《制度性干旱》在网上热传，他通过实验与分析，提出经营方式的变更致水资源浪费的严峻问题：

从 "精耕细作" "保水耕作" 到只管种、浇、收的 "懒汉耕作"，会损失多少水源？笔者进行了田间实验。放弃 "松土保墒" 可加大 "1/2 的棵间土壤蒸发"，或者 "1/4 的田间总腾发"。证实了民间 "锄三省一" 的说法；锄三遍可少浇一水。

"黄淮海流域" 现有耕地面积 7.0 亿亩（另一资料为 5.85 亿亩）；年均降水 566 毫米；灌溉面积 3.46 亿亩，2005 年的灌溉用水为 915 亿立方米；7 亿亩农田包括降水和灌溉用水在内的总 "受水" 为 3556 亿立方米。

因放弃 "松土保墒" 加大的田间腾发总量每年为：3556 亿立方米×1/4＝890 亿立方米；接近于 1 条黄河再加 2 条海河的天然水量；相当于 10 条 "南水北调" 中线一期工程！

● 王冠军，等. 新时期我国农田水利存在的问题及发展对策//水利政策研究论文选编（2000～2010 年）. 北京：中国水利水电出版社，2010 年。

他还认为：个体承包后，农业转变为"经营"。

所以农民宁愿买电买水浇地，而不愿费力费钱锄地。对好天气和灌溉的期望值提高。到 2010 年，雇用农村劳力价格已经达到 30～70 元每日，电价大致抬升 4～6 倍，水价上升不太大。相比之下，大家可能还是选择浇地抗旱，而放弃雇人锄地保墒。而且农业和水利科技尽管提供了许多有成效的抗旱技术，实施还得耗费相当的人力，与锄地同样人工费用昂贵，不得不弃而求较为廉价的浇水。具体计算数字准确与否姑且不谈，我比较赞成这种关联性的定性分析。由于生态型的传统精细耕作被粗放耕作取代，靠粗放灌溉代替科技投入，我们丧失了巨额的灌溉水资源，也在心理上和统计上相应加剧了干旱灾情。

这种因社会活动处置不妥引发和放大、扩大的干旱生态灾害，笔者称作"结构性干旱"，这里仅提到宏观结构中技术子系统灌溉、耕作方式的失误，干旱被人为放大，实际上在水利、肥料、土壤、种子、植保、耕作诸多方面，如果不能固守生态农业的底线，盲目追风"现代化"，都或多或少地在农业和水利上打破原有的生态平衡，造成衍生的生态灾害，也加强了旱灾后果。

综上所述，在气候变化、气象干旱出现异常的情况下，系统的某些环节确实发生了对减轻干旱灾害十分不利的振荡，它们与自然系统诸多不利因素叠加或发生共振，灾害就可能复制、延伸、串联激发与放大。我们正面临社会经济的全面转型、社会价值与心理的全面转型，在社会经济体制重大变革、新兴产业勃起时，不应忽视经济与意识转换的阵痛或结构性长痛，具体在农水事业上，不能忽略整个农业、水利政策的深度调整，业已出现农业水利退坡，即是严重忽视了中国国情与经济、文化传统，忽略了防旱减灾各相关环节的政策补充与调整。社会发展、改革创新是永恒的，但是在体制改革中，必须清醒计算它的制度成本、社会成本、环境成本，权衡利弊。

我国的干旱防御安全保障体系是一个非常庞大的宏观结构，大致包含干旱监测和应急管理体系（中央和省市级）、灌溉工程体系（从灌区到田间工程）、农业水利科技措施、国土管理土地开发体系、农业水利资金投入与政策保证体系、防灾法规与管理体系、社会动员与响应体系、科学研究与灾害人文（如灾害经济学、灾害心理学、灾害社会学）教育体系，缺一不可。

干旱与沙化等环境灾害对西北农业垦殖的影响[*]
——以历史气候振荡与宁夏引黄灌溉兴衰为例

历史上宁夏引黄灌溉在西北干旱半干旱地区成功营造了沿黄带状人工绿洲，形成人类干预与再造的复合生态系统。基于宁夏气象灾害史志资料、文献记录和大西北诸省区冰川、黄土、湖泊、沙漠、植被演化的研究，认为中国的冷暖、干湿气候变化，决定性地影响宁夏及周边区域自然环境演化振荡，驱动宁夏气候变化，导致灌区环境剧烈震荡，水旱、风沙频仍，降雨与河川径流不均衡性加剧，土地沙化扩展，加上人类不合理的开发和社会动乱，直接和间接地冲击了灌溉事业，水利兴盛衰落起伏变化。灾害、灾荒记录不绝于历史文献，与宁夏引黄灌溉水利史紧密相联的是一部自然灾害史、人类抗衡灾害的斗争史。

一、西北东部和宁夏气候与灾害环境振荡概况

区域性环境灾害是宏观自然环境的产物。宁夏垦区地处荒漠化的西北边陲，高寒干燥，腾格里、乌兰布和与库布奇、毛乌素沙漠环绕西、北、东周围，实属大漠腹地的一线沿黄绿洲，其局地气候和环境，受中国气候演化大环境的影响与制约。紧贴宁东的毛乌素沙地演化研究表明，秦汉时该区农业开发向沙地西北深入最远，南北朝流沙发展，唐、宋时期农区已渐次退缩，明代遗址退居到沙漠东南边缘。宁夏西侧比邻的腾格里沙漠地区，汉代曾开发了额济纳河的居延垦区，但西夏、元时期恢复的垦区已向额济纳河中上游退缩，沙漠南下。综合西北诸省区冰川冻土、黄土、湖泊、沙漠、植被演化的研究，中国的冷暖、干湿气候变化，均深刻地决定性地影响宁夏周边自然环境振荡，影响了本区农业气候和生态环境（如中卫南山剖面的亚砂土堆积研究，标示了腾格里沙漠扩展趋势，银川平原生态与其相呼应）。秦汉暖湿期，毛乌素沙漠等一度大面积固定，隋唐五代的暖湿期一度也以沙漠的逆过程为主。但在东汉~南北朝、宋金、明清寒冷期，沙漠多为发育正过程。中国黄土堆积/侵蚀加剧、沙尘暴和雨土加剧、沙漠南进、荒漠化发展，基本发生在气候干燥、寒冷时期，这恰是黄河中游环境振荡、下游河道水沙变化、河道变徙加剧时期。无可否认的是，历史上三次重大的灌溉农垦发展（乃至短期的灌溉复兴），均在气候相对暖湿时期（农业生态的"适宜期"），而灌溉衰败、沙化荒漠化发展、农耕退缩，多发生在气候相对冷干时期（"非适宜期"）。西汉末到南北朝时，宁夏北部灌区（宁夏与内蒙古交界）、卫宁地区黄河沿岸，已有沙漠化现象；北宋、西夏时期，气候凉干，沙地扩展；明清小冰期则是土地沙化大规模扩展时期。气候振荡是西北寒旱地区与中国农牧交错带荒漠进退的首要环境背景；而宁夏周边沙漠发展推进退缩——往往决定性影响宁夏的生境，

---

[*] 本文系 2013 年第 9 届灾害史年会论文。

考虑半干旱地区沙化荒漠化问题，自然驱动背景因素也更显重要。

宁夏处于生态极其脆弱的西北干旱半干旱区的东部，同时也处于中国中东部地区的西侧，其历史气候与灾害环境的变化与中东部大致一致（或变化时间相差两三个年代际），从中东部总体气候演变化和西北区域性气候演变中，宁夏均得到有益的参照和启示。

根据山地冰川进退、古土壤发育等自然证据和历史文献记录的物候、气候变异，葛全胜概化了中国中东部气候冷暖变化分期 ❶：①西汉时期宁夏开创引黄灌溉，时值公元前350～公元1年的秦汉暖期，文献记录约为公元前240～前30年，其间有过公元前150～前90年的冷事件。②公元1～550年，是西汉末到南北朝西魏的冷期，文献记录为公元前20年～公元530年，其间有过公元150年、450年前后的暖事件（文献记录在东汉早中期、三国魏时），总的看灌溉农垦起伏发展，不如西汉。③公元550～800年，进入北齐至隋唐（初）的暖期，灌溉农垦大举拓展，获得"塞上江南"美称；其间有过720～740年代的冷事件。④800～1000年代，是唐末至北宋初的冷期，其间也有过文献记录的840～860年代暖事件。⑤1000～1300年代的暖期，宁夏处于宋、西夏、辽、金、元时期的对峙拉锯战乱中，而西夏和元代早中期推进了引黄农垦灌溉，尽管曾历经北宋中、南宋初的两个冷事件。⑥1300～1900年代冷期，元末肇始的降温——明清时期小冰期蕴含其中，按文献记录，有过1380～1400年代、1500～1550年代、1710～1760年代的冷期暖事件，恰好历经明初、康雍乾三朝宁夏引黄灌溉大发展时期。⑦1900年以来，是一个至今尚未结束的温暖期，尽管曾有过1950～1970年代的冷事件，但总的看是一个气候适宜期，中华人民共和国成立宁夏的引黄灌溉事业获得空前的发展。

历史气温变化，大致相当于在现代多年平均值上下1～2℃振动，对这个振荡幅度，西北干旱地区更为敏感些，足以直接影响农牧界线南北进退、农垦灌溉的盛衰、农地垦殖与沙化、荒废的正逆向变化。本文将以一定的篇幅概述气温变化折射出的灾害与环境变动。

除了中东部宏观气候冷暖变化总趋势外，比邻的内蒙古居延海湖泊沉积不仅记录了内蒙古西部、河西地区干湿冷暖（乃至人文、垦殖影响），也显示出可供宁夏区域历史气候变化的重要参考 ❷：大致在公元前280～前90年，属暖干时期，湖泊萎缩；公元前90～公元80年，属冷湿时期，湖泊扩张；80～510年，气候凉偏干，湖泊盐度较高；510～1090年，暖干与冷湿交替，盐度趋降；1090～1300年，属暖湿时期，盐度趋降；1300～1840年，属冷湿时期，盐度降低，湖泊扩张；1840年以来，呈暖干变化，湖泊萎缩。这是一个完整的序列。腾格里沙漠青土湖志云村剖面的分析显示，4世纪、5世纪也有过百年尺度上的气候回暖、降水增多事件；1370～1070a BP为气候暖湿期；1070a BP以来气候干冷（王乃昂等，1999a，1999b）。

关中地区历史气候变化也是一个接近宁夏可供参考的序列 ❸：西汉后期至北朝，凉干气候；隋和唐前期、中期为暖润气候；唐后期至北宋时期为凉干气候；金前期温干气候

❶ 葛全胜. 中国历朝气候变化. 北京：科学出版社，2011年。

❷ 张振克，等. 近2600年来内蒙古居延海湖泊沉积记录的环境变迁. 湖泊科学，1998年第2期。

❸ 朱士光，等. 历史时期关中地区气候变化的初步研究. 第四纪研究，1998年第1期。

（12世纪）；金后期和元代凉干气候；明清时期冷干气候（朱士光等，1998年）。

图1显示了利用青藏高原东北部树轮宽度重建的2485年以来的年均温度序列❶，相当程度代表着中国中北部的历史气温变化，其中公元348～366年、686～705年、1271～1296年、1599～1702年间，都是极寒冷期；分析发现该区观测气温均值与宁夏周围的兰州、天水、包头、呼和浩特、延安、合作等站气温均值相关系数均在0.68以上，相关性显著良好，这一树轮代用序列标示的寒冷分期，也是宁夏平原及周边地区气候振荡问题可间接参考的。

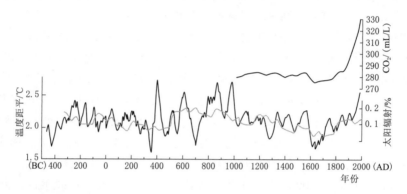

图1　青藏高原中东部2485年来温度变化曲线与CO_2浓度、太阳辐射曲线图

以上宏观和比邻区域（另有毛乌素、乌兰布和、库布奇沙漠等地区）气候演化趋势，是探讨宁夏局地气候变化的重要背景和参考。略偏远的新疆地区气候演化与宁夏不一定同步，但巴里坤湖沉积物综合分析仍表明冷干期在1100～500a BP和暖干期在500a BP以来的存在，这个气候变化过程和近千年来宁夏和西部地区干旱与沙化加剧基本同步，与新疆区域的乌伦古湖、博斯腾湖、玛纳斯湖等湖泊气候环境变化记录相一致，基本上同全新世气候变化西风模式中所提出的气候大环境特征相对应。❷据宁夏自然—人文地理学者汪一鸣研究概括❸，银川平原在秦汉时期，转趋温暖湿润，农业生态优化，灌溉垦殖肇始；自公元初到6世纪末叶，向寒冷期转折，为新冰期的后期，宁夏灌溉农业萎缩。隋唐时期温度上升，处于温湿时期，平原第二次大开发进展，宋金西夏时期，气候趋于凉干，元代冷暖变化频率大，农垦起伏发展，时兴时衰。明清小冰期，其中有1420～1520年、1570～1680年、1770～1890年三个冷期，其间插入两个暖期，恰好分别对应着明清时期农垦萎缩，沙漠化发展，以及灌溉大开发时期。自然灾害是气候演化振荡中的衍生物。宁夏地区干旱、沙化等环境灾害多数伴随寒冷气候出现（不排除伴随暖期的高温干旱事件）。

从《中国气象灾害大典——宁夏卷》❹记载和近年全新世、气候变化研究看，在宁夏和周围地区的灾害环境振荡中，气象灾害不断，干旱频仍、蝗鼠盛行，乃至黄河枯水、浅淤，环境灾害均对灌溉农垦和生态造成重大的负面冲击。

❶　刘禹，等. 青藏高原中东部过去2485年以来温度变化的树轮记录. 中国科学，2009年第2期。
❷　薛积彬，等. 新疆巴里坤湖全新世环境记录及区域对比研究. 第四纪研究，2008年第4期。
❸　汪一鸣. 历史时期气候变化. 宁夏人地关系演化研究. 银川：宁夏人民出版社，2008年。
❹　夏普明. 中国气象灾害大典——宁夏卷. 北京：气象出版社，2006年。

降水与温度的振荡是密切关联的。对宁夏历史气候与生态环境变化关系的这些概括认识，得到一些研究的共识，单鹏飞等对于灵盐地区荒漠化的研究表明 ❶："零星或带状的强烈沙化土地往往分布在古河道或其邻近地区。这既和沙区物源研究是'就地起沙'的结论相对应，同时也表达了后期受自然环境与人为活动共同作用产生'摆动迁移'的必然结果。……晚更新世末期发生了荒漠化和沙漠景观的大扩张，古河道亦在末次冰期干冷多风的气候环境下干涸并埋藏。沙漠的形成和扩张随着全球性气候波动同步发生正向或逆转的变化，反映出荒漠化过程中自然环境起着主控作用。……鄂尔多斯地区 32 个气象台站 1959～1984 年降水变化与荒漠化扩展范围的对照研究结果，即荒漠化范围扩展阶段与降水减少阶段的影响范围具有一致性，表明近期荒漠化仍主要受气候变干的控制。因此，区域荒漠化过程中自然—人为作用的相互关系，表现为第四纪地质时期是一种'气候—地貌'的自然过程，人类历史时期荒漠化是气候主控下人为叠加干扰的'自然—人为'地貌过程。"综观全新世各类环境与气候变化代用指标的研究成果，在本文探讨的历史时期的时间尺度和范畴，笔者基本赞同他们对于宁夏荒漠化主要受到气候变化和地理情势控制的结论，认为这是认识宁夏引黄垦区历史气候与灾害变动、干旱与沙化问题中人地关系的一个关键问题。

二、基于干旱及其关联体的灾害历史记录和环境解析

（一）干旱灾害（含蝗鼠灾、黄河清）及一些环境背景

1. 东汉至南北朝时期的极度干旱

公元 13 年，北地郡（含宁夏中北部）"旱大饥，人相食"。（冷期）

公元 22 年，匈奴地区"连年旱蝗，赤地千里，草木尽枯，人畜饥疫，死亡大半"。（冷期）

公元 89 年，"凉州少雨，麦根枯焦，牛死日甚"。109 年，"并凉二州大旱无收，民大饥，人相食"。111 年，"安定、北地（郡）时连旱蝗饥荒"。（均在冷期）

在比邻宁夏且深刻影响该地环境的腾格里沙漠，内蒙古额济纳地区西汉末以后气候明显旱化（孔昭宸等，1996 年）；居延海沉积物（张振克，1998 年；瞿文川，2000 年）和阿拉善泥炭孢粉（Herzschuh et al.，2004 年）皆显示西汉末以后大气候由湿转干的趋势。与河套并联的汉屠申泽（也在紧邻的内蒙古地区），从面积 7 千平方千米缩小到 5 世纪末叶的 120 里宽（《水经注》）。

2. 隋唐、宋金元时期冷暖与干旱

唐宋时期，干旱灾害也是十分频繁的，据说唐后期因北方降水持续减少"水利工程失修与停建"❷，直接影响到关中和宁夏的灌溉水利。唐代中后期后气候转趋干冷，大西北沙漠化日趋严重，河西绿洲以及居延绿洲中上部（李并成，1998 年）都出现"顿化为龙荒沙漠之区"现象；塔里木盆地不少古绿洲消失，古交通线被迫中断（熊黑钢等，2006 年）。756～907 年寒冬次数大致是初唐 618～755 年的 2 倍（满志敏，1998 年）；"安史之

---

❶　单鹏飞，等. 宁夏灵盐地区荒漠化灾害与农牧业持续发展. 地理科学，1997 年第 2 期。

❷　参阅葛全胜等撰写的《中国历朝气候变化》（科学出版社，2011 年）。

乱"后因气候转冷和战乱，河西道屯田总体亩产水平从 1.43 石下降到 0.5 石❶；比邻的宁夏垦区可想而知。648 年、649 年、821 年、853 年，灵州连续黄河清，显示为黄河上游出现连续干旱枯水时段。873 年、879 年、963 年、964 年、992 年、1002 年、1010 年，宁夏府旱、灵州大旱，致"天时亢旱，黄河淤浅，诸水源涸，居民惶乱"，"谷价涌贵"，"米斗价至十贯"。1008 年"六月，绥、银、夏三州旱……九月，灵、夏饥，表求粟百万，未得而罢。""时绥、银久旱，灵、夏禾麦不登，民大饥。德明遣使奉表求粟百万斛。"❶元人马端临指出："盖河西之地，自唐中叶以后，一沦异域，顿化为龙荒沙漠之区，无复昔之殷富繁华……虽骁悍如元昊，上游土地过于五凉，然不过与诸蕃部落处于旱海不毛之地"。❷ 确实是十分中肯的概括。

1033 年宁夏府旱，1040 年"夏境鼠食稼，且旱"，1042 年"西夏大旱，黄鼠食稼……国中大饥"，黄河中下游皆面临连年旱灾。1074 年"西夏大旱，草木枯死……"，1078 年"西夏遭旱灾，民饥流失"，1088 年"河南大旱，岁不登，宁夏府秋旱"。加之边贸两盐不通互市影响，西夏御史大夫 1112 年曾感叹时"兵行无百日之粮，仓储无三年之蓄"（《西夏书事》卷 32）。黄土高原有 1131～1220 年的宋金（含元初）、1281～1370 年（元中叶至明初）干旱期分划（中国科学院黄土高原综合考察队，1991 年），可作比邻的宁东、宁南地区的参考，而且暖干态势必然影响到宁夏全境——银川平原灌区，致使农业歉收。西夏文献《圣立义海》记载积雪与物候推测 1120～1190 年冷干事件发生。1142 年"西夏大饥荒，米价暴涨，民间升米值百钱"，且旱、震交加。1176 年，"西夏旱，蝗大起，河西诸州食稼殆尽"；1223 年"西夏大旱，兴、灵自春不雨，至于五月，三麦不登，饥民相食"。1226 年"河西旱"，1289 年"宁夏路饥"，1322 年、1324 年、1325 年、1326 年、1327 年、1328 年、1333 年，宁夏府、灵州连续干旱，军民大饥。1348 年、1360 年、1364 年，"中卫水旱相仍，民不聊生"，"黄河水清"，这是元末连年干旱、黄河枯水连年至清的灾难时段。14 世纪上半叶，整个西北均处于干旱和沙化阴霾中。虽然西夏到明初，是记载中宁夏引黄灌溉的繁盛时期，其实，那只是最大灌溉面积的记录，却忽略和掩盖了因冷暖期、干冷事件和战乱凋零引起的引灌废弛、歉收、饥馑、荒芜的灾情实际。

据现存记载，宋元时期的 409 年中，宁夏全区共有 43 个旱灾的年份，约 9.5 年就有一旱年。

3. 明代的干旱灾害（63 个旱灾年份）

15 世纪中叶，宁夏平原的干旱记载又多起来。1439 年、1440 年、1445 年，宁夏比岁无收，大旱饥。1459 年奏报宁夏等地方，"近岁水旱相仍，流移四出"。1468 年，"春夏以来风劲沙飞，赤地千里，宁夏府旱"。"宁夏等处亢旱饥馑"。1473 年，宁夏地方，"久不雨，秋禾被霜，夏麦无收，人多瘦死"。16 世纪初，1506 年、1521 年、1526 年、1529 年、1530 年、1531 年、1532 年、1535 年、1538 年，均有宁夏大旱、飞蝗蔽天、蠲免田租和赈灾的记载。1541 年，有"自上年六月至今年五月不雨，黄河流竭，漕运不通"的记载。1556 年，因"虫、旱、水灾减免宁夏、宁朔、中卫县屯粮"；1562 年引宁夏等卫所

---

❶ 参阅吴广成［清］，《西夏书事》，卷八。

❷ 参阅马端临［元］，《文献通考》，卷 322《舆地考八》。

旱灾，免秋粮有差，1564年"宁夏府冬旱"。1582年"宁夏全镇旱灾蠲免本色屯粮动支银2万两，召集流民，兴筑边堡城垣……"。1586年，六月宁夏"亢旱，河以东赤地千里，河以西青苗弥望"。1588年，宁夏府夏旱。1609年"灵州天旱，野无茭草收买"。1615年因旱，"宁夏全镇岁歉，谷价腾涌"，1626年、1620年宁夏大旱。这种局面延续到17世纪30年代，进入崇祯大旱的最严重时期。1634年宁夏鼠灾。1636年，宁夏旱饥，兵变。1637年，"宁夏大旱，蝗飞蔽天……灾荒至极，民不聊生"。1639年，"河东边墙三百余里，千里萧条，叹旱频年，野无青草"。1643年，"中卫黄河水一夕骤合"。1654年，"宁夏府年来水旱相寻，民穷莫极……"

明代宁夏的干旱灾害记录，可以得到其他自然证据的印证。青海各地树轮说明，1440～1510年、1580～1644年气候偏冷，祁连山、青海湖、德令哈、都兰树轮显示大致1422年到1537年是一个寒冷时段，1591～1644年是第二个寒冷时段。对冰芯冰川研究，青藏高原明初较暖，15世纪转冷，16世纪有所回升，1600年前后大幅降温。从降水来看，巴丹吉林沙漠地下水变化（马金珠等，2004年）、青海湖沉积序列（张家武等，2004年）、德令哈树轮序列（邵雪梅，2004年）显示西北干旱区东部的降水，在1450年前偏湿润，15世纪后半叶转入干谷低值，16世纪初转湿，17世纪起变干延至明末，是明代的第二个干谷低值期。区域性的干燥、寒冷期，是大致对应的。宁夏局地的干旱灾害，有这宏观背景存在。从整个明代农牧交错带的南北进退看❶，1368～1403年，是北进期，也是明初的屯垦发展阶段；1404～1500年，是南退期，这也是明代中东部最为冷干的一个世纪。自1436年后，屯垦废弛，屯粮收入仅及当初的三分之二（《明史·食货志》）。1501～1580年，是又一个北进期；1581～1644年，是全面南撤期，也是屯田衰败阶段。有说"沿边城堡，风沙日积……万历年沙壅或深至二三丈者有之，三四丈者有之"（涂宗浚，《议筑紧要台城疏远》，《明经世文编》卷447）。1583年，则"延、宁二镇丈出荒田一万八千九百九十余顷……二镇地方沙碛，领过田数未必处处可耕"，屯垦与农耕，不可同日而语了。屯垦的进退，是气候变化、干湿变动的反映与后果。

大农牧交错带的进退推移，也在相当程度上显示着宁夏引黄灌溉垦殖事业的兴衰起伏。

4. 清代的严重干旱和频频蠲免赈灾记录（101个旱灾年份）

中东部清代处于明清小冰期气候阶段中，承续明末的冷干，1640～1690年代，清初为短暂的寒冷期；1700～1770年代，是一个相对温暖期；其后，1780～清末又一个寒冷期。祁连山树轮记录显示了1640～1750年代的寒冷期；1760～1850年代气温仍偏低于标准化均值且显稳定；1860～1910年代是一个持续升温期。利用青藏高原以北、河套及其以西的树轮、文献和冰芯资料，与冷暖变化相应的，西部地区存在1640～1670年代的严重干旱期；1720～1730年代的相对干旱阶段；1820～1840年代偏干阶段，后有1860年代的极端干旱（王绍武，2002年）。在这些冷暖干湿变化振荡中，宁夏引黄灌溉地区有如下干旱灾害的记载：

1654年，"宁夏府年来水旱相寻，民穷莫及"。

---

❶ 葛全胜，等. 中国历朝气候变化. 北京：科学出版社，2011年。

1687年，"今岁三春首夏，雨泽愆期，耕耘几致失望"。1701年，"西北亢旱，寸草不生。今岁自正月至六月滴雨未降，黄河水消二丈有余。香山旱饥，饥民采苦菜赖以存者甚众。十一月丙申，免灵州、宁夏二所本年分旱灾额赋有差及将钱粮暂行停征"。之后1702年、1707年、1710年，均有宁夏地方雨泽"微细""稀少""稍微"的记载，致1711年5月"调雨沾足，田禾见俱茂盛"后，仍有"中卫香山饥，土人掘草根为食"的灾情。

1713年，"宁夏虽雨泽稀，赖有河水引灌浇足，惟花马池、兴武营（灵武）及中卫香山、古水等处稍觉干旱。中卫等一十四处今岁夏秋被灾。西鄙旱荒，所在流离饥饿……"。

1714年"宁夏等地旱致灾，禾无收，民大饥，流移者甚多"。1715年，兴武、古水、同心、洪广"各处雨稀，禾苗觉旱"。

1717年，"宁夏左屯、中屯、平罗、中卫、灵宁……等四十二州县卫所堡遭旱致灾禾无收，民有饥。"这是一个相当长的干旱时段，即便有雨"沾足"，有"引灌浇足"，仍是无收大饥。

1724年，仍有灵州与花马池"荒旱，山堡人皆逃窜"记载。

1729年、1732年，再出现"雨泽甚少""雨泽愆期"记述，致"黄河水亦小，唐汉二渠浇灌微艰"和"河水浅落倍常，以致渠水不能足用"，特别在中卫、灵州等处。严重的环境干旱已威胁到引黄灌区。此情状从雍正朝延续到乾隆朝中期：

1734年，1735年，"宁夏等府旱收成俱歉"。

1737年，灵州、中卫"雨泽愆期""灵州沿边等堡播种最早者收成约有二分，其余全无收。中卫县属之香山收成亦止二分"。

1739年，"自春至夏，宁夏等四府雨泽未足，灵州、中卫县仍未得雨"。

1740年，"春夏间，宁夏府属雨水不足，又值河水浅落，夏禾受旱，平罗尤甚"。

1741年，灵州、中卫县、同心城等被旱成灾。

1742年，宁夏等地"雨露失调，夏秋禾均受灾害，禾歉收，民饥"。

1743年，灵州、中卫"因晴干日久，夏禾秋田俱在待泽"。

1749年，"宁夏所属春夏之交未沾雨泽。平罗旧户一十四堡被旱"。

1750年，平罗再"被旱"。贷"宁朔、中卫、灵州等二十八州县籽种口粮"。

1759年，赈恤盐茶厅、宁朔、宁夏、中卫、平罗、灵州、花马池二十二厅州县卫上年旱灾雹灾饥民、豁免被灾地额赋。

1762年，又贷给中卫等十四厅县"被旱贫民口粮籽种，缓征新旧额赋"。

1763年，有中卫"渠水不充"，黄河枯水，又"赈恤中卫等十二厅县旱灾饥民"。

1765年，"河东各属间有因五六月间雨泽未遍，旱种秋禾已经受旱，难以补救"。"赈贷中卫等十一县本年旱灾饥民，并蠲应征额赋……河东大旱承载，禾无收，民饥。"

1767年，"抚恤平罗、宁夏、宁朔、灵州……中卫"等旱雹灾民。

1769年，又赈恤上年同处水旱霜雹灾民。

1770年，"宁夏大旱，时灾黎鬻妻子，道馑相望，自夏至次年三月始雨"。

1775年，"灵州、中卫"等处地土干燥，已有受旱。

1776年，"雨泽愆期""宁夏府属之灵州等州县禾苗被旱"。

1779年，"宁夏、宁朔等十七厅州县旱水霜灾，赈蠲缓额赋"。1797年，"缓征宁夏、灵州等八县及花马池州同所属旱灾本年额赋"。

1800年、1801年，"雨泽愆期，被旱较重"，又连续"缓征宁夏、宁朔、平罗"等旱灾新旧额赋。1817年，缓征宁夏、宁朔、灵州、中卫、平罗等旱水灾雹灾新旧额赋。1818年、1821年、1823年、1825年、1826年、1829年、1831年、1832年、1837年、1838年、1839年、1840年、1842年、1843年、1844年、1845年、1847年、1848年、1850年、1851年、1852年、1853年、1855年、1856年、1857年、1859年、1860年、1861年依旧因灾缓征，水旱频仍，蠲免、灾赈与缓征几乎成为年复一年的惯例。17世纪中到18世纪中叶，可以说是以蠲免、缓征连续记载为标志的干旱灾害不断的百余年。

5. 与干旱相连的风灾、沙尘暴灾害

宁夏频繁的风灾、沙尘暴以及气象因素导致的沙压土地事件，往往与干旱气候紧密联系。近千年西北东部气候愈加干寒，沙漠化发展，明代以来，宁夏——特别平原地区风灾沙尘和水旱霜雹灾并联的记载显然多了起来；诚然，在暖、干气候条件下，也是风灾、沙尘暴多发时期，高寒地区春夏气温急遽上升，往往是风灾沙尘骤起的一个激励因素。任世芳认为：北宋中期，比邻的乌兰布和沙漠进入了晚全新世中风沙活动最强烈的时期，王延德出使高昌途径本区听见的是"沙漠三尺，马不能骑"，估计在此之前屠申泽已干涸，原有湖盆均已沙化。❶

诸如：1468年，"宁夏等处今岁亢旱饥馑，春夏以来风劲沙飞"。1470年，"三月辛巳，宁夏大风扬沙，黄雾四塞"。嘉靖年间屯田有"逼山者压于沙"之说❷，1531年，"宁夏城西关门，风扬沙塞，数日悉平"。隆庆初，屯田"水冲沙压，间岁有之"❸。1709年，"中卫地震后，忽大风十余日，沙悉卷空飞去……近山一带县民遂复垦旧压田百顷"。1765年，去除"风吹平罗……沙压地"百余顷。1851年3月，宁夏、中卫、中宁、灵州、花马池及宁朔州县"狂风大作，沙砾飞扬，发屋拔木，行人咫尺不见，入夜渐息，田禾受灾重"。1918年，永宁县刮黄沙，小麦尽压死。1943年6月，"黄灌区忽起暴烈之南风，挟尘飞沙，连日怒号"。1958年2月，"银川城风沙整天……大片农田被沙吞没不能耕种"。1959年，同心、银川、平罗、陶乐等地遭风灾，沙压耕地、民居。其后类似记录就更详细了，不再一一赘述。

干冷事件雨土频发是近世黄土堆积显示，张德二指出公元1000年以来雨土频发期为1060～1090年、1160～1270年、1470～1560年，1610～1700年、1820～1890年，也指出了降尘的气候背景。❹公元前2世纪中叶后、公元5世纪末叶后、公元7世纪末叶后，还可能存在三期雨土频发。在东亚的雨土高发期，可能都是西北干旱区的风沙、沙尘暴频发期。2000年来，北疆巴里坤湖相沉积物粒度分析揭示区域尘暴事件多发或强风沙活动时段主要出现在240～440a BP、600～1280a BP、1400～1800a BP期间，这些时段大致同

---

❶ 任世芳. 历史时期乌兰布和沙漠环境变迁的再探讨. 太原师范学院学报，2003年第3期。

❷ 嘉靖《宁夏新志》，卷一。

❸ 《庞中丞摘稿四·清理宁夏屯盐疏》，《明经世文编》卷三六○。

❹ 张德二. 历史时期雨土现象剖析. 科学通报，1982（05）：294-297；张德二. 我国历史时期以来降尘的天气气候学初步分析. 中国科学（B辑），1984（03）：278-288。

于历史时期的雨土频率高值期。[1]

比邻的乌兰布和沙漠是宁夏风沙沙源之一。乌兰布和沙漠北部流沙覆盖区在距今8.4～6.4ka前后还是浅湖—沼泽环境，而在距今2.0～1.7ka前后才开始了大范围的风沙堆积，并逐渐形成了沙丘等沙漠地貌景观；物质来自巴丹吉林沙漠的乌兰布和沙漠西北部南北向的流沙带可能仅仅形成于距今0.8ka以来。通过与同一时段季风强度和环境考古成果的对比发现，乌兰布和北部地区沙漠景观的形成是汉代以后人类大规模弃垦导致的土地荒芜的结果。[2]基于风沙沉积研究，认为近2000年"受气候冷暖波动的影响，青海湖周边分别在0～150年、250～600年、860～1250年、1470～1670年、1620～1790年和1850年左右发生了6次规模较大的风沙活动，这些风沙活动是全新世新冰期和小冰期冷干气候控制之下的产物"[3]。青海湖周边的较高风沙活动，与宁夏地区的高频高发风沙活动基本同步，是一个重要的环境参考序列。

6. 小结

秦汉以来，西北干旱化趋势逐渐加重，自公元前193～1467年，平均16年才发生1年干旱，但1467～1949年，平均二三年就出现1年旱灾；两汉、魏晋南北朝，旱灾平均间隔为5.31年，隋唐至金元，旱灾平均间隔减少到3.4年，明清、民国时期这个间隔减小到1.6年（明代旱灾达37年次，大旱7次，清代～1900年，旱灾74年次，大旱13次）。1470～1980年，宁夏发生连旱47次，其中2年连旱27次，3年12次，4年连旱1次，5年连旱3次，6年连旱4次。西北5省（自治区）（陕西、甘肃、宁夏、青海、内蒙古）近500年中极端干旱年的1528年、1928年、1586年、1929年、1640年就出现在这些时段里，而在近500年旱涝等级序列中[4]，以银川盐池为中心，且连带河西、陕北较大区域的1484年、1495年、1521年、1529年、1586年、1615～1616年、1634～1640年、1701年、1759年、1771年、1857年、1876～1878年、1900年、1927～1931年重大旱事件，尤为突出。近千年以来，中国整体干旱趋势加重，寒冷干燥气候频数发展，始终是宁夏周边沙漠推进、荒漠化发展、区内土地沙化加重的一个主导性自然背景。研究说明，北宋西夏时期，中卫一带已有沙漠发展，盐池土地沙化并出现流动沙丘。宁东盐池沙化蔓延加剧，主要发生在明清。

干、寒（暖）趋势发展始终是区域沙化、荒漠发展和灌溉衰退的一个主导背景。

（二）气候振荡下的水文、水害

"水""洪涝"是与"干旱"相辅相成的对立统一体，作为干旱的直接对立面，水文振荡、水灾也直接冲击引黄灌溉。宁夏平原处于西北生态脆弱地区，干旱是其最基本的、发生频次最高的灾害环境现象；人工引水灌溉改善着局地生态和气候，水，实际成为沿黄平

❶ 薛积彬，等. 干旱区湖泊沉积物粒度组分记录的区域沙尘活动历史：以新疆巴里坤湖为例. 沉积学报，2008年第4期第26页。

❷ 范育新，等. 乌兰布和北部地区沙漠景观形成的沉积学和光释光年代学证据. 中国科学-地球科学，2010年第7期第40页。

❸ 胡梦珺，等. 风成沉积物粒度特征及其反映的青海湖周边近32ka以来土地沙漠化演变过程. 中国沙漠，2012年第5期第32页。

❹ 白虎志，等. 中国西北地区近500年旱涝分布图集（1470～2008）. 北京：气象出版社，2010年。

原地区人造生态系统振动变化中最活跃的因子，缺水或多水都直接冲击系统的动态平衡关系。

1. 黄河干流径流量变化对灌溉的影响

黄河上游的径流丰枯变化，反映了气候冷暖干湿振动，间接和直接地影响着宁夏平原的引黄灌溉。勾晓华等利用阿尼玛卿山祁连圆柏轮宽资料重建了黄河上游唐乃亥水文站过去1234年来的流量变化，在重建的黄河上游年均流量序列中"存在18个丰水期和12个枯水期，丰水期主要分布时段为846～873年、1375～1400年，枯水期主要分布时段为1140～1156年、1295～1309年、1473～1500年、1820～1847年。其中15世纪末是过去1234年以来黄河上游流量最低的时段"[1]；总的说，"过去1200多年以来的枯水期为907～912年、922～927年、1140～1156年、1195～1205年、1295～1309年、1328～1339年、1473～1500年、1585～1605年、1791～1796年、1820～1847年、1866～1895年、1929～1932年"。而唐乃亥断面与黄河宁夏入口的下河沿水文站断面的年均径流相关性非常高，这一丰枯变化直接影响了灌区灌溉引水的基本保证率。在以上引述的直接威胁到灌区的干旱事件年，灌溉保证率大多不到40%。

黄河下游的来水量，在超长系列里呈现出丰枯交替的周期变化；可粗略地利用三门峡水文站多年径流来评估上中游径流的量级。黄河水利委员会（白烁西等）以三门峡水文站以上11个站在《中国近500年旱涝分布图集》里的丰枯水定级，对三门峡水文站天然径流加以分析，复原了近500年（1470～1978年）的径流量系列。利用对该序列进行各种级别平滑处理，认为50年平滑成果具有清晰的丰枯周期变化的意义[2]，有助于半定量概估黄河上中游径流变化。水利部天津勘测设计院也在20世纪80年代做了黄河上中游1470～1980年间连续枯水段研究，其初步结论是：1481～1491年，甘肃、青海、宁夏、陕西、内蒙古、山西连年干旱，黄河枯水。1527～1533年，是另一个枯水段。接着是1581～1588年枯水段，1627～1641年枯水段（崇祯大旱）、1713～1722年、1784～1797年、1857～1866年、1872～1881年、1922～1932年连续枯水段。在511年之间，连续7年以上的枯水段出现10次，大约50年1次，连续8年以上的枯水出现9次，大约55年1次，连续10年以上的枯水段出现7次，约70年1次。由此看，黄河上中游的水文周期大致为50～80年，平均60年，在一个完整的周期尾部，往往出现一到两个较长的枯水段。[3] 应该注意的是，即便在丰水和平水时段，也完全可能多次插入零星的枯水乃至极端的枯水年，1729年、1732年"黄河水亦小，唐汉二渠浇灌微艰"和"河水浅落倍常，以致渠水不能足用"，1763年，有中卫"渠水不充""夏禾麦豆俱已受旱"之记载。这些枯水年和枯水段发生时间，绝大多数照应着青甘黄河源区和宁夏、内蒙古、陕西的区域性干旱时空。毋庸置疑，黄河干流年径流偏小，直接影响着宁夏引黄灌溉，间接与生态平衡、土地沙化关联。

有人对黄河壶口断面的历史径流量进行考证复原[4]，认为公元前8年到公元182年为

---

❶ 勾晓华，等. 黄河上游过去1234年流量的树轮重建与变化特征分析. 科学通报，2010年第33期。

❷ 徐海亮. 黄河下游的堆积历史和发展趋势. 水利学报，1990年第7期。

❸ 水利部天津勘测设计院科研所. 黄河上中游1470～1980年间连续枯水段的研究，1981年。

❹ 刘振和. 黄河壶口瀑布变迁考证和相应径流关系的初步分析. 水科学进展，1995年第6卷第3期。

633亿~632亿立方米，356年（晋朝）为481亿立方米，530年为380亿立方米，752年为428亿立方米，974年为395亿立方米，1196年为351亿立方米，1418年为357亿立方米，1704年为304亿立方米，1900年为340亿立方米。具体数字准确性且不去考究，与中国近4000年来气候变化趋势对比，这个起伏变化量级的总体是可以参考的，即西汉以来，黄河上中游的径流量在衰减（见图2）。

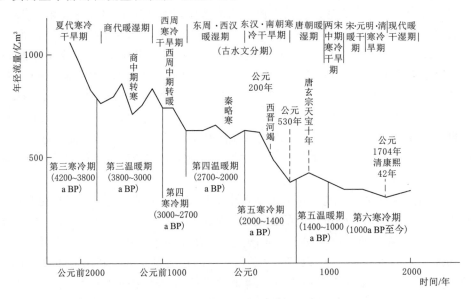

图2　中国近4000年古气候与黄河壶口水量过程对照图

如果这个概估大致成立，黄河干流径流量的减少对于气候愈加干燥化和逐渐扩大的引水灌溉面积对水的需求是很不利的。值得注意的是，灾难并非简单是径流的减小，而是气候干燥化加剧，水文变率的加大，大旱大水的概率大增，径流的年际和年内变化和分配极为不均。下面引证宁夏黄河大水、山洪冲击、黄河变迁与河水低下难以引水，是一个问题的两个方面。

2. 大水、山洪冲击冲毁灌渠工程

古代黄河无坝引灌，无所节制，遭遇大洪水，渠系皆损。而引黄渠线多与山水交叉，古代也无立交水工，山洪暴发，渠道往往遭破坏，或本地大雨渠水溢出，皆致使工程受灾。

如：1002年，"夏国大雨，河防决。雨九昼夜不止，河水暴涨，四渠决"。1061年，"灵、夏二州大水，七星渠泛滥"。1111年，"大风雨，汉源渠溢，陷长堤入城"。1426年、1427年、1428年，河水冲激，灵州城湮于水，迁城东北。渠系变动。1448年，"河决汉唐二坝"。1569年、1579年，再决"唐汉二坝"。1573年，奏报"宁夏年来黄河迁徙非常，良田岁被冲没，或淤沙奔压，水泽不通，膏腴之地日渐荒芜"。1670年，"宁夏河溢，灵州南关居民被灾"。1678年，"平罗大水淹城"。1683年，"免平罗水淹沙压田赋"。1735年，宁夏、新渠、宝丰等县，"夏因雨泽甚多，黄河泛涨，以致冲失堤岸，淹泡庄田"。1739年，宁朔县"雨后山水冲溢渠口，淹漫秋田"，次年，中卫七星渠，"近因山水冲塌，不能修补"。1743年，永宁暗洞山水陡发，"秦渠因之中断"。1745年，宁夏大雨"经旬不止，山水河水一时并发，冲陷良田。"次年，"贺兰山山水陡发，冲决唐渠口三宁朔处"。1753年，黄河两涨，平罗、宁夏、灵州、中卫水涨至九尺有余，灵州、宁朔冲沙压地百余顷。次年，灵州"山水猛发，渠河泛滥，淹没秋田"。1767年，免除平罗水冲沙压地百余顷，次年豁免中卫水冲沙压地数十顷。1772年，豁免中卫水冲沙压地百余顷。1774年，中卫"山水陡涨，将红柳沟洞冲塌，不能过水灌地"。1775年，豁免平罗水冲沙压地百余顷，豁免宁朔水冲民地百五十顷。1778年，豁除中卫被水冲压不能复垦地数十顷。1779年，黄河涨发，秋水决唐、汉二坝。1780年，宁夏、宁朔、灵州、中卫、平罗黄河泛涨，"渠水漫溢，附近河渠村庄田禾多有被淹"。1785年，宁夏、宁朔、灵州、中卫、平罗山水骤发，"上游黄河下注，一时宣泄不及，渠口冲塌"。"宁夏府属汉延、唐徕、大清、惠农四渠，因上游雨水稍多，黄河泛涨，将该四渠坝岸冲开，浊流灌入渠内，淤沙高势"。1791年，豁除平罗沙压地近百顷。1796年，平罗近城唐渠及昌、惠二渠，河水暴涨，淹浸秋禾。次年，宁夏大水，"冲决唐渠四十八口"。1802年，宁夏、宁朔、灵州、中卫、平罗"大雨时行，山水泛涨，宣泄不及……"，将数处淹没较重的二千七百余顷钱粮缓移至来年麦后征收。1803年，黄河猛涨，冲惠农渠坝，宁夏、平罗县共淹没八百余顷田地。1084年，宁朔、灵州、中卫又山水冲决渠道渠身。1808年，中卫河涨，"美利渠坝被冲"。1814年，豁除中卫水冲沙压不能复垦地三百余顷。1817年，中卫山水又冲淤渠道。1843年，黄河暴涨，中卫县柳青渠"岌岌可危"。1850年，平罗"渠水猛涨，冲淹田禾村庄"。1853年，宁夏、宁朔、灵州、中卫、平罗夏秋暴雨，"山水陡发，渠流泛溢，淹没田禾"。次年，平罗、灵州、中卫等"阴雨连绵，山水涨发，冲决渠道堤埂"。1904年，"黄河溢，四渠均决"，"中卫、中宁一片汪洋"。1922年，宁夏县"河水暴涨，汉延渠决口"。

3. 河水低下引灌困难

引黄古渠，采用无坝方式，渠口处筑壅水低堰坝，在天旱枯水年或连续枯水段，或河床下切，水位低下，都会导致引水困难，农田失灌。河水低落，反映出径流量大小和过程变化，以及河流变动刷深，渠道引水不及的问题。因构造活动影响、贺兰山前冲积扇推移、挤压；河道侧蚀、下切变化，历史时期宁夏黄河河道发生多次变徙，总趋势是区域西部抬升，河道横向东移。皆促使渠线和灌区变移。如南北朝时期河道上段（吴忠、青铜峡境）在今河道以西；明代灵州城附近河道发生东向变迁，致使州城两次迁移。银川附近河道，原在永宁至贺兰县系列古湖一线，明末才迁移到现今位置。平罗县城处在明末以来河道东移15里。贺兰山前，吴王渠与高渠、艾山渠类同，自然与社会因素致使废弃后渠道和原灌溉土地抛荒沙化，依艾山渠重修的靖虏渠也因黄河下切被废弃。多沙河流引水，引河变迁、渠口渠道淤塞是常见问题，管理经营稍有懈怠，灌溉效益就受影响。这些自然演变，均导致灌溉发展受限，部分渠系功能退化，垦地闲置，一旦灌溉停滞，管理维护懈怠，废弃后的渠系、灌区生态便急剧恶化，区域土地沙化随即发生、蔓延。

1729年、1732年就有"黄河水亦小，唐汉二渠浇灌微艰"和"河水浅落倍常，以致渠水不能足用"记载，晚清到民国年间，系列记载了连年干旱，黄河水枯，致灌区长期受灾局势：1876年，"雨泽愆期，黄水颇拮""本年天时亢旱，黄河上游各省亦复雨泽稀沾，水乏来源，遂致河流微弱"；次年，宁夏府旱，"本年惠农因渠道引不上水，旱象严重，群众食菜糠，并有饥死人现象"，"灵州蝗飞蔽天"。1878 年，仍"灵州蝗飞蔽天"。1879 年、1891 年，宁夏府、平罗、中卫旱。1898 年，"宁夏府向赖河渠引水灌田，今河流浅少，未能一律沾溉""中卫县今年渠水浅少，夏禾受旱"，连年再蠲缓中卫、宁夏、宁灵、宁朔应征银粮。1908 年，"雨泽稀少，平罗县市口等堡自渠梢至渠口长四百余里，皆因河水低落，未能及时灌足，以致麦豆多受旱伤，统计承载六分"。1909 年，"连年旱歉，户鲜盖藏，各处饥民，至剥取树皮草根为食……哀鸿遍野，惨目伤心。惟是被灾州县十余处之多，亢旱历三年之久，灾区甚广"。1927～1929 年，"连旱三载，颗粒无收""引黄灌区长期大旱，致农村经济整个崩溃"；"中卫县二月河水低落，渠高水低，以致灌溉失期"。到1931 年，记载有"宁夏天久不雨，农田薄收，民食维艰，军粮敲逼，硕鼠伤禾，瘟疫为厉害，饥馑荐臻，死亡枕藉，全省七十余万人民，约计三分之一死亡……"1936 年，有"宁夏天旱，夏雨失时，河水低落，高亢之地，夏禾旱枯"之记载。1941 年，记"永宁、贺兰各县近城各乡浪稻时间，因河水低落，致有少数田苗未能播种"。1942 年，也记有 5～6 月，黄河水少，青铜峡仅 419 个流量，持续 27 天之久。

以上这些丰水、水灾、山洪事件的年次或后续年，由于工程损毁，灌区的灌溉保证率也很难超过 40%。所以结合灾害史和荒政记录，宁夏引黄灌溉也是一部与自然绝苦斗争的悲壮历史，而且生态灾难、苦难的负面往往高于多于灌溉农业丰稔的历史。

三、人类活动对宁夏脆弱生态的冲击

历史上人类不合理的开发和社会动乱，在自然环境灾害的基础上，进一步扩大和冲击了脆弱的生态。这是多年来被阐述最多的问题。

（一）历史上人类不合理的扩大垦殖，加剧了宁夏生态环境的恶化

以灌溉农业为中心的开发，是一个涉及全方位的产业结构调整，全方位的开发。封建王朝倡导的西部农业开发，立足于拓边安边实边，立足于增土地、要粮食、迁徙人口，对原生农牧产业、土地利用结构进行了空前的变革。传统农业开发，历代大一统的王朝集国力调军民大规模开垦宁夏南北草场、山林，短期内促进了灌溉农业的发展，粮食急剧增产，但对自然无休止不科学的开发，索取掠夺，在宁南黄土地区造成水土流失，在宁中、北部加剧了本已发展的土地沙化趋势，靠近毛乌素沙漠的宁东更甚。问题并非仅与灌溉相关，而是草原、山林生态体系在农牧产业结构调整过程中整体受到破坏。两汉时期的大开发，在宁北地区已有沙化，兴修艾山渠的刁雍奏折就最先记录了此象。唐宋大开发，致草原山林进一步被破坏，引黄灌区的沙化现象被扩大。宋夏对峙时期，正值气候不适宜期，但边关拉锯对立而促进屯田发展，沙化随之扩大。太宗朝在今盐池西南置清远军，在"700 里旱海"屯田，环境过于恶劣而失败，后患无穷。有学者统计，宋、夏时期，宁夏沙化土地面积，已达到现代全区沙化面积的四分之一的惊人规模。

明清时期河东沙化最盛，时值小冰期，自然环境恶劣，而人类开荒伐林更剧。永乐间，屯垦仅 8337 顷，万历间宁夏镇屯田已达 18000 顷。明宁夏后卫（今盐池一带）屯垦极盛，但万历前后，屯田从 4359 顷急降至 1465 顷。朝官杨一清、刘天和等均对花马池一带沙化严重状有所记录。明代在灵武至定边县大修边墙，严重破坏了地表土层，明军烧荒，也破坏了墙外草原区域生态，沿边墙的内地屯垦，也破坏了墙内生态环境；花马池一

带盲目随边关军屯而起的垦殖，和北宋时期一样失败，也带来严重的生态后果。清代盐池人口激增 48 倍，所以康熙征噶尔丹时，花马池城已处于即被流沙湮没状。清代宁夏垦殖更盛，宁夏府人口，从万历末的 129570 人，迅速扩展到乾隆间的 1352525 人，增长 10 倍。给予当时的水、土条件和生产力，宁夏平原周边山地的垦殖、人口承载力，已超极限。宁夏传统农业的发展的 3 个高峰时期成为森林、草原破坏最为严重的时期。土地沙化是森林草原被破坏后所产生的恶果之一。自北魏时起，银川平原已出现了局部的沙化现象，至唐宋时期特别是宋、西夏时期，其规模进一步扩大，已蔓延至吴忠、灵武、同心、盐池等市（县）境。卫宁平原沙化出现，与三次大开发里卫宁北山森林被破坏直接相关，且早在北周时业已出现，森林随平原垦殖被毁，腾格里风沙、流沙便从众多山口源源不断而来了。北宋西夏时，卫宁沙化扩大，《元史》中已有中卫沙坡头——沙漠的记录。到明代，沙丘增多、增高。清代，流沙已经越过了明长城。

宏观看土地沙化并非是灌区的必然问题，而是面上普遍发生的。社会稳定的当代，中华人民共和国时期大力治理沙化问题，全区沙化面积已从 1970 年的 132.7 万公顷下降到 1995 年的 125.7 万公顷，1999 年的 116.9 万公顷，其中沙化的耕地只有 10.7 万公顷（并非灌区）。

（二）不合理开发、大水漫灌，灌排不分加剧了盐渍化

盐渍化问题始终是宁夏历史开发的严重教训。西汉时人们已认识到河套"地固泽卤，不生五谷"；明代"高者沙砾，下者斥卤"，青铜峡以下多"硝碱田、全碱田"。在宁夏农耕发生前，沉降盆地就有原生湖泊沼泽和盐化土壤。宁夏平原沙化、盐渍化、荒漠化问题，人类在干旱半干旱的寒冷地区，不合理的土地利用破坏了表层的全新世土壤结构，改变了水、土理化结构状态，它触发了地质时期的古沙丘活化，和原生富含盐碱成分古老地层中化学成分"活化"抬升。历史上片面理解水利的正效益，基于粗放的军事屯田的垦殖、灌溉，采用大水漫灌、排灌不分的落后灌溉模式，导致地下水位抬升，地表积水、湖泊沼泽扩大，远古湖盆累积的富含盐碱成分也垂直抬升，引黄带来大量盐分，在干旱条件下集聚耕土层，从而扩大了水利建设的负面效应。这是造成宁夏平原灌区盐渍化的自然和人为背景。灌溉垦殖兴衰起伏，明清时期以后军屯转化为个体垦民，水利失修，也会催生土地盐渍化趋重。乾隆年间，宁夏各地，盐碱地占耕地比例，卫宁灌区占 22.7%，银北占 85.5%，河东占 17%，银南银中占 23.36%，全灌区占 44.5%。民国时期，已有排水沟十来条，但 1949 年盐碱土地仍占耕地面积的 47.4%。

在 20 世纪 50 年代灌区发展同时，加强了排水系统的规划、设置，但 1958 年灌区盐渍化面积仍占 56.67%，"大跃进"期间的大引大灌，盲目扩大水稻种植，致使盐渍化面积达到 1962 年的 67.39%，部分弃荒。1960 年代以来，接受历史教训，开展以排水治盐为中心的农田基本建设，引黄灌区的盐渍化比重，已经下降到 40%～30%。扬黄灌溉工程，盐渍化不太明显，但扬黄灌溉水量还不足以将盐分淋洗至土壤的毛细管作用深度以下，一旦停止灌水或灌水减少，仍有出现土壤盐渍化的可能。盐池县开发的 22 片灌区中，有 15 片存在着盐渍化的苗头。

（三）社会动乱导致和加剧了垦区抛荒，土地沙化

宁夏灌区地处农牧交错带，因边境冲突和朝代兴亡而出现农垦兴衰反复，王朝晚期政

治经济衰败、战乱不已，朝代更迭、屯田军士转战，水利维修制度遭破坏荒废，渠道、耕地抛荒沙化。此种情况，成为 2000 年来的正反主旋律，如：在西汉末新莽时改制混乱，东汉与羌人在宁夏的多次战争时，东汉末战乱割据，东、西魏分裂对峙决渠灌灵州、迁户 5000——引发的渠系废圮。唐、蕃战争期间，773 年、778 年、792 年、820 年，吐蕃军马数次寇灵州掠盐州，填塞引黄水口诸渠、践踏毁坏营田，致使屯田荒废。宋辽金元吐蕃与西夏对峙战乱，持续 2 个多世纪，13 世纪中，仅西夏对蒙、金战事和内乱、兵变就达 20 年次，以水代兵不少，如 1082 年，"围灵州方十八日，梁氏令人决黄河七级渠水灌其营，军士冻溺死，余万三千人走免"。"遣兵袭泾原，馈运于鸣沙州。延军溃，复决河灌环庆军，遂解灵州围"。1209 年，元兵"围中兴府。九月，引河水以灌城……蒙古兵不能破。会大雨，河水暴涨，蒙古主遣将筑防，遏水灌城，居民溺死无算"。所以史说"夏国营田，实占正军，一有征调，辄妨耕作，所以土瘠野旷，兵后尤甚。"此言极是（以上引文出自《西夏书事》卷二十五、四十二）。

至元年郭守敬考察河渠，见"兵乱以来，废坏淤浅"，西夏繁盛状不在。明代对异族的战事和民变内乱时，屡屡出现毁坏灌渠、剽掠居民、驱赶牲畜、赤地砂积状。明代 276 年里，战乱有 72 年次。宁夏的灌溉农业生态是由稳定的人类农耕、水利活动来维系的，因动乱和政权更迭制度涣散造成灌溉废弛、营田荒芜、军民流散，导致土地沙化，成为历史上王朝衰水利败，迅而生态恶化的主要社会原因。历史上社会动乱和王朝衰败更替，往往发生在气候变化、生态环境恶化之际，特别在农牧交错带，人类对农业生产施加的负面活动，在十分脆弱的生态系统中加上极为不利的逆向冲击，社会灾难与自然灾害耦合作用，加速了系统失衡，致使生态系统崩溃。

这是探究宁夏灌溉历史经验教训中最值得深思的。

海河流域的历史黄患 *

摘　要：对于海河流域，历史上客水对本地区影响较大、遗患深重的洪涝灾害，无非是黄河泛滥引发的直接灾害和次生危害。本文拟从近50年国内对黄河洪水、河道变迁，以及黄河灾害史研究成果，和历史地理界对黄河文献研究，野外考察、故道钻探、遥感影像解译诸多领域的地理学探讨的方法、结论，对历史上海河流域的黄泛、决溢、改道和灾患问题研究给予粗浅的述评。文献学和地理学的灾害史研究方法，应该结合起来。

关键词：海河流域　黄河洪水　洪涝灾害　研究述评

近50多年来，黄河、海河流域管理部门，冀、鲁、豫三省水利部门，历史地理学界、海洋科学、河口海岸研究、高校科研教学、地貌学界、工程与水文地质、遥感学界、灾害史，对历史上黄河下游的泛滥进行了单一学科和综合学科的多波次探索、研究。基于黄河文献、历史洪水、灾害研究和野外查勘，也基于一些新兴学科的交互、渗透，立足于黄河河流地貌、黄淮海平原治理、平原水资源开发、黄河流域环境及历史水沙变化、国家历史大地图、重大自然灾害等诸多国家（含地方）重大基金课题和历史地理学的系列研究，黄河给予华北大平原的洪水灾害历史，基本已搞清楚，黄河洪水灾害在现今海河流域的各种体现、运行规律，是其中最突出和最基本的一部分。笔者自20世纪80年代开始，参加了有关野外查勘、科研教学工作，把黄河灾害史和下游河床演变、河道变迁史作为自己主要研究对象之一。兹汇报如下：

一、发生在海河流域的黄河重大河患—文献研究途径

前人研究黄河，多从洪水灾害和河道变迁入手。民国年间沈怡主编过《黄河年表》，1957年岑仲勉出版《黄河变迁史》，20世纪80年代黄河水利委员会编撰过《黄河水利史述要》，1990年代姚汉源出版了《中国水利史纲要》，含黄河河患变迁改道的编年史，是此类专著中最基本的研究内容。《二十五史》中的河渠志、地理志、灾异志和人物志，集中了大量的基本资料，披露了重大的洪水灾害与救灾、治理活动。地理方志、野史或碑文、笔记、诗文、散文，也记录有一些洪水灾害事件，毋庸置疑，每个学者在自己研讨某专项问题时，一般要根据自己需求在前人编辑的年表基础上，先做专门性的年表的整理，再进行统计或数理分析，发现并分析一些带规律性的问题。本文对这些大家熟悉的具体的年次性黄泛灾害事件、年表资料不再罗列赘述，仅仅回顾以往的工作过程、梗概，也提到初学者容易疏忽的一些问题。

笔者在"七五"国家自然科学基金重大项目《黄河流域环境演化与水沙变化》课题研究中，曾利用《黄河水利史述要》的年表，分别和概括统计每10年河患发生频次，进行滑动平均处理，初步划分出以下河患频繁的阶段：①公元前132～公元11年；②268～

---

* 本文系笔者提交第11届灾害史年会（河北大学，2015）论文。

302 年；③478～575 年；④692～838 年；⑤924～1028 年；⑥1040～1121 年；⑦1166～1194 年；⑧1285～1366 年；⑨1381～1462 年；⑩1552～1637 年；⑪1650～1709 年；⑫1721～1761 年；⑬1780～1820 年；⑭1841～1855 年；⑮1871～1938 年。以上有一半的河患频繁阶段的黄泛，发生在海河流域。这是从整个时间序列来看。说明海河流域黄患灾害问题的严重性和经常性。

而黄河灾害又以场次性洪水、重大的河道变迁、改徙，甚至改道的典型事件，给历史研究带来显著的意义。除了年复一年的黄河灾害之外，认为典型的洪水事件、典型的河患事件后果，对研究黄河洪水灾害规律、河床演变，具有特别重要的意义。

笔者通过灾害史料的系统研究，归纳筛选出 38 次重大河患及河道变迁事件，在此基础上再划分 15 个河患频发阶段。涉及现今海河流域的重大决溢和河道变迁事件绝大多数发生在河患频发阶段中（见表 1），发生在古今海河流域（因黄泛导致的）洪涝灾害事件，占了重大河患与河道变迁事件 50％以上的比率。

表 1　　　　　　　　　　　历史时期黄河下游重大河患—变迁事件表

时　　间	河患、变迁事件情况	备　　注
公元前 132 年	东郡瓠子决口，泛淮河流域	
公元前 109 年	屯氏河支分	
公元前 39 年	屯氏支河绝	
公元 1～5 年	河汴决坏	
11 年	河决魏郡，改行东郡（濮阳）东	徐福龄、邹逸麟、叶青超归纳为大改道
516～517 年前	冀州大水，堤防糜烂	《魏书》崔楷传
700 年	人工分流，开马颊河	
893 年	河口淤阻，小改道	
954 年	自然分流，形成赤河	
1020 年	天台埽决，泛淮河流域	
1034 年	横陇埽决，脱离京东故道	
1048 年	商胡埽决，出现北流	徐福龄、邹逸麟、叶青超归纳
1060 年	北流支分出二股河	
1077 年	澶州曹村埽决，泛淮域	
1080～1081 年	澶州小吴埽决，北流	
1099～1100 年	口门上溯，迎阳苏村决，北流	
1166～1168 年	李固渡决，脱离滑澶河道	
1187 年	大溜回北，再南下	
1194 年	光禄村决，阳武以下脱离故道	叶青超归纳为大改道
1286 年	大决。中牟已有新分支	
1297 年	莆口决口，有北徙之势	
1313 年	河决数处，次年河口浅 6 尺	
1344 年	白茅决口	

358

时　间	河患、变迁事件情况	备　注
1391 年	黑洋山决口	邹逸麟归纳为大改道
1448 年	决二处，桃花峪以下大变，始变迁到明清时期河道方位	
1489~1494 年	北决冲运，北堤形成	叶青超归纳
1534 年	赵皮寨决口分流	
1546 年	南流尽塞，分流局面自然结束	邹逸麟归纳
1558 年	分流阻塞，皆不足泄，大决	
1578~1591 年	贾鲁大河湮塞	
1606~1607 年	人工疏导筑堤，归德徐州河相对固定下来	
1781~1783 年	仪封商丘小改道	
1677~1749 年	河口急速延伸	
1803~1810 年	河口急速延伸	
1843 年	中牟大决，是年淤积严重	
1851 年	丰县蟠龙镇大决，改徙入微山湖	
1855 年	铜瓦厢决口，改道入渤海	徐福龄、邹逸麟、叶青超归纳

注　以上内容系笔者在 1989~1991 年期间笔者完成国家自然科学基金重大项目《黄河流域环境演变和水沙变化》
　　部分子课题成果，出自论文《历史上黄河水沙变化与下游河道变迁》，辑入吴祥定主编，《黄河流域环境演变与
　　水沙运行规律研究文集》（三），地质出版社，1992 年；另辑录于徐海亮，《从黄河到珠江——水利与环境的历
　　史回顾文选》，中国水利水电出版社，2007 年。

但是，以往研讨黄泛祸及古今海河流域，多关注的是黄河主流经由河北入注渤海时期。实际上，在黄河主流夺淮时期，仍有部分决溢、泛水泛及冀鲁豫平原的古今海河流域地区，在所谓"安流八百年"期间一些灾害事件，也可能被忽视。以下专门一一罗列出来：

元鼎二年（公元前 115 年），夏大水，关东饿死者以千数。平原、渤海、太山、东郡各郡普被灾。是年黄河主流仍经瓠子河泛及淮河流域，疑记载灾情似原北河仍流经旧道，泛水为害河北平原所致。

天会五年（1127 年），决恩州（治清河县），时主流已南徙，洪水仍系经原北流所为。

大定七年（1167 年），河水坏寿张县城。

大定二十年（1180 年），河决卫州（治今卫辉市）、延津……

大定二十六年（1186 年），河决卫州，淹及大名、青州、沧州。

大定二十七年（1187 年），河决曹（治今菏泽）、濮（治今鄄城北）二州之间。

清代以来，走明清故道或现行河道时，有以下决水泛及现今海河流域的事件：

顺治九年（1652 年），决封丘大王庙，从长垣趋东昌（今聊城），坏安平堤入海。

康熙六十年（1721 年），决武陟之詹店、马营口、魏家口。东冲张秋运河（今寿张县东）出海。

乾隆十六年（1751 年），决阳武，一支冲张秋（寿张东）过运入海……

嘉庆八年（1803年），决封丘下冲张秋运河（寿张东）入海。

咸丰五年（1855年），决兰阳铜瓦厢，至张秋穿运河（寿张东）入大清河入海。

咸丰九年（1859年），自东阿县至利津牡蛎口约九百里，大清河已刷宽深……

同治二年（1862年），兰阳复溢，淹鲁西、冀南十余县……

光绪二十八年（1902年），惠民县刘旺庄决口。

光绪三十年（1904年），决利津多处。

民国二年（1913年），决濮阳县北岸双合岭，东流过张秋始入运河。

民国十年（1921年），决利津北岸宫家坝，夺溜十之八。

民国十四年（1925年），决濮阳、濮县交界处。

民国二十二年（1933年），温县至长垣决口72处。

民国二十四年（1935年），决鄄城。

姚汉源和周魁一先生则注意到魏晋时期，及隋唐五代时期黄河下游被人忽略的灾情。[1]

但是，不能不看到另一方面，从河北省和海河流域的历史洪涝灾害分析来看，重大灾害并不一定由黄河泛决造成。如1990年代《河北省水利志》统计，在以黄河流经为主的前206年至1367年1500年间，计有53次洪涝发生；但1368年至1948年，计有284次洪涝事件发生，[2]频度加大。可见，导致该省洪涝灾害的，主要还是本地发生的洪水涝灾为主，并非皆为海河所为。1990年代《海河志》统计的重大洪涝灾情简表[3]表明，该志所统计重大灾情年次，有公元前177年、公元前17年、153年、237年、726年几次，均以本地洪涝灾害为主，而非黄河决溢导致。仅993年，系黄河洪水导致，1084年，系黄河与漳河共同造成。所以，河北平原和海河流域的灾情统计，发生重大洪涝灾情的年次，主导因素仍然是本地区雨洪，而非黄河外来洪水。这是对比了各种灾害研究著作才准确意识到的。

但两部当代志书也强调了黄河洪水造成的次生灾害。如黄泛引起的河北省历史上大量的耕地盐碱化问题，在1958年之前，盐碱面积达到1358万亩，很大程度上系历史黄泛的环境效应形成。典型事件时1108年黄河漳水的洪水泥沙，将巨鹿县城城内掩埋掉。而且黄河长期经由河北平原入海，对平原本身和海河水系的形成，海河水系的变迁，产生过极大的影响。黄河洪量巨大、泥沙量大对海河流域平原地貌与水系的影响，十分深刻和宏大。这两个问题，不少地理、水利和灾害史专著都有阐述，此处不再赘述。

文献学的研究方法，是海河灾害史研究中的基本方法，但非唯一的方法。

二、通过确认历史时期的河道地望认识河患的时空分布——地理学方法

在文献梳理、考证、归纳工作之外，研讨历史上黄河在古今海河流域的灾害性泛滥、决溢、改道，通常采用地理学的办法，是灾害史研究不可或缺的，即确认黄河故河道在古

---

❶　参阅姚汉源，《中国水利史纲要》，98－100页，水利电力出版社，1987年；周魁一，《隋唐五代时期黄河的一些情况》，辑入谭其骧主编的《黄河史论丛》，复旦大学出版社，1986年。

❷　引自《河北省水利志》，79页，河北人民出版社，1996年。

❸　引自海河志编撰委员会编写的《海河志》第一卷，140页，中国水利水电出版社，1997年。

今海河流域中的时空特征，即用历史地理学方法、野外考察、钻探地理学方法、遥感手段等。

1. 历史地理学的研究

谭其骧先生率领的历史地理研究团队，是探讨研究黄河下游河道变迁集大成者。与海河流域关联的黄河变迁河道，计有《山经》河道、《禹贡》河道、《汉志》河道、东汉河道、北宋前后期河道。谭先生在《山经河水下游及其支流考》❶ 一文里，指出《山经》大河自河南今荥阳广武山北麓起，东北流经今浚县，再北流经今内黄县西，走《汉书·地理志》中的邺东故大河，自今河北曲周县东北，以下北流，走《汉书·地理志》里的漳水，至今巨鹿县东北，再走《汉书·地理志》中的西汉信都故漳河，自今河北深州以下北流至蠡县南，再东北流走《汉书·地理志》中的滱水，到天津市东北入海，其下半段（今安新到霸州段）即《水经》中的巨马河。❷ 在《西汉以前的黄河下游河道》中，谭先生则利用《汉书·地理志》《水经》记载恢复和诠释了《禹贡》叙述的下游河道。❸ 他认为在今深州市以上，《禹贡》河道同《山经》河水线。自深州南起，自《山经》河水别出，折东从《山经》之漳水入于海；于《汉书·地理志》走"故漳河"至于今武邑县北，走虖池河到天津市东南入海。❷ 而《汉书·地理志》河道（简称《汉志》河），据《汉书·地理志》《汉书·沟洫志》和《水经·河水注》记载，在宿胥口以上，黄河河道同《山经》《禹贡》大河线，宿胥口以下，东北流至今河南濮阳西南长寿津，折而北流到今河北馆陶县东北，折东，经今高唐县南，再折到古今东光县西合漳水，再下东北经汉代章武县南，至今黄骅县东入于海。❷

河北地理研究所吴忱根据多年的田野和室内研究，凭借顺直地形图反映的地面古河道，证明以上三条黄河故道的存在，撰《黄河下游河道变迁的古河道证据及河道整治研究》❹，并且复原了东汉王景治河以后的河道，即从濮阳西自《汉志》河分出，向东北经范县，再东经东阿北，再折东北，经山东荏平县东，再折而北上，经禹城西再折东北，至临邑县北，折而东，过商河县折而北，在惠民县南向东，再折东北，过沾化西北，在其东北入于海。北宋前期，继唐、五代大势，黄河行经东汉河道，俗称京东故道。1028 年于澶州王楚埽决，1034 年河决横陇埽，走聊城、临清，在今惠民、滨州入海。1048 年决澶州商胡埽，经今河南清丰县、南乐县，河北大名、馆陶、冠县、临清、武强、枣强、冀县，经武邑东合胡卢河（今滏阳河），经献县，东北至御河、界河（今海河），至天津入海。系北宋后期称呼的"北流"河道河线。1060 年，在大名府魏县第六埽决而分流，东北行径一段西汉大河故道，下走西汉的笃马河（今马颊河）入于海。大致经山东冠县、高唐与夏津间，平原、陵县间，至乐陵东入海。时称二股河。是为东流河道。❺ 对河北平原古河道的研究全面揭示了黄河在海河流域泛滥、决溢、改道的主要轨迹。

以上各历史时期黄河河道的复原，自然为研究黄河在古今海河流域的泛滥致灾，提供

---

❶ 载于《中华文史论丛 第七辑》，1978 年。

❷ 以上文字参阅邹逸麟等主编的《中国历史自然地理》，205 页，科学出版社，2013 年。

❸ 载于《历史地理 第一辑》，上海人民出版社，1981 年。

❹ 载于《历史地理 第十七辑》，上海人民出版社，2001 年。

❺ 参阅邹逸麟等主编的《中国历史自然地理》，218 页，科学出版社，2013 年。

了强有力的时空变化背景和科学地望根据。

2. 野外考察和综合研究

笔者1984年随同黄河水利委员会黄河志总编室，对豫北黄河故道的野外考察，就属于第二种基本类型。当时，依据地方志和文献记载、地形图资料、20世纪50年代航片，考察沿河南新乡、濮阳、安阳地区的黄河故道进行，直到河北大名、馆陶。那时候，地表还保存有高低不等的西汉、北宋黄河大堤，仅从地面查勘，在考察地探访地方地名、水利、文物、志书编修部门，基本上可以满足调研需要，确认某时期的某段黄河故道。接着，接受武汉水利电力学院硕士研究生论文指导任务，则先于学生，研读了豫北黄河变迁这一地文大书。笔者后来接受国家历史大地图编撰任务、参加历史时期黄河变迁考证任务（前述"七五"期间国家自然科学重大项目研究中，包含重新研究考证黄河下游河道变迁，课题组在钮仲勋研究员主持下，编绘了最新成果的《历史期黄河下游河道变迁图》，1994年在测绘出版社出版），课题组成员根据文献、野外查勘、新的遥感信息解译和大批地质钻孔、机井卡片资料等多种手段，提交了完整成果；笔者则进一步对黄河明清故道和金元河道进行类似的野外考察工作。笔者所使用的工具地图为5万、10万、20万比例地形图与各种比尺工程、水文地质图件，最后在50万比例的素图上完成黄河泛道的描绘。并提交编图考证文稿，也即背景文献资料和考证依据。

3. 钻探地球物理学方法

而用钻探地层地球地理学方法对河北平原黄河故道考察，最早最有贡献的当为河北省地理研究所吴忱率领的团队。他们基于河北省地下水资源调查的生产任务，系统和深入地用地层钻探方法，恢复了河北省黑龙港地区的浅层古河道带，从而大致确定了黄河在古今海河流域的大部分河道位置。吴忱等宣布，利用大比例尺地形图判读、遥感影像标描、历史地理资料考证、野外调查和描绘、岩芯样品分析测定等方法，对华北平原50米以内的古河道进行了复原与分期。[1] 1991年，吴忱等编绘出版了《中国华北平原古河道图及说明书》（中国科学技术出版社），出版了专著《华北平原古河道研究》（中国科学技术出版社），分期查勘和考证了河北平原的黄河古河道分布、埋深、物理性质等。

在系列工作基础上，吴忱等又发表论河北平原黄河古水系的论文，提出在河北境内存在的末次冰盛期—早全新世的黄河古河道带。[2] 本文论说的黄河灾害问题，均发生在历史时期，吴忱阐述的"典型浅埋古河道带"完全可以满足研讨（包括历史背景）的需要。其中，他对黄河浅埋古河道带是这样叙述的："黄河浅埋古河道带分布在豫北平原东部和鲁西北平原。其上游是分布在豫北平原的洪积扇。自河南滑县开始成为古河道带，向北东方向分成北、中、南三支：北支向北北东方向，经河南省内黄，入河北、山东二省交界处又分成两支：一支向北与清河、漳河古河道带汇合，叫黄、清、漳河古河道带；一支继续北北东方向，经山东省冠县、临清、德州，河北省东光、沧州至青县。中支向东，经河南省濮阳，入山东省范县后向北东方向，经山东省莘县、聊城、高唐、平原、德州至河北省孟

---

❶ 参阅吴忱等撰写的《华北平原古河道的形成研究》，刊载于《中国科学（B辑）》，1991年第2期。

❷ 参阅吴忱等撰写的《论华北平原的黄河古水系》，刊载于《地质力学学报》，2000年第6卷第4期。

村；南支自范县向东，经山东省东阿、禹城、临邑、商河、惠民至无棣。"❶ 这样，河北省地理所科学、系统、概括地探索和研究了海河平原上，以黄河故河道为主体的浅层古河道带，对于其走向、范围、埋深、沉积相、沉积颗粒、古河道洪水水文要素复原，以及古河道分期，都有极其细微的分析。

三、结论

（1）黄河泛滥、决溢和改道，是北宋末以前导致海河流域频繁洪涝灾害，严重影响与改造海河流域下垫面的灾害环境的一个基本致灾因素。但从海河流域与河北省洪涝灾害历史的重大事件来看，境内黄河灾害的频次与严重性，要次于本地太行山前洪水灾害。

（2）海河流域的黄河河患灾难、灾情，见诸各种水利志、水利史、灾害史专著年表。

（3）应该关注黄河离开海河平原，自淮入海的期间，以及所谓"安流八百年"期间对于古今海河流域的侵害事件。不可轻易忽视。

（4）地理学的方法是更为精准、宏观探索和研讨黄河灾害的主要途径。包括卓有成效的历史地理方法、野外查勘及综合分析法、钻探地球物理分析和遥感技术分析方法等，这些方法，在文献分析归纳的基础上，将不同时期黄河在海河平原的空间形态（具体位置、埋深）复原，分析了黄河泛滥、决溢和变徙改道的规律，检测复原了黄患事件期间的历史洪水水文、泥沙诸要素。对于用科学的数理方法分析黄河灾害，有着重大的作用。

---

❶ 参阅吴忱撰写的《华北地貌环境及其形成演化》，237 页，科学出版社，2008 年。

21 世纪初叶海河平原干旱形势变化[*]

摘　要： 根据长期降水数据，分析半个多世纪来海河流域气象干旱灾害形势的变化，21 世纪初气象干旱局面有所减轻，但平原地下水长期超采透支，农业干旱局面尚未缓解。西太平洋季风气候年代际变化 PDO 对海河流域气象干旱形势的变异产生重大影响，当前正处于华北旱涝格局转化的关键阶段，2021 年海河流域乃至华北、东北夏—秋汛异常大水，可能是南北旱涝转折一个标志。

关键词： 海河流域　气象干旱　季风气候　年代际变化　旱涝转化

海河流域的核心地带——河北平原，是中国东部受季风强烈影响地区之一，历史上旱涝灾害频仍。近百年来尤以干旱为盛。20 世纪末叶面临长期干旱灾害的侵扰，降雨的年代际变化显著，海河流域 50 年平均降水量为 529 毫米，20 世纪 60 年代平均降水量 575 毫米，后降水量逐渐下降，到 21 世纪初的 10 年已不足 500 毫米。同时，流域年代际蒸发量也呈现减少趋势，减小率相对较小，近 20 年蒸发量的下降有减缓趋势。而流域相对湿润度指数线性减小，反映了流域年代际变化趋于干旱化。长期来说的"南涝北旱"，很大程度上从华北—— 特别从海河流域干旱说事。然而旱涝形势实际上在发生不断变动。河北平原从 20 世纪 80 年代以来，到 21 世纪的 20 年，旱涝形势发生微妙变化，降水量呈现微调与回升。本文主要从区域降水振荡变化，回顾和分析海河流域降水及气象干旱灾害的变化。

一、21 世纪以来水文年度与夏季的旱涝形势

首先从水文年视角来观察 2000 年以来逐年海河流域旱涝灾害形势变化的历史记录。[❶]

2000～2001 年，华北及海河流域降水距平，以轻旱（距平－20％）与中旱（距平－40％）为主，海河流域总的偏旱。次年，国家气候中心对于 2002 年夏季旱涝的评估是："继 1999 年我国北方地区出现严重干旱以来，本年我国长江以北地区又出现了比上一年更严重的春夏连旱""夏季主要雨带类型属于 3 类雨型（按：南方型）"。在 2001～2002 年度，海河流域大部偏中旱（－40％），华北其他地区轻旱到偏湿。气候中心评估认为"长江以北大部分地区旱情比 2001 年有所减弱。"2002～2003 年度，夏季降水为南少北多的 2 类雨型。降水距平图看，海河流域北部偏旱，南部偏湿；"主要多雨区在淮河流域和黄河流域。6 月下旬至 7 月中旬，淮河流域暴雨频繁，降水量异常偏多，居近 53 年首位……7 月底 8 月初黄河壶口出现 26 年来最大洪峰……东部 100 站正距平概率为 45％。"2003 年夏季降水，是南北形势开始发生显著变化的一年。2003～2004 年度，海河流域普遍偏涝，流域南部降水偏多 4 成。气候中心评估，夏季主雨带属于 1 类的北方雨型。但华北西部的陕甘偏旱少 2 成。这两年的实际降水距平变化，使跟踪和观察，看出华北与海河降水开始偏多。

---

　*　本文系 2021 年参加第 18 届灾害史专业委员会（南开大学）会议提交的交流论文。

　❶　赵振国. 中国夏季旱涝及环境场. 北京：气象出版社，1999 年。

2004～2005年度，气候中心评估"主要多雨区在黄淮、江淮、汉水流域……"，但降水偏重于中纬度的淮河中上游等地区，偏多5成以上。夏季降水主要雨带属于2类中间型。分析曾认为淮河大水，是南北旱涝发生变化的一个重要标志。距平图分析，降水在流域南部偏多，西部北部仍然偏少。2005～2006年度，华北夏季平均降水偏少，主要雨带属于3类的南方类型（新雨型分类为D类，两条多雨带）。距平图看，海河流域和华北，普遍偏旱2成。2006～2007年度，夏季的多雨带在淮河流域，淮河流域汛期降水量为1951年以来第二位，而海河流域总体偏旱2成。2008～2009年度，海河流域中南部偏湿2成，北部偏旱2成。

2009～2010年度，夏季主要雨带属于2类中间型，出现黄淮—渭水和江南南部两条主雨带。华北西部严重干旱，距平图显示，流域中京津地区偏旱2成，其他地方偏湿2成。2010～2011年度，全国平均降水偏少6.7%，夏季主要雨带类型属于3类南方型。华北东部普遍偏旱（京津唐略偏湿），山陕冀西中偏重旱。2011～2012年度，夏季北方降水明显偏多，京、津、冀、晋、蒙，较常年同期偏多16.7%，是1999年以来最多的一年。西北地区的甘、宁、青、陕、新，较常年同期偏多29%，仅次于1958年同期。夏季雨型属于1类北方型。北京的"7·21"暴雨洪水，观察者一度认为以此为标志，南涝北旱的格局可能得以扭转。距平图显示海河流域西部略偏旱，东部偏湿到中等偏涝。

2012～2013年度，海河流域与华北大部偏湿偏涝。全国夏季降水是1类的北方型（华南也有一雨带）。而黄淮、江淮、江南则偏旱。2013～2014年度，海河东部偏旱到中旱，而华北西部的山陕甘宁则偏湿。2014～2015年度，华北普遍偏旱，山陕中旱，华北降水为2000年以来最少，夏季雨带类型属于EId型，主雨带在华南、江南。2015～2016年度，夏季主雨带属于E2c型，位于长江流域。但华北与海河流域出现多场极端日降水事件，7月18～20日，北京、冀豫据地降水达310～680毫米，邯郸达690～881毫米，大兴242毫米，井陉379.7毫米，林州东马鞍703毫米。十分惊人。海河流域普遍偏湿乃至出现偏涝4成区域。2016～2017年度，全国夏季平均降水偏多8.1%，南北方均偏多。是年华北普遍偏湿，但是京津冀地区偏旱2成。

2017～2018年度，夏季全国平均降水偏多8.8%，夏季主雨带类型北方型，位于华北、西北地区。西北地区较常年平均多32%，是1961年来最多的一年。海河流域普遍降水偏多2成。2018～2019年度夏季，全国平均降水量偏多3.5%，但华北东部偏旱，故海河流域从北到南，偏旱2成到4成。2019～2020年度，华北东部和海河流域，距平图呈现偏湿2成的态势。

所以，21世纪初叶看，海河流域各水文年度大致有8年偏旱，6年偏涝，有6年旱涝区域面积大约各占一半。世纪初几年和2011～2015年期间，较为干旱。不过仅从夏季降水距平看，21世纪前20年，河北平原与海河流域初步走出20世纪长期偏旱的局面，多年次出现夏季降水正距平的态势。一般来说，夏季降水也大致决定了全年降水与旱涝的基本格局。

二、支流小流域以及重点控制雨量站年度降水距平变化

年度的实际降水距平是一个基本评估指标。以海河流域的支流小流域八个控制站——

承德、观台、衡水、黄壁庄、临清、秦皇岛、石匣里、新乐连续多年的降水量距平变化折线（图略）分析，20世纪80～90年代，降水正负距平变化较有规律，1988年、1990年大多处于正距平，而1989年普遍处于偏低乃至负距平状态。各站的降水存在一个大致的一致性。

研究者李双双等对北京长序列不同时间尺度的降水变化研究分析十分有意义，认为：在短时间尺度上，1960～2013年北京SPI（标准降水指数）值呈震荡波动，旱涝交替频繁，尤其是月尺度SPI1在计算时没有考虑前期降水的影响，降水时间持续性弱……从5年滑动平均曲线看，北京旱涝变化大致可以分为三个阶段：20世纪60～80年代中期SPI值波动性振荡，旱涝交替频繁；80～90年代中期SPI值多在0值以上，整个时期相对湿润，旱灾发生频率较低；90年代末～21世纪初SPI值低位振荡后呈上升趋势，1999～2008年经历10年干旱，2008年后降水增多，干旱趋势有所逆转。

长序列分析显示："在年尺度上，连续10个月以上干旱主要发生在1960年9月至1961年7月、1962年8月至1963年7月、1965年8月至1966年7月、1968年6月至1969年6月、1971年7月至1973年6月、1974年8月至1976年7月、1980年7月至1982年6月、1983年6月至1985年6月、1989年7月至1990年4月、1993年9月至1994年6月、1997年8月至1998年5月、1999年6月至2004年6月、2004年10月至2008年5月、2009年9月至2010年9月。可以看出，1999年之前干旱持续时间最多为2年左右，1999～2008年出现连续型干旱，涝旱转折点为20世纪80年代中期。"❶

而2021年北京主汛期降水出现突增增加，以北京水利系统百余雨量站逐日记录合成的北京降水，显示6月1日至9月1日累积降水量632.00毫米，而去年与往年同期仅350～400毫米，2021年增加了80%～50%。1月1日至9月1日累积降水量707毫米，而多年同期平均降水只有503毫米，今年突然增加了4成，其中仅7月则增加了102%。按气象部门统计，汛期降雨次数、降雨量都明显偏多。北京市汛期共出现降雨过程62次，比去年同期偏多3成；全市平均降水量为627.4毫米，为近20年最多，较常年同期偏多7成。7月降水量为400.4毫米，是自1951年以来历史同期最多一年。海河流域水文部门统计的委属雨量站合成降水量，6～8月降水量共428毫米（多年均值为357毫米），其中6月降水量69毫米（多年均值为72毫米），7月降水量261毫米（多年均值154毫米，约多出70%），8月降水量98毫米（多年均值131毫米），2021年汛期降水偏多2成。另据气象部门统计，海河流域京津冀三地，汛期3个月降水量达508毫米，几乎超出多年均值的50%。

从海河流域平均降水来说，2021年属于偏涝，7月大涝，就北京市而言，2021年大涝，7月严重偏涝，从河北与海河流域看，2021年应该属于旱涝典型转折性的一年。比邻北京的天津市，汛期6月、7月、8月三个月累计降水量达622.5毫米，而多年平均值是347.1毫米，达到八成的正距平。也是严重偏涝的一年了。

北京长系列降水指数变化的这一分析，说明1984～1998年处于偏涝期，1999～2013年处于偏旱期，则2014年后处于偏涝期了，目前正处于偏涝期。

---

❶ 李双双，等. 1960—2013年北京旱涝变化特征及其影响因素分析. 自然资源学报，2015年第6期。

从变化的机理看，研究证明：中国北方的干旱化趋势与太平洋海温的年代际异常有关，特别是与太平洋年代际振荡（PDO）存在显著的位相对应关系。杨修群等（2005）发现：华北降水的年代际变化与PDO存在着密切关系；马柱国和邵丽娟（2006）的研究揭示了过去100年华北地区的长尺度干旱与PDO的位相存在很好的对应关系，即PDO的暖位相（正位相）对应着华北的干旱时段，反之亦然。而东亚夏季风从1975年以后存在一个减弱的趋势，这种减弱趋势导致向北输送水汽减弱，形成了较长一个时期以来北方持续干旱化的趋势，而东亚夏季风的这一减弱时段也正好与PDO的暖位相对应。在1976～2000年，当PDO处于暖位相时，我国东部呈现并维持"南涝北旱"的分布格局，华北地区持续干旱，而南方是持续的多雨时期；当PDO处于冷位相时（负位相），对应华北的相对多雨时期，而南方则为少雨干旱时期（Ma，2007；Yang et al.，2017）。图1给出了1901～2016年PDO年指数的变化曲线，其中粗实线为9年的滑动平均曲线。可以看出，约在2000年以后，PDO由暖位相转换为一个冷位相，中国南方原来的偏涝局面也就被偏旱趋势代替。这样，由太平洋年代际震荡，可以相关喻示北方的旱涝阶段相互交替出现。

如图1所示，长江与南方地区大致在PDO的正（暖）位相处于偏涝阶段，在PDO的负（冷）位相则处于偏干旱阶段，易出现重大的连续的干旱灾害。这与北方的干湿变化恰好反向对应。

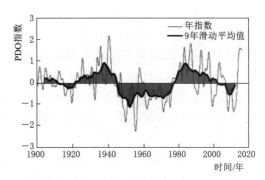

图1　1901～2016年太平洋年代际振荡（PDO）指数的变化图

三、年度降水距平指数的分析

年度降水距平指数，大致反映了一个长时期的降水丰枯程度，而非指单一某年度的降水丰枯。为了追溯前期降水的累积效应对当前干旱的影响，水文气象工作的干旱长期趋势分析，引进了年度降水距平指数分析。对于海河流域长时间尺度的干旱灾害过程，本探讨采用水利部水文司水利信息中心研发的防汛抗旱雨情系统，生成单站长序列（1960～2020年）的水文年度降水距平指数折线分析研判。

探讨绘制和分析了北京、天津、石家庄、安阳、邢台、青龙、莘县等控制站点长时期的年度降水距平折线，认为海河流域与河北平原，在20世纪70年代中期、80年代前后期、20～21世纪转折的数年，发生过较为严重的干旱，但2010年以后，降水年际变化较为均匀平衡。而且正距平态势业已出现。

处于冀中的保定测站，其连续的年度降水距平指数，反映长历时的旱涝变化。若就1980年底以来局部时段而言，干旱为例，大致有如下偏干旱时段：1980年10月至1982年5月，偏旱2～4成；1984年5月至1985年8月偏旱2～4成；1986年5月至1987年5月，偏旱2成；1993年6月至1994年6月，偏旱2～4成；1999年6月至2003年10月，4～6成干旱，这应该是保定持续干旱最重的一个时段；2010年6月至2011年6月，偏旱

2 成。2011 年以来，总体略偏湿，说明气象降水趋势有所缓解与回归。区域干旱季节，主要发生在夏季，轻旱到中旱。但也有多次跨季节跨年度，乃至多年度的持续干旱。最突出的是上述 1999 年夏至于 2003 年秋的长历时的中旱到大旱，是海河流域中部跨世纪过渡期的典型干旱。之后，特别是 2011 年以来，气象干旱趋势已呈现扭转。

以天津测站实测记录做出年度降水距平折线分析：1992 年 6 月至 1995 年 6 月，偏旱 2～4 成；1999 年 4 月至 2003 年 6 月，偏旱 2～4 成；2007 年 6 月至 2008 年 6 月，降水偏少 2～4 成；2010 年 10 月至 2012 年 7 月，年度降水距平在＋2 成与−2 到−4 成间跳动；2014 年 4 月至 2015 年 8 月，年度降水距平在＋2 成到−2 成之间跳动。天津站的干旱趋势尚未得到冀中保定站那样的明显缓解，而在世纪转折阶段的持续中旱则是明显的。

冀南的邢台测站，1992 年 6 月至 1995 年 6 月，年度降水距平在−4 成和＋4 成之间跳动，干旱趋势尚无冀中那样典型。1998 年 12 月至 2000 年 6 月，降水距平在−2 成到−6 成间变动，也处于世纪过渡的轻旱到持续大旱期。而聊城的莘县，年度降水距平折线，则有 1981 年 5 月至 1982 年 5 月的距平在−2 成到−4 成间，1992 年 8 月至 1993 年 9 月，也为−2 到−4 成干旱，1997 年 6 月到 1998 年 9 月，也为−2 到−4 成的干旱，1999 年 9 月到 2000 年 9 月，由−2 到−4 成的轻至中旱。大致看出海河南系地区，干旱程度尚无冀中典型。

这一变动在中国科学院大气物理所近年对于中国干湿趋势变化的分析也可以看出来：

关于中国东部地区南北旱涝格局的转化，大气物理所马柱国、符淙斌等的最新研究成果说明[1]："近 16 年（2001～2016 年），中国东部地区（100°E 以东）'南涝北旱'的格局正在发生显著的变化，长江上中游及江淮流域已转为显著的干旱化趋势，而华北地区的降水已转为增加趋势，东部'南旱北涝'的格局基本形成；北方过去的'西湿东干'也转变为'西干东湿'的空间分布特征。显然，中国区域的降水格局在 2001 年后发生了明显的年代大尺度转折性变化，两种常用干旱指数 scPDSI（矫正帕尔默干旱指数）和 SWI（地表湿润指数）的分析也证明了这一点。"

矫正帕尔默干旱指数和地表湿润指数，是较之过去单纯的降水距平和标准化降水指数、蒸散指数及早前的帕尔默干旱指数等，更为精细和本质说明下垫面干旱机理的分析手段。地表湿润指数说明气象降水影响农业干旱的程度有限，而华北这样长期干旱河地下水下降，也更深刻低影响区域干旱的发展趋势。

该分析向研究者传递了一个最新的研究信息（2018 年），显示了一个非常重要的、气候转折性的趋势（21 世纪初叶）：无论是采用修正的帕尔默指数法，还是地表湿润指数法分析，20 世纪后半期中国东北、华北、淮河流域大部和江南、西南局部都呈大片干旱的趋势，但 20 世纪以来，黄淮大部、华中、江南西部和西南地区、新疆西藏连片呈干旱态势，中国的西部地区整个呈现干旱局面。20 世纪末传统的干旱区东北、华北和西北东部的干旱趋势得到一定程度的缓解，甚至转为正距平（偏湿）。干旱化空间发生了较大的趋势变化（但也有业务部门从农业干旱角度，认为并非基本如此，海河流域就有干旱继续发展的

---

[1] 马柱国，等. 关于我国北方干旱化及其转折性变化. 大气科学，2018 年第 4 期。

迹象）。20 世纪江淮、江南连片偏涝的区域也在 20 世纪大大压缩，仅两广地区偏涝。作者将总体情况类同的东北与华北对比后认为：“华北的年代尺度合成变化特征不同于东北地区，从 1968 年开始持续 43 年的干旱几乎占过去 66 年的三分之二，在 2010 年以后，降水转为正的距平”。

20 世纪 70 年代以来，到 21 世纪前 10 年华北地区降水偏少，目前处于正距平状态。

作者在文末的讨论和结论中认为：“通过对比 1951～2016 年、1951～2000 年和 2001～2016 年三个时段年降水量、年平均的 scPDSI 和年 SWI 的变化趋势发现，尽管 1951～2016 年的变化趋势是北方的‘西湿东干’和东部的‘南涝北旱’的格局，但比较 1951～2000 年和 2001～2016 年两个时段的变化趋势发现，2001 年后，这种‘南涝北旱’和‘西湿东干’的格局已经发生完全的转变，北方转为‘西干东湿’和东部转为‘南旱北涝’。”❶

华北地区发展趋势是否如分析的这样，研究将继续跟踪今后实测数据与分析结果来判断。

这种转型变化与 PDO 的周期位相转变一致。即 PDO 处于负的位相时，华北多处于偏湿的时期，而 PDO 处于正位相时，华北将持续偏干旱。

四、海河流域地下水变化典型

20 世纪末，随着人为地下水超采和降水的偏少，华北、河北平原地下水埋深趋于迅速降低状态。21 世纪初，降水略有回增，根据水利部“地下水动态月报”（水利部官网）逐月逐年信息，在 2010 年、2011 年、2013 年度比上一年，地下水埋深一度出现过略有回升景象，但之后重返降低。而 2020 年度河北 446 个监测站，有 31.6％埋深增加，出现超 2 米的增长局面，埋深增加的站点达到 56.3％，减小的站点占 24.2％。总趋势有所缓解。

五、结语

（1）从水文年降水距平和气象部门的分析记录，海河流域旱涝世纪初和 2011～2015 年期间，较为干旱。但夏季降水距平来看，21 世纪前 20 年，河北平原与海河流域长期偏旱的局面有明显改善迹象，出现降水正距平的态势，气象干旱与农业干旱有所缓解。但鉴于长期干旱缺水，地下水漏斗情况恶化，实际干旱情况没有根本扭转。

（2）海河流域多个站点反映长时期的降水丰枯程度的年度降水距平的数值看，21 世纪前 20 年后段，区域气象干旱趋势有所缓解。注意到有研究关注的 20 世纪末传统的干旱区东北、华北和西北东部的气象干旱趋势得到一定程度的缓解，甚至转为正距平（偏湿）。而华北地区降水年代际变化呈现出 1970～2010 年代的干旱，转换为之后的降水正距平。而太平洋年代际震荡 POD，与中国北方的旱涝阶段相互交替出现相关。

（3）2021 年海河流域和华北地区出现偏涝和大涝的局面，从历史的回顾和大气环流的年代际变化看，2021 年可能是华北旱涝格局转折性变化关键的一年。但今后走势如何，尚需看未来发展趋势，这将是干旱气候灾害变化发展研究的一个重大问题。

（4）注意到海河流域部分地区地下水位在研究阶段略有回升。

---

❶ 马柱国，等. 关于我国北方干旱化及其转折性变化. 大气科学，2018 年第 4 期。

关注中国中东部旱涝气候格局的重大变化[*]

徐海亮

21 世纪以来，灾害史研究向纵深发展，气象灾害与气候变化是重点研究对象之一；期间东亚地区旱涝气候物理场正发生重大变化。利用水利部气象信息系统，跟进全国水雨情实时监测和分析，参加重大自然灾害预测的年际活动（如：春季预测会商，冬季年度小结），选择南北系列典型地理区域进行旱涝形势变化分析，以观察和思考 20 世纪末叶典型的"南涝北旱"灾害性旱涝格局变动状态，认识正在发生的灾害性气候变化趋势。

一、气象灾害应用领域的发现

在 2010 年代的灾害链、天灾预测、灾害史的多次应用及学术会议上，我们一再提出：自 2000 年以来，中国旱涝格局正在发生微妙的，也是深刻的变化，过去三四十年来大家共识的"南涝北旱"趋势，正在发生重大调整变动，2003 年淮河、渭河大水，汛期雨区向北推进，南方的严重干旱持续发展，长江中下游的空梅少梅连续，自 2007 年、2009 年以来，北方多数地区汛期降水连续出现正距平。"南涝北旱"的局面有可能在最近发生扭转，我们将跟踪并寻找标志这个扭转的象征性事件（典型年）来。同时，我们也将从各个方面不断搜集和阐述关联的气候变化及旱涝环境场变动的事实与物理背景。2012 年，这个扭转的象征性的事件出现，它可能就是：6～10 月黄河上中游的持续降水、大水；海河流域京津、保定地区"7·21 暴雨洪水"事件；北方降水偏多 2～5 成。2013 年，长江空梅，北方多雨偏涝。

在跟进探讨灾害气候变化中，笔者集中分析了中国中东部南北旱涝气候与灾害的时空变化，在 2019 年灾害史会（海口），以东部和粤、桂、琼为例，认为：20 世纪末华北气象干旱的持续情势似乎趋弱，南方干旱有所增加并趋强，整体状况纷繁、复杂多变。注意到 20 世纪 70 年代以来中国南涝北旱的格局，正在发生深刻、复杂的变异，出现我国东部的北涝南旱现象，南北降水和气象干旱的调整正在一定范围内进行。认为全国夏季降水主雨带变化趋势，从 20 世纪 50、60 年代以华北为主，逐渐南下，经 60 年代末到 80 年代初的那一次转折，夏季主雨带位于黄、淮流域一带，变化到 80～90 年代的长江、江南、华南地区。这即为常称为的"南涝北旱"阶段。但这一局面大致在 20～21 世纪转换之际结束，21 世纪初的前 10 年发生转变，主雨带向淮河流域转化，后有继续向北转变的迹象，一些年，汛期华北偏涝出现。同时，华南的季节性干旱频出，特别是滇、黔、琼、桂、闽几省（自治区）。

自灾害史 2019 年海口（海南师大）会议来，华南、西南的夏秋和冬季的干旱局势持续发展，这是有目共睹的。

---

[*] 本文系提交中国灾害防御协会灾害史专业会员会第 20 届年会交流论文（大同大学，2023 年）。

海口灾害史会后笔者到云南大学访问，对西南地区干旱形势进行系统观察和研讨，在2020年灾害史会议（云大，线上）提交了"六十年来全国与西南地区气象干旱及气候环境变化"综述性分析材料（之一、二、三），从气象干旱现象到物理机制进行综合系统分析。

就滇、黔、川、渝、桂西南地区干旱及气候变化趋势实际情况，笔者认识到：在21世纪初中国和东亚旱涝格局发生重大转变同时，西南地区年代际气温普遍趋增、年代际与年际降水趋减，干旱化态势持续，干旱灾害发展。注意到随部分大气环流要素变化的正、负位相位置在世纪交接前后的相互转化，初步得出20世纪70年代以来中国东部的"南涝北旱"形势，正在发生深刻、复杂的变异，出现中国东部趋"北涝南旱"、西南持续干旱化的新格局的结论。西南和大华南地区的旱涝变化，是笔者把握中东部灾害环境变异的重要案例。

期间特别关注中国科学院大气物理所马柱国、符淙斌等的最新成果："近16年（2001～2016年），中国东部地区（100°E以东）'南涝北旱'的格局正在发生显著的变化，长江上中游及江淮流域已转为显著的干旱化趋势，而华北地区的降水已转为增加趋势，东部'南旱北涝'的格局基本形成；北方过去的'西湿东干'也转变为'西干东湿'的空间分布特征。显然，中国区域的降水格局在2001年后发生了明显的年代大尺度转折性变化"❶。

许多专家们认为，南方的干旱化趋势与南北旱涝形势的逆转有关，而太平洋年代际振荡（PDO）可能是驱动中东部旱涝变化的主要因素之一。研究证明：中国南方北方北方的干旱变化趋势与太平洋海温的年代际异常有关，特别是与太平洋年代际振荡（PDO）存在显著的位相对应关系。杨修群等（2005年）发现：华北降水的年代际变化与PDO存在着密切关系；马柱国和邵丽娟（2006年）的研究揭示了过去100年华北地区的年代尺度干旱与PDO的位相存在很好的对应关系，即PDO的暖位相对应着华北的干旱时段，反之冷位相则对应这华南干旱。而东亚夏季风从1975年以后存在一个减弱的趋势，这种减弱趋势导致向北输送水汽减弱，形成了较长一个时期以来北方持续干旱化的趋势，而东亚夏季风的这一减弱时段也正好与PDO的暖位相对应。在1976～2000年，当PDO处于暖位相时，我国东部呈现并维持"南涝北旱"的分布格局，华北地区持续干旱，而南方是持续的多雨时期；当PDO处于冷位相时，对应华北的相对多雨时期，而南方则为少雨干旱时期。

从图1中可以看出，长江与南方地区大致在PDO的正（暖）位相处于偏涝阶段，在PDO的负（冷）位相则处于偏干旱阶段。西南地区大半国土处于长江流域上游，回顾过去长江流域的丰枯变化，在某种意义上，实际蕴含了西南地区的旱涝气候变化。

研讨西南滇黔川渝干旱化趋势过程中，在2020年灾害史会议（云大，线上）提交了"西南旱涝形势变化的物理机制探讨综述"，注意到大气环流变化重要背景是：影响东中部的西太平洋副高的强度、位置、面积在20世纪90年代都发生了显著变化。从而引起旱涝时空的变异。

---

❶ 马柱国，等. 关于我国北方干旱化及其转折性变化. 大气科学，2018年第42卷第4期。

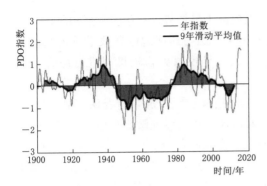

图 1　1901～2016 年太平洋年代际振荡
（PDO）指数的变化图

笔者归纳了西南地区各种气候要素在 20～21 世纪发生一系列的突变和分析，关注气候环境要素演化的突变点的时间，探讨所列举的多种分析都尽可能对此作出判定。诸如：贵州干旱时空（1991 年，2001 年），川滇干湿变化（T 1997 年，W 1999 年），西南地区温度变化（1986 年），南亚高压变化（1977 年，1999 年），东亚夏季风变化（1977 年，1999 年），西南季风降水变化 SPEI（1994 年），冬季温度指数变化（1988 年，1999 年），北极涛动变化（1976 年，1988 年，1999 年，2012 年），高原

位势变化（1968 年，1988 年），高原积雪变化（1976 年，1999 年），中国气温变化（1988 年，1999 年），云南气温变化（1986 年），昆明天气（T 1992 年，W 1994 年），云南降水变化 SPEI（1997 年），全国的修正帕尔默指数 scPDSI 变化（2001 年），西太平洋 PDO 变化等诸多气候要素与旱涝物理场背景变化（1944 年/1945 年，1966 年/1977 年，2000 年/2001 年）。尽管上述不同的气候因子或不同统计时段、不同的计算分析平台可能存在误差，但以上突变发生的年度存在相当一致的关联性和规律性。说明一些因素和趋势，具有深刻的物理背景和宏观的时间关联。1976 年/1977 年和 2000 年/2001 年，是 1961～2021 年一个甲子年以来气候要素最重要的转折时节。❶

孙小婷等注意到西南地区类似的年内、年际气候突变现象，"利用 1961～2015 年中国 567 站逐日降水资料和 NCEP/NCAR 再分析资料，研究我国西南地区夏季长周期旱涝急转的特征及其相联系的大气环流和水汽输送异常特征……认为 1961～1970 年夏季旱转涝多于涝转旱，1971～1980 年夏季涝转旱年较多，1981～2000 年旱转涝与涝转旱年相当，21 世纪初以来，指数又呈现出负值的趋势，涝转旱年偏多。"❷ 可见，在 1960 年代，西南地区处于旱期遭遇涝年转换机遇较多，20 世纪 70 年代的涝期和雨季转换为干旱机遇较多。而在南方总体偏涝的 20 世纪 80、90 年代，两类可逆的变换机遇相当。而到 21 世纪，偏涝转换为干旱的机遇偏多了。这也是 21 世纪来西南地区干旱化加剧的一个关注特点。

华北的干旱形势，历来是学界关注的重点。与华南、西南地区的变化相对应，华北的旱涝趋势，以海河平原作为例较为典型。笔者在 2021 年灾害史会议（南开大学，线上）提交了"21 世纪初叶海河平原干旱形势变化"，指出马柱国等的研究提出一个关于气候转折性趋势（21 世纪初叶）的结论：无论是采用修正的帕尔默指数法，还是地表湿润指数法分析，20 世纪后半期中国东北、华北、淮河流域大部和江南、西南局部都呈大片干旱的趋势，但 21 世纪以来，黄淮大部、华中、江南西部和西南地区、新疆、西藏连片呈干旱态势，中国的西部地区整个呈现干旱局面。20 世纪末传统的干旱区东北、华北和西北

❶　周琼. 历史视野下的灾害文化与灾害治理//徐海亮. 六十年来西南地区气象干旱的气候环境变化——西南旱涝形势势变化的物理机制探讨综述. 北京：科学出版社，2023 年。

❷　孙小婷，等. 我国西南地区夏季长周期旱涝急转及其大气环流异常. 大气科学，2017 年第 41 卷第 6 期。

东部的干旱趋势得到一定程度的缓解，甚至转为正距平（偏湿）。干旱化空间发生了较大的趋势变化（但流域水文业务部门从农业干旱角度，认为并非基本如此，海河流域仍有干旱继续发展的迹象）。20世纪江淮、江南连片偏涝的区域也在21世纪大大压缩，仅两广地区偏涝。马柱国将总体情况类同的东北与华北对比后认为："华北的年代尺度合成变化特征不同于东北地区，从1968年开始持续43年的干旱几乎占过去66年的三分之二，在2010年以后，降水转为正的距平。"

从图2可以看出，20世纪70年代以来，到2010年代前夕海河地区降水偏少，目前趋于正距平状态。

马柱国结论认为："通过对比1951～2016年、1951～2000和2001～2016年三个时段年降水量、年平均的scPDSI和年SWI的变化趋势发现，尽管1951～2016年的变化趋势是北方的'西湿东干'和东部的'南涝北旱'的格局，但比较1951～2000年和2001～2016年两个时段的变化

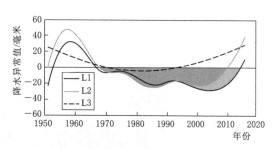

图2　基于EEMD方法得到的华北地区
降水年代际变化特征与趋势图

趋势发现，2001年后，这种'南涝北旱'和'西湿东干'的格局已经发生完全的转变，北方转为'西干东湿'和东部转为'南旱北涝。'"[1]

这个科学结论非常重要，尽管具体业务管理部门还没来得及反应过来。华北地区发展趋势是否确如这样，研究将继续跟踪今后实测数据与分析结果来判断。

这种转型变化与PDO的周期位相转变一致，即PDO处于负的位相时，华北多处于偏湿的时期，而PDO处于正位相时，华北将持续偏干旱。实际的气象干旱趋势与PDO转换一致。

笔者从海河流域降水的变化，认为：①从水文年降水距平和气象部门的分析记录，海河流域旱涝世纪初和2011～2015年期间，较为干旱。但夏季降水距平来看，21世纪前20年，河北平原与海河流域长期偏旱的局面有明显改善迹象，出现降水正距平的态势，气象干旱与农业干旱有所缓解。②海河流域多个站点反映长时期的降水丰枯程度的年度降水距平的数值看，21世纪前20年后一段，区域气象干旱趋势有所缓解。注意到有研究关注的20世纪末传统的干旱区东北、华北和西北东部的干旱趋势得到一定程度的缓解，甚至转为正距平（偏湿）。而华北地区降水年代际变化呈现出1970～2010年的干旱，转换为之后的降水正距平。而太平洋年代际震荡POD趋势，与中国北方的旱涝变化阶段相关。

在笔者进行海河流域跟踪分析以后，紧接着发生了2021年中州和海河南系暴雨大水，接着又发生了2023年京、津、冀暴雨大水，实际旱涝形势使笔者相信南北旱涝气候格局正在发生转折。尽管，目前也已发生的似乎只是夏季降水和城市暴雨极端化的稀罕灾害事件。

---

❶ 马柱国，等. 关于我国北方干旱化及其转折性变化. 大气科学，2018年第42卷第4期。

二、气象学界的多方面分析

1. 华北雨季降水变化

关于中国南北旱涝格局变化，学界尚存不同的认识，但是近年开始有多人提出了对变化趋势的种种论点。如：崔连童等的《华北雨季降水年代际变化与水汽输送的联系》（大气科学，2022 年第 46 卷第 4 期）认为华北雨季降水和净水汽收支具有相似的年代际变化特征，分别在 1977 年、1987 年、1999 年发生突变，总体呈现"减—增—减"的阶段性变化趋势，两者位相转变相关性很强。1961～2018 年华北雨季历年变化见图 3。

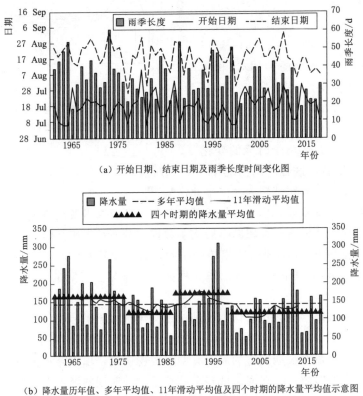

（a）开始日期、结束日期及雨季长度时间变化图

（b）降水量历年值、多年平均值、11年滑动平均值及四个时期的降水量平均值示意图

图 3　1961～2018 年华北雨季历年变化图

崔连童的综合研究指出，周晓霞等（2008 年）研究：我国水汽主要由南海北部边界输入，东亚水汽输送的北进同我国雨带的北进时间一致，两者之间相互协调。且华北雨季水汽不仅源于东亚季风输送，还与西风带有关。在 20 世纪 70 年代末之后，伴随西南风的减弱，中国东部自南向北的水汽输送明显减弱，到达华北的水汽减少，这可能是华北干旱频率增加的主要因素之一（周晓霞等，2008 年；Zhang et al.，2009 年）。这种年代际的变化具体表现为多雨年代的异常南风水汽输送及异常水汽辐合，改变为少雨年代的异常偏北风水汽输送及异常辐散（刘海文和丁一汇，2011 年；郝立生等，2016 年；杨柳等，2018 年）。

从图 3 中可以看出，显然在华北夏季降水上，出现偏多年份 1961～1975 年，1985～

1997 年时段，和偏少时段 1976～1986 年、1998～2017 年。

崔连童指出：以往研究表明，华北地区夏季降水在 20 世纪 70 年代中后期发生了一次明显的跃变，此后华北地区降水较前期显著减少（崔连童和黄荣辉，2003 年；丁一汇和张莉，2008 年）。荣艳淑（2013 年）指出，华北夏季降水量在 1977 年前后发生突变而减少，20 世纪 80 年代末至 90 年代末，降水有所增加，而 21 世纪以来再次减为最少的时期。1961 年以来华北雨季降水量年代际波动较大，总体呈现"减—增—减"阶段式变化特征，1977 年后雨季降水量明显减少。同时，对华北雨季降水量滑动 t 检验分析表明，1986 年、1999 年前后两处存在突变，且都通过了 95％ 显著性检验（图略）。因此，结合前人的研究以及降水量 11 年滑动平均曲线的变化，选择以 1977 年、1987 年和 1999 年把降水量划分出四个时期：分别为 1961～除 2012 年外，其余 6 年均处在降水量偏多的 P1 和 P3 两个多雨年代；同理，雨季降水量偏少一倍标准差的年份代表少雨年，有 1965 年、1971 年、1980 年、1986 年、2000 年、2001 年、2002 年、2014 年和 2015 年共 9 年，其中除 1965 和 1971 年外，其余 7 年均在 P2 和 P4 两个少雨年代中。9 个华北少雨年夏季均出现了不同程度的气象干旱，其中 1965 年、1980 年、2000 年和 2001 年华北地区均有极端干旱事件发生（毕慕莹、丁一汇，1992 年；中国气象局，2010 年，2015 年；安莉娟等，2014 年）。可以看到，在多雨年代，华北大部地区雨季降水量较常年偏多 20％～100％，其中在华北中部局部地区偏多 1 倍以上，同时东北地区和江南地区降水相对偏少；在少雨年代，华北大部地区雨季降水量较常年偏少 30％～60％，华北北部部分地区偏少 60％ 以上，而广大的南方地区和东北东部地区降水相对偏多，为典型的"南涝北旱"式降水分布。

崔连童认为，华北雨季降水量有显著的年代际变化，分别在 1977 年、1987 年、1999 年发生年代际突变转折，雨季降水和水汽收支均呈现"减—增—减"的阶段性变化趋势，并且降水和水汽收支存在显著的相关性。

2. 西北地区降水旱涝变化

西北地区近几十年降水的旱涝变化突出，是业内与社会上普遍注意到的。

如王澄海、张晟宁、李课臣、张飞民、杨凯撰写的"1961～2018 年西北地区降水的变化特征"（大气科学，2021 年第 45 卷第 4 期）。

文章认为：近 60 年来西北地区年降水量（见图 4）的变化总体处于上升的趋势。133 个站点呈上升趋势，占比为 92％，其中新疆北部、西部、青海、甘肃西北部等地区的 81 个站点的线性增加趋势通过了显著性检验。这些区域处于亚欧大陆的中心位置，地形多为盆地，如准噶尔盆地、塔里木盆地、柴达木盆地。年降水量呈下降趋势的站点仅为 11 个，主要集中在甘肃东南部的黄河流域。在年尺度上，1961～2018 年间，西北地区的年降水量经历了 3 次转折，20 世纪 70 年代初之后年降水量偏多，20 世纪 80 年代初之后年降水量偏（减）少，为第

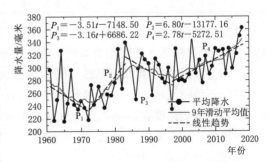

图 4 1961～2018 年西北地区年降水量图

2 次转折；20 世纪 90 年代后期年降水量又开始偏多，为第 3 次转折。目前西北地区的降水仍然处于增加的阶段。

对西北地区的多个监测和报道看，季风降雨深入西北干旱半干旱区，再度"玉门关"，降雨区域向西北扩展。

3. 长江中下游梅雨时空变化

梅雨的时空与量级变化，是近 20 多年来特别值得关注的一个问题。探讨注意到 1990 年代的长江与江南的偏涝，与梅雨带滞留长江时间不无关联，而 21 世纪初，该地区多次出现晚梅、少梅，甚至空梅的年次。是所谓的"南涝"标志减弱，雨带转移的一个突出征象。

胡娅敏、丁一汇发表的"2000 年以来江淮梅雨带北移的可能成因分析"（气象，2009 年第 35 卷第 12 期），对 21 世纪初年的长江中下游梅雨分析指出："2000 年以来长江中下游地区梅雨量偏少年出现的频率大大增加，梅雨量进入一个相对偏少的时期。观测资料分析表明，2000～2005 年江淮梅雨带的位置较 1971～1999 年向北移动了 2 个纬距，淮河流域降水增加了 20%。……进一步研究得到：西太平洋副热带高压脊位置的北移、东亚夏季风的加强以及冷空气的减弱，可能是导致 2000～2005 年梅雨带位置北移的原因。"

我们在 2003 年、2007 年、2009 年相继观察到汛期的雨涝向淮河流域转移的现象。发生了中纬度淮河、渭河的大水。到 2013 年，更是出现雨带北上（见表 1）。2013 年绝非"南涝北旱"年，而是 1 类雨型（北方型），主要多雨带位于东北大部、华北中东部、西北部地区、华西暴雨区、华南沿海。20 世纪这类雨型，有 1953 年、1958 年、1960 年、1961 年、1964 年、1966 年、1967 年、1973 年、1976 年、1977 年、1978 年、1981 年、1985 年、1988 年、1992 年、1994 年、1995 年。

表 1   2013 年中国雨季基本情况表

类　别	开始日期 /(月-日)	结束日期 /(月-日)	雨季长度 /天	雨季期间降水量 /毫米
华南前汛期	3-28	7-3	91	830.3（+16.9%）
梅雨（长江中下游）	6-23	6-28	6	470.5（-62.3%）
华北雨季	7-9	8-13	35	205.9（+68.9%）
西南雨季	5-9	待结束	—	857.5（接近常年）
华西秋雨	8-31	待结束	—	342.1（+48.7%）

是年梅雨仅有 7 天，梅雨量距平是 -62.3%，相对应的华北雨季雨量距平是 68.9%。这是 21 世纪来梅雨北移特别典型的一年。下面将继续跟踪这一变化。

2013 年雨情实际状况，显然和图 5 的过去夏季降雨季节状态发生了重大变异。2013 年梅雨处于负距平状态，夏半年的旱涝趋势，说明我国旱涝格局确实在发生非常有意义的，重大、深刻的变化，变化有着深远与宏观的环流年代际变化背景；当然"南涝北旱"的根本扭转，还需要进一步观察、确定。

4. 黄河流域的降雨变化

黄河流域的长系列气候也在发生变化，并影响着黄河的水沙情势。黄委会刘晓燕等按实测资料分析了流域的近 60 年降雨量变化和近百年主要产沙区的有效降雨变化如下（见图 5、图 6)❶。

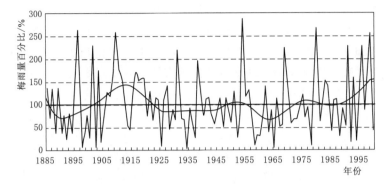

图 5　1885～2000 年长江中下游梅雨量百分数年代际变化图

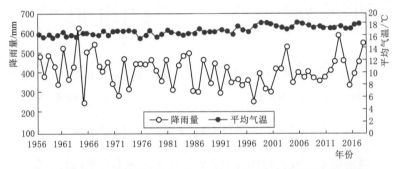

图 6　黄河主要产沙区 1956～2018 年 4～9 月降雨量和气温变化图

显然，21 世纪以来，黄河有效降雨发生了持续增加的变化。对于图 7，分析根据近 60 年和近百年的数据起伏变化说："该区的有效降雨存在'枯—丰—枯—丰'的周期性特点：①1933～1967 年和 2010～2019 年的丰水期，与 1919～2019 年均值相比，偏丰程度分别为 13.2％和 26.1％。②1920～1932 年和 1982～2000 年是 1919～2019 年有效降雨最枯的时段，偏枯程度分别达 16.6％和 18.6％。③1968～1981 年和 2001～2009 年也是两个降雨偏枯的时段，其中 2001～2009 年偏枯 3.3％。"

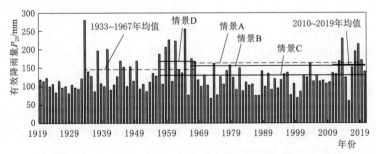

图 7　1919～2019 年黄河主要产沙区有效降雨变化图

❶　刘晓燕，等. 黄土高原产沙情势变化. 北京：科学出版社，2021 年。

黄河中游的降雨和有效降雨变化，显然与黄河中游环境演化、侵蚀产沙、下游来水来沙，以及中下游旱涝趋势有关。不过到目前为止，各种分析和研究，对于黄河环境的未来发展趋势，以及气候变化对于黄河下游安全形势，尚未取得统一的认识。

　　马柱国，符淙斌等（2020 年）在中国网·中国发展门户网发表《黄河流域气候及水资源变化现状及预估》，对于黄河流域的气候变化与降水变化趋势也给出趋势性的分析，认为自 20 世纪 70 年代以来流域的降水量是持续增加的（见图 8）。

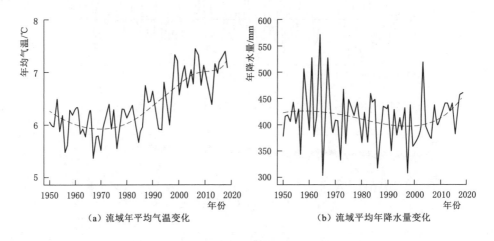

（a）流域年平均气温变化　　　　　　　　（b）流域平均年降水量变化

图 8　建国 70 年来黄河流域降水与气温的变化趋势

　　流域源头区域的降水，较大程度决定了流域降水的多寡，中国科学院青藏高原研究所王磊研究员等发表论文——《21 世纪黄河流域流量增加主要是源头地区的降水》，定量研究了源头地区的变化如何影响黄河流域流量。他们的相关结论是：①1986～2019 年，2002 年突变前后，源头地区的观测流量（QObs）增加了 4.45 立方公里（从 26.37 立方公里增加到 30.82 立方公里），占整个黄河流域观测流量（QObs）增加量的 76.45%（从 13.21 立方公里增加至 19.03 立方公里）。②对于源头地区，降水量的增加导致整个黄河流域的相对增加了 36.28%（6.61 立方公里），而潜在蒸散量的大幅增加，土地覆盖变化（如植被恢复和人类活动用水的增加）使整个黄河流域人类活动减少了 4.68%（−0.85 立方公里），2.07%（−0.38 立方公里）和 5.10%（−0.93 立方公里）。

　　这一趋势与其他的分析是一致的，而且统计的降水量的增量，大大多于下垫面减少的量级。黄河流域降水的变化，显然与近 30 年区域植被覆盖与环境变化有关，这里就不再一一列举了。

　　5. 近 60 年来季风气候与太平洋年代际振荡变化

　　国家气候中心丁一汇、王会军的"近百年中国气候变化科学问题的新认识"[1]，分析了近 60 年来东亚季风指数变化（见图 9），经历了 1980～1990 年代季风强度偏低，2000 年代以来，冬夏季风强度再次偏强的变化。

　　这应该是东亚气候调整、夏季降雨物理场变换、中国南北旱涝气候调整的一个重要的

---

　❶　王会军. 近百年中国气候变化科学问题的新认识. 科学通报，2016 年第 61 卷第 10 期。

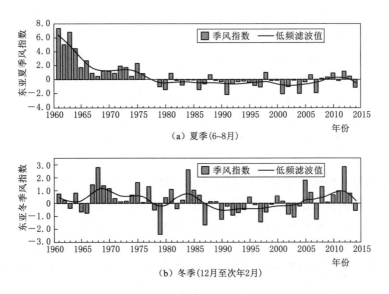

图 9　1961～2014 年东亚夏季（6～8 月）季风和冬季（12 月至次年 2 月）季风指数变化曲线
（国家气候中心，2015）

宏观背景。

太平洋年代际振荡（PDO）年代际尺度的北太平洋海温变率，有与 ENSO 类似的空间结构，它对北半球年代际气候变化有重要影响。近百年全球地表气温的快速增温期与趋缓期（或停顿期）与 PDO 的位相变化有很明显的相关。PDO 正位相对应于快速的全球增暖期（20 世纪 20～40 年代和 80～90 年代），负位相期对应增温停顿期（20 世纪 50～70 年代和 1998～2014 年），因而 PDO 对全球变暖的年代际变化有明显的调节作用。

相应的 PDO 的变化，也对应于东亚季风气候的振荡变化，直接影响中国中东部南北旱涝的振荡变化。

三、一点感受

前些年，灾害史专委会曾经发出总结中华人民共和国成立 70 年灾害历史的号召。笔者跟进实时监测数据，采用完善的全国气象水文监测网站 1960～2020 年长系列资料，对东部南北区域的气象干旱、南北旱涝格局进行分析归纳。这毕竟是全国气象监测网站完善以来，第一个天气"甲子"的实测系列，实际地概括了这 60 年全国旱涝变化的历史，是进一步观察长系列气候环境变化的宝贵基础资料。

这一个甲子年，也是我们以实际学习、生活、工作来观察、体会天气变化的 60 年。

观察长系列降水及其物理场变化，认为气象旱涝趋势的正反、阴阳，呈对立统一变化，旱涝格局各自向其对立面转化，即 20 世纪 60 年代主降水区的"北涝南旱"向 90 年代的"北涝南旱"转化，21 世纪再向"北涝南旱"趋势转化所证实的自然哲学规律。

东部地区夏季降水和干旱灾害区的南北变化，可能具有相当长的历史渊源，以及千年尺度变化的影响，具有深刻的环境史意义。方修琦和郑景云的研究说明：在 1450～1700

年及 1800～1990 年，江南地区和华北地区的多年代际变化往往存在相反的变化趋势。而在 1450 年以前，这种反相变化则不甚明显。此外江南和江淮地区在 11～13 世纪与 18～20 世纪的多年代际变化趋势也以相反居多。这可能与我国的干湿分异格局过去 2000 年中存在变化有关。因为从干湿分异格局看，2～11 世纪，我国东部干湿分异大约以 115°E 为界。西（西北）干而东（东南）湿；12～15 世纪，干湿的东西分异与南北分异并存，但仍以东西的分异为主。而至 16～19 世纪，东部地区干湿的分异则基本变为南北分异，即约以 35°N 为界，北干南湿。❶ 目前的这种旱涝南北的分化，似乎出现在最近几个百年期间里。

自然，这种属于气象降水旱涝阴阳对立统一转化，具有反复性、复杂性，并非各地区、流域一刀切的截然变化，转化呈现过程化、渐进化，具有突变性——而且非确定性。

目前的灾害历史，主要还是指气象干旱灾害范畴，还带有相当程度的经验特征，我们毕竟是跟踪每月每年的天气变化实际过程，在大量观察资料的基础上，做出判别，建立自己的倾向性认识，尚缺更加理性的分析。在这第一个"60 年"的分析归纳基础上，还期望旱涝灾害历史、气候环境史的分析，更趋理论化，提倡学理的思辨。

目前看，一些区域的旱涝格局，不一定在当下一段时期里就宏观地出现驱动夏季降雨的物理场阴阳可逆现象，甚至可能是单相性的持续干旱。如云南的区域干旱。如果这一单相发展趋势继续维持下去，那么，在大气环流各主要因素影响之外，还可能存在大气圈以外的驱动系统在制约或推动着干旱趋势的持续，比如岩石圈运动的驱动，那就孕育着另一含义的重大灾害了。

《素问阴阳应象大论》说：阴阳者，天地之道也，万物之纲纪，变化之父母，生杀之本始。中国古代的哲学家认为自然界中的一切现象都存在着相互对立而又相互作用的关系，进而认为阴阳的对立统一运动，是自然界一切事物发生、发展、变化及消亡的根本原因，是宇宙的基本规律。天地之道，以阴阳二气造化万物。旱涝灾害的发展变化，也遵从这一规律。

旱涝变化是万物阴阳的交互作用的产物，阴阳的相互作用是事物发生、发展和变化的根本原因，是万物得以产生和变化的前提条件。凡阴阳皆相互依存，即阴和阳任何一方都不能脱离对方而单独存在，环境的两极是相比较、互动而存在的。如：上为阳，下为阴。如果没有上，也就没有所谓的下，无相对干旱的阳性，亦无相对水涝的阴性。

阴阳消长，所谓"消"，意为减少、消耗；所谓"长"，意为增多、增长，是指阴阳在属性相对立的基础上，还存在相互抑制，相互约束的运动变化，表现出阴消阳长，阳消阴长、数量与趋向的增减动态联系。

气候系统——天气阴阳的相互转化是指在一定条件下，驱动降雨的物理场阴阳位相可各自向其对立的属性转化，阴阳转化表现为量变基础上的质变，即"物极必反"，这里的"极"是指事物发展到了极限、顶点，灾害的量化，意味了酝酿某种重大灾害偏移的程度。

气候环境变化的阴阳对立，泛指阴阳属性都是对立的、矛盾的。诸如：上与下、水

❶ 方修琪，等. 历史气候变化对中国社会经济的影响. 北京：科学出版社，2019 年。

与火、暑与寒、昼与夜、旱与涝、夏与冬……地球环境对立统一变换，也都符合这些规律。

现在环境科学特别强调的全球变化，强化了研究对立系统发展的趋势，强调严重干扰了阴阳变化的格局，它可能加大了天气变化整个黑箱产出结果——灾害的能量级别，加强了灾害能量和灾情。

郑州地区明清、民国时期暴雨
洪涝灾害资料梳理

郑州地处嵩山山前，中国地貌第二级、三级台阶结合部，市区西南部为嵩山山前丘陵、黄土台地，持续呈现构造抬升。山前水系发育，贯穿东部沉降平原，郑州中东部地势平衍、低洼，为众水所归，气候与地貌的区位特殊性，导致郑州地区夏秋暴雨和旱涝急变，洪涝灾害频出，特大洪涝灾害事件发生。《周礼·地官司德第二》说嵩麓测景，谓之地中，此地中者，"天地之所合也，四时之所交也，风雨之所会也，阴阳之所和也"。天气阴阳所至，风雨所会，灾害所聚之区，古人已有阐述。但20世纪80年代以来，逐渐为人们淡漠，直到2021年。

20世纪60年代以来，水旱灾害研究是郑州水利、气象界与地理历史学界的热门学问。1982年，河南省水文总站编印了内容详实的资料汇集——《河南省历代旱涝等水文气候史料》。当时的黄河水利委员会水利科研所、河南省水利学校、河南省地理研究所、河南师范大学等单位，一批老中年学者为首，专门研究河南水旱灾害史料及灾害发生机理，成立有"中原水旱灾害研究协作组"，组织召开过全国性的"中原水旱灾害学术研讨会"（洛阳，1985年）。当时河南省主抓科技工作的副省长，十分支持这一研究方向。中国水利学会水利史研究会、河南省水利学会，也在1991年组织召开过"中原地区历史水旱灾害暨减灾对策学术讨论会"，推动探索深入。世纪交接年代，《中国气象灾害大典·河南卷》[1]汇编，并于2005年出版。

今天结合2021年郑州及河南大水灾害，重新浏览《河南省历代旱涝等水文气候史料》文献汇集等资料，感其史料价值珍贵，我们继续以史为鉴，为深入研讨郑州地区的暴雨涝渍灾害，探其规律，现将史料中明代以来，凡涉及大郑州地区［并参考邻近县（市）部分典型］极端大暴雨、较大洪涝事件的史料，摘录并考证修补如下，见表1。

表1　　　　　郑州地区东、西两部明清民国气象洪涝灾害史料表

时间/年	朝代年号	灾类	发生地区	灾情描述	资料来源
1415	永乐十三年	夏大水	河南武陟	是岁夏水，黄沁河溢，豫北新乡一带大水，河南水溢，坏庐舍，没田禾。六月河南山东淫雨，河水泛溢，坏民舍，没田稼，黄沁水溢；六月大水	《乾隆河南府志》《续文献通考》《行水金鉴》《道光武陟县志》《明史·五行志》
1482 1493	成化十八年 弘治六年	特大水	河南沁阳荥阳偃师中牟偃师	是岁夏秋沁河特大水，河南诸水并溢，山西沁河泛溢；六月二十三日，河南诸水并溢，淹坏田禾民舍，淹死人畜，怀庆等府尤甚；六月水溢；伊洛水入城；水灌县城	《成化河南总志》《乾隆汜水县志》《乾隆偃师县志》《中国气象灾害大典》

---

[1]　参阅庞天荷主编的《中国气象灾害大典　河南卷》（气象出版社，2005年）。

时间/年	朝代年号	灾类	发生地区	灾 情 描 述	资料来源
1511	正德六年	夏水	荥阳	六月汜水暴涨，溺死百七十六人，毁城垣百七十余堵（处）	《续文献通考》
			荥阳	六年至九年，连岁无雪	
1518	正德十三年		荥阳	水，河徙敖仓，圮牛口峪河神庙	《横云山人集》
1519	正德十四年	秋水		水涨之秋，是年山水泛涨，东南城垣淹颓	《中国气象灾害大典》华北东北近 500 年旱涝史料
1543	嘉靖二十二年	大水	巩县	景泰六年修筑巩县，嘉靖二十二年，水复淹颓	《乾隆巩县志》
1553	嘉靖三十二年	特大水	巩县	六月霖雨连旬，山水会聚，河洛泛涨，居民官舍、公廨官厅，尽行冲空，荡然无存，漂没人畜不可胜数，百姓逃亡死者枕藉，无人掩埋，昼夜号泣，哀声四起，惨不忍闻	《嘉靖巩县志》《中国气象灾害大典》
1569	隆庆三年	大水	新郑	大水，冲毁县城西南隅城墙	《顺治新郑县志》
1583		夏大水	新郑	溱洧暴涨，平地深丈余，沿河数百家，人畜多溺死	华北东北近 500 年旱涝史料
1632	崇祯五年	特大水	新郑	六月雨，旬日不止，后复大雨三昼夜，洧水泛涨，城垣民舍多圮。郑州淫雨自夏至秋，平地行舟	《乾隆新郑县志》《中国气象灾害大典》
1648 1654 1665	顺治五年 顺治十一年 康熙四年	大水	密县 新郑 荥阳	淫雨数月，禾稼溺渍。五六月大雨，河水泛溢，城内行筏，房屋倾圮者十之六七。密县夏大雨如注，东城崩。新郑夏大雨	《中国气象灾害大典》《顺治荥泽县志》《中国气象灾害大典》
1729 1730	雍正七年 雍正八年	大水 大水	荥阳 新郑	六月大雨索水暴涨及城，东门楼倾。六月大雨三日，洧水啮城，西门、南门水，北大王庙圮于河	《清史稿》《乾隆新郑县志》
1739 1747	乾隆四年 乾隆十二年	夏秋 大水	新郑	六月大雨三日夜，洧水坏西门，入南门没石阶，不尽者三级。六月二十八、二十九日，连日大雨	《乾隆新郑县志》《中国气象灾害大典》
1761	乾隆二十六年	特大水	巩县 河南	偃师、巩县、汜水久雨，山水悬崖下注，河水泛溢，系数年来未有之事。水淹计四十五村，塌草瓦房二千三百零三间，淹毙人口大小三十五口。河内、温县、偃师、巩县、洛阳、宜阳、孟津报：因河水漫堤，或因黄沁并涨，或因伊、洛、丹、汜之水浸灌入城，或因惠济、贾鲁之河急流倒漾，田禾淹没，庐舍倒坍，人口损伤，间有衙署、仓库、城垣、寺庙亦具倒损者，查河内、汜水、武陟、巩县、偃师，被水最重	《故宫档案》

时间/年	朝代年号	灾类	发生地区	灾 情 描 述	资料来源
1835	道光十五年	大水	荥阳 密县	六月二十三日夜大雨，索、京、须、汜皆暴涨，沿河人畜漂溺，房屋冲毁无数，小京水村一室无存。 溱水暴涨，近水村庄淹没殆尽	民国《续荥阳县志》 《中国气象灾害大典》 民国《密县志》
1870	同治九年	夏大水	荥阳 登封	六月二十三日夜，大雨如注，山水暴涨，漂没人畜甚众，东城及东门尽毁。 汜水溢，由城南门入，毁公私房舍，溺死甚众。平地深丈余，淹没村庄数处。往地审视，见面面飞瀑，处处滚浪。 六月暴雨数日，至二十三日，河水大涨，遍地水深数尺，河岸天地尽毁，人畜淹死无数	民国《续荥阳县志》 黄河水利委员会旱涝史料 《中国气象灾害大典》 新编《登封县志》
1909	宣统一年	大水	巩县	五月二十三日，洛水涨发，由嵩麓至邙麓，几成一湖，本家面内，水涨五尺七寸	黄委会洪水调查
1915 1918	民国五年 民国七年	夏大水	荥阳 巩县	六月二十四日夜大雨，汜水暴溢，坏铁路桥、小京水、陈湾、河东湾、南河、诸村房屋侭圮。 六月二十六、二十七日两昼夜雨，洛水大溢，山水并发，城外水深六、七尺，夜西北城陷……城内积水数月	《中国气象灾害大典》 民国《巩县志》
1923	民国十二年	大水	荥阳	六月二十八日，大雨彻昼夜，堤溃水灌入城顿成泽国	华北东近500年旱涝史料
1931	民国二十年	特大水	巩县 荥阳	洛水会挟瀍、涧、伊，流势更扩大，北至邙山，南至南岭，东西长数十里，南北宽十余里，一望无涯，新治之东车站，街内水深至六尺余。平均水深四尺七寸。另；没巩县千家。 河阴人秋以来，连阴不霁，八月十四、十五日河伯肆威，汜流泛溢，北至大堤，南至山麓，深者灭顶，浅者亦三、四尺	河南水灾 《中国气象灾害大典》 《河南民报》
1493 1552	弘治六年 嘉靖三十一年	大水	中牟	河水灌城。 六月初八大雨，田禾尽没	《中国气象灾害大典》 民国《中牟县志》
1583 1613	万历十一年 万历四十一年	大水 秋大水	中牟尉氏 郑县	夏五月大雨如注，涉旬乃止。 五月双泊河溢，大水遍野，流尸相枕。 秋大水，平地深丈余，人物漂没无数	天启中牟县志 《康熙洧川县志》 民国《郑县志》
1648 1654	顺治五年 顺治十一年	特大水	郑州 郑县	是岁交夏淫雨连绵历时百日，兼之暴雨如注，岁特大水。 大雨淫潦，墙颓屋倾，万室如一家	清代淮河中上游较大洪涝年史料汇编（奏折） 民国《郑县志》

时间/年	朝代年号	灾类	发生地区	灾 情 描 述	资料来源
1739	乾隆四年	大水	郑州	夏五月，秋七八月淫雨，山水涨，贾鲁河、金水河、潮河，各水泛溢，浸害田禾，官署仓廒民庐倾圮几半，东乡为尤甚	《乾隆郑州直隶州志》民国《郑县志》
1747	乾隆十一年	大水	中牟	五月二十一日县东板桥南北数十里风雷冰雹，秋大水，田禾尽没	民国《中牟县志》
1761	乾隆二十六年	大水	郑州	七月十六、十七日贾鲁河水涨，郑河八村被淹，秋禾被淹，房屋倒塌，东、西赵一带村庄被水	《故宫档案》
1835	道光十五年	夏水	郑州	六月十五日大雨，山水爆发，窦府砦被淹，平地水深丈余，房屋倾圮太半，人幸无伤	民国《郑县志》
1882	光绪八年	夏水	郑州	郑县六月十六大水，窦府砦被淹，与道光十五年同	民国《郑县志》
1883	光绪九年	夏秋水	郑州中牟	自七月下旬及八月上中两旬，一月之内阴雨连绵，偶霁复雨，山水涨发，道路积水甚深……中牟、郑州……亦以久雨积潦，河渠漫溢	《大清一统志》
1887 1907	光绪十三年 光绪三十三年	夏秋水 夏水	郑县 中牟	八月初一起，初十日止，十昼夜大雨如注，城乡井水溢。六月贾鲁河漫溢	民国《郑县志》民国《中牟县志》
1915	民国四年	大水	郑州	6月24日夜丑寅间天大雷，以雨至辰巳，山水暴至东站左右，房屋倾塌，人家执伞坐于院中桌上待旦（按：东站指当时货站）	民国《郑县志》
1931	民国二十年	特大水	中牟 尉氏	沟渠甚少，暴雨极难疏泄。洧川暴雨连绵，平地水深1～3公尺不等	

　　按该资料汇编，并考证补充民国郑县志记载，明清和民国五百余年，郑州地区共遭遇34年次本地大暴雨洪水（含当时分为豫西、豫东两部分重合的5年次郑州数据）。其中豫东（今郑州东部、中牟，个别尉氏境）样本年15次，含东西重合年5次，占样本年总数的44％，豫西（今郑州西部南部、巩义、登封、荥阳、新密、新郑，部分偃师）25年次，占样本年次总数的74％。34年次之外，另有3年次豫北大水，带有与郑州相关联的雨晴水情。因统计已经剔除了单纯黄河决溢造成的灾害，这里将郑州西、南嵩箕山地山前地区荥阳、巩义、登封、新密、新郑暴雨洪水造成的重大气象灾害，视为郑州地区主要的雨洪灾害，占总体样本的74％；而现郑州中心城区及郑州东部冲积平原地区因暴雨、连阴雨造成的涝灾与洪灾，视为次级的气象洪涝灾害，占总体样本的50％（年表里地名按1982年行政区划称呼记载）。

　　从历史文献统计看，西部南部丘陵浅山、山前、黄土台塬地区，成灾、致灾影响最大，荥阳、巩义、新密、登封山洪御防，尚缺有成效的办法。这也是 2021 年 7 月雨洪的特点。

郑州东西两部同时出现雨洪涝灾害的 1482 年、1583 年、1648 年、1654 年、1730 年、1747 年、1761 年、1835 年、1915 年、1931 年视为全市性的暴雨洪水，1553 年、1739 年、1761 年视为河南与郑州整体性的暴雨洪水灾害，暴雨成灾范围最大，需要特别注意。其中，明确提出当时郑州城北郊的贾鲁河洪水灾害的有 1739 年、1761 年、1907 年（涉及今金水区、郑东新区）；明确提出郑州城南郊洪水灾害的有 1739 年、1835 年、1882 年、1915 年（涉及今管城区、经济开发区、航空港区），尚无洪涝进入当时郑县中心，即当代管城区中心的记载。明确提出冲积平原中牟县有洪涝灾害的计有 1482 年、1552 年、1583 年、1747 年、1883 年、1907 年、1931 年，可见中牟低洼平衍，在东部地区占水灾的主要比重。

而郑州与豫北或豫西同属一大雨区发生严重气象灾害（1415 年、1482 年、1553 年、1761 年），也需要特别引起关注，1553 年全省性特大水，被灾占地比率 70％。1761 年，伊河龙门洪峰流量达 13500 秒每立方米，洛河洛阳洪峰流量达 18000 秒每立方米，伊洛河黑石关达 13000 秒每立方米，沁河小董达 4000 秒每立方米，巨大的三花间洪水导致黄河花园口洪峰流量达 32000 秒每立方米，郑州多地因而严重被灾。[1] 而小浪底—花园口区间，一旦重现（移植）"21·7" 的郑州暴雨洪水，也可能在花园口 22000 秒每立方米的洪峰流量，依然不可等闲视之。在明清、民国历时的五百多年里，郑州地区有 34 年次出现非常值得关注的气象灾害，发生的频次已达平均 16 年一次。严重气象灾害，基本上集中在 16 世纪中后期、17 世纪中期、18 世纪早中期、19 世纪中晚期，及 20 世纪前期。有一定的时空规律性。联系 20 世纪 50～60 年代的郑州暴雨洪水，特别联系 2021 年豫中嵩山周围和豫北太行山麓的暴雨洪水灾害，具有更典型的意义。

因为既然 "21·7" 郑州暴雨洪水已经发生，它就可能再现。这是灾害史研究中不能忽视的。

此外，再参考水利电力部水利工程管理司、中国水利水电科学研究院水利史研究室编辑出版的《清代淮河流域洪涝档案史料》（中华书局，1988 年），核对以上年表，除奏报内容更为详细外，郑州尚无更多因本地暴雨导致洪涝的案例出现。

河南省水文总站王邨等在编制本资料援引的年表基础上，对中原地区水旱变化进行长期梳理分析，撰写了《近五千余年来我国中原地区气候在年降水量方面的变迁》（刊于《中国科学》，B 辑，1987 年第 1 期），将历史的水旱变化描述，定量为图 1 所示曲线。可见自 14 世纪末叶到 20 世纪上半叶，中原地区处于明清小冰期的气候振荡期中，有过数次干湿旱涝的阶段性交错起伏变化。在明初、明末、清初、清末民初存在数个丰水阶段，其中蕴含着数次重大暴雨淫雨洪涝事件，而且，天气极端急剧转化——在干旱阶段向洪涝阶段转化（或偏涝向偏旱阶段转化的临界时机），都可能出现重大的暴雨洪水事件。近 500 年的干湿旱涝时段，较之于西周至于北宋的两千年旱涝变化，时间段间隔要小得多，说明

---

[1]　参阅何家廉、徐海亮撰写的《河南省突发性洪水灾害历史和减灾对策》，辑于《中原地区历史水旱灾害暨减灾对策学术讨论会论文集》（1991 年）。

近 500 年来，中原地区气候变化更趋大陆性，灾害性天气起伏剧烈，形势更加恶化。另一个原因可能明清以来方志灾异资料记载详尽，曲线起伏变化频度更为加大（见图 1）本统计说明，在阴历六月下旬，多次爆发山地暴雨和淫雨洪水事件。

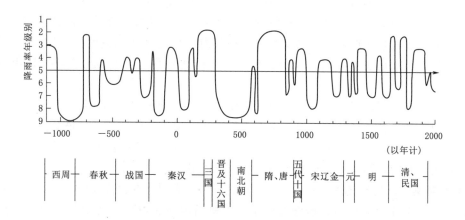

图 1　中原地区近五千余年降水量变化曲线图

纵坐标数值含义：1—降雨特多；2—湿润多雨；3—降雨较多；4—降雨稍多；
5—降雨正常；6—降雨稍少；7—降雨较少；8—干旱少雨；9—严重干旱

20 世纪 80～90 年代河南郑州地区的水旱灾害学术探索，主要在国际减灾十年活动高潮的大背景下进行，随着河南与郑州的雨涝时期暂时过去，国际国内活动也告一段落，人们的防灾减灾意识也淡薄下来，郑州地区的雨洪灾害探讨活动遂告式微。

不过重新审视明清暴雨洪涝灾害，联系到 2021 年 7 月郑州和豫北卫河流域极端暴雨特大水，发现 2021 型式的暴雨洪水，在明清时期以来的数百年里，具有非常特别的位置。有可能它是统计时期非常罕见的一次雨洪灾害，或者因城市化发展雨情和灾情有所放大。在全球气候和灾害性天气变化、城市暴雨洪涝剧增的当代，历史研究对于现代城市暴雨洪涝的规律性认识有不小启发意义。

几点不成熟认识：

（1）明清、民国时期郑州地区暴雨洪涝灾害，基本体现了农业社会与乡村水灾的特征。基于山前地貌，地貌台阶转变的状态，和既有的水系分布形态，水利工程不够完善，这种特征的水灾形态目前还在一定程度上，在郑州西南部郊县存在。而郑州西南郊县，是区域雨洪灾害的基本产水区，灾害源头。中东部城区和郊区，长期来存在低洼易涝和城市化负面问题，一旦城乡发水，必为水区。以城市之水，尽泄东北部（如 2021 年淹没最重的郑东新区），城镇水浸，街道行水，田野淹水，交通瘫痪，是历史遗留下来的长期存在的问题。

（2）明初以来，郑州东部地区的骨干排水河道贾鲁河逐渐形成，到当代，贾鲁河成为郑州西部、荥阳以东洪涝的唯一出路。史上荥阳与郑西山水还可以泄入黄河或济水，但明清时期以降，黄河河床淀积，远古湖泽尽已干涸，荥阳和郑州西部洪涝，以及城市洪水，只能通过贾鲁河入淮，黄淮流域的水系分划由此而来。清代郑州的水灾，已经显示出遗存给近现代郑州城市的严重历史弊端。郑州的防洪调度，是因循城市发展的老路，无限提高防洪工程的标准，还是另辟新径？这是当前需要深思的问题。

（3）西部山水，以伊洛、颍、溱洧、索须、汜、贾鲁量大、水急多灾，沿水城镇，史上多有冲啮冲圮，但郑州古城核心，较少水浸，远古仰韶遗址大河村，居然不为辛丑年汪洋所浸。说明古遗址和历史建设，有较深刻的环境评价和抉择。在清末民初，尚存城东西南北湖沼裂解后残余洼地，一旦洪涝暴涨，略显游弋鱼虾之区。城里五龙口、圃田古泽，城西南一带，历来是众水汇聚与聚积的地方，一旦洪涝发水，也必然再现原地貌与积水旧迹。

（4）从早商建都，郑州就是一个众水环绕的水城。建城已 3600 年，必有她存在和发展的水环境天行大道。在既得的地貌水系条件下建设现代化的郑州，应该尊重自然，研究历史的经验和教训，提升非工程措施的地位，重构区域的防洪排涝规划总体格局。

（5）明清时期，郑州气象异常出现"姐妹水"连续灾害，如 1552～1553 年、1729～1730 年雨洪现象，其天气背景和产生机理尚需研究，而其历史经验需要注意。

（6）2021 年 7 月暴雨前，恰好阅读了一篇概括淮河流域特大暴雨频率及其分布的全新论文，鉴于建模经验的局限，其分析恰好把郑州地区的暴雨的风险率大大降低。看来，目前所做的灾害风险的数字模拟，还有亟待改进的必要。

灾害史研究方法简介之一[*]
——以东北西部灾害环境演化探讨为例

凭借文献，对古今灾害环境的过程和个案进行研究，是灾害史研究的最基本方法。对于缺乏文献时期——乃至尚无文献的上古时期，可借用自然科学—地学的研究方法，运用研究全新世气候与地球表层物质的方法，凭借"代用指标序列"，以"数理地"探索与恢复环境演化的宏观过程，探讨重大历史灾害发生的时间、性质、背景与机理。本文以内蒙古东部、东北西部为例，借鉴黄土、风成沙与古土壤互层测年序列，概括气候冷暖干湿振荡变化，反映史前灾害环境变化。

东北西部的西辽河地区曾经诞生了全新世早期的兴隆洼农业文化，后来进化到赵宝沟—红山文化的重要时期，已经迈入文明的门槛。随着气候的振荡、夏季风北界南（东）移，环境剧变，受制气候条件的原始雨水农业衰落，农牧交错带南移，原始农地转兴畜牧业。该地区自然环境演化与红山文化的兴衰关系曾系笔者关注的问题，灾害环境即一认识关键。灾害史学会原计划召开一次"环渤海地区灾害史"学术年会，尚未实现；西辽河环境振荡与文化嬗变即为笔者酝酿的内容。这里就区域灾害的年代及其代用指标序列的相关方法略作推介。

本文探讨的区域在内蒙古东部、东北西部沙地，即夏季风界线两侧的农牧交错带的呼伦贝尔、松嫩、科尔沁、浑善达克的固定半固定沙地地区。中国北方东部沙地居半湿润半干旱地区，较之沙漠区多水流、植被，自然赋存丰富，随气候环境振荡，沙丘古土壤与风成沙层交互堆积，蕴含地文特色记录，属灾害环境史研究的极佳对象。

北京大学环境学院宋豫秦在其主编的《中国文明起源的人地关系简论》中，引用早年北大博士后研究成果"西辽河流域全新世沙质荒漠化过程中的人地关系"结论，提出："在气候的温暖湿润期，植被生长旺盛，沙漠化本应逆转，但结果反而往往是沙漠化的扩张期；在气候的寒冷干燥期，植被凋零，沙漠化本应扩张，但结果反而往往是沙漠化的逆转期。其原因就在于：当气候温暖湿润期，农业开发活动随之北进；当气候寒冷干燥期，农业开发活动随之消退。这便清楚地说明，导致沙漠化扩张的根本原因并非气候条件的优劣，而在于人类粗放型农业开发活动。"[❶] 该成果把人类垦殖活动视为诱导古代西辽河流域环境演化的根本原因，这是一个和下面多数实际研究相悖的结论。不过，宋博士在概括了系列剖面后，提出："综合西辽河流域自然层和文化层剖面孢粉组合的特征，可知二者反映的气候状态并不完全统一，这或许反映了西辽河流域不同区域局部环境或样本本身所含的信息的差异。但仍可将西辽河流域从 9000a BP 以来的气候变化概括如下：①9000a

---

* 本文系提交第 10 届灾害史学术年会（2014 年）论文。

❶ 宋豫秦，等. 中国文明起源的人地关系简论. 北京：科学出版社，2002 年。

BP 的干燥气候。②从 8000a BP 的温和较干气候过渡到 7000a BP 左右的温暖较干气候。③7000a BP 左右的温暖较干气候。④从 7000a BP 左右的温暖较干气候过渡到 6000a BP 左右的温湿气候。⑤5500a BP 左右的较温暖干燥气候。⑥5300～4000a BP 的由半干旱向温暖湿润的过渡气候。⑦4000a BP 的温暖较湿润至 3600a BP 的温暖较干气候。⑧3000～2000a BP 的相对干燥气候。⑨2000～1000a BP 的温暖较湿气候。⑩200a BP 左右的较干冷气候。"特别有意义的是，宋豫秦指出："值得注意的是，8000～7000a BP、6500～5300a BP、4000～3600a BP 三个气候的温暖湿润期，正是兴隆洼文化、红山文化、夏家店下层农业文化的兴盛期；而 7000a BP 左右、5000a BP 左右和 3600a BP 左右出现的相对干冷期，也正是上述三种农业文化的衰弱期。"❶ 以上他在 20 世纪 90 年代工作的概括与以下将引述内容的倾向实际是一致的。

若局限到一西辽河区域，不如扩展到整个东北西部、内蒙古东部这一对于气候和灾害环境最为敏感的地区来观察。针对考古时期缺乏灾害文献的佐证，这里偏重于史前环境演变。

裘善文先生对东北西部沙地与沙漠化作系统研究。他在综合性专著成果中指出："距今 9000～6000 年的海拉尔北山堆积厚 2 米的浅黄色细砂层，说明当时风沙活动加强，流沙将第 I 期古土壤掩埋。这时期呼伦湖，随气候变温干，湖面积大幅度减少，大片湖滩露出，使得该区风沙活动加强，古沙丘发育（羊向东等，1995）。6000a BP 前后，前后明显好转，是第 II 期古土壤广泛发育时期。……5000～4000a BP 又出现风沙活动，流动和半流动沙丘开始在沙带中蔓延。3500～3000a BP 是本区第 III 期古土壤发育时期。2500～1000a BP，该时段为第 IV 期古土壤发育时期。"各时段古土壤与风沙沉积层交互出现，显然是区域气候冷暖干湿变化的一个标示。"在科尔沁沙地、松嫩沙地和呼伦贝尔沙地，风成沙与古土壤交互成层分布，普遍发育 1～2 层古土壤，有的沙丘发育了 3 层古土壤。从剖面结构特征、物理性状变化、孢粉组合特征和 ^{14}C 测年、热释光测年、古地磁考古测年等数据可知，东北平原西部沙地存在 11000～9500a BP、8800～7300a BP、5500～4500a BP 和 3600～1000a BP（其中 3600～2900a BP、2500～2000a BP、1600～100a BP）4 次古土壤发育时期，表明沙地经历了 4 次沙漠化逆转和沙漠化发展时期。"❷ 非古土壤发育期可视为沙化、寒冷干燥期的标志。

所以，与古土壤成壤堆积相逆、交互出现，风成沙扩展，原地沙化、沙层堆积，可以视为干冷气候条件、灾害事件的标志之一，作为农业灾害的指示。裘善文概括说全新世初期"东北西部仍较干旱，风沙活动较强烈"；到距今 11000 年前后气候才进一步转暖。其后，距今 7200 年、7000 年后，还发生过气候进一步变干，草原沙化、风沙活动增强。如前郭县深井子剖面 TL 显示的距今（6810±340）年和（6590±330）年的风沙活动。距今 5000 年前后，气候变干，新的沙漠化到来。距今 4500～3500 年，风沙活动再次加强。距今 2800～1400 年、距今 1000 年以来，是历史时期的两个长干旱期。从全新世的 4 次古土

❶ 参阅宋豫秦撰写的《西辽河流域全新世沙质荒漠化过程的人地关系》（北京大学博士后工作站论文报告，1995 年）。

❷ 参阅裘善文等撰写的《中国东北西部沙地与沙漠化》，科学出版社，2008 年。

壤发展和逆转（沙化）过程，湿润温暖与干燥寒冷交替出现，"是当年季风多次进退和半干旱、半湿润气候带多次迁移的结果，一般进退宽度约为经度5°～8°"。[1] 季风气候带数百公里的大幅度进退摆动，显然是威胁原始农业的千年尺度大振荡。借鉴古土壤、沙层剖面的测年作参考研究，按裘善文在其专著里引述分析，全新世以来大致有这些对于塞外农牧交错带的农业生产很不适宜的干冷事件发生：

呼伦贝尔新巴尔虎左旗，海拉尔—东旗西公社公路边沙丘剖面，第6层厚达0.45米沙丘古土壤上下分别为厚1.5米、0.5米的沙丘细沙层，古土壤^{14}C年代（11150±20）a BP，显示在其前、后一段时期发生冷事件的可能。

海拉尔市海拉尔河右岸北山沙丘剖面，第8层古土壤层^{14}C年代为（10490±200）a BP和（9350±180）a BP两个数据，上覆1.5米粉细砂为9350a BP后冷事件发生的标志。

松嫩沙地杜蒙县大山种马场古土壤剖面，第2层古土壤厚1.9米，顶部^{14}C测年为（7645±170）a BP，上覆1.3米的浅黄色细沙，说明该时之后寒冷事件的存在可能。

科尔沁南部赤峰南山TL年代的（8809±301）a BP和（7340±90）a BP，厚0.8米古土壤层，上覆厚达10米的黄土层，相当马兰黄土，应是约距今7340年之后干冷时期生成物。

松嫩沙地大安市红岗子乡东沟林场沙丘黄土剖面，第6层淤泥层厚0.6米，^{14}C测年为（6290±375）a BP，其上部为多个黄土、风成沙细沙层，可视为在该淤泥层沉积以后的连续寒冷干燥时期发生。

海拉尔市东山沙丘剖面，第6层古土壤厚1.6米，^{14}C测年（5595±128）a BP，上覆厚1.5米粉细砂层，当为距今5500多年后的冷事件堆积物。

海拉尔北山沙丘剖面，在^{14}C测年（5420±105）a BP标志的古土壤层（厚0.9米）上，覆盖有0.15米的极薄浅黄色细砂层，当为一次为期很短暂的冷事件沉积物。

松嫩沙地的大安市舍力镇沙丘古土壤剖面，厚达1.4米古土壤层上部^{14}C测年为（5140±145）a BP，上覆厚0.53米灰白色细砂层。当为此时以后一次冷事件遗迹。

科尔沁南部彰武县三家子沙丘古土壤剖面，在厚达0.6米的古土壤层上覆1.5米的黄色细沙层，古土壤层^{14}C测年（5180±70）a BP，标志冷事件大致与上一条同期。

科尔沁左翼后旗新艾里沙丘古土壤剖面，厚0.45米的古土壤层，上部^{14}C测年为（5020±180）a BP，上、下均为浅黄色中细砂层，上层厚0.85米，说明其前后均出现过冷事件。

松嫩沙地泰来县宏升乡沙丘古土壤剖面，厚达1.3米的古土壤层，^{14}C测年为（4400±80）a BP，其前后均为灰黄色细砂层，下伏层厚2.0米，上覆层厚0.7米，说明距今大约4400年前后，均出现过冷事件。

松嫩沙地大安市汉干镇六合堂村古土壤剖面，第2层古土壤厚0.7米，^{14}C测年为（3620±150）a BP，下伏0.45米黄褐色细沙，上覆0.95米浅黄色风成细沙，说明在其前后冷事件存在的可能。

科尔沁沙地长岭县太平川镇沙丘古土壤剖面，第2层古土壤厚0.2米，^{14}C测年为

———————

❶ 参阅裘善文等撰写的《中国东北西部沙地与沙漠化》，科学出版社，2008年。

（3330±160）a BP，下伏 1 米风成沙，上覆 2 米风成细沙。说明此时前后冷事件的存在。

呼伦贝尔沙地，滨州线赫尔洪得车站附近沙丘古土壤剖面，第 4 层古土壤，厚 0.6 米，^{14}C 测年（3320±134）a BP，上覆厚 2.5 米细砂层，显示干冷时期的存在。

呼伦贝尔沙地新巴尔虎左旗古土壤剖面，第 4 层古土壤厚 0.35 米，^{14}C 测年（3020±130）a BP，下伏厚 1.5 米浅黄色细沙，上覆 0.25 米浅黄色沙，显示距今 3000 年前、后冷事件存在的可能。

松嫩沙地杜蒙县一心乡古土壤剖面，第 2 层古土壤厚 0.3 米，^{14}C 测年为（2900±100）a BP，下伏 0.4 米浅灰色细沙，上覆 0.7 米浅黄色粉细砂，说明此前、后冷事件的存在。

科尔沁左翼后旗老爷庙沙丘古土壤剖面，第 2 层古土壤 ^{14}C 测年为（2875±124）a BP，下伏 0.5 米粉细砂，上覆 0.5 米浅黄色细沙。显示前后冷事件存在。

海拉尔北山第 2 层古土壤，厚 0.10 米，^{14}C 测年为（2560±105）a BP，下伏 0.5 米的粉细砂层，上覆 0.4 米浅黄色粉细砂层，显示此测年前、后冷事件的存在。

滨州线赫尔洪得车站附近沙丘古土壤剖面，第 2 层古土壤，厚 0.35 米，^{14}C 测年为（2575±107）a BP，下伏 2.5 米灰白色粉细砂，上覆 1.2 米灰白色沙层，显示该成壤前、后冷事件存在。

松嫩沙地大安市大岗子乡沙丘古土壤剖面，第 3 层古土壤厚 0.4 米，^{14}C 测年为（2333±382）a BP，下伏 0.87 米细沙，上覆 0.38 米风成沙，说明前、后冷事件的存在。

科尔沁沙地通辽余粮堡沙丘古土壤剖面，第 4 层古土壤厚 0.5 米，^{14}C 测年为（2220±255）a BP，下伏 1 米粉细砂，上覆 4 米厚粉细砂，说明前、后冷事件的存在。

科尔沁沙地彰武三家子沙丘，第 4 层古土壤厚 0.5 米，^{14}C 测年为（2135±46）a BP，下伏 1.5 米细沙，上覆 1 米灰黄色细沙，显示此成壤层前、后冷事件的存在。

科尔沁沙地通辽余粮堡沙丘古土壤剖面，第 4 层古土壤厚 0.5 米，^{14}C 测年为（1902±203）a BP，下伏 4 米粉细砂，上覆厚 0.8 米灰白色粉细砂，说明前、后冷事件的存在。

科尔沁左翼后旗新艾里沙丘古土壤剖面，第 4 层古土壤厚 0.25 米，^{14}C 为（1265±100）a BP，下伏 0.85 米细沙，上覆 1.4 米灰白色中细砂，显示此前、后冷事件的存在。

呼伦贝尔沙地鄂温克旗西索木桥沙丘古土壤剖面，第 4 层古土壤，厚 0.55 米，^{14}C 测年（1110±100）a BP，下伏 0.5 米灰白色沙层，上覆 2.5 米灰白色粉细砂，显示此前、后冷事件的存在。

需要强调的是：系列冷事件的灾害并非孤立发生，一般来说，在这种极端的寒冷事件上百年后，会有相对滞后的降水剧减事件和干旱发生，降水变率加大，季风带出现剧烈的摆动（北界向东、南后撤），极端的干旱和洪水灾害频繁，相应地，虫灾、鼠灾、瘟疫等群灾将呈灾害链状相继发生，出现一个群灾并发期，给原始农业文化带来致命冲击。

在 21 世纪初集红山文化研究荟萃成果的 2004 年国际学术研讨会的论文集中，赤峰学院任晓辉的论文《赤峰地区全新世环境演变对考古文化影响的研究》按当时研究的成果，汇聚了赤峰地区主要埋藏古土壤检测数据（^{14}C 测年）❶，现摘录早期部分数据如下：

---

❶ 赤峰学院红山文化国际研究中心. 红山文化研究——2004 年红山文化国际学术研讨会论文集，文物出版社，2006 年。

乌兰傲都	(8595±110)a BP；	乌兰傲都	(8220±110)a BP
松树山	(7760±105)a BP；	热水塘	(7060±90)a BP
热水塘	(5220±90)a BP；	四道杖房	(4010±85)a BP
苞米营	(3190±80)a BP；	松树山	(1850±70)a BP
乌兰傲都	(1605±70)a BP；	好鲁库	(1205±70)a BP

该文在罗列地区考古文化序列同时，也标出约 4500a BP 和约 2400～2300a BP 的两次降温事件，作者将前一时期称为"赤峰地区第一次降温事件"，"环境恶化（降温事件）对人类活动有强烈的制约作用，也是造成红山文化衰落的主要原因。"而后一时期，作者将这次"相当于夏家店上层文化时期的降温为本区的第二次降温事件，与本区非土壤形成期（3000～2000a BP）相一致……笔者称其为农业文化收缩期，而同时也称其为游牧文化高峰期。"❶显然，这两次突出的降温事件直接带来农业文化的收缩（渔猎、畜牧业为主的小河沿文化、夏家店上层文化取代之前农业文化）。综合以上东北西部诸古土壤测年记录见表 1。

表 1 东北西部沙地部分沙丘古土壤测年记录表（相应农业适宜期）

地 区	地 名	测年/(a BP)	地 区	地 名	测年/(a BP)
呼伦贝尔	新巴尔虎左旗	11150±20	松嫩沙地	大安市汉干镇	3620±150
呼伦贝尔	海拉尔市北山	9350±180	科尔沁沙地	长岭县太平川镇	3330±160
科尔沁南部	乌兰傲都	8595±110	呼伦贝尔	滨州线赫尔洪得	3320±134
科尔沁南部	乌兰傲都	8220±110	科尔沁南部	苞米营	3190±80
科尔沁南部	松树山	7760±105	呼伦贝尔	新巴尔虎左旗	3020±130
松嫩沙地	杜蒙县	7645±170	松嫩沙地	杜蒙县一心乡	2900±100
科尔沁南部	赤峰南山	7340±90	科尔沁沙地	左翼后旗老爷庙	2875±124
科尔沁南部	热水塘	7060±90	呼伦贝尔	海拉尔市北山	2560±105
松嫩沙地	大安市东沟	6290±375	呼伦贝尔	滨州线赫尔洪得	2575±107
呼伦贝尔	海拉尔东山	5595±128	松嫩沙地	大安市大岗子乡	2333±382
呼伦贝尔	海拉尔北山	5420±105	科尔沁沙地	通辽余粮堡	2220±255
科尔沁南部	热水塘	5220±90	科尔沁沙地	彰武三家子	2135±46
松嫩沙地	彰武县三家子	5180±70	科尔沁沙地	通辽余粮堡	1902±203
松嫩沙地	大安市舍力镇	5140±145	科尔沁南部	松树山	1850±70
松嫩沙地	泰来县宏升乡	4400±80	科尔沁南部	乌兰傲都	1605±70
科尔沁南部	四道杖子	4010±85	科尔沁沙地	左翼后旗新艾里	1265±100

寒冷、干燥与风沙、生态灾害性时段，可能发生在以上温暖湿润时段前、后的一个时期。

刘冰等根据科尔沁沙地东部 TL 剖面磁化率、有机质、化学元素等气候代用指标的变化特征和 ^{14}C 测年结果，分析和讨论了科尔沁沙地 6ka BP 以来的气候变化过程。"实验数

---

❶ 《赤峰地区全新世环境演变对考古学文化影响的研究》，辑录于赤峰学院红山文化国际研究中心编写的《红山文化研究——2004 年红山文化国际学术研讨会论文集》，文物出版社，2006 年。

据显示，高频磁化率、低频磁化率、有机质、Al_2O_3含量变化趋势基本一致，且峰值段对应风成砂层。依据气候代用指标的变化将6ka BP以来科尔沁沙地气候变化分为3个阶段：①6.0～1.2ka BP，气候暖湿，夏季风逐渐增强，并占主导，冬季风较弱，与全新世大暖期对应，但存在百年尺度的气候波动，其中：6.0～5.6ka BP，5.6～5.4ka BP，4.9～4.2ka BP气候暖湿；5.6～5.5ka BP，5.4～4.9ka BP气候相对冷干。②4.2～1.3ka BP，气候相对暖湿，与上一阶段相比夏季风有所减弱，但仍强于冬季风，其间也存在次一级波动，3.7～3.6ka BP，3.4～1.3ka BP，气候相对暖湿，4.2～3.7ka BP，3.6～3.4ka BP气候相对干冷。③1.3～0.65 ka BP以来，气候波动频繁，后期有向暖湿发展的趋势。"[1] 这一结果与上述东北西部区域冷暖干湿分期也大约一致。

在比邻的浑善达克沙地，与上述区域有类似的环境过程：靳鹤龄等根据夏季风强度、冬季风强度、地表植被和湿润度变化特征，将该地全新世气候变化过程划分为4个时期："全新世早期（10.7～9ka BP），夏季风逐渐增强，冬季风逐渐减弱，地表植被盖度逐渐增大，但湿润指数不断减小，是夏季风强度弱，地表植被稀疏，气候干旱时期；全新世大暖期（9～6 ka BP），夏季风强盛，冬季风较弱，气候湿润，地表植被盖度大的时期；全新世中期（6～3.4 ka BP），夏季风强度、气候湿润程度及地表植被频繁波动时期，总的表现为冬夏季风较弱，植被稀疏，气候干旱，是一个比较干冷的时期，这与以往的研究结果存在较大差异……"[2] 研究显示沙地古土壤与沙层交互出现，意味着温暖湿润与寒冷干燥气候环境的交替出现（见图1）。

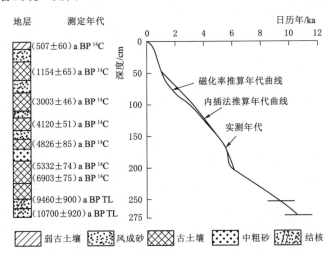

图1　浑善达克沙地地层年代推算图

靳鹤龄等根据该研究分析的磁化率、有机质、湿润指数、平均粒径，参考北大西洋浮冰序列，确认距今1030年、9500年、8200年、5900年、4300年、2800年、1400年7次寒冷事件的存在。浑善达克沙地典型剖面研究的环境演化序列，大致与呼伦贝尔、科尔沁沙地呼应与对应，而又带有局地的特殊性（发生时间有错动）。可见内蒙古东部、东北西

❶ 刘冰，等. 近6ka以来科尔沁沙地东部气候变化记录，中国沙漠，2011年第31卷第6期。
❷ 靳鹤龄，等. 浑善达克沙地全新世气候变化. 科学通报，2004年第49卷第15期。

部沙地的环境演化具有宏观与广泛的一致性。这大致也是中国北方农牧交错带（东部）古文化兴衰、交替、迁移的一个重要背景。对浑善达克沙地北缘的查干淖尔湖高 1026 米和 1023 米湖岸堤沉积物的 OSL 测年结果分别为 (6.83±0.37)ka BP 和 (4.26±0.29)ka BP，也显示出该地区全新世中期的气候、水文环境变化的峰值期。❶

方修琦长期研究全新世中国气候环境演化及寒冷时段，他在参加 21 世纪初"中国气候与环境演变"等项目研究中，概括对比了海内外有关研究的主要成果，给出了 10000a BP 以来中国寒冷时段与寒冷事件的对比综合表（2004 年），并将其载入项目专著。❷ 笔者在请教方修琦这个问题时，他介绍给笔者其新成果，即载入《中国古地理》（2012 年）一书的中国全新世以来寒冷时段（事件）对比表 4.2，该表在上述表的基础上综合了新研究成果，对比了若尔盖湖泊沉积物研究序列、湖光岩湖泊沉积、敦德冰芯、冲绳黑潮、北大西洋海洋沉积和非洲西海岸海洋沉积序列，修改原表重新给出中国寒冷时段、其对应的冷锋出现时间。认为"这些记录所识别的寒冷事件主要集中在每个千年冷暖旋回中持续 400～800a 的长寒冷时段中。""也反映了冷暖波动的 1300～1500a 周期旋回"。

这是关键性地影响着北方农牧交错带古文化演变的气候振荡旋回。其成果如下：

寒冷时段（事件）出现时间分别是：10.0～9.5ka BP；8.9ka BP；8.5～8.0ka BP；7.4ka BP；7.0～6.7ka BP；6.4～6.2ka BP；6.0～5.4ka BP；4.9ka BP，4.6～4.3ka BP；4.0～3.7ka BP；3.4～2.7ka BP；2.3～2.2ka BP；1.8～1.4ka BP；1.1ka BP；0.8～0.1 ka BP。

相对应的冷锋出现时间是：10.0ka BP、9.5ka BP；8.9ka BP；8.4ka BP、8.0ka BP；7.4ka BP；7.0ka BP、6.7ka BP；6.3ka BP；5.9ka BP、5.5ka BP；4.9ka BP；4.5ka BP；3.8ka BP；3.3ka BP、2.8ka BP；2.3ka BP；1.7ka BP、1.4ka BP；1.1ka BP；0.3ka BP、0.1 ka BP。❸

本文所列举的内蒙古东部、东北西部沙地气候振荡的寒冷事件，基本被涵盖于其中。一般来说，沙化发展、推进也多发生在这些干燥寒冷时期。

基于系列考古文化和气候振荡的研究，方修琦同时对北方古代农业文化的嬗变，农牧交错带的出现进行了相应研究。他在《从农业气候条件看我国北方原始农业的衰落与农牧交错带的形成》❹ 一文中，指出："标志全新世暖期结束的气候变化事件所导致的农业气候资源条件的变化是原始农业文化衰落、农牧交错带形成的原因。"显然，这一变化的直接后果是一系列古文化式微，乃至消亡，随之发生文化类型的嬗变。而现代"北方农牧交错带地区，史前曾是以农业为主的地区。最早的史前原始农业于 8000～7000a BP 发现在内蒙古东南部地区，即兴隆洼文化，内蒙古中南部地区的原始农业文化在 7000a BP 以后才开始出现。在此后至 4300a BP 期间的考古文化虽出现数次文化间断现象，但文化类型均为定居农业文化为主"……"史前原始农业文化最盛时农业文化遗存北界的大致位置在：从大兴安岭西侧沿西拉木伦河北侧向西南延伸，至化德、商都，沿阴山南麓、大青山

❶ 刘美萍. 全新世查干淖尔古湖面波动与环境演化. 内蒙古师范大学硕士论文，2013 年。
❷ 秦大河，等. 中国气候与环境演变. 上册：气候与环境的演变及预测. 北京：科学出版社，2005 年。
❸ 张兰生，方修琦. 中国古地理—中国自然环境的形成. 北京：科学出版社，2008 年。
❹ 方修琦. 从农业气候条件看我国北方原始农业的衰落与农牧交错带的形成. 自然资源学报，1999 年第 3 期。

南麓至包头、乌拉特前旗，向南经东胜以西，鄂托克旗、杭锦旗以东，向西经宁夏固原沿河西走廊北界至嘉峪关、玉门一线。现在的农牧交错带地区当时基本上属于原始农业区。"因干冷气候、自然灾害加剧，红山文化衰落，其后"赤峰地区的夏家店下层文化（4000～3500a BP）虽仍以农业为主体，但分布区较原始农业鼎盛时期的红山文化时期南退达一个纬度……；在夏家店下层文化之后出现在内蒙古东南部地区的魏营子文化是受鄂尔多斯式青铜器影响的牧业文化类型。"方强调指出："4000～3500a BP（^{14}C 测年）是一个气候状态发生急剧变化的气候转折时期，标志着全新世大暖期的结束。在农牧交错带地区，4000～3900a BP（^{14}C 测年）前后发生显著的变冷过程，表现为喜暖的油松、栎等花粉显著减少，冷杉花粉显著增加，岱海地区古土壤发育中断，此降温事件可能导致了较现代低 2～3℃ 的强烈降温"。降水变化落后于温度变化，显著的变干过程发生在 3700～3500a BP（^{14}C 测年），表现为内陆封闭湖泊湖面降低，湖泊收缩，成壤期结束，风沙活动增强，孢粉组合中草本成分增加，木本成分减少，或偏干植物成分增加，偏湿成分减少。

北方农牧交错带的摆动迁移幅度可能有多大？叶瑜、方修琦近年作了系列研究。他们提交灾害史研讨会（新疆师大，2013 年 6 月）的论文《20 世纪气候变化背景与我国北方农牧交错东段潜在农业适宜区界线》，展现了部分成果，引起笔者特别的兴趣。因为东北地区近现代气温振荡和随之而来的降水变异，归纳出一个结果，得出这百年尺度的规律，计算出这个气象—水文振荡的地域变动幅度。这无论是对当代农业、水利、宏观经济规划，还是反思古代环境变迁与文化兴衰的关系，都是非常有意义的。该文摘要指出："1890～1910 年相对偏暖时期潜在农业适宜区北界与 1961～2000 年位置基本相当，20 世纪前半期冷期北界平均南退 75 公里，20 世纪 90 年代暖期北界较 1961～2000 年北移 100 公里，且大兴安岭西侧锡林郭勒高原、小兴安岭南侧松嫩平原北部北界变化较敏感；1920～1930 年最干旱阶段潜在农业适宜区东西界线，估计较现代 1951～2008 年界线偏东北推移 250 公里、125 公里，1890～1910 年最湿润阶段东西界线较现代 1951～2008 年界线偏西南方向分别推移 125 公里、200 公里，而 1970～1990 年较湿润时期界线变化介于之间。"[1] 可见，现代百年尺度的冷暖变化，对于农业适宜区界线，存在朝向某一方向百余公里——乃至 200 公里上下的大变动；对于千年尺度或数千年尺度的区域冷暖干湿变化，类似推移振荡幅度将要大得多，对于生产力低下的古代文化，影响更要深刻和剧烈得多，甚至对于古文化是致命的演变。

除了纯粹气候变化带来的气温下降寒冷事件外，地震或火山爆发这种岩石圈运动的地质灾害，天文陨击灾害也会带来区域性的降温降水急遽变异，以灾害链呈现。于革、刘健研究火山爆发引起的降温认为："火山爆发集中期的火山灰敏感性试验模拟了欧亚大陆年平均温度普遍降低，整个东亚地区普遍降温，幅度达 0.2～1.2℃。纬度越高，降温幅度越大。""火山灰敏感性试验模拟的气温空间分布表明，在火山爆发集中期欧亚大陆年平均温度普遍降低幅度 0.2～0.6℃。……长江流域以北的广大地区普遍出现了 0.2℃ 的降温。

❶ Ye & Fang. Boundary Shift of Potential Suitable Agricultural Area in Farminggrazing Transitional Zone in Northeastern China under Background of Climate Change During 20th Century *Chin. Geogra. Sci.* 2013 *Vol.* 23 *No.* 6 *pp.* 655 – 665。

夏季整个欧亚大陆也以降温为主，但其主要降温中心位于欧亚大陆的中部和阿留申地区最大降温达 1.2℃。我国大陆中、西部降温明显可达 0.3℃。东南季风控制的地区，如我国的华东、华南地区，降水明显减少，年平均减少幅度在 0.5～1.0mm/d 之间。"

俄罗斯远东火山群在 7600a BP、7000a BP、5000a BP、4200a BP 期间的多次群发，日本富士山在 8500～11000a BP、4500～8000a BP 的爆发，日本 Kikai 火山在 6300a BP、Nasu 和 Bandai 火山在 5000a BP 的爆发，特别是中国东北近地牡丹峰火山在 5140a BP 的爆发，长白山在 4105a BP、2420a BP、2024a BP 的爆发，都有可能导致东北整体的气温振荡。[1]

结语

利用古土壤与沙土沉积旋回韵律，初划东北西部、内蒙古东部沙地温暖湿润期与寒冷干燥期分期，初判区域气候环境灾害期，及其对区域原始农业文化发生重大冲击作用的时间。以此作为气象灾害振荡分期的探讨方法之一。学界对东北西部、内蒙古东部沙地、湖泊沉积物的研究，长尺度下趋势性气候带迁移，导致北方农牧交错带的形成的结论，近现代气候变化对区域农业影响的量化，有助于我们认识和探讨这些问题，理解古文化兴衰、嬗变的环境背景及其机制。

---

❶　于革，刘健. 全球 12000a BP 以来火山爆发记录及对气候变化影响的评估. 湖泊科学，2003 年第 15 卷第 1 期。

1959～1961年"三年自然灾害"
在长序列旱灾里的位置[*]

一、灾害状况与灾情概述

发生在20世纪50年代末～60年代初的全国大旱灾,从气象、水文、农业、民政和统计部门记录的原始资料文献看,这是中华人民共和国成立以来第一场连续多年的严重干旱灾害。按照国家气象局分析发布和出版的权威性资料文献[1],水利部统计归纳的资料和研究出版的专著[2],国家统计局和民政部汇编的《中国灾情报告》[3],概括其记载、归纳与研究,陈述于下。

气象部门就时间、地区、降水量距平、干旱种类给出序列统计(见表1)。

表1　　　　　20世纪50年代末～60年代初干旱时段、地区和降水距平表

时间		地　　区	负距平/%	干旱种类评估
年	月(旬)			
1958	1～5	云南西部	40～80	重旱
	3～5	云南大部,四川、贵州南部,广东、广西本大部,福建南部	30～85	部分重旱
	5～8	黑龙江中部、吉林大部、辽宁西部和中部	30～60	部分重旱
	6～7	长江下游地区	50～85	
	6～9	湖南东部、江西北部、浙江西部	35～70	
1959	3～5	黄河上游大部分及河北北部、内蒙古大部、辽宁南部	25～50	旱
	4～5	黑龙江北部	30～50	部分重旱
	4～6	吉林中部	30～50	
	7～9	渭河、黄河下游以南——南岭地区	30～80	大部重旱
	10～12	华南大部	30～85	
1960	1959.10～1960.2	华南大部	40～90	
	1959.10～1960.4	广东西部、中部与海南	50～70	重旱
	1959.11～1960.5	云南、四川南部、贵州西部	45～80	大部重旱
	3～5	辽宁西部、河北东北部、内蒙古东南部	50～70	重旱
	3～6	渭河、黄河中下游、海河地区	25～80	部分重旱
	7～8	长江中游地区	45～85	局部重旱

---

　　*　本文系提交国史研究会年会(延安,2007)论文。2005年度国家社会科学基金重大课题《建国以来气象农业灾害与农业经济关系史》分报告之一。

时间		地　　区	负距平/%	干旱种类评估
年	月（旬）			
1961	3～6	华北大部、东北西部、山东北部	30～60	部分重旱
	4～8	河南南部、湖北北部	40～65	重旱
	6（中）～7	长江下游部分地区	45～80	旱
	6（中）～8	贵州北部、四川东南部以及长江下游部分地区	45～85	重旱
1962	1～3	广东、广西北部，湖南、江西南部	50～80	
	1～4	广东沿海、海南	40～80	
	3～5	云南西部、四川西南部和北部、甘肃南和黄淮之间	35～80	
	3～6	内蒙古中部，山西、陕西河北北部，北京、天津地区	65～90	
	3～7（上）	黄河流域大部分地区	50～90	
	4～6	黑龙江大部、吉林西北部	30～55	旱
	7～8	广东大部、湖南中南部	45～75	
	7～9	湖南东部、江西南部、福建南部	35～65	
	8～10	华北地区，东北平原西部	50～80	重旱

注　以上统计依据国家气象局文献。

按《近 500 年全国旱涝图集》分析和归纳，重旱和干旱的站点占统计站点（134 站）比例，1959 年为 27%，1960 年为 37%，1961 年为 32%；5 级重旱的站点，1959 年有长治、洛阳、郑州、南阳、德州、临沂、菏泽、宜昌、汉中、安康、万县等站，1960 年有大同、临汾、郑州、屯溪、邵阳、百色、汉中、铜仁等，1961 年有沈阳、辽阳、信阳、南阳、济南、郧县、沅陵、喀什、康定、重庆、贵阳等。1959～1961 年属于 4 级干旱的站点多达 25～42 站不等。严重干旱的区域主要是华北、黄淮、长江流域、东北主要粮食产区。该图集规范：4 级干旱的降水负距平为 1.17～0.33（标准差），占统计样本总数的 20%～30%；5 级重旱的降水负距平是 1.17，占统计样本总数的 10%。

从农业、水利部门统计，以及民政、统计部门汇总数据看，当代研究和出版的资料数据基准，业已完全统一。地面反映的灾情，与气象部门的记载分析，也基本上是一致的：

按照《中国灾情报告》记载，1958 年，"1～8 月，全国大面积旱灾。……冀、晋、陕、甘、青与西南川、滇、黔及华南粤、桂等省（自治区）。春旱时间长，波及面广，严重影响农作物播种、生长。河北省中部、东部连续 200 多天无雨雪……5 月中旬……西南、华南及冀东持续干旱。入夏，华东、东北 800 多万顷农田受旱。吉林省 266 条小河、1384 座水库干枯，为近 30 年未有的大旱。年内，旱灾波及 24 个省（自治区）2236 万公顷农田……"

1959 年，"1～4 月，冀、黑严重春旱。因去冬以来降水稀少，春旱影响河北省 150 万公顷小麦生长，成灾 62 万公顷，另有 20 万公顷耕地需挑水点种；黑龙江省……150 万公顷耕地受旱 2 寸多深，少数 4～5 寸深，为历史少见。"7～9 月，渭河、黄河中下游以南、南岭、武夷山以北广大区域普遍少雨，闽、粤 60 天无雨，遂"波及豫、鲁、川、皖、鄂、湘、黑、陕、晋等 20 个省（自治区）的旱灾分别占其 77.3%（受灾 3380.6 万公顷）和 82.9%（成灾 1117.3 万公顷），受灾范围之大在 20 世纪 50 年代是前所未有的。"刘颖秋主编的《干旱灾害对我国社会经济影响研究》（中国水利水电出版社，2005年；文献[4]）认为，"是中华人民共和国成立10年来旱情最重的年份"。1959年的大旱，在水文方面有显著的表现。是年松花江源濒于干涸，丰满水库缺水发电。江、淮出现历史同期（记载）的最低水位。江苏省山区塘堰、小水库干涸37万座（占本省同类型工程的67%）。湖北省塘堰干涸达80%，8月中旬以后小河几乎全干；由于江水奇低，沿长江的121个水闸和161个明口，能够自流放水的也只有50个闸、13个明口。湖南省邵阳、衡阳和湘西州的71万处塘坝，在9月中旬有半数干涸。

与常年同期相比，该年西北东南部、华北中南部、黄淮、江淮、江南、西南、内蒙古西部地区，降水偏少2～6成，豫北、皖北、陕南、川东、内蒙古西部、南疆局部降水偏少6成以上。

1960年，持续旱情扩大："1～9月，以北方为主的特大旱灾。上半年，北方大旱。鲁、豫、冀、晋、内蒙古、甘、陕7省（自治区）大多自去秋起缺少雨雪，有些地区旱期长达300～400天，受灾面积达2319.1万公顷，成灾1420万公顷；其中鲁、豫、冀三省受灾均在530万公顷左右，合计1598.6万公顷，成灾808.5万公顷左右。山东省与河南省伏牛山—沙河以北地区大部分河道断流，济南至范县的黄河也有40多天断流或接近断流，800万人缺乏饮用水。夏秋季节，南方皖、苏、鄂、湘、粤、滇、川7省（自治区）因旱受灾面积都在66.6万公顷以上（按：广东、海南旱情持续了7个月，西南各省冬春连旱），川、鄂2省成灾198.1万公顷。除西藏外，大陆各省区旱灾面积高达3812.46万公顷，为建国以来最高纪录"；"本年灾情是建国后最重的，也是近百年少有的……"是年大旱，除黄河外，还有不少河流断流；如永定河、潴龙河断流5个月；子牙河及滏阳河衡水以下河道，自1959年11月断流，直到1960年7月18日才有来水山东境内12条主要河流，有汶河、潍河等8条断流。

与常年同期相比，西北华北大部、东北北部、黄淮、江淮、江南、华南、西南地区降水偏少2～6成，局部地区偏少6成以上。实属全国性的严重持续干旱。

1961年，旱情持续："1～9月，全国范围的特大旱灾。全国旱区受灾面积达3784.6万公顷，成灾1865.4万公顷，主要分布于华北平原及长江中下游地区、黄土高原、西辽河流域……"是年3～6月，海河水系的赵王河、潴龙河平均流量距平偏少一半以上。西辽河通辽站3～6月平均流量仅0.123秒立方米，比多年平均值少99%。安徽省正阳关、蚌埠和江苏洪泽湖各站6～8月平均流量较年均值偏少8成。湖北襄阳专区8个县325条大小河流，断流312条……该年东北局部、西北大部、黄淮、长江流域、西南北部降水偏少2～6成，局部地区偏少6成以上，依然是全国较大范围持续干旱的一年。

1962年，"1～9月，全国大面积旱灾。去冬以来，南方湘西北、粤北、川北、苏北、皖中地区雨雪稀少；2月约有100万公顷呈旱象；3月，旱区扩至豫、鄂、黔、陕等省，共计360万公顷……甘肃河西走廊、内蒙古呼伦贝尔和乌兰察布地区、晋北、冀西北、吉西北地区，旱期长达200～400天，甚至井干河断、人畜吃水困难……年内，旱灾波及北方为主的24个省（自治区、直辖市）2174.6万公顷农田，成灾面积878.4万公顷。"

人们习惯上将这几年的灾害称为"三年自然灾害"，实际上从干旱灾害发生、发展、延伸和转移看，影响我国农业生产的严重干旱灾害，大致延续了4年。时间上，以1959

年夏秋至 1960 年夏黄河流域、西南、华南为主，1961 年春夏秋华北平原、长江中下游连续干旱为主；以及 1962 年春夏、夏秋的华北黄河流域、东北的干旱。人们在谈论和研究中往往忽视了 1958 年和 1962 年也是较大旱灾年，从宏观角度看，集中在 1959～1961 年的特大干旱，有一个酝酿、出现、发展、高峰、减弱的较长过程。

二、1959～1961 年的特大干旱在中华人民共和国成立以来干旱灾害长序列里的地位

1. 成灾统计的位置居于首位

受灾与成灾面积是衡量灾害程度的重要指标，也是干旱这一黑箱系统产出结果。长系列来看，它是气象降水、气温—蒸发、土壤含水量、作物需水、田间持水诸多要素交互作用的综合反映。根据文献《中国水旱灾害》[2] 归纳，在 1949～1990 年的长时期内，"全国受旱面积超过 2000 万公顷的有 23 年，成灾面积超过 1000 万公顷的重旱年有 12 年，成灾面积超过 1500 万公顷的大旱年有 5 年，按成灾面积大小，依次为：1961 年、1978 年、1960 年、1988 年和 1989 年……受旱率超过 15％和成灾率超过 5％的有 15 年，包括 1972 年、1976 年及 1959～1961 年、1978～1982 年和 1985～1989 年等 3 个连续年段。受旱率超过 20％和成灾率超过 10％的有 6 年，分别是 1960 年、1961 年、1978 年、1986 年、1988 年、1989 年"。可见，1959～1961 年属于该序列中的重旱和特大旱年，成灾面积名列前茅，而在中华人民共和国成立初期 17 年（1950～1966 年）的统计里，该时段的受旱面积、成灾面积、粮食减产量、受旱人口的统计数值，则更居于首位（见图 1、图 2）。

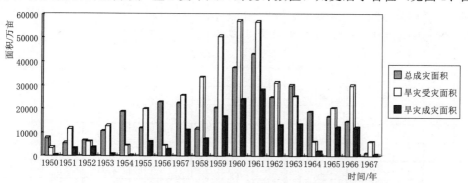

图 1　中华人民共和国成立初期全国总成灾、旱灾受灾/成灾面积统计图

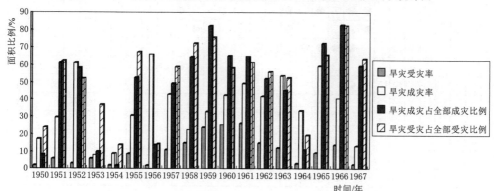

图 2　中华人民共和国成立初期旱灾受灾/成灾率与在全部受灾/成灾面积中的比例图

2. 中华人民共和国成立初干旱灾情的突出阶段

必须指出的是，在新中国成立初期（1949～1961年）旱灾灾情统计序列中，1959～1961年时段，各项统计指标的平均数值，大大高出前10年的平均值（见表2）。

表2　　　　　　　　中华人民共和国成立初期平均旱灾灾情统计指标比较表

年　份	受旱面积/公顷	成灾面积/公顷	成灾率/%	受灾人口/万人	粮食减产/万吨
1949～1958	848.32	271.87	32	1824.94	339.7
1959～1961	3659.30	1533.46	41.9	5748.13	1177.1

而且从历年降水量距平比较[1]，1959～1961年阶段，距平总偏离趋势要大于1959年以前。说明从降水量的偏离看，它的确是中华人民共和国成立以来（迄至1962年）降水突出偏少的干旱阶段。

3. 中华人民共和国成立初干旱集中阶段

据《中国水旱灾害》分析与年表（见表3），尽管1952～1953年、1956～1957年部分省（自治区、直辖市）也有严重的灾害，但建国初期，成灾率大于20％的极旱省区和成灾率在10％～15％的重旱省（自治区、直辖市）分布，时间特别集中，且旱区十分广阔，是在1959～1962年期间（黑圈为极旱）。

表3　　　　全国干旱灾害年表片段1949～1990年期间全国各省（自治区、直辖市）
干旱灾害年表

年份	黑龙江	吉林	辽宁	内蒙古	北京	河北	山东	河南	山西	陕西	宁夏	甘肃	青海	新疆	上海	江苏	浙江	安徽	湖北	湖南	四川	福建	江西	广东	广西	海南	贵州	云南	合计	极旱	重旱
1951				○			○			○													○						4		4
1953							●			●	○	●					○						○						6	3	3
1955				○				○	○															○					4		4
1956																				○					○				2		2
1957									○		○	○	○	○	○														6		6
1958	○																	○					○	○					5		5
1959									○	○			○					●	●	○	●							○	10	3	7
1960			○				●	●	○	○	●	○	●				○	●									○	○	12	5	7
1961			○	○					○	○		●			○	○	○	●											15	3	12
1962		○	○	○			●	●	●	●	○	○					○												10	4	6
1963				○																●	○	●		○	○	○	○	○	11	2	9
1965				○				●	○																				5	1	4
1966				○				○	○		●							●	○				○				○		12	2	10
1968						●	○																						3	1	2
1969										○																			1		1
1970									●	○																			2	1	1
1971				○								●				○	○						○						7	1	6

4. 诸干旱高峰的第一峰

文献［4］《干旱灾害对我国社会经济影响研究》研究中国农业旱灾的长时期（1950～2001 年）变化，归纳认为：中华人民共和国成立以来"受旱面积的 7 个高峰期为 1958～1962 年、1972 年、1978～1982 年、1985～1989 年、1991～1995 年、1997 年、1999～2001 年，均在 3000 万亩以上。几个受旱超过 4000 万亩的严重干旱年，如 1959 年、1960年、1961 年、1978 年、1986 年、1988 年、1989 年、1991 年、1992 年、1999 年、2000年、2001 年均出现在上述高峰期"。而 1959～1961 年的严重干旱，按时间序列居于诸高峰期的第一峰。❶（见图 3）。

《中国气候和环境演变》[5] 中"极端气候与环境灾害对水资源的影响"也谈到在 1949～1990 年："全国旱灾成灾面积接近或超过 1000 万公顷的有 15 年，包括 1972 年、1976 年及 1959～1961 年、1978～1982 年和 1985～1989 年等 3 个连续严重干旱年……"

从资料和分析看，1959～1961 年干旱灾害都是中华人民共和国成立以来第一场连续多年的严重干旱灾害。

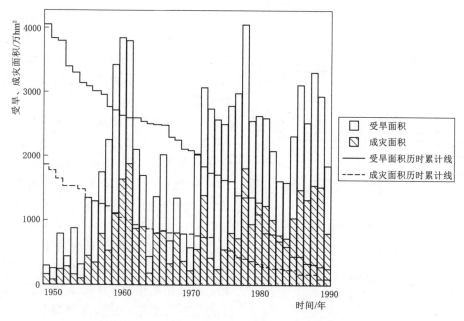

图 3　1950～1990 年全国历年受旱、成灾面积序列图

5. 在中华人民共和国成立 50 年序列中干旱灾害尚不属于最重

气象部门从长序列资料进行分析，从多个方面看，本研究阶段还不属于干旱灾害最重的。但问题业已开始凸现出来。

（1）华北地区干旱覆盖率。从近 50 年华北干旱覆盖率的变化曲线（见图 4）看到，从

---

❶　这里引文的受灾面积数据印刷有误，或者是单位应为公顷；实际似可以表述为："1959～1961 年、1972 年、1978 年、1986 年、1988 年、1992 年、1994 年、1997 年、1999～2001 年的旱灾受灾面积，均在 45000 万亩以上。而且旱灾的成灾面积，在 1978 年、1992 年、1994 年、1997 年、1999 年、2000 年、2001 年，均超过'三年自然灾害'的水平，20 世纪末至 21 世纪初更是攀升到 35000 万亩、40000 万亩的新高台阶"。

20 世纪 50 年代中期至 60 年代初期，华北干旱覆盖率处于 50 年来的最低阶段，即是说，总的看来 3 年自然灾害所处的时段，华北干旱覆盖面积并非最大，相反还处于较小状况。

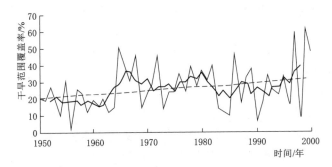

图 4　近 50 年华北干旱覆盖率变化曲线图[1]

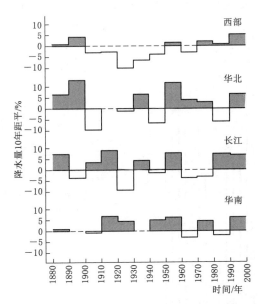

图 5　近百年全国降水量 10 年平均距平变化百分比图

（2）降水量 10 年平均距平变化。此外，从近百年降水量 10 年平均距平变化梯级图看，中国的西部地区、华北、华南，以及长江流域，皆为 10 年降水偏丰，向降水偏少，甚至偏枯转化的关键时刻；应该说，研究阶段是这些地区对旱涝气候变化反应特别敏感的时段。

（3）百年来的降水量距平变化中的特征（见图 5）。不仅如此，从近百年降水量逐年变化曲线看出，全年而言，1940 年代末至 1960 年代初，全国降水有一个相对偏丰时段，1960 年前后又相对偏少，但是减少的量级并不算大；不过，3 年干旱灾害实际可能是 1964~1972 年偏干旱阶段来临的一个预兆，并非处于降水量距平曲线的最低谷。因此，必须注意到这 3 年处于一个转化的关键节点上；特别是，从长序列观察，这些年降水的急剧下降，在冬、春、秋季表现尤为剧烈，在主汛期的夏季就并不十分明显。看来，这或许就是影响农业生产的关键季节，其间发挥僧的连续干旱，直接冲击了农业生产，而按年降水量总量距平笼统观察，反而掩盖了灾害为盛的年内不平衡——即季节问题。

1880~2002 年中国东部四季及年降水量距平曲线见图 6。

三、干旱灾害对农业经济的影响

持续的干旱灾害直接影响和威胁了农业经济（见表 4、表 5）。

<hr />

[1]　秦大河. 中国气候与环境演变. 北京：科学出版社，2005 年。

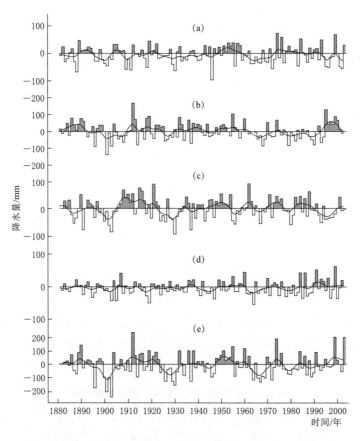

图 6 1880～2002 年中国东部四季及年降水量距平曲线图
(a) 春季（3～5 月）；(b) 夏季（6～8 月）；(c) 秋季（9～11 月）；
(d) 冬季（12 月～次年 2 月）；(e) 全年（水文气象年）

表 4　　　　　1959～1962 年累计成灾 100 万公顷以上的省（自治区）逐年统计表　　单位：万公顷

省（自治区）	1959 年	1960 年	1961 年	1962 年	累　计
河南	100.0	210.5	434.5	86.3	831.3
河北	64.7	331.3	61.0	93.3	550.3
四川	100.0	125.3	266.7	53.3	545.3
湖北	166.7	113.3	172.8	70.6	523.4
山东	226.7	26.7	174.5		427.9
山西	18.0	170.0	61.0	93.3	342.3
内蒙古		72.8	90.8	100.0	263.6
陕西	46.7	63.3	72.9		182.9
浙江	145.3		26		171.3
黑龙江			28.2	102.1	130.3

注　表中前 5 名均为我国的农业、粮食大省，干旱灾害的威胁与后果特别严重。

表 5

省份	1953～1957 年平均产量/万吨	1959～1962 年平均产量/万吨	两阶段比较平均减产量/万吨	减产幅度/%
甘 肃	364	213（1960～1962 年）	151（1960～1962 年）	41.4
辽 宁	642	408（1960～1962 年）	234（1960～1962 年）	36.4
安 徽	1040	668（1959～1961 年）	372（1959～1961 年）	35.8
黑 龙 江	763	530（1960～1962 年）	233（1960～1962 年）	30.5
河 南	1226	870（1960～1962 年）	356（1960～1962 年）	29.0
四 川	2082	1498（1960～1962 年）	584（1960～1962 年）	28.0
山 东	1300	950（1960～1962 年）	350（1960～1962 年）	26.9
贵 州	444	343（1960～1962 年）	101（1960～1962 年）	22.0
吉 林	534	425（1960～1962 年）	109（1960～1962 年）	20.0
湖 北	955	766（1959～1961 年）	189（1959～1961 年）	19.8

从主要产粮省的减产幅度（这里既有干旱灾害的影响，也有其他方面的原因），可以估计到当时由于减产给这些省本身，或需要他们调出粮食所遭遇到的严重困难了。

当然，和以后的旱灾损失相比，这几年还不是中华人民共和国成立以来最严重的（见表 6）。

表 6　　　　　　　　1959～1990 年重大旱灾对全国粮食的影响表

年份	全国人口/万人	粮食总产/万吨	人均产量/公斤	受旱人口/万人	粮食减产量/万吨	人均减产/（公斤/人）	灾区减产/（公斤/人）	减产比例/%
1959	67202	17000	253	4703.4	1080.5	16.0	229.7	6.0
1960	66207	14350	217	6107.4	1127.9	17.0	184.7	7.3
1961	65859	14750	224	6433.6	1322.9	20.0	205.6	8.2
1972	87177	24050	276	7825.1	1367.3	15.7	174.7	5.4
1978	96259	30475	317	7905.3	2004.6	20.8	253.6	6.2
1981	100072	32500	325	9385.8	1856.5	18.6	197.8	5.4
1986	105721	39150	370	11666.9	2543.4	24.1	218.0	6.1
1988	108654	39408	363	13229.9	3116.9	28.7	235.6	7.3
1989	110356	41442	376	11820.8	2836.2	25.7	240.0	6.4
平均						20.73	215.52	6.0～8.2

注　此表属于因旱灾减产统计，数据见文献 [2]、[4]。

图 7 显示，全国与海河、淮河、黄河流域，1960 年前后都是旱灾减产的第一峰期。

上图根据中央气象台提供 197 站 1950～2001 年原始数据绘制，鉴于近 50 年来全国区域降水量距平、干旱指数均值有所变化，一些地区干旱趋势加增，故研究时段图示的相应距平值相对有所偏低。

综上所述，1959～1961 年、1978 年、1986 年、1988～1989 年，灾区人均减产粮食的

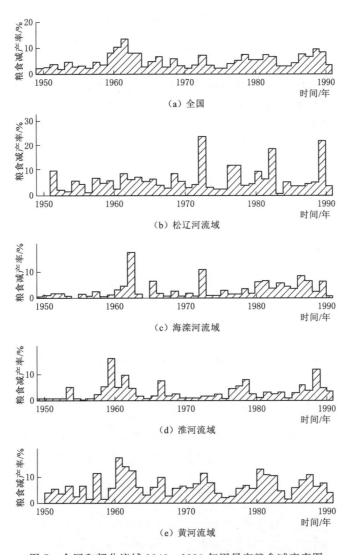

图 7　全国和部分流域 1949～1990 年因旱灾粮食减产率图

绝对值和减产比例是十分严重的，将给人民生活和社会经济造成重大威胁。虽然，中华人民共和国成立前期的灾区人均减产数额比 70 年代以来要小一些，但是当年人均产量并不高，当地的减产幅度相当大，国家粮食储备力量相对薄弱，没有调剂周转粮食的更多余地。1959～1962 年，是中华人民共和国成立以来因旱灾减产幅度严重的第一高峰期。以 1952 年以来的 5 年平均的人均口粮和减产常例计算，在 1959～1961 年连续 3 年每年多减产粮食达 838 万吨，减产幅度达 15％，按以前口粮平均消耗水平，大约缺少了 2800 万人口口粮。而这个减产幅度，是高于 50 年来同等受灾率条件下的减产幅度的。

参 考 文 献

[1]　冯佩芝，等. 中国主要气象灾害分析　1951—1980. 北京：气象出版社，1985.

［2］　国家防汛抗旱总指挥部办公室，水利部南京水文水资源研究所. 中国水旱灾害. 北京：中国水利水电出版社，1997.

［3］　中华人民共和国国家统计局，中华人民共和国民政部. 1949—1995 中国灾情报告. 北京：中国统计出版社，1995.

［4］　刘颖秋. 干旱灾害对我国社会经济影响研究. 北京：中国水利电力出版社，2005.

［5］　秦大河，等. 中国气候与环境演变. 北京：科学出版社，2005.

［6］　国家科委全国重大自然灾害综合研究组. 中国重大自然灾害及减灾对策. 北京：海洋出版社，1995.

中州古代稻作农业的发展
与环境、水利的关系[*]

关于水稻农业的起源与传播，近年已有很多的研究，本文旨在强调稻作的起源、发展的古生态环境意义，强调人类水利活动与中州稻作农业兴盛衰落的关联，以回顾史前的及历史时期一些水利——农业现象。

一、中州的古环境与稻作发展

截至 20 世纪 90 年代，考古发现与史书记载已提供 4000～5000 年前中州水稻农业的某些依据。近年来地球环境变迁研究及其他一些成果，支持着水稻农业的多源观念，迫使我们在近年中原水稻考古尚无新突破的僵局中，去认识一些发人深思的相关信息。

冰后期的全球性气候变暖，无疑是处于中纬度地区的中州水稻得以发展的前提性背景。通过气候变迁、海平面变化、沉积环境的研究，人们已从多学科角度，大致勾绘了全新世 1 万多年来气候波动的趋势。

7600 年前，气温超过当代，东部进入湿暖期，水域再次扩大，距今 7200 年左右，气温超过当代 2℃，为全新世以来第一高峰。长江三角洲的许多水稻文化遗迹，大约是这一环境的产物。

约在 6000 年前，气温再次回落到低于今 2℃左右，其后又很快回升到距 5600 年左右，气温升到第二高峰，超过当代 2℃左右，亚热带北界推进到北纬 34.5°～35.5°。中国东部地区进入仰韶温暖时期，亦即农业发展的“最适宜”时期。后来，虽有距今 5000 年、3000 年的二次低谷，但气温未低于今 1℃，且 3700 年、2400 年前，又都回复为较今高出 1～2℃。这一湿润温暖期，长达 3500 年左右。正是在这一条件下，黄河下游的水稻农业到了发展的最佳环境。[1]

6000 年以前的冷暖变化，有一亚热带北界迁移的问题，而仰韶以来的变化，研究更为细微、深入。龚高发、张丕远归纳了文献及物候学成果，概括出[6]：

仰韶温暖期	距今 6000～3000 年	北移 5～6 个纬度
周初寒冷期	1000BC～772BC	南移一个纬度
春秋战国温暖期	772BC～公元前 3 世纪后期	北移 2 个纬度
汉初南北朝寒冷期	公元前 3 世纪末至公元 6 世纪	南移 1 个纬度
隋唐温暖期	公元 6 世纪后期至 10 世纪中	北移 1 个多纬度
宋代寒冷期	10 世纪中至 12 世纪	南移 1 个多纬度

---

* 中国水利学会水利史研究会. 水利史研究论文集　第一辑——姚汉源先生八十华诞纪念. 南京：河海大学出版社，1994 年。

宋元温暖期	13 世纪中至 14 世纪中	与今相似
明清小冰期	14 世纪后至 19 世纪末	南移 2 个纬度

现今亚热带北界位于秦岭、伏牛山。淮河一线。可以说，中州地区正在亚热带北界游弋扫荡的范围内，它是中国东部地区全新世以来气候变迁最敏感的地带，（从世界各大陆看）各种气候指标的南北突伸范围都有更广泛些的典型性。亚热带北进，喜温作物所需热量得到充分提供，也带来了超前的雨量，南退，中州地区则寒凉干燥化。仰韶时期最暖时，安阳一带气温可与今北纬 30°的长江中下游沿线相比，而年均大于 10℃ 的活动积温，比当代增加 500～600℃ 以上，甚至更多，超过 5000℃。明清小冰期时，淮河以南气温降到如同现今黄河以北，年积温也要低 200～400℃。近万年来中原地区的气候（气温、降水）变迁的研究，提供了环境变迁更为具体详实的成果。

从这样的宏观背景反省水稻农业的起源，得到某些新感想。我们认为，正是在这种气候带南北推移、反复的过程中，在环境的干、湿、冷、暖变化中，一度与现今长江中下游、杭嘉平原具有某些大致类同气候条件的黄河下游，野生稻在人类干预下有发生品种变异、进化的可能。自然，首先是变暖变湿时期的这一变异可能较大。注意到冷暖交替变化的多次拉锯，认为进入人类农业活动后，野生稻的驯化、栽培，得到了气候变化的支持，气候变化正是亚种演化的自然背景。丁颖曾认为栽培稻演化中，由于地域的扩展（到较温凉地带），亚种变异得以产生。同样道理，即便是没有人为的品种推广改良，仅仅是气候带的南北变迁，也可能造成变异型的亚种的发育。

按时尚之说，距今 3000 多年水稻才传播到黄河下游，那么与亚热带北界曾推到 N38°～40°相比，似乎这一农业适宜的环境，整整晚了二三千年才得到了人类的利用，这是为什么？是落后蒙昧使农业文化推进缓慢，大大滞后于气候带的变迁？是技术发展缓慢？还是由于至今尚未得到黄河下游水稻考古的事实支持认可？都有可能，而且不能否认恰恰是后一种可能较大。裴李冈文化说明，距今 8000 年，豫中地区先民以旱作物为主。这也可能是当时中原的总体情况。近年对陕西关中、山西襄汾、山东莒县遗址中人骨 δ^{13} 测定。说明仰韶龙山时期这些地方先民食谱中小米的显著地位[1]，但可以说明中州地区还缺乏一些典型的取样、测定，特别是还认定不了这些地方有无稻米饮食。裴李冈文化的研究，一是说明当时环境相对干燥，特别是研究地域的小环境。二是当时还未出现史前的农业水利活动，而稻作往往与水利联系在一起。三是裴李冈文化还不代表整个中州，豫东、鲁南、淮北的环境与人类生态就很不一样了。距今 8500～8150 年的贾湖文化二期、三期，环境与裴李冈就很不一样。连云港地区有 7000 年前的稻壳烧土，华县地区也有 5000 年前的类似痕迹。[3]

此外，地貌、土壤条件也是这种反省中不可缺少的。仰韶时期，黄淮地区冈坡洼地遍布，湖沼成群。而且每一次气候转为暖湿，都伴随一次湖沼的扩衍。从沼泽沉积信息的研究看，华北平原因今 7700～3000 年转为暖湿、沼泽扩大，出现许多芦苇泥炭沼泽[2]，这与仰韶农业发展恰好在同时。现今淮河以北，南阳盆地的砂姜黑土，正是这一较长历时湖积冲积平原的沼泽堆积物发育而成的。在沙颍河以北地区，由于近期黄泛冲积物覆盖，地表已很少有这类土壤，但从钻孔资料看，局地的古地貌、古土壤依然与淮北地区类同[4]。传说中的龙山文化时期的排水与陂塘水利，正是针对黄淮地区的这一环境背景，进行水利

410

农业开发的。"夏本纪"中的禹"陂九泽……令益予众庶稻，可种卑湿"，禹自称治水时"随行乘车，水行乘舟，泥行乘橇……与益予众庶稻鲜食。以决九川致四海，浚畎浍致之川"，正是反映了黄河下游第一次大规模地平治水土，排水治陂，开发农业环境——特别是包括了水稻发展的过程。《韩非于》云禹之执"耒锸"、《淮南于》云禹执"畚锸"，既是平治水土所用工具，而且型制与现今长江中下游某些地方田间的铁锹相似，也是一种田间工程用具。夏族从河谷、川地走向平原、开发平原、湖沼。从后代封建社会数次大规模兴修灌溉水利发展水稻农业的直接关联，在一般不需求灌溉的北方旱作地区，大规模的灌溉意识，通常也是水稻文化的体现。这种灌溉水利，正是稻作的需求。

夏文化中心地区，在河洛、颍汝河谷、洧溱河谷，南阳盆地、信阳地区，[5] 在这些地区，都可能已经栽培稻作。仰韶村印有谷壳的陶片，至少不晚于龙山时期，河洛间丘陵也有稻作发展。

郑州大河村文化赋存丰厚。其第三期（仰韶晚期距今 5000 年左右）出土一瓮谷物与两枚莲子，对其是否稻谷，考古界有争议。但由于灰象分析鉴定无高粱灰象，使得问题变得有趣了，炭化颗粒可能是大麻子，但该期房基 F19、F20 红烧土上，都发现较普遍的谷壳、稻秆印痕。看来要否定大河村文化的稻作还为时过早。大河村不是不可出土旱作物的粟粒．大河村位于一些微冈坡地，距黄土高阜广武岭只有 20～30 里，但应注意，它北部、西北部是古荥泽，东部、南部靠近圃田泽，其与水生作物的联系似乎更紧密些。同时出土的二枚莲子也是一种暗示。与大河村南北相距 20～30 里的白家庄，早商遗址有稻谷出土。郑州地区的水稻发展史，可以从晚商上溯到仰韶晚期，加上安阳殷墟卜辞中的稻字、晚商稻谷遗存的发现，洛阳西高崖 5000 多年前稻壳的发现，淅川黄栋树稻谷遗存、烟台龙山文化遗存中的稻谷稻壳印痕，整个黄河下游，中州地区的稻作发展的地域，时间还是比较清楚的[3]。

稻作农业是从栽培——驯化野生稻而来的，近 10 年来大陆上对野生稻资源的调查研究，重点在华南。不过，立足于当代环境的研究尚未证实古代黄河流域没有野生稻，更说明不了野生稻的驯化自西南亚、华南传到黄河下游。连云港地区现代仍有野生稻，证明它是原地自生的。[3] 那么，类似华南现代气候与地貌、水文条件的古代华北某些地方，也可能自生。文献中所记，唐代沧州、北宋襄阳、符离，明代蒙城、肥乡的谷壳，证明黄淮海地区、中原大地在自然生境比仰韶时恶劣得多的晚全新世（乃至明清小冰期），仍有野稻生长，中州腹地的河南尚无记载，反而可能是农业开发较长，原生稻早已驯化之故。这种驯化自然与史前的水利活动相关。

所以，迄今为止，从文献、已出土文物来分析推断的稻作起源及其传播，我认为还是初步的研究。从环境变迁的意义上说，黄河流域在仰韶暖期，乃至之前的第一暖峰期，都已有野生稻繁衍、人工驯化的可能。内陆文化与水稻文化并不是相互排斥的。这些，有待于考古研究和综合性测试手段的深入来系统地回答。我们知道，黄淮海平原上许多宝贵的史前文化赋存，还深深地埋在 4～5 米乃至 10～20 米的黄泛积土之下，我们对史前文化、夏文化的研究，也还是初步的。以往对稻作起源及传播，过多地强调了地城的空间性，气圈、水田的时空性谈得很不够，实际上这是一个二维问题，从环境意义上说，时空是关联着变化的，这在早、中全新世特为剧烈，据振荡周期尺度有数百年、数千年种种形式。

在上古时代，水稻生境的自然变迁，在地域上的变幅，它的决定意义，甚至大于人类文化迁移、传播在地域上的变幅。这里提出这个问题，希望稻作的多源性问题能在深入研究中得到完善。

二、中州的历史水利与稻作的兴衰

历史时期黄河下游的水稻农业的发展、兴衰，与封建形态的传统水利紧紧相连，历史上一些大型农田水利活动，通常是与稻作的发展关联的。

灌溉是为了种稻，这在历史的黄淮海地区是不言而喻的。

陂塘水利是楚文化农田水利的特征之一。春秋时得以在淮汉流域发展。《左传·襄公二十五年》所载司马为掩的改革，大规模规划农田水利，曾"规偃渚"，于陂池水利以重要的地位。传说和记载中的孙叔敖，在淮河上游作期思陂（605BC之后），中游作芍陂（588～591BC），周长百余里，是这一时代大规模发展陂塘水利的集中反映。稻作农业有一个较大的发展。

魏文侯时西门豹治邺引漳（422BC），是中国北方多沙河流引灌的第一次大规模活动，灌溉面积不详，后代晋人记载已达数百顷。引漳就是为了种稻。

值得注意，这两次大的活动，都发生在春秋战国温暖期。当时是黄河下游稻作的较佳气候期。《战国策·东周策》所说的东周种稻，西周阻遏洛水，也是在这一时期。《周礼·职方氏》同样反映了豫、冀、兖州是种稻的。嘉庆"鲁山志"经考证认为，"职方氏"中讲的"其浸波溠"，是说济水、溠水上游，周人已用来灌溉，鲁山利用地热水种稻，历史是悠久的。这一时期中州平原、河谷地区，水稻有较普遍的发展，不过稻米仍系社会上层的享受。

《吕氏春秋》总结概括了黄河中、下游封建经济开始发展时的农作技术，"任地篇"所云"子能使吾土靖而川浴土乎？"则反映了稻作对田间水利（水土）的要求。

汉武元封瓠子堵口成功，踌躇满志，掀起全国性水利高潮，即"汉志"所云："自是之后，用事者争言水利……汝南、九江引淮……泰山下引汶水，皆穿渠为溉田，各万余顷，它小渠及陂山通道者，不可胜言也"。建设之初，是以传统的渠水灌溉结合大型陂灌的。两汉时，淮河上游以鸿隙、鲖阳为陂塘水利的代表。前者"起塘四百余里"，大致是指周界400里（汉制）的一个长藤结瓜陂塘群体，其灌溉面积数千顷。鲖阳陂关灌田3万顷。下游的芍陂，汉代约有万顷效益，九江郡专设有陂官。西汉末汝南陂塘因社会及气候原因一度走下坡路，但到后汉，淮汉陂塘水利得到空前发展。台湾学者黄跃能在《中国古代农业水利研究》一书中，曾有趣地注意到汉武帝大事渠水水利与屯边、用兵，造成财政危机，转而发展陂水水利，指出"自东汉复国以后北方渠水事业日趋没落，江淮陂水事业逐渐普及，直到三国分立各自为政的情形——这一期间，东汉朝廷落入豪族所组成的联合政权之手，故此一时期象征中央集权政治的衰退与豪族势力的抬头，以致由国家力量所经营的北方渠水事业日趋没落，豪族所经营的江淮流域，陂水得以兴盛，结果促成了东汉帝国的崩溃瓦解，而豪族兴起的结果，卒演成三国的分立与曹魏屯田制的实施，最后致使司马氏得以统一中国"。这段文字概括了北方传统水利向陂塘发展的过程及其深刻政治、经济背景。这一演变，客观上促进了淮汉地区稻作的大发展。黄先生还指出了重农抑商导致的一些私家豪族的财力的农业投向。笔者认为，渠水水利与被水水利的这一变化，根本来说还是一个农业基本经济区的扩大，武帝大办水利受挫，只是一个转变的契机。实际上在西汉末，黄河下游沿岸郡国人口密度为 86 人每平方公里，沛泗济流域达 63 人每平方公里，其中济阳郡 126 人每平方公里。比邻汝南郡的颍川郡 192 人每平方公里，淮阳国 147 人每平方公里，汝南地广，达 70 人每平方公里，它是北部较高密度郡国人口流向转移的地区，农田水利与垦殖开发是必然趋势。此外，西汉以来，气温一直在下降中，中州气候转为干燥寒凉，北方多沙河流水文变幅加大，来沙增加、水量减小，对引灌十分不利。稻作区向相对湿润与蓄水便利的淮汉转移，也有这一环境背景。[7]

南阳盆地西汉陂塘也得以发展。武帝时酷吏宁成，在穰地私家陂田已达千顷。在召杜创导下，后汉的陂塘水利得以极度发达。《南都赋》的"贮水淳涝，亘望无涯"颂扬其也，而"冬秾夏稻，随时代熟"足证稻作兴盛状。王朝的宛籍新贵及地方豪势，靠营被田、行商起家，又大力发展私家陂池，如邓氏陂、樊氏陂。

光武、明章，汝南郡陂池堤防岁修费高达 3 千万金，约占全国岁入之 1/200。汝南富陂县以陂多而名。两汉陂塘的发展，大致显示了淮汉稻作的盛景。

魏晋时期，曾出现陂塘水利——稻作农业的一次畸形大发展。曹魏曾以淮河上、中游为基地发展屯田，196 年颁布"屯田令"，枣祗在豫中一带成效显著，仓廪尽满。219 年，贾逵遏汝造陂。214 年，邓艾于淮南淮北大治诸陂，大屯其田，穿渠 300 余里，溉田二万顷。自寿春到京师，"农官兵田，鸡犬之声，阡陌相属"。又在江苏宝应、淮安及于台一带，兴修白水塘，溉田万余顷。于萧县引汴、濉注郑陂灌溉。积累实力，统一北方与全国，稻作技术在华北大面积推广。但屯田水利，多为兵士及招揽流民所作，急功近利，排灌不分，难免粗糙。到西晋朝，气候寒凉多雨，豫州涝渍严重；大灌大引，次生盐碱化严重。277 年，杜预提出"今者水灾东南特剧，非但五谷不收，居业并损，下田所在停淤，高地皆多绕峰"，"宜大坏兖、豫州诸陂，随其所归而宣导之"。屯田灌溉，多以废弃。不过这里既有天气背景，水利工程问题，也有社会经济因素，司马氏大贵族与豪族力并公田、屯田，屯田之军事水利组织不符合生产发展需要，也不符合政权组织的恢复。南阳盆地陂塘水利在西晋、刘宋时又都有所恢复、维修。[7]

唐宋时期，淮汉陂田水利时有兴复，但规模已远不如两汉，有汝南王梁渠、苍陵堰、龙陂、张柴陂等官陂。淮西动乱时，淮河上、中游都有中央与藩镇的兵屯种稻。唐代南阳置邓州司马兼陆门稻田（《文苑英华》），稻作提到很高地位。汴渠上也有开斗门者。经过唐季大动乱、营田破坏不少。北宋时秦观在汝南作学官，在《伊汝水涨溢记》中指出鸿隙陂"非特灌溉之利……实一郡潴水处也"（《栾城集》），汝南地方许多历史上著名陂塘，多已废圮。加上地方豪势兼并水利，熙宁变法时退田还湖，遭致反对。1066 年，都水指出豪势"侵叠陂泽之地为田"（《宋会要·食货》）。苏轼云："古陂废堰多为侧近冒耕"，"古陂塘顷亩不少见，今皆为民田"（《东坡七集·奏议》）。1067 年为兴复秦汉时著名青被，不得不另择沃而可耕高地换回被占陂田 882 顷（嘉庆《汝宁府志·广丰陂记》）。可见，汝南古陂到北宋时已废了许多，陂多为水田所置，废田日久，水田也改行旱作了。作物结构遂随水利的废滞而发生改变。唐宋时古代水利公田的废滞，也显示了商品经济发展，土地制度的变迁。北宋诸朝，多次议及恢复南阳陂塘水利，也作了一些工程，但以邓州为试点的水利营田规划，始终未能如愿实现。

北宋陂塘稻作走下坡路，却在塘泊水利和渠引淤灌中得到了地域性的弥补。北宋前期利用河北平原塘泊"御边"，于海河流域筑堰600里，置斗门引淀水灌溉，又引易水、徐河、曹河、鲍河、鸡距泉注沿淀泊田地，种植水稻。这一次军事屯田，把稻作推得更靠北一些。引黄引汴淤灌，是北宋中期的重大事件。1069年，颁布"农田水利法"，出现了西汉以来第二次全国性兴修水利高潮。黄河下游一马当先，成为中心地区。淤灌工程在黄、汴、漳、滹沱等多沙河上展开。开封设"提举沿汴淤河司""都大提举淤田司"中牟首淤40万亩，并推广到沿汴府、县。京西北路水利屯田达283处，灌田218万亩，仅开封府即达158万亩。酸枣、阳武集中40万～50万军士引黄种田，澶州、大名府调出淤田积谷作军粮。但在变法高潮中，营田大引大淤，工程也很粗放，灌排未得统筹，造成涝灾、盐碱发展，也影响了漕渠用水，一直受到反对派攻击。王安石罢相后，这一淤灌事业也夭折了。

总的看来，唐宋以来中州天然湖泽大量消亡，也是一个重要的环境背景。

明初，南阳灌区面临"民一度中兴"，古陂堰堤得以修复。但好景不长，由于社会矛盾加剧，陂堰失修严重，水利、水田被豪强兼并。人口增殖，垦辟加剧，古代人—水—土三者的相对平衡被打破，而且隆庆，万历以后，农村商品经济进一步发展，土地结构、社会结构都发生重大变化，古代以利用国有土地兴办大型灌溉工程的条件，已在瓦解之中，南阳著名的钳卢、马仁陂，都在明末清初废弃了。汝宁府的旧陂塘水利废弃，大致也在此时。芍陂情况也极为类似，水面自古迄清是在萎缩中的。明清小冰期恶劣的气候环境变化，黄河南泛夺淮，也是中州淮汉陂塘水利彻底下滑乃至消失的原因。到18世纪气温回升，中原许多州县竟然不知道何为水稻种植，相继从江南诸省聘请农工指导堰水种田。马仁陂有民谣："只因秧于楚蛮子，始解挖渠栽稻秧"，生动记载了此事。迄至民国末，南阳除南召丘陵、镇平、唐河还有塘堰坝灌溉14万亩，古代陂塘水田最发达的邓县等处，已无水田驻马店地区只有水田20万亩（多集中于正阳县），河南省淮北诸县有效灌溉面积只占总耕地的1％。驻马店地区出现了"有水不浇地"的奇特景象，乃至一些自流灌区甚而退稻还旱。1949年，全省稻谷产量仅占粮食作物产量的5.6％（包括复种）播种面积502万亩，占总耕地面积的4.56％。其中信阳地区就占水稻播种面积的82％，古代水稻发展兴旺的地区，只是星星点点了。[8-10]

不过中州古代大型渠道，陂塘水利在明清以来彻底衰败之后，海河畿辅营田水利出现过一次回光返照，徐贞明、徐光启都有先进科学贡献，水利屯垦，也培育出著名的小站稻品种。

总的看来，黄河下游在春秋战国时期陂、渠水利与稻作有一次较大规模的兴起；两汉时淮汉陂塘水利尤为兴盛，魏晋时出现一次反复：唐宋陂塘水利走上下坡路，但引黄引汴，渠灌稻作一度兴起，明初灌溉一度中兴，隆庆万历后走上消亡之路．海河灌溉水利在明清时期，为传统水利的衰败唱过一段挽歌，与封建主义传统水利命运相连的稻作兴衰，大致可以看出一个时空变异了。

三、结语

（1）史前中州稻作的起源、发展，受到全新世早、中期环境变迁的影响与促进。在仰

414

韶温暖期，已具备了其发生条件。随着考古文化与研究的深入，应有更多的事实说明黄河下游也是中国水利的另一起源地。

（2）历史时期中州稻作农业的发展，与封建主义的传统水利命运紧紧相连。几次大规模的渠水、陂塘水利活动，画出了中州稻作发展的时空轨迹，又以渠水与陂塘灌溉二者的交叉、互补与交替相继出现。

（3）全新世晚期气候的进一步寒凉干燥，人类与水、土资源相互关系的转变，社会矛盾的激化，土地制度的变异，导致中州地区水资源开发方式的巨大变动，它们一起葬送了传统水利，也直接打击了中州稻作农业。

参 考 文 献

［1］ 杨怀仁. 第四纪冰川与第四纪地质论文集　第二集. 北京：地质出版社，1985.

［2］ 中国矿物岩石地球化学学会. 中国环境地质地球化学记录与环境变化学术讨论会论文集：中国矿物岩石地球化学学会环境地球化学与健康. 贵阳：贵州科学技术出版社，1990.

［3］ 吴妙燊. 野生稻资源论文选集. 北京：中国科学技术出版社，1991.

［4］ 河南省科学院地理研究所本书编写组河南农业地理. 郑州：河南科学技术出版社，1988.

［5］ 郑杰祥. 夏史初探. 郑州：中州古籍出版社，1988.

［6］ 龚高发，张丕远. 历史时期我国气候带的变迁及生物分布界限的推移//中国地理学会历史地理专业委员会《历史地理》编委会. 历史地理　第五辑. 上海：上海人民出版社，1986.

［7］ 徐海亮. 历史时期黄淮地区的水利衰落与环境变迁. 武汉水利电力学院学报，1984（04）.

［8］ 徐海亮. 南阳陂塘水利的衰败. 农业考古，1987（02）.

［9］ 徐海亮. 汝南陂塘水利的衰败. 农业考古，1995（03）.

［10］ 徐海亮. 六门碣钳卢陂塘灌溉水利工程的规划及其在明代的兴衰//长江水利史论文集. 南京：河海大学出版社，1989.

他山之石——郑国渠创建及工程变迁的若干问题[*]

徐海亮　张卫东

摘　要：借鉴水利史的"他山"研究——环境史、军事史、新构造活动和田野考古有关成果，回顾郑国渠创建及工程变迁中的兴修动机、渠首引水有无大坝等有关争议问题，进行辩证分析。冀望进一步还原和认识郑国渠的历史和工程变迁的自然地理和社会背景，以维护其系统科学原则，弘扬水利国学精神，推动古代工程保护。

一、从秦韩军事斗争看郑国渠创建初期的有关史实

20 世纪 80 年代，读了姚老辩证韩人"郑国"为秦兴筑郑国渠一文❶，深感读史书需明了宏观背景，莫停留表面，别人云亦云轻信褒贬。正史中涉及的人与事，也有需逆向思维乃至拨乱反正的。当年，恰好登封王城岗遗址在发掘中，受考古人之托，解析郑州登封阳城的韩国军塞供输水系统问题，顺便梳理了秦国兴筑郑国渠时期——秦韩对峙与军事斗争的事实。

秦韩相斗，在黄河南争夺的一个焦点，就在负黍（又名黄城，登封西南大金店一带）、阳城（今登封南阳城）一带。公元前 376 年韩军灭了郑国，迁都新郑，故都宜阳至伊、颍之际成为韩秦争战的前线。公元前 392 年秦曾伐宜阳连取六邑，公元前 335 年拔宜阳。此后，秦军攻伐韩国主要循伊河、颍河谷地，公元前 308 年、公元前 302 年秦军两次攻拔宜阳。而中路函谷关秦军击韩形势却大为失利，公元前 298 年韩国曾与齐、魏共同抗秦，获胜。但是，公元前 293 年，秦军攻伊阙，韩军惨败，韩将被俘，损军 24 万人。且秦军在黄河北，攻取 16 年前归还韩国的韩旧地武遂二百里，秦韩军事斗争格局由此发生了重大转折，秦军转为压倒强势。此后韩方确实有可能策划拖延秦军、消减秦军凌厉攻势的各种军事、外交、经济方针，但已不成气候。

秦军加紧了攻韩，左路秦军南渡黄河，于公元前 283 年击管（今郑州地），公元前263 年攻成皋（郑州西北汜水地），公元前 249 年取之，兵临韩国京畿之下。同时，公元前 264 年秦军绕道围攻颍河下游的汾陉塞，围攻要塞负黍、阳城。两军恶战数年，秦军终于公元前 256 年相继攻下二城。从此，韩都完全暴露在秦国左右二军夹击之下。秦庄襄王时，秦韩关系处在秦军直捣中原的压倒优势下，公元前 249 年以韩国腹地阳翟（今禹州）富商、政治家吕不韦为相；吕不韦出生魏地，经商韩、魏，广纳门客，重用中原经世人才，为秦国崛起引进中原水利技术，公元前 246 年策划兴建郑国渠，也正在这个阶段，韩

---

* 本文系笔者提交 2016 年中国水科院水利史研究所 80 周年学术会议（西安）论文。

❶ 姚汉源. 郑国渠修渠辨疑//中国水利学会水利史研究室. 黄河水利史论丛. 西安：陕西出版社，1987 年。

名士、良匠入秦则顺理成章。必须强调的是：就在吕氏关中力役郑国渠同时，秦师自阳城出，击新城（密县东曲梁），直指韩都（今新郑地），于公元前234年攻韩都，公元前230年入城灭韩，一点也没有因大修水利延缓灭韩的战略实现。

在长达百多年的战火中，阳城经历了长期（郑、韩）军事要塞营建与维护。阳城城市供水、储水、输水系统，在拉锯战争背景下应运而生，完善与系统化。春秋战国中州水利技术，居于诸国首位。前郑国率先进行了水利、土地、法制变革，韩国继之；战国魏人引漳灌溉水利工程和韩人引嵩箕山水等先进技术，也被吕不韦及其罗致的人才，带到了关中，促进了秦国的经济发展、社会进步和强军后勤。西周青铜铭文所记，周初封之郑地，正值雍水之北，泾水之西，水工"郑国"恰好是回到了先祖故里兴作。况且从旱涝气候变化研究看，公元前270～前201年，华北正处于长达70年的偏旱时期，包括关中在内的大中原地区，在公元前269～前228年间年均降水偏少3.8%❶。长年的征战与连续枯旱，也迫使秦国对传统的黄土雨水农业生产方式进行重大变革。

陷韩人"郑国"于"间谍"之门，是嬴政亲政，吕氏下台，宫廷斗争的必然产物，纵有韩国"疲秦"之议，但中原水利技术的引进，实则获得了强秦、灭韩的直接的客观结果。郑国渠灌溉罕有的成效，朝野已见，所以秦室驱赶吕氏，逐客去韩，并未累及"郑国"和郑国渠水利工程。❷从秦韩军事斗争的历史过程来看，"郑国"此人为韩间谍兴作水利工程，并非历史的事实和本质问题。

所谓"郑国"者，是因其原籍郑国（后灭于韩）而得名。在当时秦韩军事战争中，秦国能任用敌国的人来修建一项似可"疲秦"的大型水利工程，一个侧面反映了秦人对水利在社会经济中的重要性有着深刻认识。从这一点来看，"郑国"可以说是一位回到祖籍关中，投身秦国政治、经济变革，以水利工程促进秦统一大业的水利改革家。

二、从区域构造升降看郑国古渠变迁

1991年全国近代水利史学术会在泾惠渠管理局召开，组织考察郑国—泾惠渠渠首，笔者也是第一次听说构造抬升影响引水、渠口迁移，这是单做黄河下游研究时缺乏的基本概念，从此，开始把构造升降影响与古代水利工程变迁、河床变迁结合起来。研究泾河古代水利工程沿革历史，自然离不开黄土高原和泾渭流域的构造升降问题，甚至构造和泥沙是一个制约灌区的关键问题。它涉及与水利史关联的一些学科、领域，有助于认识郑国渠全貌，特摘取如下：

泾惠渠灌区所处的关中断陷盆地，南依秦岭，北连黄土高原，西狭东阔，渭河横贯其中。盆地两侧地形向渭河倾斜，由洪积倾斜平原、黄土台塬、冲积平原组成，呈阶梯状地貌景观。渭河北岸，泾河以东的泾、石、洛河冲洪积三角洲平原，宽达10～24公里。

地震地质界有人认为，泾河与郑国渠处于泾河断裂与渭河断陷北缘大断裂带控制下，郑渠引水口自秦至汉、宋到元、明、清时期5次迁移，皆因渠首和渠身经由的泾河一级、二级阶地相对于河水间歇抬升有关。这一点，古今凡谈及泾惠渠都有共识的。

❶ 李克让，等. 华北平原旱涝气候. 北京：科学出版社，1990年.
❷ 徐海亮. 郑州古代地理环境与文化探析. 北京：科学出版社，2015年.

易学发根据渠首地理位置和高程，推算出郑国渠、白渠、丰利渠、新渠、通济渠、龙洞渠所在位置的抬升速率，其相对抬升率分别为 3.3 毫米每年、3.1 毫米每年、3.0 毫米每年、2.5 毫米每年、5.2 毫米每年、2.0 毫米每年，其中以秦—汉（宇宙期）、明—清（小冰期❶），区域相对抬升率为最大，目前尚不知全新世构造活跃是否与气候严寒阶段耦合。其他人也述及了基于构造和气候因素的泾河历史变迁问题。❷

渭河下游河道，成为泾河的相对侵蚀基准参照，渭河的下切，渭河阶地的形成，反映出泾河一级、二级阶地的抬升幅度及时间，与泾水阶地灌溉兴废相关联。杨金辉认为：春秋后"渭河的下切侧蚀增强，原河漫滩离开河床成为阶地，因此一级阶地的最终形成应是春秋后期。此外，西周都城沣镐建在斗门镇附近的二级阶地前缘，也可能是因为此时一级阶地尚未最终形成，其前缘受渭河及沣河影响，处于不稳定的河漫滩阶段。从侧面说明第一级阶地形成时间是西周以后。❸ 中国科学院地理研究所的渭河研究组，亦认为"渭河河漫滩离开河床成为第一级阶地，可能是春秋时代"❹。所以，在郑国渠兴建之前，滩地抬升转为阶地业已发生。兴利后不久，因引水口高仰，泾水不济，以及泥沙淤积，就不得不迁移渠首引水口。遂有汉代白渠之兴。两汉之际，有关崩岸的记载频繁❺，显示出两汉宇宙期中，气候冷暖干湿剧烈振荡波动，促使泾河流域来水来沙、河流动力条件剧变，河相关系剧烈调整，同期构造活动因素促进泾水侧蚀与下切活动加剧。农业气候的"不适宜期"，恰是灾害频仍、灌溉水利下滑时期。

张猛刚研究渭河中下游河流阶地演化：彬县泾河一级阶地上最底层的古土壤为黑垆土（S0），而 S0 的 ^{14}C 年龄为（8800±1160）年。彬县泾河一级阶地的年龄就采用 S0 的实测年龄，为 1 万年。此为泾河中游构造地貌的估算数据，供参考。❻

泾河上游的构造活动，也对郑国渠构造背景很有参考价值。如：方家沟位于甘肃省镇原县南川乡东南，泾河一级支流洪河流域中游西南岸，以沟掌台地上的十六国末期赫连伦墓地和沟口汉墓群考古为根据的历史地貌研究，发现"自唐僖宗乾符六年（879AD）前后，方家沟沟口附近的现代侵蚀沟开始发育，裂点以平均 3.472 米每年的速度沿着主干沟道向上游延伸"❼。笔者研究流域环境演化和水文变化现象，认为黄河及其大小支流流域性的气候变化、构造升降活动，与来水来沙变化，往往是全系统性振荡波动的，是流域上下游呼应的。❽ 从地震地质界的有关成果来看，陇东乃至关中地区的这一幕强烈的新构造升降运动，大致不会晚于中唐。进一步讲，如果将泾河取"脱离体"看，可以将宋代以前泾河流域的地质构造升降视为"单纯的"泾河河床下切问题，这是由泾河河口侵蚀基准点

❶ 宇宙期与小冰期，均为地学界研究太阳活动和地球极端寒冷、自然灾害相关联异常期的一种表达术语。

❷ 易学发，师亚芹. 秦郑国渠渠首变迁与渭河断陷北缘断裂的最新活动. 地震学报，1992 年第 14 卷第 2 期；并参阅赵艺蓬. 泾河历史变迁与现状研究——以中下游为中心. 西北大学，2010 年。

❸ 杨金辉. 历史时期关中平原的渭水河道变迁. 陕西师范大学，2008 年。

❹ 中国科学院地理研究所渭河研究组. 渭河下游河流地貌. 北京：科学出版社，1983 年。

❺ 参阅《汉书》记载：前 35 年安陵岸崩壅泾（《汉书·元帝纪》）、前 25 年长陵岸崩（《汉书·成帝纪》）、公元 16 年长平岸崩壅泾（《汉书·王莽传》）。

❻ 张猛刚. 渭河中下游河流阶地的演化模式. 西北大学，2003 年。

❼ 姚文波，侯甬坚，等. 唐以来方家沟流域地貌的演变与复原. 干旱区地理，2010 年第 33 卷 4 期。

❽ 徐海亮. 从黄河到珠江——水利与环境的历史回顾文选. 北京：中国水利水电出版社，2007 年。

变化引起的，所以，到北宋兴复泾河灌溉工程时，不得不大幅度迁移，把渠首开在了更上游的基岩出露地带。

三、从考古成果看郑国渠渠首引水有无大坝问题

1991 年泾惠渠学术会最深的一个印象，即在对于郑国渠引水属于"有坝"还是"无坝"形式的争论上。当时一些老前辈——中国水利水电科学研究院姚汉源、宁夏吴尚贤、河南何家源、泾惠渠的叶遇春等，和代表们从郑国渠渠首，一起步行考察到现今渠首，热烈讨论，陕西考古人秦建明则向大家介绍考古发现与推测，一路则争论纷纷。25 年过去，学界就郑国渠已经发表不少论文和专著，笔者自己没做工作，对当年是否是无坝引水，仍未结论。但觉得倘把郑国渠作为精神与物质文明的伟大遗产，大力弘扬宣传，还有一些领域需要继续做工作，认识客观，宣传保护科学到位。

坚持有坝引水的秦建明研究员，1980 年代和西北大学赵荣一起做了系列考古工作，主流媒体报道，《考古》杂志予以刊发[1]，他后来在个人博客发表的《秦郑国渠首拦河坝工程遗址调查》，收入考古文集公开出版[2]。武汉大学的朱诗鳌教授，也专门来郑国渠考察，认定了残存的古代坝体，后在博客上有专文《郑国渠大坝探源》，也收入个人的坝工文集出版[3]。笔者最近专门联系请教二位，他们仍坚持当年意见，不过 20 世纪 90 年代以来，他们也没有再做过新的田野工作与检测研究。唯有另一些高校与地震地质、水文部门做过相关研究。

秦建明等人在水利考古方面主要成果是：查勘了历代引水口 17 处，梳理了多个渠系；发现郑国渠首拦河坝，坝体东起东岸木梳湾村南的塬嘴，西至西岸石坡村北的山脚，并作钻探，部分坝体有夯层结构，层厚约 18～20 厘米；查勘了在东坝体上的古引水口，以及切穿王桥镇西塬嘴的古引水渠道和附近的退水渠；考察原库区淤积物和溢洪结构。他们查勘与钻探、判断的内容，已经超过水利史通常的文献、野外工作方法与范围，但以上认识和结论，没有得到水利史界的进一步联袂调研，更没有得到普遍认同。笔者认为，考虑到郑国渠水利工程在中国水利史上的地位，需要对考古工作者做的系列工作与结论，进行深入的辩证，得出最接近客观实际的科学结论，不是简单肯定或否定。渠系的梳理与分划，怎样最科学，有利于后人全面地认识泾惠渠发展史。秦与朱的认识正确程度如何，他们指示的大坝土体，究竟是人工开挖渠道时的散漫堆积物，还是着意阻拦、引导、抬高一级阶地上的上滩洪水？土体堆积（或兴筑）的年代测定怎样？引水渠与退水渠确实存在吗？有溢洪结构物吗？能否进一步分析历代引泾灌溉的季节——历代仅仅是汛期的引洪淤灌（夏灌、伏秋灌），还是有冬麦的冬春灌？

朱诗鳌教授是笔者母校著名的坝工专家，也是对中外水利史有贡献的研究者，他赞同考古人的有坝认识，应当包含有更多水利人的专业理念。他发现在阶地坝体中含有多层类三合土的坚硬夹层，推测是便于短时洪水过面或防渗设置。秦建明非水利学者，没有注意

---

❶ 秦建明，杨政，赵荣. 陕西泾阳县秦郑国渠首拦河坝工程遗址调查. 考古，2006 年第 4 期。

❷ 秦建明. 秦建明考古文选. 西安：三秦出版社，2008 年。

❸ 朱诗鳌. 坝工纵谈. 北京：中国水利电力出版社，2008 年。

到也不认为坝体中有这种物质。那么这种类三合土是古人翻土或清淤时偶然的掺和物质，还是筑坝时的有意识添加物呢？需要进一步辩证。所谓坝体是否人工夯筑或兽力碾压践踏，也需要用水工的检测技术判定，而不是简单说干容重达到了1.4而已。朱列举了历代关于渠首工程的文献记载，认为明万历四十年袁化中《泾渠议》才第一次明确提出泾河的拦河工程"立石困以壅水"，提出到1923年李仪祉断然认为郑国渠有坝，第一次估算出坝高30米。朱老师谈到如不考虑泾河河床下切与坝体的耗失，坝高约为29～33米，与一些文献记载大体吻合。毕竟李仪祉也是在同样的假设下做出的估算。一些重要的坝工文献，以及一些水工前辈（如李仪祉、潘家铮）都认可郑国渠为有坝引水，如何辨析这一说法，需特别严谨。而且朱教授也对"无坝"进行过思考："通过考古调查用数据确证当时的泾河河床高程很高，高到足以不建拦河坝就可开渠引水。经初步估算，要高到比现河床高程19米左右才行。"但通过考古遗址比较否定了假设。这一估算值无疑是合理的，1991年考察时，就有古引水口与现今河床深泓高差15～20米的说法，若以考古认定的坝体上游阶地表层（秦代）淤积的卵石层与现今河谷平水位比较，高差有20余米。这是2200年来泾河北岸阶地间歇抬升与泾河河床间歇下切正负叠加的高差数额；估算其间泾河在瓠口附近下切的累积幅度，大致为15米左右。不过，卵石层究竟是郑渠前还是郑渠后的洪水堆积，还需考证。目前的考古探索，水文考古尚不到位。泾河的天然历史洪水系列需要完善。专门研究历史大洪水的黄春长教授，认为泾河有4200～4000a BP和3200～2800a BP特大洪水，都发生在郑渠兴建之前。这些洪水和其后的洪水对于泾河瓠口上下河床与滩地（含阶地）的塑造有过什么作用？对后代郑渠引水的焦获泽的演化有过什么作用？工程之前这里河湖水文关系究竟如何？对郑渠的规划与工程有何重大影响？郑渠、白渠运行后还有过什么大洪水，它们对当下分析郑渠—泾惠渠灌溉水利会有什么影响？这些历史水文与河流地貌、河流泥沙问题仍需要水利界深入思考与研讨。

上述构造升降幅度，与前面所述的泾渭流域相关研究数额，以及在比邻的扶风、岐山考察周原地区漆水河、七星河、美阳河、漳河诸水先秦以来的变迁、下切概况，似可衔接。相关问题是，秦、朱皆认为若郑国渠自流引水，当时泾河河谷不能低于439米，而阶地的秦汉灰坑最低处已达436米，所以河谷应该更低，据此他们否定了自流引水的可能性。对此分析笔者不能苟同。第一，秦汉最低灰坑高程不能代表当时聚落高程，此灰坑当为先民选择的河边低洼区，如有聚落（尚未发掘）完全可以择高在440米左右，需要在两岸阶地上作文物普查和进一步锥探、探方，才能下结论。第二，此灰坑在泾水右岸，可能属泾阳—渭南断裂的南盘，即下挫盘上，灰坑处秦汉时的高程应该高于436米，计算没作还原。第三，按朱老师勘测采用的今河谷420米计，秦代的河谷深处大致在432～435米左右，而可能引水的阶地高程，较今还要低数米（阶地有显著抬升），大致在440米以下。可见，大水上滩时（一级阶地正在从滩地转化形成中），略有引导和壅堵，即可引水。这里两种可能的计算，都不是精准的，需要进一步测定与确认该处构造升降、河流下切的数据，才好说明有坝引水推测是否全面无误了。考古调查认为的"秦汉时代的泾河河谷深度与今相去不多。当时，洪水在无坝状况下也同样很难溢出河谷"，不符合实际情况，实际上现状河谷是发生严重下切后的遗存，古泾河下游属于宽浅型河床，洪水完全可以上滩上阶地，否则左滩怎能残留一层至多层卵石呢。

从这一估算，感到当年在泾河河谷中也完全可能设置竹笼低堰，壅高来水，阶地上也完全可能筑坝壅水，导流入渠。郑国渠既然可以在干渠与冶谷（今称冶峪河）、清（今称清峪河）、浊（今称浊峪河）、沮（今称沮河）诸水交叉部位设置"横绝"工程，为何渠首附近的干流上不能筑堰坝壅水呢？早在西周时期，周原就有岐山山前洪积扇的东北—西南向的河流上（因岐山抬升，该河演变成现代南北向的齐家沟）庞杂的引水渠系，成为西周京畿生活、生产（灌溉与大型作坊）与苑林环境的供水水系，为何到秦代不能引用西北地区早就采用，中原地区也早就有的有坝引水技术呢？对于关中水利史有独到研究的李令福教授认为：建造之初筑导流堰壅水入渠，后支流六辅渠建成，直引泾水成为主要引水方式。❶ 这一认识值得参考。两汉之后的泾河水文变化，对全面研究灌区的水源、引水模式、灌溉季节、灌溉制度和管理，都非常有参考价值。研究黄河及流域支流古水文变化的刘振和认为，泾河历史上存在冬灌与春灌，而且自 11 世纪以来泾河径流量一直在减少之中，平均衰减达 0.2 立方米每秒·年。❷

在时代相隔不远的灵渠工程上，大小天平溢流堰，体现了与都江堰不同的工程设计思想。都江堰是鱼嘴分水，无坝引水；灵渠则是有坝引水，只不过是一道低坝、潜坝。有坝引水，何以灵渠做得，郑国渠做不得？"立石囷以壅水"，恐怕也不是到明代才发明的吧？

另一处相似度很高的工程是四川乐山夹江县东风堰，是康熙年间县令王世魁在青衣江上创建的引水工程，据说最初是竹笼潜坝拦河壅水，侧面引水入渠。与泾河郑国渠类似之处是，青衣江河床逐步下切，东风堰前身毗卢堰、龙头堰取水口曾两次上移，现在已成为混凝土坝引水工程，其历史演变过程与郑国渠情况极其相似。更加耐人寻味的是，乐山东风堰最初叫做毗卢堰，创建时期的县令王世魁竟是陕西三原人；同时夹江县有大批陕西来此戍边的军民，当地还有一个令人惊讶的地名居然叫做"老泾口"，地方志解释是陕西移民因思念家乡而命名的。这些三原老乡从老家带来了哪些郑国渠流传下来的基本信息呢？

笔者认为若按迄今探讨与发现，还不能断然否定有坝（暂且不讨论高坝低坝）说，对上面涉及的所有的专业问题，还需要借鉴考古文化、地质地貌科学多学科的"他山之石"，按水科学内各学科专业技能（包括水文考古、河床变形、水利典籍），做历史复原的深入工作，科学地告诸世人从郑国渠到泾惠渠的方方面面。况且《史记》《汉书》所记郑国渠"凿泾水自中山西邸瓠口为渠"，虽然没有直谈筑坝，但那个"凿"字含义可能不简单，是否就滩地挖土开渠那么简单？郦道元《水经·渭水注》中"泾水"阙失，对于关中特别熟悉的郦氏，仅仅在后人整理的卷 16 "沮水"条中连带述及"凿泾引水"（按郦注惯例，郑国渠这么重大的工程，似应放在"泾水注"正卷中，且北方的沮水在书中排列在卷 16 位置不妥，后世编排者把它误为南方的"沮水"了）。阙失的泾水本注，可能叙述什么呢？这些都是需要再做工作补充引证的。

水利史尤需借鉴考古研究新成果，从读文献和野外考察走向实证和思辨，浙江良渚古文化遗址堤坝的考证，给水利史研究以新的启示。最近，刘瑞以《郑国渠、白渠的走向及相关问题研究综述》为题，回顾了以往对郑国渠和白渠的研究，根据 2013 年开始的秦汉

❶ 李令福. 论秦郑国渠的引水方式//历史地理论丛编辑部. 中国历史地理论丛. 陕西师范大学出版社，2001 年.
❷ 刘振和. 从宋代丰利渠古引水位探讨泾河水量变化趋势. 人民黄河，1994 年第 4 期.

栎阳城遗址考古勘探和试掘，认定原判断白渠所经的位置并不存在渠道，在栎阳城北的石川河北侧勘探发现一条东西向的大型沟渠，其时代与汉唐白渠的时代吻合。事实是否这样？白渠究竟在哪个位置（对渠首渠道的位置提出疑义）？怎样回答古代水利工程出现的新问题？这就对我们主要凭借文献和野外考察的以往研究认识提出了新挑战。

郑国渠渠首的辩证和研讨，第一次给予笔者以新构造运动影响水利工程的印象，从而启发自己对历史上北方河流、水工建筑、泥沙冲淤、河湖沉积诸问题的全新认识。感谢郑国渠。

感谢朱诗鳌老师和秦研究员，这次笔者探讨联系，给予了热情支持和讨论。

苏轼诗文反映出的水利思想与水文化泛谈*

徐海亮　　轩辕彦

苏轼作为历史上著名文学大师的同时，也是有经世之志、关爱民生的实干家——而且是特别喜爱山川陂泽，喜爱水利、注重防洪治涝的实干家。显然他的造诣不限于通常理解的文学、艺术领域，他的人文情怀与经世之志、水文化精神是融会贯通的，他的贡献自然也体现在水文化方面。苏轼全集的诗、文、墓志铭、传略中，记载着他的水利思想与相关政绩，透射出水文化哲理。在《五岳四渎祈雨雪祝文》里，他认为"天人之交，应若影响。雨旸不顺，咎在貌言。失之户庭，害之环宇。"纵览其诗文，充满对大自然深情、对水利的偏好，对人与水的关系之真知灼见，热忱情志，闪烁其间。研讨苏轼水利、水文化理念，对全面认识历史人物和研讨水文化精粹是很有意义的。

一、偏爱水利与水文化的苏轼

"明年共看决渠雨，饥饱在我宁关天"

《次韵孔毅父久旱已而甚雨三首》其二

苏轼偏爱水利与防灾。他的诗词文赋，涉及山水环境的非常多，但他并非单纯咏叹风花雪月、抒写情怀，许多诗文间接或直接地谈及水与水文化，诸如山水景观、水生态环境、治水防洪、抗旱救灾、农田灌溉、兴工董事、赈济灾民，以及水运交通和城市水利，这些文字深含水的人文精神、经世对策、人文关怀，并不简单是纯文学之作。

苏轼的确曾挂水部员外郎的衔头，元丰二年（1079 年）八月，诗人因"乌台诗案"被罪入狱，十二月"蒙恩责授检校水部员外郎黄州团练副使"。后来诗人《初到黄州》吟有"逐客不妨援外置，诗人例作水曹郎"句，讲的就是。当时左迁降官，授州刺史司马者皆员外置。有如梁朝诗人何逊，唐代张籍皆水部郎，皆非水利部门在职官员。

早在嘉祐四年（1059 年），苏氏父子三人再次乘舟出川，穿峡江，经荆襄古道赴京，从《禹贡》之说，遂有"我家江水初发源"，宦游东下。苏轼自幼生长在秀丽的川江畔，深受川西崇尚水利的文化传统熏陶。他思想活跃，倜傥风流，沿途饱尝山河秀美，缅怀治水先辈。经巫山十二峰，在《神女庙》中，云"蜀守降老蹇，至今带连环……上帝降瑶姬，来处荆巫间"。触景生情，讴歌助禹王斩石疏波的瑶姬和导江凿山的蜀守李冰。父子一行过荆门军，在《荆门惠泉》中，他呼颂"遂令山前人，千古灌稻麦"。至唐州，作《新渠诗》："新渠之田，在渠左右。渠来奕奕，如赴如凑。如云斯积，如屋斯溜"；又劝流民归唐返乡，并称赞知唐的赵尚宽，"渠成如神，民始不知。问谁为之，邦君赵侯"。赵尚宽 1057 年知唐，上任不久，"乃按视图记，得汉召信臣陂渠故迹，益发卒复疏三陂一渠，

---

*　原载于"水利史志专刊"1987 年第 1 期，后修改润色刊载于"中国三峡"，2019 年 5 月。

溉田百余顷"。❶ 苏轼称道的新渠，即仁宗朝兴复的汉唐旧陂马仁陂灌区。干渠以下，由百姓民众"自为支渠数十，轻相浸灌"，故"四方之民来者云布"。昔日"入草莽者十之八九"的唐州闲田，得到垦复。1060年三司使包拯奏报功成，留赵守唐数年，进秩赐金。❷这是"熙宁变法"以前，京西地区恢复农田水利的成功之举，王安石亦作《新田诗》赞颂之。

苏轼自幼接触的巴山蜀水，属于天工、人力谐和的生态天府。他离川后，比较山水、水环境的变化，过襄阳所写《汉水》一诗，就有"襄阳逢汉水，偶似蜀江清"之句，又有《万山》诗，云襄阳境的汉水"绿水带平沙，盘盘如抱珥"。他初仕凤翔，对比南北景观，颇有感触地吟"吾家蜀江上，江水清如蓝。迩来走尘土，意思殊不堪。况当歧山下，风物尤可惭。有山秃如赭，有水浊如泔"（《凤翔八景》）。熙宁四年自东京去杭赴任路上，过长平，见引入了惠民河的颍水，又吟："颍水非汉水，亦作蒲萄绿"，日后也还赋诗云"别泪滴清颍""上留直而清"。可见那时淮、汉之水，悬移质少，尤为清冽，而地处黄土高原的凤翔，山赭、水浊。

城市水利是维系生态平衡，调剂市民休憩的纽带；这个问题很早就引起苏轼的注意：《寄题兴州晁太守新开古东池》云"百亩清池傍郭斜，居人行乐路人夸"；《东湖》诗云："入门便清奥，恍如梦西南。"城东的湖池对于秃山浊水里的凤翔来水，有多么重要！在《许州西湖》中，苏轼自注："予以颍人苦饥，奏乞留黄河夫万人修境内沟洫，诏许之。因以余力浚治此湖。"并希望许州西湖能造福民众，诗云"池台信宏丽，贵与民同赏。但恐城市欢，不知田野怆"。元丰年苏轼知颍州，与赵德麟同治颍州西湖，功未毕却改知扬州，后闻湖成，欣赋《再次韵德麟新开西湖》，留下诗句："西湖虽小亦西子，萦流作态清而丰。千夫余力起三闸，焦陂下与长淮通"。他晚年贬斥到岭南、天涯，对广州和海南供水提出创见，理念如一，不是偶然的。

大禹治水文化自然是苏轼最向往的。他首次自颍经淮，咏怀怀远涂山，在《濠州七绝·涂山》中叹曰："川锁支祁水尚浑，地埋汪罔骨应存"，他感慨的是传说中的淮涡水神巫支祁早已由大禹捉获，锁在淮水北岸的龟山脚下，淮水为何还如此的浑浊呢？此引两个典故：巫支祁，《古岳渎经》记大禹治水时的淮水水怪，又有说是居云台山不远的淮安吴承恩笔下的孙行者原型。汪罔之骨，指被大禹杀戮的防风氏，传说大禹治水，会诸侯于涂山，防风迟至，禹杀而戮之。在22年之后，苏轼再过此地，写《上巳日，与子迨、过游涂山、荆山，记所见》，又咏归来登涂山，"复作微禹叹"，并自注云"昔自南河赴杭州过此，盖二十二年矣"；"可怜淮海，尚记孤矢旦"，自注"淮海人相传，禹以六月六日生，是日，数万人会山上"。

苏轼注重水利劳作。他躬耕黄州东陂，亲自洗浚古井："古井浚荒莱，不食谁为恻……上除清清芹，下洗凿凿石"（《浚井》）。在《次韵孔毅父久旱已而甚雨三首》其二中，歌颂修陂抗旱："破陂漏水不耐旱，人力未至求天全。会当作塘径千步，横断西北遮山泉……明年共看决渠雨，饥饱在我宁关天"。到罗浮山，吟诗《游博罗香积寺》，云"要

---

❶ 《宋史·赵尚宽传》。

❷ 《宋会要辑稿》食货六十一。

令水力供臼磨，与相地脉增堤防"。

古代水文化的一个体现，即古代开明士人都比较注重水利建设，苏轼尤为突出，与他少小有经世之志，为官体察民情疾苦，关心水利农业分不开。在他的诗词、策问、祈雨文里，处处反映出来。在凤翔为州守，撰"今旬不雨，即为凶岁。民食不继，盗贼且起。岂惟守土之臣所任以为忧？岂非神之所当安坐而熟视也"（《凤翔太白山祈雨祝文》）。到苏杭为官，撰"神食于民，吏食于君。各思乃事，食则无愧。吏事农桑，神事雨旸。匪农不力，雨则时臝。召呼风霆，来会我庭。一勺之水，肤寸千里。尚飨。（《祈雨龙词祝文》）。""杭之为邦，山泽相半。十日之雨则病水，一月不雨则病旱"（《祈雨吴山祝文》）。在《冗官之弊水旱之灾河决之患》《乞赈浙西七州状》等策问、奏议里集中反映了苏轼关注水旱灾害、体恤民艰的人文关怀，也多少反映出当时各地的灾害情状。

古代农业社会，历朝历代与士人尽皆关注水旱。宋代时尚报告气象和祈雨消灾文，苏轼更是祝文不断。如：仁宗宝元元年，有《诏天下诸州月上雨雪状》；熙宁元年，有《令诸路每季上雨雪状》。苏轼宦游四方，此类祝文特别多。大致有《祈晴风伯祝文》、《祈晴雨师祝文》、《祈晴吴山祝文》、《奉诏祷雨诸庙祝文》、《祷雨社神祝文》、《祷雨后土祝文》、《祷雨稷神祝文》、《祷雨后稷祝文》、《祭风伯雨师祝文》（写于徐州）、《谒诸庙祝文》（写于湖州）、《祈雨祝文》（写于杭州）、《谢雨祝文》（写于杭州）、《登常山祝文五首》（写于密州），以及策问《冗官之弊水旱之灾河决之患》、《乞赈浙西七州状》等。而"霜风来时雨如泻，耙头出菌镰生衣。眼枯泪尽雨不尽，忍见黄穗卧青泥"（《吴中田妇叹》），"洞庭五月欲飞沙，鼍鸣窟中如打衙。天公不见老翁泣，唤取阿香推雷车"（《无锡道中赋水车》），都反映出苏轼崇尚民本与怜民情结。

防洪抗旱与水利兴废，是农耕社会最基本的的大事。苏轼在有关实践中，特别注重实际调查。他无论是在徐州防洪，还是在苏杭治水，航道治理中，或在颍州派人打量颍水水位，或在调查苏、湖、常州水涝，都像在考究鄱阳湖口石钟山的奥秘那样，十分推崇调查研究和比较分析。

二、苏轼与杭州城市水利

"坐陈三策本人谋，惟留一诺待我画"

《与叶淳老、侯敦夫、张秉道同相视新河，秉道有诗，次韵二首》

此诗句述及诗人在杭州兴办水利的三件事，皆集纳了他人的治水智慧。这三件事指的是：

开浚西湖并盐桥茅山运河，修复杭州六井，勘察并申报开钱塘江石门河航道。

元祐年间开浚西湖，留下一道千古闻名的"苏堤"，实际上苏轼早在熙宁中通判杭州时"访民间疾苦"，已对杭州水利有所了解，市民皆云杭州盐桥、茅山运河自天禧年以来淤积堵塞之状，且"西湖日就堙塞，昔之水面，半为葑田，霖潦之际，无所潴畜，流溢害田，而旱干之月，湖自减涸，不能复及运河"（《申三省起请开湖六条状》）。自此18年后，苏轼再赴杭，"首见运河干浅，使客出入艰苦万状"，估算了西湖"水涸草生，渐成葑田"速度。他向杭州父老调查，皆云"十年以来，水浅葑横，如云霭空，倏忽便满，更二十年，无西湖矣"。他决心继白居易和吴越钱氏，兴复西湖，采纳了县尉许敦仁"西湖可开状"，并"参考众议"开工浚湖。又制定管理法规，控制新开湖面种菱，以菱荡课利之税款送钱塘县尉"备逐年雇人开葑撩浅"。至于开浚后的茅山、盐桥运河，由于钱塘江潮泥沙倒灌，仍可能"淤填如旧"，又听取苏坚建议，并"率僚吏躬亲验视"，在串联二河的支渠上设闸控制，使钱江潮入茅山河，沉淀泥沙，再放清水入盐桥河，后者就可保证航运，对茅山河定期疏浚。另在涌金门置堰，引湖水补给，较为科学地完善了城市水利系统。其后，乘胜兴复六井，为此专门请教在1072年修复六井整治沟系的僧人子珪，子珪总结了历史经验教训，指出用竹管引水易损坏，建议"用瓦筒盛以石槽，底盖坚厚，锢捍周密"，既不漏水，又防止了腐朽。苏轼采纳此议，创开新井，扩大了供水范围，"西湖甘水殆遍一城"。苏轼钦佩子珪的才智与贡献，奏报朝廷："军民相度：若非子珪心力才干，无缘成就"，特乞赐其师号以旌其能（《乞子珪师号状》）。这些经验，之后又在广州加以发挥，事见东坡《续集·书简》的《与王敏仲八首》。❶

开钱江石门河一事，原是信州知州侯临提出。他了解到江口浮山和鱼浦山相对持，潮水、礁石和沙洲素来为舟航畏途。遂建议在江口弯道上游的石门开凿运河，直抵下游龙山，以避浮山之险。苏轼与前转运使叶温叟、转运判官张畴偕同侯临前往查勘，申报朝廷。潇洒挥墨："我凿西湖还旧观，一眼已尽西南碧。又将回夺浮山险，千艘夜下无南北"（《与叶淳老、侯敦夫、张秉道同相视新河，秉道有诗，次韵二首》）。因职务变动，此举未能实现。但到1093年，苏轼诗仍云："公堤不改昨，姥岭行开新"（《送襄阳从事李友谅归钱塘》）。

苏轼善于听取和集中公众的防灾治水经验和意见，多次褒奖颂扬他人事迹。1084年苏轼自黄州迁汝州，还惦记着七年前徐州大水时僧人应言建议疏通清冷口分洪，即"水所入其言，东平以安。言有力焉，众欲为请赏言，笑谢去"一事，遂寺院造像作记。

苏轼推举他人进言，最典型的就是送呈单锷《吴中水利书》一事了。单锷居家未仕，对太湖水利特有研究，著作该书（未刊）。苏轼在熙宁时辗转苏、湖、常，看到吴中"虽为多雨，亦未至过甚，而苏、湖、常三州皆大水害稼"，前往调查，据父老所言，此患"不过四五十年耳，而近岁特甚，盖人事不修之积，非特天时之罪也"。苏轼又以庆历以来，松江大筑漕运挽路、建长桥，致壅滞不畅，海潮泥沙淤积，致太湖泄水危困。他召询了"有水学"的单锷，听其"口陈曲折"。在披阅《吴中水利书》后，感叹"臣言止得十二三耳"，即与"知水者考论其书，疑可施用"，遂缮写一本上呈。❷ 浙西水患大势，确为单锷、苏轼言中。

到元代，任仁发指出："浙西之地，低于天下，而苏州又低于浙西，淀山湖又低于苏州"。❸ 太湖纳荆溪（苏皖茅山之水）、苕溪（天目山之水），原由三江入海，三江中东江、娄江已在唐代先后湮灭。唐代后松江成为泄洪的唯一通道。松江河口唐代宽二十里，北宋时宽九里，1042年筑长堤，"横截江流五、六十里"。1048年又筑吴江长桥，导致流势锐减。加上豪势侵占河滩围垦，河身迅速浅淤，河口宽竟下降到五里、三里。元代甚至不到

❶ 郑连第. 西湖水利与杭州城市的发展//中国水利水电科学研究院. 科学研究论文集 第12集. 水利电力出版社，1983年。

❷ 《进单锷吴中水利书状》，《东坡七集·东坡奏议》卷九。

❸ 任仁发. 浙西水利议答录. 永乐大典本。

一里！东太湖地区几千年来处于地形变沉降区，隋唐以来，东江、娄江湮灭，北宋时大量陆土化为水乡，有深刻的自然背景。北宋的人类活动，则加速了这种演变。

苏轼通过调查，吸取前人成果，听取当地人士意见，从不熟悉，到深入——部分掌握到地方地理、治水要领，对江南、浙西地区的江、运、湖、港、海洋、井泉的认识，融汇为一。由于历史与科学的局限，他对挽路漕运与泄水输沙的关系，认识过于具体，对海平面上升海水倒灌不晓。但作为一个文人和地方官能给后人留下许多历史的借鉴，已很不容易了。

三、苏轼与黄河治理

活活何人见混茫，昆仑气脉本来黄。浊流若解清污济，惊浪应须动太行。

《黄河》

苏轼涉及黄河的活动与文字，最突出的有反对"回河"，评述大禹治水，徐州防洪抢险。

庆历八年（1048年），黄河在澶州商胡埽大决，离弃汉唐以来的"京东古道"北流，经大名府至乾宁军入海。北宋朝野，围绕黄河治理于复故，展开了三次关于"回河"的争论，一派主张回河走原道，一派反对，主张黄河北流。苏轼兄弟俩积极参加了第三次争论，坚持反对"回河"。1088年，宋哲宗批准回河计划，大举兴工。苏轼呈《述灾诊论赏罚及修河事缴进欧阳修议状劄子》，云："自天禧已来，故道渐以淤塞，每决而西，以就下耳。然熙宁中，决于曹村，先帝尽力塞之，不及数年，遂决小吴。先帝圣神，知河之致西北行也久矣，今强塞之，纵获目前之安，而旋踵复决，必然之势也，故不复塞"。后侍读哲宗，又力谏："黄河势方北流，而疆使之东"之害。北流派要臣谏议下，哲宗收回兴工诏书。但其后东流派再占上风，又在澶州北挽河东流，1092年，河水大部分东流。1093年，河决内黄口。1099年，再决迎阳苏村埽，冲击内黄县，恢复了北流。次年正月，苏轼被贬徙，南下，赋诗，序云：时闻黄河已复北流，老臣数论此，今斯言乃验。诗中联想起西汉贾让第一个提出系统治黄的规划思想，云："三策已应思贾让"，似乎黄河北流，应验了贾让三策里的决河北行上策。客观地说，苏轼的看法在当时较为符合地理情势，因西汉以来千余年黄河长期流经冀鲁界，地面淤高，而南运河以西，"地形最下，古河水自择其处决而北流"（苏辙《论黄河东流劄子》辑于《苏文定公辙子由先生文集》）。这仅从地表形势而言，北宋末南泛夺淮则涉及构造问题了。

苏轼曾评议大禹，撰《禹之所以通水之法》，但他未直接参加治河实践，也未如苏辙那样深入河事，此文述评空泛，乏力乏理。如言："秦不亟治而遗患于汉，汉之法又不足守……以难治之水而用不足守之法，故历数千年，而莫能以止也"，未及河患的要义的。他如西汉以来"经义治水"论者那样拘泥于治水的"圣功禹迹"，实际没有创见。

但他提出："所谓爱尺寸而忘千里也，故曰：堤防省而水患衰，其理然也"，阐发了西汉贾让主张宽河，不与水争地的思想。又借鉴古之治水，主张"当今莫若访之海滨之老民，而兴天下之水学；古者将有决塞之事，必使通知经术之臣，计其利害，又使水工行视地势，不得其工不可以济也，故夫三十余年间无一人能兴水利者，其学亡也"，很好地总结了历代治水——特别是水利废弛的经验教训，提出重视研究水学，在实际中发展水学的问题。

熙宁十年徐州防洪抢险，在苏轼涉及水利与防灾的活动里，留下可光辉的一页。

是年，黄河大决于澶州曹村下埽，直冲梁山泺，夺泗入淮，苏轼任太守的徐州，正当洪水要冲，大水围城，"七十余日不退"。最高水位竟高出城内平地丈余。苏轼临危不惧，身先吏民、士卒，风餐露宿，指挥若定。有文记之："起急夫五千人，与武卫奉化牢城之士，昼夜杂作"，"自城中附城为长堤，壮其趾，长九百八十丈，高一丈，阔倍。公私船数百，以风浪不敢行，分缆城下，以杀河之怒，至十月五日，水渐退，城遂以全"（《奖谕敕记》）。奋战两月，终于取胜。水退后，借朝廷拨赐钱与常平钱米，加修州城防洪工事，又踏勘城东北荆山下排水沟河，以备无患。这些活动，在苏轼心中留下极为深切的记忆："东风吹冻收微缘，神功不用淇园竹"（《河复》）；"孤城浑在水光中""千里禾麻一半空"，"共疑智伯初围赵，尤有张汤欲漕叙……使君下策真堪笑，隐隐惊雷响踏车"（《登望洪楼》）。

熙宁十年，其弟苏辙撰《黄楼赋》，为苏轼颂功并刻石树碑，碑刻现存徐州云龙山。（《黄河金石录》辑入，黄河水利出版社，1999年）赋文为苏轼1077年组织徐州防洪事迹做出补记：时"水未至"，苏轼便组织城民："蓄土石，积刍茭，完至隙穴，以为水备。故水至，民不恐"。轼"衣制履楼，庐于城上。调急夫，发禁卒，所以从事。令民无得窃出避水，以身率之。与城存亡。故水大至而民不溃"。苏轼又舟济被困灾民，增筑徐州城堤，并于城东筑大楼名黄楼，意喻"土实胜水"，聚众庆祝水退。苏轼俯瞰东西，往仰古今，众酒而贺之。

可以说，在治河方略方面，苏轼认识较为一般，他毕竟不是专业的治水战略家，但徐州防洪抢险实践，充分表现了他为官一方，大义勇为精神，兢兢业业的可赞政绩。

四、变法、党争与水利取向

"升沈何足道，等是蛮与触"
《袁公济和刘景文登介亭诗复之韵答之》

苏轼初入仕途，才气横溢，政治上尚不成熟，正逢熙宁变法，政治斗争激烈。他反对变法，受到变法新党贬斥，开始宦海沉浮的生涯。

而苏轼本意改革、励精图治，关心国计民生，在无谓党派之争与经世大局——特别是水利事业利益的冲突中，又显露出一个务实的改革者赤子真情。这就使得他被无谓的党争和元祐党人所排斥。苏轼正是在变法和党争的纷繁纠葛中，在没完没了的迫害与贬斥中，在地方务实、水利与防灾活动中实现自我，奉献民生的。

熙宁四年（1071年）二月，水利法颁布后一年多，苏轼上书神宗，提出反对引汴淤灌、恢复古陂塘水利、奖励言事水利。北方引黄淤灌本来是有优良历史传统的，当时由王安石倡导，神宗支持，一度取得较大的成效，但因急功近利，大轰而上，带来许多副作用（如浸渍、次生盐碱化、排水不畅等）。不过，苏轼却引千余年前颂扬引泾淤灌的民谣，说："何尝长我粳稻耶。今欲陂而清之，万顷之稻，必用千顷之陂，一岁一淤，三岁而满矣。"并说"即使相视地形，万一官吏苟且顺从，真谓陛下有意兴作，上糜帑廪，下夺农时。堤防一开，水失故道，虽食议者之肉何补于民"。显露出偏激的情绪和对华北灌溉经验认识不足。因人口繁衍，垦殖兴起，水区和土地的众多加剧，特别是富户豪势的侵占，湖塘水利多已失修，乃至废弃。给生态环境和水利农业带来不少问题。王安石主张退耕还湖、兴复水利应当是正确的。但苏轼却说："古陂废堰多为侧近冒耕，岁月既深，已同永业，苟欲兴复，也尽追收，人心或摇，甚非善政。"在奏议陈州八丈沟不可开时，也有类似提法："访得万寿、汝阴、颍上三县，唯有古陂塘，顷亩不少，见今皆为民田，或已起移为民田，或租佃耕种，动皆五六十年以上，与产业无异。若一旦收取，尽为陂塘，则三县之民，失业者众，人性骚动，为害不小"（《申论八丈沟利害状二首》）。遂站到地方豪势利益与保守势力一边了。

熙宁时，大兴水利，褒奖功绩，如《宋史》所言："时人人争言水利"，这本是变法中出现的好事情。苏轼却看不惯，言："（如此）则妄庸轻剽浮浪奸人，自此争言水利矣，成功则有赏，败事则无诛"。历来任何一次改革，总是鱼龙混杂，有无私和诚心的改革家，也有谋取私利的投机者，王安石新党人物也是如此，不能因此去拒绝改革。这里苏轼的感情与立场错了。当然，他反对大轰大嗡，主张深入调查，反对"凡有擘画不问何人，小者随事酬劳，大则量才录用"，反对"才力不办兴修，便许申奏替换"，"赏重罚轻"的盲目兴筑，也确实是看到变法中的严重问题。这些教训直到今天，接受历代水利建设的经验教训，防止大呼隆的冒进，仍有借鉴作用。

苏轼所谓"天下久平，民物滋息，四方遗利益略尽矣，今欲凿空话寻水利"，"朝廷本无一事，何苦而行哉"，这种无为的消极情绪，和苏轼事水利、防灾积极向上的一生，也是自相矛盾的。

湖州积涝，苏轼去勘视松江堤防，途中见涝灾民哭，作过《吴中田妇叹》；湖州与孙觉相度松江，却写《赠孙莘老七绝》却云："作堤捍水非吾事，闲送苕溪入太湖"，似在发牢骚。另一首《八月十五看湖五绝》云："吴儿生长狎涛渊，冒利轻生不自怜。东海若知明主意，应叫斥卤变桑田"。清代研究苏学的查慎行说："言弄潮之人贪官中利物，致其间有溺死者"，"轼谓主人好兴水利，不自利少害多"。查注言极是。

这些一度流露的消极情绪，和他关心水利，热爱水利，关注旱涝，关心民疾的本意是截然对立的，不然我们就难以理解他后来又赞扬熙宁时整修六井之事，整理和效法之事，就无法理解他赞扬变法后期修筑龟山新河的诗句："故人宴坐虹梁南，新河巧出龟山背"（《龟山辩才师》），也无法理解他对元丰时引洛清汴工程的喜悦讴歌："未厌冰滩吼新洛，且看松雪媚南山"（《和王斿二首》），就不可能理解他反对复陂，却又在知颍时主持疏沟工程，清理清陂塘、焦陂，"变故废弛"❶；且一再听取、转呈水利进言，予以表彰。

他在政治斗争中渐渐成熟，在耕读与实践中视野拓展，见解日趋深入，贴近实际。当初他反对淤灌，可是在淤灌失败以后，他读了白居易的《长庆集·甲乙判》，提到唐代汴河两岸皆有营田斗门，"若云水不乏，即可沃灌"，则惊呼"古有之而不能，何也？当更问知者"❷，一改过去盲目否定态度。难怪后来他诚恳反思，说："吾侪新法之初，轼守偏见……所言甚谬，少有中理者"（《与滕达道书》），已经反省自己了。

---

❶ 正德《颍州志》，中国科学院南京地理所馆藏胶卷本，民国《太和县志》。

❷ 《东坡志林·汴河斗门》。

苏轼从无谓的党争中脱颖而出，回归到以实际政绩——包括水利造福社会的道路上。苏轼一生主要的水利活动与思想文字，大部分是在变法失败以后。特别是元祐四年（1089年）他被迫离开中枢出知杭州以后。变法之时，他在中央，在杭州，表现了早年的苏轼和一个完整的苏轼的内在冲突。他到了地方以后，接近了民众和实际生活，对他之后水利思想的形成，是不无补益的。他再赴浙西，提出苏湖常水利问题，与18年前满腹牢骚时通判杭州，却也实际体察分不开。熙宁末到元丰初，新政已告失败，宋神宗亲自主持退色的改革，苏轼与朝廷的矛盾有所转化，对变法的认识也从肤浅转为深化。熙宁十年，他投身徐州防洪实践是这个转化的重要标志之一。他已经不是发发牢骚的文人苏轼，他在现实中终于找到了和成为本来意义的苏轼——正视现实、注重社会矛盾、体察民情，勇于面对自然灾害的苏轼。由于曾积极反对变法，变法派对他的压制，也限制了他在水利、防灾中的发挥。元丰以后，特别是元祐以后，苏轼的水利思想特别活跃，政绩比比皆是，他在实际中日臻成熟，他也从偏激的党争情绪中解脱出来。苏轼正是在社会大变动中去认识水利，去从事防灾的。新政时期的一些积极的改革思潮，感召和渗透着他的“民为贵”儒教道义思想基础。对他来说，无谓的党争已成过去，朋友们在改革务实或守旧图存的大旗下重新组合集结。苏轼转任杭州、颍州、扬州、定州、惠州、儋州、常州十余年，几乎处处都留下了涉及水利和防灾的政绩。证明苏轼不是那种谋私利的保守派，而是务实派，是改革派。所以，他既不为变法新党所容，也被结党营私的元祐党人敌视（尽管他的名字也被镌刻在元祐党人碑首）。他的水利防灾理念，在中央朝廷得不到发挥，却在不断的贬斥地方中有了施展的机会。他受到保守的元祐党人、投机于变法的钻营者和传统势力的抵制。连杭州苏堤，也被指责为“虐使捍江厢卒，为长堤于湖中，以事游观”，在1096年，被投机变法者吕惠卿毁坏。

苏轼从实践中提炼出特别的感受：“余以为水者，人之所甚急。而旱至于井竭，非岁之所长有也。以其不常有，而忽其所甚急，此天下之通患也，岂独水哉。”（《钱塘六井记》）在《乞开西湖状》中，他联想到西汉汝南鸿隙陂的兴废教训：“陂湖河渠之类，久废复开，事关兴运。虽天道难知，而民心所欲，天必从之”。引出了经世治政的通理。

郑州双槐树等考古遗址疑似地震信息的构造背景资料

很长一个时期以来，郑州考古发掘工地，因发掘工作中相继发现系列疑似地震的迹象，引起考古界的注意。笔者在郑州地区的地貌、构造、水系变动中注意到考古界发现的类似迹象，向在郑州长期居住和工作的北京大学李伯谦教授反映了类似问题，李先生作为嵩山文明研究院院长，嘱咐将有关问题归纳一下，他将向有关方面反映。

已发现的部分疑似地震迹象的这些遗址的坐标为：

双槐树：N34°48′55.24″，E113°5′13.77″，海拔 184 米。

大河村：N34°50′357″，E113°41′370″，海拔 89 米。

梁湖：N34°42′368″，E113°45′336″，海拔 96 米。

青台：N34°53′220″，E113°24′239″，海拔 125 米。

薛村：N34°52′219″，E113°13′563″，海拔 149 米。

西史赵村：N34°49′09.97″，E113°37′25.50″。

从以上坐标信息看，已发现地震迹象的位置大致在北纬 34°42~53′之间，东西方向呈带状分布。

一、郑州市地震构造与活动断裂探测、历史地震活动概况

郑州位于嵩山隆起与开封凹陷的接壤区，属河淮地震带潜在震源区。区内发育有北西向的五指岭断层、老鸦陈断层、中牟断层、古荥断层及北西西—近东西向的郑州—兰考断层、上街断层、须水断层等，它们在区内交汇。无独有偶，所包络区域恰好是我们说的荥阳—广武夹槽条形走廊，巩义—荥阳盆地，和郑东的开封凹陷沉陷地区——须水白沙断层以北。其特殊地貌自然是构造的产物。其中的老鸦陈断层和中牟断层为第四纪活动的正断层。虽然近期也有人认为该断层两侧第四纪以来并无活动与错断，否认广武山东侧陡坎与其有关，但该处 1974 年曾发生 2.6 级地震，特别是近期汞气测量也显示异常。尽管从地震破坏角度看此潜在震源区似无大碍，但从新构造活动看，郑州地区的反映则是较为显著的。

历史时期郑州及周边发生过中等及以上级别的地震，但近期小震活动呈低频低能态势。

偃师南部夏代国都斟鄩（位于巩义市西部稍柴村）在公元前 1767 年（夏桀末年）发生过 6 级大地震，烈度 8 度。比邻的洛阳，公元前 519 年发生 5.5 级地震，烈度 7 度；公元 119 年，发生 6 级地震，烈度 8 度；133 年，发生 6 级地震，烈度 8 度；147 年，发生 5.5 级地震，烈度 7 度；149 年，发生 5.75 级地震，烈度 7 度；1640 年，发生 5 级地震，烈度 6 度。周贞定王三年（公元前 467 年）"晋空桐震 7 日"，后 3 年，"晋河绝于扈"。地

震引起原阳北当时黄河决口。

荥阳地方志记载，公元149年荥阳地震、928年郑州4.75级地震，1814年荥阳发生5级地震，震中就在贾峪。统计荥阳发生轻重地震50余次，其中，震中在荥阳的有8次，震中不明荥阳有感的23次，外地地震波及的19次。荥阳大周山圣寿塔寺系北宋修建，据其寺碑称至碑文刻记已经历29次地震，说明荥南嵩麓低山丘陵区的构造活动是相当频繁的。荥阳地方志不完全的统计，在151年、152年、288年、1089年、1524年、1556年、1668年、1691年、1695年、1709年、1755年等和近现代，均有地震、地裂、地动、地陷记录。

新郑地方志记载，在813年、928年、1343年、1555年、1587年、1640年、1697年、1801年、1805年、1814年、1817年、1820年、1847年、1916年、1937年、1947年、1966年、1983年，新郑和邻近地区发生过地震、地裂、山崩，乃至河北、山东、豫西的地震波及本地区。虽然这些均为小震，但说明郑州西、南部构造活动仍是频繁的。

比邻地区，小浪底地区2500年来共发生地震90多次，强度最大为9级；以下有史以来发生较大地震7次。466年虞城6级、1737年封丘5.5级地震，均发生在新乡—商丘断裂带上。这些断裂对水系走向、坡降及地震等的控制作用均说明，新乡—商丘断裂在第四纪以至近期仍有活动，汞气测量有异常。1587年发生卫辉西6级、修武5.5级地震。1773年发生新乡5.5级、1978年新乡4.5级地震等，近期小震活动密集。

1556年，华县发生8级大地震。

许昌曾发生过1820年许昌东北6级地震等4次中、强地震，近年小震活动比较活跃。

从周边地区古地震的角度看，有前3600年的山西霍山断层谷、前2222年山西永济的地震。国家地震局地质所高建国点绘一万年以来中国古地震频次5点平滑图，认为约在距今5700年后，5000年以后，4300～3700年，华北地区分别有一个地震高发期。[1]

二、郑州考古发掘中发现的疑似地震破坏实例

1. 大河村遗址发现的疑似地震迹象

据郑州市文物考古研究院张松林告，他在20世纪70年代末于大河村第一期发掘工作中，发现发掘坑有土层开裂、涌沙现象，裂缝拳头宽，用两三米长麻杆探底，未见底。怀疑这是地震所引起。最近，大河村二期发掘工作，在原有遗址之南部，发现在博物馆地表下4～5米深处，呈现20余厘米宽的地层裂缝（见图1），裂缝贯穿沙土。地裂缝基本垂直，最浅处距离地表仅大约2米。证实在四十年前发现的地裂缝的地震迹象属实，但开裂位置不在一处。

查国家地震局出版的《郑州市目标区活动断层探测成果图》[2]，大河村所在位置，恰好在北西向的花园口隐伏断裂与北西西向的柳林隐伏断裂的交汇部位，距离东西走向的中牟隐伏断裂4千米。

---

[1] 宋正海，高建国，孙关龙，等. 中国古代自然灾异群发期. 合肥：安徽教育出版社，2002年。

[2] 徐锡伟，等. 郑州市目标区活动断层探测成果图（1：50000）. 北京：地震出版社，2017年。

图1 郑州东部大河村二期发掘工地发现的疑似地震的地裂缝

前述的周贞定王三年（公元前467年）"晋空桐震7日"，后，扈河决，决水即基本沿花园口断裂东南而下，1938年黄河花园口决口，也沿袭这一北构造控制的线路南下。这里是一个历史性地震区，也是历史性继承性泛道。

2. 薛村遗址疑似地震迹象

2005～2006年度，河南省文物考古研究所在荥阳市薛村附近的南水北调工地进行抢救性考古发掘（见图2），"中国科学"刊载论文摘要说："在薛村遗址揭露出大量的古地震遗迹，主要有地堑、地裂缝和古代文化遗迹的错位等。根据古地震遗迹与文化层（或灰坑）之间的相互关系，初步判断古地震发生在商代前期，大致时间在二里岗下层晚期到二里岗上层之间，进而通过灰坑中木炭的 AMS^{14}C 测年，确定这次古地震发生在（2910±35）～（3165±35）a BP［或（3160±35）a BP］之间，亦即日历年龄1260～1520 BC（或1510 BC）之间，薛村史前地震遗迹迹象清楚，年代确凿，填补了中原地区这一阶段古地震记录的空白。"[1]

薛村位于广武岭西段，北侧为广武岭北沿，下临黄河南岸陡坡。南为广武岭南麓缓坡；距上街隐伏断裂、须水隐伏断裂十余千米。西侧十余千米为汜水口，疑有北东向的汜水断裂影响。东北方向有北西向的李万—武陟断裂，相距十余千米；正东二十余千米为北西向的老鸦陈正断裂。鉴于地震部门对于老鸦陈活动断裂有不同的认识，且南水北调中线干渠穿黄倒虹吸工程在建设中出现疑似地质基础影响问题，导致过水实验一度受阻，2009年，笔者曾与河南省地震局业务部门商议，对薛村疑似古地震区域再打探槽确认地震级别

❶ 夏正楷，等. 河南荥阳薛村商代前期（公元前1500～1260年）埋藏古地震遗迹的发现及其意义. 中国科学，2009年第54卷第12期。

与年代，但抢救发掘的探坑已填埋，后建议未有接纳。2010年，笔者也向国家地震局有关院士和业务主管部门反映。

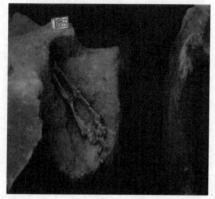

（a）被挫断的躯骨

（b）被挫断的肩胛骨

（c）被挫断的水井

图2　薛村遗址被地裂挫断的尸骨和古方形水井

3. 双槐树发掘遗址发现疑似地震迹象

近年双槐树遗址工地的城壕发掘中，发现疑似地震裂缝现象（见图3），在遗址中心位置，发现地裂缝和房屋扭变迹象，疑似大地震影响，认为内壕地裂缝和地层错断，内壕内的土壤液化，中壕南侧岸堤崩塌，建筑物崩塌和墙体破裂，均为古地震发生的迹象。

研究认为"推测此次地震的最小震级为$Ms5.9\sim6.0$，震源为封门口—五指岭活动断层"[1]。

根据国家地震局《郑州市工作区地震构造图》（2017年）[2]，双槐树遗址位于封门口—五指岭正断裂线东北侧的晚更新世黄土台地上。距离五指岭正断裂线约10千米许，处于相对抬升的东北盘。五指岭正断裂活动，控制了荥阳、巩义东部沿黄的广武山在晚更新世末期的抬升运动。双槐树南部为大片梯形中更新世台地出露，其中偶有嵩山北麓二叠系和

❶　胡秀，等. 史前地震加速早期中国"河洛古国"的衰落. 中国科学：地球科学，2023年第53卷第5期。
❷　徐锡伟，等. 郑州市目标区活动断层探测成果图（1：50000）. 北京：地震出版社，2017年。

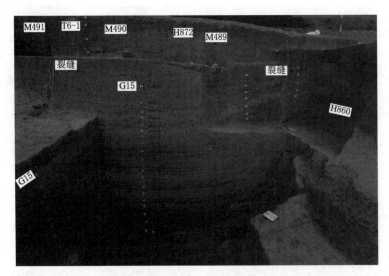

图 3　双槐树遗址城壕中的地裂缝与疑似地震遗迹

中生界基岩出露。中更新世台地以东，是宽深、长大的廖峪黄土大冲沟，沟东为荥阳西部中更新世黄土台地。怀疑该大沟的发育也为构造控制。遗址西部，跨伊洛河与洛阳—偃师隐性断裂相对应。该断裂线与洛阳盆地的东西轴线吻合，是伊洛河演化变迁的控制线。遗址以北，是伊洛河汇入黄河的河口洛汭地区，晚更新世台地面临黄河断裂，存在被黄河与伊洛河侧蚀的风险。古代的偃师地震，似乎与洛阳—偃师隐伏断裂有关。对巩义与洛汭地区影响较大的偃师断裂（洛阳—巩义断裂），地震地质界研究，"该断裂为洛阳盆地的北界断裂，东其偃师县城东，向西至孟津县的平乐……偃师县以东到黑石关车站一带，地貌上有米宁县的陡坎，偃师以西，地貌上不明显，但据孟津县 1/5 万水文地质图的剖面，断层断掉上第三系，而南盘 400 余米未穿透第四系地层（相距 1.8 千米）。显然，偃师断裂两侧的第四系落差至少达 300 米，……第四纪以来该断层活动速率达 0.15 毫米每年（B 级）"。❶

所以，洛汭地区和南部的黄土台地，受周围构造控制，可能在史前与汉代，发生过较大的构造活动，乃至较大地震事件。嵩山构造具有相当的活动性，嵩山地块一直在缓慢、间歇和持续抬升中。对巩义与洛汭地区影响较大的偃师断裂（洛阳—巩义断裂），地震地质界研究，"该断裂为洛阳盆地的北界断裂，东其偃师县城东，向西至孟津县的平乐……偃师县以东到黑石关车站一带，地貌上有米宁县的陡坎，偃师以西，地貌上不明显，但据孟津县 1/5 万水文地质图的剖面，断层断掉上第三系，而南盘 400 余米未穿透第四系地层（相距 1.8 千米）。显然，偃师断裂两侧的第四系落差至少达 300 米，……第四纪以来该断层活动速率达 0.15 毫米每年（B 级）"。❶

类似以上的疑似地震迹象，在西山古城和城南梁湖遗址的发掘中，在中牟县业王村也有发现（见图 4）。

河南省地质科学研究所张天义等，认为：在郑州地区新构造旋回至少出现过四次，

---

❶　刘尧兴，等. 豫北地区新构造活动特征及中长期地震预测研究. 西安：西安地图出版社，2001 年。

图 4 中牟业王遗址考古发掘

"目前尚处于新一轮构造旋回的正向运动期，地壳出现不均衡地拱曲隆起，并在构造运动分异部位伴随有地震活动发生"；"嵩山中段北西向线性异常带：由五指岭断裂、登封断裂、少室山断裂等组成。该组构造是东西向主控构造的配套断裂，与主控构造相比更具有活动性。该组构造其南部控制了全新世地堑式断陷盆地。北部使黄土台地呈掀斜式抬升"。❶ 这里讲的嵩山地区"北部台地"，就是指的巩义、荥阳地区的黄土台地，全新世地堑式断陷盆地则指的是巩义、荥阳盆地，它们的升降活动，与嵩山构造活动呈间歇性抬升大致同步。

郑州地区古文化遗址发现的疑似地震迹象，呈东西条带状分布，不能不令人考虑到郑州—兰考断裂带的影响。郑州—兰考断裂："此断裂沿邙山南坡东延至桃花峪被郑州—武陟断裂向南错断，然后沿黄河南岸向东过开封与新乡—商丘断裂相交……该断裂由多条近东西向密集发育的断层构成断裂带……3 条土壤气汞测量断面显示，此断裂仍在活动"。❷ 该断裂向西、东方向还可能两向延长，据悉，西端可达陕县、三门峡市，东端达商丘市。从卫星影像上可以清晰地看出郑州广武山南坡的这一隐伏的断裂痕迹，为其本身的隆起和南麓夹槽带的新构造活动、地形变提供有力的旁证。广武山是黄土高原与华北平原过渡带上最东南缘的黄土塬，在黄土高原隆升区向东部华北平原沉降区转折的特定地貌位置。"郑州—兰考断裂"在大郑州地区新构造运动中具有什么特征？它相对于巩义盆地、荥阳—广武夹槽盆地的构造活动是什么性质？它和氾水、上街、须水、古荥、中牟、老鸦陈、花

❶ 张天义，等. 郑州地区新构造运动的遥感地质特征. 河南地质，2001 年第 9 卷第 4 期。
❷ 石建省，刘长礼. 黄河中下游主要环境地质问题研究. 北京：中国大地出版社，2007 年。

园口众多活断层构成一条有数个近南北、北西向断裂穿插的，东西走向的活动断裂带，有意义的是，他们可能决定着晚更新世以来郑州水系、湖泊的演化、消长与走向，晚更新世黄河的广武山东西两条支津得以流经荥阳郑州西部地区和郑州东部地区，下泄淮河流域，河流改徙后该地湖沼发育，其后荥阳与郑州中西部诸水发育、演变成现状，都与这个断裂带的活动有关。郑州—兰考断裂带串引着北纬 34 度附近的数个疑似地震古文化遗址，这是不得不关注的问题。

三、郑州主城区的活动断裂位置与郑州周边主要断裂资料

郑州主城区活动断裂位置见表 1，郑州主城区断层活动性见表 2。

表 1   郑州主城区活动断裂位置表

断 裂 名 称	控 制 点	
	经度/(°)	纬度/(°)
上街断裂	113.4529	34.8089
	113.536807	34.799585
	113.560619	34.787161
	113.642410	34.776807
	113.652764	34.778360
	113.786838	34.755583
须水断裂	113.474687	34.758689
	113.577702	34.744195
	113.612903	34.743677
	113.658975	34.739018
	113.684859	34.739018
	113.765614	34.718829
花园口断裂	113.728342	34.835821
	113.760955	34.791820
	113.803921	34.739018
古荥断裂	113.527489	34.816667
	113.651211	34.688287
老鸦陈断裂	113.542501	34.909329
	113.632575	34.792337
	113.673988	34.717276
	113.773379	34.655674
柳林断裂	113.587538	34.853939
	113.641893	34.847210
	113.694177	34.819256

断 裂 名 称	控 制 点	
	经度/(°)	纬度/(°)
中牟断裂	113.653799	34.812009
	113.747496	34.801655
	113.766132	34.798032
	113.847923	34.777325

注 数据来自河南省地震局。

表 2   郑州主城区断层活动性表

断层编号	断层名称	长度/km	产 状			最新活动时代	最新活动性质
			走向	倾向	倾角		
F1	中牟断层	36	NWW	NNE	$70°\sim80°$	前 Q	正断
F2	上街断层	44	EW	N	70°	前 Q	正断
F3	须水断层	39	EW	N	60°	$Q_1\sim Q_2$	正断
F4	古荥断层	26	330°	NE	70°	前 Q	正断
F5	老鸦陈断层	35	330°	NE	$60°\sim70°$	前 Q	正断
F6	花园口断层	26	330°	NE	70°	前 Q	正断
F7	柳林断层	12	NW	SW	陡	前 Q	正断

注 数据来自河南省地震局。

在郑州的周边，还有系列主要活动断裂，可能对于郑州地区构造活动产生影响，尽管目前评估它们的最新活动时代比较偏于保守。它们是：

长垣断裂，长 130 公里，走向 NNE，正走滑，Q_{1-2}。

黄河断裂，长 100 公里，走向 NNE，正，Q_3。

聊城—兰考断裂，长 100 公里，走向，NNE，正走滑，Q_3，1937 年菏泽 7 级地震。

新乡—商丘断裂，长 200 公里，走向 NWW，正，Q_2，1737 年封丘 5.25 级地震。

李万—武陟断裂，长 32 公里，走向 NW，正，Q_{1-2}。

封门口—五指岭断裂，长 100 公里，走向 NW，正，Q_2，1814 年荥阳贾峪 5 级地震，1633 年巩县 4.75 级地震。

盘谷寺—新乡断裂，长 200 公里，走向 EW，正，Q_2。

上街—中牟断裂带，长 120 公里，走向 EW，正，前 $Q-Q_2$。

朝阳—偃师断裂，长 50 公里，走向 EW，正，Q_{1-2}。

温县—孟州黄河断裂，走向 EW，正，Q_{1-2}。

尖岗断裂，走向 NE，正，前 Q。

洛阳—巩义断裂。

不过，它们在第四纪的活动，以及影响郑州地区构造和地层的状况与机理，尚不清楚，需要进一步的研究。

后　记

　　汇集于《环境史视野下的黄河与郑州》中的近 40 篇涉及黄河与灾害环境的文论和资料，是 20 世纪 80 年代以来逐步累积的。

　　笔者求学武汉，专业是水利，之后职业是工程师，就具体问题发问和探求解决，不善于做太理性和系统的大论，更不善于编撰教科书。关注的事情，大多是在工作和生活、学习里发现新的科技问题，故写出科普性文章。20 世纪 70 年代，最先关注的是沙颍河新建水闸出现泥沙淤积，从此追寻河道变迁与工程的泥沙问题，遂及流域水利史、黄淮历史关系，以及水旱灾害。最先求教于历史地理泰斗谭其骧先生，延及水利史、黄河史、灾害史学科。又求教于水利史的泰斗姚汉源，他是我上学时武汉水利电力学院的教务长，不过当时幼稚懵懂，对水利史不甚了了，也不知从不"显山露水"的姚老（"显山露水"是姚老的俗语）。再求教于河流泥沙的泰斗钱宁先生。从 1978 年起求教于黄河水利委员会（简称"黄委"）的老工程师徐福龄，他在黄委被称作"活字典""黄河通"。因为同在郑州，我们有太多的接近机会，是他把我引向了黄河历史和黄委，从而结识更多的黄河水利人。这是我求学黄河的关键。同时，在郑州地区，黄委、河南省水利厅和河南省科学院地理所，有着一个研讨水利史、灾害史和黄河史的专业群体，始终影响我、启迪着我。后来想起来，我幸运地最先接触和求学于多位 20 世纪 30～40 年代的老先生，工作在郑州，遂启蒙于斯。半个多世纪来的学术学科断裂，他们使我悄然逾越。历史与自然这饶有趣味的环境问题，引导我放开眼界看水环境和水利，看人文历史，看地理，看社会经济，看灾害环境。这些似乎与我的本来学科水利工程施工有不小距离，从此添加了人地关系思辨，也补上文理的训练。工科出身大概先天缺乏这一基础训练的。从这里，开始结识了浩大的水利界，延伸到河流地貌与水利工程实际。

　　做黄河与灾害的文理科的探索，似乎与所谓"本职"工作无关，此生埋头探讨的问题，似乎出于个人趣味和非职业行为。然为单位、地区，省部或国家重大基金项目支持，遂有系统部门认可，如复旦大学中国历史地理研究所主持的"历史大地图"中明清、民国黄河决溢灾害图幅的编绘，中国科学院地理研究所主持的"黄河流域环境演化与水沙运行规律研究"（含历史时期黄河变迁图编绘），有机会参加了国家科研团队的活动，终于走出埋头翻文献写文章的室内手工探究，现体制给予我大量的学习、会议交流、考察和发表文章机会。在 20 世纪 50～80 年代，黄河学曾是一门中国的显学啊。所以做黄河探索终究还是时势与体制使然。

　　回头想来，大致 20 世纪 80 年代以教师身份参加活动，初涉灾害、水利史、黄河史，到 90 年代依托国家基金项目，涉及黄河史、河流泥沙、灾害史与环境历史研究。也依托职业工作，做了一系列珠江河口与气象水文的探索，涉及珠江河口演变、近期水文变化、旱涝气候和暴雨洪水。期间遭遇到多次非常洪水的应急防洪体验，对自然灾害规律和应对灾害天气有了很实际的感受，要没有这些实际体验，再做什么研究也只能是空泛的自我满足。在世纪交接时候，参加组织珠江河口地区的自然环境与社会经济达两年的综合考察，受邀理由恰是我曾研究过黄河。21世纪初提前离岗、退休，在此前系列涉及灾害、工程、社会、科研工作的基础上，在水利主管部门旱涝灾害防御参谋机构做了数年宏观的灾害与政策研究，学习了水旱、黄土、海洋、湖泊、沼泽、河流、气候、年代学和全新世环境等领域知识。在2000年至今凭借水利部信息中心全国水雨情平台，逐年跟踪新世纪全国旱涝格局变化，对比历史旱涝，参加全国水利史、灾害预测和灾害史、考古文化的学术探讨，和高校、科研系统及实际问题结合，与新世纪的科研工作者合作，从而扩大了学科与实际视野。

　　大概在20年前，无意中，我又拐回到黄河历史这个老问题，又回到河南地区，重新注意黄河下游和中州。2007年曾结集出版《从黄河到珠江——水利与环境的历史回顾》，以为这个学习圈"已经在岭南闭合"，但从北京再到郑州，我发现自己实际并不算了解黄河，最多涉及过历史时期的黄河下游变迁。1992年我离开郑州时，曾将手边的黄河资料留在郑州，并提交给出版社计划出版的《黄河史——自然篇》文稿，打算就此离开黄河了。那时，回顾了对历史时期黄河的认识，曾萌生叩击史前黄河大门的念头，但我并不了解考古的黄河、地质的黄河，还得重新认识黄河。这样，自2004年撰写《走近黄河文明》，从过去探讨，加上考古文化，再上台阶。应邀承担郑州环境复原的探索任务，如"郑州地区晚更新世以来古环境序列重建与人文聚落变化的预研究"，以及嵩山文明研究的基金项目，将自然环境和考古文化紧密结合起来。研究河流地貌、地质环境、地貌过程和湖泊沉积环境，成为认识郑州4000年前、1万年前、10万年前黄河的新契机。当然，这都是沿着我们在20世纪80～90年代探讨2000多年历史黄河的思路与经验、方法上溯的。没想到这一做又是15年。期间，有过无数次野外踏勘、考察，包括对于郑州与黄河中下游的地貌与水系、文化反复考察，以及一次对于黄河从河口到河源的全线考察。看来这种在大河上的来来回回，是此生必不可免的了。在郑州的这15年探讨是很关键的，需要穿越时空。有关郑州初步所获，2015年结集到《郑州古代地理环境与人文探析》。次年，和我们在中国科学院南京地理与湖泊研究所的合作伙伴于革等合写的《郑州地区湖泊水系沉积与环境演化研究》也在科学出版社出版，详细地介绍了郑州项目的背景与实验室工作过程、资料。所有这些，首先是从系列野外踏勘、查阅古代的地理专著文献和地方志书开始的，然后是系列的钻探地球物理工作、实验室检测、综合分析。过去做的水利史、灾害史，似乎成为重新学习的"ABC"了。

　　参加20世纪80～90年代的各种学术活动，自己似乎再上了文理科的大学，对黄河的概念才渐渐明晰；到21世纪一零和二零年代，主要和文理科学部门、机构接触，和社会接触，和现代的黄河资源、工程水利人接触，坐下来做郑州的研究项目，也算是再上了文科理科学校，特别是涉入古地理环境的园地，联想今日治黄，一页一页将这一大本地文书读下去，才渐渐明白，在郑州这个要害节点涉地质、环境、黄河实际，才能多维地看到古今黄河，而非局限在扁平化图纸和典籍文献讲的那些黄河。后来，慢慢做到了用理工的思维看古文和古黄河，用泥沙科学知识思考、推测历史和史前的河流环境。

　　40多年来，教诲我的，开始是一批不在课堂指点迷津的老学者，接着是专业研究者，以及在本职工作之外的合作者、科技学会活动工作者、一线业务部门工作者，学科上是水利史、历史地理、灾害史、灾害预测的中国水利学会、中国地理学会、中国灾害防御协会、中国考古学会和中国地球物理学会属下二级专业学会的活动。这种学术活动不从属于高校和业务部门的职能，也非单纯和经典的工程师、教师的工作，需要提升到综合、交叉科学研究的层面，这种学习以"自己教育自己"为主，用实际教育个人，倒有些类似社会大学堂。而且在独立研究及人际关系的背后，始终有一个大水利与大黄河人的集体氛围。而黄河古今与灾难应对，始终在推动和围绕、促进个人独立思考。应该讲，在和每一年龄构成的黄河学术、职业水利骨干接触同时，就和他们的助手、副手，以及他们学术团队的成员、学生认识，接触与密切交往，他们就成为我的老师和忘年朋友。回顾过去，处处都蕴含有这庞大又似乎松散学术团体成员的支持与帮助，闪烁着他们的面孔与劳动。20世纪80年代的青年硕士，早已成为各个业务部门的栋梁之材。所以，30年代老先生的启蒙固然对我很重要，而30来岁的小先生和资历尚不足者，会陪伴和教诲我走过学术的一生。

集力于黄河与郑州的这20年，我突出感受到：①构造地质与黄河干支水系演化的密切关系，构造升降是郑州地表环境演化的主要动力机制之一。②黄河三角洲发育与河流地貌过程是认识郑州古地理环境的要害。③基于大河、气候前提的河流与湖泊二元演化的机制关系研究中，中州古湖泊研究一度是中国湖泊数据库的空白。④在郑州大地的构建中，黄河是最主要的造貌外营力，水积和风积共同建构浅地表层的类黄土，而不断的侵蚀、剥蚀与新黄土堆积旋回，打造着广袤的黄土地，滋养了郑州黄河人。⑤处于地貌台阶转换关键部位的郑州，类同大地构造裂谷带的环境多元化、生物多元化，促进生物繁衍、文明起源。⑥一个甲子的气象变异，凸显了全国旱涝气候格局的变化过程。⑦在郑州大区，看到了自然演化与人文社会嬗变的关联和相互渗透促进，顿悟文明的起源的真谛，体会到黄河、黄土与黄河人的深层骨肉关联。

探索黄河，俯首，面对滔滔流淌数百万年的河水和细微的颗颗泥沙，抬头，仿如在嵩山绝顶仰望星空与银河。这时，会不会想到黄河蕴含的更多奥秘和自然哲学问题？

今天结集重新浏览这些文论（以及未收入、未写出的认识），对于我来说，了解黄河历史，探索地文——天、地、人、生概念中的黄河，仅仅是一次开始，它涉及的科学知识与社会知识，太浩瀚无垠。在前面的20年，算在文献指引下学习历史时期的黄河与人，基本是读人文的黄河（人类记录的）。后面这20年，算是溯源没有人类约束和干扰下的本源的黄河，认识自然放浪的黄河，是对黄河与郑州大环境的一次尝试性摸索。这个探索是渺小的，黄河太博大、深邃了，当然，如能摸大象般摸索到一点一片也是不错。

技术经济高度发展，人类也绝不能藐视自在自立的黄河，只有敬畏黄河，维护黄河，尊重黄河文化精神。我们个人永远没法去穷尽黄河，人类至今也没有穷尽黄河。每一代人，最多做到把自己有生之年认识到的那一隅，尽可能留给社会，传给来者。认识黄河，也是认识人类自己，这个认识过程几乎没有看到何时可以终结。

笔者　甲辰年春节